# 东亚极端气候变化

任国玉 主编
孙 颖 张仲石 李金豹 副主编

科学出版社
北京

## 内 容 简 介

本书介绍关于小冰期以来不同时间尺度东亚季风区极端气候变化及机制研究的最新成果。全书共9章，内容包括近六百年来极端气温、降水（干湿）事件变化特征、成因机制和社会经济影响，近代（20世纪初以来）和现代（20世纪中以来）极端气候事件及其长期变化特征、成因机理和人为影响信号。

本书适合关注气候变化和极端天气气候变化的读者，包括气候、地理、生态、环境、农业、林业、水利等相关领域的科研工作者和高等院校师生参考阅读。

审图号：GS 京（2025）0849 号

**图书在版编目（CIP）数据**

东亚极端气候变化 / 任国玉主编. — 北京：科学出版社，2025.7.
ISBN 978-7-03-081867-6
Ⅰ. P467
中国国家版本馆 CIP 数据核字第 2025WV6346 号

责任编辑：郭允允 谢婉蓉 / 责任校对：郝甜甜
责任印制：徐晓晨 / 封面设计：无极书装

科学出版社 出版
北京东黄城根北街 16 号
邮政编码：100717
http://www.sciencep.com
北京建宏印刷有限公司印刷
科学出版社发行 各地新华书店经销
\*
2025 年 7 月第 一 版 开本：787×1092 1/16
2025 年 7 月第一次印刷 印张：25 1/4
字数：599 000
**定价：308.00 元**
（如有印装质量问题，我社负责调换）

# 《东亚极端气候变化》编委会

**主　编**　任国玉
**副主编**　孙　颖　张仲石　李金豹
**编　委**（按姓氏汉语拼音排序）

董思言　顾西辉　胡　婷　孔德明　李　腾
李　欣　李金豹　李景贤　刘　博　秦　云
任国玉　任玉玉　苏　峻　苏　筠　隋　月
孙　涛　孙　颖　孙秀宝　王东阡　徐　峰
薛晓颖　杨煜达　尹　红　战云健　张晋韬
张盼峰　张思齐　张颖娴　张永香　张仲石
郑　翔

**秘书组**　秦　云　杨国威　黄思琦　农丽娟

# 编 写 分 工

## 第1章
**主笔人**　李金豹　孙　涛
**参编人**　高　聪　孔德明　李　腾　李金豹　李景贤　刘　威
　　　　　刘浴辉　覃　军　任国玉　苏　筠　孙　涛　陶　乐
　　　　　王红丽　徐正蓉　杨煜达　张会领　张潇丹　张永香
　　　　　郑微微

## 第2章
**主笔人**　李金豹　张永香　杨煜达
**参编人**　韩健夫　李金豹　刘　威　刘浴辉　王红丽　王水寒
　　　　　杨煜达　张　森　张　旭　张永香

## 第3章
**主笔人**　张仲石　苏　筠　隋　月
**参编人**　陈旭东　陈雨婷　康翱博　黎永杰　刘晓东　马　云

　　　　　　牛　浪　苏　筠　隋　月　陶　乐　王培华　王水寒
　　　　　　王锡津　徐正蓉　杨静微　杨煜达　于恩涛　张　东
　　　　　　张　玲　张仲石　周尚荣

第4章
　　主笔人　张仲石　苏　筠　杨煜达
　　参编人　康翊博　刘　威　苏　筠　孙　涛　王培华　徐正蓉
　　　　　　杨煜达　翟献帅　张　森　张仲石

第5章
　　主笔人　任玉玉　任国玉
　　参编人　陈　蕾　何佳骏　秦　云　任国玉　任玉玉　苏　峻
　　　　　　索南看卓　温康民　薛晓颖　战云健　张盼峰　张思齐
　　　　　　张潇丹　张颖娴　张永强　赵春雨　郑　翔

第6章
　　主笔人　任国玉　张颖娴
　　参编人　陈　蕾　何佳骏　李　欣　李如媛　任国玉　孙秀宝
　　　　　　田　青　万金红　温康民　薛晓颖　于秀晶　战云健
　　　　　　张盼峰　张思齐　张潇丹　张颖娴　郑　翔

第7章
　　主笔人　任国玉　顾西辉
　　参编人　宝乐尔　陈　蕾　冯舒云　顾西辉　何佳骏　李　欣
　　　　　　李如媛　刘玉莲　孟凡超　秦　云　任国玉　苏　峻
　　　　　　索南看卓　王立诚　韦李宏　温康民　薛晓颖　战云健
　　　　　　张　雷　张晋韬　张盼峰　张思齐　张颖娴　周雅清

第8章
　　主笔人　刘　博　徐　峰　孙　颖
　　参编人　常美玉　韩利国　刘　博　孙　颖　徐　峰　徐建军
　　　　　　张琦蓓　张思晗

第9章
　　主笔人　尹　红　胡　婷
　　参编人　董思言　胡　婷　孙　颖　王东阡　尹　红

# 前　言

　　东亚季风区包括中国、蒙古国、俄罗斯远东地区、朝鲜、韩国、日本等国家和地区，位于北半球中低纬度欧亚大陆东侧，毗邻太平洋和印度洋。区域内构造地形复杂多样，自东向西分为西太平洋岛链、边缘海、平原丘陵、低高原盆地、高原山地等系列复合型地貌单元。季风气候典型，类型齐全，包括热带季风、亚热带季风和温带季风，季风尾闾区分布着内陆温带干燥和半干燥气候。区域内人口众多，城镇星罗棋布，人类活动影响久远而强烈，自然地表覆被颇为罕见，自然灾害频繁发生。

　　20 世纪 70 年代末以来，全球气候进入一个快速变暖阶段。在这一时期，全球陆地和东亚季风区高温热浪、短时强降水、气象干旱等部分极端气候事件增多、增强，其衍生的灾害损失和影响日益加重。但是，受观测数据和模式能力的限制，更长时期内东亚季风区和中国地区的极端气候变化及影响研究仍然欠缺。因此，目前尚不清楚在全球快速变暖前后，东亚季风区极端气候变化规律究竟有什么显著差异？其时空格局、机理和社会经济影响分别是什么？回答这些问题需要通过集成高分辨率的代用、器测和模式数据，综合利用统计和动力分析技术，对近现代不同时间尺度极端气候变化的特征及驱动机制和影响开展深入研究。

　　在国家重点研发计划"全球变化及应对"专项支持下，2018 年 5 月"小冰期以来东亚季风区极端气候变化及机制研究"项目启动。中国气象局国家气候中心、中国地质大学（武汉）、香港大学深圳研究院、复旦大学、北京师范大学、广东海洋大学等单位承担项目研究任务。该项目旨在构建更高分辨率、更长时间尺度的极端气候资料序列，包括过去 600 年具有年、季分辨率的极端气温、降水代用资料序列，以及过去 160 年具有日、亚日分辨率的极端气温、降水和台风器测资料序列，揭示全球快速增暖前后不同时期，以及不同时间分辨率的极端气候变化时空格局和成因机制，并阐明历史重大极端气候事件的社会经济影响途径。

　　项目内容包括：①利用树轮、历史文献、石笋等代用资料，研发季节尺度上气候要素提取方法和区域极端气候序列集成重建技术，构建研究区季节性极端气候指标历史序列，揭示过去 600 年冷暖、旱涝等极端气候事件变化时空格局；②基于地球系统模式和区域气候模式，开展不同强迫因子对历史时期极端气候变化的影响研究，探索重大极端气候事件发生的动力学机制，并评估历史时期极端气候对社会经济影响的程度和途径；③开展早期器测气候资料拯救、质控、均一化和系统偏差订正研究，重建 20 世纪中期以前的登陆台风过程，构建过去 160 年具有日、亚日分辨率的气温、降水和台风指标序列，揭示极端气候演化时间特征和空间格局差异；④基于观测和模拟数据，应用先进统计技术，开展近百年极端气候变化趋势和重大单次极端气候过程的归因研究，阐明人类活动、自然强迫和内部变率对极端气候变化的影响和相对贡献。

上述内容相互衔接，紧密关联，从多个侧面和不同的方法、模型、数据、尺度，开展深入系统的分析研究，最终目的是提升对东亚季风区极端气候变化特征规律及影响、机制的认识水平。

经过五年的研究，项目开发了历史时期季节性极端气候序列集成重建技术，创建了高分辨率的多时间尺度代用、器测气候资料基础数据集，构建了高温、低温、强降水、干旱、台风等区域极端气候事件长时间序列，提升了对不同时间尺度上东亚季风区极端气候变化基本特征和驱动机制的科学认识，发表了系列高影响学术论文，培养了一批中青年科技领军人才。项目成果产生了明显的科学、社会效益，为全球变化模拟、预估和影响评价研究、服务提供了数据、技术和人才保障，为国家、地方防灾减灾和应对气候变化战略决策提供了科技支撑。

本书是对"小冰期以来东亚季风区极端气候变化及机制研究"项目主要学术成果的总结。全书共9章，内容包括近六百年局地气温、降水（干湿）序列，近六百年区域极端气候变化特征，近六百年极端气候变化成因机制，近六百年极端气候社会经济影响，近现代高分辨率地面气候数据集，近现代极端气候变化特征规律，现代极端气候变化特征规律，近现代重大极端气候事件成因机理，近现代人类活动对极端气候变化的影响。

历史时期和现代极端气候变化研究内容十分广泛，本书仅侧重在东亚季风区最近600年期间年代以上尺度极端气候异常和变化的事实、机制和影响上，对该区域15世纪以前不同时间尺度上的极端气候变化及现代时期年际时间尺度极端气候变率较少涉及。

参与本书编写的作者共计50余人。对所有作者的贡献表示感谢。项目首席专家和课题负责人牵头编写各章。全书由任国玉、孙颖、张仲石和李金豹统稿。此外，秦云、张思齐、农丽娟参与了编写团队的组织协调工作，杨国威、黄思琦协助编辑参考文献和缩略词表，在此表示感谢。

项目研究和本书编写得到多位同行专家和单位领导的大力支持。作为项目咨询专家，秦大河院士、丁一汇院士、徐祥德院士、王会军院士、郭正堂院士、张建云院士、陈发虎院士、倪允琪研究员、王苏民研究员、巢清尘研究员、翟盘茂研究员、Wang Xiaolan博士、宋连春研究员、赵平研究员、周天军研究员、邵雪梅研究员、方修琦教授、姜大膀研究员等对项目组给予长期指导，对顺利完成项目研究和本书编写工作帮助很大；国家自然科学基金委员会高技术研究发展中心的张峰处长、李霄副处长，中国气象局科技与气候变化司的袁佳双（原）副司长、张跃堂二级巡视员、于建锐处长、杨蕾处长，国家气候中心高荣副主任、肖潺副主任、袁媛处长、宋亚芳调研员，中国气象局气候研究开放实验室李清泉常务副主任，中国地质大学（武汉）环境学院马腾（原）院长、史建波院长、李双林教授，在项目申请、立项和管理上给予支持和指导。

由于时间、个人学术水平等因素约束，本书难免存在疏漏和不足，恳请读者批评指正。

任国玉

2023年6月22日

# 目　录

前言

**第1章　过去六百年局地气候要素序列及极端事件** ··········································· 1
  1.1 气温序列及极端气温事件 ······································································· 2
    1.1.1 珠江流域北部暖季气温重建序列 ····················································· 2
    1.1.2 川西贡嘎山区冬季最低气温重建序列 ··············································· 5
    1.1.3 东部地区夏季高温事件 ································································· 7
  1.2 降水及干旱指数序列 ············································································ 10
    1.2.1 珠江流域东部年均湿度变化序列 ··················································· 10
    1.2.2 汉江流域旱涝等级变化 ······························································· 13
    1.2.3 长江流域梅雨带移动特征 ···························································· 15
    1.2.4 新疆阿克苏地区干旱指数重建序列 ················································ 19
  1.3 水文气候要素序列 ··············································································· 21
    1.3.1 黄河径流过去千年重建序列 ························································· 22
    1.3.2 黄河洪水过去两千年频率序列 ····················································· 24
    1.3.3 华中地区小冰期以来洪水频率记录 ················································ 27
    1.3.4 19世纪中叶长江极端洪水事件 ······················································ 30
    1.3.5 长江上游过去千年极端水文干旱 ··················································· 31
  1.4 海温序列 ··························································································· 33
    1.4.1 琼东和粤西过去两千年SST变化 ··················································· 33
    1.4.2 琼东、粤西和北部湾过去六百年SST变化 ······································· 37

参考文献 ···································································································· 38

**第2章　过去六百年区域气候要素序列及极端气候事件** ··································· 43
  2.1 区域气候要素序列及极端气候事件 ························································· 44
    2.1.1 中国北方地区过去千年极端干旱序列 ············································· 44
    2.1.2 黄河流域过去两百年典型干旱事件 ················································ 47
    2.1.3 西南地区过去六百年极端旱涝事件 ················································ 50
    2.1.4 华东地区过去三百年超强台风序列 ················································ 52
  2.2 东亚地区集成序列及分析 ····································································· 54
    2.2.1 东亚季风区树轮集合记录的ENSO信号 ·········································· 54

|       2.2.2 东亚季风区高分辨率降水量重建及分析 ........................................ 58
|       2.2.3 东亚季风区温度及二氧化碳增长率重构 ........................................ 61
|   参考文献 ........................................................................................................ 64
| 第3章 过去六百年极端气候变化成因机制 ........................................................ 67
|   3.1 过去六百年中国极端气候事件的全球模式模拟 .................................... 68
|       3.1.1 CMIP5 模式对中国极端温度事件的模拟 ...................................... 68
|       3.1.2 CMIP5/6 模式对中国极端旱涝事件的模拟 .................................. 70
|   3.2 历史时期典型极端气候事件模拟与机理分析 ........................................ 75
|       3.2.1 1743 年华北极端热事件 ................................................................. 75
|       3.2.2 1815 年坦博拉火山喷发导致的中国极端冷事件 ........................ 77
|       3.2.3 1849 年长江大水 ............................................................................. 77
|       3.2.4 1876～1878 年丁戊奇荒 ................................................................. 81
|   3.3 过去六百年典型极端旱涝事件的对比 .................................................... 85
|       3.3.1 极端干旱事件的机制对比 .............................................................. 85
|       3.3.2 长江古洪水模拟对比 ...................................................................... 90
|   参考文献 ........................................................................................................ 91
| 第4章 过去六百年极端气候社会经济影响 ........................................................ 93
|   4.1 小冰期以来的极端灾害事件 .................................................................... 94
|   4.2 极端灾害事件社会影响的个案研究 ...................................................... 100
|       4.2.1 1743 年华北极热与社会响应 ....................................................... 100
|       4.2.2 1816 年极端寒冷事件与云南哈尼族大起义 .............................. 102
|       4.2.3 1849 年长江中下游大水灾与南京城市应对 .............................. 104
|       4.2.4 1877～1878 年极端干旱事件与饥荒、饥民迁徙 ...................... 107
|   4.3 极端灾害事件社会影响的机理 .............................................................. 110
|       4.3.1 极端气候对人类–环境耦合系统的影响传递 .............................. 110
|       4.3.2 极端气候事件影响的非线性与级联效应 .................................... 111
|       4.3.3 极端气候事件与构建弹性/韧性社会 .......................................... 111
|       4.3.4 极端气候事件影响的区际扩散与异地响应 ................................ 112
|   参考文献 ...................................................................................................... 112
| 第5章 器测时期高分辨率地面气候数据集 ...................................................... 115
|   5.1 资料拯救、数字化和处理 ...................................................................... 116
|       5.1.1 科学意义、ACRE-China 活动 ..................................................... 116
|       5.1.2 国际和国内进展 ............................................................................ 117
|       5.1.3 中国现有早期数据编目、数字化 ................................................ 118

5.1.4　东北案例介绍 ·········································································· 120
5.2　早期资料插补和序列重建技术 ································································ 123
　　5.2.1　观测资料序列重建方法 ································································ 123
　　5.2.2　气压阈值台风重建方法 ································································ 131
　　5.2.3　涡度阈值台风重建方法 ································································ 136
5.3　早期日气温数据集建设 ········································································ 138
　　5.3.1　气温数据来源 ············································································ 138
　　5.3.2　数据预处理 ··············································································· 139
　　5.3.3　气温数据时空分布 ······································································ 142
　　5.3.4　站点和格点数据集构建与质量评估 ·············································· 143
5.4　早期日降水数据集建设 ········································································ 147
　　5.4.1　降水数据来源 ············································································ 147
　　5.4.2　降水数据质量控制 ······································································ 148
　　5.4.3　降水数据拼接和数据时空插补 ····················································· 149
　　5.4.4　站点和格点数据集构建与质量评估 ·············································· 150
5.5　早期日气压数据集建设 ········································································ 157
　　5.5.1　气压数据来源、数据拼接 ··························································· 157
　　5.5.2　气压数据时空插补 ······································································ 158
　　5.5.3　主站点亚日数据插补、均一化 ····················································· 161
5.6　早期资料与再分析资料对比评估 ··························································· 163
　　5.6.1　早期气温资料评估 ······································································ 163
　　5.6.2　早期降水资料评估 ······································································ 171
参考文献 ······································································································ 177

# 第6章　近现代极端气候变化特征规律 ························································ 179
6.1　极端气温事件长期变化 ········································································ 180
　　6.1.1　全球陆地和东亚平均气温 ··························································· 181
　　6.1.2　全球陆地和东亚最高、最低气温和日较差 ··································· 184
　　6.1.3　东亚季风区极端高、低温事件 ····················································· 187
　　6.1.4　中国最高、最低气温和日较差 ····················································· 191
　　6.1.5　东北地区案例城市极端气温 ························································ 193
6.2　极端降水事件长期变化 ········································································ 196
　　6.2.1　亚洲大陆降水 ············································································ 197
　　6.2.2　东亚季风区极端降水 ·································································· 201
　　6.2.3　中国东部极端强降水 ·································································· 205

6.2.4 长江流域极端降水事件 ································································ 209
6.3 热带气旋事件长期变化 ······················································································ 211
6.3.1 香港登陆热带气旋频次 ············································································ 211
6.3.2 东亚地区登陆热带气旋数据序列及其分析 ············································ 214
6.3.3 中国沿海台风风暴潮 ················································································ 216
6.4 干旱频次和强度长期变化 ·················································································· 219
6.4.1 汉江流域干旱重建 ···················································································· 220
6.4.2 汉江流域百年干旱变化 ············································································ 220
6.5 中小尺度强对流天气变化 ·················································································· 221
6.5.1 东北地区早期中小尺度天气观测 ···························································· 221
6.5.2 东北地区百年雷暴和冰雹变化 ································································ 224
参考文献 ··············································································································· 226

# 第7章 现代极端气候变化特征规律 ·································································· 229
7.1 极端气温事件变化 ······························································································ 230
7.1.1 全球陆地极端气温 ···················································································· 230
7.1.2 中国平均与极端气温 ················································································ 233
7.1.3 中国气温直减率 ························································································ 238
7.2 极端降水事件变化 ······························································································ 239
7.2.1 东亚与中国极端降水 ················································································ 239
7.2.2 中国降雪和极端强降雪事件 ···································································· 242
7.2.3 山东半岛海效降水 ···················································································· 244
7.3 热带气旋事件变化 ······························································································ 247
7.3.1 热带气旋强度、历时、频次时空变化特征 ············································ 247
7.3.2 热带气旋移动距离、移动速度和衰减速度变化特征 ···························· 249
7.3.3 热带气旋诱发的强降水时空变化特征 ···················································· 253
7.4 干旱时空变化特征 ······························································································ 255
7.4.1 中国气象干旱时空演变特征 ···································································· 255
7.4.2 中国水文干旱时空演变特征 ···································································· 257
7.4.3 中国农业干旱时空演变特征 ···································································· 259
7.4.4 变暖减缓期华北土壤水分变化 ································································ 262
7.5 复合型极端气候事件变化 ·················································································· 264
7.5.1 中国热浪–强降水复合型极端事件 ·························································· 264
7.5.2 中国冷热不舒适极端事件 ········································································ 268
7.5.3 西北地区高温–干旱复合型极端事件 ······················································ 270

## 7.6 中小尺度强对流天气变化 272
### 7.6.1 中国暖季雷暴、闪电日数 272
### 7.6.2 中国冰雹、龙卷频次 274
### 7.6.3 中小尺度强对流天气变化影响因子 276
### 7.6.4 中小尺度强对流天气变化局地环境因子 278

## 7.7 城市化与城市极端气候变化 282
### 7.7.1 全球陆地气象站极端气温 282
### 7.7.2 中国国家站极端气温 285
### 7.7.3 中国国家站轻量级小雨频次 287
### 7.7.4 特大城市极端高温和短时强降水 289

## 参考文献 292

# 第8章 近现代重大极端气候事件的成因机理 297
## 8.1 极端降水事件的变化规律 298
### 8.1.1 极端降水事件的定义及其应用 299
### 8.1.2 1980年以来中国大陆的极端累积降水变化 302

## 8.2 重大极端降水事件的成因机理 313
### 8.2.1 大尺度环流分型方法 313
### 8.2.2 极端降水事件与大尺度环流型 314
### 8.2.3 "75·8"和"21·7"河南省灾难性降水事件 320

## 8.3 西北太平洋台风长期变化的成因机理 331
### 8.3.1 台风PDI突变增长与ENSO相关性 331
### 8.3.2 西太台风活动对夏–秋型ENSO事件的响应 335
### 8.3.3 西太副高年代际变化及其对台风年际变化的影响 338
### 8.3.4 西北太平洋辐射通量对西太台风的影响 342

## 8.4 小结 346
## 参考文献 349

# 第9章 近现代时期人类活动对极端气候变化的影响 355
## 9.1 气候变化检测归因的方法 356
### 9.1.1 检测归因的定义 356
### 9.1.2 最优指纹法 356
### 9.1.3 重大极端事件的归因方法 358

## 9.2 极端气温变化的检测归因 359
### 9.2.1 全球和亚洲等极端气温变化 360
### 9.2.2 中国区域极端气温变化 363

9.2.3 青藏高原气温和极端气温变化 ·········································· 365
9.3 极端降水变化的检测归因 ················································· 367
　9.3.1 全球极端降水变化 ················································· 367
　9.3.2 亚洲和中国区域极端降水变化 ······································· 368
9.4 重大极端气候事件的归因 ················································· 371
　9.4.1 极端高温 ··························································· 372
　9.4.2 极端低温 ··························································· 379
　9.4.3 强降水 ····························································· 379
参考文献 ······································································· 385
附录　缩略词 ··································································· 388

# 第1章

## 过去六百年局地气候要素序列及极端事件

东亚季风是全球季风系统的重要组成部分,其空间移动和强弱变化深刻影响着东亚地区天气气候、生态环境、社会经济等诸多方面。全球变暖背景下,东亚季风区气温显著上升,降水模态发生改变,热浪、干旱等极端气候事件频率、强度、持续期均发生了明显变化,区域自然灾害风险日益增加。深入理解不同时间尺度上东亚季风变化特征及其驱动机制对预测未来气候变化、防灾减灾至关重要。然而,东亚季风区器测资料普遍短缺,无法用以理解季风长期时空变化特征和驱动机制。本章展示了利用树木年轮、石笋、历史文献、海洋沉积物等古气候代用资料在东亚季风区典型区域开展的相关研究工作,侧重揭示了小冰期以来气温、降水、干旱、洪水、海温等气候水文要素序列及极端事件在年际至年代际尺度上的变化特征,并初步探讨了相应的驱动机制,为客观理解现代东亚季风特征及预测未来季风变化提供了自然背景知识和数据支撑。

## 1.1 气温序列及极端气温事件

气温表征大气的热能状况特征,是衡量气候系统稳定状态的一个重要指标。由于 19 世纪工业革命后人类大量使用化石燃料,气候系统内部热能增多,全球气温显著增加,极端气温事件频率、强度也随之发生明显变化,进而衍生出一系列气候、环境问题。深入理解不同时间尺度上的平均气温及极端气温变化对预测未来气候变化及其环境效应至关重要。器测资料表明,东亚季风区近几十年气温呈显著上升趋势,高于同期全球平均升温水平,极端气温事件亦显著增多、增强(中国气象局气候变化中心,2022)。然而,客观评估近期平均气温及极端气温变化需要建立在更长时间尺度上,尤其是小冰期以来的气温变化状况。本节展示了利用树木年轮、历史文献等古气候代用资料在东亚季风区典型区域开展的相关研究工作,揭示了过去几百年来珠江流域北部暖季气温、川西贡嘎山区冬季最低气温,以及我国东部地区夏季高温事件的变化特征。

### 1.1.1 珠江流域北部暖季气温重建序列

珠江流域位于东亚季风区南部,是我国经济发展的重要增长区,也是气候和生态环境变化的敏感区。器测资料表明,珠江流域近几十年增温趋势明显,且冬季增温高于夏季增温(Tian and Yang, 2017)。遗憾的是,由于观测资料较为短缺,人们对珠江流域气温的长期变化仍缺乏足够认识。为了理解珠江流域暖季气温长期变化,Li 等(2021a)在珠江流域北部猫儿山开展了树木年轮研究工作,采集了长苞铁杉(*Tsuga longibracteata*)树轮样本,建立了长达 237 年的树轮宽度(tree-ring width, TRW)年表。通过与当地气候数据进行对比分析,建立回归模型重建了过去 193 年的上年生长季(上年 3 月至上年 10 月)的平均气温,发现了 3 个主要暖期(1857~1890 年,1964~1967 年,1992~1996 年)和 3 个主要冷期(1824~1856 年,1891~1963 年,1977~1991 年),并探讨了当地生长季气温变化与全球海表温度(SST)变化的关联性。

猫儿山位于广西桂林北部，为南岭山脉越城岭重要山峰，连接着珠江、长江两大水系；主峰海拔2141.5m，为华南第一高峰。猫儿山森林资源丰富，原生性亚热带山地常绿落叶阔叶混交林植被保存完好，局部地区混有常绿针叶树种，适合开展树木年轮学研究。Li等（2021a）于2016年秋季在猫儿山南坡海拔1991m处采集了36个长苞铁杉树轮样芯，采用国际树木年轮学标准方法对样品进行了预处理、定年和轮宽量测，并进一步采用保守去趋势方法剔除生长趋势，建立了可靠的轮宽年表。该年表长度237年（1780~2016年），各项统计指标表明其可以用于树轮气候学研究。

通过对比当地1958~2016年气候观测数据，发现猫儿山长苞铁杉树轮序列与上年3月至上年10月的平均气温相关最为显著，与当年及上一年降水均不存在显著相关。研究认为上年生长季气温的上升有助于促进树木碳水化合物合成及储存，从而有利于树木在来年的生长（Chen et al.，2015）。然而，相邻区域已有研究显示低海拔长苞铁杉年轮生长对夏季降水响应显著，而非气温（Zhao et al.，2017）。研究认为这一差异主要是受采样点海拔影响：高海拔地区树木生长主要受气温控制，而低海拔地区树木生长主要受降水控制（Dulamsuren et al.，2017；Salzer et al.，2009）。

为了检验重建的生长季气温序列的空间代表性，Li等（2021a）对重建温度序列与NCDC GHCN格点温度数据进行了空间相关性分析。结果显示，在器测资料时段（1958~2016年），重建数据与我国中部及北方大范围地区同季节温度变化具有良好的空间相关性，从而表明猫儿山地区生长季气温重建序列具有较好的空间代表性。研究进一步对重建序列与另外两个邻近区域已有的温度重建序列进行对比（Zheng et al.，2015；Zheng et al.，2016），发现1890~1950年代冷期，以及1990年代后的快速升温现象在两个邻近区域均存在；1820~1850年代冷期则与华中地区神农架的树轮温度重建结果一致（图1.1）。

为了研究全球海温变化对珠江流域生长季气温变化的影响，Li等（2021a）对生长季气温重建数据与全球海温进行了空间相关性分析（图1.2）。结果显示，猫儿山地区生长季气温重建序列与西太平洋、北印度洋、大西洋北部及中部海温均呈现显著正相关。研究认为，热带印度洋升温会在亚热带西北太平洋诱发低层大气的异常反气旋环流，从而导致华南地区气温高于正常水平（Hu et al.，2011）。珠江流域与大西洋海温的关联，可能是通过连接北半球大尺度大气环流和大西洋多年代际振荡（AMO）的"大气桥"来传导的，而重建数据揭示的30~60年的波动频率恰好与AMO的振荡频率相符（Si and Ding，2016）。另外，大西洋多年代际振荡正负位相的变化亦会导致东亚季风系统的强弱变化，进而影响珠江流域生长季气温的高低（Wang et al.，2013a）。

尽管本书初步揭示了珠江流域北部过去两个世纪以来生长季气温变化，珠江流域依然缺乏足够的高分辨率古气候数据来理解流域及整个华南地区小冰期以来气温、降水逐年变化。未来，进一步建立流域内树轮、历史文献等古气候数据网络将有助于全面理解该地区气候长期变化及与全球海表温度、大西洋多年代际振荡等气候驱动因素的关联机制。

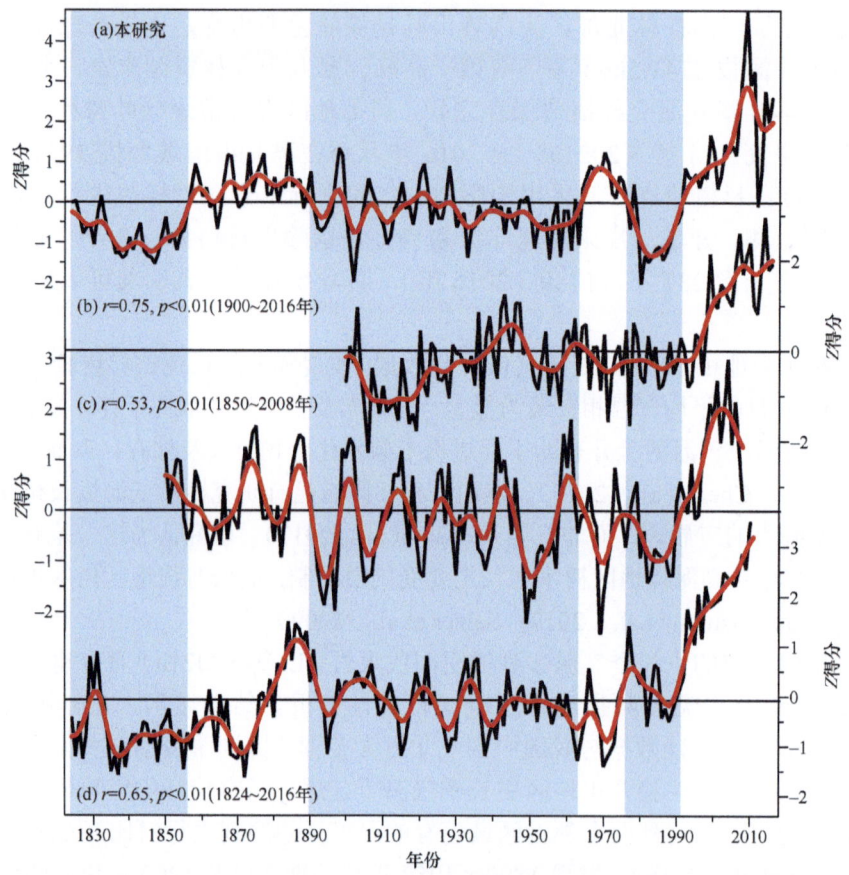

图1.1 （a）猫儿山3~10月气温重建序列，（b）NCDC GHCN 3~10月气温序列（Begum et al., 2018），（c）华中地区南部物候学生长季气温重建序列（Zheng et al., 2015），（d）华中地区神农架2~5月树轮气温重建序列（Zheng et al., 2016）

红线为11年低通快速傅里叶变换（FFT）滤波；相关系数为各序列与本书重建序列重合时段的相关性

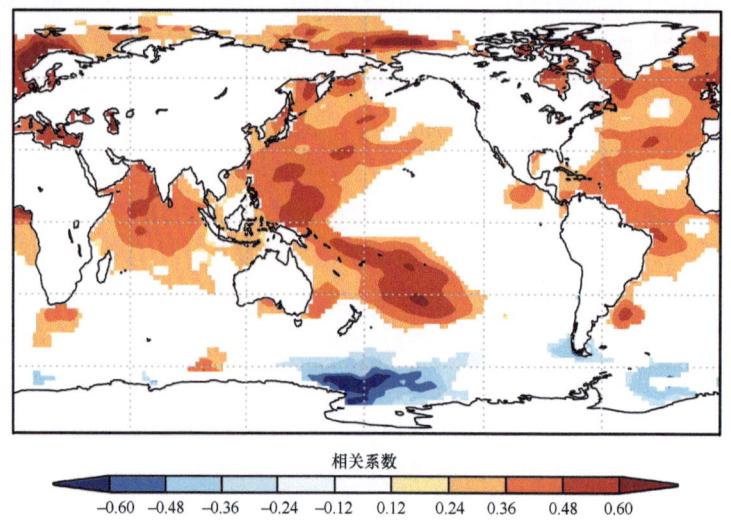

图1.2 猫儿山3~10月气温重建序列与全球海温1958~2016年的空间相关性

## 1.1.2 川西贡嘎山区冬季最低气温重建序列

贡嘎山位于青藏高原东南缘,横断山系大雪山脉中段,是四川盆地向青藏高原的过渡地带。气候上贡嘎山位于亚洲季风边缘区域,受到东亚季风、南亚季风共同影响,区域内气候变化可以较好地指示季风系统强弱变化及其相互作用(Ding,1992)。然而,该区域气候观测资料较为短缺,高分辨率古气候研究的开展较为有限。

Li 等(2021b)通过对贡嘎山区西南坡向 3 个上林线采样点不同树种[长苞冷杉(*Abies georgei* Orr)、铁杉(*Tsuga chinensis*)和西藏圆柏(*Sabina tibetica*)]树轮数据进行综合分析,建立了长达 446 年(1569~2014 年)的区域树轮宽度(TRW)序列。研究发现,该年轮序列与当地冬季(上年 12 月至当年 3 月)最低气温相关性显著,并在此基础上重建了公元 1648~1998 年(351 年)的最低温序列(图 1.3)。研究揭示了该区域过去近 4 个世纪中的 3 个主要冷期(1670~1745 年,1805~1853 年,1877~1949 年)和 4 个主要暖期(1648~1669 年,1746~1804 年,1854~1876 年,1950~1998 年),并发现该地区过去 70 年存在前所未有的升温现象。研究发现并讨论了该地区存在的特殊的树轮-气温分异现象(divergence phenomenon),以及最低温年代际变化与大西洋多年代际振荡(AMO)的关联性。

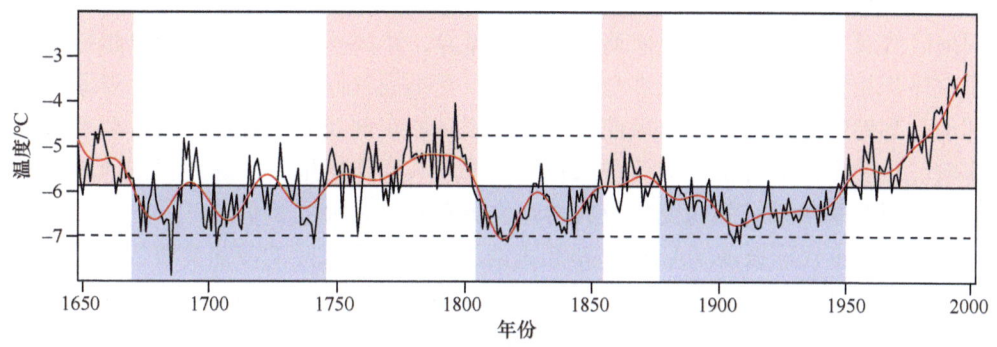

图 1.3 川西贡嘎山 1648~1998 年冬季最低温重建序列及其 21 年低通 FFT 滤波
红线表示 21 年低通 FFT 滤波

对于气候要素与树木生长的关系,研究认为贡嘎山区上林线的树木生长之所以受冬季最低温制约,主要由于极端低温可能导致细胞液结晶,进而破坏植物根组织和形成层(Pallardy and Kozlowski,2008);土壤水分冻结则可能影响冬季水分吸收,进而影响植物来年的生长潜能(Körner,2012);较冷的冬季往往意味着下一年春季气温回暖较晚,导致树木在来年的生长时间缩短(Gou et al.,2007)。

研究中首次发现了一个特殊的分异现象:树轮生长对冬季最低温逐年变化的敏感性在 1990 年代后迅速下降,转而响应生长季(7~10 月)最低温;而树轮生长对冬季最低温低频变化响应不存在明显减弱现象。树轮-气温分异现象作为年轮气候学研究中常见的现象,在青藏高原东部多个地区存在,但原因不尽相同。不同于其他研究中提及的

"冬季干旱压力"（Shi et al.，2017）"冬季冻结压力"（Li et al.，2012）"蒸发量增大导致云层覆盖增加"（Li et al.，2010）"不同海拔及坡面朝向"（Guo et al.，2015）等假说，Li 等（2021b）认为贡嘎山区的分异现象可能是由冬季与夏季的升温速率差异所导致。在过去几十年中，当地冬季气温上升速率明显高于夏季，气温的快速上升导致冬季最低温不再成为限制树轮生长的主要因子；而当地夏季充足的降水量又使树木免受干旱压力，因此上升幅度较慢的生长季最低温成为了新的树轮生长主要制约因素。由于研究区各季节气温均在快速上升，因此树轮数据依然得以体现整体的升温趋势，但丧失了原本响应冬季最低温逐年波动的能力。为此，该研究在冬季最低温重建中剔除了 1999~2014 年受分异现象影响的数据。

通过对最低温重建序列与英国东英格利亚大学气候研究中心网格化时间序列数据（CRU TS4.03）相应月份的最低温数据进行空间相关性分析，发现该重建序列具有很好的空间代表性，主要指示青藏高原南部与东南部地区冬季最低温变化。通过与青藏高原东部、东南部已有的最低气温和平均气温重建序列进行对比，发现 1730 年代和 1760 年代的两个冷期在大多数序列中均有体现；1810~1840 年代及 1900~1910 年代的冷期也在多数序列中存在（Gou et al.，2007；Huang et al.，2019；Li and Li，2017；Wang et al.，2013a）。值得一提的是，1815~1817 年的极端低温在大多数序列中存在，可能与 1815 年印度尼西亚坦博拉（Tambora）火山爆发引起的降温效应有关。除了同步性，不同地区气温重建序列亦显现出清晰的空间差异，距离贡嘎山采样点距离越接近，气温重建序列相似度越高，这或许与不同采样点受不同气候系统控制有关。青藏高原东南部的昌都地区主要受南亚季风控制，而青藏高原东部及东北部地区则主要受东亚季风影响。贡嘎山区恰好位于南亚季风和东亚季风共同作用地带，这使得该地区树轮数据对理解两个季风系统强弱变化及其相互作用具有较重要的价值。

大西洋多年代际振荡（AMO）是北大西洋海温多年代际的冷热交替变换现象，通过复杂的大气环流机制影响全球多地的气候波动。Li 等（2021b）的研究发现，贡嘎山区冬季最低温重建序列与 AMO 在器测时段具有显著的相关性（图 1.4），并与多条 AMO 重建序列在过去几个世纪呈现高度相关（Kaplan et al.，1998；Mann et al.，2009；Vásquez-Bedoya et al.，2012；Wurtzel et al.，2013）。研究认为，AMO 可能会影响亚欧大陆对流层中高层的大气环流，造成大范围大气环流异常，在北半球形成"大气桥"，将北大西洋海温信号传导到东亚季风区，进而影响到青藏高原东南部地区（Si and Ding，2016）。北半球冬季南移的盛行西风带受青藏高原阻隔分成南北两支，AMO 也可能因此通过南支西风带影响到位于青藏高原东南部的贡嘎山区（Fang et al.，2019）。另外，也有研究认为罗斯贝波（Rossby wave）传播是 AMO 跨越远距离影响东亚气候的可能原因（Wirth et al.，2018）。目前，尚无充分证据解释 AMO 与青藏高原东南部地区冬季温度的关联机制，具体原因仍有待更多大气动力学知识和气候模型模拟的验证。

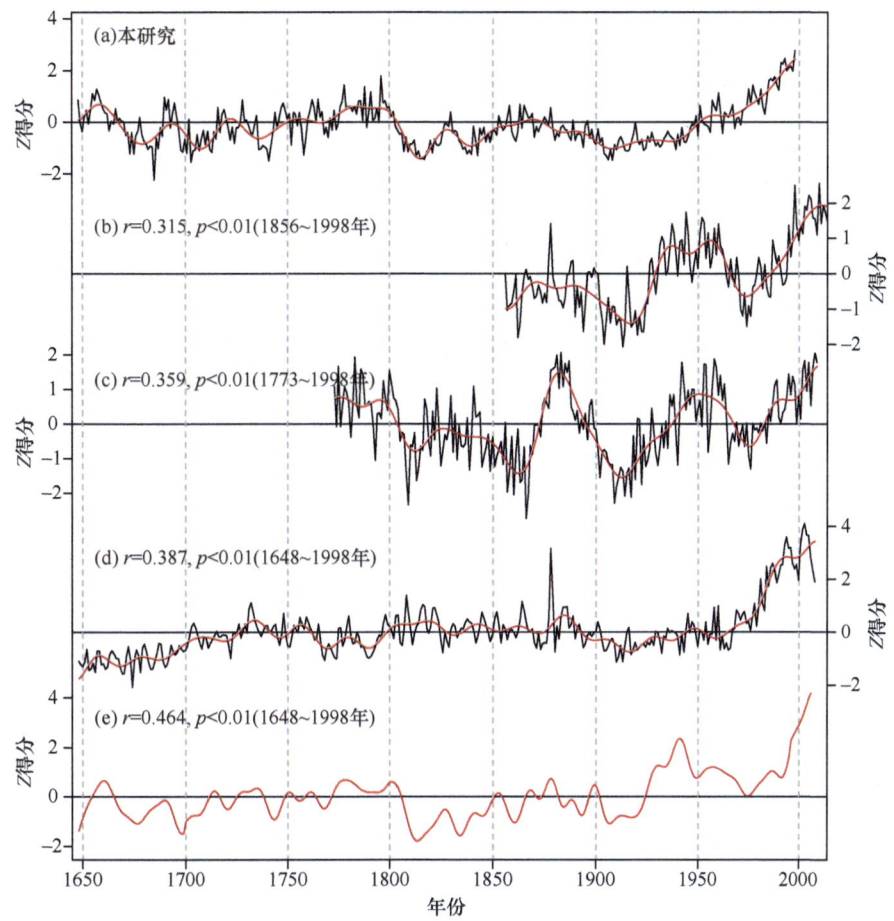

图 1.4 （a）贡嘎山上年 12 月至当年 3 月最低气温重建序列，（b）基于海温的 AMO 序列（Kaplan et al.，1998），（c）基于珊瑚数据的尤卡坦半岛海温重建序列（Vásquez-Bedoya et al.，2012），（d）基于有孔虫 Mg/Ca 数据的南加勒比海海温重建序列（Wurtzel et al.，2013），（e）AMO 年代际重建序列（Mann et al.，2009）

红线表示 21 年低通 FFT 滤波；相关系数为各序列与本书重建序列重合时段的相关性

## 1.1.3 东部地区夏季高温事件

历史文献作为一种古气候研究的代用资料，具有定年准确、空间覆盖度广、时间分辨率高等特点，对于定量重建过去气候变化有其独特的优势。然而，中国作为中纬度大国，大部分国土位于温带及亚热带，历史文献偏重记载寒冷事件及其影响，极端高温事件的记录较少，如有记录则往往反映了高温事件相对罕见、极端。

历史文献中有关高温的记录主要表现为人体的感知描述。陶乐等（2021）的研究以"（酷/甚/盛/大/毒/极）暑、炎、热，燠、熏灼"和"人暍死"（即人中暑而亡）为关键词，从张德二主编的《中国三千年气象记录总集》和温克刚主编的《中国气象灾害大典》中提取公元 1350～1910 年的高温记录，根据不同体感温度时的人体表现，推断记录中高温严重程度。当体感温度达到 35℃以上时，人体感觉难受；当体感温度达到 38℃以上时，易中暑死亡。据此，研究将历史记录中的高温表述分为 3 个等级，其中 S 级别和

VS 级别认为达到极端高温水平（表 1.1）。

表 1.1 历史文献中的高温记述分级

| | 标准 | 记录示例及关键词 |
|---|---|---|
| 一级（M） | 记述热或虽有程度副词但语义相对平淡 | 1. 自六月中旬以后，畿辅各属雨泽短少，炎热异常（1752 年，北京）<br>2. 六月，大热（1807 年，北京）<br>3. 酷热异常（1907 年，山西临猗） |
| 二级（S） | 有明确的程度副词体现热的感觉难以忍受，或有中暑伤人 | 1. 夏暑甚，有暍死者（1759 年，上海）<br>2. 夏五月端午节酷热异常，人弗能堪（1887 年，湖北通山）<br>3. 夏五月苦热伤人（1889 年，浙江奉化） |
| 三级（VS） | 人大量中暑而死 | 1. 六月，毒热，农夫、耕牛多中暑死（1575 年，上海）<br>2. 夏六月，绥中县热，暍死人畜甚多（1627 年，辽宁锦州）<br>3. 大旱，行人多热死（1743 年，山东滨州）<br>4. 夏大旱，暍死者甚众（1827 年，河北唐山） |

注：引自陶乐等（2021），内容有增改。

根据上述标准，研究发现，公元 1350～1910 年中国东部地区（105°E 以东，42°N 以南）共有 142 条高温事件记录，有 40 个年份发生了高温事件，高温事件总体呈现越来越频繁的基本趋势（表 1.2），尽管其中也有历史文献记录"厚今薄古"的因素。公元 1350～1549 年的 200 年内，平均每 50 年仅有一年有高温事件记录，且记录简短，程度较轻。尽管有记录数量的因素，但也在一定程度上反映出明清小冰期早期极端高温的发生频率可能较低。公元 1550 年以后，高温事件频次增多，强度增强。18 世纪中期（1730～1780 年）与 19 世纪前期（1820～1850 年）是工业革命之前极端高温事件发生最为频繁且极端高温事件强度最强的两个时期，而 1780～1820 年仅记录了一次极端高温事件。19 世纪后期，极端高温的频次明显增多，到了 20 世纪，第一个十年即有两次高温记录。

表 1.2 公元 1350～1910 年中国东部高温事件年表

| 时段 | 年份 | 地点 | 极端程度 | 时间 |
|---|---|---|---|---|
| 1350～1399 年 | 1381 | 湖南永州 | M | 7 月 |
| 1400～1449 年 | 1413* | 湖北武汉 | S | 夏季 |
| 1450～1499 年 | 1485* | 浙江安吉 | S | 夏季 |
| 1500～1549 年 | 1525* | 山东诸城 | S | 6 月 |
| 1550～1599 年 | 1565* | 山西洪洞 | S | 夏季 |
| | 1568* | 江苏兴化，浙江嘉兴 | VS | 7 月 |
| | 1575* | 上海 | VS | 7 月 |
| 1600～1649 年 | 1600* | 北京 | S | 7 月至 8 月上旬 |
| | 1627* | 辽宁葫芦岛 | VS | 7 月中下旬 |
| | 1636* | 河北邯郸、衡水，江苏苏州，浙江湖州 | VS | 7 月 |
| 1650～1699 年 | 1661* | 山西运城 | S | 7 月 |
| | 1671* | 山西运城，河北保定、邢台、邯郸及秦皇岛 | VS | 8 月 3～7 日 |
| | 1678* | 北京，河北秦皇岛、唐山，辽宁葫芦岛 | VS | 7 月 24 日前后 |

续表

| 时段 | 年份 | 地点 | 极端程度 | 时间 |
|---|---|---|---|---|
| 1700~1749年 | 1711* | 河北保定、唐山、秦皇岛 | VS | 7月下旬至8月上旬 |
| | 1732* | 山东泰安 | S | 夏季 |
| | 1740* | 河北邢台 | VS | 夏季 |
| | 1743* | 北京、天津、河北大部以及山西、山东部分地区 | VS | 7月15~26日 |
| 1750~1799年 | 1752 | 北京 | M | 7月21日至8月5日 |
| | 1753* | 上海 | S | 7月 |
| | 1759* | 上海 | S | 夏季 |
| | 1773* | 河北保定 | S | 7月下旬 |
| 1800~1849年 | 1807 | 北京 | M | 7月 |
| | 1825* | 河北秦皇岛 | S | 夏季 |
| | 1827* | 河北唐山、秦皇岛，辽宁葫芦岛、山东安丘、潍坊 | VS | 7月24日至8月2日 |
| | 1831* | 北京 | S | 7月19日至8月5日 |
| | 1834* | 山东胶州 | S | 6月26日前后 |
| | 1839* | 山西运城、临汾 | VS | 7月11~16日 |
| | 1841* | 广东梅州 | VS | 夏季 |
| 1850~1899年 | 1862* | 上海 | S | 夏季 |
| | 1866 | 福建宁德，湖南岳阳 | M | 7月 |
| | 1870* | 河北邢台、石家庄、保定一带 | VS | 7月24日至8月6日 |
| | 1875* | 北京，天津，河北保定，山东青岛 | VS | 7月27~31日 |
| | 1877* | 河北廊坊，河南濮阳，湖北襄阳 | S | 7月8日前后 |
| | 1887* | 湖北咸宁 | S | 6月25日前后 |
| | 1888* | 江苏高邮 | S | 夏季 |
| | 1889* | 浙江宁波 | S | 7月 |
| | 1893* | 山东莱芜，江苏泰州 | VS | 夏季 |
| | 1894* | 江苏南京 | S | 夏季 |
| 1900~1910年 | 1900 | 河北邢台，山东济南、滨州 | M | 7月 |
| | 1907* | 山西临汾、运城 | S | 夏末 |
| 合计 | 40（35） | | | |

注：引自陶乐等（2021），内容有删减。
*表示极端高温年份，合计栏括号内数字为极端高温总年数。
资料来源：张德二，2004；温克刚，2005a，2005b，2005c，2006a，2006b，2006c，2007，2008a，2008b，2008c。

通过与前人的研究进行时间序列对比分析，发现中国东部地区极端高温事件发生与百年尺度上的冷暖变化的频率有较好的对应关系。在显著的冷期，高温事件的发生频率较低，比如16世纪末至17世纪是明清小冰期中最冷的一个时期（葛全胜等，2002），这段时期高温事件发生的频率相对较低，极端冷事件的频率则相对较高（郝志新等，2011）。作为小冰期中最暖的时段，1710~1760年的高温事件发生较密集，强度也较大，还在1743年发生了数百年一遇的造成大范围严重影响的极端高温事件（张德二，2004），而这一时期极端冷事件则较少发生（郝志新等，2011）。19 世纪后期在前人研究中被认为是较冷的时期，但本书揭示这段时期极端高温事件频率已经明显增加，早于大多数 20 世纪才开始表现出逐渐变暖特征的平均温度序列，可能反映了工业革命背景下极端高温事件有增多趋势，且极端高温事件对人类活动加速下的气候变化反应较平均温度变化更为敏感。同时，这一时期极端冷事件的发生频率也较高（郝志新等，2011），进一步表明了工业革命后极端气候事件变化的敏感性。

## 1.2 降水及干旱指数序列

降水是水循环过程的基本环节之一，受到地理位置、大气环流、天气系统条件等因素综合影响，空间上分布不均匀，时间上变化不稳定，其异常变化是引起洪涝、旱灾等自然灾害的直接原因。全球变暖背景下，大气湿度整体增加，水循环加强，全球降水强度及其空间分布正在发生深刻改变。器测资料表明，东亚季风区近几十年平均年降水量呈增加趋势，但降水变化区域间差异显著。以 2021 年为例，全国平均降水量较常年值偏多 6.7%，其中华北地区平均降水量为 1961 年以来最多，而华南地区平均降水量则为近 10 年最少（中国气象局气候变化中心，2022）。

干旱灾害起源于降水异常偏少、温度异常偏高等气候要素变化，作用于水资源、生态、农业和社会经济等人类赖以生存和发展的基本条件，其发生往往对人类社会造成重大、负面的影响。伴随着温度升高和降水量的时空变化，东亚季风区面临着越来越高的干旱灾害风险。深入理解小冰期以来不同地区、不同时间尺度上降水和干旱的变化历史及特征，有助于揭示东亚季风区干旱灾害形成过程及其驱动因素。本节展示了利用树木年轮、历史文献等古气候代用资料在东亚季风区典型区域开展的相关研究工作，揭示了过去几百年来珠江流域东部年均湿度变化、汉江流域旱涝等级变化、长江流域梅雨带移动特征，以及季风相邻区域新疆阿克苏地区的干湿变化特征。

### 1.2.1 珠江流域东部年均湿度变化序列

珠江流域位于我国华南地区，主要受东亚季风系统控制，近几十年气候变化显著（Tian and Yang，2017；Zhang et al.，2018a）。由于观测资料较为短缺，人们对珠江流域气候长期变化仍缺乏足够认识。树木年轮具有年分辨率、定年准确和气候变化敏感性高等优点，是理解过去千年气候变化的可靠代用资料（Fritts，1976）。然而，由于缺乏保存完好的原始森林及亚热带地区树木生长与气候要素之间的关系复杂等原因，树木年轮研究在华南地区，尤其是珠江流域开展较少。

Li 等（2020a）在珠江流域东部小黄山原始森林采集了我国南方特有树种华南五针松（*Pinus kwangtungensis*），建立了长达 200 年（1815~2014 年）的树轮宽度（TRW）年表，通过与当地气候数据对比分析，建立回归模型重建了该区域年均（上年 5 月至当年 4 月）湿度变化序列，发现了 4 个主要干旱期（1899~1924 年，1962~1974 年，1988~1994 年，2003~2014 年）和 4 个主要湿润期（1894~1898 年，1925~1961 年，1975~

1987年，1995~2002年），并探讨了当地干湿变化与太平洋和印度洋海表温度（SST）变化的关联性。

小黄山位于广东省北部、南岭山脉东部，区域内原始森林保存较为完好。Li 等（2020a）在小黄山南坡海拔 1403 m 森林中采集了 20 棵华南五针松共 35 个树芯，经过风干、打磨、交叉定年、量测等步骤后，再利用"signal-free"去趋势方法，去除树木年轮中包含的非气候信号，建立了 1815~2014 年共 200 年的树轮宽度年表。截取群体表达信号（expressed population signal，EPS）大于 0.85 的部分，得到 1894~2014 年稳定可靠的树轮宽度年表（图 1.5）。

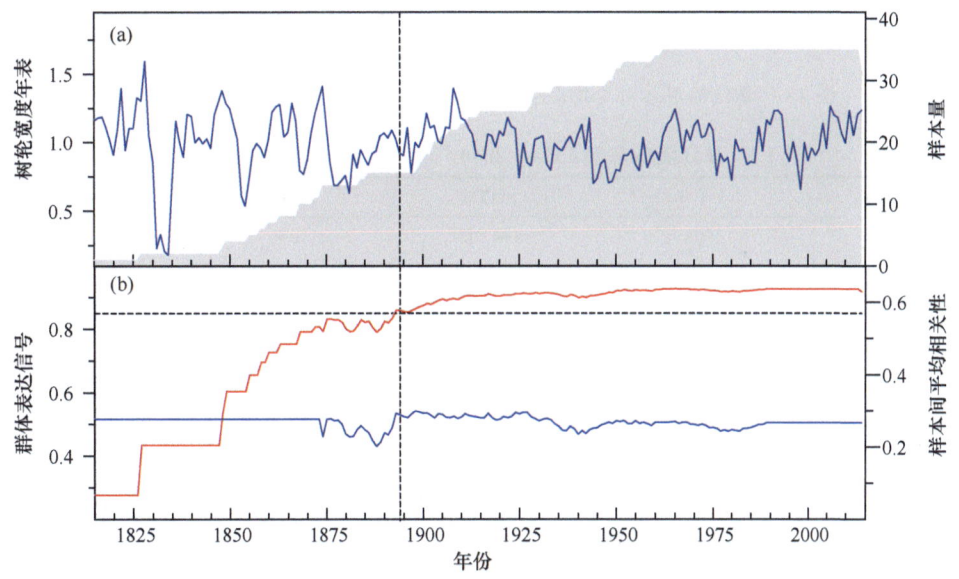

图 1.5 （a）珠江流域东部小黄山树轮宽度年表（蓝色）以及相应的样本量（灰色），（b）51 年窗口滑动 EPS（红色）和样本间平均相关性（蓝色）

(b) 中水平虚线对应 EPS 值 0.85，垂直虚线表示 EPS>0.85 可靠区间起始端

帕尔默干旱指数（PDSI），基于温度、降水数据，以及土壤水分供需模型计算得出，是一个量化区域土壤湿度的指标。根据给定位置的实际土壤特征和气候要素进行了自校准的帕尔默干旱指数（scPDSI），使得不同地区土壤湿度状况更具空间可比性（Wells et al.，2004）。本书使用珠江流域 CRU scPDSI 格点数据来检验树木生长对土壤湿度变化的响应，计算了 1957~2014 年 scPDSI 与树轮宽度年表的逐月相关性，发现树木生长对上年 5 月到当年 4 月（pMay-cApr）干湿变化最为敏感，并将此作为气候重建的目标。基于线性回归模型，重建了年表可靠区间（1894~2014 年）的年均（pMay-cApr）scPDSI，重建模型可解释器测时段 1957~2014 年 39.9%的变化方差。重建结果显示，过去一个多世纪研究区存在 4 个主要干旱期（1899~1924 年，1962~1974 年，1988~1994 年，2003~2014 年）和 4 个主要湿润期（1894~1898 年，1925~1961 年，1975~1987 年，1995~2002 年）（图 1.6）。表 1.3 列出了重建时段 10 个最干旱和最湿润的年份。

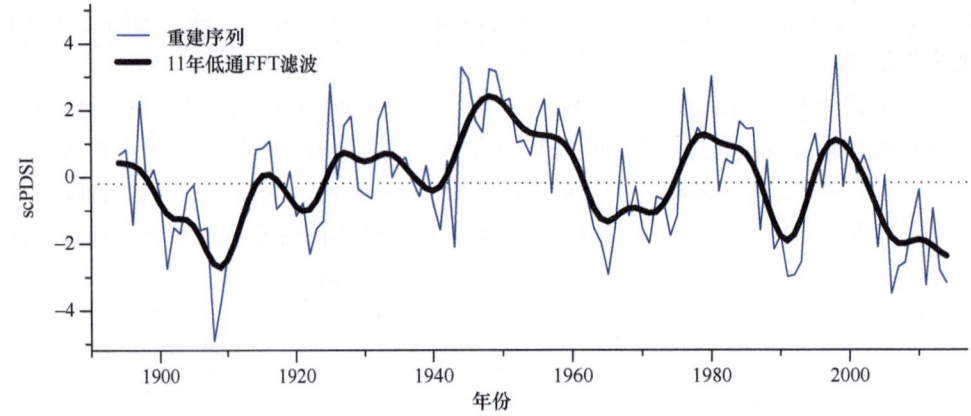

图 1.6 珠江流域东部年均湿度变化重建序列及其 11 年低通 FFT 滤波

表 1.3 珠江流域东部 1894~2014 年 10 个最干旱和最湿润年份

| 排名 | 干旱年份 | scPDSI | 湿润年份 | scPDSI |
| --- | --- | --- | --- | --- |
| 1 | 1908 年 | −4.915 | 1998 年 | 3.631 |
| 2 | 1909 年 | −3.740 | 1944 年 | 3.301 |
| 3 | 2006 年 | −3.508 | 1948 年 | 3.236 |
| 4 | 2011 年 | −3.271 | 1949 年 | 3.162 |
| 5 | 2014 年 | −3.181 | 1980 年 | 3.023 |
| 6 | 1991 年 | −2.995 | 1945 年 | 2.941 |
| 7 | 1992 年 | −2.952 | 1925 年 | 2.806 |
| 8 | 1965 年 | −2.936 | 1976 年 | 2.650 |
| 9 | 2013 年 | −2.811 | 1951 年 | 2.340 |
| 10 | 1901 年 | −2.754 | 1956 年 | 2.323 |

研究表明，珠江流域东部小黄山树木生长主要受水分条件限制（Li et al.，2020a）。前人研究一般认为土壤湿度增加能够促进树木生长，因为湿润环境有利于生长季细胞分裂、细胞增大和木质部形成（Hsiao and Acevedo，1975）。然而，不同于其他研究，本书表明较高湿度会抑制小黄山地区的树木生长。研究认为，由于小黄山位于亚热带季风气候区，生长季雨水充足，过多的降水反而可能降低土壤蒸腾速率和根系水力传导率，从而限制根系水分吸收，进而抑制树木生长（Caldwell and Richards，1989）。

研究利用格点观测数据和相邻区域湿度重建序列进行了验证分析，发现小黄山树轮重建序列可以有效代表珠江流域干湿变化。为了探究研究区湿度变化与太平洋和印度洋海表温度（SST）间的关联，研究分析了 1957~2014 年重建序列与全球海表温度之间的空间相关性（图 1.7），发现重建序列与太平洋北部和西部 SST 变化呈显著负相关，与太平洋东部 SST 变化呈显著正相关，表明这些区域的海表温度变化对研究区干湿变化有较大影响。珠江流域气候主要受东亚季风系统影响，水汽主要来自西太平洋和印度洋（Wang et al.，2000）。西太高压和东亚季风的增强会导致珠江流域降水量增加（Li et al.，2001；Zhang et al.，1999）。大量研究表明，太平洋年代际涛动（PDO）和厄尔尼诺/南方涛动（ENSO）会影响东亚季风强弱变化，进而影响珠江流域降水（Zhao et al.，2014）。本书重建序列与全球 SST 的空间相关呈现弱 PDO 格局，进一步揭示了 PDO 对珠江流域干湿变化的影响。

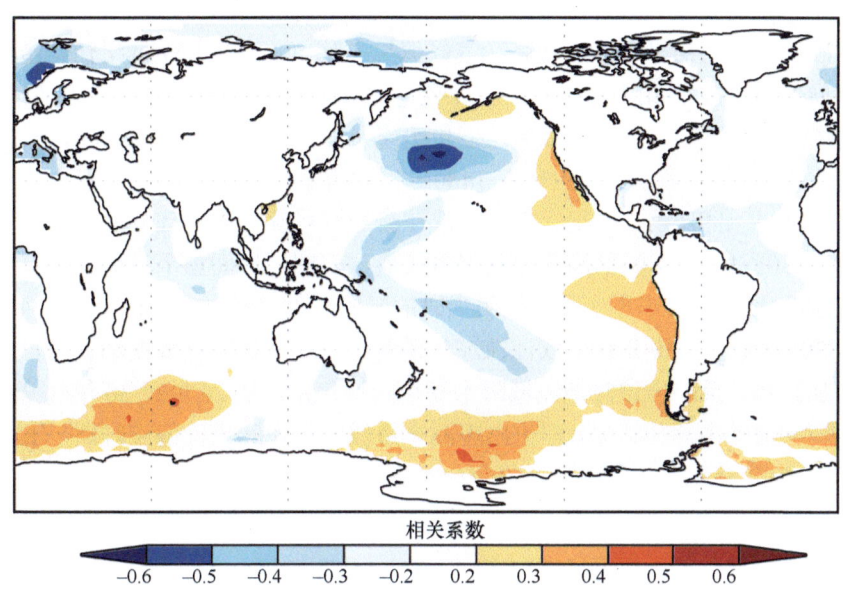

图 1.7 小黄山年均湿度重建序列与全球海温 1957~2014 年的空间相关性

综上可知，小黄山树轮重建序列表明珠江流域东部干湿变化存在较强的年际、年代际波动，可以较好地指示东亚季风降水强弱变化。太平洋、印度洋海表温度变化对珠江流域干湿变化具有显著的影响，可能是驱动珠江流域干湿变化的主要因素之一。然而，本书树轮序列仍然较短，未能进一步揭示小冰期以来珠江流域干湿变化特征。今后研究应致力于在珠江流域寻找更古老的树木，建立更大范围的树轮网络，从而探究亚热带地区树木生长对气候变化的响应机制，以及深入理解该地区气候长期变化与全球海表温度以及 ENSO、PDO 等气候驱动因素的关联机制。

## 1.2.2 汉江流域旱涝等级变化

汉江地处秦岭南部北亚热带季风气候区，是长江主要支流之一。汉江流域是中国南北气候分界的过渡地带，也是气候与环境变化的敏感区域，其抗旱、防洪和供水功能在国家社会经济发展和生态文明建设中均具有十分重要的地位。汉江作为南水北调中线工程水源区和长江中游防洪防涝的关键控制流域，其降水和旱涝变化会导致广泛的社会经济影响。然而，目前对于汉江流域多年代到世纪尺度的旱涝变化规律还缺乏全面了解。本书基于历史文献中的旱涝灾害记录（1426~1950 年）和器测时期（1951~2017 年）的降水数据（杨溯和李庆祥，2014），利用五等级分类法（中国气象局气象科学研究院，1981）重建了汉江流域 1426~2017 年旱涝灾害等级时间变化序列，并分析了其变化特征（Zhang et al.，2022；Zhang et al.，2023）。

图 1.8 显示了公元 1426~2017 年间汉江流域旱涝等级的波动特征。为了突出年代际和多年代际尺度上的变化特征，将区域旱涝平均序列进行了 11 年和 50 年的滑动平均。结果显示，研究时段汉江流域旱涝等级均值低于 3（为 2.89），表明整体气候偏湿润。在过去 592 年中，研究区大致经历了两个偏旱时期和一个长达 4 个世纪左右的偏涝时期：15 世纪初到 16 世纪初旱涝等级较高，气候偏旱；16 世纪初到 20 世纪初旱涝等级总体较低，气候偏涝；20 世纪上半叶以后，旱涝等级值再度回升，气候又转为偏旱。其中，15 世纪初到 16 世纪初虽然整体偏旱，但也出现了非常明显的年代际波动，最涝的阶段是 1460~1470 年代，最旱阶段出现在 1480~1490 年代，是整个研究时段内最严重的持续性干旱。16 世纪初至 20 世纪上半叶，汉江流域气候存在多年代际波动但整体偏湿偏涝，其中 1530~1670 年间旱涝等级出现最低值，表明这期间整个流域洪涝灾害频繁。18 世纪年际和年代际变率不明显，表明当时的气候条件平稳湿润。19 世纪初到 20 世纪初，即 1830 年代至 1930 年代，汉江流域旱涝等级的年际、年代际波动显著，旱涝频率有明显增加趋势，反映出该时期流域降水变化的不稳定。从 20 世纪 30 年代开始，汉江流域在年代际波动中总体转旱，但也出现两个短暂的年代际尺度偏涝时期，分别在 1950 年代初和 1980 年代初。

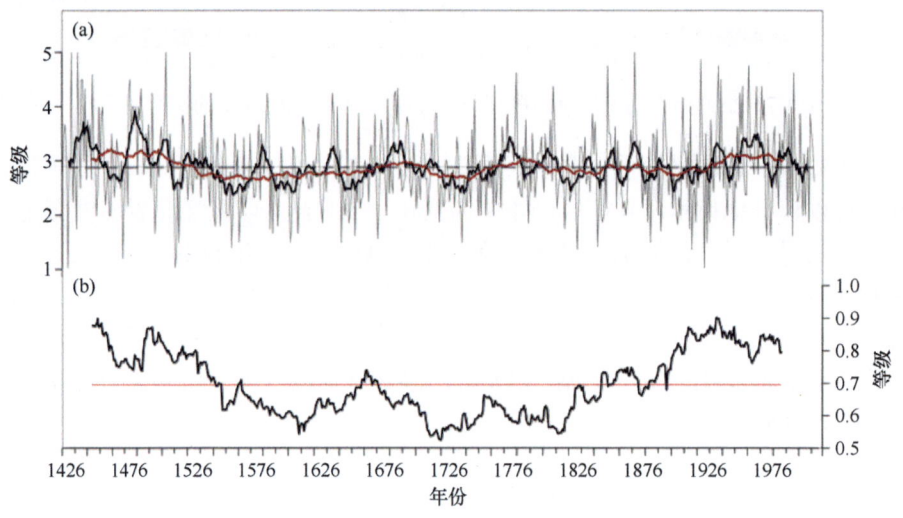

图 1.8　1426~2017 年汉江流域旱涝等级变化序列
（a）旱涝等级逐年变化（灰线）及其 11 年（黑线）和 50 年（红线）滑动平均；水平虚线表示旱涝等级均值。（b）旱涝等级 50 年滑动标准差序列（黑线）及其均值（红线）

汉江流域旱涝等级序列 50 年滑动标准差曲线表明，16 世纪中叶以前和 19 世纪中叶以后，旱涝变率明显偏大，而 17 世纪末到 19 世纪初，旱涝波动整体较为平缓（图 1.8）。

前人对大九湖孢粉以及犀牛洞石笋的研究显示，明朝（1368~1644 年）初年神农架地区（109°E，31°N）降水丰富，气候较为湿润；15 世纪初之后降水逐渐减少，气候转干（何报寅等，2003；况润元，2003）。1430 年开始，长江流域经历了近 60 年的干旱气候，1550 年以后气候转为偏涝，此后 70 年间多次发生大的洪涝灾害。例如 1560 年，江苏、浙江、湖北等 7 省受到洪水侵扰，洪水等级可能达到了四百年一遇（葛全胜，2011），汉江流域受灾严重，多有"大水，人畜多溺死""大水，舟入市""大水，禾苗淹没，官民舍宇、垣墙倾圮"等记载（康熙《钟祥县志》卷十《灾祥》；乾隆《武昌县志》卷一《祥异》；康熙《鼎修德安府全志》卷二《灾异》）。

对长江上游白鹤梁和龙脊石两处题刻枯水位的高程记录的研究发现，1411～1530年间长江上游的枯水位记载较为集中，表明当时气候较干；16世纪以后，龙脊石枯水位记录次数减少，表明同期气候转湿润；18世纪白鹤梁石鱼的水文石刻记录明显减少，表明当时极端干旱事件较少（葛全胜，2011；Qin et al.，2020）。刘敬华等利用高分辨率石笋和历史文献重建了季风区边缘近500年的降水变化，发现1701～1780年间降水变率较小，降水量处于平均水平之上，旱灾发生相对较少且没有极端旱涝事件发生（刘敬华等，2006）。研究表明，18世纪中国较前期温暖，气候条件明显好转（Yang et al.，2002）。

自19世纪中叶开始，中国各地均在波动中变暖，且达到过去2000年以来的最大速率（秦大河和翟盘茂，2021）。与此同时，汉江流域旱涝灾害的年代际变率也逐渐增大。张建民依据现存碑刻、档案以及地方志资料中著录的碑石文字，发现自1840年以后，汉江上游陕南地区久雨、暴雨之后发生山崩、泥石流已经成为当地十分常见的现象（张建民，2008）。张国雄指出，明清时期江汉平原（汉江中下游地区是江汉平原的重要组成部分）的旱涝周期越来越短，尤其是涝灾，由明朝前期的每12年发生1次，逐渐演化到清朝后期的每1.5年发生1次（张国雄，1987；1990）。同时，极端干旱事件也愈发严重，1877～1878年华北地区发生了20世纪以前有记载的死亡人数最多的特大旱灾，仅山西、河南、河北、山东4省因旱灾死亡人数即达到1300万，重旱区涉及陕西、山西、宁夏、甘肃、河南，波及青海东部、四川北部、湖北西部、湖南中部等地（葛全胜，2011）。根据本书的统计结果显示，汉江流域在1877年和1878年至少有38个县经历严重旱灾，如汉江上游地区的洋县："三、四（光绪三年和四年，即1877年和1878年）两年大旱，经年不雨，禾苗如焚，井水多涸，斗价昂贵，大饥"（光绪《洋县志》卷八《拾遗》）；紫阳县："旱，草木皆槁，大饥，人相食，道殣相望"（民国《重修紫阳县志》卷五《纪事》）；汉江中游地区的方城县："大旱，赤地千里，豫北数郡皆灾，人相食，道殣相望，未闻赈恤。"（民国《方城县志》卷五《灾异》）等，以及下游地区的潜江县："夏大旱，河空"（光绪《潜江县志续》卷二《灾祥》）。可以看出，这一时期汉江流域整体旱情十分严重。

在全球变暖背景下，20世纪特别是近半个世纪，中国气候波动较为强烈，极端降水事件频率、强度以及干旱范围均有所增长（Ren et al.，2012；Ge et al.，2016）。对1961～2019年间长江中下游干旱过程的研究表明，长江中下游地区的年干旱日数总体呈现"西北部增多，东南部减少"的格局（张强等，2021）。汉江流域位于长江中下游西北部地区，自20世纪90年代以来，流域整体也呈现出持续干旱状态（班璇等，2018）。

### 1.2.3 长江流域梅雨带移动特征

东亚季风雨带是东亚季风最显著的表现。季风爆发后，雨带随夏季风向北推进，6～7月呈准静止状态，自中国江淮地区延伸至日本中南部与韩国南部，这一降水过程在中国被称为梅雨。前人研究探讨了历史时期梅雨强度变化特征（张德二和王保贯，1990；葛全胜等，2007），但历史时期梅雨雨带的南北推移尚缺乏相关研究。

湖南长沙地区处于江淮梅雨区的南缘地带，在初夏季节存在一个降水集中期，而这一时期降水是否为梅雨存在不确定性。因而，该地区是否出现典型梅雨可以较好地反映梅雨带南缘的变化。本书基于多部古代日记资料，结合器测气象数据，重建了长沙地区公元1861年以来梅雨起止日期及持续日期等相关要素逐年变化，通过讨论该地区在年代际尺度上是否存在典型梅雨，来推测梅雨带南缘的南北移动，并进一步讨论了19世纪中叶以来梅雨带位置在不同时间尺度上的变化特征及其驱动因素。

重建结果显示，长沙地区1861~2017年间梅雨期开始日、结束日，以及梅雨期长度存在显著的年际、年代际变化（图1.9）。根据葛全胜等（2007）重建的长江中下游地区梅雨序列，1861~2000年间任意20年平均梅雨期长最低为17.1日，梅雨期超过17日的年份约为70%，因此以17日为典型梅雨期长的最低值。长沙地区过去157年来梅雨期长度平均值为17.2日，略高于典型梅雨期最低标准，说明在过去一个多世纪该地区存在着典型梅雨。

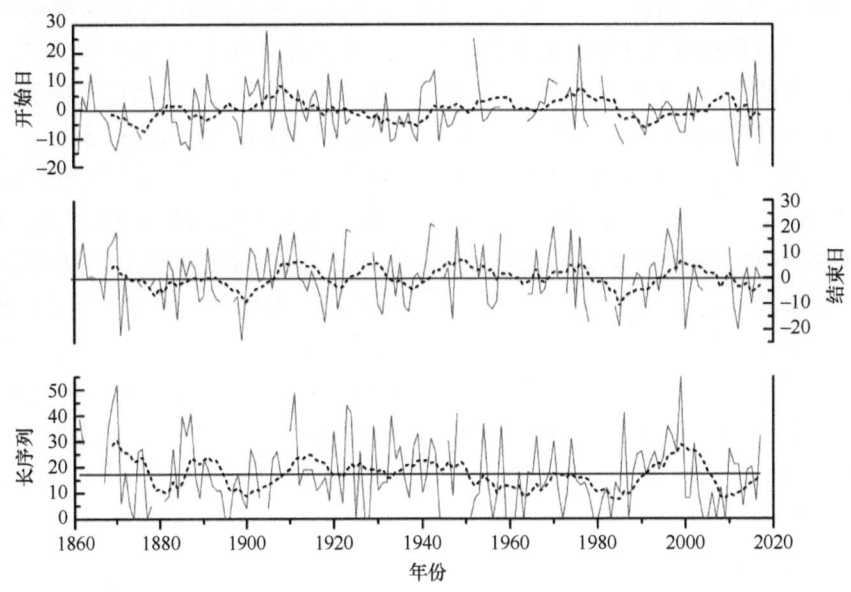

图1.9　长沙地区梅雨期开始日、结束日、梅雨期长序列（虚线为9年滑动平均）

本书利用长沙地区梅雨期长度判断其是否为典型梅雨，进而推测梅雨带南缘的南北推移。将长沙地区每年梅雨期长度与典型梅雨期最低标准值17日进行比较，假定梅雨期长为$a$，设$R=a-17$，$a-17\geqslant0$时，$R$值定为"+1"，$a-17<0$时，$R$值为"-1"。若一个时段内$R$值的总和$\sum R\geqslant0$，表示该时段内具有典型梅雨。当某个时期具有典型梅雨特征时，认为梅雨带南缘在长沙地区以南。结果表明，在年代际尺度上，1861~2017年间长沙地区典型与非典型梅雨交替出现，梅雨带南缘存在年代际的南北推移。在多年代际尺度上，1871~1915年间雨带南缘主要在长沙地区以南，1916~1987年间主要在长沙地区以北，1988~2017年间又主要在长沙地区以南。利用衡阳1933年以来的器测数据，

使用同样的方法进行分析,发现长沙与衡阳梅雨典型与否信号完全一致,表明梅雨带南缘的南北移动可达 2 个纬度左右。

研究进一步讨论了 1933~2017 年间梅雨降水中心位置与雨带推移间的关系。所谓雨带中心,是指如果淮河流域梅雨期长(26 日)或长江中下游梅雨期长(24 日)距平符号为"+",就认为这一区域是雨带的降水中心,反之则不是降水中心。以深灰色表示雨带中心,浅灰色表示典型梅雨区的一般降水区,梅雨带推移如图 1.10 所示。1933~1943 年,长江中下游、淮河流域梅雨偏弱,长沙-衡阳地区梅雨期均值超过典型梅雨区多年均值,雨带中心异常偏南。1944~1954 年,雨带中心偏北,雨带南缘偏在长沙以北。1955~1966 年,雨带南缘在长沙以北,这一时段夏季多雨带在黄河流域。1967~1978 年,雨带中心偏南,雨带南缘偏在长沙以北,雨带呈狭窄态势,夏季多雨带在黄河流域。1979~1990 年,江淮梅雨整体偏强,雨带南缘偏在长沙以北。1991~1999 年,雨带中心偏南,雨带南缘在衡阳以南。2000~2009 年,雨带中心偏北,雨带南缘在长沙以北。2010~2017 年,雨带中心居中,雨带南缘偏南。从多年代际变化来看,1861~1921 年

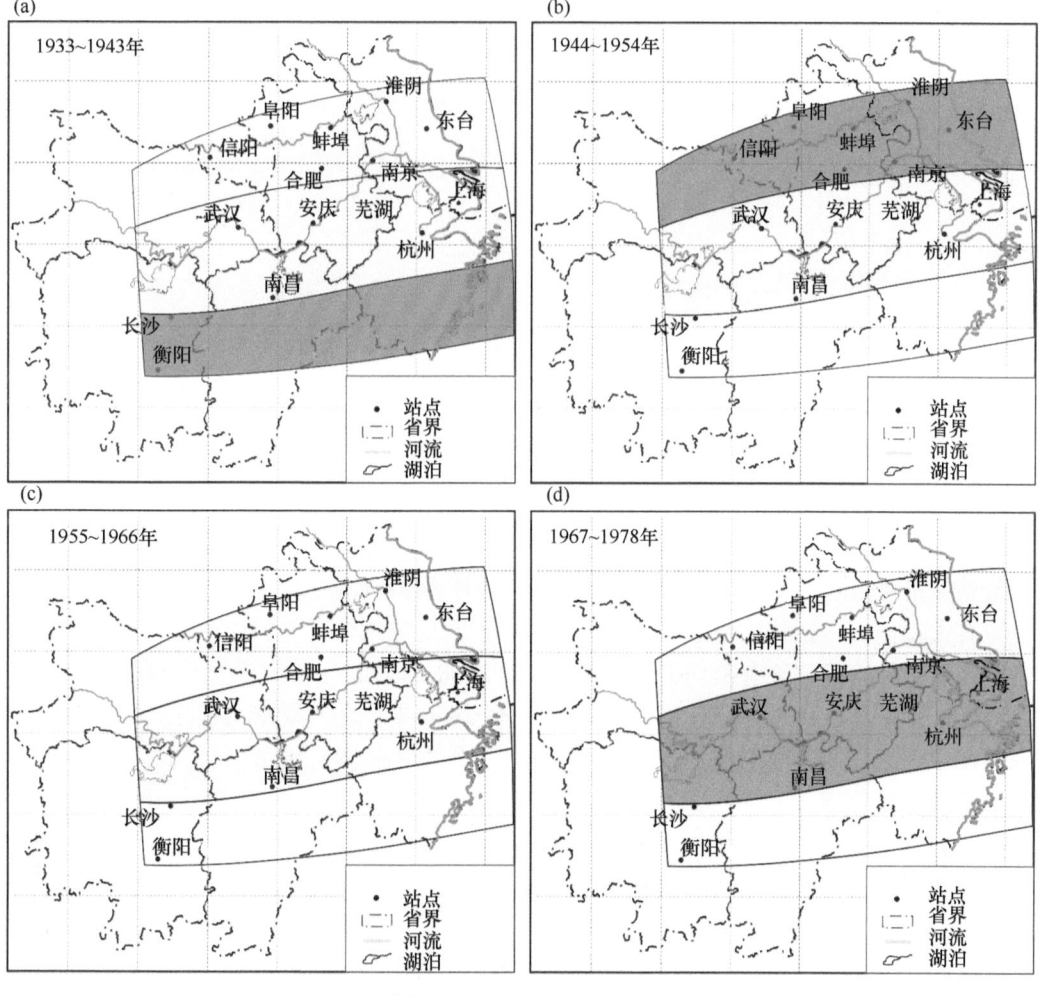

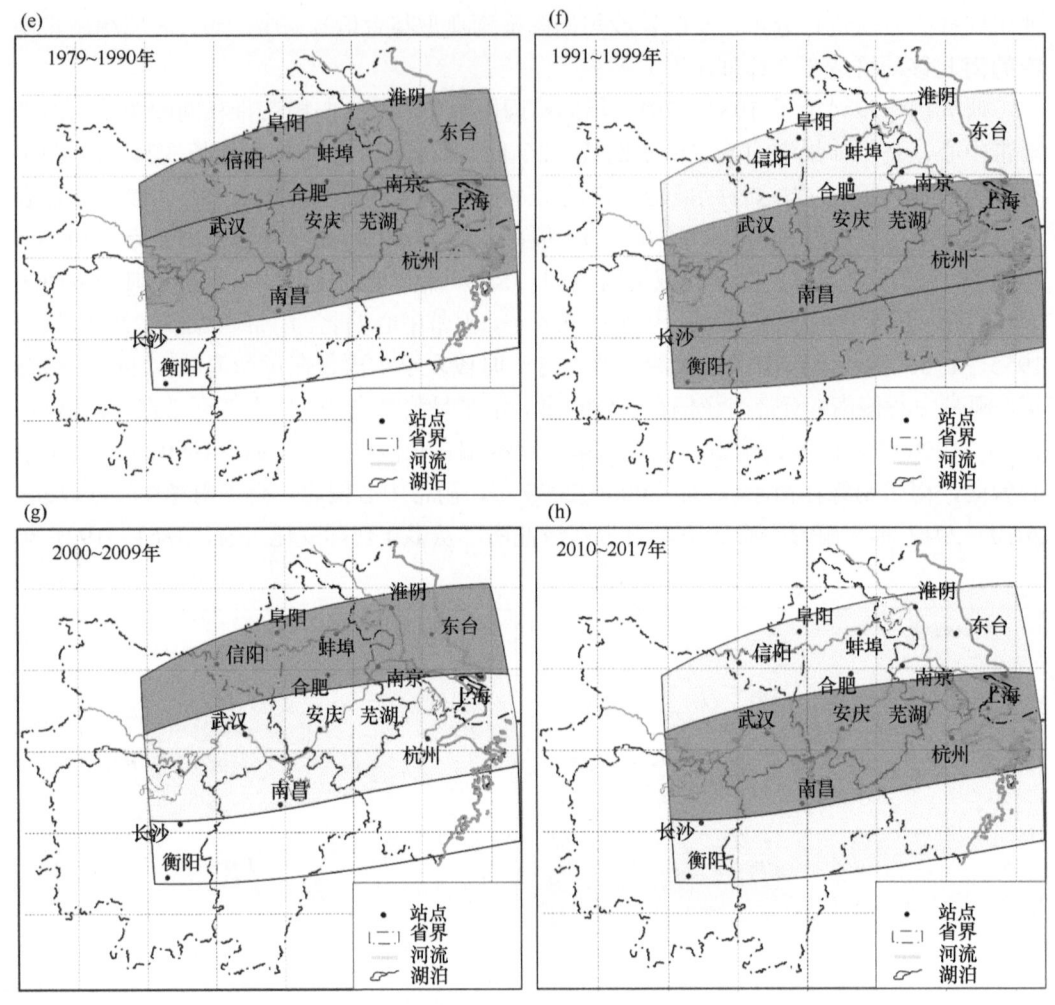

图 1.10  1933~2017 年梅雨雨带中心与雨带南缘推移示意图

间,雨带整体偏南偏强;1922~1978 年雨带南缘偏北,雨带中心位置频繁变化,梅雨带整体偏弱,中国东部夏季降水中心偏离江淮;1979~2017 年雨带中心以偏南为主,1991 年后雨带整体偏南偏强。这样看来,2000 年以后的雨带北移可能不是一种长期趋势性的现象。

有关梅雨雨带推移的原因,前人研究显示东亚夏季风强弱与长江中下游是否为梅雨中心区及雨带南缘位置有密切关系(赵振国,2008)。1920 年前,夏季风偏弱,雨带中心在长江中下游,雨带南缘偏南;1920 年代至 1960 年代末,夏季风较强,雨带中心不在长江中下游,雨带南缘偏北;而 1970 年代起夏季风转弱,雨带中心又主要位于长江中下游,南缘偏南。

研究进一步讨论了 PDO+/AMO+、PDO−/AMO−、PDO+/AMO−、PDO−/AMO+ 四种海温模式组合下梅雨带空间活动特征(Zhang et al.,2018b)。PDO、AMO 指数均采用夏季 6~8 月的平均值。

PDO−/AMO+:1944~1954 年、2000~2009 年,雨带整体偏弱偏北;1955~1966 年、1871~1879 年、1892~1900 年间雨带整体偏弱,雨带偏北或夏季多雨带不在江淮地区。

PDO+/AMO−：1901~1911年、1991~1999年对应于雨带整体偏南偏强，1979~1990年雨带整体偏强，江淮全区为强梅雨。

PDO−/AMO−：1967~1978年虽然长江流域梅雨偏强，但雨带整体偏弱，夏季多雨带在黄河流域。1922~1932年雨带整体偏弱，雨带偏北或者夏季多雨带不在江淮地区。

PDO+/AMO+：1932~1943年雨带异常偏南，整体偏弱；1861~1870年、1881~1891年雨带整体偏南偏强。

上述结果表明，AMO主要影响长江中下游梅雨的强度，AMO负相位通常对应长江中下游梅雨偏强；而AMO正相位时，通过加热欧亚对流层中高层加强了海陆之间的热力差异，使得东亚夏季风增强，从而削弱了长江下游梅雨。

年代际尺度上，PDO对于梅雨雨带位置的南北推移起到了决定作用。PDO正相位时，北太平洋位势高度负异常，日本至长江中下游出现低压，从而减弱了副热带高压，而副热带高压偏弱时水汽水平输送与垂直运动利于梅雨带偏南。AMO起到一定的调制作用。这一时期如果AMO负相位，则可以加强PDO的影响；AMO正相位中国东部则容易出现南涝北旱的降水格局。1933~1943年间梅雨带异常偏南，就可能与AMO的正相位背景有关。PDO负相位在同样机制下会使得梅雨带偏北，并且还会受到AMO与印度洋海盆一致模态（IOBM）的影响。如果这时AMO处于正相位，印度洋海盆处于冷相位，则可以使得副热带高压进一步增强和北移，雨带进一步北进，多雨带出现在华北地区，如1955~1966年。

## 1.2.4 新疆阿克苏地区干旱指数重建序列

新疆位于中亚地区东部，受到亚洲季风、西风环流、北大西洋涛动（NAO）、厄尔尼诺/南方涛动（ENSO）等多个气候因素影响，研究该地区气候长期变化有助于理解亚洲季风系统的强弱变化及其与其他气候系统的相互作用。

Wang等（2021）基于在新疆阿克苏河上游地区（41°39′N，79°17′E）采集的天山云杉（*Picea schrenkiana*）树轮样品开展了相关研究。该研究共使用了采自80棵树的138个样芯。根据树轮年代学标准方法，研究组建立了该区域公元1352~2013年的树轮宽度年表，年表各项统计指标均表明所采集树轮对研究区气候变化具有较高的敏感性。根据子样本信号强度大于0.85这一标准，确定该年表可靠区间为公元1466~2013年。通过计算轮宽序列与气候要素的相关系数，发现上一年9月至当年3月（pSep-cMar）平均PDSI与年表相关性最高（$r = 0.643$，$p<0.01$）。基于以上分析，研究采用线性回归模型重建了研究区过去548年pSep-cMar PDSI变化，重建结果对器测时段（1955~2013年）实际值的方差解释量为41.4%。多项校准和检验结果均表明重建模型是稳定可信的，具有显著的统计意义。重建结果的空间相关性分析也表明，本书重建的PDSI序列能较好地代表研究区整体的干湿变化状况（Wang et al., 2021）。

图1.11为重建的阿克苏地区1466~2013年间pSep-cMar PDSI序列。本序列揭示了阿克苏地区过去548年年际、年代际尺度上的干湿变化。整个重建序列的平均值（mean）为0.01（$\sigma=1.64$），明显低于过去60年（1954~2013年）PDSI的平均值。自公元1466

年以来，共有 85 年（15.5%）重建 PDSI 值高于 mean+1σ，69 年（12.6%）重建值低于 mean−1σ。研究将 PDSI 值小于 mean−2σ 的年份定义为极端干旱年，故重建时段共计有 21 个极端干旱年，分别为 1498 年、1502 年、1526 年、1550~1556 年、1627~1628 年、1630 年、1663 年、1728 年、1731 年、1790 年、1829 年、1836 年和 1918~1919 年。定义 PDSI 值大于 mean+2σ 的年份为极端湿润年，共计有 10 年，分别是 1700 年、1901~1903 年、1994 年、1998 年、2003 年、2005 年、2008 年和 2012 年。最湿润和最干旱的 10 年分别是 1990 年代和 1550 年代；最湿润和最干旱的世纪分别是 20 世纪和 16 世纪；最湿润和最干旱的百年分别是 1914~2013 年和 1466~1565 年。为突出干旱的低频变化，研究对 PDSI 重建序列进行了 11 年滑动平均，并分别定义滑动平均序列高于平均值为湿润期，低于平均值为干旱期。结果显示，重建时期共有 12 个湿润期和 12 个干旱期（表 1.4）。持续时间大于 20 年的干旱期发生在 1493~1512 年、1514~1560 年、1655~1687 年、1722~1750 年、1772~1795 年、1824~1845 年、1866~1890 年。1514~1560 年间的干旱期（47

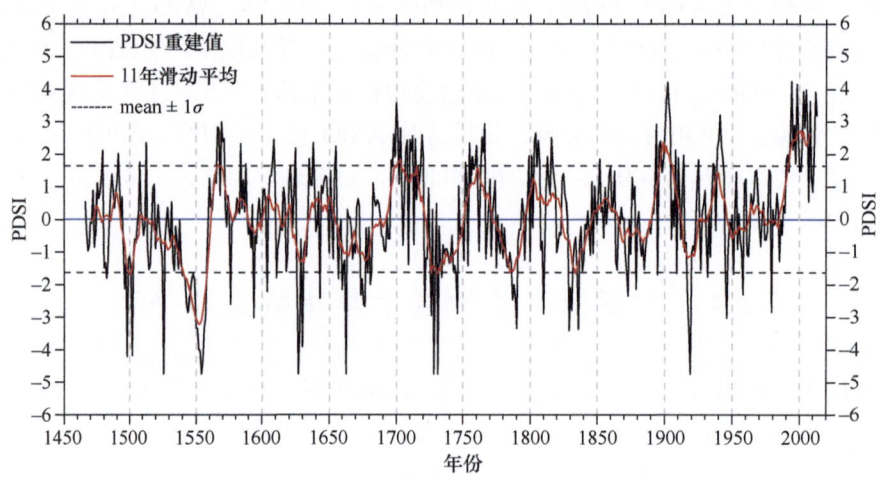

图 1.11　阿克苏地区上一年 9 月至当年 3 月 PDSI 重建序列及其 31 年滑动平均（1466~2013 年）

表 1.4　阿克苏地区过去 548 年相对干旱期和相对湿润期

| 序号 | 干旱期 | 持续时间/年 | 湿润期 | 持续时间/年 |
| --- | --- | --- | --- | --- |
| 1 | 1493~1512 年 | 20 | 1561~1576 年 | 16 |
| 2 | 1514~1560 年 | 47 | 1579~1589 年 | 11 |
| 3 | 1590~1599 年 | 10 | 1600~1613 年 | 14 |
| 4 | 1623~1635 年 | 13 | 1636~1654 年 | 19 |
| 5 | 1655~1687 年 | 33 | 1693~1721 年 | 29 |
| 6 | 1722~1750 年 | 29 | 1751~1771 年 | 21 |
| 7 | 1772~1795 年 | 24 | 1796~1823 年 | 28 |
| 8 | 1824~1845 年 | 22 | 1846~1865 年 | 20 |
| 9 | 1866~1890 年 | 25 | 1891~1912 年 | 22 |
| 10 | 1913~1925 年 | 13 | 1932~1946 年 | 15 |
| 11 | 1947~1962 年 | 16 | 1963~1973 年 | 11 |
| 12 | 1974~1984 年 | 11 | 1985~2008 年 | 24 |

年)是研究区自1466年以来最严重的干旱。重建时段有6个持续时间大于等于20年的湿润期,分别是1693~1721年、1751~1771年、1796~1823年、1846~1865年、1891~1912年和1985~2008年。从20世纪80年代到现在,是研究区最湿润的时期。

为进一步确认重建序列的可靠性以及不同区域干湿变化记录的异同,研究将重建的PDSI序列与新疆其他地区基于树轮重建的干湿变化序列进行了比较。结果显示,重建序列揭示的1650~1690年、1720~1750年、1770~1790年、1820~1840年、1910~1920年和1970~1980年间的干旱期与阿克苏地区降水量(张瑞波等,2009)和年径流量(张瑞波等,2011)较少期一致,尽管这些时期干旱的强度和持续时间存在一定差异。16世纪中期阿克苏地区经历了过去五百年最严重、最持久的干旱。根据资料记载,这场干旱发生范围十分广泛,包括美国、墨西哥西北部和加拿大西部等地亦有严重干旱发生的记录(Woodhouse and Brown,2001;Acuña-Soto et al.,2002),被称为16世纪"大干旱"。20世纪最干旱的时期出现在1920年代,这已被周边地区的大量研究证明(Chen et al.,2013;Zhang et al.,2017)。此外,研究区20世纪最显著的特征是湿润强度明显增加,特别是20世纪80年代以来,研究区从暖干气候转变为暖湿气候状态。

阿克苏地区是一个典型的内陆干旱区,西风环流是主要的水汽来源。对PDSI重建序列进行多窗谱分析,发现研究区存在显著的年际(2~3年)和年代际(53.8年)变化准周期。2~3年的周期振荡可能与平流层准两年振荡或对流层两年振荡有关(Huang et al.,2013)。53.8年的准周期可能与北大西洋环流40~50年的不规则振荡有关,而后者是西风强度的一个指标(Greatbatch and Zhang,1995)。小波分析发现公元1650~1950年存在一个50年左右的准周期,这一周期变化在天山地区其他树轮研究中也被广泛记录(张瑞波等,2011;Li et al.,2006),表明这些地区气候变化受到相似的驱动因素影响。

研究进一步将重建的PDSI序列与冬季NAO重建序列(Cook et al.,1998)进行比较,采用了50年局部加权回归(LOESS)平滑法来突出十年尺度的波动特征。结果表明,1701~1980年间阿克苏地区干湿变化与NAO波动具有明显的负相关关系($r=-0.308$,$p<0.01$)。现代气候模拟也证实了二者之间的反相位关系(杨莲梅和张庆云,2008)。然而,研究也注意到,在某些时期NAO和阿克苏干湿变化之间的关系受到了干扰,如1490~1530年代和1560~1580年代,这表明在某些时期,其他气候因素可能更显著影响阿克苏地区的干湿状况。因此,未来研究需要借助更长尺度、高分辨率的气候代用记录,以便明确NAO和其他气候因素的相互作用及其对阿克苏地区气候的影响。

## 1.3 水文气候要素序列

水文循环是指水以液态、固态和气态等三种形式在气候系统中不断转换和输送的过程。水文循环是地球系统内部圈层之间相互作用最活跃且最重要的枢纽之一,受气候变化影响最为显著。在全球变暖背景下,东亚季风区极端水文事件(如干旱、洪水)频繁发生,给社会经济、生产生活带来了严重影响。研究小冰期以来东亚季风区不同区域、不同时间尺度上水文气候要素,以及极端水文事件的变化特征,厘清气候要素与人类活动对区域水文要素变化的相对贡献,对深入理解东亚季风变化及其生态环境、社会经济效应至关重要。

本节展示了利用树木年轮、石笋、历史文献等古气候代用资料在东亚季风区典型区域开展的相关研究工作，揭示了历史时期黄河径流及洪水频率变化特征、长江中游地区小冰期以来洪水频率记录、19世纪中叶长江极端洪水事件，以及三峡地区过去千年极端水文干旱。

### 1.3.1 黄河径流过去千年重建序列

黄河发源于青藏高原东北部，流经我国西北及华北地区，汇流区绝大部分位于东亚季风影响范围内，径流产出对季风降水变化异常敏感，是指示季风降水强弱变化的理想指标。然而，黄河水文观测始于1910年代，无法揭示径流长期变化特征及其气候和人文驱动因素。

为了定量重建黄河径流过去千年变化，Li 等（2019）集成了黄河流域已公开发表的湿度变化敏感的68个样点的树轮宽度数据，构建了覆盖流域中上游的树轮网络。网络内树轮样品采自多个树种，可以避免单一树种引起的误差，从而更有效地反映流域气候水文要素时空变化，提高重建模型的解释方差（Li et al., 2019）。为保持一致性，所有年表均采用了保守去趋势方法剔除生长趋势，并采用双权重平均法合成序列，建立稳定可靠的树轮宽度年表（Fritts, 1976）。年表长度最短204年，最长2012年，平均序列长度为566年。

本书重建对象为黄河中游陕县站年径流量（上年10月至当年9月）。考虑到树轮样本量随时间向前推移而减少，本书采用了逐段主成分回归分析（nested principal components regression）方法（Cook et al., 2002），初始阶段选取了共同区间1800~1990年的所有年表，然后采用100年步长把重建序列逐步前延至公元800年，以及10年步长把序列后延至公元2010年。每阶段重建时，只选用和黄河中游陕县站实测时段（1920~1968年）径流变化相关显著（$p<0.05$）的树轮序列，对所选序列进行主成分分析（PCA），选取有效主成分序列（Akaike, 1974），进而建立线性回归模型重建径流量变化。研究对每阶段重建模型均进行了严格的交叉验证分析，相关统计结果显示公元800~2010年间重建模型稳定可靠，对实测径流的方差解释量达41%~76%。研究进一步将重建径流与流域内多个湿度敏感的古气候数据序列进行对比，发现各序列反映的干湿变化具有较好的一致性，重建的黄河枯水期大多对应于流域干旱时期，进一步独立验证了本书径流重建的可靠性。

本书重建了公元800~2010年间黄河年径流量的逐年变化。重建结果显示，历史时期黄河径流波动频繁，存在年际至世纪尺度的波动特征（图1.12）。年际尺度上，黄河径流振幅波动显著，存在年代际至世纪尺度上的强弱变化。通过计算31年滑动方差，发现黄河径流在公元9~11世纪振幅较弱，11世纪之后振幅波动剧烈，并在20世纪存在显著增强趋势（图1.12）。对比径流量和径流振幅，发现黄河水量整体偏多时段径流波动幅度增大，极值出现频繁；水量整体偏少时段径流波动幅度减弱，极值减少。谱分析结果表明，黄河径流振幅变化存在50~60年和130~220年的主要周期，50~60年周期在9~10世纪及17~20世纪显著，130~220年周期在11~20世纪显著。进一步分析发现，上述年代际至世纪尺度的径流变化与青藏高原温度以及北半球温度变化在过去1200年具有较好的一致性，暖期对应于径流量偏多时期，冷期对应于径流量偏少时期，表明黄河径流变化可能受到了大尺度范围温度变化的影响。

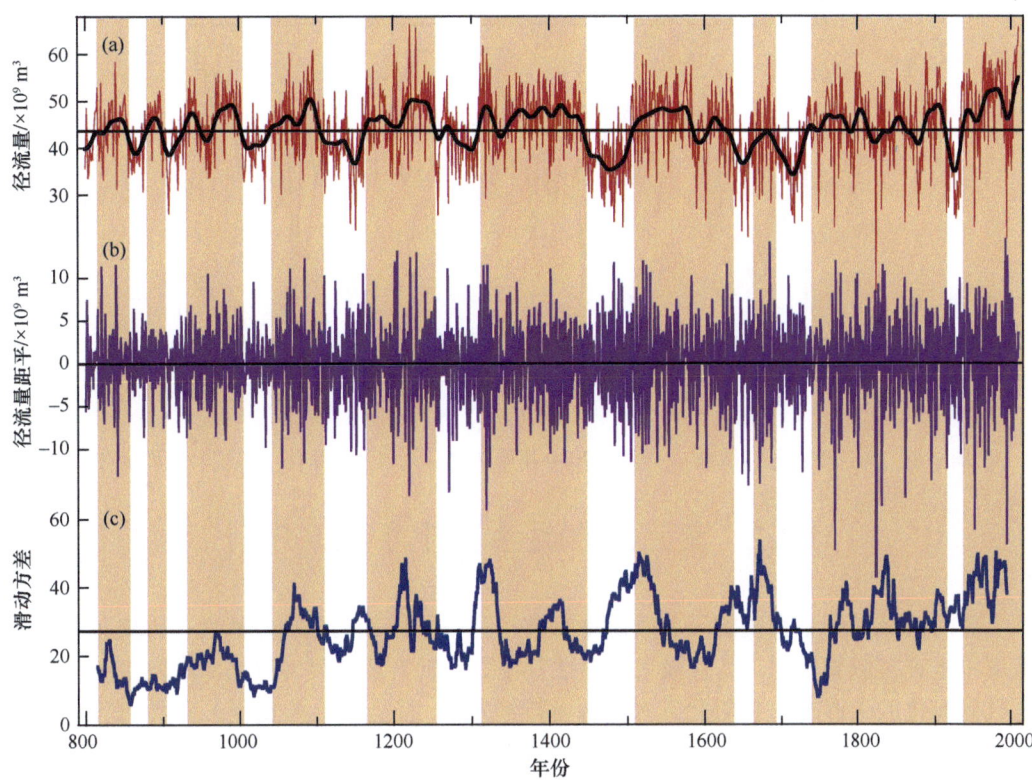

图 1.12 （a）树轮重建的公元 800~2010 年黄河中游年径流量变化序列，（b）基于 9 年滤波的重建径流年际变化序列，（c）重建径流年际变化序列 31 年滑动方差

20 世纪以来，青藏高原与北半球均出现了快速升温现象，黄河径流量及其振幅也同步出现了增长趋势。研究发现，伴随着温度升高，青藏高原东北部黄河源区降水量同步出现了增加趋势，进而导致流域径流产出增加。利用 ERAI 再分析资料（Dee et al.，2011），本书分析了近几十年黄河源区雨季（5~9 月）大气环流变化特征，发现青藏高原升温导致了 500 hPa 位势高度在中亚地区出现负异常而中国北方地区出现正异常，二者间的气压梯度导致了黄河源区中低层大气南风增强。受到源区高大山系阻挡，暖湿的南风转变为上升气流，进而产生地形降水。因此，研究认为全球变暖背景下青藏高原快速升温导致的黄河源区南风增强、降水增加是导致 20 世纪以来黄河径流量增多的主要原因。

研究进一步分析了 20 世纪以来气候变化和人类活动对黄河径流的相对影响，发现如果仅受控于气候因素的话，黄河近几十年的径流量应该整体上增加，并达到了过去 1200 年来的最大值（图 1.12）。但水文实测数据显示 1970 年代以来黄河中游径流量呈现显著减少趋势（图 1.13）。对比分析实测与重建数据，发现 1970 年代以来黄河径流量整体减少了约 44%；尤其在 1990~2000 年代，径流量整体减少了近 57%。研究认为，尽管 1990~2000 年代径流量的减少可能受到了气候变化、人类活动双重作用，1970 年代以来径流量整体的减少则更主要是由流域农业灌溉，工农业生产生活等人类活动导致，而不是气候变化。这一发现为理解气候变暖背景下黄河水量变化以及我国北方水资源可持续性管理提供了重要的视角和数据支撑。

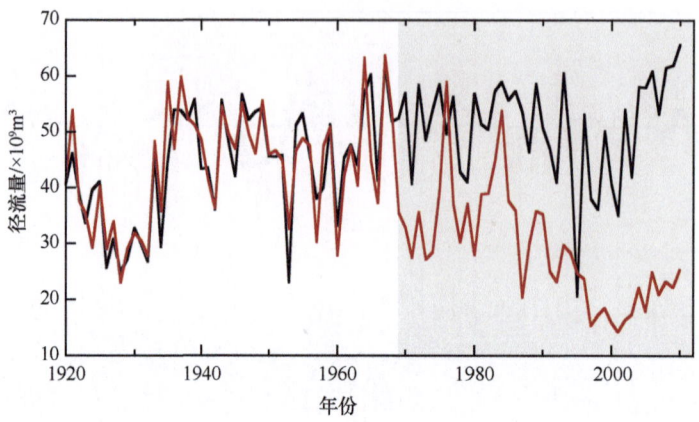

图 1.13 黄河中游三门峡西站 1920～2010 年间实测（红线）与重建（黑线）径流量对比

## 1.3.2 黄河洪水过去两千年频率序列

黄河流域是中华文明的重要发源地，被视为中华民族的摇篮。然而，历史时期黄河流域洪水灾害频繁发生，具有极大破坏性甚至毁灭性。理解黄河流域洪水发生历史及其与气候变化的关联对于中国北方水资源可持续发展、社会长治久安至关重要。遗憾的是，黄河流域现代水文观测始于 1919 年，无法用以理解径流及洪水灾害的长期变化特征（Li et al.，2019）。基于树轮或者文献资料，前人研究重建了历史时期黄河径流变化，并探讨了不同时期人类活动对黄河水量及含沙量的影响（Chen et al.，2012；Li et al.，2019），却未能从气候变化的角度深入理解历史时期黄河洪水的变化特征；气候变化和人类活动在何种方式、程度和时间尺度上影响了黄河洪水泛滥尚不完全清楚。

Li 等（2020b）利用历史文献资料，整理出中国自秦朝以来（公元前 221 年）黄河 2170 年间 10 年分辨率的洪水频率记录，展现了过去两千年来黄河洪水频率的长期变化特征。研究将黄河洪水频率记录与指示流域湿度、青藏高原温度、北半球温度、亚洲季风强度，以及太阳活动等气候要素的古气候数据序列进行了对比分析，揭示了黄河洪水频率变化的气候驱动因素。研究还进一步与人类治理黄河的记录进行了对比，揭示了自然气候变化背景下人类如何改造黄河并影响了黄河洪水的发生频率。

基于历史文献资料的洪水频率记录显示，自公元前 221 年到公元 1949 年这 2170 年历史中，黄河总计有 519 年发生了洪水。黄河洪水可以划分为两个不同的阶段：早期阶段从公元前 220 年代到公元 890 年代，洪水发生频率整体较低；后期阶段从公元 900 年代至 1940 年代，洪水发生频率整体较高（图 1.14）。在早期洪水低频时期，113 个 10 年中有 63 个（55.8%）没有发生洪水，27 个（23.9%）和 18 个（15.9%）分别有 1 年和 2 年发生了洪水；在后期洪水高频时期，105 个 10 年中有 77 个（73.3%）有 2～6 年发生了洪水，有 13 个（12.4%）有不少于 7 年发生了洪水。

对比黄河洪水频率记录和区域气候记录表明，在公元前 120 年代至公元 660 年代的寒冷时期，黄河洪水频率较低，这与河流源区以及下游地区古气候记录显示的干旱气候相吻合（Gong and Hammed，1991；Yang et al.，2014）。公元 270 年代的洪水频发时期，

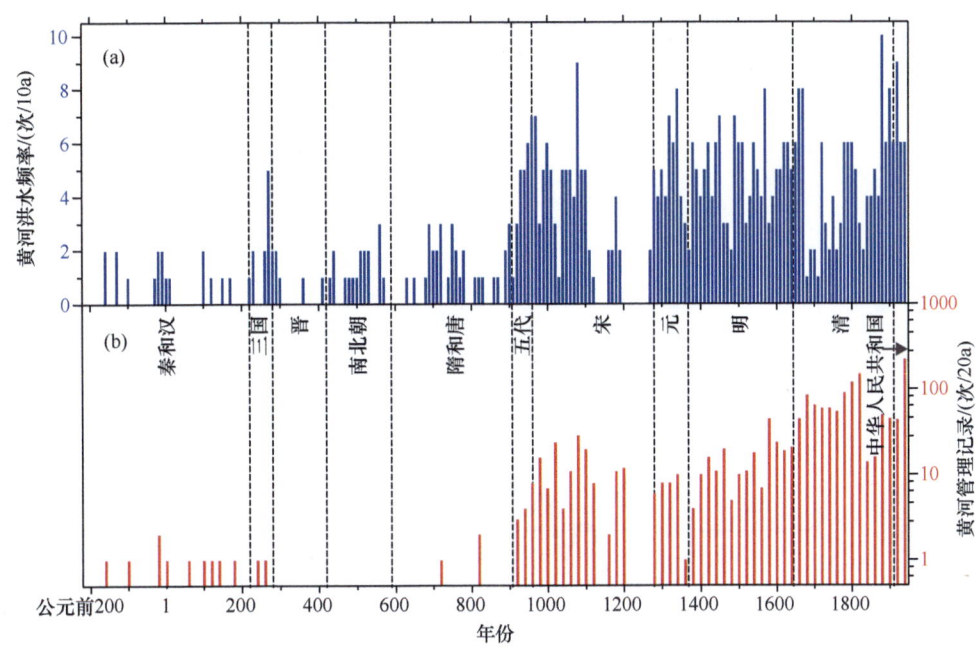

图 1.14 公元前 221 年至公元 1949 年间黄河洪水频率记录（a）和黄河管理记录（b）

与这一时期古气候记录显示的湿润气候一致（图 1.15）。公元 860 年代到 1450 年代，这一时期对应于中世纪气候异常时期（Medieval climate anomaly，MCA），黄河流域气候整体温暖湿润，夏季的强降雨导致黄河径流量增加，使得洪水频率大幅增加并维持在较高水平。将黄河洪水频率与亚洲季风和太阳活动强度进行比较，发现在百年尺度上，公元 3～9 世纪寒冷气候和低频率洪水对应于亚洲季风和太阳活动的减弱，而公元 10～14 世纪温暖气候和高频率洪水对应于亚洲季风和太阳活动的增强（图 1.16）。在这两个时期，亚洲季风、太阳活动与黄河洪水频率之间在年代际尺度上均存在显著相关性。研究认为，亚洲季风的增强导致更多水汽输送至黄河流域，降水增多，河流径流量增加，从而导致洪水频繁发生（Xu and Li，2019）。

为了理解在百年尺度上黄河洪水频率与人类治理之间的关系，以 20 年分辨率计算了公元前 220 年代至公元 890 年代和公元 900 年代至 1940 年代两个不同时期洪水频率与人类治理之间的相关系数，发现两个时期相关性均不显著，表明在百年尺度上，河流治理与洪水频率之间没有明确的关系。尽管如此，人类治理可能在年代际尺度上影响了黄河洪水的发生频率。MCA 时期，洪水频率增加与人类管理之间的滞后关系在公元 10 世纪左右非常明显（图 1.14）。为了应对更频繁、严重的洪水，人类加强了对黄河的治理，建造堤坝调节径流以降低洪水灾害的危害。然而，持续加强的河流治理导致了河床的抬升，反而使得洪水更容易发生。因此，黄河洪水频率和人类治理是一个正反馈过程：频繁的洪水和堤坝破坏导致河流治理和河床抬高，这反过来又导致更多的洪水和治理行为（Chen et al.，2012）。公元 1460 年代至 1800 年代，进入小冰河期后，黄河流域气候整体寒冷干燥（Tan et al.，2008）。尽管这一时期降水和径流减少，但是由于人类治理和河床抬升的正反馈作用，洪水频率仍然维持在较高水平（图 1.15，图 1.16）。公元 1860

年代至 1940 年代，全球变暖背景下亚洲季风增强，加上人类治理的反馈作用，黄河洪水频率进一步增加（图 1.16）。

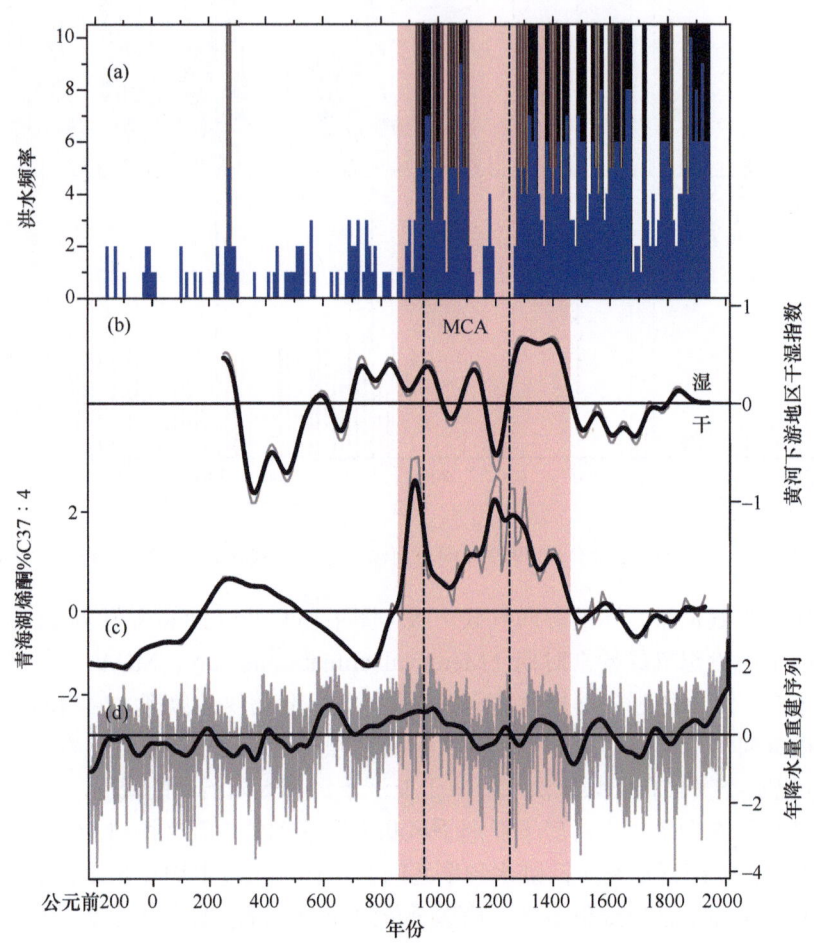

图 1.15　黄河洪水频率记录与古气候湿度记录的比较

(a) 黄河洪水频率记录；(b) 黄河下游地区干湿指数（Gong and Hameed，1991）；(c) 青海湖烯酮%C37∶4 记录（Liu et al., 2006）；(d) 青藏高原东北部年降水量重建序列（Yang et al., 2014）；(b) ～ (d) 粗线为 100 年低通 FFT 滤波。红色阴影表示基于青海湖烯酮%C37∶4 记录的湿润时期

综上所述，本书通过系统整理流域历史文献资料，较为准确地重建了过去两千年黄河洪水发生频率。研究发现，太阳辐射、亚洲季风、青藏高原温度等气候因素在百年至数百年尺度上影响了黄河径流变化和洪水发生频率。气候变化背景下，黄河洪水频率和人类管理出现了正反馈过程，导致黄河从公元前 220 年代至公元 890 年代的低频洪水时期转变成了公元 900 年代至 1940 年代的高频洪水时期。研究揭示了黄河洪水频率长期变化特征，以及自然气候变化背景下人类如何改造黄河并影响了黄河洪水的发生频率。在此基础上，未来研究可以探索流域尺度上气候变化的空间特征，进而理解黄河洪水发生的空间特征及其相应的气候、人文驱动因素。

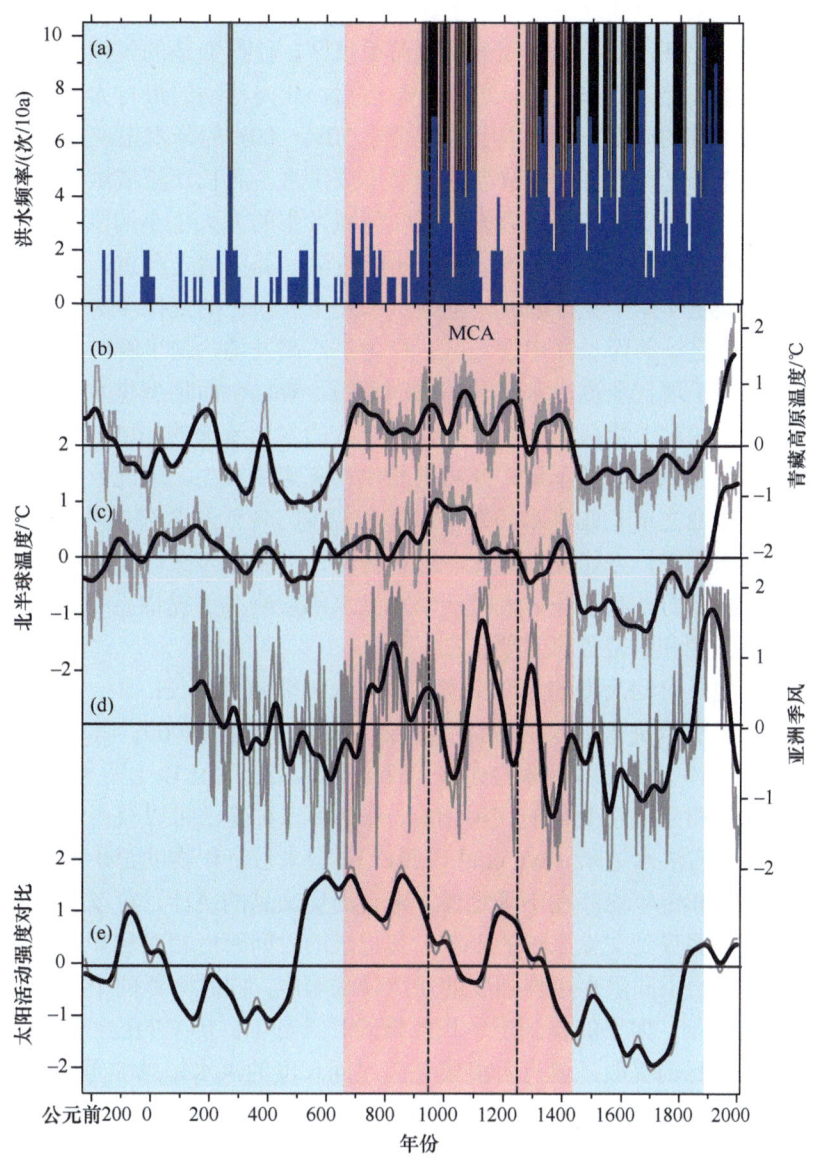

图 1.16 （a）黄河洪水频率记录，（b）青藏高原温度，（c）北半球温度，（d）亚洲季风，（e）太阳活动强度对比

（b）～（e）粗线为 100 年低通 FFT 滤波。淡绿色和浅红色阴影分别表示基于青藏高原温度重建序列的寒冷期与温暖期

## 1.3.3　华中地区小冰期以来洪水频率记录

大量的现代观测数据显示，随着全球气候变暖，包括亚洲在内的大部分陆地，其强降水事件的发生频率和强度均在增加（赵宗慈等，2023）。而强降水事件所引发的洪涝灾害，不但会造成农作物大面积减产甚至绝收，破坏农业及其他产业的正常发展，而且还会直接危及人的生命并导致传染病的流行。华中地区位于中国中部，涵盖海河、黄河、

淮河、长江四大水系,一到夏季,由于上游和支流的水量增大,加之地势低平,其极易成为洪水高发区。此外,由于地处东亚副热带季风区,使得当地的气候呈现出显著的季节性特征,即冬季干冷,夏季湿热。每年夏季前后,北向移动的来自太平洋和印度洋的暖湿气流会带来丰沛的降水,致使华中地区全年70%~80%的降水出现在夏季(Wang et al., 2013b),这样的气候特征也导致当地极易形成洪水。而长江流域洪水的猛烈程度远胜于黄河洪水。自有明确文字记载以来,长江流域发生的大大小小的洪水数不胜数,其中还包括特大洪水。比如发生于公元1870年的巨洪,其灾情之严重,损失之巨大,范围之广泛,均为数百年所罕见。因此,把握洪水发生及演化的规律至关重要,这也是防洪减灾的重点工作之一。而长江中游地区,作为洪水高发地,是了解洪水发生规律的一个关键区域。但鉴于现代观测洪水记录的时间较短,难以全面把握洪水的发生规律。而且人类的活动,比如对上游森林的过度砍伐所导致的水土流失的加剧,以及围湖造田所导致的湖泊萎缩及蓄洪能力的下降,亦可助长洪涝灾害的发生。因此,要了解人类活动相对较弱的工业革命之前长江洪水的发生频率和幅度与现代是否存在差异,只有获得更长时间尺度的洪水记录,方能提供对比。这种对比,不仅可为探讨长江中游洪水的发生规律提供直接证据,而且对于评估人类活动对洪水的影响亦可提供重要线索,最终可为当地未来洪水的预测和防范提供重要依据。

要获得过去更长时间尺度的长江中游洪水记录无非两种途径:其一是通过长江中游地区历史文献中的洪水灾害记录的统计(赵文兰和叶愈源,1996);其二是通过可记录洪水变化的地质载体中的代用指标的提取(Zhu et al., 2017)。以上两种方法各有利弊。如果能获得有效的指示洪水变化的代用指标,那么第二种方法可以获得更长时间尺度的洪水记录,甚至于古洪水记录(Wu et al., 2017);但来自沉积物的记录往往分辨率不够高,且指标的解译和定年均存在不确定性。来自历史文献的统计,可以明确洪水事件发生的具体年份,但因受到文献来源的限制,其记录的时间跨度相对较短;而且由于文献记录存在主观性,给不同洪水事件强度的对比带来难度;同时间断的个案统计也让其难以呈现出连续的记录。如果能找到定年相对精确且具有年分辨率的连续的沉积物记录,那么通过对洪水指标的提取,就有可能实现长时间尺度的洪水记录的重建。

在诸多古气候载体中,生长于中国季风区的石笋因分辨率高、时间跨度大、定年准确,且能灵敏响应气候变化等优势,近年来受到了越来越多的关注(Cheng et al., 2016)。而且已有研究显示,可利用石笋中的磁性矿物颗粒,对古暴雨事件进行重建(Zhu et al., 2017)。但即便是在石笋研究领域,能同时满足记录连续、定年精确且分辨率能到年的洪水记录也并不多见。因为只有具有年层结构的洞穴石笋,才能满足对过去洪水进行高分辨重建的需要。

刘浴辉等(Liu and Li, 2021)利用生长于长江中游地区石笋的生长速率方差,成功重建了当地公元1640年以来的洪水变化,为长江中游洪水规律的探讨提供了新的证据。该研究的石笋样品采自湖北清江和尚洞。清江是长江的一级支流,位于长江中游段。由于石笋的生长来自洞穴顶部滴水的哺育,而洞顶滴水又可响应当地降水变化(Hu et al., 2008),因此这支来自和尚洞编号为HS19-04的石笋,具有反映长江中游洪水变化的潜力。更为难得的是,这支石笋的剖面具有肉眼可见的、清晰的、明暗相间的年纹层结构,这种独特的年纹层结构即是石笋对当地气候季节性变化的灵敏响应。HS19-04 石笋中的清晰的年纹层，不但有助于进行精确的相对年层计数，其高达 0.50 mm 的平均年生长速率，更是为高分辨率研究提供了可能。

该研究在结合相对年层计数和绝对 U-Th 同位素定年的基础之上，利用 HS19-04 石笋的年成长速率 11 年滑动方差变化，对长江中游地区公元 1640 年以来的连续的洪水变化进行了重建（图 1.17）。该研究认为，虽然在季节尺度上，其生长速率或更受控于温度，但在年际尺度上，其应更响应降水变化。鉴于和尚洞洞穴上部存在含水层，那么一旦存在暴雨袭击，洞穴滴水速率就会出现快速提升，即该洞石笋对洪水的响应可能更为灵敏。因此，该研究对洪水重建利用的是石笋年生长速率滑动方差的变化，而非直接采用生长速率变化，因为方差变化更能突出因洪水而导致的该支石笋生长速率在年代际尺度上的大幅改变。

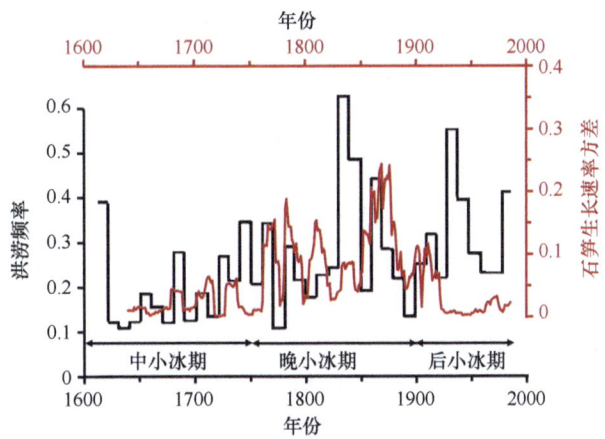

图 1.17　和尚洞 HS19-04 石笋年生长速率 11 年滑动方差（红线）与当地年代际洪水频率变化（黑线；赵文兰和叶愈源，1996）对比图
改编自 Liu 和 Li（2021）

该研究指出，虽然 HS19-04 石笋存在定年误差，难以实现与现代器测记录之间的对比，但并不妨碍其在年代际尺度上与其他指标进行对比。而该石笋生长速率方差序列与长江中游历史文献记录中提取的年代际洪水频率变化（赵文兰和叶愈源，1996）的对比显示，在年代误差范围内，介于公元 1640~1920 年间，HS19-04 石笋年生长速率 11 年滑动方差与洪水频率的变化基本同步。即高生长速率方差对应洪水高发期，反之亦然。这一结果也得到洞穴现代监测的支持，因为在和尚洞现代监测中的确发现石笋高生长速率响应外界的高降水（Hu et al.，2008）。然而，该研究同时发现，自公元 1920 年之后，HS19-04 石笋生长速率方差对洪水的响应开始变差（图 1.17）。究其原因，可能是源于降水量过大而导致的洞穴滴水中的碳酸盐饱和度降低，同时过快的洞穴滴水速率让滴水中的二氧化碳难以及时溢出，导致石笋的生长速率不升反降所致。由于该段石笋纹层的颜色相对偏暗，说明淋滤下来的杂质的确更多，意味着 1920 年后的暴雨程度很可能比之前更强。

进一步的周期性分析显示，HS19-04 石笋年生长速率 11 年滑动方差序列，除了存在 22 年的太阳活动周期和 15~18 年长江中游洪水周期（Yu et al.，2009）之外，还存在准 ENSO 周期，并与利用树轮记录重建的过去千年的 ENSO 变化（Li et al.，2011）呈现出弱正相关。同时，该石笋的年生长速率变化也展示出了典型的 2～7 年的 ENSO 周期，说明无论是在年代际还是在年际尺度上，长江中游的洪水事件均应与 ENSO 存在一定关联。

这项研究，不仅揭示了小冰期中晚期以来长江中游的洪水变化，而且揭示了在较长时间尺度上，ENSO 很可能是影响长江中游洪水发生的一个重要因素。尽管洪水强度过高时，有可能会超出石笋生长速率方差记录洪水的阈值，但至少该研究揭示了利用石笋研究长时间尺度、高分辨率、连续的洪水变化的可能性。未来，如能获得更多的生长周期更长的年纹层石笋，利用相同的方法，则有望重建更长时段的长江中游洪水变化。而不同记录间的对比，无疑将有助于更深入地了解长江中游洪水的变化规律。

### 1.3.4 19 世纪中叶长江极端洪水事件

1840～1870 年间，长江流域暴发了多次洪水事件，其中被长江水利委员会认定为特大洪水年的有 1840 年、1848 年、1849 年、1850 年、1860 年、1869 年和 1870 年等年份（胡思明和骆承政，1989；长江水利委员会水文局，2005）。根据水利部所做的历史洪水调查工作显示，这一阶段长江洪水在多个调查地点达到历史最高值。如 1840 年 8 月，在长江上游的涪江射洪，调查的洪峰流量达到 30400 m³/s，在嘉陵江的北碚，流量达 52100 m³/s，均远超现代水文记录中最高纪录——1981 年 7 月的射洪 25700 m³/s 和北碚 44800 m³/s（胡思明和骆承政，1989）。1849 年长江干流汉口站水位高达 28.9m，1870 年宜昌古老背洪水水位高达到 56.4m（骆承政，2006），均为历史最高值。在对 1848～1999 年长江阶段性洪灾特征统计中，将 1848～1870 年划分为重洪灾阶段（长江水利委员会水文局，2005）。从更长时间尺度来说，这一时期也明显是洪水多发时期。

本书采用《中国近五百年旱涝分布图集》中所使用的旱涝分站及 5 级判定方法（中央气象局气象科学研究院，1981），利用了近年来新整理的历史文献资料，对长江流域内的 41 个站点 1470～2020 年间的旱涝值进行了重新判定，以区域内的旱涝平均值作为区域干湿指数。在剔除了资料缺失无法判定的站点年份后，序列干湿指数平均值为 2.907，而 1840～1870 年间干湿值仅为 2.626，显著低于序列平均值。其中长江中下游地区 26 个站点同期干湿指数为 2.687，亦显著低于序列平均值。可见这一时期长江流域明显处在一个湿润期。同时，流域极端涝灾事件频发，长江中下游地区这一时期极端涝灾达 5 个年份，而处在长江上游的西南地区极端涝灾更多达 7 个年份，均远超正常的 10% 发生概率。可见，这一时期长江洪水的多发，是区域降水明显增多的直接后果。

长江极端洪涝事件的多发，对区域的自然环境造成严重的后果。长江干流出三峡后，进入第四纪强烈沉降的江汉平原地区，一直存在过水不畅的问题。随着人类活动的加剧，在河道边及平原湿地逐步构筑了堤、圩等人工设施，一方面有助于河道的固定化，另一方面也侵夺了行洪区，造成了洪水危害的增加。而河道固定化的后果之一，就是荆江曲流的发育，愈发加剧了长江干流行洪的困难。1852 年，长江决于湖北公安、石首交界处，形成藕池口；1860 年大水，长江洪水从藕池口冲出，南下成藕池河，入洞庭湖；1870 年，长江干流又在湖北松滋黄家铺溃决，南下形成松滋河。形成了松滋、太平、藕池、调弦四口南向分流的局面,这是长江干流的一大变局,从此荆江一带主要依靠南岸四口的分水分沙来维持稳定。四口合计多年分沙占长江干流泥沙的 45%,而这一阶段冲决出的松滋、藕池两口即占 38.4%。松滋、藕池两口入湖的泥沙总数每年达 1.206 亿 m³,占到洞庭湖入湖泥沙总数的 74.76%。而洞庭湖每年经岳阳出口的泥沙仅为 0.372 亿 m³(邹逸麟和张修桂,2013)。1850 年之后的洞庭湖水面,在由两口分水的大量水沙而短暂扩展到 6000km² 之后,即迅速由于大量泥沙的淤积而转向萎缩,这一趋势至今尚未完全逆转,现在湖面已不足 3000km²。

同时,多次洪涝灾害对区域社会产生了严重的影响。根据清代《上谕档》中蠲免记录统计,仅在 1848 年,长江中下游 6 省 432 个厅州县中受灾者就多达 259 个,占区域县级政区总数的 60%,而在 1849 年,受灾厅州县也达到 237 个,也占到了区域县级政区总数的 55%。1870 年的大水,则使沿江之合川、涪陵、宜昌等多个城市遭灭顶之灾,洞庭湖区则堤垸溃决,洪水泛滥,民舍漂没殆尽(胡思明和骆承政,1989)。这一时期也是社会动荡的时期,长江中下游地区的太平天国运动,云南、贵州等地的少数民族暴动,天灾人祸联结一起,导致了人口的大量死亡以及区域社会经济的严重倒退。

### 1.3.5　长江上游过去千年极端水文干旱

东亚地区洪水、干旱等极端水文事件频发,给区域内各国社会经济、生产生活造成了严重的影响甚至灾难。开展历史时期极端旱涝变化特征及其机制的研究,在预测和预防旱涝灾害、应对气候变化风险上,显得尤为重要。在长江流域中上游地区,现代干旱频繁发生,对大型水利枢纽工程运行及区域社会经济发展产生了重要影响。如何从历史气候的角度理解近现代干旱频次和严重程度,值得高度关注。

自唐代开始,古人们就在长江上游涪陵段江中的一个石梁——白鹤梁上刻石鱼及题词,来记录当时冬季极低水位(图 1.18)。在长达一千多年的时间里,古人雕刻的石鱼会偶尔出露,每次出水即代表一次新的极低水位事件,正常年份则淹没在江水中。自公元 764 年至今,已有 82 个极低水位记录。因此涪陵白鹤梁石鱼和题词被联合国教科文组织誉为"世界上保存最完好的古代水文站"。

 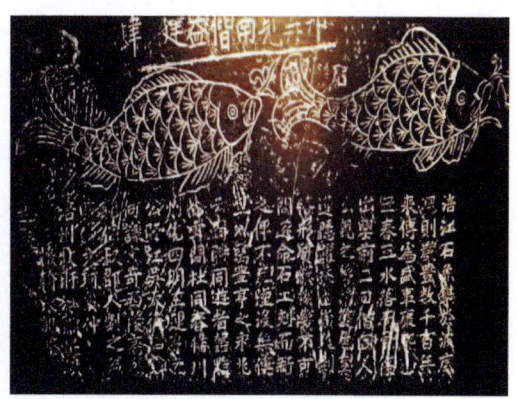

图 1.18　白鹤梁石鱼及题刻

来自中国地质大学（武汉）的研究者 Qin 等（2020），基于前人对涪陵白鹤梁石鱼出水年份的记录整理，包括长江流域规划办公室和重庆市博物馆（1974）、Qiao 和 Chen（1999）、Sun（2016）等的前期工作，采用现代器测水位数据，对石鱼出水事件给出具体的现代水位标准，并对过去和现代石鱼出水年份、相对高度进行了插补订正，得到目前最为完整的一千多年石鱼出水年表。

根据这份年表，该研究统计了每 50 年石鱼出水事件频率，分析了长江上游地区过去千年重大水文干旱事件变化。他们发现，长江上游在小冰期（公元 1501～1900 年）时段石鱼出水频次较低，表明水位一般较高，水文干旱事件较少，平均每 50 年只有 1.8 次。而在中世纪暖期（公元 1051～1250 年）时段石鱼出水频次较高，平均每 50 年出现 10 次，远远高于后来的小冰期时段，说明中世纪暖期长江上游水位一般比较低，更容易出现重大水文干旱事件，而小冰期阶段发生重大水文干旱的概率一般偏小（图 1.19）。

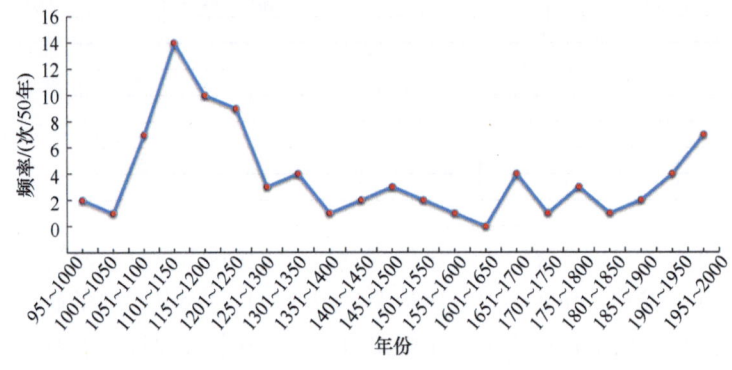

图 1.19　公元 951 年以来白鹤梁石鱼出水频率

自 19 世纪中期以来，白鹤梁石鱼出水频率再次上升，1900 年至今已经明显高出此前 500 年的平均水平。这说明，进入 20 世纪以后，长江上游重大水文干旱发生频次又有所增加。由于 20 世纪和中世纪暖期一样，都是北半球和东亚地区相对偏暖时段，因此，白鹤梁石鱼出水频率变化可以说明，在多年代至多世纪尺度上，温暖时期长江上游地区可能更容易发生重大水文干旱。

对于白鹤梁石鱼出水频率表明的过去一千多年长江上游地区重大水文干旱机制，还需要开展深入研究。目前分析认为，在气候偏冷的小冰期时段，东亚夏季风整体偏弱，主要雨带位置偏南，长江流域降水偏多，冬春季水位较高；而在气候偏暖的中世纪暖期，东亚夏季风整体偏强，主要雨带位置偏北，北方降水偏多，长江流域降水偏少，长江上游冬春季节更容易出现重大水文干旱事件。先前研究也发现，东北科尔沁沙地南缘在中世纪暖期夏季降水偏多，气候湿润，可能表明当时东亚夏季风处于偏强阶段，造成东北地区夏季雨量增加（Ren，1998）。近现代暖期，同样伴随着东亚夏季风的增强，石鱼出水频率又呈现增多的趋势。因此，在全球气候变暖的背景下，长江上游冬春季极低水位事件的出现频率已经表现出增加趋势；如果未来气候持续变暖，长江三峡地区极低水位事件发生的风险可能会进一步上升。

综上所述，通过对前人石鱼出水年表的插补订正，这项工作得到目前最为完整的三峡地区白鹤梁石鱼出水年表,加深了对长江上游地区过去一千余年极端水文事件世纪尺度变率规律的认识,为进一步探索多年代到世纪尺度气候变化和变率的机制、影响,提供了基础历史水文气候数据和概念框架。

## 1.4 海温序列

气候变化研究中,全球海表温度(SST)是一个十分重要的参量,既能指示海洋的关键物理状态,又能反映海洋与大气之间的热交换、蒸发等一系列海气过程。然而,器测SST数据较为短缺,无法用以理解海表温度长期变化。海洋沉积物含有机质,对其测定某些元素含量变化或者长链烯酮不饱和度,可用于重建历史时期SST变化。本书在南海北部采集了海洋沉积物样品,对样品进行了年代测定及有机物元素分析和长链烯酮不饱和度测定,重建了南海北部过去2000年和过去600年SST变化,并讨论了其指示的上升流强度及东亚夏季风强弱变化。

### 1.4.1 琼东和粤西过去两千年SST变化

目前重建历史时期SST变化的手段主要包括浮游有孔虫Mg/Ca、珊瑚和砗磲Sr/Ca、沉积物长链烯酮不饱和度$U_{37}^{K'}$等。其中长链烯酮是由海洋浮游藻类颗石藻产生,是一类碳数在36~39具有2~3个碳碳双键的直链不饱和酮,其不饱和度能够记录颗石藻生活的表层海水温度变化(Conte et al., 2006)。长链烯酮化学性质较为稳定,在埋藏到沉积物后达千万年都能保持不饱和度特征且不发生明显变化,因而可以用于重建各种时间尺度和海洋环境的SST变化。但是,由于海洋沉积物的沉积速率通常较低,受限于分样和年代测定的精度,难以做到年分辨率,只可重建出年代际到百年分辨率的记录。长链烯酮的实验室分析产生的重建SST误差约为0.3℃。

本书研究区域为南海北部,包括琼东、粤西和北部湾近海。利用重力采样器获取柱状沉积物样品(图1.20),水深分布为20多米至100多米。通过挑选沉积物中的浮游有孔虫或者贝壳,进行碳14年代测定以建立沉积物的年代框架。其中BBG2和HKA2采样点的定年为贝壳,GH6、GH7和NS02G采样点的定年材料为浮游有孔虫 G. ruber 和 G. sacculifer。对沉积柱分别进行0.5cm和1.0cm间隔分样后,对沉积物进行冷冻干燥,然后进行一系列有机质提取和长链烯酮不饱和度测定,以获得几千年以来不同海域SST的变化。本书重点讨论南海北部过去2000年和过去600年以来的SST变化特点及其气候意义。

图1.21显示南海北部不同海域过去两千年SST变化趋势具有显著差异。处于琼东上升流区的站位GH6表现为公元600~1000年间温度较低,其中在公元920年和970年附近存在2次显著降温事件,降温幅度达到0.7℃。GH6站位SST在公元1200~1300年间达到过去两千年的最高值,约为28.4℃;而自公元1200年以来则表现为显著的降温趋势,降温幅度约为1℃。相比之下,处于琼东水深约120m的GH7站位,则在过去两千年SST整体变化幅度很小。除在公元200年、400年和900年处有几个略高温点外,

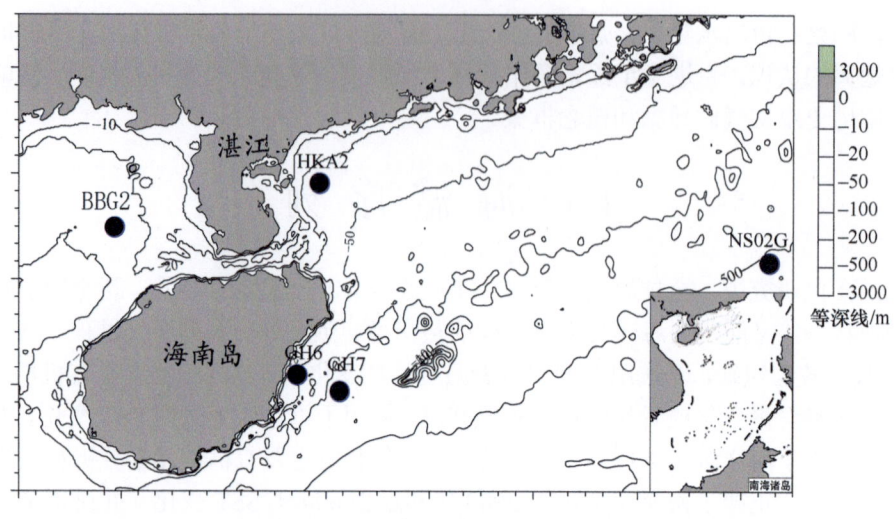

图 1.20　南海北部柱状沉积物采样点站位

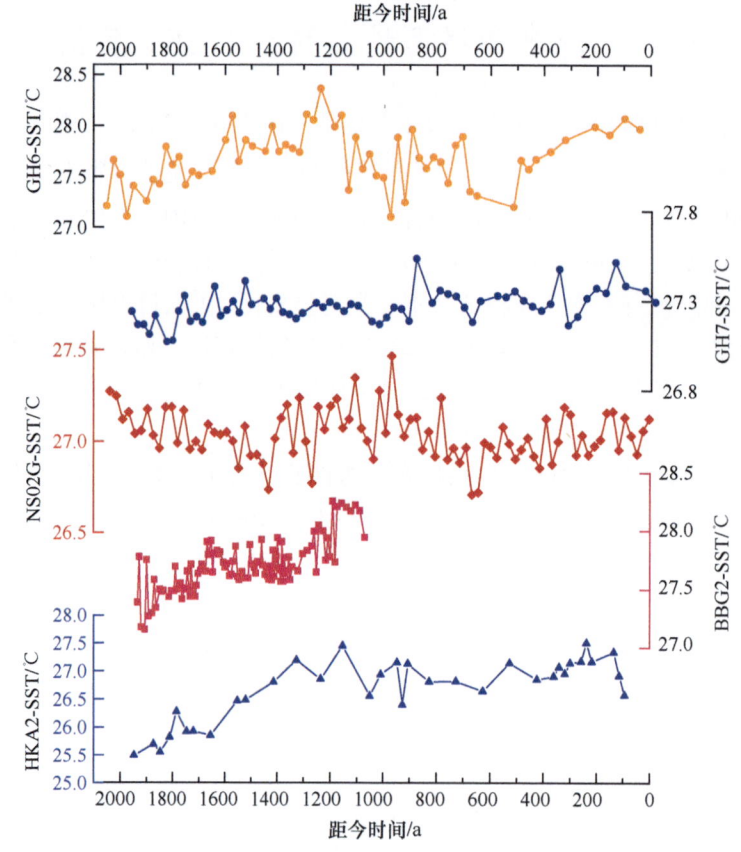

图 1.21　南海北部过去两千年 SST 变化

其他时段 SST 变化幅度通常小于 0.5℃。以上结果表明，上升流区相对于非上升流区 SST 的变化更为显著。另外，处于开放海域的 NS02G 站位，SST 表现出较为明显的中世纪暖期和小冰期，且从公元 1400 年以来 SST 整体呈上升趋势（Kong et al.，2017），与琼东 GH6 站位恰好相反。

从近 30 年 7 月的平均 SST 分布来看,琼东和琼东北存在典型的近岸低 SST 区(图 1.22)。根据前人的研究,该近岸低 SST 分布特点是由夏季西南季风驱动的埃克曼效应产生的上升流导致的(Jing et al., 2009; Zeng et al., 2014)。根据海口海洋环境监测中心提供的 2008~2020 年 7 月博鳌近海实测的海水温度(SST)和盐度(SSS)数据, SSS 与夏季风速呈显著正相关,而 SST 与夏季风速呈显著负相关(图 1.23)。这一结果也进一步证明琼东近海 SST 变化与夏季风引起的上升流有关。据此, GH6 站位 SST 在公元 600~1000 年间较低,可能指示了较强的上升流强度,而该时期大致对应北半球中世纪暖期,说明该区域中世纪暖期时的夏季风较强。而自公元 1200 年以来, GH6 站位 SST 不断下降,表明从小冰期至现代暖期过程中,该区域夏季风和上升流整体在增强。粤西 HKA2 站位 SST 与 GH6 站位 SST 有一定相似,从公元 1200 年以来都呈现降温趋势,但其中世纪暖期的低温不明显。HKA2 站位也受到琼东和粤西上升流的影响,但不在上升流的核心区,这可能是其与 GH6 站位 SST 记录产生差异的原因。

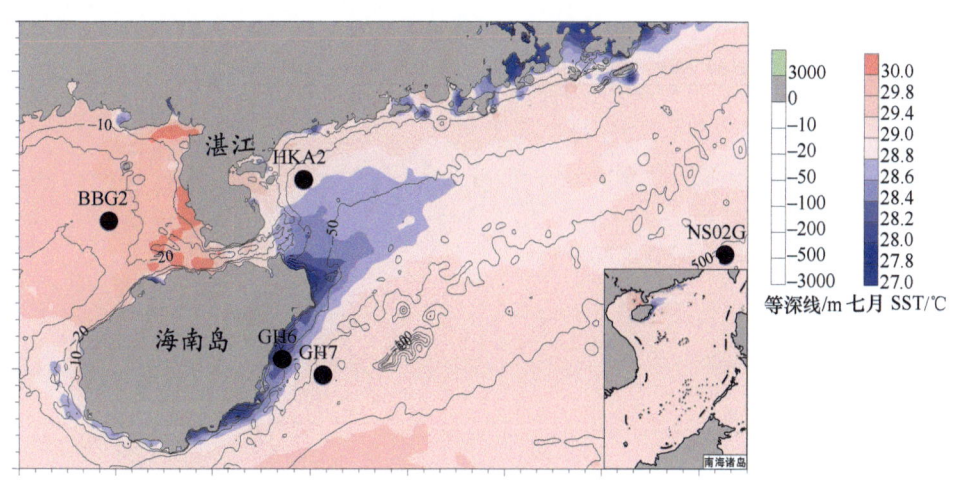

图 1.22 南海北部 7 月 SST 分布特征

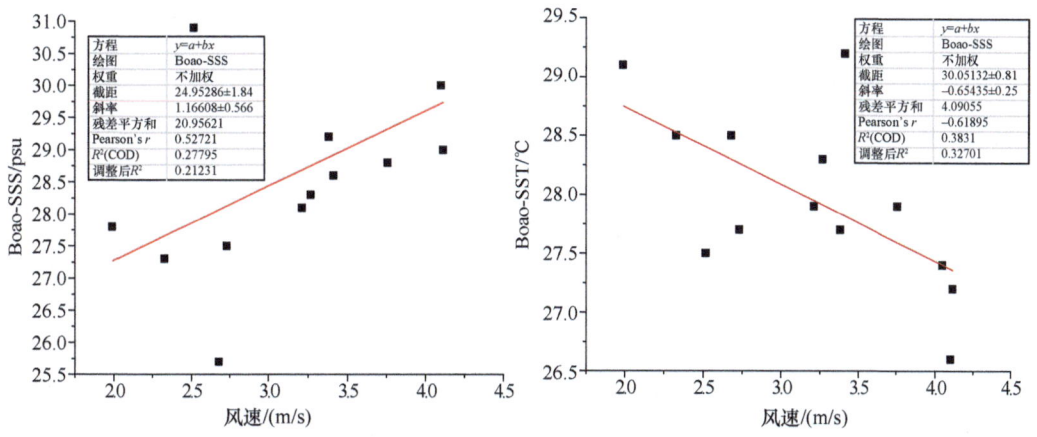

图 1.23 博鳌近海观测的 7 月 SSS 和 SST 与风速相关关系(由海口海洋环境监测中心站提供)

与其他近海站位类似,北部湾 BBG2 站位 SST 指示从公元 1200 年以来也呈现降温趋势,降温幅度约 1.0℃。北部湾没有显著的夏季上升流,但该区域的局部环流可能导致海水和颗粒物与雷州半岛以东发生交换而产生混合效应。与此类似,香港大鹏湾海域从 SST 特征看,上升流不明显,但在近 400 年也存在由于上升流加强导致的降温(Kong et al.,2015;Lee et al.,2019)。

对于琼东上升流区的 SST 变化原因,可能存在上升流引起的海温变化叠加于南海北部海温整体变化之上。其中 NS02G 站位处于南海北部开放海域,可用于代表南海北部背景 SST 变化。然后用 GH6 站位 SST 扣除 NS02G 站位 SST 得到 ΔSST,以期获得更多上升流强度信号(图 1.24)。通过对比董哥洞石笋 $\delta^{18}O$ 所代表的夏季风强度变化(Dykoski et al.,2005),发现 ΔSST 与夏季风存在较好的相关关系。当 $\delta^{18}O$ 变负时,指示夏季风变强,对应的 ΔSST 也更低。董哥洞石笋指示的公元 1200 年夏季风最弱期,对应的 GH6 站位 SST 及 ΔSST 值最高(图 1.24)。这些良好的一致性说明上升流区 SST 变化很可能受到夏季风驱动的上升流影响。

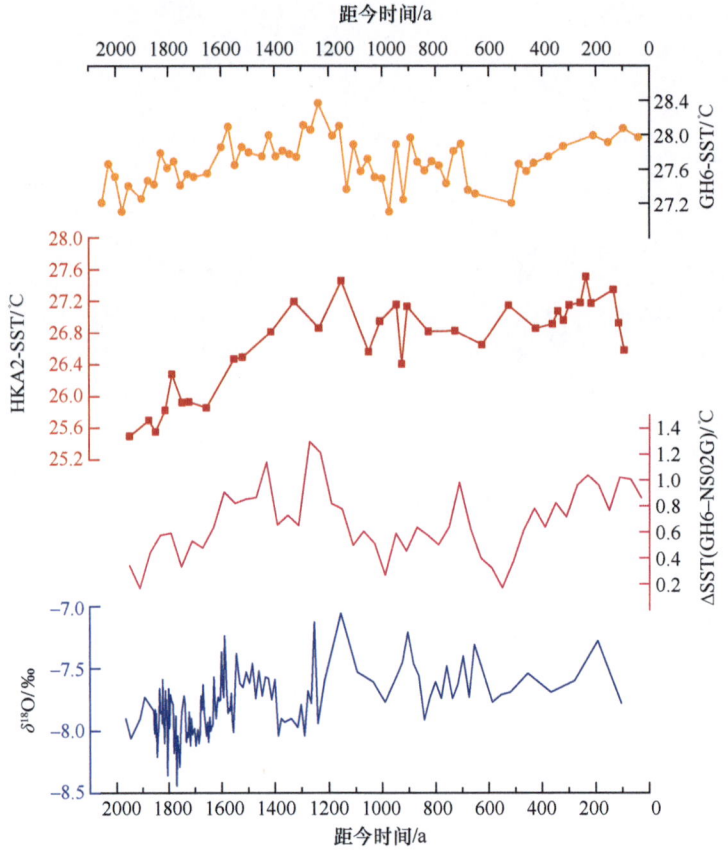

图 1.24 GH6 与 NS02G 的 SST 插值与董哥洞石笋氧同位素对比

## 1.4.2 琼东、粤西和北部湾过去六百年 SST 变化

由于海洋沉积物记录分辨率较低,重建的公元 1400 年以来 SST 数据点较少。但整体上可以看出,除了开放海域站位 NS02G 以外,其他近海站位都呈现降温趋势(图 1.25)。琼东 GH6 和粤西 HKA2 站位降温幅度约为 1.0℃,而琼东 GH7 和北部湾 BBG2 降温幅度小于 0.5℃。其中,GH6 和 HKA2 站位在公元 1800 年前后略微升温,表明该时期上升流短暂减弱。而公元 1815 年由于印度尼西亚坦博拉(Tambora)火山喷发,导致了北半球 1816 年成为无夏之年,以及随后十几年呈现降温状态(Rampino and Self,1982)。南海东部海盆十几万年以来的沉积物中发现了多层火山灰,并发现有些火山灰层对应的长链烯酮重建海温有显著下降(Feng et al.,2022)。北半球陆地气温指标都清晰指示了1815 年火山喷发引起的降温事件,但南海北部上升流区却有略微升温现象,说明火山喷发引起的北半球整体降温可能会导致亚洲夏季风减弱;同时也表明不同海域由于区域洋流变化,海温对大气环流变异的响应存在差异。

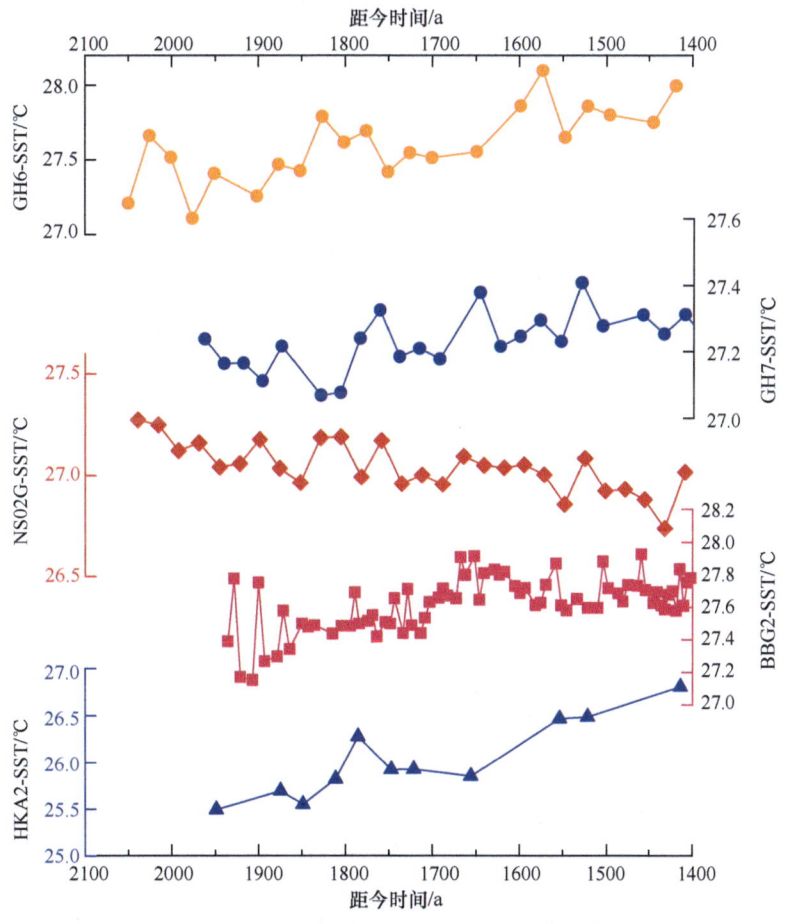

图 1.25 南海北部公元 1400 年以来 SST 变化

# 参 考 文 献

班璇, 朱碧莹, 舒鹏, 等. 2018. 汉江流域气象水文变化趋势及驱动力分析. 长江流域资源与环境, 27: 2817-2829.
长江流域规划办公室, 重庆市博物馆历史枯水调查组. 1974. 长江上游宜渝段历史枯水调查—水文考古专题之一. 文物, 8: 76-90.
长江水利委员会水文局. 2005. 长江志·自然灾害卷. 北京: 中国大百科全书出版社.
葛全胜. 2011. 中国历朝气候变化. 北京: 科学出版社.
葛全胜, 郭熙凤, 郑景云, 等. 2007. 1736年以来长江中下游的梅雨变化. 科学通报, 52(23): 2792-2797.
葛全胜, 郑景云, 方修琦, 等. 2002. 过去2000年中国东部冬半年温度变化. 第四纪研究, 22(2): 166-173.
郝志新, 郑景云, 葛全胜, 等. 2011. 中国南方过去400年的极端冷冬变化. 地理学报, 66(11): 1479-1485.
何报寅, 张穗, 蔡述明. 2003. 近2600年神农架大九湖泥炭的气候变化记录. 海洋地质与第四纪地质, 23(2): 109-115.
胡明思, 骆承政. 1989. 中国历史大洪水. 北京: 中国书店出版社.
况润元. 2003. 湖北神农架近2000年来的石笋气候记录. 南京: 南京师范大学.
刘敬华, 张平中, 孟彩红, 等. 2011. 季风区边缘近500年的降水变化特征. 地理科学, 31(4): 401-407.
骆承政. 2006. 中国历史大洪水资料汇编. 北京: 中国书店出版社.
秦大河, 翟盘茂. 2021. 中国气候与生态环境演变: 2021. 第一卷科学基础. 北京: 科学出版社.
陶乐, 苏筠, 康媛. 2021. 明清时期中国东部高温事件年表重建和分析. 古地理学报, 23(2): 449-460.
温克刚. 2005a. 中国气象灾害大典: 北京卷. 北京: 气象出版社.
温克刚. 2005b. 中国气象灾害大典: 辽宁卷. 北京: 气象出版社.
温克刚. 2005c. 中国气象灾害大典: 山西卷. 北京: 气象出版社.
温克刚. 2006a. 中国气象灾害大典: 山东卷. 北京: 气象出版社.
温克刚. 2006b. 中国气象灾害大典: 上海卷. 北京: 气象出版社.
温克刚. 2006c. 中国气象灾害大典: 浙江卷. 北京: 气象出版社.
温克刚. 2007. 中国气象灾害大典: 湖北卷. 北京: 气象出版社.
温克刚. 2008a. 中国气象灾害大典: 天津卷. 北京: 气象出版社.
温克刚. 2008b. 中国气象灾害大典: 河北卷. 北京: 气象出版社.
温克刚. 2008c. 中国气象灾害大典: 江苏卷. 北京: 气象出版社.
杨莲梅, 张庆云. 2008. 北大西洋涛动对新疆夏季降水异常的影响. 大气科学, 32(5): 1187-1196.
杨溯, 李庆祥. 2014. 中国降水量序列均一性分析方法及数据集更新完善. 气候变化研究进展, 10(4): 276-281.
张德二. 2004. 1743年华北夏季极端高温: 相对温暖气候背景下的历史炎夏事件研究. 科学通报, 49(21): 2204-2210.
张德二, 王宝贯. 1990. 18世纪长江下游梅雨活动的复原研究. 中国科学, 12: 1333-1339.
张国雄. 1987. 明代江汉平原水旱灾害的变化与垸田经济的关系. 中国农史, 4: 28-34.
张国雄. 1990. 清代江汉平原水旱灾害的变化与垸田生产的关系. 中国农史, 3: 91-102.
张建民. 2008. 碑石所见清后期陕南的水环境与水旱灾. 中国水利, 7: 54-58.
张强, 谢五三, 陈鲜艳, 等. 2021. 1961—2019年长江中下游区域性干旱过程及其变化. 气象学报, 79(4): 570-581.
张瑞波, 魏文寿, 袁玉江, 等. 2009. 1396—2005年天山南坡阿克苏河流域降水序列重建与分析. 冰川冻土, 31(1): 27-33.

张瑞波, 魏文寿, 袁玉江, 等. 2011. 树轮记录的天山南坡阿克苏河过去300a径流变化特征. 冰川冻土, 33(4): 744-751.

赵文兰, 叶愈源. 1996. 近500年长江中游气候变化的初步研究. 水文, 16(5): 19-23.

赵振国. 2008. 1880—2006年中国夏季雨带类型的年代际变化特征. 气候变化研究进展, 4(2): 95-100.

赵宗慈, 罗勇, 黄建斌. 2023. 全球变暖与旱涝事件. 气候变化研究进展, 19(2): 258-262.

中国气象局气候变化中心. 2022. 中国气候变化蓝皮书(2022). 北京: 科学出版社.

中央气象局气象科学研究院. 1981. 中国近五百年旱涝分布图集. 北京: 地图出版社.

邹逸麟, 张修桂. 2013. 中国历史自然地理. 北京: 科学出版社.

Acuña-Soto R, Stahle D W, Cleaveland M K, et al. 2002. Megadrought and megadeath in 16th century Mexico. Emerging Infectious Diseases, 8(4): 360-362.

Akaike H. 1974. A new look at the statistical model identification. IEEE Transactions on Automatic Control, 19(6): 716-723.

Begum S, Kudo K, Rahman M H, et al. 2018. Climate change and the regulation of wood formation in trees by temperature. Trees-Structure and Function, 32(1): 3-15.

Caldwell M M, Richards J H. 1989. Hydraulic lift: Water efflux from upper roots improves effectiveness of water uptake by deep roots. Oecologia, 79(1): 1-5.

Chen F, Yuan Y J, Chen F H, et al. 2013. A 426-year drought history for Western Tian Shan, Central Asia, inferred from tree rings and linkages to the North Atlantic and Indo-West Pacific Oceans. Holocene, 23(8): 1095-1104.

Chen F, Yuan Y J, Wei W S. 2015. Tree-ring response of subtropical tree species in southeast China on regional climate and sea-surface temperature variations. Trees-Structure and Function, 29(1): 17-24.

Chen Y, Syvitski J P M, Gao S, et al. 2012. Socio-economic impacts on flooding: A 4000-year history of the Yellow River, China. Ambio, 41(7): 682-698.

Cheng H, Edwards R L, Sinha A, et al. 2016. The Asian monsoon over the past 640, 000 years and ice age terminations. Nature, 534: 640-646.

Conte M H, Sicre M A, Rühlemann C, et al. 2006. Global temperature calibration of the alkenone unsaturation index ($U_{37}^{K'}$) in surface waters and comparison with surface sediments. Geochemistry, Geophysics, Geosystems, 7(2): Q02005.

Cook E R, D'Arrigo R D, Briffa K R. 1998. A reconstruction of the North Atlantic Oscillation using tree-ring chronologies from North America and Europe. Holocene, 8(1): 9-17.

Cook E R, D'Arrigo R D, Mann M E. 2002. A well-verified, multi-proxy reconstruction of the winter North Atlantic Oscillation index since AD 1400. Journal of Climate, 15(13): 1754-1764.

Dee D P, Uppala S M, Simmons A J, et al. 2011. The ERA-Interim reanalysis: Configuration and performance of the data assimilation system. Quarterly Journal of the Royal Meteorological Society, 137(656): 553-597.

Ding Y. 1992. Effects of the Qinghai-Xizang (Tibetan) Plateau on the circulation features over the plateau and its surrounding areas. Advances in Atmospheric Sciences, 9(1): 112-130.

Dulamsuren C, Hauck M, Kopp G. 2017. European beech responds to climate change with growth decline at lower, and growth increase at higher elevations in the center of its distribution range (SW Germany). Trees-Structure and Function, 31(2): 673-686.

Dykoski C A, Edwards R L, Cheng H, et al. 2005. A high-resolution, absolute-dated Holocene and deglacial Asian monsoon record from Dongge Cave, China. Earth and Planetary Science Letters, 233(1-2): 71-86.

Fang K, Guo Z, Chen D. 2019. Interdecadal modulation of the Atlantic Multi-decadal Oscillation (AMO) on southwest China's temperature over the past 250 years. Climate Dynamics, 52(3-4): 2055-2065.

Feng W, Yang J, Bao C, et al. 2022. A millennial-scale tephra event-stratigraphic record of the South China Sea since the penultimate interglacial. Lithosphere, 9: 9074201.

Fritts H C. 1976. Tree Rings and Climate. London: Academic Press.

Ge Q, Zheng J, Hao Z, et al. 2016. Recent advances on reconstruction of climate and extreme events in China for the past 2000 years. Journal of Geographical Sciences, 26 (7): 827-854.

Gong G, Hameed S. 1991. The variation of moisture conditions in China during the last 2000 years. International Journal of Climatology, 11(3): 271-283.

Gou X, Chen F, Jacoby G, et al. 2007. Rapid tree growth with respect to the last 400 years in response to climate warming, northeastern Tibetan Plateau. International Journal of Climatology, 27(11): 1497-1503.

Greatbatch R J, Zhang S. 1995. An interdecadal oscillation in an idealized ocean basin forced by constant heat flux. Journal of climate, 8(1): 81-91.

Guo M, Zhang Y, Wang X, et al. 2015. Effects of abrupt warming on main conifer tree rings in Markang, Sichuan, China. Acta Ecologica Sinica, 35: 7464-7474.

Hsiao T C, Acevedo E. 1975. Plant responses to water deficits, water-use efficiency, and drought resistance. Developments in Agricultural and Managed Forest Ecology, 1: 59-84.

Hu C, Henderson G M, Huang J, et al. 2008. Report of a three-year monitoring programme at Heshang Cave, Central China. International Journal of Speleology, 37(3): 143-151.

Hu K M, Huang G, Huang R H. 2011. The impact of tropical indian ocean variability on summer surface air temperature in China. Journal of Climate, 24(20): 5365-5377.

Huang R, Zhu H, Liang E, et al. 2019. A tree ring-based winter temperature reconstruction for the southeastern Tibetan Plateau since 1340 CE. Climate Dynamics, 53(5-6): 3221-3233.

Huang W, Chen F H, Feng S. 2013. Interannual precipitation variations in the mid-latitude Asia and their association with large-scale atmospheric circulation. Science Bulletin, 58(32): 3962-3968.

Jing Z, Qi Y, Hua Z, et al. 2009. Numerical study on the summer upwelling system in the northern continental shelf of the South China Sea. Continental Shelf Research, 29(2): 467-478.

Kaplan A, Cane M A, Kushnir Y, et al. 1998. Analyses of global sea surface temperature 1856—1991. Journal of Geophysical Research-Oceans, 103: 18567-18589.

Kong D, Tse Y Y, Jia G D, et al. 2015. Cooling trend over the past 4 centuries in northeastern Hong Kong waters as revealed by alkenone-derived SST records. Journal of Asian Earth Sciences, 114: 497-503.

Kong D, Wei G, Chen M T, et al. 2017. Northern South China Sea SST changes over the last two millennia and possible linkage with solar irradiance. Quaternary International, 459(30): 29-34.

Körner C. 2012. Alpine Treelines: Functional Ecology of The Global High Elevation Tree Limits. New York: Springer Science and Business Media.

Lee W M, Poon K C, Kong D, et al. 2019. Summer monsoon–induced upwelling dominated coastal sea surface temperature variations in the northern South China Sea over the last two millennia. Holocene, 29(4): 691-698.

Li J X, Li J B, Li T. 2021b. 351-year tree ring reconstruction of the Gongga Mountains winter minimum temperature and its relationship with the Atlantic Multidecadal Oscillation. Climatic Change, 165: 49.

Li J, Gou X H, Cook E R, et al. 2006. Tree-ring based drought reconstruction for the central Tien Shan area in northwest China. Geophysical Research Letters, 33(7): L7715.

Li J, Xie S P, Cook E R, et al. 2011. Interdecadal modulation of El Niño amplitude during the past millennium. Nature Climate Change, 1: 114-118.

Li J, Xie S P, Cook E R, et al. 2019. Deciphering human contributions to Yellow River flow reductions and downstream drying using centuries-long tree-ring records. Geophysical Research Letters, 46(2): 898-905.

Li T, Li J, Au T F. 2020a. Moisture variability in the East Pearl River Basin since 1894 CE inferred from tree ring records. Atmosphere, 11(10): 1075.

Li T, Li J, Au T F. 2021a. Tree-ring width data of Tsuga longibracteata reveal growing season temperature signals in the north-central Pearl River basin since 1824 AD. Forests, 12(8): 1067.

Li T, Li J, Zhang D D. 2020b. Yellow River flooding during the past two millennia from historical documents. Progress in Physical Geography, 44(5): 661-678.

Li T, Li J. 2017. A 564-year annual minimum temperature reconstruction for the east central Tibetan Plateau from tree rings. Global and Planetary Change, 157: 165-173.

Li T, Zhang Y, Chang C P, et al. 2001. On the relationship between Indian Ocean sea surface temperature and

Asian Summer Monsoon. Geophysical Research Letters, 28(14): 2843-2846.
Li Z, Liu G, Fu B, et al. 2010. Evaluation of temporal stability in tree growth-climate response in Wolong National Natural Reserve, western Sichuan, China. Journal of Plant Ecology, 34(9): 1045-1057.
Li Z, Liu G, Fu B, et al. 2012. Anomalous temperature-growth response of Abies faxoniana to sustained freezing stress along elevational gradients in China's western Sichuan Province. Trees, 26(4): 1373-1388.
Liu Y H, Li Z L. 2021. Stalagmite flooding frequency record since the middle Little Ice Age from Central China. Climatic Change, 164: 28.
Liu Z, Henderson A C G, Huang Y. 2006. Alkenone-based reconstruction of late-Holocene surface temperature and salinity changes in Lake Qinghai, China. Geophysical Research Letters, 33(9): L09707.
Mann M E, Zhang Z, Rutherford S, et al. 2009. Global signatures and dynamical origins of the Little Ice Age and medieval climate anomaly. Science, 326: 1256-1260.
Pallardy S G, Kozlowski T T. 2008. Physiology of Woody Plants. Boston: Elsevier.
Qiao S X, Chen Z H. 1999. The building of chronological tables of carved stone records for low water and flood within upper reaches of the Changjiang River through the age. Torrential Rain and Disasters, 10: 63-71.
Qin J, Shi A, Ren G, et al. 2020. Severe historical droughts carved on rock in the Yangtze. Bulletin of the American Meteorological Society, 101(6): 905-916.
Rampino M R, Self S. 1982. Historic eruptions of Tambora (1815), Krakatau (1883), and Agung (1963), their stratospheric aerosols, and climatic impact. Quaternary Research, 18(2): 127-143.
Ren G. 1998. Pollen evidence for increased summer rainfall in the Medieval Warm Period at Maili, Northeast China. Geophysical Research Letters, 25: 1931-1934.
Ren G, Ding Y, Zhao Z, et al. 2012. Recent progress in studies of climate change in China. Advances in Atmospheric Sciences, 29(5): 958-977.
Salzer M W, Hughes M K, Bunn A G, et al. 2009. Recent unprecedented tree-ring growth in bristlecone pine at the highest elevations and possible causes. Proceedings of the National Academy of Sciences, 106(48): 20348-20353.
Shi S, Li J, Shi J, et al. 2017. Three centuries of winter temperature change on the southeastern Tibetan Plateau and its relationship with the Atlantic Multidecadal Oscillation. Climate Dynamics, 49(4): 1305-1319.
Si D, Ding Y. 2016. Oceanic forcings of the interdecadal variability in East Asian summer rainfall. Journal of Climate, 29(21): 7633-7649.
Sun H. 2016. The examinations on some issues about the White Crane Ridge inscriptions in Fuling. Acta Archaeologica Sinica, 1: 49-88.
Tan L, Cai Y, Yi L, et al. 2008. Precipitation variations of Longxi, northeast margin of Tibetan Plateau since AD 960 and their relationship with solar activity. Climate of the Past, 4(1): 19-28.
Tian Q, Yang S. 2017. Regional climatic response to global warming: Trends in temperature and precipitation in the Yellow, Yangtze and Pearl River basins since the 1950s. Quaternary International, 440: 1-11.
Vásquez-Bedoya L F, Cohen A L, Oppo D W, et al. 2012. Corals record persistent multidecadal SST variability in the Atlantic Warm Pool since 1775 AD. Paleoceanography and Paleoclimatology, 27: PA3231.
Wang B, Wu R, Fu X. 2000. Pacific-East Asian teleconnection: How does ENSO affect East Asian climate? Journal of Climate, 13(9): 1517-1536.
Wang H, Zhang Y, Shao X. 2021. A tree-ring-based drought reconstruction from 1466 to 2013 CE for the Aksu area, western China. Climatic Change, 165: 39.
Wang J, Yang B, Ljungqvist F C, et al. 2013a. The relationship between the Atlantic Multidecadal Oscillation and temperature variability in China during the last millennium. Journal of Quaternary Science, 28(7): 653-658.
Wang W, Xing W, Yang T, et al. 2013b. Characterizing the changing behaviours of precipitation concentration in the Yangtze River Basin, China. Hydrological Processes, 27(24): 3375-3393.

Wells N, Goddard S, Hayes M J. 2004. A self-calibrating Palmer drought severity index. Journal of Climate, 17: 2335-2351.
Wirth V, Riemer M, Chang E K, et al. 2018. Rossby wave packets on the midlatitude waveguide–A review. Monthly Weather Review, 146(7): 1965-2001.
Woodhouse C A, Brown P M. 2001. Tree-ring evidence for Great Plains drought. Tree-Ring Research, 57(1): 89-103.
Wu L, Zhu C, Ma C-M, et al. 2017. Mid-Holocene palaeoflood events recorded at the Zhongqiao Neolithic cultural site in the Jianghan Plain, middle Yangtze River Valley, China. Quaternary Science Reviews, 173: 145-160.
Wurtzel J B, Black D E, Thunell R C, et al. 2013. Mechanisms of southern Caribbean SST variability over the last two millennia. Geophysical Research Letters, 40(22): 5954-5958.
Xu J, Li F. 2019. Response of lower Yellow River bank breachings to La Niña events since 924CE. Catena, 176: 159-169.
Yang B, Braeuning A, Johnson K R, et al. 2002. General characteristics of temperature variation in China during the last two millennia. Geophysical Research Letters, 29(9): 381-384.
Yang B, Qin C, Wang J, et al. 2014. A 3, 500-year tree-ring record of annual precipitation on the northeastern Tibetan Plateau. Proceedings of the National Academy of Sciences, 111(8): 2903-2908.
Yu F, Chen Z, Ren X, et al. 2009. Analysis of historical floods on the Yangtze River, China: Characteristics and explanations. Geomorphology, 113(3-4): 210-216.
Zeng X, Belkin I M, Peng S, et al. 2014. East Hainan upwelling fronts detected by remote sensing and modelled in summer. International Journal of Remote Sensing, 35(11-12): 4441-4451.
Zhang Q, Li J, Gu X, et al. 2018a. Is the Pearl River basin, China, drying or wetting? Seasonal variations, causes and implications. Global Planetary Change, 166: 48-61.
Zhang R, Sumi A, Kimoto M. 1999. A diagnostic study of the impact of El Niño on the precipitation in China. Advances in Atmospheric Sciences, 16(2): 229-241.
Zhang R, Zhang T, Kelgenbayev N, et al. 2017. A 189-year tree-ring record of drought for the Dzungarian Alatau, arid Central Asia. Journal of Asian Earth Sciences, 148: 305-314.
Zhang X, Ren G, Bing H, et al. 2023. Reconstruction and characterization of droughts and floods in the Hanjiang River Basin, China, 1426—2017. Climatic Change, 176: 62.
Zhang X, Ren G, Yang Y, et al. 2022. Extreme historical droughts and floods in the Hanjiang River Basin, China, since 1426. Climate of the Past, 18: 1775-1796.
Zhang Z, Sun X, Yang X Q. 2018b. Understanding the interdecadal variability of East Asian summer monsoon precipitation: Joint influence of three oceanic signals. Journal of Climate, 31: 5485-5506.
Zhao Y S, Shi J F, Shi S Y, et al. 2017. Summer climate implications of tree-ring latewood width: A case study of Tsuga longibracteata in South China. Asian Geographer, 34(2): 131-146.
Zhao Y, Zou X, Cao L, et al. 2014. Changes in precipitation extremes over the Pearl River Basin, Southern China, during 1960—2012. Quaternary International, 333: 26-39.
Zheng J, Hua Z, Liu, Y, et al. 2015. Temperature changes derived from phenological and natural evidence in South Central China from 1850 to 2008. Climate of the Past, 11: 1553-1561.
Zheng Y H, Shao X M, Lu F, et al. 2016. February-May temperature reconstruction based on tree-ring widths of Abies fargesii from the Shennongjia area in central China. International Journal of Biometeorology, 60(8): 1175-1181.
Zhu Z, Feinbergb J M, Xie S, et al. 2017. Holocene ENSO-related cyclic storms recorded by magnetic minerals in speleothems of Central China. Proceedings of the National Academy of Sciences, 114: 852-857.

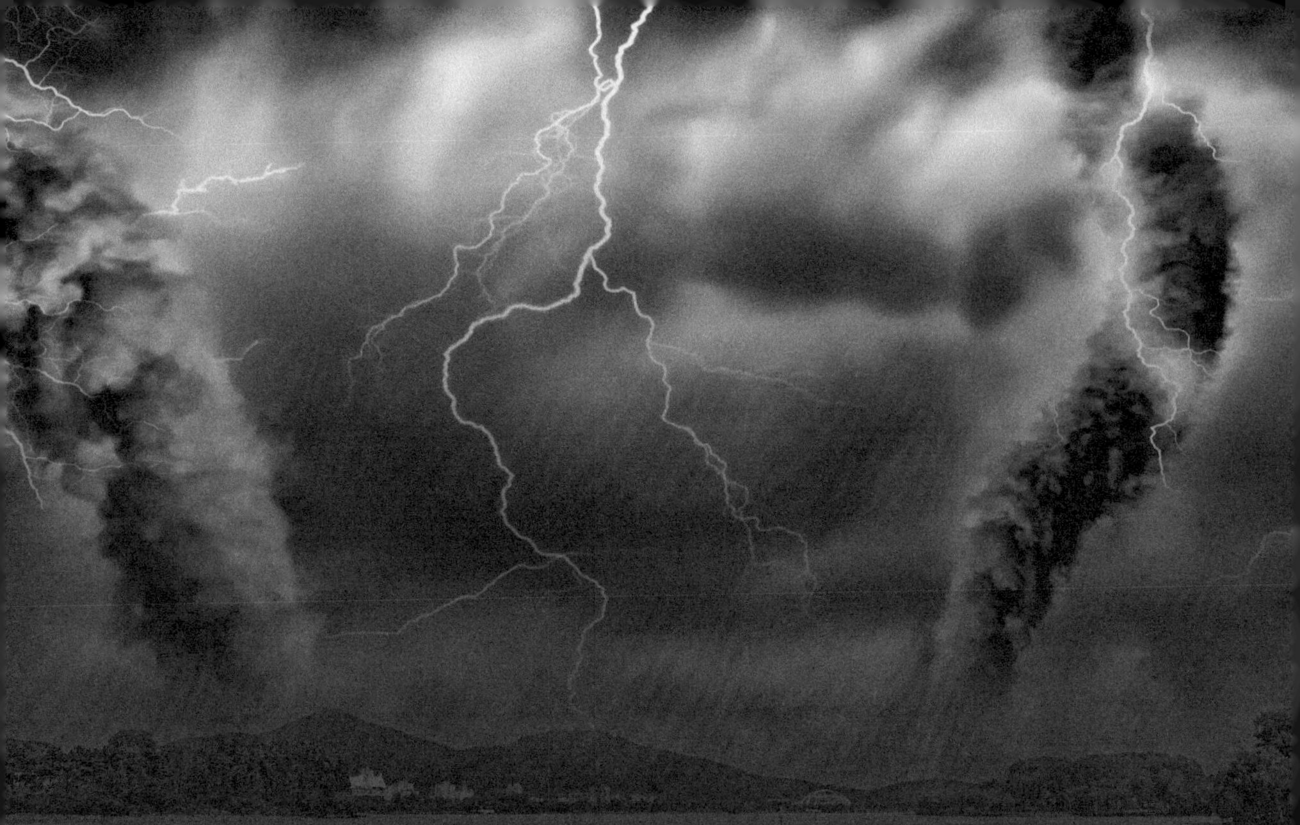

# 第 2 章

## 过去六百年区域气候要素序列及极端气候事件

2

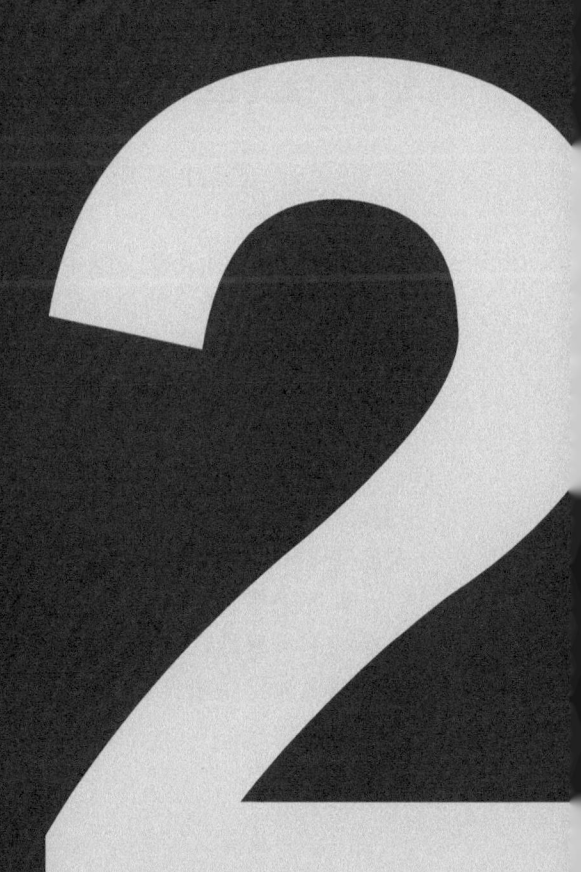

古气候研究往往基于单个或数个样点的代用指标序列，其准确性及空间代表性往往存在较大不确定性。为理解大范围气候系统或气候模态的长期变化，需要区域尺度、高精度、长序列的古气候定量数据。东亚季风系统受到外部强迫、耦合强迫与内部变率等多种要素协同影响，时空变化异常复杂，深入理解东亚季风长期变化更需要满足上述条件的古气候数据支撑。本章 2.1 节展示了利用不同类型古气候代用资料在东亚季风区开展的区域性研究工作，侧重于重建与分析干旱、洪涝、台风等极端气候事件的区域长期变化特征。2.2 节对东亚季风区的古气候数据进行了集成分析，侧重理解季风区树轮集合记录的 ENSO 信号，高分辨率降水量重建及其时空变化特征，以及过去 600 年温度和二氧化碳的耦合特征及其增长率重构与分析。本章内容有助于理解东亚季风区不同气候要素及极端气候事件空间模态及其长期变化特征，为预测其未来变化及防灾减灾提供科学支撑。

## 2.1 区域气候要素序列及极端气候事件

区域尺度的气候数据能够更全面、准确地揭示一个地区的气候变化特征。然而，东亚季风区器测资料普遍短缺，无法用以理解季风时空长期变化特征。季风区广泛存在的多种类型的高分辨率古气候代用资料为研究东亚季风长期变化提供了基础。如何利用这些代用资料开展区域尺度的气候变化研究，是当前季风研究的一个重点方向。本节展示了利用树木年轮、历史文献等古气候代用资料在东亚季风区开展的区域性气候要素和极端气候事件的研究工作，重建了中国北方地区过去千年极端干旱序列、西南地区过去 600 年极端旱涝事件序列，以及华东地区过去 300 年超强台风序列。另外，本节还重建、分析了黄河流域过去 200 年两次典型干旱事件。

### 2.1.1 中国北方地区过去千年极端干旱序列

本节主要利用历史文献中的相关记录作为代用资料。利用历史文献进行重建工作首先就要考虑资料本身的信息特点。历史文献资料在过去两千年中存在时空分布不均一等问题。杨煜达和韩健夫（2014）已针对史料保存特点，提出了一套新的甄别极端干旱事件方法。依据这套方法，韩健夫等（2019）重建了过去千年中国北方地区发生概率为 10% 的极端干旱事件序列。

研究区域所指的北方地区，包括今天河北、河南、山东、苏北、皖北、山西、陕西（秦岭以北）、宁夏、甘肃及青海东北部，即秦岭—淮河以北，燕山—阴山以南，均属于东部季风区。

韩健夫等（2019）研究发现，在过去 1000 年期间，中国北方地区共发生 101 次极端干旱事件，其中包括 22 次特别极端干旱事件。将 101 次极端干旱事件和 22 次特别极端干旱事件以 30 年作为时间尺度统计其发生次数，其变动趋势如图 2.1 所示。

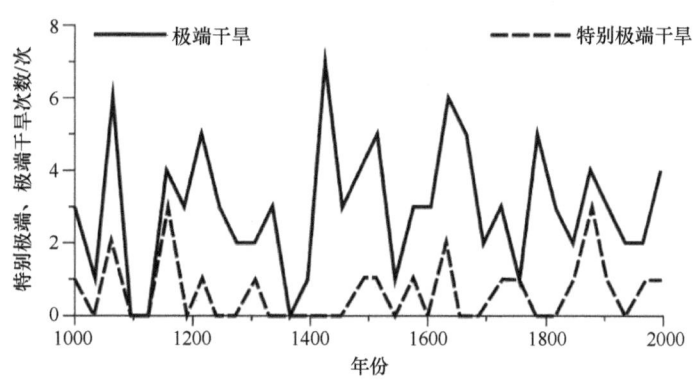

图 2.1　过去 1000 年中国北方地区每 30 年的特别极端、极端干旱次数变化

在过去 1000 年中，北方地区极端干旱事件存在着明显的高发期与低发期。高发期为 1061～1090 年、1191～1250 年、1421～1450 年、1481～1510 年和 1631～1660 年，以及 1821～1880 年左右，以 15 世纪至 16 世纪初期和 17 世纪中叶最为严重。另外，极端干旱事件的发生存在明显的周期振荡。小波分析结果显示，极端干旱事件在过去 1000 年中存在 200 年左右的周期波动。

与重建的过去 1500 年华北地区干湿变化（Zheng et al.，2006）进行比较，发现华北地区相对偏干的时期，北方地区极端干旱事件的发生概率普遍偏高，反之亦然。可见，北方地区的极端干旱事件与整体干湿变化情况存在一定的一致性。

与重建的季风强弱变化序列（Zhang et al.，2008）进行对比，发现在明清小冰期内，东亚夏季风整体偏弱，北方极端干旱事件发生概率也由此升高；在中世纪暖期夏季风相对偏弱的时段内，极端干旱也容易出现；而在夏季风最强的 12 世纪前半叶，则没有发现极端干旱事件。可见，北方地区极端干旱事件的发生概率受到东亚季风强弱变化的影响，但也不完全一致，在公元 1200 年前后季风偏强的时段，极端干旱事件相对偏多；而在公元 1550 年季风偏弱的时段，极端干旱事件也相对偏少。

与非季风区的青藏高原柴达木盆地降水量（邵雪梅等，2006）变化对比发现，在中世纪暖期北方极端干旱的频发期往往对应着柴达木等地降水量偏多的时期；在明清小冰期，这种对应关系与暖期正好相反（图 2.2）。需要注意的是，两者关系在小冰期内存在一定滞后性，时间在 22 年左右，即柴达木等地的降水量会在北方极端干旱事件出现最为频繁时段之后 22 年下降至低点。如在 1401～1500 年、1601～1650 年间北方极端干旱最为严重的时段，也是柴达木等地降水量最低的时段。进入现代暖期，降水量与极端干旱事件的关系又恢复到中世纪暖期的状态。可见，北方地区极端干旱事件与柴达木等地的干湿对应关系相反。

将北方地区极端干旱事件的高发期与各地干湿、降水情况对比，结果如表 2.1 所示。首先，在过去千年中北方极端干旱高发期，华北也为偏干时期。其次，过去千年北方地区极端干旱高发期内，季风边缘区、青藏高原东北部柴达木地区的干湿状况相反。最后，柴达木地区极端干旱发生次数在不同冷暖环境下与北方极端干旱事件的对应关系不一致。

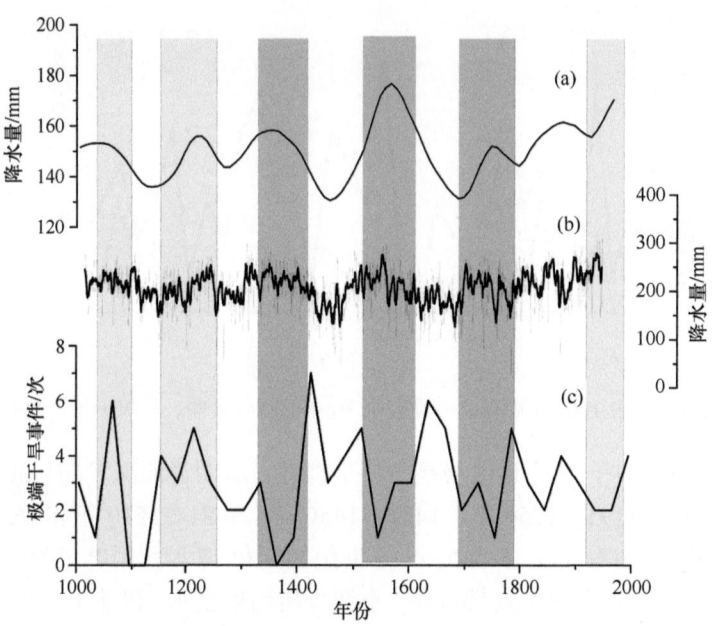

图 2.2 （a）柴达木地区 30 年滑动平均降水量序列，（b）青藏高原东北部 30 年滑动平均降水量序列，（c）北方地区每 30 年极端干旱次数变化序列

表 2.1 北方极端干旱高发期内各地干湿、降水情况

| 冷暖期 | 中世纪暖期 | 明清小冰期 | |
| --- | --- | --- | --- |
| 华北极端干旱高发期 | 1061~1090 年 | 1421~1450 年；1481~1540 年 | 1631~1690 年 |
| 东亚夏季风 | 强 | 弱 | 弱 |
| 华北季风区干湿 | 干 | 干 | 干 |
| 陇西季风边缘区干湿 | 湿 | 干 | 干 |
| 青藏高原东北−柴达木降水量 | 高 | 低（滞后） | 低（滞后） |
| 柴达木极端干旱 | 低发 | 高发 | 高发 |

将北方极端干旱事件的发生次数与中国东部地区冬半年的温度距平（Ge et al.，2003）相对比，发现在中世纪暖期和现代暖期，东部地区冬半年温度偏高时，北方极端干旱事件偏多，反之亦然，两者呈现出暖−干的关系（图 2.3）。而在小冰期中，冬半年温度偏低的时期，如明清小冰期内 15 世纪和 17 世纪的两个冷谷，分别对应过去 1000 年中极端干旱爆发最频发的两个时期；而相对温暖的 16 世纪和 18 世纪，极端干旱事件出现频率反而大幅下降，两者呈现出冷−干的关系。由此可见，在气候冷暖的不同时期，极端干旱事件与冷暖的关系出现逆转，暖期时是越暖的时段极端干旱事件越频繁，而在小冰期则变为越冷的时段极端干旱事件越频繁。

研究发现，在中世纪暖期，北方极端干旱高发期对应青藏高原东北部柴达木盆地的偏湿期，非季风区处于偏干期；在小冰期中，极端干旱高发期对应青藏高原东北部柴达木盆地的干旱期，非季风区偏湿期。可见，中国季风区内极端干旱事件与受西风带影响的非季风区、干旱区，以及季风边缘区在不同的冷暖气候背景下存在不同的相关性，而且季风区极端干旱事件与"西风模式"影响区的干湿变化、极端干旱事件之间关系应更为复杂。

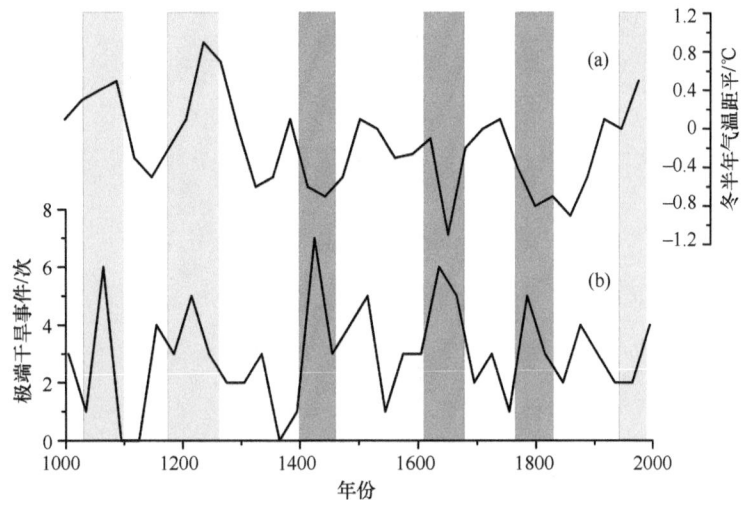

图 2.3 中国东部地区冬半年温度距平与北方地区每 30 年极端干旱次数变化对比

黄伟等（2015）在探讨影响南疆夏季降水的物理机制及其与季风区降水关系时，提出了"丝绸之路遥相关"，认为"西风区"与中纬度亚洲季风区降水存在反相关关系。另外，刘晓东和侯萍（1999）在研究青藏高原中东部夏季降水变化与北大西洋涛动（NAO）关系时认为，NAO 高值年份青藏高原东北部夏季降水量偏多。"丝绸之路遥相关"和 NAO 可能是造成西风带影响下的非季风区、干旱区与青藏高原东北部在同东部季风区干湿与极端干旱事件变化上存在相反关系的主要因素。但这种解释机制适用于明清小冰期期间三者的干湿相关关系，中世纪温暖期三者相关关系仍有待进一步的研究。

## 2.1.2 黄河流域过去两百年典型干旱事件

在全球气候持续变暖的背景下，极端气候事件的发生频率和强度都在迅速增加，特别是降水量减少引起的极端干旱日趋严重。极端干旱事件对生态系统和人类社会具有重大影响，因此在气候变化的背景下提高对极端干旱过程和影响的理解是至关重要的。但是，较短的器测记录限制了极端干旱事件，特别是几十年一遇和百年一遇的严重极端干旱的研究。基于代用资料的历史气候重建为描述和理解自然状态下干旱发生的规模和过程，以及其内在驱动机制提供了可靠的数据支持。

Zhang 等（2022）选取黄河流域作为研究区（图 2.4），搜集了研究区及其周边地区共 29 条树轮宽度年表、1 条基于树轮重建的降水量序列和 5 条基于历史文献重建的干湿指数/降水量序列，利用数据标准化法（Z-score normalization）和主成分分析法探讨研究区过去 200 年的典型干旱事件。根据地理单元和降水分布情况，将研究区划分为三个子区域，即青藏高原东部及祁连山地区（$Y_{upper}$）、黄土高原西部地区（$Y_{mid}$）和黄土高原东部及华北平原地区（$Y_{down}$）。

通过主成分分析法提取整个研究区（$Y_{all}$）及三个子区域的公共信号（图 2.5）。4 条第一主成分（PC1）序列与 CRU 格点降水数据集的空间相关性分析表明，PC1 与上一年

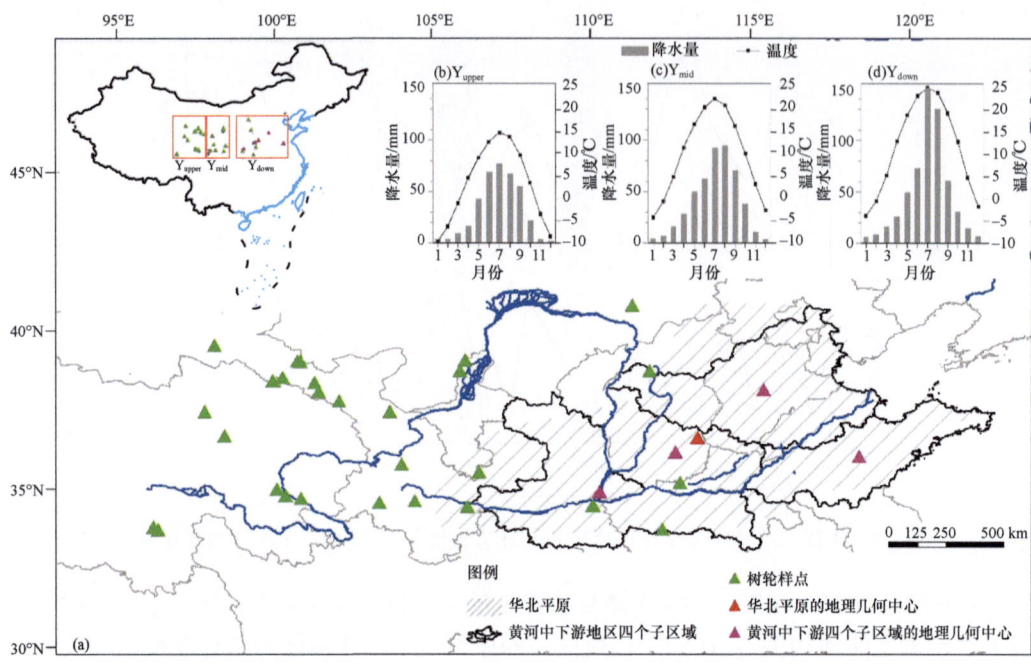

图 2.4 研究区古气候数据分布图（a）及本书中三个子区域年内气候状况 [（b）（c）（d）]

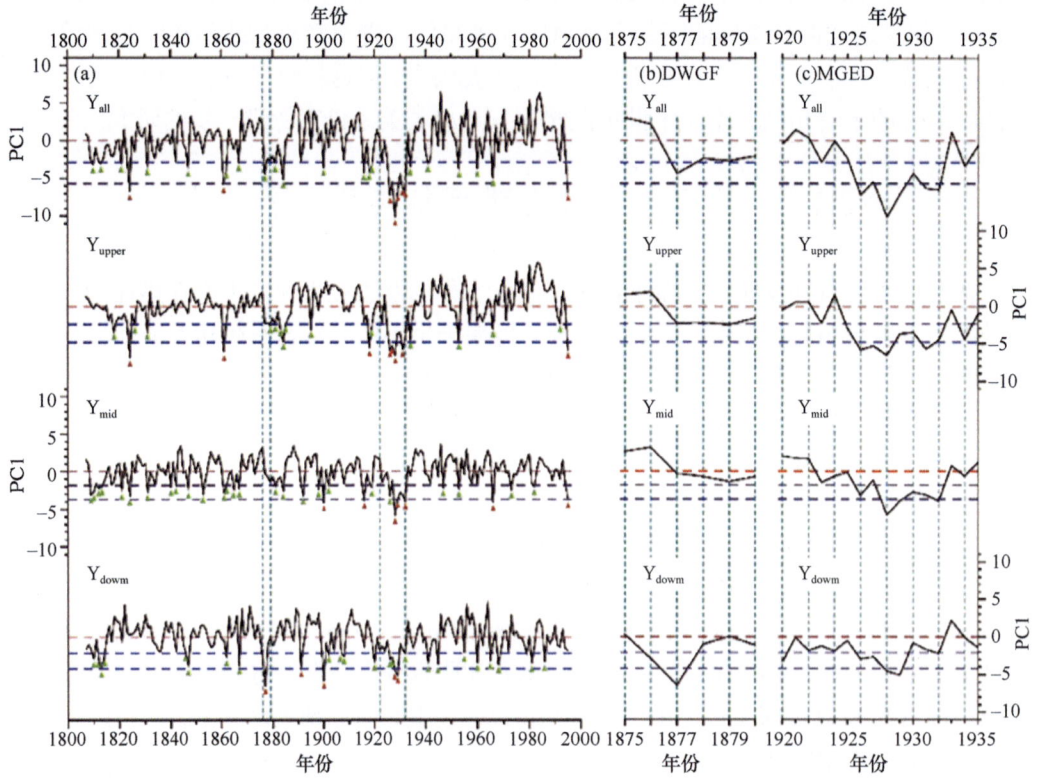

图 2.5 研究区及三个子区域的 PC1 序列以及两个重大极端干旱事件（DWGF 和 MGED）的演变序列

8月和当年生长季初期（4~6月）的降水量在较大的空间范围内均显著正相关，这说明代用指标（主要是树轮宽度年表）具有较好的空间代表性，可以有效地描述大空间尺度的干旱变化。根据PC1序列的均值和标准差，本书确定了如表2.2所列的干旱年和极端干旱年。过去200年整个研究区识别出了29个干旱年和8个极端干旱年（表2.2）。黄土高原西部地区的干旱年份最多，这可能与其过渡性的地理位置有关。极端干旱年在黄土高原东部及华北平原地区主要发生在1870~1930年，在黄土高原西部地区发生在20世纪，在青藏高原东部及祁连山地区则均匀地分布于整个研究时段内。通过对比调查发现，本书识别出的干旱/极端干旱事件与历史文献和器测数据的记录高度一致，表明代用资料能够很好地描述干旱历史，特别是极端干旱事件。

表2.2 黄河流域过去200年干旱年和极端干旱年

| 研究区 | 干旱年（<均值−σ） | 极端干旱年（<均值−2σ） |
| --- | --- | --- |
| $Y_{all}$ | 1810、1813、1821、1824、1831、1847、**1861~1862**、1867、1877、1881、1884、1900、1916、**1918~1919**、**1926~1932**、1934、1941、1953、1960、1966、1995 | 1824、1861、1926、**1928~1929**、**1931~1932**、1995 |
| $Y_{upper}$ | 1818、1824、1826、1831、1861、1879、1881、**1883~1885**、1895、**1918~1919**、**1925~1932**、1934、1953、1966、1992、1995 | 1824、1861、1918、**1926~1928**、1931、1995 |
| $Y_{mid}$ | **1809~1810**、**1812~1813**、1821、1824、1831、1840、1842、1847、1853、**1861~1862**、1865、1867、1881、1884、1892、1898、1900、1902、1916、1919、1926、**1928~1932**、1947、1953、1966、1973、1982、1995 | 1900、1916、**1928~1929**、1932、1966、1995 |
| $Y_{down}$ | 1810、1812~1814、**1846~1847**、1862、1867、**1876~1877**、1891、1900、1902、**1907~1908**、1920、**1926~1929**、1932、1941、1945、1955、1960、1965、1968、1979、1981、1986 | 1877、1891、1900、**1928~1929** |

注：加粗表示连续时间超过2年的干旱年/极端干旱年。

对两个重大极端干旱事件[即丁戊奇荒（DWGF：1876~1878年）和20世纪20年代末至30年代初的民国初期大旱（MGED）]的比较分析发现，MGED在三个子区域都有较好的记录，且以青藏高原东部及祁连山地区最严重。DWGF则是中国北方的区域性干旱事件，主要发生在黄土高原东部及华北平原地区。就持续时长而言，MGED比DWGF的发展更缓慢持久，MGED在青藏高原东部及祁连山地区开始的时间比黄土高原和华北平原地区早，持续时间也比其他两个地区长，大约从1925年开始，一直持续到1932年。而DWGF在黄土高原东部及华北平原地区迅速发展，然后快速恢复正常。就干旱强度而言，DWGF大部分年份只达到了干旱的程度，仅1877年在黄土高原东部及华北平原地区经历了一次极端严重的干旱，而且是所有已确定的干旱中最严重的一次。根据上述分析，在持续时间、空间范围和强度方面，DWGF远不如MGED严重，这与历史文献中对二者的记录不尽相同。历史文献记录中DWGF造成的影响大于MGED。这表明可能受到政治和其他因素的影响，历史文献中记录的干旱事件的物理严重程度与社会经济影响之间有较大差异。机制分析表明，两大干旱事件的潜在影响机制是不同的。基于再分析数据的研究证实了这一点，DWGF是由典型强厄尔尼诺现象引起的（Hao et al., 2010; Kiladis and Diaz, 1986），而MGED的机制则更为复杂，包含了大尺度大气环流模式及其他异常情况。以上分析表明，树轮数据能够捕捉干旱事件的真实情况，促进对极端干旱机制的理解。

### 2.1.3 西南地区过去六百年极端旱涝事件

本节以历史文献资料为主要代用资料,对极端旱涝资料进行分站点、分时段的参数化定级(杨煜达和韩健夫,2014),采用百分位阈值法重建过去近 600 年(公元 1400~2000 年)中国西南地区(具体范围包括云南省、贵州省、重庆市的全部范围和四川东部及陕西南部)发生概率为 10%的极端旱涝事件序列,并探讨小冰期以来区域极端旱涝事件与亚洲季风的关系,以增进对区域极端旱涝事件驱动机制的认识。

刘威和杨煜达(2021)识别结果表明,过去 600 年西南地区极端干旱事件存在 3 个峰值和 2 个谷值,最高峰值在 1450~1500 年,最低谷值在 1700~1750 年(图 2.6)。极端洪涝事件存在 2 个谷值和 1 个峰值,峰值在 1850~1900 年,谷值在 1400~1450 年和 1750~1800 年。在 1850~1900 年间,极端旱涝明显高发;在 1750~1800 年,极端旱涝事件均偏少。且在公元 1700 年前后,极端旱涝有明显的转折。1400~1700 年间有 35 个极端干旱年和 25 个极端洪涝年,极端干旱年份的发生概率高于极端洪涝年份;1700~2000 年间有 23 个极端干旱年和 36 个极端洪涝年,极端洪涝年份的发生概率高于极端干旱年份。

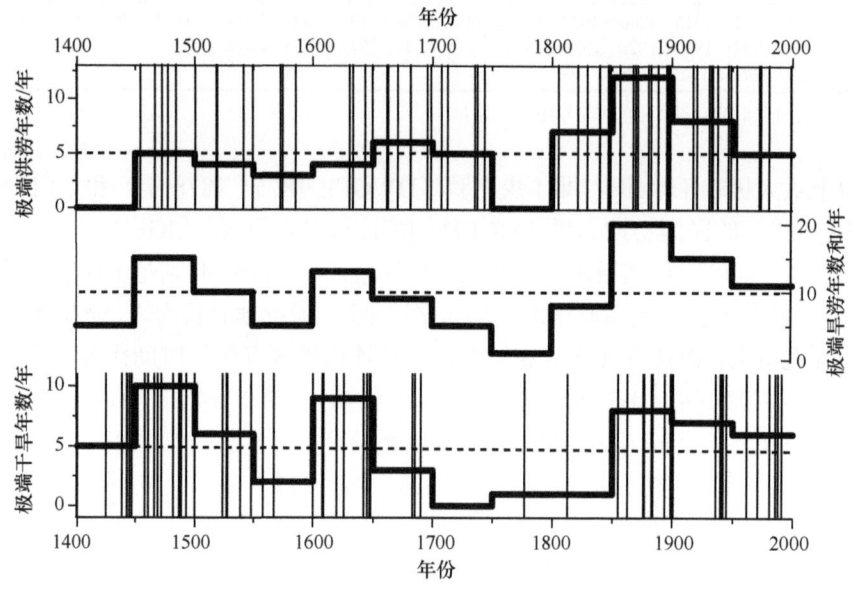

图 2.6 西南地区过去 600 年极端旱涝事件

将西南地区极端旱涝事件序列与 Ge 等(2003)重建的冬半年温度距平序列对比发现,在偏冷期,极端旱涝事件偏多,极端洪涝事件的发生概率高于极端干旱事件;在偏暖期极端旱涝事件偏少,极端洪涝事件的发生概率高于极端干旱事件。在明清小冰期内(公元 1400~1900 年),公元 1450~1500 年、1600~1700 年、1800~1900 年间,东部季风区冬温、全国年温青藏高原东部夏温偏低,西南地区极端旱涝事件偏多;公元 1500~1600 年、1700~1800 年间,东部季风区冬温、全国年温青藏高原东部夏温偏高,西南地区极端旱涝事件偏少;在现代温暖期内(公元1900~2000年),偏暖期极端旱涝事件偏多,偏冷期极端旱涝事件偏少。因此,明清小冰期和现代温暖期的不同冷暖模态下,极端旱涝事件的发生频率呈现不同的对应模式。

将重建的西南地区极端旱涝事件序列与西南地区干湿序列(何尧启等,2005)对比发现,公元1400~1700年,西南地区偏干,极端干旱事件多于极端洪涝事件;公元1700~2000年,西南地区偏湿,极端洪涝事件多于极端干旱事件,即西南地区极端旱涝事件与该区域的干湿程度密切相关。与东部季风区干湿指数对比发现,东部季风区偏湿时,西南地区极端旱涝事件偏少;东部季风区偏干时,西南地区极端旱涝事件偏多,即西南地区极端旱涝事件的发生与东部季风区的干湿变化存在一定的相关性和区域差异性。

将西南地区极端旱涝事件序列与重建的东亚夏季风指数(杨保和谭明,2009;Zhang et al.,2008)和南亚夏季风指数(Sinha et al.,2011;Shi et al.,2017)进行对比,发现公元1700年西南地区极端旱涝事件分布的转折点与18世纪南亚夏季风指数的转折相对应(图2.7)。公元1400~1700年间,南亚夏季风指数的平均态偏低,极端干旱事件多于极端洪涝事件;公元1700~2000年间,南亚夏季风指数的平均态偏高,极端洪涝事件多于极端干旱事件。

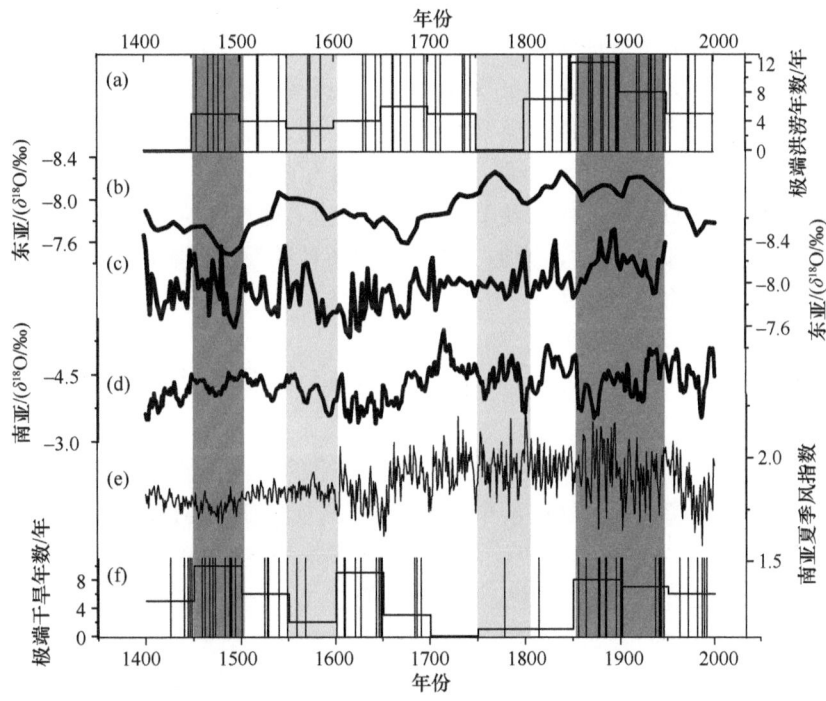

图2.7 极端旱涝事件[(a)(f)]与东亚夏季风指数[(b)(c)]及南亚夏季风指数[(d)(e)]的对比

当南亚/东亚夏季风指数偏弱时,在明清小冰期和现代温暖期,极端旱涝事件偏多且极端干旱事件发生概率高于极端洪涝事件;但当南亚/东亚季风指数偏强时,在明清小冰期极端旱涝事件偏少,极端洪涝事件多于极端干旱事件;而在现代温暖期,极端旱涝事件偏多。

和西南地区夏季降水相联系的水汽通道中,印度洋水汽通道强度最强,太平洋水汽通道强度偏弱。当南亚夏季风偏强,印度洋水汽通道输送强,而太平洋水汽通道输送弱时,西南地区降水偏多,反之偏少。即西南地区极端干旱年多发生在南亚夏季风偏弱年,极端洪涝年多发生在南亚夏季风偏强年。因此,西南地区极端旱涝受南亚夏季风影响更大,来自印度洋的水汽输送是否异常是其主控因子,东亚夏季风也起到一定的调节作用。

刘威和杨煜达(2021)进一步研究了西南地区极端旱涝事件与 ENSO 和 PDO 的关系。利用 Li 等(2013)重建的 Niño3.4 指数序列,定义 Niño3.4 指数≥0.5 的年份为厄尔尼诺次年,共有 184 个年份。将重建的西南地区极端旱涝事件与厄尔尼诺事件对比发现:有 24 个极端干旱事件、13 个极端洪涝事件出现在厄尔尼诺当年,发生概率约为 41.4%、22.0%;有 19 个极端干旱事件、18 个极端洪涝事件出现在厄尔尼诺次年,发生概率约为 32.8%、30.5%;有 20 个极端干旱事件、19 个极端洪涝事件出现在厄尔尼诺次年,发生概率约为 34.5%、32.2%。

前人研究已揭示了厄尔尼诺(拉尼娜)现象发生时,印度西南季风偏弱(强),西太平洋副热带高压偏东(偏南西伸),我国东南季风偏弱(强)。因此,作为亚洲夏季风年际变率的主要强迫因子,厄尔尼诺事件发生时,南亚夏季风被削弱,从而增加了西南地区极端旱涝事件发生的概率。

将西南地区极端旱涝事件序列与 PDO 指数序列对比发现,当 PDO 为暖相位时,有 35 个极端干旱事件,发生概率约为 60.3%,有 26 个极端洪涝年份,发生概率约为 44.0%,极端干旱事件多于极端洪涝事件。当 PDO 为冷相位时,有 23 个极端干旱事件,发生概率约为 39.7%,有 33 个极端洪涝事件,发生概率约为 56.0%,极端洪涝事件多于极端干旱事件。总结来看,PDO 在年代际及多年代际尺度上,通过影响亚洲季风对极端旱涝事件施加作用,PDO 为暖相位时,增加了极端干旱事件的发生概率;PDO 为冷相位时,增加了极端洪涝事件的发生概率。

## 2.1.4 华东地区过去三百年超强台风序列

台风作为一种严重的自然灾害,其登陆前后带来的强风、暴雨和风暴潮是致灾的主要原因,而其中尤以超强台风(底层中心附近最大平均风速≥51.0m/s,也即 16 级或以上)所造成的影响最为剧烈。据统计,全世界每年平均生成 80 个以上的台风,其中西北太平洋每年有 28.2 个,而能发展成超强台风的有 2~3 个,常常造成非常严重的损失(陈联寿和丁一汇,1979)。如 2006 年 0608 号超强台风"桑美"(Saomai)和 2019 年 1909 号超强台风"利奇马"(Lekima),均给我国造成高达数百亿的直接经济损失。研究超强台风的活动规律,对于沿海地区防灾减灾具有重要意义。

华东地区是我国乃至全世界受台风影响最严重的地区之一。该区位于太平洋西岸,总体呈现南高北低的地势特征,由于缺少高大山脉的阻挡,超强台风来袭时往往能够长驱直入,伴随着大风、暴雨和风暴潮等猛烈天气现象,直接给当地带来非常严重的破坏,故而超强台风是这一区域影响最大的自然灾害之一。而该地区自 12 世纪以来一直是我国经济最发达的区域之一,每一次超强台风袭击都会带来巨额的财产损失及人口伤亡,对区域社会经济的稳定发展造成严重的影响。

然而，由于技术限制，气象卫星出现后，台风数据资料才比较全面。因此目前的超强台风研究局限在数十年时间尺度，且不同研究对于超强台风演变趋势的结论差异颇大。要想探讨更长时间段的超强台风活动规律，分析其与一般台风之间是否存在显著差别，需要借助其他代用资料，历史文献即是其中重要的一种。中国古代文献中保留有大量的台风相关信息，利用其作为代用资料进行历史时期的台风研究已取得一系列重要成果。部分学者较早利用历史文献建立了长时段台风序列（Chan and Shi, 2000; Liu et al., 2001; 梁有叶和张德二, 2007），但在资料的发掘与处理上尚有进一步深化的空间。近些年，已有研究利用地方志为主的多种历史文献制定台风识别标准，实现了较长时段内台风的均一识别（潘威等，2011；张向萍等，2013）。郑薇薇等（2014）利用高分辨率的清代日记资料重建了1815~1869年间浙北地区的台风序列，进一步提高了识别的准确性，并与现代台风序列实现了有效的对接。总体来看，目前学界在历史时期台风的识别及百年–多百年际演变规律等问题上已取得较大进展，但对超强台风的重建尚付阙如。

张森和杨煜达（2023）依托现代台风研究成果，利用地方志、档案、报刊等资料，归纳了风力程度、人口死亡、房屋损坏、农作物损失、官民赈济，以及影响范围6个指标，建立了历史时期超强台风的识别方法，据此重建了公元1640~1949年影响我国华东地区的超强台风序列（图2.8）。

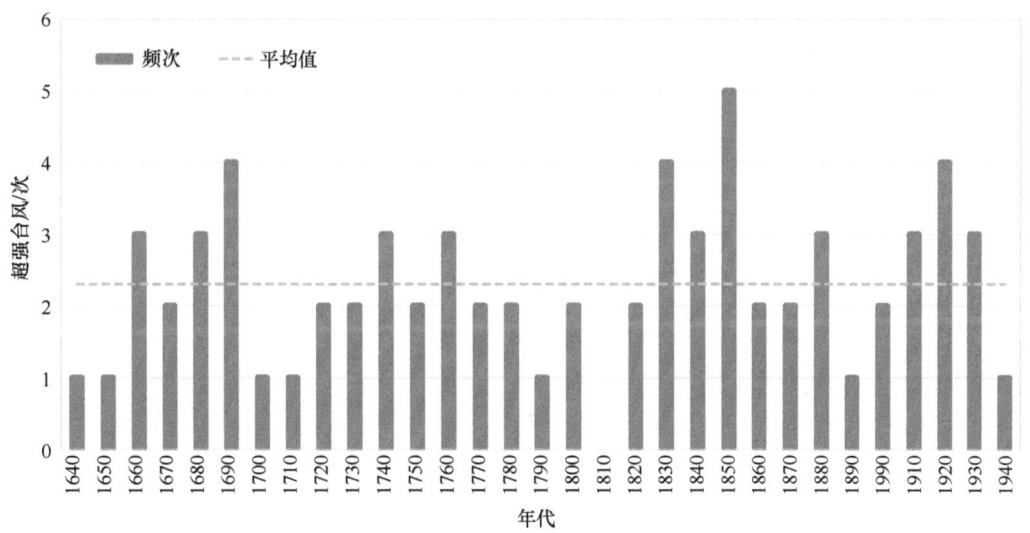

图2.8 公元1640~1949年影响我国华东地区的超强台风序列

结果显示，公元1640~1949年共识别出影响华东地区的超强台风事件70次，平均每10年约2.3次，其发生频次参见图2.9。年代上看，1690年代、1830年代、1850年代和1920年代为超强台风高发期，平均每10年有4次及以上超强台风。其中，1850年代最多，10年间发生5次；而1810年代为整个300年间唯一未发生超强台风的年代。

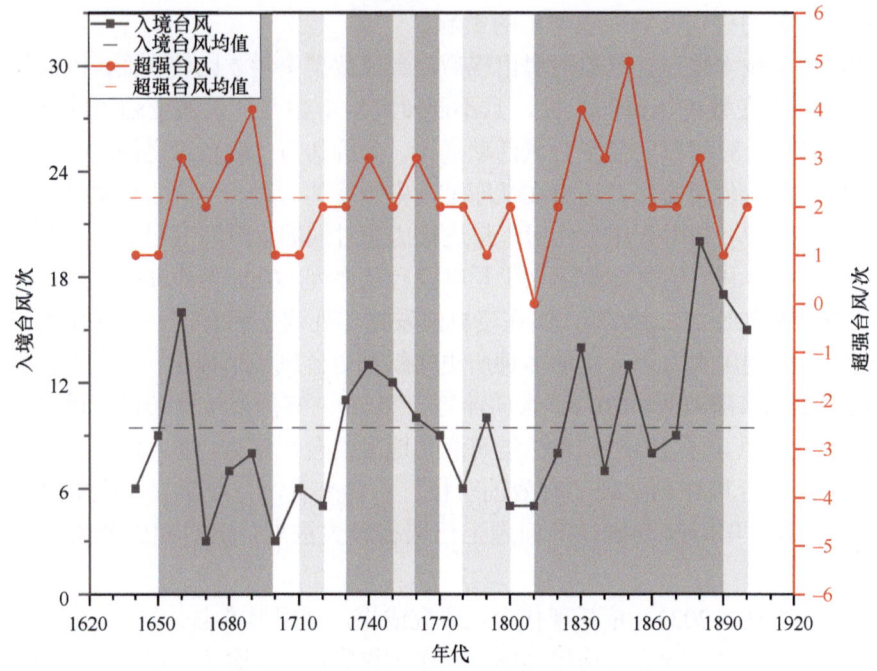

图 2.9　清代入境台风与超强台风频次图

通过与重建的清代入境中国东部地区台风序列（潘威等，2011）对比发现，公元1640～1911年间，二者总的变化趋势相同，但在不同时段呈现出不同的态势。具体来看，1750年代、1780年代和1790年代，超强台风与入境台风表现出相反的变化趋势。1810年代超强台风发生频率达到最低，而入境台风频数维持在正常水平。1880年代为入境台风最高发期，而此时超强台风发生数处在正常水平。说明近数十年来超强台风和台风活动的不一致性，在更长时间尺度上依然存在。对这一现象的分析与解释，需要后续对台风活动机制更进一步的研究。

## 2.2　东亚地区集成序列及分析

经过数代人的努力，东亚地区尤其中国境内树轮、文献、冰芯、湖芯和石笋等多种类型的高分辨率气候代用资料越来越丰富，为气候长期变化研究提供了基础。集成利用这些代用资料开展古气候研究，将有助于深入理解不同时间尺度上东亚季风变化特征及其内在驱动机制。本节尝试对东亚季风区的古气候数据进行了集成分析，侧重理解东亚季风区树轮集合记录的 ENSO 信号，开展了过去 530 年高分辨率暖季（4～9 月）降水量重建及分析，以及过去 600 年温度及二氧化碳的耦合特征及其增长率重构与分析。

### 2.2.1　东亚季风区树轮集合记录的 ENSO 信号

厄尔尼诺/南方涛动（ENSO）是大洋尺度海气相互耦合的产物，尽管发生在赤道太平洋附近区域,却可引发全球近 3/4 地区的气候异常,导致这些地区出现严重的自然灾害。但要对 ENSO 未来变化进行预测,必须全面了解它的变化规律。而要深入了解其发生规律,仅靠器测记录还远远不够,因为器测记录的长度非常有限,而且还叠加了人类活动所导致的温室气体浓度增加的影响。因此,获取高分辨率的且定年准确的长序列 ENSO 记录就显得尤为重要。

由于 ENSO 可通过大气循环影响东亚季风强度及相关区域的降水异常,因此可利用来自东亚季风区的具有高分辨率的古气候载体来达到重建长序列 ENSO 记录的目的。比如,生长于洞穴的石笋、能反应气候变化的树轮和珊瑚,这些载体的氧同位素($\delta^{18}O$)指标均在不同程度上可指示 ENSO 的变化。在这些古气候载体中,又以基于交叉定年所建立的树轮宽度年表最为精确,而且树轮的氧同位素记录还可提供分辨率到年的气候信息。因此,树轮氧同位素是 ENSO 长序列重建的重要指标。但是,树轮氧同位素在继承当地大气降水的氧同位素信号之后,其后期的叶片蒸腾和光合作用均可引起氧同位素组成发生变化,导致树轮氧同位素除了受控于大气环流变化(包括 ENSO 和 PDO 等)之外,还受控于当地气候环境的影响。这使得任何一条独立的树轮氧同位素记录中虽然包含 ENSO 信号,但该信号会在不同程度上受到当地气候环境变化影响,导致有些树轮氧同位素记录对 ENSO 更敏感,而另一些树轮氧同位素记录则可能对当地气候环境变化更敏感。因此,仅依靠某一条来自东亚季风区树轮的氧同位素记录来重建 ENSO 存在不确定性。

为提高树轮氧同位素指示 ENSO 变化的能力,Wang 等(2022)提出,可通过对东亚季风区的树轮氧同位素序列进行主成分分析(PCA),以达到从多个树轮氧同位素序列中提取出更有效的 ENSO 信号的目的。主成分分析是集合数据分析中的一种经典方法,但需要注意的是,虽然集合数据分析有助于提取多条记录中的共性信号,从而获得各变量的主控因素;但在古气候研究领域,对集合数据分析的应用要极为谨慎。对于来自不同地域、不同指标、不同分辨率的存在年代不确定性的记录,由于记录间的差异性较大,就并不适合进行集合数据分析。因此,在进行 PCA 之前,要保证用于 PCA 的不同记录的年代需精确一致,分辨率相同,且记录之间存在内在关联。

基于此,Wang 等(2022)对中国季风区内的所有已发表的超出百年的树轮氧同位素记录进行了统计。在 1902~2003 年期间,共收集到 12 条来自中国季风区的年分辨率树轮氧同位素记录,这些记录涵盖了中国自南而北的大部分区域。所有这些记录均可满足进行 PCA 分析的基本条件:指标相同(均为树轮$\delta^{18}O$)、分辨率相同(均为年分辨率)、记录序列长度重叠(均超出百年),且各记录之间存在潜在关联(同时受到大气环流影响)。该研究的 PCA 分析结果显示,这 12 条来自东亚季风区的树轮氧同位素记录对第一主成分(PC1)均为正贡献(各荷载值均为正值),说明这 12 条树轮的氧同位素记录的确均受到共同的大气环流的影响,而该区域大气环流中必然包含 ENSO 信号。将 PC1 序列与 ENSO 指数[包括 Niño3.4 和南方振荡指数(SOI)]进行对比,结果显示,这两者之间存在显著相关关系(图 2.10)。研究还发现,如果将 PC1 与 Niño3.4 指数进行 31 年平滑后再进行相关分析,发现 PC1 与 ENSO 的相关性自 1902 年后呈现出不断增强的趋势(图 2.10),意味着人类活动所导致的全球变暖可能对两者相关性的上升存在贡献，而这种上升趋势在全球不断变暖的未来，很可能会进一步持续。

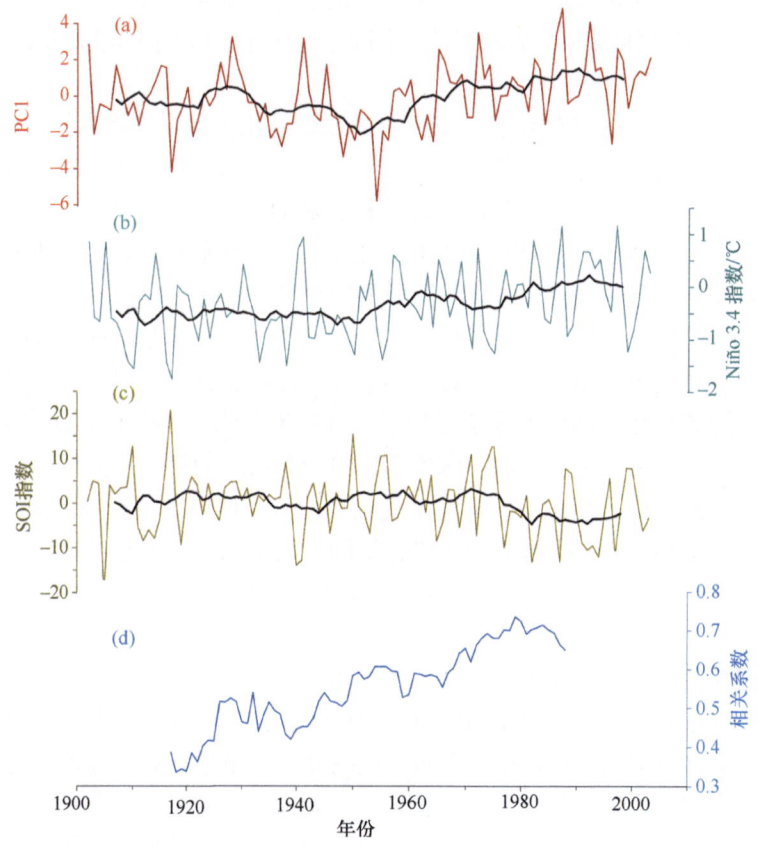

图 2.10　东亚季风区树轮氧同位素记录 PC1 和 ENSO 指数在 1902~2003 年间的对比及相关性
(a) 树轮 PC1 序列；(b) Niño 3.4 指数；(c) SOI 指数；(d) 树轮 PC1 与 Niño 3.4 指数的 31 年滑动相关；(a)~(c) 黑线为 11 年滑动平均序列

为了考察 PC1 序列和 ENSO 的相关是否高于单个树轮氧同位素记录与 ENSO 的相关，Wang 等（2022）对比了所有 12 条来自不同地域的树轮氧同位素记录与 ENSO 的相关。结果显示，大部分树轮氧同位素记录与 Niño 3.4 指数均呈现出不同程度的显著正相关，同时与 SOI 指数呈现出不同程度的显著反相关（图 2.11）。但仍有极少数树轮同位素记录与 ENSO 的相关并不显著（如来自云南的记录），说明局地气候变化信息可能在不同程度上掩盖了 ENSO 信号。经过 PCA 分析之后获得的 PC1 序列与 Niño 3.4 指数的相关系数提高到了 0.58，而与 SOI 指数的相关系数亦提高到了–0.47，这两个数值均高于任何单个树轮氧同位素记录与 Niño 3.4 指数和 SOI 指数的相关系数。说明通过主成分分析，可以从多条树轮氧同位素记录中更有效地提取 ENSO 信息。同时，利用波谱对 PC1 进行周期分析，结果显示，在 95%的置信水平上，PC1 呈现出了显著的 2~7 年的典型 ENSO 周期，进一步佐证了 PC1 对 ENSO 的敏感响应。

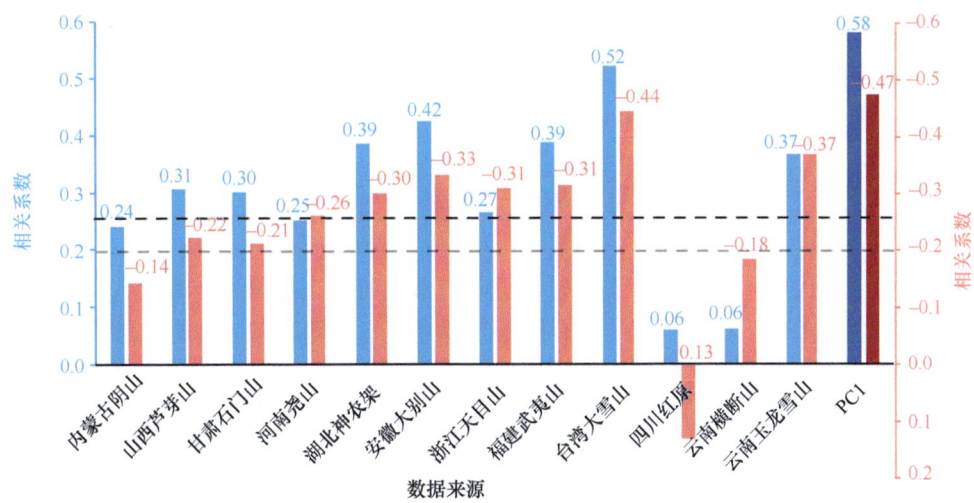

图 2.11　东亚季风区 12 条树轮氧同位素记录及其 PC1 在 1902～2003 年间与 Niño 3.4 指数（蓝色）和 SOI 指数（红色）的相关系数

水平黑色及灰色虚线分别指示 99% 和 95% 置信水平

此外，为进一步说明东亚季风区树轮 PC1 序列与 ENSO 的关联，Wang 等（2022）还将 PC1 序列与全球海表温度（SST）进行了空间相关分析。结果显示（图 2.12），树轮 PC1 与太平洋中东部 ENSO 区域 SST 呈现出显著正相关，进一步说明中国季风区树轮氧同位素可很好地反映 ENSO 变化。

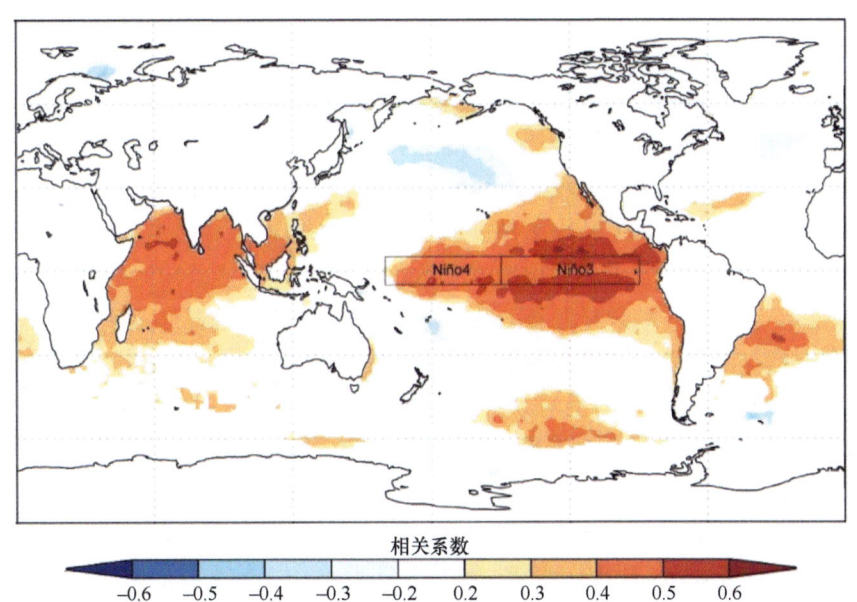

图 2.12　东亚季风区树轮氧同位素记录 PC1 与全球海温 1902～2003 年间的空间相关性

综上所述，该研究证明对东亚季风区树轮氧同位素进行集成分析后，可更准确地反映 ENSO 变化，为 ENSO 的高分辨重建提供了新的借鉴。随着今后中国季风区树轮氧同位素记录的不断增多，以及序列的不断延长，ENSO 的年分辨重建有望从百年尺度延长至千年尺度。同时，除树轮氧同位素外，石笋氧同位素同样具有记录 ENSO 变化的能力，虽然其年代不确定性要大于树轮，但其记录也是连续的，且时长可达到万年及以上。如今后能获得更多高质量的石笋年际分辨率记录，则有可能将 ENSO 的有效重建延长至万年以上。

### 2.2.2　东亚季风区高分辨率降水量重建及分析

基于古气候代用指标的降水量重建对于研究器测时期之前降水年际、年代际变化及其驱动机制至关重要，相关研究结果有助于气候建模、预测和归因分析。然而，东亚季风区高分辨率降水量重建工作开展得还比较薄弱。本书基于 590 个主要来自树轮和历史文献的年分辨率序列，采用点对点回归分析方法（point-by-point regression，PPR），建立了一套覆盖中国陆地区域的公元 1470~2000 年暖季（4~9 月）降水量重建数据集，空间分辨率为 0.5°×0.5°。

研究中使用的现代观测资料包括 CRU 格点降水数据集（Harris et al.，2020）和中国气象局的地面降水月值格点数据集。代用资料主要包括过去 2000 年亚洲气候变化（PAGES-Asia2k）数据（Consortium，2013）、国际树木年轮数据库（ITRDB）和本书搜集整理的我国境内树轮宽度年表，共计 470 条。同时，本书使用了基于历史文献资料完成的《中国近五百年旱涝分布图集》（张德二和刘传志，1993；张德二等，2003），并对其对缺失值进行插补，以弥补树轮资料在空间上的不足。

本书基于点对点回归分析方法（PPR）重建了暖季（4~9 月）降水量。为每个格点选择合适的重建代用指标，然后使用最优信息提取法（optimal information extraction，OIE）建立代用指标序列。由于每个格点所使用的代用指标是不同的，且各序列的起止年份也不同，因此重建时使用分段回归法进行重建，目的是充分利用代用指标。根据相关分析结果，本书中使用了 220km 和 600km 作为代用指标的搜索半径。如果在搜索半径内有至少 5 个显著相关的代用资料，则使用所有的代用指标进行重建；如果显著相关的代用资料少于 5 个，则扩大检索半径，直到有 5 条代用指标可用于该格点的重建研究。由于器测资料的时段较短，本书使用 1951~2000 年作为校准检验期。研究比较了基于两个搜索半径的重建结果，取解释方差（$R^2$）最高作为该网格点的最终重建结果，并采用逐一剔除法和分段交叉检验法来验证各格点重建方程的稳定性和可靠性。

本书重建时长为 530 年，空间分辨率为 0.5°×0.5°。研究对重建数据进行主成分分析，提取了降水主成分的空间分布模态。公元 1470~2000 年间重建降水量的前 3 个主成分（PC）的累计方差解释量接近 58.55%。从总体上看，各主成分的空间模态基本相似，这说明本书的重建结果较好地捕获了我国降水量的空间分布型态，可以反映降水变化的空间模式。结果显示，我国降水量空间变化主要存在 3 种主要的旱涝空间格局，PC1 的空间型表示降水量在空间尺度上为全区一致型，即整个研究区普遍旱或普遍涝，PC2 和 PC3 则表明降水量存在区域差异。PC2 主要显示了中国东部地区存在相反的两极模态，即北旱南涝或北涝南旱。PC3 表明降水量空间分异的三极模态，即华南和华北地区涝，长江中下游地区和西北地区干旱。这 3 种主要的旱涝空间格局与观测数据以及以往古气候研究的结果基本一致（王绍武和赵宗慈，1979；张德二等，1997）。

根据重建结果,研究对过去 500 年干湿变化特征进行分析。图 2.13(a)展示了研究区 1470~2000 年间 4~9 月区域平均降水量在时间尺度上的变化,以及 1951~2000 年间 CRU 降水量的平均值。相关分析显示,1951~2000 年间重建降水量与 CRU 降水量高度相似,相关系数为 0.936($p<0.01$)。尽管在半干旱和干旱地区的重建结果的方差解释量相对较低,但在大范围内重建结果与 CRU 格点数据具有较好的一致性,这也说明重建结果能够表征研究区整体的干湿变化。

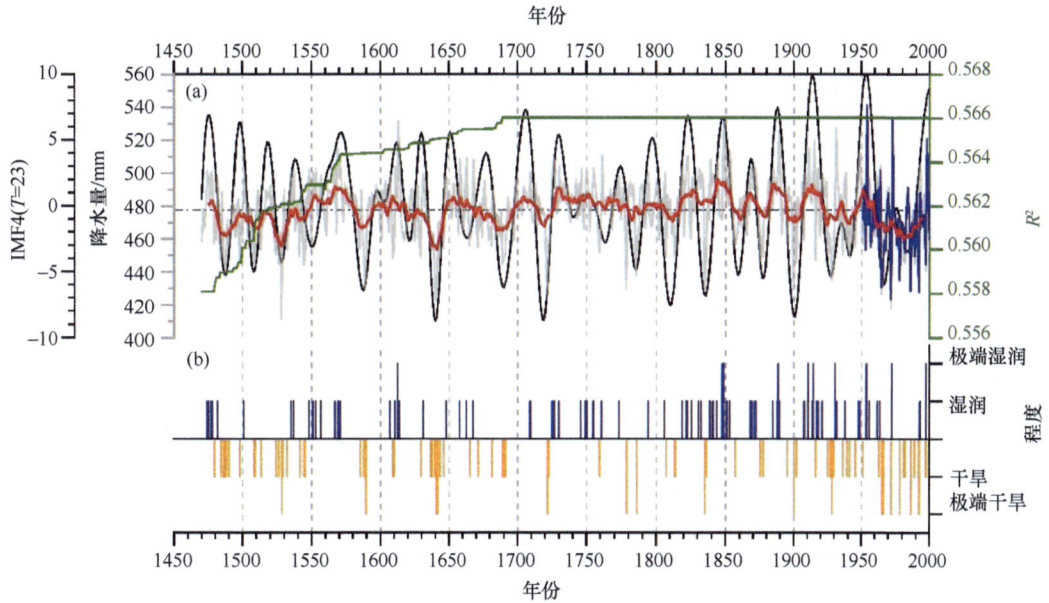

图 2.13 (a)研究区平均降水量重建序列(灰色曲线)和器测序列(蓝色曲线);(b)干旱年/极端干旱年(黄条)和湿润年/极端湿润年(蓝条)

(a)中红色曲线为 11 年滑动平均序列;绿色曲线为平均方差解释量;黑色曲线为重建降水量集合经验模态分解方法(EEMD)分解的模分量

从图 2.13(a)可以分析得出,过去 530 年研究区的平均降水量存在明显的年际变化。根据 1470~2000 年降水量的均值和标准差定义干旱/湿润年,高于/低于 mean±1$\sigma$ 定义为湿润年/干旱年,高于/低于 mean±2$\sigma$ 定义为极端湿润年/极端干旱年。研究显示,过去 530 年共有 68 个湿润年和 10 极端湿润年,59 个干旱年和 16 个极端干旱年(表 2.3)。最湿润和最干旱的年份分别是 1613 年和 1528 年。每个世纪都有几年、十几年不等的干湿年[图 2.13(b)]。就湿润年而言,19 世纪最多,有 19 年,并且主要分布在该世纪的上半叶;其次分别是 20 世纪(13 年)、18 世纪(12 年)和 16 世纪(11 年)。极端湿润年主要分布在 20 世纪,有 6 年。例如,重建结果揭示 1998 年为极端湿润年。当时,长江、嫩江、松花江等江河同时洪水泛滥,长江上游出现 8 次洪峰,与中下游洪水遭遇,形成全流域型大洪水;嫩江、松花江出现 150 年来最严重的全流域特大洪水。这场百年不遇特大洪水造成 29 个省份的 4150 人死亡,直接经济损失 2551 亿元,对社会造成极大危害。就干旱年而言,20 世纪最多(16 年),其次是 17 世纪(14 年)和 16 世纪(12 年)。另外也发现,20 世纪的极端干旱年份也是整个重建时段最多的。

表 2.3  研究区 1470~2000 年间极端干湿年份表

| 类型 | 年份 |
|---|---|
| 极端湿润 10 年 | 17 世纪：1613（1 年）<br>19 世纪：1848、1849、1889（3 年）<br>20 世纪：1911、1915、1931、1954、1973、1998（6 年） |
| 湿润 68 年 | 15 世纪：1474、1475、1477、1478、1482（5 年）<br>16 世纪：1501、1535、1537、1548、1551、1553、1557、1567、1569、1570、1571（11 年）<br>17 世纪：1607、1611、1614、1631、1648、1658、1663、1668（8 年）<br>18 世纪：1709、1725、1726、1727、1730、1746、1749、1750、1755、1761、1773、1794（12 年）<br>19 世纪：1806、1819、1822、1823、1826、1831、1833、1839、1841、1844、1851、1853、1868、1869、1871、1872、1885、1888、1890（19 年）<br>20 世纪：1908、1914、1917、1918、1921、1932、1938、1948、1949、1956、1962、1964、1993（13 年） |
| 干旱 59 年 | 15 世纪：1479、1484、1486、1487、1488、1490、1498（7 年）<br>16 世纪：1508、1509、1513、1524、1526、1529、1532、1541、1544、1545、1585、1588（12 年）<br>17 世纪：1609、1610、1629、1636、1637、1639、1643、1646、1665、1671、1681、1689、1690、1691（14 年）<br>18 世纪：1722、1759（2 年）<br>19 世纪：1807、1813、1814、1836、1857、1875、1877、1895（8 年）<br>20 世纪：1902、1916、1925、1927、1929、1936、1939、1941、1945、1951、1963、1981、1982、1989、1997、2000（16 年） |
| 极端干旱 16 年 | 16 世纪：1528、1589（2 年）<br>17 世纪：1640、1641（2 年）<br>18 世纪：1721、1778、1785（3 年）<br>19 世纪：1835、1900（2 年）<br>20 世纪：1928、1965、1966、1972、1978、1986、1992（7 年） |

经过 11 年滑动平均后降水量显示出明显的年代际变化。结果显示，过去 530 年中存在多个持续时间大于 10 年的湿润和干旱期（表 2.4）。结合每个年代和每个世纪的距平值发现，持续时间较长的干旱期主要分布在 16 世纪、17 世纪和 20 世纪，湿润期主要分布在 18 世纪和 19 世纪。1520 年代比公元 1470 年以来的任何十年都干旱，而 1840 年代是最湿润的十年。世纪尺度的均值发现，18 世纪和 19 世纪是湿润的，其他三个世纪是干旱的，20 世纪的值较低。

表 2.4  研究区 1470~2000 年相对干旱、湿润时期

| 序号 | 干旱期 | 持续时间/年 | 湿润期 | 持续时间/年 |
|---|---|---|---|---|
| 1 | 1480~1536 年 | 57 | 1547~1580 年 | 34 |
| 2 | 1581~1593 年 | 13 | 1647~1667 年 | 21 |
| 3 | 1627~1646 年 | 20 | 1696~1713 年 | 18 |
| 4 | 1673~1695 年 | 23 | 1725~1771 年 | 47 |
| 5 | 1714~1724 年 | 11 | 1790~1805 年 | 16 |
| 6 | 1806~1815 年 | 10 | 1816~1855 年 | 40 |
| 7 | 1894~1904 年 | 11 | 1862~1873 年 | 12 |
| 8 | 1921~1931 年 | 11 | 1880~1893 年 | 14 |
| 9 | 1936~1945 年 | 10 | 1905~1921 年 | 17 |
| 10 | 1959~1994 年 | 36 | 1946~1958 年 | 13 |

综上可见，利用古气候代用指标可以准确地重建东亚季风区过去 530 年暖季（4~9 月）降水，重建结果可以揭示降水的空间模态特征及其不同时间尺度上的变化特征。重建结果也有助于探讨历史时期极端干旱事件的时空变化特征及其驱动机制，为预测和预防未来灾害提供科学支撑。

## 2.2.3 东亚季风区温度及二氧化碳增长率重构

工业革命以来，由于人类活动所排放的二氧化碳不断增加，大气中二氧化碳含量剧烈上升并且达到了过去两千年最高值。准确识别当前二氧化碳在过去千年的历史地位，对厘清二氧化碳和气候变量间的相互耦合关系，科学控制二氧化碳排放，实现碳中和及应对全球变暖具有重要的理论意义（Wang et al.，2014）。本书通过分析东亚地区温度，二氧化碳增长率（carbon growth rate，CGR）与树轮宽度年表间的相关关系，证实了东亚季风温度变化与CGR间密切的耦合机制。通过主成分回归模型，有效重构了过去六百年年际CGR扰动。本书结果揭示了当前CGR处于过去六百年中扰动较为强烈的时期，而公元1500~1900年期间CGR扰动较弱。本书的结果为量化CGR的自然变率，降低未来水碳耦合预测的不确定性提供了新的约束。

本书通过英国东安格利亚大学气候研究中心提供的实测温度数据集，美国国家海洋和大气管理局（National Oceanic and Atmospheric Administration，NOAA）提供的实测CGR数据，分析碳循环和东亚气候间的相关关系。结果显示，CGR与当前的东亚温度呈现出显著的正相关关系，即温度上升对应了CGR负值，相应的表示全球二氧化碳含量减少[图2.14（a）]。这种相关关系与已知的陆地生态系统生物化学机制相一致。当前东亚地区温度接近生态系统最佳光合作用温度。因此，温度上升抑制或者缓慢加强了生态系统的光合作用，但是较大提升了生态系统的呼吸作用，进而加强了陆地生态系统的碳排放，增加了大气中二氧化碳含量（Zhang et al.，2023）。由此，东亚地区温度同全球

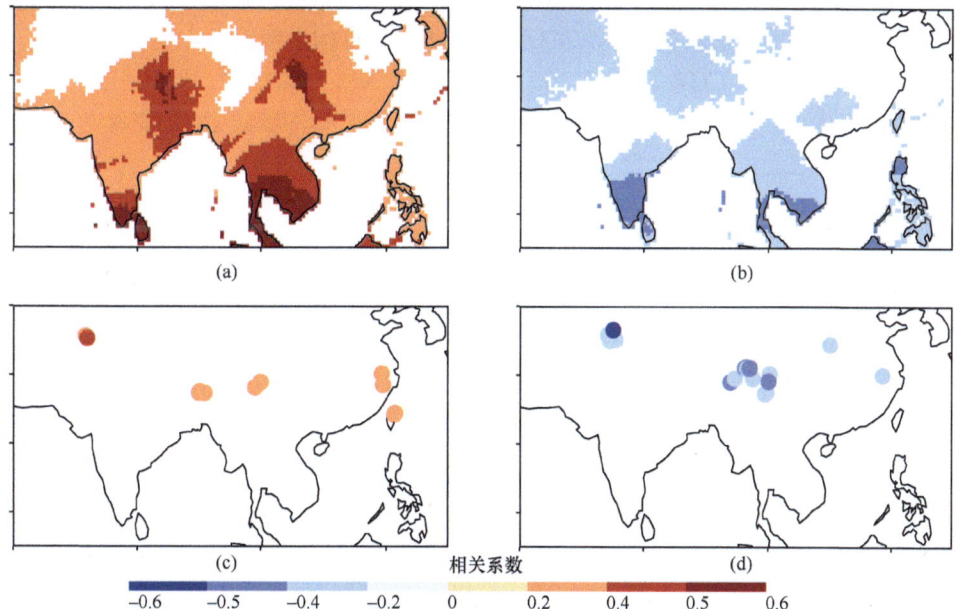

图2.14 全球CGR和同年[（a）（c）]以及上一年[（b）（d）]的东亚地区温度[（a）（b）]与树轮宽度年表[（c）（d）]间的相关关系

图中只显示有显著（$p<0.05$）相关关系的区域或者树轮宽度年表

CGR 呈现出显著的正相关关系。除此以外，东亚地区温度对厄尔尼诺/南方涛动（ENSO）的发展年有一定的响应，进而与 ENSO 事件呈现出遥相关关系。而 ENSO 作为全球尺度的气候振荡，影响了大部分热带地区的温度和降雨，主导了陆地生态系统的呼吸和光合作用（Park et al., 2020）。因此，上一年的东亚地区温度，通过遥相关关系记录了 ENSO，从而和 CGR 呈现出负相关关系[图 2.14（b）]。

除了实测温度，本书分析 CGR 与东亚地区树木生长间的相关关系，以此来验证通过东亚地区古气候重建 CGR 的可能性[图 2.14（c）（d）]。树轮宽度年表数据来源于本团队的实地采集以及过去两千年气候团队（PAGES 2k）汇总数据集。结果表明，树轮宽度年表与 CGR 的相关性和温度是一致的，即当年和上一年的树木生长分别和 CGR 呈现出正相关和负相关关系。这种相关关系一方面由于树轮对当地温度的高敏感性，另一方面也可能由于树木生长代表了生态系统生物量的变化，进而记录了陆地-大气碳交换过程。

依据上述的相关性分析，本书筛选出东亚地区与 CGR 显著相关的树轮宽度年表，通过提取其主成分，建立主成分和 CGR 间的线性回归模型，重构了 1400～2000 年的年际 CGR 扰动。为了充分考虑不确定性，本书建立了 1000 个 CGR 重构集合。对于每一个集合成员，随机抽取 90%的树轮宽度年表，主成分解释方差在 70%～90%中随机选择，来考虑输入参数和重构模型对结果的不确定性。基于东亚地区的树木生长，重构 CGR 序列有效表达了实测扰动（图 2.15）。五年交叉验证下的评价指标表明主成分回归模型在公元 1400～2000 年间有效重构了 CGR（图 2.16）。在 1991～1992 年期间，由于皮纳图博（Pinatubo）火山喷发的气溶胶影响，加剧了陆地生态系统的光合作用，造成了 CGR 的下降。由于本书主要考虑的是温度和 ENSO 遥相关的影响，无法准确地识别火山或者气溶胶造成的外部扰动。因此在 1991～1992 年期间重建与实测 CGR 呈现出一定的差异性。但是类似于皮纳图博火山的喷发事件在过去千年仅发生了十次左右，对于本书的重构影响较小。

本书的重构显示，CGR 在过去 100 年呈现出较为强烈的扰动，但是在公元 1500～1900 年间扰动较小（图 2.17）。30 年滑动方差的结果说明，当前 CGR 变率几乎达到过

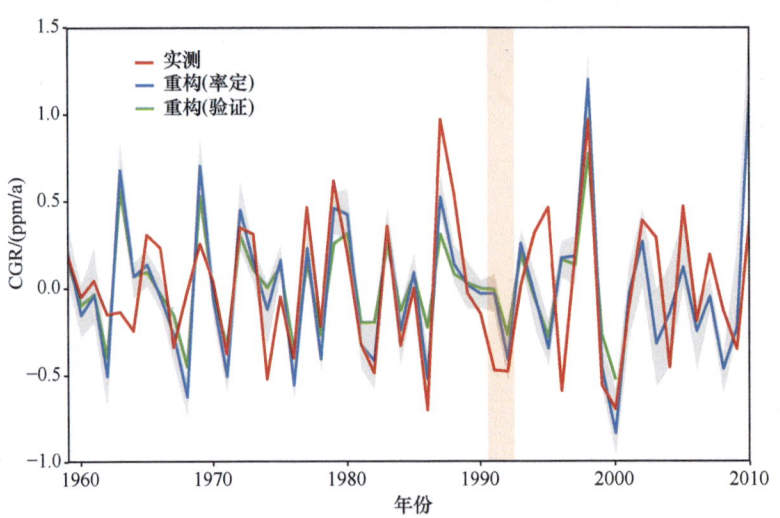

图 2.15　实测、重构和交叉验证的 CGR（1958～2010 年）

灰色区域表示重构的 95%不确定性区间

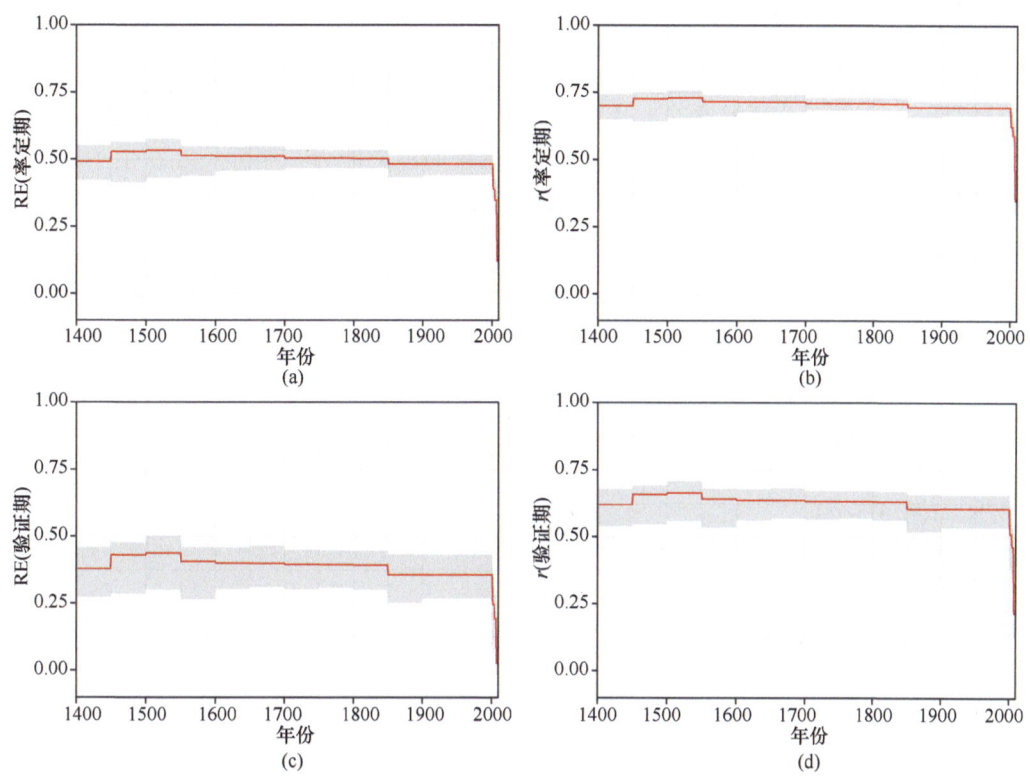

图 2.16 重构期(1400~2000 年)主成分回归模型评价指标

(a)率定期的减少误差(reduction of error,RE);(b) 率定期的相关系数;(c)5 年交叉验证后的 RE;(d)5 年交叉验证后的相关系数。灰色区域表示 95%不确定性区间

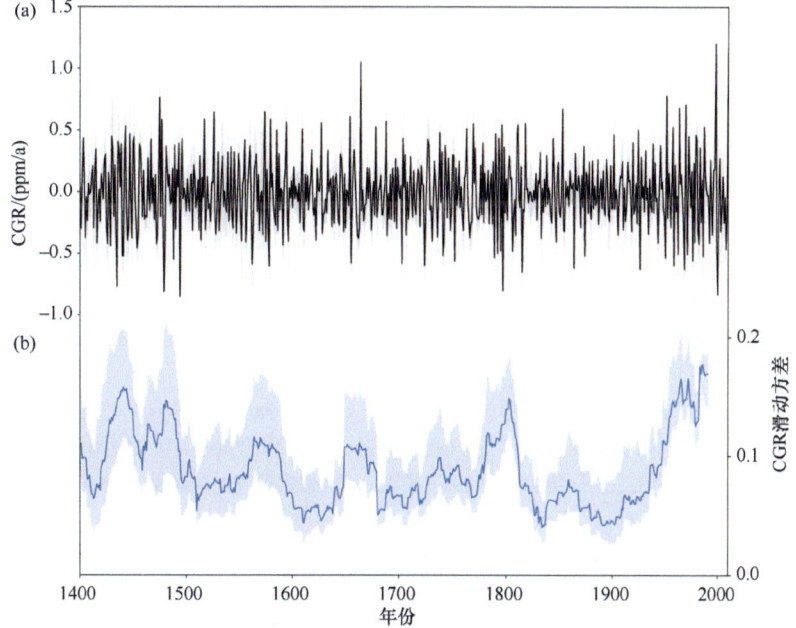

图 2.17 过去 600 年重构的 CGR 扰动(a)及其 30 年滑动方差(b)

浅色区域表示重构的 95%不确定性区间

去 600 年最高值，仅在公元 1500 年以前可能被超越过。在仅考虑集合中位数的情况下，当前的 CGR 扰动强度在过去 600 年从未发生过。重构的 CGR 扰动过程可以从气候角度进行解释。当前随着全球温度的上升，ENSO 扰动及干旱发生频率均达到了历史较高值。这种水文气象异常值的增加，导致陆地生态系统的碳汇能力在年际尺度发生了较大变化，因此年际 CGR 呈现出较大的方差。未来随着全球气温的继续上升，CGR 可能会呈现出持续上升的趋势。值得注意的是，方差的增加代表了全球碳循环不稳定性的增加。未来需要更加详细的观测，来准确定义碳敏感区域，以便进一步认识水碳耦合机制。

## 参 考 文 献

陈联寿, 丁一汇. 1979. 西北太平洋台风概论. 北京: 科学出版社.

韩健夫, 杨煜达, 满志敏. 2019. 公元 1000—2000 年中国北方地区极端干旱序列重建与分析. 古地理学报, 21(4): 675-684.

何尧启, 汪永进, 孔兴功, 等. 2005. 贵州董哥洞近 1000a 来高分辨率洞穴石笋 $\delta^{18}O$ 记录. 科学通报, 50(11): 1114-1118.

黄伟, 陈建徽, 张肖剑, 等. 2015. 现代气候条件下降水变化的"西风模态"空间范围及其影响因子初探. 中国科学: 地球科学, 45(4): 379-388.

梁有叶, 张德二. 2007. 最近一千年来我国的登陆台风及其与 ENSO 的关系. 气候变化研究进展, 12(2): 120-121.

刘威, 杨煜达. 2021. 过去 600 年中国西南地区极端旱涝事件的重建与分析. 第四纪研究, 41(2): 368-378.

刘晓东, 侯萍. 1999. 青藏高原中东部夏季降水变化及其与北大西洋涛动的联系. 气象学报, 57(5): 561-570.

潘威, 王美苏, 满志敏. 2011. 清代江浙沿海台风影响时间特征重建及分析. 灾害学, 26(1): 123-127.

邵雪梅, 梁尔源, 黄磊, 等. 2006. 柴达木盆地东北部过去 1437a 的降水变化重建. 气候变化研究进展, 2(3): 122-126.

王绍武, 赵宗慈. 1979. 近五百年我国旱涝史料的分析. 地理学报, 34(4): 329-341.

杨保, 谭明. 2009. 近千年东亚夏季风演变历史重建及与区域温湿变化关系的讨论. 第四纪研究, 29(5): 880-887.

杨煜达, 韩健夫. 2014. 历史时期极端气候事件的甄别方法研究——以西北千年旱灾序列为例. 历史地理, 30(2): 10-29.

张德二, 李小泉, 梁有叶. 2003. 《中国近五百年旱涝分布图集》的再续补(1993～2000 年). 应用气象学报, 14(3): 379-384.

张德二, 刘传志, 江剑民. 1997. 中国东部 6 区域近 1000 年干湿序列的重建和气候跃变分析. 第四纪研究, 1: 1-11.

张德二, 刘传志. 1993. 《中国近五百年旱涝分布图集》续补 (1980-1992 年). 气象, 19(11): 41-45.

张森, 杨煜达. 2023. 1640—1949 年影响江浙沪地区超强台风序列的重建. 历史地理研究, 4: 34-47.

张向萍, 叶瑜, 方修琦. 2013. 公元 1644—1949 年长江三角洲地区历史台风频次序列重建. 古地理学报, 15(2): 283-292.

郑微微, 唐晶, 杨煜达. 2014. 1815—1869 年影响浙北地区台风序列重建与路径分析. 地球环境学报, 5(6): 370-377.

Chan J C, Shi J E. 2000. Frequency of typhoon landfall over Guangdong Province of China during the period 1470—1931. International Journal of Climatology, 20(2): 183-190.

Consortium P K. 2013. Continental-scale temperature variability during the past two millennia. Nature

Geoscience, 6: 339-346.

Ge Q, Zheng J, Fang X, et al. 2003. Winter half-year temperature reconstruction for the middle and lower reaches of the Yellow river and Yangtze river, China, during the past 2000 years. Holocene, 13(6): 933-940.

Hao Z, Zheng J, Wu G, et al. 2010. 1876—1878 severe drought in North China: Facts, impacts and climatic background. Chinese Science Bulletin, 55(26): 3001-3007.

Harris I, Osborn T J, Jones P, et al. 2020. Version 4 of the CRU TS monthly high-resolution gridded multivariate climate dataset. Science Data, 7: 109.

Kiladis G N, Diaz H F. 1986. An analysis of the 1877—1878 ENSO episode and comparison with 1982—1983. Monthly Weather Review, 114(6): 1035-1047.

Li J, Xie S P, Cook E R, et al. 2013. El Niño modulations over the past seven centuries. Nature Climate Change, 3(9): 822-826.

Liu K B, Shen C, Louie K S. 2001. A 1,000-year history of typhoon landfalls in Guangdong, southern China, reconstructed from Chinese historical documentary records. Annals of the Association of American Geographers, 91(3): 453-464.

Park S W, Kim J S, Kug J S, et al. 2020. Two aspects of decadal ENSO variability modulating the long-term global carbon cycle. Geophysical Research Letters, 47(8): e2019GL086390.

Shi F, Fang K, Xu C, et al. 2017. Interannual to centennial variability of the South Asian summer monsoon over the past millennium. Climate Dynamics, 49: 2803-2814.

Sinha A, Berkelhammer M, Stott L, et al. 2011. The leading mode of Indian Summer Monsoon precipitation variability during the last millennium. Geophysical Research Letters, 38: L15703.

Wang M, Liu Y, Zheng Y, et al. 2022. Improved El Niño Southern Oscillation signals extracted by principal component analysis of tree-ring oxygen isotope records from the East Asian monsoon region of China. Quaternary International, 613: 118-126.

Wang X, Piao S, Ciais P, et al. 2014. A two-fold increase of carbon cycle sensitivity to tropical temperature variations. Nature, 506: 212-215.

Zhang P, Cheng H, Edwards R L, et al. 2008. A test of climate, sun and culture relationships from an 1810-year Chinese cave records. Science, 322: 940-942.

Zhang W, Schurgers G, Peñuelas J, et al. 2023. Recent decrease of the impact of tropical temperature on the carbon cycle linked to increased precipitation. Nature Communications, 14: 965.

Zhang Y, Wang H, Shao X, et al. 2022. Extreme drought events diagnosed along the Yellow River and the adjacent area. Climatic Change, 173: 22.

Zheng J, Wang W, Ge Q, et al. 2006. Precipitation variability and extreme events in eastern China during the Past 1500 Years. Terrestrial Atmospheric and Oceanic Sciences, 17(3): 579-592.

# 第 3 章

## 过去六百年极端气候变化成因机制

理解过去极端气候变化，除各种代用资料研究外，利用气候模式开展数值模拟也是一种重要的研究手段。然而，由于模式分辨率、参数化等多种不确定性的限制，模拟过去极端气候事件仍然存在相当大的困难。本章介绍用全球气候模式和区域气候模式对过去六百年的某些极端气候事件模拟的初步尝试，并且与历史文献重建进行对比。本章 3.1 节介绍多个 CMIP5/6 全球模式对中国极端温度、旱涝事件的模拟能力；3.2 节介绍利用 WRF 区域模式和 SWAT 水文模式对历史时期一些典型的极端气候事件的初步模拟；3.3 节对比过去六百年典型极端旱涝事件，并对它们的发生机制进行了探讨。

## 3.1 过去六百年中国极端气候事件的全球模式模拟

### 3.1.1 CMIP5 模式对中国极端温度事件的模拟

历史文献和各类代用指标重建结果显示，在 1500～1900 年气候寒冷期，中国多次出现强于 1950 年以后极端冷冬的寒冷事件，但也出现过超出 20 世纪记录的极端炎夏（如 1671 年、1678 年、1743 年和 1870 年等）（张德二，2004a；郑景云等，2014）。CMIP5 全球模式的模拟结果也显示，与 1950 年之后相比，之前中国出现了更多的冷事件[图 3.1（a）（b）]。模拟中，火山喷发是导致中国冷事件增多的关键外强迫[图 3.1（b）（d）]。然而，CMIP5 模式很难准确模拟出极端冷事件发生的年份。与冷事件相比，暖事件的变化整体趋势相反。小冰期，CMIP5 模式模拟的中国暖事件较少；20 世纪暖期，模拟的中国暖事件增加[图 3.1（a）（c）]，此阶段温室气体浓度升高是导致暖事件增多的关键强迫。当然，CMIP5 全球模式也不能准确模拟历史时期炎夏出现的年份。

六个 CMIP5 全球模式（BCC-CSM1.1、CCSM4、CSIRO-Mk3L-1-2、IPSL-CM5A-LR、MPI-ESM-P 和 MRI-CGCM3）集合和过去千年再分析资料（LMR，Tardif et al.，2019）均显示，1850 年以前，中国的年平均温度、冷夜（TN10p）和暖夜（TN90p）的变化基本位于自然变率范围内[图 3.1（a）（c）]；但 19 世纪初期，超强火山喷发使得冷事件的信号超出了自然变率[图 3.1（b）（d）]。1850 年以后，随着全球变暖，中国年平均温度的增加幅度、冷事件减少和暖事件增加的幅度均超出了自然变率范围（图 3.1）；且暖事件增加的信号早于冷事件减少的信号[图 3.1（b）（c）]。

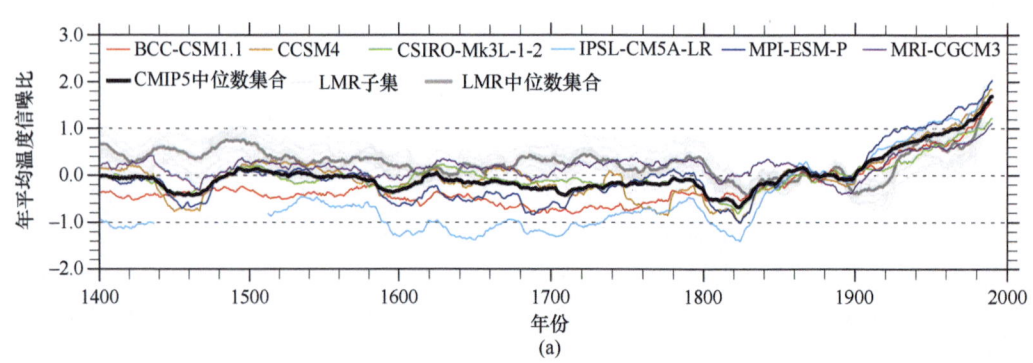

(a)

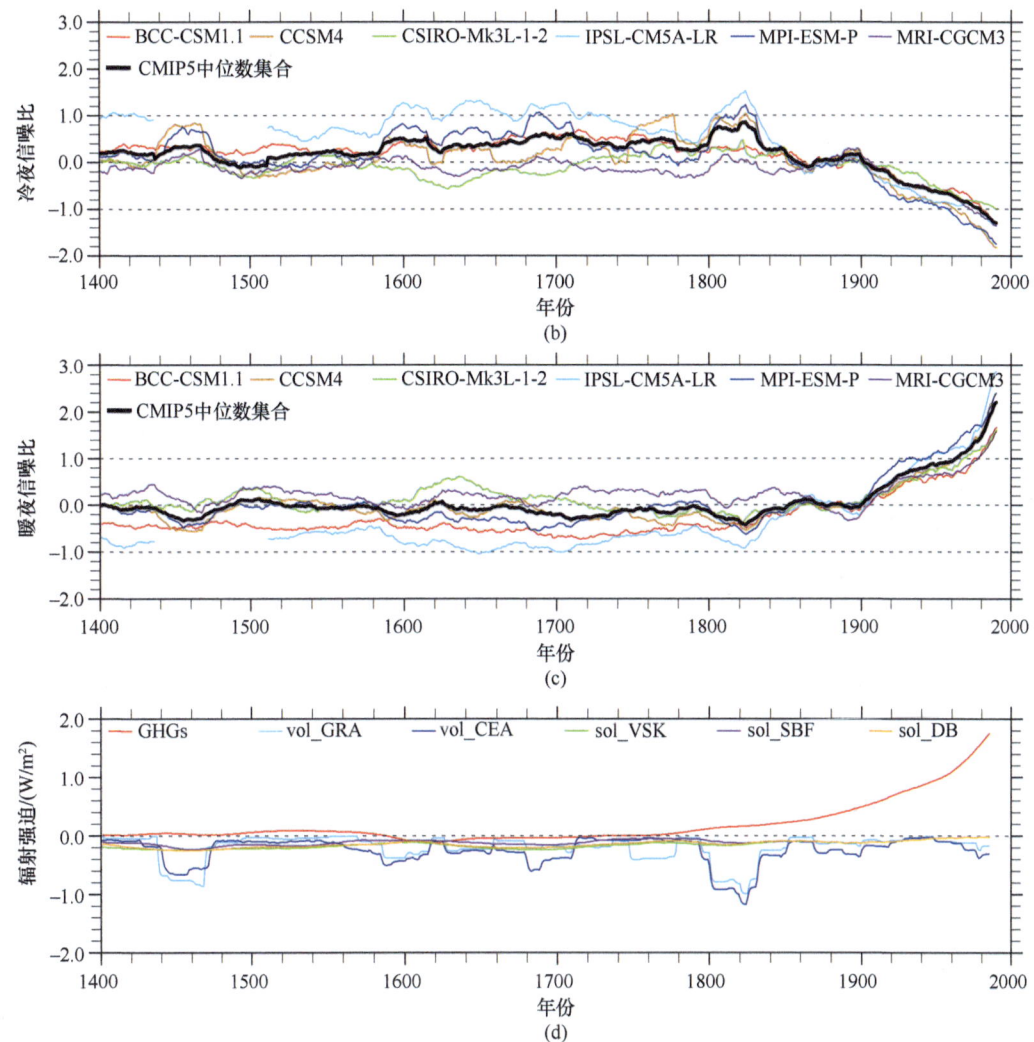

图 3.1 CMIP5 全球模式和过去千年再分析资料（LMR）中，1400～2005 年中国区域年平均温度（a）、冷夜（b）和暖夜（c）信噪比的 31 年滑动序列（相对于 1850～1900 年），以及古气候模式比较计划第三阶段（PMIP3）过去千年试验采用的温室气体、火山和太阳活动的辐射强迫（d）（改自 Sui and Chen，2022）

GHGs：温室气体；vol_GRA：GRA 火山，其中 GRA 是指高–罗伯克–阿曼（Gao-Robock-Ammann）数据集；vol_CEA：CEA 火山，其中 CEA 是指克劳利（Crowley）数据集；sol_VSK：VSK 太阳活动，其中 VSK 是指维埃拉–索兰基–克里沃娃（Vieira-Solanki-Krivova）数据集；sol_SBF：SBF 太阳活动，其中 SBF 是指斯坦亨尔伯–贝尔–弗罗利希（Steinhilber-Beer-Frohlich）数据集；sol_DB：DB 太阳活动，其中 DB 是指德莱格–巴德（Delaygue-Bard）数据集

CMIP5 全球模式模拟的各区域极端温度事件变化与全国平均变化类似（图 3.2），但也表现出明显区域差异。例如，模拟的 19 世纪初期冷事件的增加，出现在青藏高原、华南和部分西北地区，但没有出现在东北[图 3.2（b）]。模拟的 20 世纪平均温度增加，在青藏高原和西北地区，增温超出自然变率的时间早于华南和东北地区[图 3.2（a）]。过去千年再分析资料的诊断结果显示，西北地区平均温度增加幅度超出自然变率的时间早于其他地区，华南地区的略晚，与 CMIP5 模拟结果一致，但东北和青藏高原的平

均温度变化信号和 CMIP5 模式不一致。另外，CMIP5 模拟的华南和西北地区的冷事件减少幅度[图 3.2（b）]和暖事件增加幅度[图 3.2（c）]超出自然变率的时间，均早于青藏高原和东北地区。

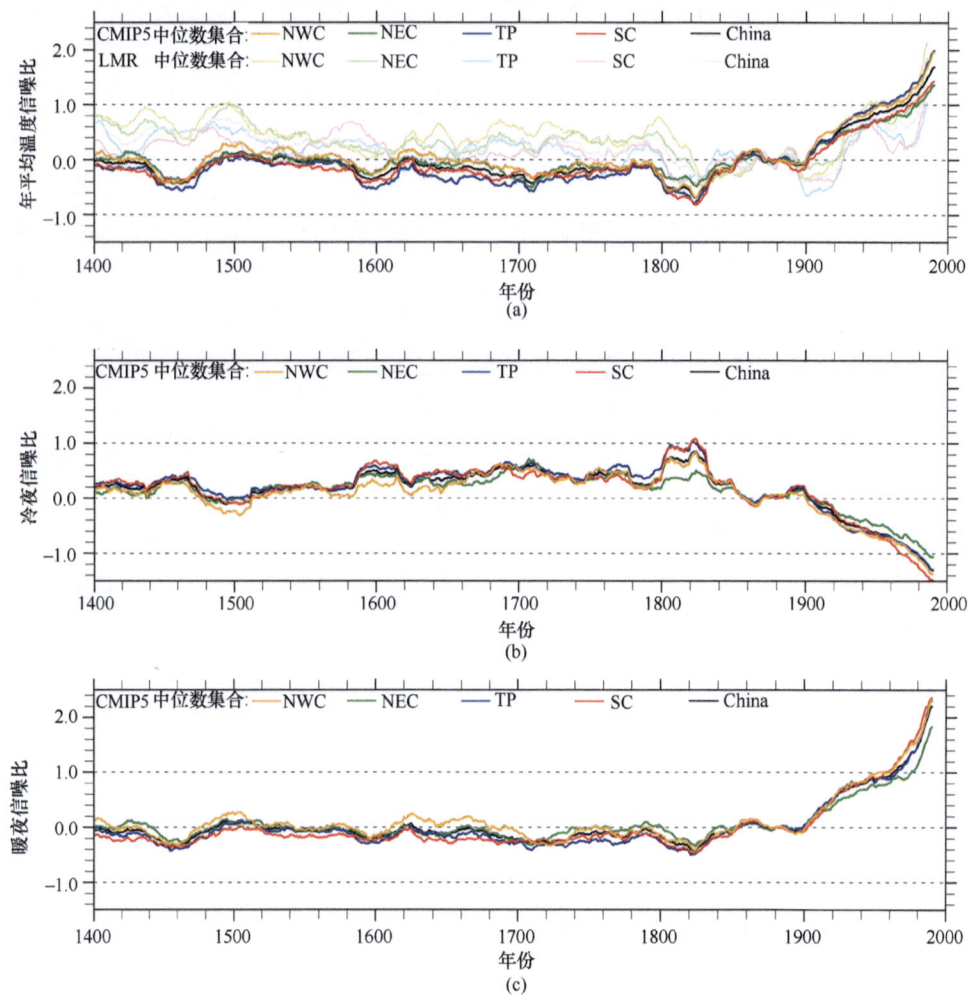

图 3.2　CMIP5 全球模式集合和过去千年再分析资料（LMR）中，1400～2005 年中国区域（China）、西北地区（NWC）、东北地区（NEC）、青藏高原（TP）和华南地区（SC）年平均温度（a）、冷夜（b）和暖夜（c）信噪比的 31 年滑动序列

序列相对于 1850～1900 年，改自 Sui and Chen，2022

## 3.1.2　CMIP5/6 模式对中国极端旱涝事件的模拟

重建结果显示，过去 600 年里，中国东部（25°N～40°N，105°E～125°E）存在五个较严重的干旱时段（干湿指数 DWI<序列均值−1.645 倍标准差；图 3.3），它们分别是 1430s～1440s（指 1440 年代，本书同）、1480s～1490s、1520s～1530s、1580s～1590s 和 1630s～1640s（Zheng et al.，2006）。相对弱一些的干旱时段包括 1720s、1870s 和 1920s。其中，1480s～1490s、1630s～1640s、1870s 和 1920s 的干旱主要出现在华北和江淮；

1430s～1440s 和 1520s～1530s 的干旱多分布于江淮和江南；1580s～1590s 和 1720s 干旱主要发生在华北（图 3.4）。

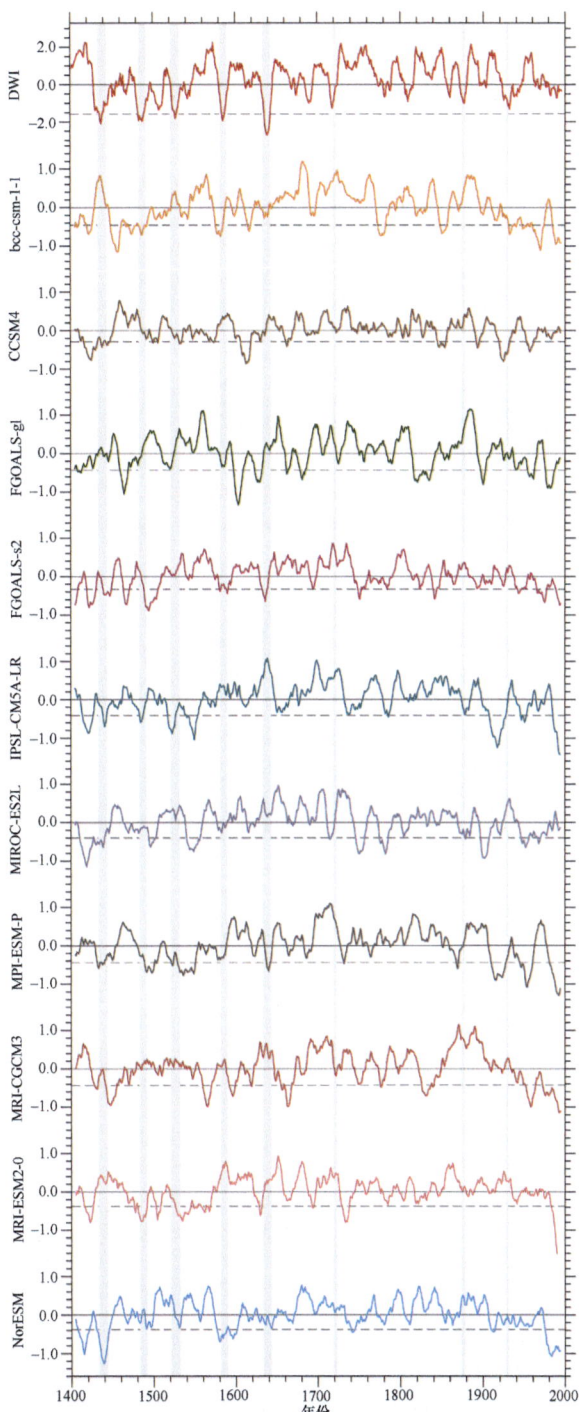

图 3.3 过去 600 年中国东部干湿指数（DWI）11 年滤波序列和 10 个全球模式的 11 年滑动平均 scPDSI 序列（陈雨婷，2022）

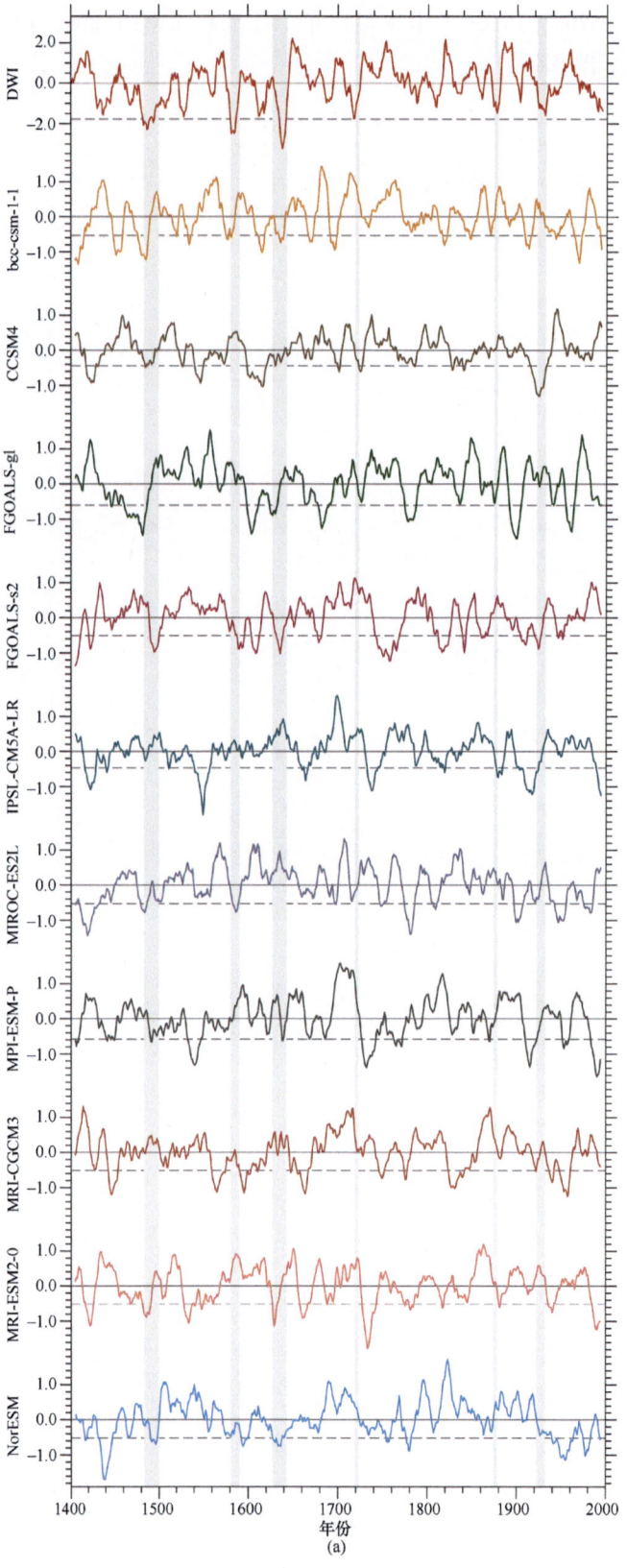

# 第 3 章 过去六百年极端气候变化成因机制

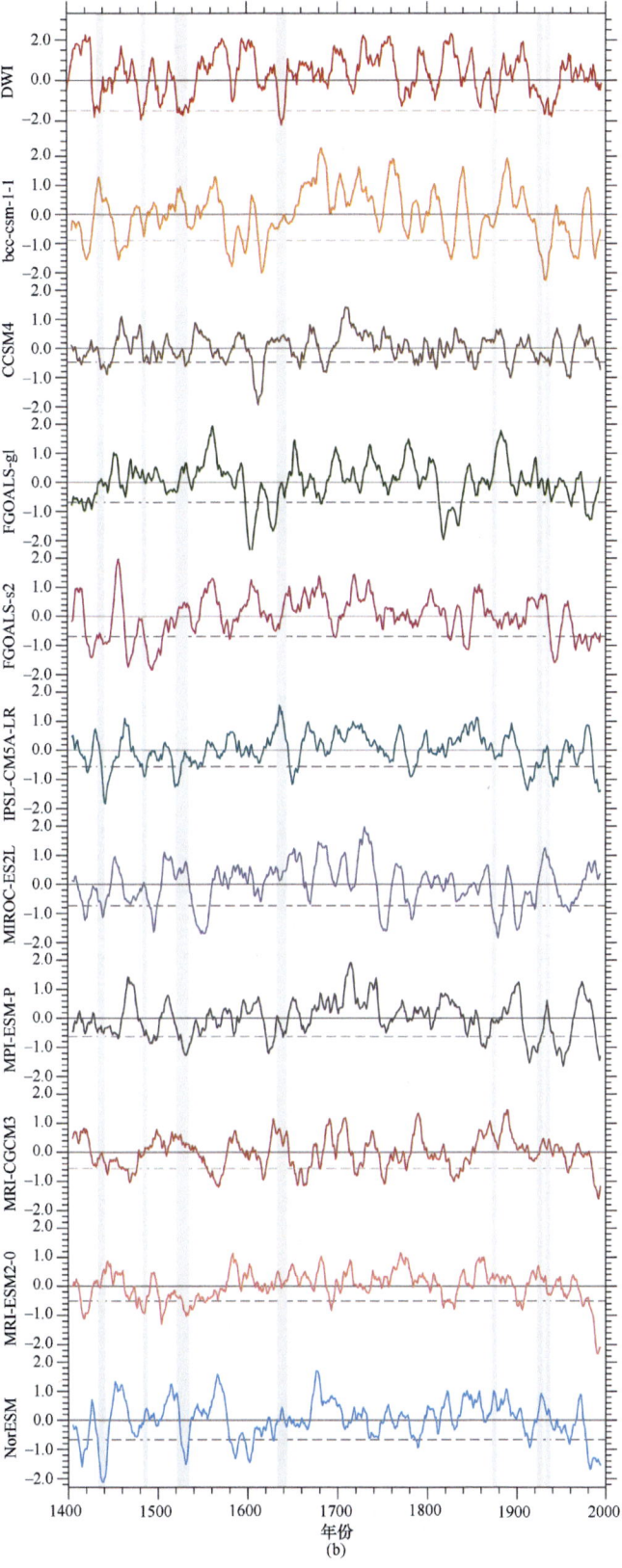

(b)

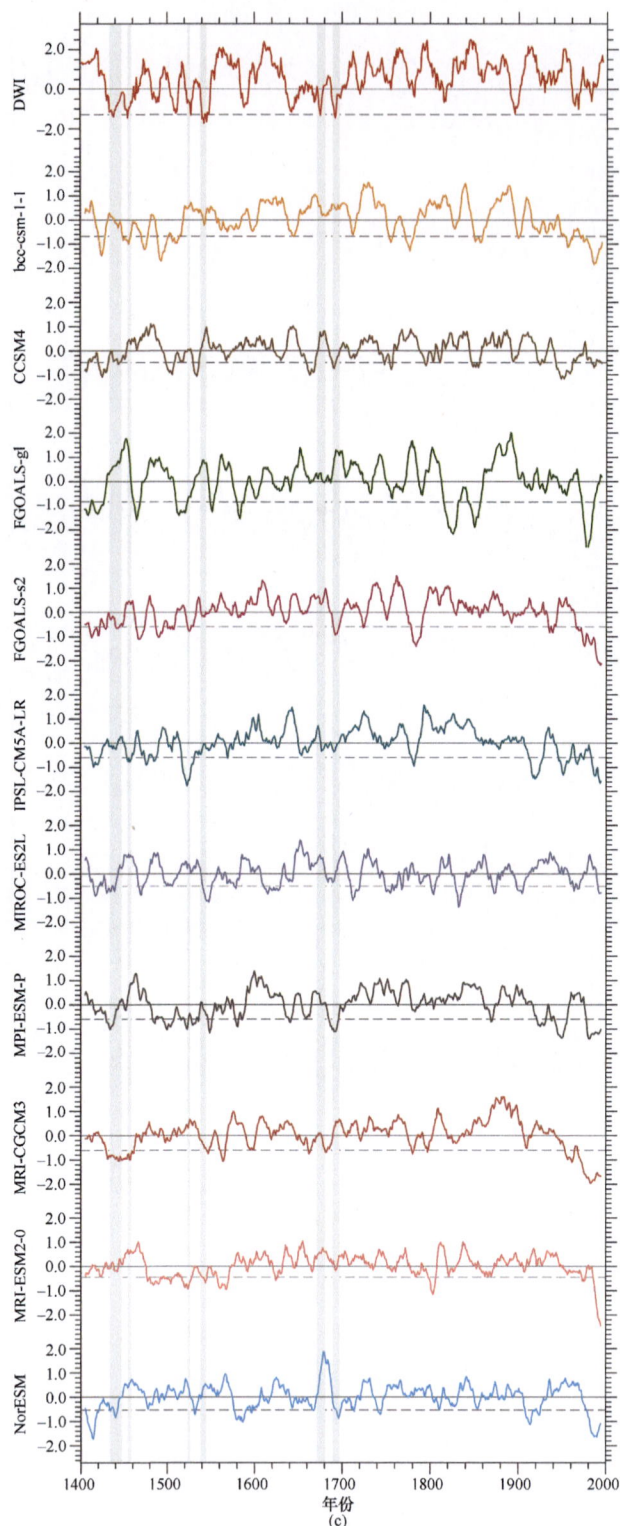

图 3.4 过去 600 年华北（a）、江淮（b）及江南（c）干湿指数（DWI）11 年滤波序列和 10 个全球模式的 11 年滑动平均 scPDSI 序列（陈雨婷，2022）

10 个 CMIP5/6 全球模式（包括 bcc-csm1-1、CCSM4、FGOALS-gl、FGOALS-s2、IPSL-CM5A-LR、MIROC-ES2L、MPI-ESM-P、MRI-CGCM3、MRI-ESM2-0 和 NorESM），其中 5 个模式（CCSM4、FGOALS-s2、IPSL-CM5A-LR、MPI-ESM-P 和 NorESM）可以模拟出中国中东部在 1430s~1440s 和 1480s~1490s 间发生的极端干旱（scPDSI<序列均值−1 倍标准差）。但这 10 个模式对其他 3 个干旱时段的模拟能力较差（图 3.3）。MPI-ESM-P、FGOALS-s2 和 IPSL-CM5A-LR 可以模拟出 3 个以上的极端干旱时期。历史文献记载的其他某些干旱事件，例如 1870s 的丁戊奇荒、1920s 的华北大旱，虽然它们产生了严重的社会经济影响，但重建和模拟都显示它们的干旱程度弱于上述 5 个时段。这些模拟与记录的对比说明，CMIP5/6 模式对中国极端干旱事件的模拟能力仍有待提高。

CMIP5/6 模式对中国东部极端干旱模拟存在较明显的区域差异。10 个 CMIP5/6 全球模式对过去 600 年的干旱模拟，华北地区能力最优，江淮次之，江南最弱（图 3.4）。具体来说，分别有 5 个模式（bcc-csm1-1、CCSM4、FGOALS-gl、FGOALS-s2 和 MIROC-ES2L）、2 个模式（CCSM4 和 MPI-ESM-P）和 1 个模式（MRI-CGCM3）可以模拟出华北、江淮和江南地区 4 次以上的干旱时段。它们可以较好的模拟 1430s~1440s、1480s~1490s、1520s~1530s 以及 1920s 干旱的区域特征，但对 1630s~1640s 和 1870s 干旱的区域特征模拟较差。

重建结果（Zheng et al.，2006）显示，过去 600 里，中国东部（25°N~40°N，105°E~125°E）共有 9 个发生极端洪涝（干湿指数 DWI>序列均值+1.645 倍标准差）的时段（图 3.3）。它们分别是 1410s、1560s~1570s、1720s~1730s、1750s、1820s、1840s、1880s、1910s，以及 1950s。10 个 CMIP5/6 模式，有半数及以上可以模拟出中国东部在 1720s~1730s（bcc-csm1-1、CCSM4、FGOALS-s2、IPSL-CM5A-LR 和 MIROC-ES2L）和 1880s（bcc-csm1-1、CCSM4、FGOALS-gl、MPI-ESM-P、MRI-CGCM3 和 NorESM）发生的极端洪涝（scPDSI>序列均值+1 倍标准差）；有 3~4 个模式能够模拟 1560s~1570s（bcc-csm1-1、FGOALS-s2、MIROC-ES2L 和 NorESM）和 1820s（CCSM4、MPI-ESM-P 和 NorESM）的极端洪涝；但对其他时段的模拟较差（图 3.3）。bcc-csm-1-1、CCSM4 和 NorESM 模式对中国东部极端洪涝的模拟结果较好，可以模拟出 3 个以上的极端洪涝时段。总体而言，CMIP5/6 模式对中国极端洪涝事件的模拟能力仍有待提高。

## 3.2 历史时期典型极端气候事件模拟与机理分析

### 3.2.1 1743 年华北极端热事件

1743 年高温，历时近 3 个月，造成京城 25000 多人死亡，直隶每县每日死亡数十人，估计有 8000~40000 人死亡。上至乾隆帝和内外臣工，下至官学私塾教师，都感叹高温酷暑。例如，6 月 21 日巳时（上午 9~11 点），乾隆帝于太和门，乘凉步辇，诣地坛方泽坛斋宫，斋宿。陪祀文武大臣，从太和门，经天安门、翰林院署，到地坛西门，经过近 2 个小时，6 公里的行走，有从官暍死于道。到下午 2~3 点，乾隆帝斋宿，因地坛树木新植，未有树荫，扈从有病暍者，陪祀官员一直处于暴晒环境，中暑死亡。7 月中下旬北京高温，翰林院侍读学士沈德潜《苦热行》描述为：长安酷热真无奈，火伞炎官势方大。 幽燕转似头痛山（大小头痛山，在葱岭山，位于今新疆塔什库尔干塔吉克自治县），常有恶风逼虚座。……街头日有暍死人，五城共报千百个。街头每天都有中暑死亡者，五城每日都有千百人中暑死亡。这一极端高温事件波及多地。北京、山东西北、山西东南、陕西等地，都发生高温中暑和中暑死亡和患病者。

1743年7月至1746年3月，法国教士宋君荣（Antoine Gaubil）在北京进行了每日两次的气象观测，包括温度、风向、天气现象等内容，并将记录寄给法国科学院。根据记录，1743年7月25日的最高温度达44.4℃（张德二，2004a），高于任何现代观测的日最高温度；虽然当时的观测仪器可能不精准，观测场地也可能不符合气温观测要求。

用挪威地球系统模式（NorESM1-F）驱动 WRF 区域模式可以模拟出这次极端高温过程，它与东北冷涡的异常密切相关。在模拟结果中（图3.5），高温异常出现在河北西南部、山西南部、陕西中东部、河南西北部及周边地区。模拟的1743年7月的平均日最高温度异常超过2℃，在山西南部，正异常超过4℃甚至6℃。WRF模拟的1743年7月30日华北日最高温度为当年夏季最高值，达到43℃。与历史文献重建相比，模拟的高温区域略偏西偏南，时间略偏后几日，强度与记录一致。1743年7月平均环流异常显示，这次极端高温伴随着强暖平流。受北极涛动（AO）负位相和东亚急流增强东伸的影响，我国东北地区上空存在一个深厚的东北冷涡；受厄尔尼诺发展期海温的影响，西太平洋副热带高压偏南，南亚上空的东风异常切断了我国西南地区的水汽输送。东北冷涡与西太平洋副热带高压的外围气流在华北南部汇合，导致极端高温的出现。

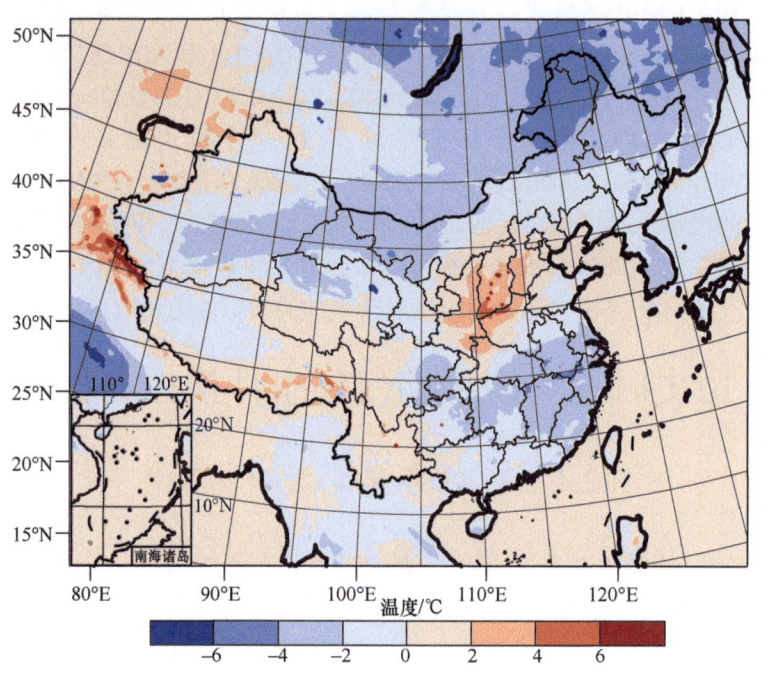

图3.5 WRF 降尺度模拟的1743年7月平均日最高温度异常
相对1981～2000年气候平均态

## 3.2.2 1815 年坦博拉火山喷发导致的中国极端冷事件

坦博拉火山的喷发，导致中国东部气候的异常，地表气温降低尤为明显。1815 年的降温，以冬季华南地区最为明显，普遍有霜雪记载。台湾彰化：冬十月，大风损禾稼。冬十二月，有冰（道光《彰化县志》卷十一《灾祥》）；两广一带冬降冰雪：广东廉江一带冬大雪（嘉庆《石城县志》卷四事纪）；海南一带降温影响严重：冬，寒雨连旬，陨霜杀秧，草木椰椰多枯（光绪《定安县志》卷十《灾祥》）。热带经济作物大面积受损。1816 年的降温，从华北到西南都较普遍，而以夏秋降温为主，冬季的低温记录不多见。多地有异常低温记载。如山西阳城一带：春大寒，果木冻损（同治《阳城县志》卷十八《灾祥》）；河南武陟：清明节后多雪，麦叶黄，多不成实（道光《武陟县志》卷十二《祥异》）。华中地区有异常低温，如江西一带：春二月初二日（3 月 1 日），大雪，冻死耕牛及大樟树（道光《万载县志》卷二十五《祥异》）。1816 年夏，西藏地区有明显的异常低温现象。到秋初，吉林、黑龙江一带霜降甚早：七月十四日、十五日（9 月 5、6 日）连降大霜；河北地区接连发生早霜事件：八月，霜伤稼（光绪《保定府志稿》卷三《灾祥》）；晋北的岚县、静乐等地被霜，秋禾欠薄。

降温导致的灾害和社会影响，从现有的记录来看，无疑是云南高原地区最为严重（杨煜达等，2005）。与 1974 年的低温冷害对比，1815～1816 年的低温引发的灾害远远超过了 1974 年的水平，日均最低气温可能只有 10～12℃左右，月平均气温可能会较昆明多年平均气温（1971～2000 年）19.4℃低 3.0～3.5℃，即 8 月的平均气温约在 15.9～16.4℃之间。大理等出现了夏雪、秋雪和繁霜的地区，气温的降幅会比昆明还要大。1815 年坦博拉火山喷发，导致云南出现连续 3 年的低温冷害，引起了云南各地普遍的水稻大面积的严重减产。

用挪威地球系统模式（NorESM1-F）驱动区域模式（WRF）可以较成功地模拟坦博拉火山喷发导致的中国极端冷事件。相对 1981～2000 年模拟的气候平均态，模拟的 1815 年中国地区的地表气温降低主要集中在中国北方，多个地区降温幅度超过 4℃，特别是华北、东北、内蒙古和新疆等地；而青藏高原、横断山区降温幅度小于 1℃。1816 年，地表气温的降低更加明显，西北、华北、青藏高原等多地都出现更强烈的降温，特别是在中国南方地区和横断山区，降温幅度超过 3℃，与"无夏之年"特征相吻合（图 3.6）。伴随着温度的降低，1815～1816 年中国大部分地区降水偏少。相对 1981～2000 年模拟的气候平均态，1815 年除长江流域、华北地区降水偏多外，其余地区降水均偏少，西南及横断山区尤为明显；1816 年西南、横断山区和长江流域降水减少进一步加剧（图 3.7）。

## 3.2.3 1849 年长江大水

1849 年长江大水虽然不是历史上影响最严重的长江洪涝，但历史文献资料丰富、重建相对可靠。1849 年初夏开始，长江中下游地区连续出现 4 次较大的降水过程（图 3.8）。

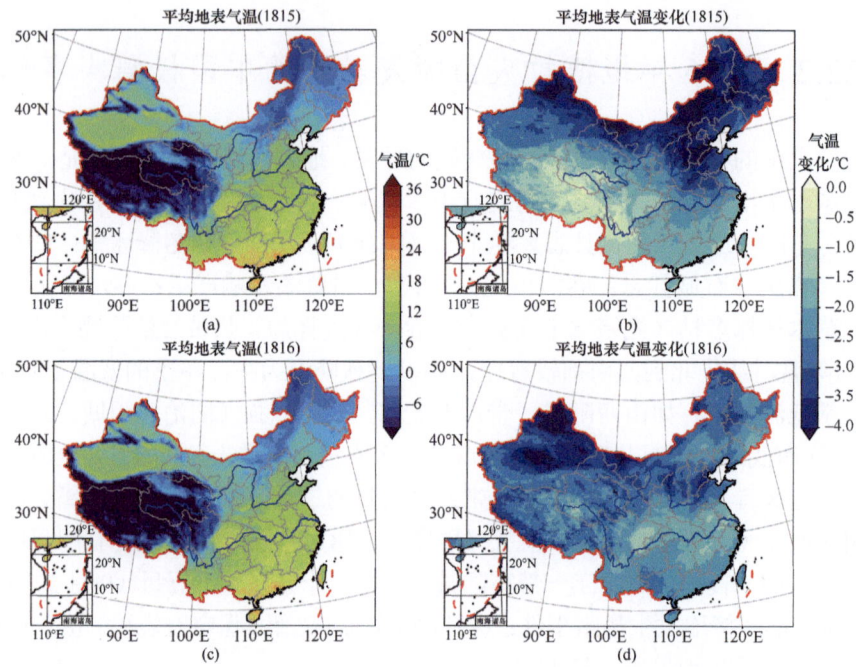

图 3.6 WRF 模拟的 1815 年和 1816 年中国年平均地表气温（℃）空间分布 [(a)(c)] 及变化 [(b)(d)]
相对 1981~2000 年气候平均态

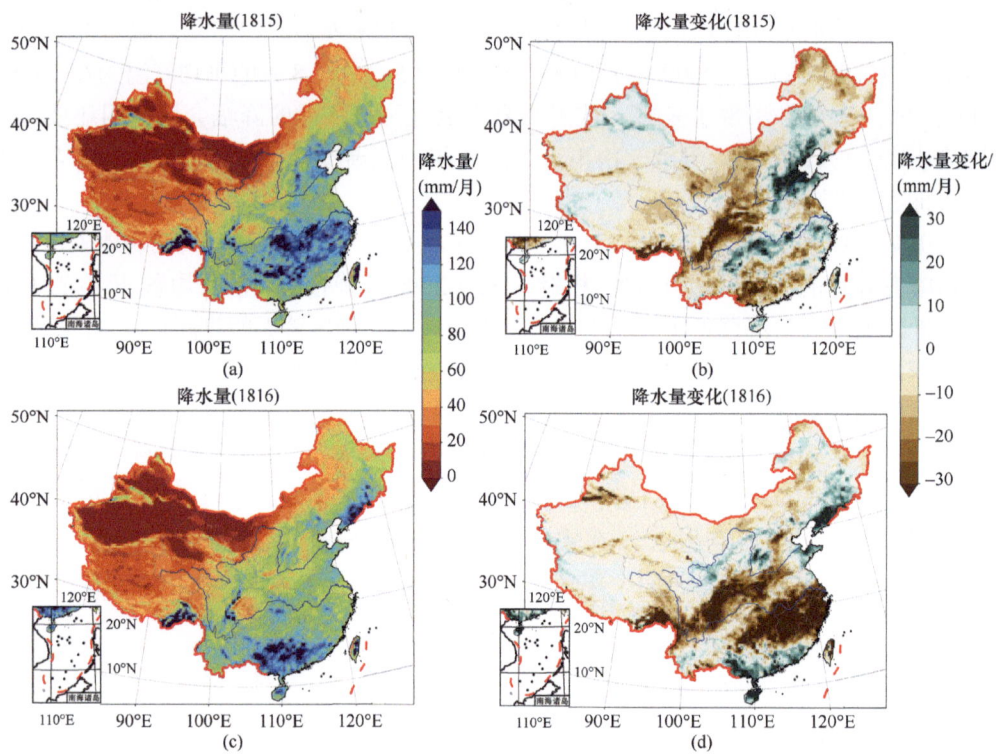

图 3.7 WRF 模拟的 1815 年和 1816 年中国地区降水的空间分布 [(a)(c)] 及变化 [(b)(d)]
相对 1981~2000 年气候平均态

第 1 次降水过程发生在 5 月 20~30 日，强降水发生的时间集中在 5 月 25~28 日，降水主要出现在湖北东南部、江西中部、长江三角洲地区，湖北、江西、安徽三省交界地带，以及安徽中东部、江苏南部交界地带。第 2 次降水过程发生在 6 月 10~20 日，降水主要出现在长江中游（与第 1 次基本一致）、安徽东南部至江苏南部，以及浙江北部的交界地带。第 3 次降水过程发生在 6 月 19~30 日，4 个强降水中心分别位于湖南西部至北部、湖北东南部、江西北部，以及长江三角洲地区。相比前两次强降水，此次强降水中心逐渐向西推进至湖南西部地区。第 4 次降水过程发生在 6 月 29 日至 7 月 19 日，强降水中心集中在湖北中部，贵州东北部、湖南西北部交界地带，江西北部、安徽南部、江苏西部交界地带，以及江苏、浙江、安徽交界地带。强降水中心整体偏西、偏北，西到贵州东北部，北至江苏淮安地区。长江流域夏季强降水过程大致结束于 7 月 20 日前后，之后长江中下游地区进入到高温少雨的三伏天气。

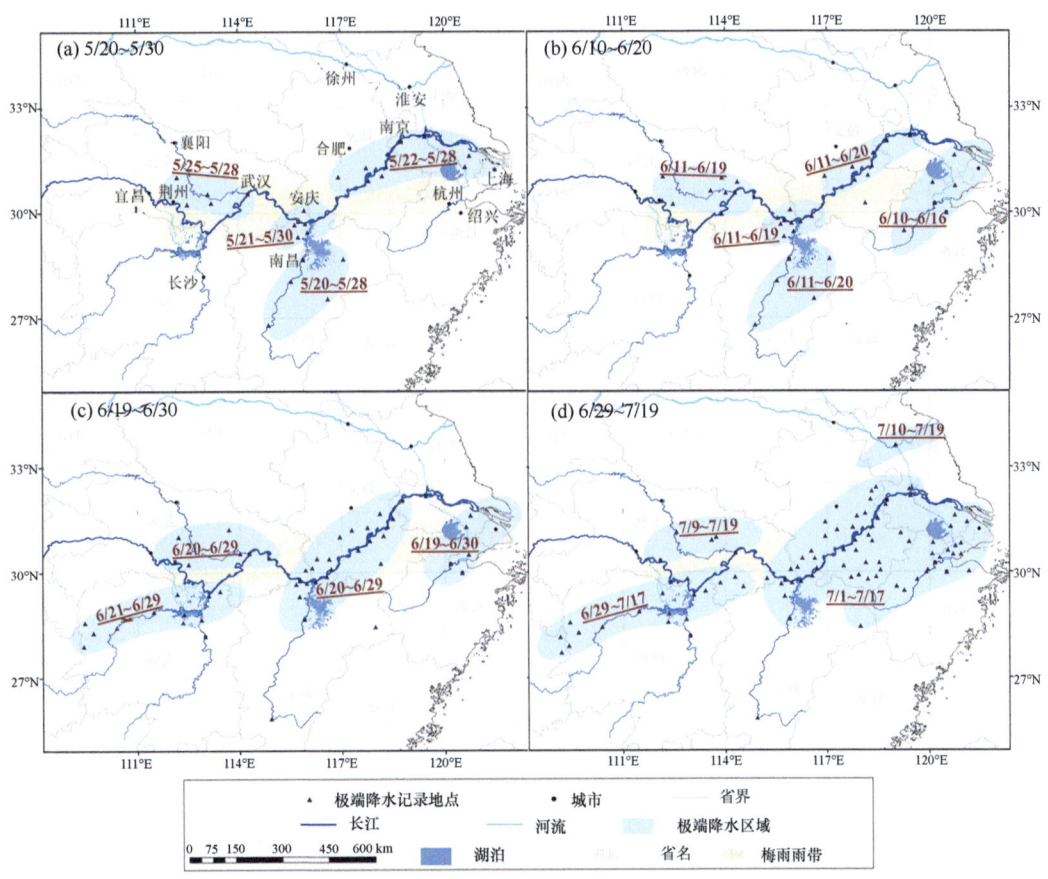

图 3.8  1849 年 5 至 7 月四次降水过程的空间分布
图中日期，例如 "5/25~5/28"，表示 5 月 25 日至 5 月 28 日，为强降水持续时间，余同

与强降水变化相对应的是长江流域洪水过程的变化。1849 年的春雨促使长江中游地区水位不断升高。如 4 月下旬，江西北部河水涨发、低洼地带被淹，湖南中部堤坝溃决、田地被淹（水利电力部水管司科技司，1991）。5 月 8 日，长江安徽段水位达 14m 左右

(骆承政，2006)，与现在安庆站的警戒水位 16.08m 仅相差约 2m。5 月下旬，以湖北为例，长江、汉江水位骤涨，境内堤坝多处溃决，潜江、天门、沔阳、钟祥、黄梅等地境内河流同时涨水，堤垸溃决，田地被淹。6 月中旬，湖北境内 14 州县漫淹成灾，江西境内 14 州县沿江堤垸冲塌、低洼田地和庐舍被淹，安徽境内梅雨期前江潮本已盛涨，进入梅雨期后，数日之间，陡长数尺，堤坝高出水面仅剩尺许。7 月初，鄱阳湖因江水顶托难泄，湖区大面积洪涝，临湖各州县洪涝灾害严重。7 月中下旬，长江主要支流汉江、洞庭湖水系、鄱阳湖水系的洪峰同时进入长江干流，导致长江中游多个站点达到了历史最高水位（图 3.9）。梅雨降水结束后，由于长江上游及中游支流的持续来水，长江干流

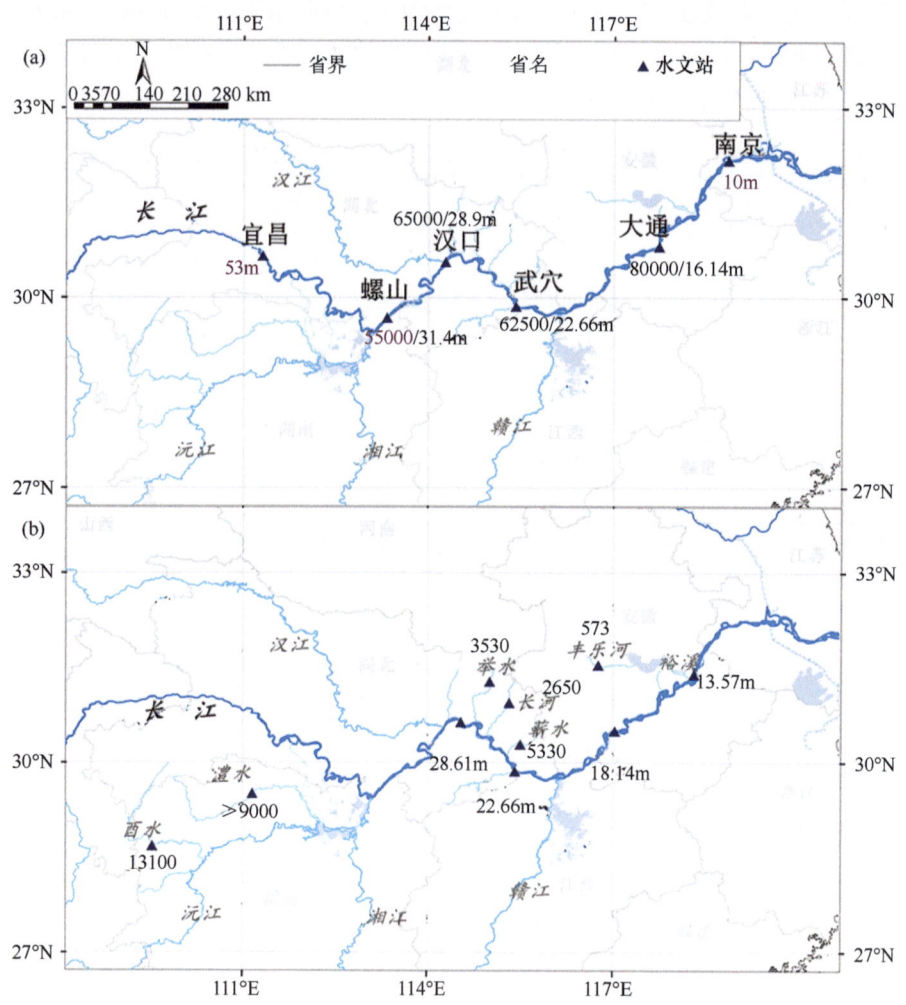

图 3.9　1849 年长江洪峰和水位图

(a) 1849 年长江干流主要站点的洪峰流量和水位，数字（如"65000"）为当年最大洪峰流量（m³/s），带有"m"标识的为当年最高水位（基于吴淞基面）。其中，黑色字体洪峰流量是结合 1954 年各站点的洪水位/流量曲线而得到的，黑色字体水位根据《中国历史大洪水调查资料汇编》的水位记录绘制，紫色字体的洪峰流量和水位，是依据 1954 年各站点的洪峰水位/流量曲线以及历史文献史料记载综合判断得出的。(b) 1849 年长江水系达到历史最高水位或最大洪峰流量的分布情况，依据《中国历史大洪水调查资料汇编》绘制

继续维持着高水位,如,武汉积水 8 月下旬才开始消退,南京积水完全涸复大概到 9 月中旬。

利用 NorESM1-F-WRF-SWAT 开展的 1849 年洪水模拟(图 3.10)显示,当年 41%的长江流域区域($6.68 \times 10^5 \text{ km}^2$)洪水风险超过了 1982~2000 年间的平均值(0.0914)。高洪水风险(特大和极端特大洪水风险,即洪水风险指数大于平均值加 1 个标准差)的区域主要集中在嘉陵江流域、洞庭湖流域及鄱阳湖流域(其面积分别为 $2.032 \times 10^3 \text{ km}^2$、$6.97 \times 10^2 \text{ km}^2$、$1.332 \times 10^2 \text{ km}^2$)。其中,洞庭湖、鄱阳湖流域洪水风险更为突出。与长江上游相比,模拟的长江中下游洪水风险更大,长江中下游、上游平均洪水风险分别为 0.097、0.072。高洪水风险区域中,长江中下游、上游高洪水风险面积分别为 $7.90 \times 10^4 \text{ km}^2$、$3.50 \times 10^4 \text{ km}^2$。

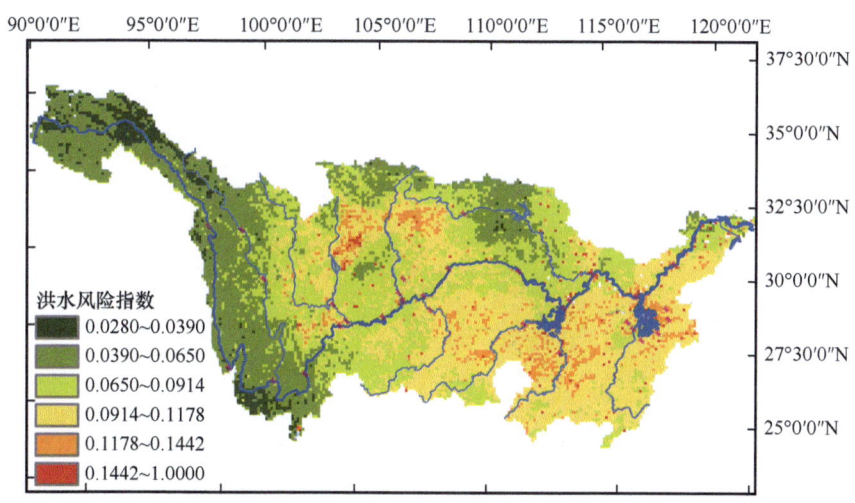

图 3.10　1849 年长江流域洪水风险模拟

洪水风险指数 0.1442~1.0000,极端特大洪水;0.1178~0.1442,特大洪水;0.0914~0.1178,重大洪水;0.0650~0.0914,中度洪水;0.0390~0.0650,轻度洪水;0.0280~0.0390 几乎没有洪水风险。下同

### 3.2.4　1876~1878 年丁戊奇荒

1876~1878 年的干旱(丁戊奇荒,又称"光绪大旱")为华北地区近 300 年来最严重的极端干旱事件(郝志新等,2010),尤其是 1877 年和 1878 年的干旱。这次旱灾范围波及河南、陕西、山西、山东、甘肃、四川、安徽、湖北等 13 个省份,其中华北 5 省的旱灾最为严重,旱灾核心区域位于晋南、晋中、豫西,以及关中东部地区。

《中国三千年气象记录总集》(张德二,2004b)中收集的历史气象记录(图 3.11)记载,1872~1873 年黄河流域各地已出现局部干旱;随后 1874 年,山西、山东出现了局地的春夏连旱;1876 年,我国北方,开始出现范围广、持续时间长的干旱(轻旱、中旱),年降水偏少 20%~40%;1877 年,干旱(重旱、特旱)影响范围达到最大,基本覆盖整个华北地区,并从川渝一带向北延伸至长江流域,大部分区域年降水偏少超过 40%;1878 年旱灾影响范围缩小,8 月 12 日开始的降雨过程使得旱情解除（图3.12）。

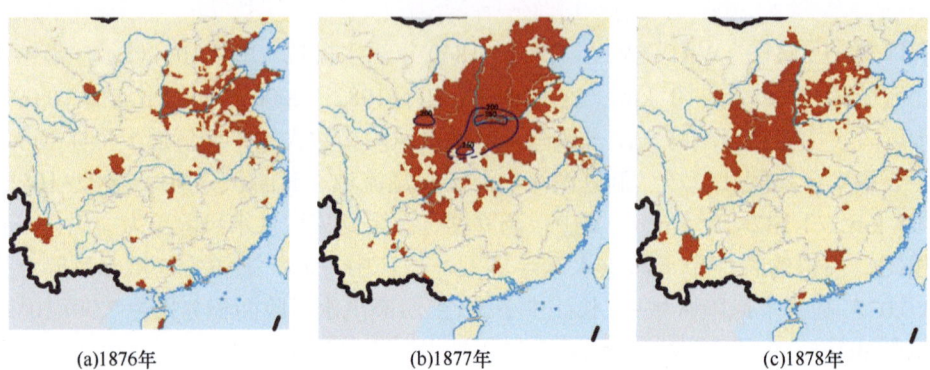

(a) 1876年　　　(b) 1877年　　　(c) 1878年

图3.11　1876~1878年丁戊奇荒主要旱区范围示意图（张德二和梁有叶，2010）

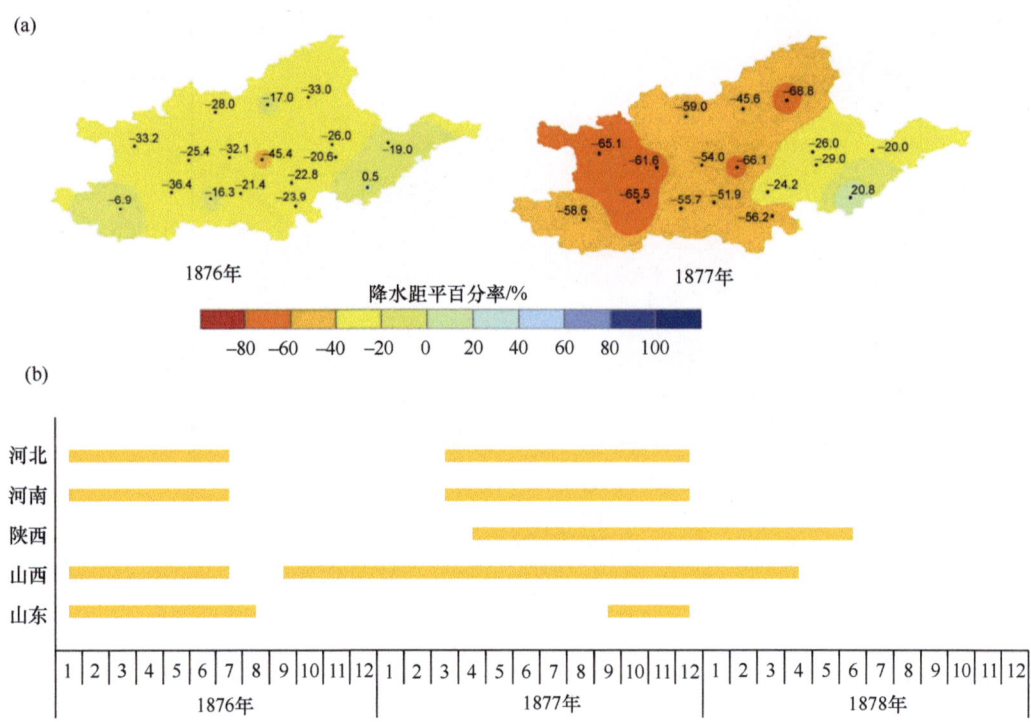

图3.12　1876~1877年降水距平百分率（郝志新等，2010）和主要旱灾区的干旱持续时间[黄色条带，根据文献（郝志新等，2010；张德二和梁有叶，2010；满志敏，2000）统计的数据改编]

用挪威地球系统模式（NorESM1-F）、驱动区域模式（WRF）可以较好地模拟这次干旱过程（图3.13）。1875年，中国华北地区干旱已经开始出现，与1982~2000年同期气候态相比，其春季降水偏少20%~60%（局部地区超60%），夏季降水偏少20%~50%（局部地区超50%）。模拟的1876年中国降水偏少并不严重，与1982~2000年同期气候态相比，华北地区春季降水偏少10%~30%，夏季降水偏多。模拟的1876年夏季降水负异常中心位于中国西北，降水较1982~2000年同期偏少超60%。1877年，模拟的降水偏少最显著，尤其在夏季，中国东部整体降水偏少。夏季，中国华北和华中部分地区

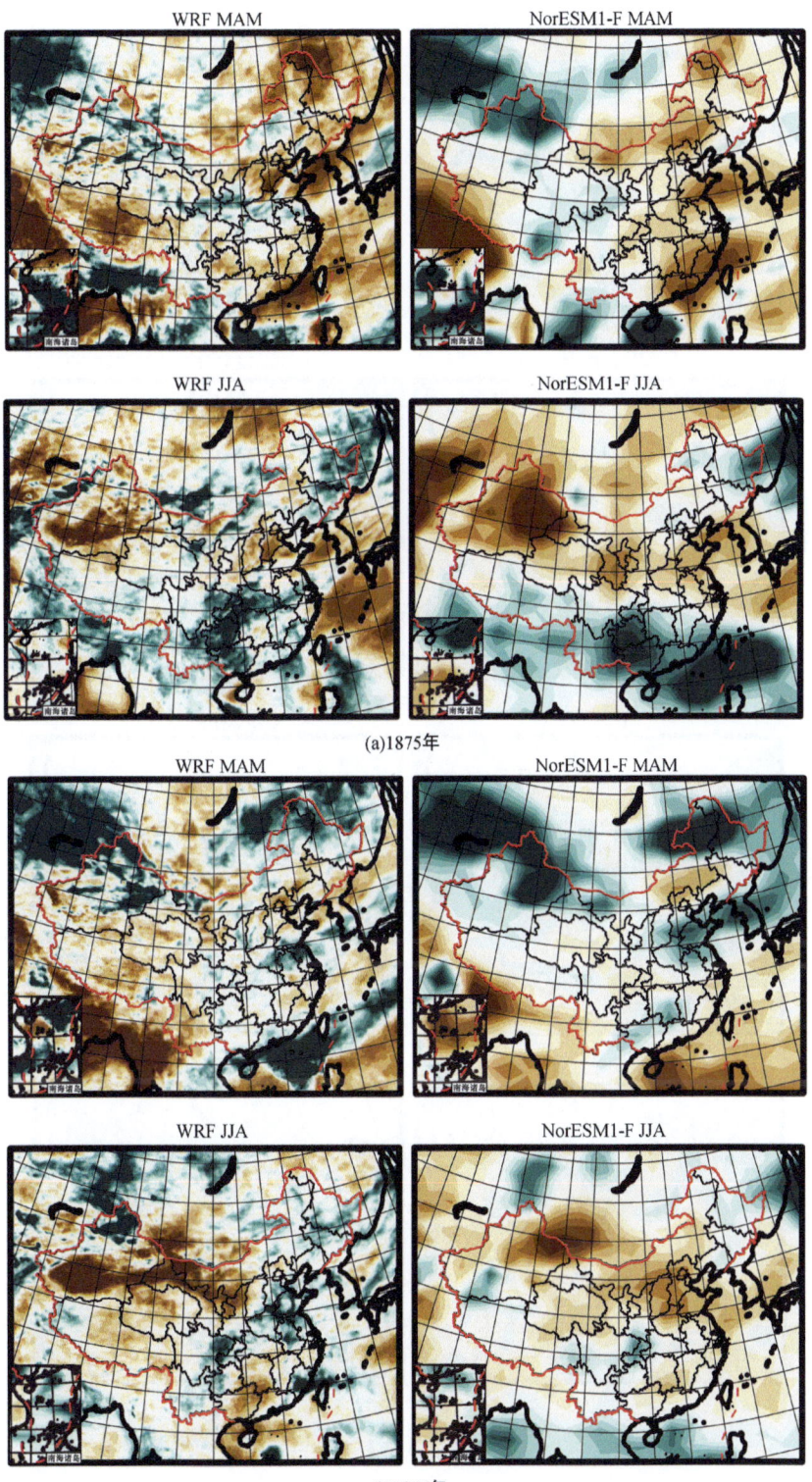

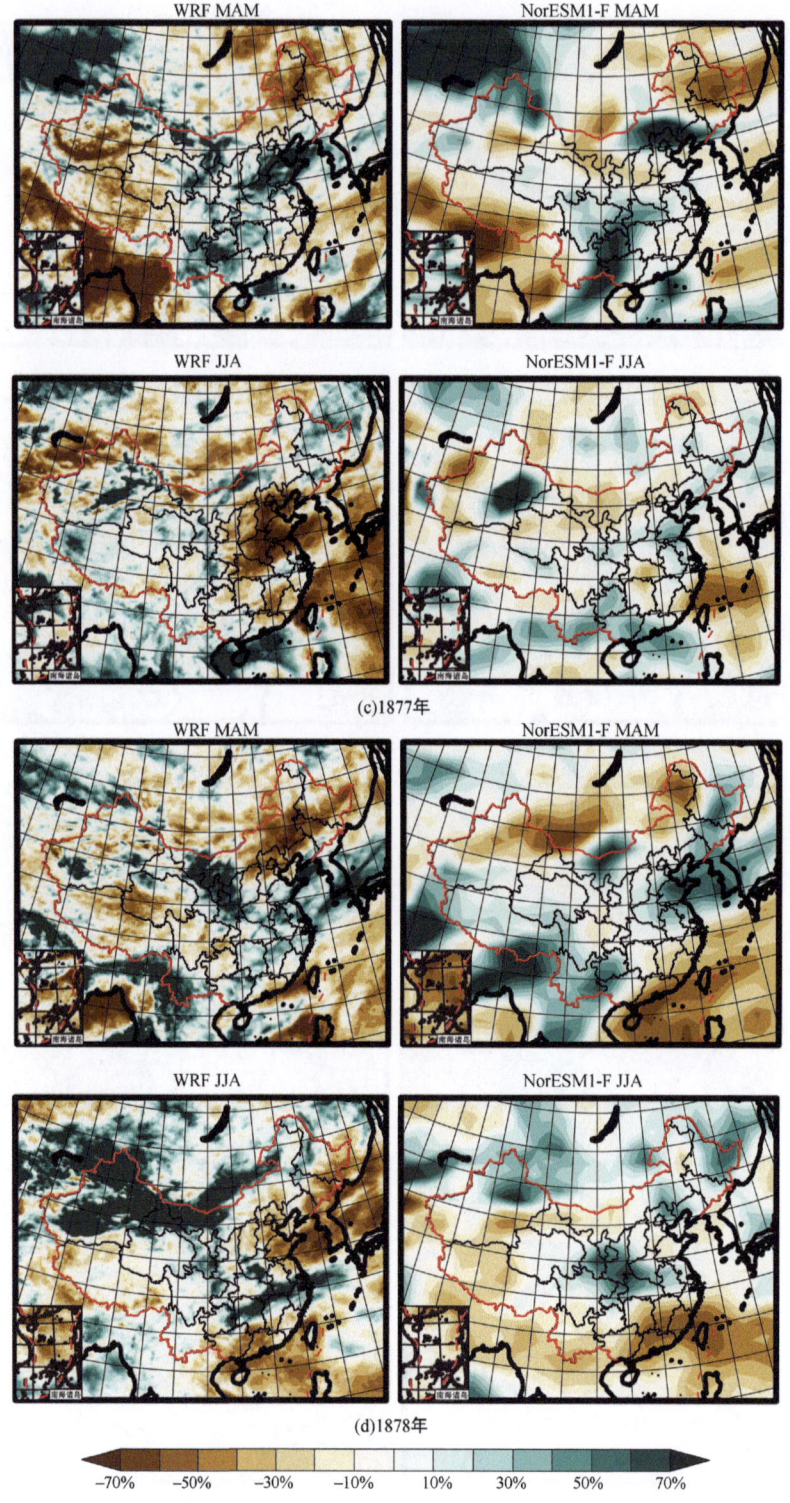

图 3.13 1875～1878 年春季（MAM）和夏季（JJA）WRF 和 NorESM1-F 模拟的东亚降水异常百分率，相对于 1982～2000 年同期平均

降水严重偏少，比 1982~2000 年同期气候态减少超过 60%；华南地区降水偏少 10%~30%。1878 年春季，除华北北部外的其他地区降水都较 1982~2000 年同期气候态偏多；夏季降水虽然在华北、华南都偏少，但较 1982~2000 年同期偏少不超过 30%。1878 年降水偏少的幅度明显小于 1877 年。

## 3.3 过去六百年典型极端旱涝事件的对比

### 3.3.1 极端干旱事件的机制对比

本书尝试对比了模拟的崇祯大旱（1637~1641 年）、丁戊奇荒（1876~1878 年）、民国饥馑（1928~1929 年）和三年困难时期（1959~1961 年）（图 3.14），它们分别是明朝、清朝、民国和中华人民共和国成立后 4 个时期中最有代表性、社会影响最大的极端干旱事件。这 4 次极端干旱事件都对社会经济和秩序产生了严重的影响。

模拟结果显示，崇祯大旱（1637~1641 年）最严重的干旱年份出现在 1637 年，其次是 1641 年。1637 年，模拟的黄河以南和陕北地区在春季、夏季降水都显著偏少，其中华北南部和华东夏季降水（较 1982~2000 年同期）偏少 60% 以上。1641 年，模拟的东北部分地区、华北、关中、西北春季降水（较 1982~2000 年同期）偏少超过 50%；

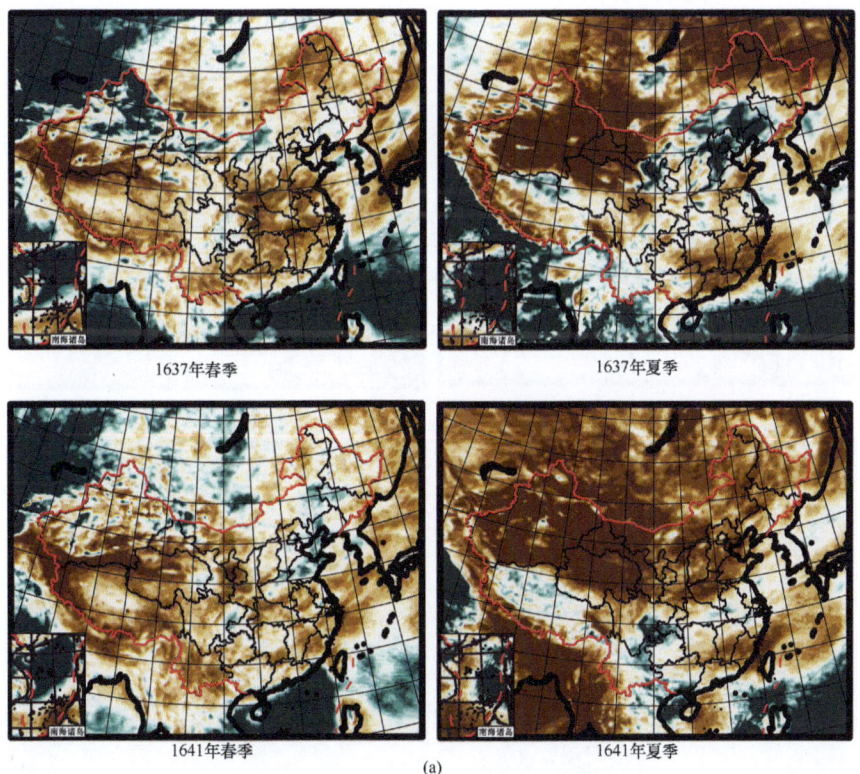

(a)

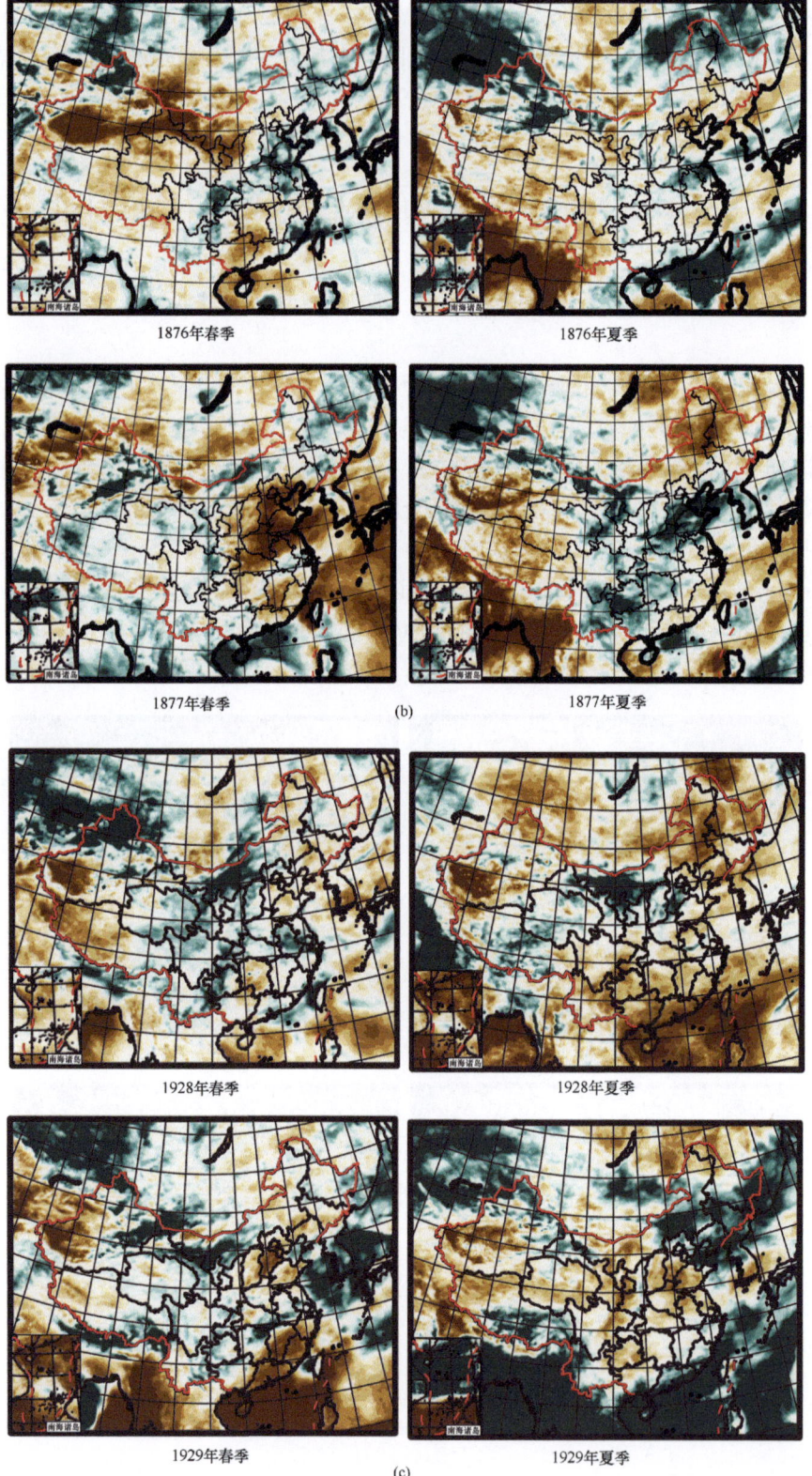

1876年春季　　　　　　　　　　1876年夏季

1877年春季　　(b)　　　　　　1877年夏季

1928年春季　　　　　　　　　　1928年夏季

1929年春季　　　　　　　　　　1929年夏季
(c)

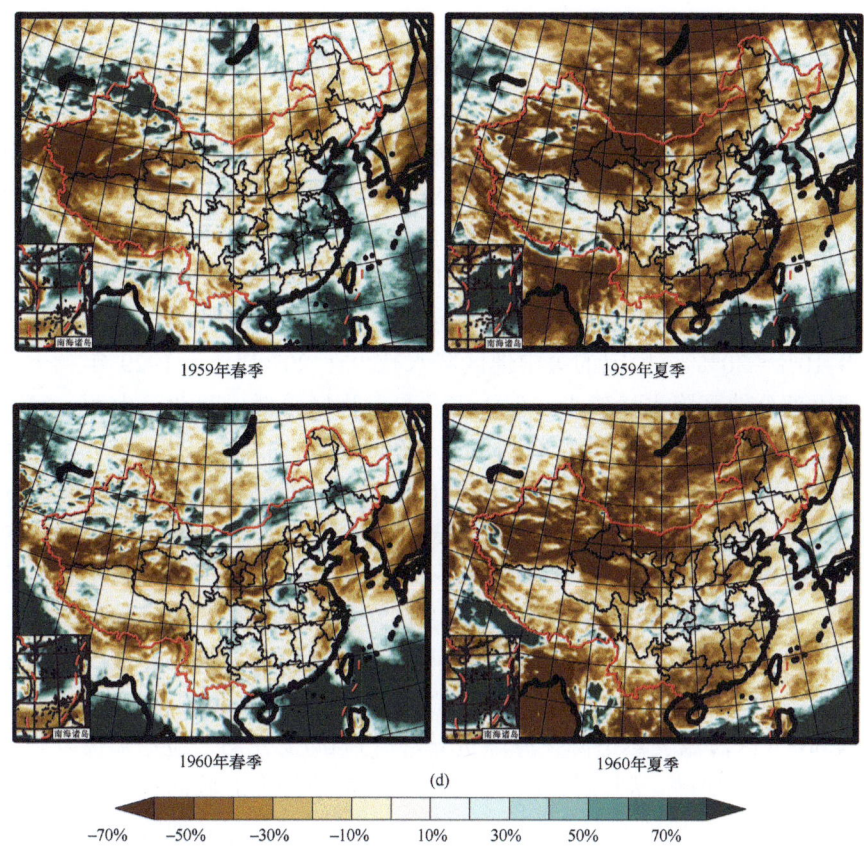

图 3.14 WRF 模拟的 4 次干旱事件代表时段（1637 年、1641 年、1876 年、1877 年、1928 年、1929 年、1959 年、1960 年）春季和夏季的降水异常，相对于 1982～2000 年同期降水气候态

全国范围内夏季降水偏少 10%～30%。模拟崇祯大旱与 ENSO 密切相关。1637 年和 1641 年都是拉尼娜衰退之后的厄尔尼诺发展年。1637 年春季和夏季处于厄尔尼诺发展阶段，并在 1637 年 12 月发生了一次较弱的厄尔尼诺事件，随后迅速消退，转为拉尼娜型海温，持续至 1641 年春季，在此期间不断发生较弱的拉尼娜事件，最强的海温异常出现在 1640 年 11 月前后，负海温异常连续 3 个月超过 1℃；1641 年春季后，转变为厄尔尼诺型海温，并迅速发展成一次较强的厄尔尼诺事件，1641 年 10～12 月海温正异常接近 2℃。有研究表明，厄尔尼诺发展阶段和拉尼娜衰退阶段（陈文，2002；符淙斌和腾星林，1988；Huang and Wu，1989）都会使得北太平洋副热带高压强度减弱、位置偏南或偏西，引发我国北方地区干旱。

模拟结果显示，丁戊奇荒（1876～1878 年）最严重的干旱年份出现在 1877 年，与历史文献记载一致。尤其是 1877 年夏季，模拟华北、华东北部和华中部分地区降水较 1982～2000 年同期严重偏少，大部地区超过 60%。模拟丁戊奇荒与拉尼娜衰退和厄尔尼诺发展也有一定的联系。1874 年秋季开始，拉尼娜事件爆发，在 1875 年 3 月达到峰值（负距平超过 1℃），随后拉尼娜强度减弱，但直到 1875 年 8 月负海温距平仍然超过 0.5℃。1876 年到 1877 年 8 月，Niño3.4 区海温指数有正负波动，没有发展出厄尔尼诺或拉尼娜事件。随后，Niño3.4 区海温迅速上升，厄尔尼诺事件爆发，从 1877 年 9 月持续到 1878 年 3 月。当然，模拟的丁戊奇荒也受到 PDO 正位相型的海温的影响。1877 年夏季，PDO 正位相型海温发展成熟，中心海温正异常超过 3℃，日本上空有正位势高度异常。受到北太平洋和北大西洋异常海温的影响，1875~1878 年春夏季 500hPa 位势高度异常中北太平洋副热带高压大多略偏弱，阿留申群岛南侧存在正位势高度异常，从北大西洋到东亚上空存在一个 EU 型的波列。

模拟结果显示，民国饥馑（关中大旱 1928~1929 年）表现为更明显的春季降水减少。模拟的 1928 春季降水减少主要出现在我国长江以南地区（降水较 1982~2000 年同期偏少 10%~30%），模拟的关中地区降水减少在 20% 以下。1929 年春季，模拟的我国东部大部分地区降水量偏少，但大多负异常程度较低，河北、山西、河南、山东四省交界处干旱较为严重，降水较 1982~2000 年同期偏少 20% 以上（最大可超过 50%）。1929 年模拟的华北南部偏少 10%~60%，华南大部分地区降水偏少 50%~60%。模拟的民国饥馑受 EU 波列的影响更加显著。1928 年春季和夏季以及 1929 年春季，在 NorESM 模拟的 500hPa 位势高度异常上可以发现，从北大西洋上空到东亚上空有一条明显的 EU 波列。受到 EU 波列的影响，我国东北上空位势高度异常偏低，形成异常的气旋性环流。受此影响，华北上空为偏西风，水汽输送减少，降水受到抑制。1929 年夏季，日本北海道驹岳火山喷发[火山爆发指数（VEI）4 级]，1929 年 7 月至 1930 年 1 月 Niño3.4 区海温突然下降，海温负异常达到 0.7℃ 左右，拉尼娜爆发。受到突然爆发的拉尼娜事件影响，副高偏弱，主要降水带位于江淮流域，与多年的统计结果一致（陈文，2002）。在模拟结果中，民国饥馑的降水负异常与其他极端干旱事件相比并不是十分显著。

模拟结果显示，三年困难时期（1959~1961 年）以春季降水偏少为主要特征。1959 年，模拟的春季降水几乎在全国范围偏少，大部分地区降水较 1982~2000 年同期偏少 50% 以上，尤其是西北地区。1960 年和 1961 年春季，模拟的春季降水与 1959 年类似，但偏少幅度明显减弱。大范围的夏季降水偏少出现在 1960 年，涉及关中、华北南部、华东、华南等地，但降水偏少一般不超过 30%，只在山东、江苏交界地区降水偏少可达 50%。1959 年春季，Niño3.4 区海温处于中性，1959 年夏季海温略偏暖，之后迅速下降，负异常在 1960 年 1 月超过 0.5℃，但仅持续一个月。1960 年春季，Niño3.4 区海温处于中性，位于两次拉尼娜型海温之间。1960 年夏季，Niño3.4 区海温迅速下降，并发展成一次拉尼娜事件，一直持续到 1961 年 3 月，随后一直维持负海温异常。1959~1961 年，北太平洋中纬度地区逐渐发展成 PDO 正位相型的海温异常，日本以东洋面的正海温异常一直延伸到东太平洋。三年困难时期以春季降水偏少为主要特征但与民国饥馑又有明显差别。三年困难时期，没有明显的 EU 波列。

以上 4 个历史时期的干旱事件的对比揭示出这些事件的现象和机制存在一定共性，主要都以中国北方干旱为主（图 3.15）。华北、关中及附近地区人口稠密、经济发达，是中国 400 多年来的政治中心，极端干旱事件对我国经济、社会和政治的影响巨大。夏季西太平洋副热带高压减弱导致的东亚夏季风减弱，是这 4 次干旱事件的主要原因。这 4 次极端干旱事件中，夏季西太平洋副热带高压减弱大多可以归因于厄尔尼

# 第 3 章 过去六百年极端气候变化成因机制

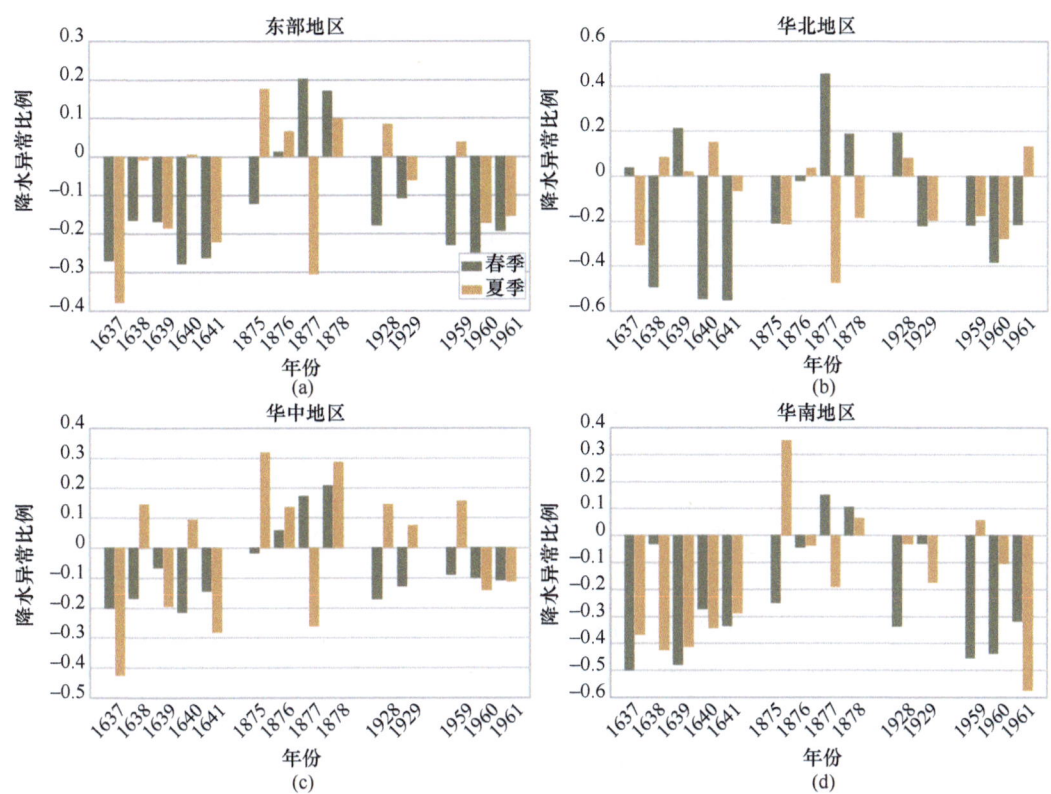

图 3.15 WRF 模拟的 4 次干旱事件中区域平均的春季（黄色）和夏季（绿色）降水异常，相对于 1982～2000 年同期降水气候态

(a) 东部地区（25°N～40°N，105°E～120°E）；(b) 华北地区（35°N～40°N，105°E～120°E）；(c) 华中地区（28°N～35°N，105°E～120°E）；(d) 华南地区（25°N～28°N，105°E～120°E）

诺衰退期或拉尼娜发展期的海温异常（图 3.16）。此外，还有一些异常的海表面温度或

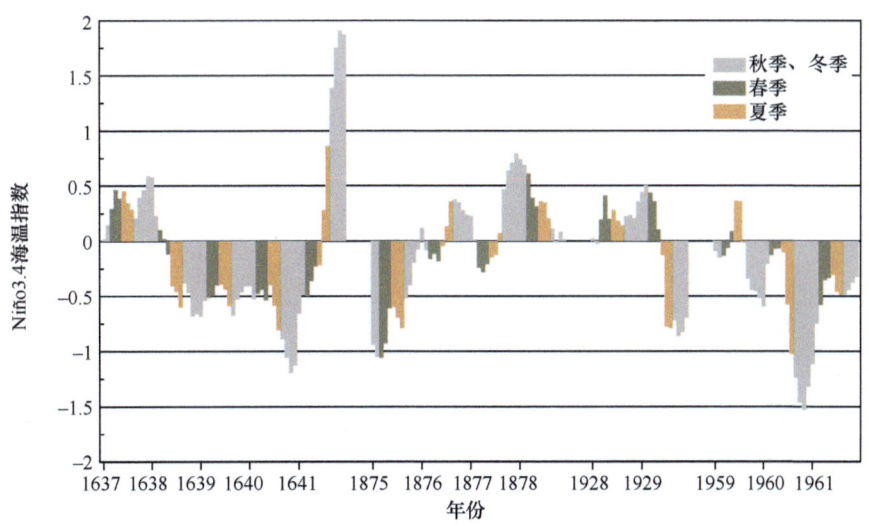

图 3.16 NorESM1-F 模拟的 4 次干旱事件对应的 Niño3.4 海温指数异常

位势高度共同导致了这 4 次极端干旱事件的发生，包括北大西洋异常海温激发出的 EU 型波列、北太平洋中纬度 PDO 正位相型海温、贝加尔湖和鄂霍次克海上空的异常正位势高度异常等。同时，这 4 次干旱事件期间，中国东部表面温度大多偏高，蒸散发过程加剧。降水减少，同时蒸发增多，进一步加剧干旱。

当然，东亚是全球唯一的一个非热带季风区，东亚季风的强弱及东亚的降水格局变化受多种因素影响。ENSO 循环是控制东亚夏季风强弱的主要因子，在统计上厄尔尼诺衰减期、拉尼娜发展期与强东亚夏季风有显著关系，反之亦然。但 ENSO 信号的强弱与东亚降水异常之间并不是线性关系（Yuan and Yang，2012）。东亚夏季降水强弱与北大西洋海温异常（Wu et al.，2009）、欧洲高纬地区积雪范围异常（李震坤等，2009）、青藏高原积雪范围异常（韦志刚等，1998）、中纬度北太平洋海温异常（张庆云等，2007）等信号之间都存在联系。这也说明东亚地区气候的复杂性和气候预测的不确定性。

### 3.3.2 长江古洪水模拟对比

本书尝试对比了 NorESM1-F–WRF–SWAT 模拟的 1998 年、1954 年、1931 年和 1849 年长江流域洪水（图 3.17）。1998 年全流域平均洪水风险最大，1931 年的平均洪水风险接近平均水平，1954 年和 1849 年低于平均水平。

与 1982～2000 多年平均流域洪水风险（0.0914）相比，模拟的 1998 年全流域平均洪水风险（0.0953）偏高 4.3%。57.0%的长江流域（$9.4 \times 10^5$ km$^2$）洪水风险超过了 1982～2000 年平均。高洪水风险区占整个流域 17.6%（$2.9 \times 10^5$ km$^2$），其分布由嘉陵江流域

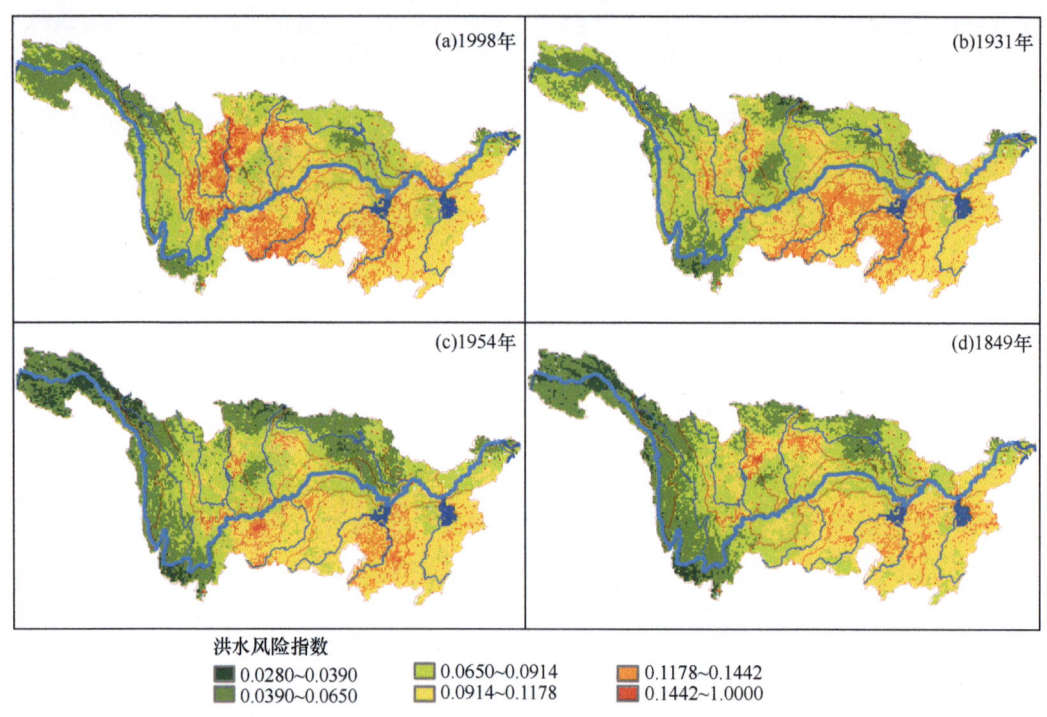

图 3.17 长江流域洪水风险指数对比

($3.4 \times 10^4$ km², 占整个流域的 2.1%)、洞庭湖流域（$7.2 \times 10^4$ km², 4.4%）、鄱阳湖流域（$1.5 \times 10^4$ km², 2.1%），向上游扩展至岷沱流域（$5.6 \times 10^4$ km², 3.4%）、乌江流域（$4.5 \times 10^4$ km², 2.7%）、上游干流区（$2.4 \times 10^4$ km², 1.4%）和金沙江下游（$1.7 \times 10^4$ km², 1.0%）等；其中，洞庭湖流域洪水风险最为突出。模拟的 1998 年长江上游洪水风险（0.102）更大，较中下游（0.091）偏大 12.1%。高洪水风险区域中，上游、中下游高洪水风险面积分别为 $17.5 \times 10^4$ km²、$11.5 \times 10^4$ km²。

与 1982～2000 年平均流域洪水风险相比，模拟的 1954 年全流域平均洪水风险（0.081）偏低 11.4%。39.8%的长江流域（$6.6 \times 10^5$ km²）洪水风险超过多年平均。高洪水风险区占整个流域 7.4%（$1.2 \times 10^5$ km²），主要分布于洞庭湖流域（$5.1 \times 10^4$ km², 占整个流域的 3.1%）、鄱阳湖流域（$1.8 \times 10^4$ km², 占整个流域的 1.1%）；其中，洞庭湖流域洪水风险最为突出。模拟的长江中下游平均洪水风险（0.092）较上游（0.073）偏大 26%。高洪水风险区域中，上游和中下游面积分别为 $7.8 \times 10^4$ km²、$4.3 \times 10^4$ km²。

与 1982～2000 年平均流域洪水风险相比，模拟的 1931 年全流域平均洪水风险（0.0905）稍偏低。50%的长江流域（$8.2 \times 10^5$ km²）洪水风险超过了多年平均。高洪水风险区占整个流域的 13.2%（$2.2 \times 10^5$ km²），主要分布于鄱阳湖流域（$2.0 \times 10^4$ km², 1.2%）、乌江流域（$3.5 \times 10^4$ km², 占整个流域的 2.1%）、洞庭湖流域（$10.6 \times 10^4$ km², 占整个流域的 6.4%），其中，洞庭湖流域洪水风险最为突出。模拟的中下游平均洪水风险（0.101）更大，较上游（0.083）偏大 21.7%。高洪水风险区域中，上游、中下游面积分别为 $7.4 \times 10^4$ km²、$14.3 \times 10^4$ km²。

与 1982～2000 年平均流域洪水风险相比，模拟的 1849 年全流域平均洪水风险（0.0823）偏低 9.9%。41.0%的长江流域（$6.7 \times 10^5$ km²）洪水风险超过了多年平均。高洪水风险占整个流域的 6.9%（$1.2 \times 10^5$ km²），主要集中在嘉陵江流域、洞庭湖流域及鄱阳湖流域（其面积分别为 $2.0 \times 10^3$ km²、$7.0 \times 10^2$ km²、$1.3 \times 10^2$ km²，其中，洞庭湖、鄱阳湖流域洪水风险更为突出。模拟的中下游平均洪水风险（0.097）更大，较上游（0.072）偏大 34.2%。高洪水风险区域中，上游、中下游面积分别为 $3.5 \times 10^4$ km²、$7.9 \times 10^4$ km²。

模拟的 4 次长江流域洪水中，高洪水风险区域主要分布于两湖盆地、乌江流域、嘉陵江流域，其中，洞庭湖流域洪水风险最突出。值得注意的是，模拟的 1998 年长江上游的高洪水风险更加明显，而模拟的其他 3 次洪水高洪水风险区域主要集中在下游。并且模拟的 1998 年长江中下游洪水风险与其他 3 次洪水相当。虽然，1998 年整体洪水风险较大，但其造成的损失和社会影响并不一定大于其他 3 次洪水。例如，1998 年洪水造成的人口死亡数远小于 1931 年。

# 参 考 文 献

陈文. 2002. El Niño 和 La Niña 事件对东亚冬、夏季风循环的影响. 大气科学, 26(5): 595-610.
陈雨婷. 2022. CMIP5/6 模式对小冰期以来我国中东部典型重大干旱的模拟研究. 武汉: 中国地质大学（武汉）.
符淙斌, 腾星林. 1988. 我国夏季的气候异常与埃尔尼诺/南方涛动现象的关系. 大气科学, 12: 133-141.
郝志新, 郑景云, 伍国凤, 等. 2010. 1876～1878 年华北大旱: 史实, 影响及气候背景. 科学通报, 23:

2321-2328.

李震坤, 武炳义, 朱伟军. 2009. 春季欧亚积雪异常影响中国夏季降水的数值试验. 气候变化研究进展, 5(4): 196-201.

骆承政. 2006. 中国历史大洪水调查资料汇编. 北京: 中国书店出版社.

满志敏. 2000. 光绪三年北方大旱的气候背景. 复旦学报(社会科学版), 6: 28-35.

水利电力部水管司科技司. 1991. 清代长江流域西南国际河流洪涝档案史料. 北京: 中华书局.

韦志刚, 罗四维, 董文杰, 等. 1998. 青藏高原积雪资料分析及其与我国夏季降水的关系. 应用气象学报, 9: 39-46.

杨煜达, 满志敏, 郑景云. 2005. 嘉庆云南大饥荒(1815-1817)与坎博拉火山喷发. 复旦学报(社会科学版), 1: 79-85.

张德二. 2004a. 1743 年华北夏季极端高温: 相对温暖气候背景下的历史炎夏事件研究. 科学通报, 49(21): 2204-2210.

张德二. 2004b. 中国三千年气象记录总集. 南京: 江苏教育出版社.

张德二, 梁有叶. 2010. 1876—1878 年中国大范围持续干旱事件. 气候变化研究进展, 6(2): 106-112.

张庆云, 吕俊梅, 杨莲梅, 等. 2007. 夏季中国降水型的年代际变化与大气内部动力过程及外强迫因子关系. 大气科学, 31(6): 1290-1300.

郑景云, 郝志新, 方修琦, 等. 2014. 中国过去 2000 年极端气候事件变化的若干特征. 地理科学进展, 33: 3-12.

Huang R H, Wu Y F. 1989. The influence of ENSO on the summer climate change in China and its mechanism. Advances in Atmospheric Sciences, 6: 21-32.

Sui Y, Chen Y. 2022. Signals in temperature extremes emerge in China during the last millennium based on CMIP5 simulations. Climatic Change, 172: 1-18.

Tardif R, Hakim G J, Perkins W A, et al. 2019. Last Millennium Reanalysis with an expanded proxy database and seasonal proxy modeling. Climate of the Past, 15: 1251-1273.

Wu Z, Wang B, Li J, et al. 2009. An empirical seasonal prediction model of the East Asian summer monsoon using ENSO and NAO. Journal Geophysical Research, 114: D18120.

Yang Y, Xu Z, Zheng W, et al. 2021. Rain belt and flood peak: A study of the extreme precipitation event in the Yangtze River Basin in 1849. Water, 13: 2677.

Yuan Y, Yang S. 2012. Impacts of different types of El Niño on the East Asian climate: Focus on ENSO cycles. Journal of Climate, 25: 7702-7722.

Zheng J, Wang W, Ge Q, et al. 2006. Precipitation variability and extreme events in eastern China during the past 1500 years. Terrestrial Atmospheric and Oceanic Sciences, 17(3): 579-592.

# 第 4 章

## 过去六百年极端气候社会经济影响

历史上极端气候事件无疑影响了社会的兴衰，王朝的更替。理解过去极端气候社会经济影响无疑可以为未来人类适应全球气候变化提供重要的借鉴。本章尝试讨论过去六百年里某些极端气候事件对社会经济产生的影响。4.1 节梳理了小冰期以来中国东部发生的主要极端温度、旱涝和台风事件；4.2 节描述了一些极端灾害事件及当时的社会影响和应对，极端灾害事件社会影响的机理；4.3 节总结极端气候事件及严重气象灾害的社会影响的基本原理。本质上是气候极值变化与人类社会在相对短的时段内相互作用、响应反馈的结果。极端气候社会经济影响，本质上是气候变化对于人类社会的影响与区域社会脆弱性密切相关，是气候变化影响与人类适应相作用的产物。

## 4.1 小冰期以来的极端灾害事件

小冰期以来，中国地区发生了多次产生重大社会影响的极端气候事件。本节整理了具有代表性的极端低温（表 4.1）、极端高温（表 4.2）、极端干旱（表 4.3）、极端洪涝（表 4.4）和台风（表 4.5）事件。

表 4.1 小冰期以来的冬季（当年 10 月至次年 3 月）极端低温事件

| 发生时段 | 低温概况描述 |
| --- | --- |
| 1453~1454 年 | 发生在华北、华中东部及广西地区，降大雪超过 30 天。日照、如皋等地沿海封冻；太湖地区河港长时间封冻；华北、华中地区人畜冻死，仅济南一地受灾人数过万；江浙、江西等地麦苗冻死、春播受到影响，米价上涨，冻饿而死不计其数；浙江沿海石首鱼春汛丰收 |
| 1493~1494 年 | 发生在河北南部、河南全境、华中大部。大雪，华中冰冻 50 天，淮安沿海封冻；草木人畜鸟兽冻死；多地积雪，道路至次年 2 月后始通 |
| 1509~1510 年 | 发生在华中东部及华南沿海。黄浦江冰冻，江苏大雪严寒，浙江大部、安徽局地严寒、冰冻、严重霜冻，华南多地降霜雪；华中地区竹柏树木枯死，柑橘等经济作物绝种，浙南、赣南局地作物受损严重，民众冻饿而死者较多；福建地区龙眼、荔枝等作物受损 |
| 1513~1514 年 | 发生在华北、华中大部。黄河平陆段封冻长达三个月；太湖、洞庭湖冰冻，浙江、江西大雪，耕牛、树木、花草冻死 |
| 1578~1579 年 | 发生在中国中东部。华北秋霜早且严重；华北多地，华中大部、华南局地大雪月余、冰冻；苏南淀山湖冰冻月余；河北、山西、甘肃等地秋霜损毁秋收作物，全国普遍冻死人畜树木；江南运河封冻、交通受阻 |
| 1620~1621 年 | 发生在中国中东部。北方地区暴风雪、雨冰；黄河陕晋豫交界段冰封；华中安徽、江西、湖南、湖北大雪数月、汉江冰冻；来年正月江浙、广东等地大雪、冰雹。河北、陕西冻死行人，华中大部冰冻数十日、道路长期不通，鸟雀饿死；湖南鱼冻死，木柴价格上涨 |
| 1633~1634 年 | 发生在中国中部及南部（河南、江西、广东等地）。黄河河南段封冻坚实；江西、广东等地大雪；江苏高淳树冰十余日。正月后始降雪且范围偏南，未造成严重影响 |
| 1654~1655 年 | 发生在中国东部（辽宁、华北东部、长江中下游、福建及两广地区）。北方大雪、积雪封门；长江中下游冰冻一月以上，萧县一带黄河封冻，太湖冰冻、连云港沿海封冻；华南大雪。华北人畜冻死；华中柑橘作物受损，江西柑橘类作物自此绝种，鸟兽冻死，运河不通 |
| 1683~1684 年 | 发生在中国中东部。黄河韩城段结冰，河南奇寒井冻；太湖、黄浦江冰冻；江西、福建、广东、台湾多地大雪。浙江、江西、河南有人冻死，广东树木枯死，次年菠萝、龙眼等热带作物不开花 |
| 1690~1691 年 | 发生在中国中东部。河北奇寒，黄河韩城段、原武段、涟水段结冰；黄浦江冰冻；河南、江苏以南至广东、广西各地大雪，多地长达四十余日，冰冻。各地人畜竹树鸟兽冻死，江苏、安徽柑橘和果树冻死，湖南鱼鳖冻死，广东次年荔枝不结实，海南槟榔冻死 |

续表

| 发生时段 | 低温概况描述 |
| --- | --- |
| 1761~1762 年 | 发生在中国东部、南部（山东、河南、上海、江苏、浙江、广东、广西）。山东井水结冰，黄河偃师段封冻；上海奇寒，江苏、浙江、安徽冰冻；广东、广西大雪。飞禽、牛羊、竹柏、池鱼等冻死。时人以为"六十年未有" |
| 1795~1796 年 | 发生在中国东部。山东、河北井水结冰，浙江、江苏、上海、江西等地长时间大雪冰冻。人畜树木冻死；山东冬小麦冻死、冻伤；江浙、江西一带果木、蔬菜冻死、冻伤 |
| 1814~1815 年 | 发生在中国东部。河北等地秋霜早，山东龙口海冰百余里，达两月；长江九江段冰冻；河南、江西、湖北、广东、广西等地大雪冰冻，福建有雪。黑龙江、吉林、河北、陕甘等地秋收作物受损 |
| 1815~1816 年 | 发生在中国东部。坦博拉火山喷发后的降温。贵州夏季大雪，云南夏秋低温酷寒；山东寒冷；台湾、广东冬季大雪，海南冬季降严霜；江西次年2月大雪。云南、贵州作物大面积歉收；台湾歉收，海南椰榔枯死 |
| 1831~1832 年 | 发生在中国大部分地区。河北、山西、河南、辽宁、山东大雪，井水封冻；江苏、浙江6月寒；广东、广西严寒大雪；部分地区行人鸟兽冻死；西藏嘉黎特大雪灾。华北树木冻裂，山东等地柿、榴等果树冻死；南方树木冻折。华南自此连续冬季降大雪，连续3年全国大部冬半年极端寒冷 |
| 1861~1862 年 | 发生在华中中东部及西南地区。长江中下游地区大雪、黄浦江等湖泊封冻，常熟一带连续10天滴水成冰；贵州、四川大雪、冰冻，积雪长期不化。人畜大量冻死；樟树等冻裂，菜麦等冻伤，柑橘等作物枯死。自此年起连续五年冬半年极端严寒 |
| 1877~1878 年 | 中国中东部。北方地区秋霜偏早，上海、江苏、浙江、广东等地大雪严寒；湖南、湖北河湖封冻。树木冻裂，鸟兽池鱼等多冻死；本年北方地区极端大旱，得雨迟，秋霜提前加重了灾情 |
| 1892~1893 年 | 发生在中国大部分地区。南北皆严寒；天津河冻，黄河晋南豫西段封冻，山东井水结冰，苏北沿海结封冻；上海、江浙大雪、严寒，太湖、黄浦江、钱塘江冰冻，甚至有巨石冻裂；安徽、江西以南至台湾、海南大范围大雪、冰冻；四川、贵州大雪冰冻。北方之柿、榴，南方之花木、鸟兽、菜麦、河鱼等皆冻死、冻伤；福建的龙眼、荔枝，广东的桃树、晚稻，广西的龙眼、台湾的作物与牲畜受损；四川白鹭等鸟类数年内绝种。可能是1700年以来最严重的极端冷冬 |
| 1917~1918 年 | 发生在中国东部。胶州湾封冻90%；上海气温在0℃以下达1个半月，江西大雪，冰冻近50天，积雪深度达60cm；广州最低气温1.1℃，广东、福建大雪。青岛海运交通受阻；江西等地橘树枯死50%以上 |
| 1929~1930 年 | 发生在中国中东部。华北普降大雪，陕西积雪长达2月不消，天津河口海冰严重，山西黄河封冻；上海最低气温近-9℃，湖北汉江冰结，江西冰冻40余日、冰冻20~30cm；广东、广西大雪，广东最低气温近4℃，广西河冻50天。冻死人畜鸟兽，上海街头冻死14人，自来水不流动，浙江临海县城冻死数十人，油菜无收；华南刺竹、芭蕉、木薯等枯萎 |

表 4.2  小冰期以来的极端高温事件

| 发生时段 | 高温概况描述 |
| --- | --- |
| 1508 年 | 河南唐河、嵩山、邓县（今河南邓州市）、裕县（今河南方城县）、叶县，6月酷暑，民多热死。道路多渴死者。冬无雪 |
| 1568 年 | 江苏、浙江夏5、6月酷暑，田妇多喝死（因中暑而死）。江南大旱，又毒热，人多喝死 |
| 1573~1584 年 | 5月，北京天气炎热，皇宫里大臣们停止日讲。南、北两京刑部等，笞刑无证者释放，徒刑、流刑以下减等，减缓死刑罪犯刑期。1575年上海7月毒热，农夫耕牛多中暑死。1579年陕西麦枯，夏大热酷暑，喝死者众 |
| 1587~1628 年 | 北京，每隔二三年，就夏季酷热。刑部在京师等地实行恤囚：笞刑无证者释放，徒刑、流刑以下减等审查发落，死刑罪犯由皇帝决定是否开释。其中1600年7月底至8月初，京畿久旱酷热，诸谷焦枯，疫疠流行。1615年，山东平原、登州府（含蓬莱、烟台、牟平、乳山、文登、荣成、威海）、栖霞等地，炎蒸异常，道多喝死。四川宜宾，1618年夏秋酷热，大旱，晚稻不熟。江西新建，1628年10月4日开始酷热，10月16~26日尤其严重，10月25日，喝（热）不可言 |
| 1636 年 | 河北、陕西、江苏、浙江等省部分地区高温酷暑，人热死者甚众。陕西礼泉县无麦，7月酷热20余日，人多喝死。江苏吴县、吴江夏大旱，大热，行人多冒暑僵死。江苏金坛春、夏大旱，热且久，自6月至7月雨不及寸。江西广丰夏大旱，一望如焚 |
| 1661 年 | 山西、江苏、上海部分地区酷热。山西芮城、永济7月旱，极热，人有喝死者。江苏太仓、崇明等旱，天极热。上海宝山，6~7月不雨，酷热如焚，禾尽槁（禾苗都枯萎了）。是年复旱，天极热 |

续表

| 发生时段 | 高温概况描述 |
|---|---|
| 1670 年 | 北京酷暑，蒸肌肤。河间、阜城 7 月 4 日晴，早凉，午后酷暑 |
| 1671 年 | 河北、山西、江苏、浙江、江西等省酷暑，人有热死者。6～7 月，河北永年、鸡泽奇暑，道多暍死者。8 月 5 日河北、山西、江苏、浙江、江西等地酷热。河北卢龙，炎热如炽。8 月 6 日，邢台暍死者数百人。整个 8 月，河北正定、唐县，邢台、柏乡，大热如熏灼。山西运城、芮城、万荣、临猗，夏大热，人多渴者，人有暍死者，至 9 月犹热。7～8 月，江苏、浙江、安徽、江西等省部分地区，暑热非常，民有暍死道路者，异常大燠，草木枯槁，人暍死者众。人遭酷暑，复染痢疾。奇旱奇热，百年未有 |
| 1678 年 | 北京、河北、辽宁南部，发生高温。7 月 29 日，炎热异常，自京师至关内外，热伤人畜甚众。时值盛夏天气亢旸，雨泽维艰，炎暑特甚，禾苗垂槁，农事堪忧 |
| 1681～1684 年 | 北京、河南、江苏、浙江、江西等地酷暑。河南登封，1682 年 7 月 14～15 日炎蒸酷暑，田野禾苗，立见焦枯。1682 年 7 月 7 日北京酷暑，皇帝避暑，移驻中南海瀛台。1683 年 5 月 27 日北京炎热，太后皇后避暑。1684 年南京酷热，有人豢养的鹤，因受酷热死去。江西暑热，片刻不能离扇。浙中暑热，与江西不相上下 |
| 1689～1690 年 | 沈阳、北京、河南部分地区酷热。沈阳苦热。北京，久旱，苦热甚于往年。河南杞县大暑，人多暍死。武陟县酷暑，秋禾死十之七。杭州酷暑。浙江慈溪暴热，鸡豚死者过半 |
| 1704 年 | 山东登州府，包括今蓬莱、烟台、牟平、乳山、文登、荣成、威海等地，炎热异常，人多暍死 |
| 1711 年 | 河北酷暑，伤人甚多 |
| 1716 年 | 7 月 20 日，京师甚热。7 月 22 日，渐大暑。朝廷恤刑，监禁人犯，暂行从宽拘系 |
| 1723 年 | 北京、山东酷热。6 月 25 日，北京，天气大热，天甚炎热。7 月 11 日，山东德州，时酷暑，物皆立腐，无可下箸。7 月 13 日，济宁，时方酷暑，赍诏官暍死者 2 人，有人生命几乎危殆 |
| 1743 年 | 北京、天津、河北、山西、陕西、河南部分地区，酷热，多地都有暍死人事件，山东、河北人民开始流亡。北京城，朝廷于九门外、圆明园、田村等，设冰水，发放药物，体恤囚犯等。北京高温，持续到 1744 年、1745 年 |
| 1773 年 | 6 月上旬，北京天气炎燥、甚热，炎风吹云 |
| 1778 年 | 河南、四川部分地区高温。河南正阳，7 月，热风 18 昼夜，禾尽焦，后返生不实。自 1778 年后，四川江津，土田垦辟殆尽，林木稀少，阳气舒泄，严冬亦不甚冷，春初早暖，夏热尤甚，五谷蔬菜之类，较早于前 |
| 1787 年 | 山东邹平、黄县、滕县，大热，人多热死 |
| 1827 年 | 河北、北京、山东部分地区酷暑，人畜多暍死。北京自 7 月 14 日至 8 月 1 日，酷热非常。辽宁绥中，河北秦皇岛、卢龙、迁安、唐县等 7 月 24 日至 8 月 2 日酷暑，墙壁如炙，人畜多暍死。同期，山东潍坊、安丘大热，为焚者十余日 |
| 1839 年 | 山西曲沃、霍县、新绛、襄汾、万荣、临猗等自 7 月 11 日开始，地热如炉，人多暍死，村人暍死者无数 |
| 1856 年 | 四川资阳、江苏常熟等地酷热，禾苗干枯，鱼多死。江苏常熟，7～8 月大暑，热不可耐，汗出不已。夜热极，人不能安寝，起而开窗，乃就寐。酷热程度，为近年所仅见 |
| 1870 年 | 天津、山东、河北、河南高温，热死人。天津夏天气甚热，每日热死多人 |
| 1875 年 | 北京、天津、河北高温。河北卢龙 6～7 月不雨，7 月底人多暍死。7 月 18 日至 31 日，天津大热，中暑之人无数，热死者一日有十余名。山东莒县，8 月 1 日亢旱大热，8 月 16 日大风 4 昼夜，庄稼籽粒，脱损殆尽。8 月 10 日至 8 月 16 日，北京天气炎热异常，阴凉处温度计已达摄氏 40℃，其他地方温度当更高。人多热死。人无不喘息，惟静坐不能做事 |
| 1877 年 | 山西南部干旱、高温。从夏季到秋季，天干气燥，烈日如焚，补种的禾苗，出土后，又枯黄萎谢，收成无望。7 月 16 日以后，山西南部地区烈焰熏蒸，地焦土赤，谋生乏术，购粮无资，草根树皮等，剥食净尽，凡聊可充饥之物，无不搜括靡遗。斗米至二千七百余钱，为多年未有之奇灾 |
| 1879 年 | 7～8 月，江苏、上海高温，时有中暑或中暑死亡者。苏州，自 7 月 9 日以来，连日灾氛，酷烈曾不少减，以致感冒暑气，易成疾病。上海 8 月中旬始，连日来天气酷热异常，时有中暑倒毙者 |

续表

| 发生时段 | 高温概况描述 |
| --- | --- |
| 1888~1894 年 | 江淮流域夏秋高温，有中暑死亡者。1888 年，江苏高邮，夏暑甚，民多疾疫。1893 年，南京夏大旱，奇热。山东莱芜，夏暑甚，人多热死，冬无冰。江苏泰州秋酷热。1894 年 7 月，江苏扬州，香客多有暍死者。立秋后，秋阳肆虐奇热，延续到 9 月 |
| 1902 年 | 河北、北京、天津等地高温，最高温度达 45℃，为天津开埠以来最炎热天气。5 月入夏以来，京师雨泽稀少。6 月 25 日大风迷天，异常寒冷，是日有着夹衣、棉衣者，午后又炎热非常。6 月 5 日至 7 月 4 日，河北容城亢旱，人多暍死。霸县 7 月干旱，7 月 8 日天空如炽，室内灰墙皆炙人，天色赤，连 3 月乃解。曲阳，亢热如火，西南大风，声飔飔如雷，夜半方息，木叶干脱。7 月初，晋县风热，夏秋间虐疫流行 |

### 表 4.3 小冰期以来的极端干旱事件

| 发生时段 | 旱灾概况描述 |
| --- | --- |
| 1483~1485 年 | 连续五年，大范围发生人相食的特大旱灾。此次干旱涉及今北京、河北、河南、山东、陕西、山西等北方大部分地区，还有安徽、江苏、湖北、福建等部分南方地区。相较而言，北方地区干旱程度更深、持续时间更长，灾情更为严重 |
| 1527~1529 年 | 全国大范围内发生干旱，其中华北平原是干旱的核心区域，陕西、甘肃等部分地区干旱严重。连旱事件造成"民之流离者难以数计""民多饥死""人相食"等严重社会后果 |
| 1584~1589 年 | 干旱地域广、变化大，大范围干旱持续近 6 年。前阶段受灾最多的是河北、山西，后阶段受灾最多的江苏、安徽和湖南，持续最久地区是河南。瘟疫伴旱灾而发生，疫区随大旱地区而转移 |
| 1637~1643 年 | 干旱少雨的主要区域在华北，其中河北、河南、山西、陕西、山东连旱 5 年以上，旱区中心河南连旱 7 年之久，尤以 1640 年最为酷烈。这期间瘟疫流行、蝗害猖獗 |
| 1784~1786 年 | 旱灾波及区域几乎包括整个东部，尤其黄淮流域的河南、山东、安徽、江苏北部、湖北北部受灾最为严重。河南、山东、安徽、江苏等多处出现"人相食"记录；黄河下游及黄淮、江淮一带，飞蝗大爆发，疫病大流行 |
| 1876~1878 年 | 此次干旱涉及地区很广，整个北方地区都存在严重的干旱，并波及长江流域，其中以山西、陕西、河北、河南灾情最为严重。3 年之间，1000 多万人饿死，2000 多万灾民逃荒到外地，对当时的中国社会产生了广泛且深刻的影响 |
| 1927~1930 年 | 灾区覆盖陕西、甘肃东部、内蒙古中部、山西等地。本次旱灾造成重灾区死亡人数超过 600 万；内蒙古多地人烟断绝，中部黄旗海等内陆湖干涸；岱海在 1929 年出现最低水位，大量古树死亡 |

### 表 4.4 小冰期以来的极端洪涝事件

| 发生时段 | 洪灾概况描述 |
| --- | --- |
| 1412 年 5 月~1412 年 9 月 | 发生于华北、长江流域。大雨，江潮泛涨，水灾；江西信丰水涨入城，高一丈五尺有余。田禾无收；浙江因水灾免粮，苗坏于水者蠲其税，被水甚者官发粟赈之 |
| 1482 年 4 月~1482 年 8 月 | 发生于华北、长江流域、华南。大雨水，入城，官民房屋倾颓殆尽，舟楫入县治，鱼行人路；河北冀县城墙坏者一千二百余丈。漳河决，郡属皆大水，漂没田庐，诏发廪赈之；沁河暴涨，决堤，毁郡城，摧房垣，漂人畜不可胜计；河南淹死一万余人 |
| 1501 年 5 月~1501 年 10 月 | 发生于华北、长江流域。大水，大雨如注，河水泛溢，巨浪洪涛，周流城廓，水深丈余，城郭几致湮没，膏腴之地俱成河滩。乡民漂流而死者，尸无与殓，而生者亦皆绝粒，民饥，官府免畿内被灾税粮 |
| 1553 年 5 月~1553 年 8 月 | 发生于华北。雨下如注，连日不止，霖雨四十余日，水势粘天，大水，诸川盈溢，运河决口，平地水深丈余，溺死者相望于路。冬大饥，谷价腾踊，饿死者无算，民有相食者。是年疫 |
| 1569 年 7 月~1569 年 8 月 | 发生于华北、长江流域。霖雨连绵，昼夜不止，山水大至，平地深丈余，淹没禾稼，坏民屋宇。卫河决，泛清河，庐舍田亩①悉为漂没，溺死人畜甚众。是岁官府免灾情地区税粮，灾重者停征粮一年 |
| 1613 年 7 月~1613 年 9 月 | 发生于华北、长江流域、华南。大雨四十日，河水泛涨，平地水深丈余，田舍漂没，山西定襄城圮九十余丈。漳河决，沁河决。人物漂没无数。民饥，赈活者以万计 |

---

① 1 亩 ≈ 666.67m², 全书同。

续表

| 发生时段 | 洪灾概况描述 |
|---|---|
| 1668年7月~1668年8月 | 发生于华北、华南。大雨如注七日夜，大水，河水涨溢，平地深丈许，城外水高数丈。芦沟水溢，滹沱、资河二水泛溢，淹涝禾稼，民舍倾倒殆尽，漂没民间房屋以数千计，溺死者甚多。一年钱粮全免 |
| 1676年6月~1676年7月 | 发生于长江流域、华北。五月至六月大雨，六月大水，平地水深三尺。淮河、黄河决口于高家堰，洪水并灌运道，冲决河堤数百里，田庐皆成巨浸。白金五钱易一牛，被灾奇惨，死者不计其数，是年为最 |
| 1726年7月~1726年10月 | 发生于长江流域。大雨十余日，水涨一二丈；太湖等处水泄不及，低田被淹。江西金溪漂没者以百计，无归者以千计，江苏三十九州县被灾，蠲免江西、安徽、浙江、江苏、湖北、湖南受灾州县钱粮 |
| 1742年6月~1742年9月 | 发生于长江流域、华南。夏秋霪雨，堤决，街市水深三尺。上游水发，湖河水暴涨丈余。江苏二十一县受灾，安徽二十四州县受灾，湖北十八州县受灾。江苏淮河决高堰之古沟，开五坝，堵南北水关，上下两河田庐尽没。民大饥，人相食。江苏盐城赈饥民三十三万余口 |
| 1761年7月~1761年10月 | 发生于华北。夏，大雨连绵，月余不止，河决，大水，陆地水深丈余。秋，大雨浃旬。山东四十五州县、河南五十四州县受灾。山东黄河决，溃堤入城，水深丈余，数日始退。河南丹、沁二河溢入城，冲没人口千余。山西汾水决，沿河一带村民多受水害 |
| 1769年6月~1769年7月 | 发生于长江流域。大雨，凡十六昼夜，河水陡涨，低田淹没大半，溃河堤无数。湖北二十州县受灾，另有湖南、安徽、江西、江苏、浙江不同程度受灾。大饥，民情汹汹。官府赈灾蠲免 |
| 1819年7月~1819年9月 | 发生于华北。六月大雨二十五昼夜，屋宇坍塌殆尽，禾稼俱伤。八月，霪雨四十一日。滦河溢。山西白沙河水决，南堤崩决，损伤民田无数。陕西渭水溢，冲没民田。黄河决，大清河溢 |
| 1823年7月~1823年9月 | 发生于华北、长江流域。夏，霪雨为灾，直隶百余州县皆成巨浸。直隶通州百余州县受灾，山东十六州县受灾。滹沱、资河并溢，漳河、卫河、黄河、运河决，坏民房屋无数，民饥。秋疫，死者无数。官府免直隶通州二十七州县水灾额赋，赈直隶通州等四十州县、山东临清等五州县水灾 |
| 1848年7月~1848年10月 | 发生于长江流域、华北。东风大作，连得雷雨，江淮平地水深数尺。河北三十六州县受灾，江苏七十七州县受灾，安徽十七州县受灾，江西十三州县受灾。江苏合池圩堤尽决，船达于市，五坝尽启，大水破堤。江潮泛溢，漂没庐舍，淹毙男妇无数。河决，流民过境，日近千余 |
| 1849年5月~1849年7月 | 发生于长江流域、西南、华北、东北。春多雨，夏连雨五十余日，水骤涨丈余，水之大为百年所未有。江苏七十三州厅县受灾，江西、湖北十四州县受灾，缓征额赋。民间停槽漂没无数，是年高下田无收，米价昂贵，遍地饥民，死者无算，惨不忍言 |
| 1853年6月~1853年8月 | 发生于华北、长江流域、华南。大雨七昼夜，山水暴涨，水深丈余，弥月不退。城外白浪如潮，水乡高至丈余。江苏四十三州县受灾，江西十九州县受灾。丰北河决，不可堵。五年复决铜瓦厢，黄河北徙 |
| 1889年5月~1889年10月 | 发生于华北、长江流域、华南、西南。夏大雨，黄水肆虐，平地水深盈尺，冲倒房舍无数。长江流域久雨为灾，入秋以来连雨不止，水高六尺许，平陆成巨浸。黄河溃决数处，人死无数。黄水大至，惠、阳、海、沽四县如平川，所有庄村民房全行漂没。自被水以来，未有甚于此者 |
| 1931年6月~1931年9月 | 发生于华北、长江流域、西南。六月中旬开始大约半月，许多地方雨量在400mm以上。以江淮地区为中心，南至珠江、闽江，北至松花江、嫩江，灾情遍及全国约23个省。受灾面积达945万$hm^2$，受灾人口达1亿人，死亡370万人，是20世纪受灾范围最广、灾情最重的一次大水灾 |
| 1954年6月~1954年8月 | 发生于华北、长江流域。自枝江以下约1800km的河段，水位突破历年最高纪录，洪水位持续时间十分长，洪水总量十分大。长江中下游湖北、湖南、江西、安徽、江苏5省有123个县市受灾，洪涝灾害农田面积317余万$hm^2$，受灾人口1888余万，京广铁路100天不能正常运行，灾后疾病流行，仅洞庭湖区死亡数达3万余人 |
| 1998年7月~1998年8月 | 发生于长江流域、华南、东北、西北、西藏。多个水文站出现了超历史记录的洪水位，洪水大、影响范围广、持续时间长，洪涝灾害严重。全国共有30个省（区、市）受灾，洪涝灾害面积2200万$hm^2$，成灾面积1380万$hm^2$，受灾人口1.86亿人，死亡4150人，倒塌房屋685万间，直接经济损失达2550.9亿元 |

**表 4.5　小冰期以来的台风灾害事件**

| 发生时段 | 台风灾害概况描述 |
| --- | --- |
| 1458 秋 | 发生于上海、浙江。飓风，海溢。上海松江、南汇等漂没人口累计四万余人，浙江嘉兴、平湖、海盐溺死人口累计三万余人 |
| 1461.08.19~1461.08.20 | 发生于江苏、上海、浙江。暴风骤雨，海潮冲溢，平地涌潮丈许。苏州、上海溺死男妇一万二千余人 |
| 1472.08.30~1472.08.31 | 发生于上海、浙江。大风雨，海水暴溢，水涌平地，城墙被毁。咸潮所经，禾稼皆死，漂毁官民庐舍、畜产无算，溺死者二万八千余人 |
| 1539.08.26~1539.08.28 | 发生于江苏、上海。飓风，海溢，沿海泛滥约百里，平地涌波三丈。苏北溺死三万余人，上海因灾出现叛乱，官府出兵征剿，久之始平 |
| 1568.08.21~1568.08.24 | 浙江、上海大风雨，飓风携带潮水，嵊县平地水深一丈三尺。天台溺死三万余人，田十五万亩，坏庐舍五万间，旧传台州仅留十八家 |
| 1582.08.10~1582.08.12 | 发生于上海、浙江、江苏。大风雨，拔木，江海及湖水俱溢啸涌，舟皆覆没，海潮溢，过捍海塘丈余。坏田禾十万顷，溺死者二万余，时人称此祸"六十年内所无"，是岁饥 |
| 1618.09.21~1618.09.22 | 发生于广东。大飓，海啸，水高寻尺，涨溢城门，五日乃退。广东溺亡二千五百人，坏民居三万间，时人谓"自来作飓之害，莫此为甚" |
| 1628.08.24~1628.08.26 | 发生于上海、浙江、江苏。大风狂雨，连日不息，沿海一带平地水深十丈余。坏民居数万间，溺数万人 |
| 1665.08.11~1665.08.13 | 发生于上海、浙江、江苏。飓风大作，折木拔树，涌起海潮高数丈，大风持续三个昼夜才停止。仅东台一地就淹死男女老幼几万人，时人称"盖百余年来未有之灾也" |
| 1696.06.20~1696.07.01 | 发生于上海、江苏。飓风海溢，平地水高一丈余。上海嘉定、崇明淹死数万人，尸横满河，遍野哀号 |
| 1724.09.05~1724.09.06 | 发生于上海、江苏、浙江。大风拔木，海潮陡涌，狂风暴雨持续约10个小时，平地水深数尺。溺死人以万计，仅江阴统计受灾沙田7万余亩，饥民57万余人 |
| 1747.08.19~1747.08.21 | 发生于山东、江苏、上海、浙江、福建。烈风拔木，海潮溢岸七八尺，影响范围从福建一直到山东。上海、南汇两县淹死两万余人 |
| 1781.08.07~1781.08.09 | 发生于上海、江苏、浙江。大风雨，拔木覆舟，大雨如注，倒屋声与风雨声相间，固壁皆摇。苏州昆山境内海潮水骤长四五尺。崇明淹毙居民一万二千人，坏民房一万八千一百二十二间。苏州太仓岁饥，州县请帑发赈 |
| 1854.07.27~1854.07.30 | 发生于浙江。飓风陡作，越日愈甚，潮上海溢，水如山立，倏忽之间，陆地成海。浙江黄岩县淹死男妇五六万计，积尸遍野，庐舍无存；温岭县沿海居民漂没三万余人 |
| 1874.09.21~1874.09.23 | 发生于广东。飓风并潮大作，顷刻潮高二丈，风势狂暴为向来所未见。澳门溺死万人，海门捕鱼死者千数 |
| 1905.09.01~1905.09.02 | 发生于上海、浙江。傍晚满天发见黄色云雾，入夜飓风陡作，海潮大涨，宝山是夜海潮高至十八英尺六寸，为近百年来未有。崇明淹死沙民一万七千人，川沙淹死民五千四百人，宝山淹死二千五百余人 |
| 1922.08.01~1922.08.03 | 发生于广东。数十年未遇之飓风，汕头浪高4.6m，海门暴涨水位达15.2m，平地水深丈余。田园人畜多被卷没，庐舍倾倒无数，潮汕各县溺死者达7万余人，无家可归者约40万，澄海县沿海十个村庄全部夷为平地 |
| 1949.07.24~1949.07.26 | 发生于上海、浙江、福建、江苏、山东。以40m/s的强度首先在浙江省舟山市普陀区登陆，上海市气象台测得968hPa的气压极值，吴淞站实测潮位5.18m，增水1.20m。上海全市因灾死亡1613人，208.3万亩农田受淹，63208间房屋倒塌，经济损失10亿元人民币（旧币）以上。南通、苏州两地死亡2858人，农田受灾382万亩，倒塌、损毁房屋26.09万间，150万人无法得到足够的粮食 |
| 1956.08.01~1956.08.05 | 发生于浙江、安徽、河南、山东。登陆时中心气压仅923hPa，近中心最大风速达55m/s，风力超过12级。登陆强度大，深入内陆深，大风、暴雨范围之广都是近几十年来罕见的。据不完全统计，浙、苏、沪、皖、豫、冀等省市受灾农作物共有6946万亩，毁坏房屋220万房间，死亡5000余人，伤1.7万多人 |

续表

| 发生时段 | 台风灾害概况描述 |
| --- | --- |
| 1973.09.14~1973.09.15 | 发生于海南。登陆时中心气压 925hPa，近中心最大风速达 60m/s，强度强，移动快，破坏力大。海南死亡 926 人，伤 6160 人，房屋倒塌 16.93 万间，损坏 21.92 万间，农作物损坏面积 38.4 万亩，直接经济损失 10 亿元。灾情最严重的琼海县 22 个公社全部受灾，771 人死亡，全县 15 万人无家可归 |
| 1997.08.18~1997.08.23 | 发生于浙江、上海、江苏、山东、安徽、黑龙江、辽宁、吉林。强度大，影响范围广。登陆时近中心最大风力达到 54m/s，长江口、黄浦江沿线潮位均超历史记录，黄浦江水位达到 300 年一遇的罕见高潮。共计 10 多个省市不同程度受灾，受灾人口 2582 万，死亡 248 人，伤 5412 人，失踪 116 人，直接经济损失 436.3 亿元 |
| 2006.08.10~2006.08.12 | 发生于浙江、福建、江西、湖北。登陆时中心附近最大风力强度有 17 级（60m/s），台风中心最低气压 925hPa，登陆强度大，雨量大。共造成浙江、福建、江西、湖北 4 省 665.65 万人受灾，因灾死亡 483 人，紧急转移安置 180.16 万人，农作物受灾面积 29.0 万 hm²，倒塌房屋 13.63 万间，直接经济损失 196.58 亿元 |
| 2014.07.10~2014.07.20 | 发生于海南、广东、广西。登陆时达 17 级（60m/s）的巅峰强度，数小时内两度登陆，中华人民共和国成立以来以及有气象记录以来登陆海南省、广东省、广西壮族自治区三省（区）的最强台风。共造成海南、广东、广西的 59 个县市区、742.3 万人、46.85 万 hm² 农作物受灾，直接经济损失约为 265.5 亿元 |
| 2017.08.10~2017.08.13 | 发生于浙江、福建、江苏、上海、安徽、山东、河南、河北、天津、辽宁、吉林。登陆时中心附近最大风力 16 级（52m/s），风雨强度大，影响范围广。造成河北、辽宁、吉林、上海、江苏、浙江、安徽、福建、山东 9 省（直辖市）1402.4 万人受灾，209.8 万人被紧急转移安置，3.7 万人需紧急生活救助；1.6 万间房屋倒塌，13.4 万间不同程度损坏；农作物受灾面积 113.97 万 hm²，其中绝收 9.34 万 hm²；直接经济损失 537.2 亿元 |

注：1461.08.19 表示 1461 年 8 月 19 日，余同。

## 4.2 极端灾害事件社会影响的个案研究

### 4.2.1 1743 年华北极热与社会响应

1743 年面对高温，乾隆帝和官员探究灾情原因，并采取一些救灾措施，如祈祷、赐冰块、水、发放防暑降温药品，释放犯人、给监狱搭建席棚、停止重责犯人。在中暑死亡人数增多时，国家发放简陋小棺材。由于应对得力，高温虽然持续了两月有余，这次极端高温事件并没有造成大的社会动荡。

面对夏季高温，乾隆帝高度重视，向官员广泛征求意见。7 月 25 日，乾隆帝称近来天气炎热，臣工有奏请暂停引见者。"今岁寒暑倍常，京师自五月杪以来，天气亢旱，且溽暑炎蒸，甚于往岁。"他表示要反思政治得失，勤于政事，感召和气，照常引见各部院和八旗官员，应办事件，"按期速办，毋得稽迟，向百官公卿征求意见，"将实有益于国计民生之务，据实敷奏，候朕采择见之施行"①。国家采取一些措施，来救治京城和北方多省的暑热灾害，并赈济因旱热造成的歉收和山东直隶人民的流亡，缓解了一场涉及北方大部分地区的社会动荡。

7 月 17 日至 26 日（农历五月二十六日至六月初八日），乾隆帝发布 11 次谕令，针

---

① 《清高宗实录》卷 194，乾隆八年六月癸丑初五，7 月 25 日，487 页。

对高温酷暑和中暑死亡事件，提出应对措施。7月17日，乾隆帝派遣官员看望外国使者，派医生给外国使者看病、发放冰块、水、祛暑解瘟的药品。发放冰块的范围，由原先只发给朝廷百官，扩大到皇城内外的旗民、百姓，向京城九门、圆明园发放冰水、解暑药品。7月21日，鉴于"今年天气炎热，甚于往时，九门内外，街市人众，恐受暑者多"，乾隆帝动用自己的私财银一万二千两，在京城九门（正阳门、崇文门、宣武门、朝阳门、东直门、阜成门、西直门、德胜门、安定门）内外和圆明园、西四、西单、东四、东单、田村等地，以及八旗官学和兵营、在京部院大小各衙门、刑部各监狱等"预备冰、水、药物，以防病暍"①。天津蓟县、宁河设冰厂，施以药物，解救病患。7月21日至8月19日，北京城内外，所办"办设暑汤、药味、冰、水，救济病暍"，取得了不错效果，共用银7077两②。北京城内，由朝廷主导的解救高温酷暑造成的热灾，自6月21日开始持续到8月19日。对于中暑死亡人员，朝廷还发放小棺材，予以收尸、埋葬。同时，京师和北方各省，实行热审和省刑之典，即轻罪释放，重罪减等，清理京师与各地监狱，"添盖席棚，给予冰、汤、药饵，无致病暍"③。让犯人有较好的休息条件，这项措施延长到9月17日（农历七月三十日）。

对于直隶、山东、河南等省，国家缓征其多年钱粮、赈济饥荒，贷给农民种籽，免征赋额。允许人民出本省到山海关外、八沟（今承德平泉）等处谋生。7月初，天津南、山东德州、滨州、济南、淄博，人民多热死，逃亡者多，路人多热死，并多无水，浅船不可行。他们转向京师或口外，"本年六月外出之贫民，流移顺天府境内（今北京市）、永平（今河北秦皇岛市、唐山市）、热河口外者尚多"④。流民，或赴京师，或直接出山海关外。乾隆帝要求军机处秘密行文，要求各关口官弁，不必拦阻，即时放出。但宜慎密，勿使众知。山东灾民外出谋生，而江淮水灾贫民又流向山东讨生活。朝廷要求各省劝令流民各回故土，善为抚恤，无使失所。

当流民聚集北京时，自8月25日起，京师加强夜间防卫，巡城人员每晚在皇城内外及大城各处，分地稽查，五城巡察御史等，勤加稽查⑤。9月2日起，发给居民印牌，除请医生、找接生婆等事不纠外，无印牌者，夜晚不得外出，加强查夜、巡防，内城递送文书、使役人等，也发给印牌，查验放行⑥。

对于京师本地人口，因为闰四月，又值炎暑，商贩米粮到来较迟，米价比往年增长。朝廷命令京仓官米，速行发粜，以平市价，俾八旗五城兵民，俱得沾惠。八旗米局现存，自数百石⑦至千余石不等，平价卖出后，再酌拨接济，内务府共二十七局，每局发一千石平价卖出，平抑京城粮价。对于天津和直隶，从通州仓中，先后两次分别拨10万石、40万石，给天津和直隶二十二州县存储，供赈济和售卖。

对于在京流民和京师贫困人口，京师广安门外普济堂，收养孤贫，堂外每日施粥，

---

① 中国第一历史档案馆：《乾隆朝上谕档》[乾隆八年六月初一日（7月21日）]，北京：中国档案出版社，1998年。
② 起居注，乾隆八年七月初三日（七月上）。
③ 《清高宗实录》，乾隆八年五月二十九日（7月20日），856页。
④ 方观承：《赈纪》卷五《议详分别资遣流民》九月二十一日（11月6日），李文海、夏明方主编：《中国荒政全书（第2辑）》，北京古籍出版社，北京，573页。
⑤ 《清高宗实录》卷196，乾隆八年七月初七（8月25日），521 a 面。
⑥ 《清高宗实录》卷196，乾隆八年七月初七（8月25日），521 b 面。
⑦ 清朝乾隆时期一石粮食相当于现代约70千克。

堂外就食者，比往年更多。朝廷赏赐钱粮及租息，不够使用。朝廷又给京仓老米二百，用于穷民日食①。随着流民进入京师，7月底贫民匿食道路、流滞京师者甚众，京城内外，于六月间，有外来流民，男女老幼，络绎于道②。京师将老病羸弱无依者，收入普济堂、养济院留养；年强力壮者，自谋生计。同时，京师设立饭厂，又有资送盘费，资助流民返乡，流民更涌入京师。

在北方各省赈济中，直隶赈济进行得很好，堪称典范。户部于11月中旬，动支司库银，从古北口外、奉天买米，有效促成了直隶州县的赈济。八沟（今河北省平泉县）、鞍匠屯（河北省承德县），为各蒙古米粮总汇之区，官方和商民又于此二处收买米粮，接济直隶，禁止商民向外洋运粮。对于已经出古北口、喜峰口、山海关、八沟者，不能留下者，又回到京师，愿意回原籍者，京师五城、大兴、宛平资送银两，不愿回籍者，允许其于五城饭厂暂时存养，待来年春天，再设法遣送。近京州县，良乡、固安、永清、武清、东安、通州、霸州、文安，皆流民北来必经之路。直隶赈济当地赈户66万，口250万。设厂110余处煮赈，煮赈流民94万口，赈过米谷110万，银110万，参加救灾官员245人③。由于朝廷和北方各省的大力救济，暂时缓解了一场涉及北方多省的社会动荡。

### 4.2.2　1816年极端寒冷事件与云南哈尼族大起义

哈尼族是主要居住在中国云南及毗邻国家的少数民族，总人口160多万（2023年末）。红河哈尼族彝族自治州中南部地区是其最主要的聚居区（中国科学院民族研究所云南少数民族社会历史调查组，1962）。嘉庆二十二年（1817年）农历正月，红河南部的哈尼族爆发了由高罗衣领导的起义，起义军一度发展到16000余人，打败了前来镇压的纳楼土司军队，声势大振，准备进攻清王朝在滇南的统治中心——临安府（今建水县）。后来云贵总督伯麟亲领大军前往，擒获高罗衣等，才将起义镇压下来。次年，高罗衣侄子高老五再度起事进攻临安，又被击败，高老五被擒杀（清代官修，2008a）。这是哈尼族历史上最大规模的起义。

明清时期滇南一带的哈尼族，主要的经济模式是经营梯田稻作农业。起义的中心地是今天的元阳县，有20多万亩连片的梯田，十分壮观。同时，当地的民族分布呈现出比较典型的垂直分布，自上而下分布着苗族、汉族、哈尼族、彝族，以及河谷地带的傣族。这是不同时期的民族迁徙的结果，其经济模式都各不相同（图4.1）。

云南由于处于低纬高原，形成了"一年无四季，有雨就是秋"的特殊气候。稻谷（水稻和陆稻）是云南最主要的粮食作物。稻谷生长期所需要的高温就和这种气候形成了一定的矛盾。云南的夏季和初秋低温（8月低温）成了云南仅次于旱灾的第二大农业灾害。在昆明地区，8月份水稻安全齐穗的保证温度，需要10日平均气温大于18.5℃，且无低于14.0℃的日数；水稻最晚不得超过8月中旬齐穗。而滇南哈尼族的稻作农业区正处在温度敏感的地带。

---

① 《清高宗实录》卷204，乾隆八年十一月初九戊子（12月24日）。
② 方观承：《赈纪》卷一《上谕》，乾隆八年十一月十五日。
③ 方观承《赈纪》卷八《赈需杂记》。

# 第4章 过去六百年极端气候社会经济影响

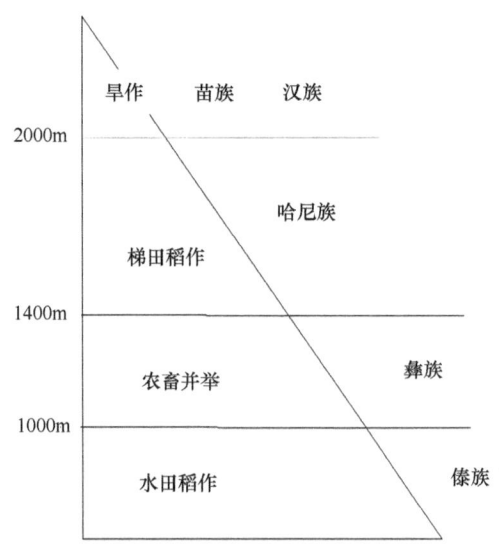

图 4.1 滇南山区民族的垂直分布情况

1815年坦博拉火山喷发，导致了1815~1817年连续3年云南的低温冷害，尤其以1816年（嘉庆二十一年）为重，引起了云南各地普遍的水稻大面积的严重减产（杨煜达等，2005）。哈尼族所处的山区，由于火山喷发导致的水稻减产，至少有50%左右，高海拔地区甚至有可能绝收。而1817年（嘉庆二十二年）相继而来的冷夏，虽然程度不及1816年，但由于其灾害效应是叠加在1816年歉收的基础上，因此对社会的冲击同样十分剧烈。

当时哈尼族的社会矛盾和族群矛盾纠结在一起，十分激烈。哈尼族当时处在封建领主制之下，统治这一地区的土司主要是彝族土司，如当地最大的土司纳楼土司就是彝族。哈尼族人民处在王朝和异族封建土司的双重压迫之下，承担名目繁多的封建义务。每户要交门户钱，有的高达二两白银。田地不得买卖，归领主所有，种田交份子钱。还有繁多的劳役及各种义务。同时，族群矛盾激化，内地汉族群众到边疆民族地区求生的人增多，带来了不同的效应。很多汉族到更高的山区垦殖，劳力为生。也有汉族到哈尼族地区贸易放贷，百般欺诈，高罗衣自称江西、湖广等处汉人在夷地贸易，起利甚为刻苦，遂借驱逐汉人为名，聚众谋逆（清代官修，2008a）。

哈尼族地处环境脆弱带，社会矛盾与族群关系又非常紧张（图4.2）。当极端气候事件导致农业的大幅减产时，就彻底激化了社会矛盾，引发了社会危机。起义爆发的时间为1817年2月，正是1816年歉收的影响最严重的时候，当地方有威信的豪强高罗衣振臂一呼，揭竿而起时，几天内从者上万，超过了当时这一地区的哈尼族人口的1/3，这就说明区域社会正面临缺粮而至崩溃的困境。而1818年初高老五的起事并得到区域社会的响应，也是1817年夏秋低温歉收的直接后果。

19世纪初的哈尼族地区就处在一个社会结构极不稳定的时期。一方面，族群间的文化差异，容易引起身份认同的差别，进而引起族群间的排斥。另一方面，社会内部必然存在一定的经济上的竞争关系，而不同族群个体间的竞争关系，容易造成族群间整体竞争的印象，特别是某些族群在经济上整体占有明显优势的情况下更是如此。而当某个族

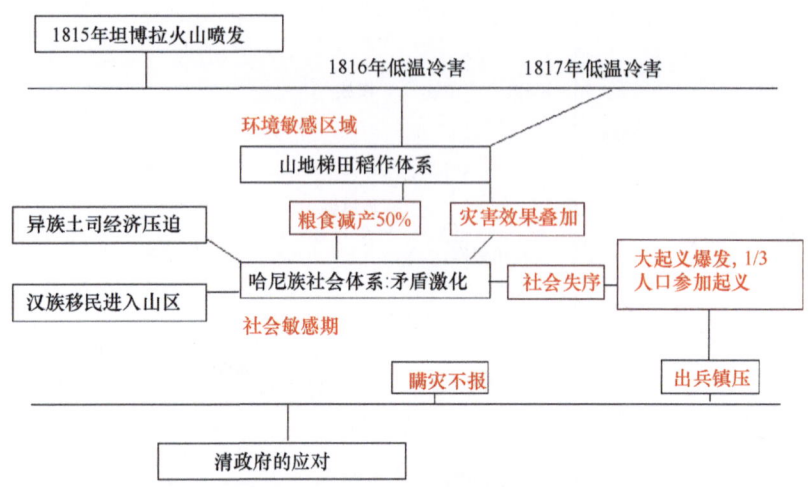

图 4.2　坦博拉火山喷发导致的降温与哈尼族起义的关系

群作为"外来者"进入到原来的社会秩序中,产生新的冲突时,这种矛盾给人的感觉更为严重。所以,在环境压力与社会矛盾激化的情形下,族群矛盾会变成易以操弄的议题,极端气候事件产生的环境压力,本身存在区域的差异。而社会本身的结构稳定性和经济稳定性也存在历史性的差异和区域性的差异。当环境、社会、经济的多种敏感性交织在一起的时候,社会崩溃的阈值就变得很低。当碰到了极端气候事件产生的超常的环境压力,通过粮食生产这个界面传递到社会内部的时候,就有可能引爆内在矛盾,导致社会的崩溃。

### 4.2.3　1849 年长江中下游大水灾与南京城市应对

1849 年,长江中下游地区发生了严重的极端洪涝灾害。当时,长江中下游 6 省中,江苏 72 个厅州县有 53 个受灾,浙江 78 个厅州县有 31 个受灾,安徽 59 个厅州县有多达 56 个受灾,江西 79 个厅州县有 25 个受灾,湖北 68 个厅州县有 33 个受灾,湖南 76 个厅州县有 39 个受灾。总计当时 6 省 432 个厅州县中,受灾者多达 237 个。长江中下游地区受水灾影响地区,主要呈条带状分布在 28°N~33°N 之间,受灾最严重的太湖流域、皖南地区、鄱阳湖和洞庭湖地区,以及江汉地区,基本上分布在 31°N 一线(杨煜达和郑微微,2008)。1849 年,在多种自然因素和社会因素的相互作用下,长江中下游地区发生了严重的洪涝灾害,洪涝灾害对生产系统、基础设施系统、生活系统、财政系统、人口系统等人类社会子系统产生了巨大影响。

1849 年极端强降水引发了严重的洪涝灾害,位于长江下游的南京城及其周边地区成为洪涝灾害的重灾区。南京城自 5 月下旬至 11 月下旬处于积涝状态。以南京地区 1m 垂直分辨率的地形高程 DEM 数据为基础,结合历史地图与历史文献记载的受灾地点,利用 QGIS 绘制出 1849 年南京城受灾的示意图,显示 1849 年南京城被淹面积将近 19km$^2$,占城市总面积的 44%左右。城内大部分衙署、民居、市肆被洪水淹没,洪涝灾害极其严重(图 4.3)。

## 第4章 过去六百年极端气候社会经济影响

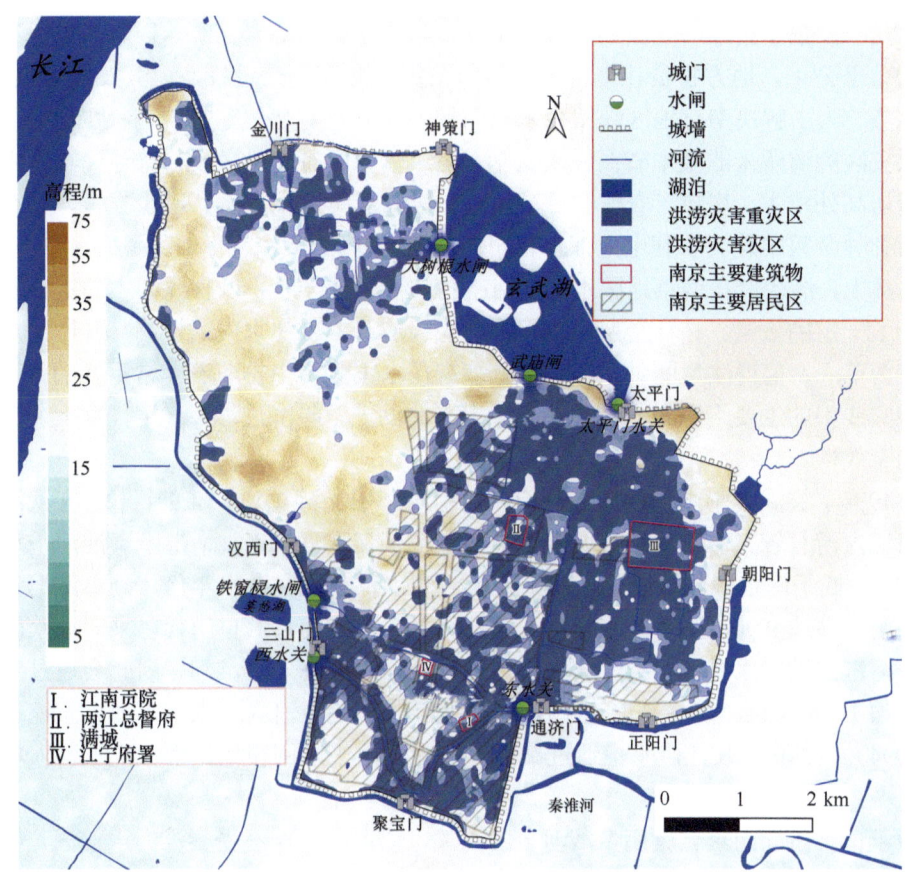

图 4.3 1849 年南京城洪涝灾害示意图

使用 QGIS 绘制。底图为 1935 年《南京城市图》（陈铎编纂：《南京城市图》，上海商务印书馆印行（1935 年），居民区亦以此图居民区范围为主。南京地区 DEM 数据分辨率为 1m，来自中国科学院计算机网络信息中心地理空间数据云平台

1849 年极端大水对南京地区的农业生产和基础设施系统造成巨大影响。洪水泛涨，冲毁沿江沿河堤岸，大片田地被淹，未收获的小麦、禾苗、豆花等农作物，长期浸泡水中，霉烂腐坏，加上长期阴雨连绵，民众收获小麦无处晾晒，发芽霉变者居多，农作物收成大大减少（水利电力部水管司科技司，1991）。南京城外民居、堤坝冲毁、淹浸无数，城内官署、江南贡院、兵丁和民众房屋被水淹浸、损坏、倒塌，官员无处办公，兵丁、民众居无定所。基础设施的损坏，进一步影响了这年江南地区乡试、满营军队备操等（清代官修，2008b）。

为了缓解 1849 年长江大水对南京地区造成的影响，地方官员、清廷、普通民众采取了多种措施。一方面，在洪涝灾害成灾初期，清政府考虑到南京地区严重的洪涝灾害，在给予南京城民众一月口粮抚恤基础上，再给予一月口粮抚恤。同时，清廷对南京地区的灾情进行了详细勘灾，依据灾情进行赈济，时任两江总督陆建瀛在灾后派遣人员勘灾，依据勘灾极次贫人口，南京地区设有初赈、二赈、三赈，在 1850 年春季开展了春赈，并根据勘灾结果分别给予江宁、上元二县蠲免和缓征。另一方面，以两江总督陆建瀛为主的地方官员妥善安抚受灾灾民，解决南京城内排水问题，亲自率众排水、堵水，南京

地方官员一面倡率捐廉，一面劝谕绅士富户，量力捐输，筹办义赈。同时，为保证赈济工作的公平公正，地方官员让地方绅董参与勘灾、赈灾的全过程，尤其发放赈粮、赈款等赈务。为了解决南京地区缺粮少米的问题，地方政府从福建等地调粮至南京，对运至南京灾区的商贩米船及本省商民采买米粮者，一律暂行免常关税。普通民众则主要是通过避居高处求生，房屋、农作物等被水淹，民众尽量宣泄积水，减少损害，并在洪水消退后补种杂粮菜蔬（水利电力部水管司科技司，1991）。

总体上，清政府在南京地区水灾应对中扮演着主导角色，以官赈为主的灾害赈济措施起到了一定的效果。在社会层面，各阶层积极应对，减缓水灾的影响，普通民众应对措施较为单一。值得注意的是，南京地方绅富在水灾赈济中扮演着非常重要的作用，绅富是赈灾钱粮的主要来源之一，并参与了灾赈的勘灾、赈济过程，一定程度上，保证了灾赈的有效性。

1849 年，玄武湖壅水加剧南京城内洪涝引发了引玄武湖通长江的讨论。玄武湖壅水对南京城内涝有较大影响。南京城内正常排水依赖秦淮河，正常情况下秦淮河平均水位为 6.57m，低于南京城内居民区，高于长江低潮水位。但在洪水年份，则秦淮河水位在武定门闸上高达 9.90m，远较过去城内居民区高。因此南京城自明代以来即设水闸，控制秦淮河进出城的水道。而长江在大洪水时，洪峰高度高于秦淮河，因此会通过秦淮河倒灌。如 1954 年长江洪峰高度达 10.22m，就倒灌入秦淮河内（南京市地方志编纂委员会，1994）。1849 年长江洪水也通过秦淮河倒灌，由于水闸损坏，部分洪水涌入城内，加剧了城市内涝。

由于正常汛期南京城关闭秦淮河上的水关，使得南京城不受秦淮河水侵灌，但同时使得南京城内的水不能排出，所以降水情况对南京城内涝的影响就很大。当时南京城面积 43km$^2$，但西部主要为山地，降水会形成地面径流，潴积到城市的池塘、水道等低洼地区，不能容纳就会溢出，导致地势偏低的居民区积水受灾。1849 年如与 1954 年的 5～7 月降水量相同的话，仅城市内降水即达 $3.83×10^7 m^3$，使用邻近的常州城的汛期径流系数 0.71（颜亚琴等，2017），则可以产生径流 $2.72×10^7 m^3$，雨水流入到城市的低洼地区，造成了南京城严重的内涝。

玄武湖的存在加剧了南京城潴水的问题。玄武湖的水面高程为 11 m 左右，水面面积 3.6km$^2$，流域面积 26 km$^2$，在当时高于南京城内大多数居民区的海拔高程，为南京城居民提供了生活用水。玄武湖多年不疏浚，蓄水量不足 300 万 m$^3$，已丧失了蓄洪的功能。只要一次暴雨，上游洪水进入玄武湖，湖内即无法容纳而泄入城内。由于玄武湖是秦淮河之外最重要的流入城市的水系，在秦淮河封闭的情况下，玄武湖就成为南京城市内涝最重要的外水来源。1849 年按照前述降水量和径流比计算，5～7 月玄武湖流域来水达 $1.65×10^7 m^3$，与南京城市内降水所产生的径流合计，城市积水达到了 $4.37×10^7 m^3$，其中仅玄武湖的来水就占到了全城市积水总量的 37.68%，而玄武湖水的效应是叠加在城市内水基础上的，造成的影响更为严重。所以，控制玄武湖的来水并将其在汛期时直接排出长江，是减轻汛期南京城内涝的有效措施。

1849 年，南京城发生极端洪涝灾害后，便有是否引玄武湖通长江的争论。南京地区是否引玄武湖通长江的争论在 1831 年、1841 年、1848 年、1851 年、1931 年等发生极端洪涝灾害的年份亦有发生。直至 1931 年,在南京国民政府支持下,玄武湖直通长江的水道才得以成功修建。

### 4.2.4 1877~1878 年极端干旱事件与饥荒、饥民迁徙

丁戊奇荒(1876~1878 年,又称"光绪大旱")对晚清的历史产生了深远影响。在这次旱灾中,1877 年干旱范围最广(图 4.4)。河北、山西、河南、陕西、山东西部、江苏、安徽、湖北、甘肃、宁夏和四川等地均受干旱影响。江苏、甘肃、四川、湖北等地区本身干旱范围就小而破碎,1878 年,干旱区范围明显缩小。山西、河南、河北地区大范围的旱区基本消失,余下零星破碎的小旱区。陕西省仍然全省受旱。

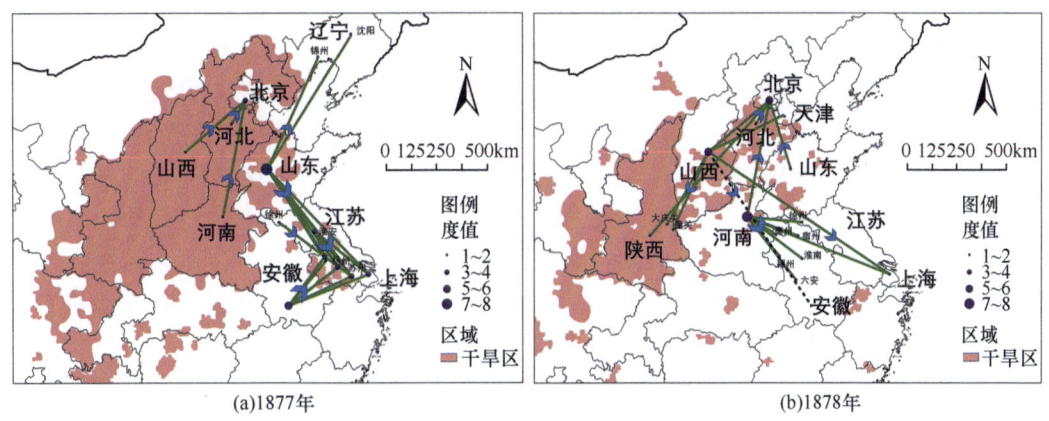

图 4.4  1877~1878 年干旱范围与饥民迁徙(Zhai et al.,2020)

根据《清实录》《申报》《近代中国灾荒纪年》《清通鉴》等资料绘制。(a) 1877 年饥民迁徙空间格局与旱区范围;(b) 1878 年饥民迁徙空间格局与旱区范围。实线:饥民迁徙有着确切的目的地。虚线:饥民迁徙具有大致的目的地。度值:与给定节点直接连接的点数目

据记录这次干旱引起的饥荒致使华北平原一千万余人饿死,两千万余人逃荒各地。这 3 年中,山西、河南地区的粮食歉收最为严重,多次夏秋收成异常低于常年水平,有时甚至达到"颗粒无收"的水平;京津地区和山东半岛地区的站点状况相对较好,粮食收成情况多接近常年水平,或仅略低于常年水平(图 4.5)。在当时的社会生产力水平下,夏收的好坏与当年春季及前一年秋季的降水量有关;秋收的好坏与当年夏秋季的降水量有关。逐年来看,1876 年,除西安、延安、保定地区的粮食收成稍接近平均值外,其他 11 个站点的夏收均低于常年值;同年秋收异常情况更为严重,除西安、北京、天津 3 个站点的粮食收成接近平均值外,其他站点基本歉收,山西、河南、山东地区的站点更是达到严重歉收的状况(临汾、洛阳、安阳、菏泽站点颗粒无收)。随着干旱影响范围的扩大,1877 年的收成状况依然没有好转,多数地区基本维持上年的粮食生产水平,甚至略有下降,仅山东半岛地区的秋收出现了增长。1878 年夏收也歉收严重,出现"收成无望"的状况。

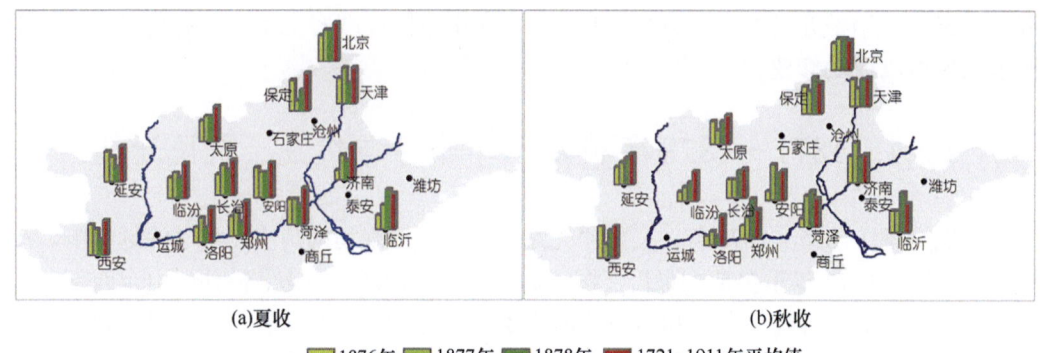

(a) 夏收　　　　　　　　　　　　　(b) 秋收

■ 1876年　■ 1877年　■ 1878年　■ 1721~1911年平均值

图 4.5　1876~1878 年夏秋季农业收成的空间分布格局

郝志新等（2010）根据清代雨雪档案记录中的夏秋农业收成分数记录，提取华北地区 14 个站点的农业收成状况后绘制

严重的干旱打击了农业系统，在粮食整体歉收的影响下，华北灾区的粮价整体呈上升趋势，多地出现"米价昂贵""斗米千八百"等记录。华北五省的粮价较正常年景激增 4 倍以上，重灾区更甚者有超过 10 倍。值得注意的是，华北灾区的粮价在 1878 年 2 月短暂下降，但在 1878 年 3 月与 4 月又急剧上升，随后保持在 4 两/石左右的高价，这可能与当时的社会赈济响应有关。经过持续一段时间的赈济积累，粮价上升的趋势得到了一定的抑制，但 1878 年 3 月以后，赈济的频次突然大幅度下降，刚刚止住上涨势头的粮价也产生了反弹，在 1878 年夏收（5~6 月）期间，整个灾区的粮食收成率只有 3 成左右，粮食短缺情况并没有得到根本的缓解，因此粮价依然维持高位。

旱灾和饥荒造成了大量的人口死亡或逃亡。1876~1879 年旱灾受灾人口约有 1.6~2 亿人，逃荒到外地的人口达到 2000 万人以上。食物替代、买卖人口乃至人相食的惨状屡见不鲜（文彦君等，2019）。连年的干旱、饥荒，伴随着疫病的流行。如山西绛县记载："瘟疫大作，染者多毙"；河南信阳"瘟疫大作，三年春间死亡相望，幸存者又疫气传染，办赈务诸绅日与周旋，间有死者，自六月后渐消"（张德二和梁有叶，2010）。

饥民迁徙的一般规律是从受灾最严重的地区迁移到最近受轻微影响的地区。丁戊奇荒期间旱情广阔，受交通条件差和身体虚弱的限制，饥民迁徙主要在旱区内，方向是旱区中心区迁入到边缘区，饥荒区迁入到非饥荒区。1877 年，饥民从山东和安徽迁往江苏南部。一些饥民从山东迁往辽宁，而另一些饥民则从山西、河南和河北迁往北京。饥民迁移的距离为 130~766km（直线距离，下同），平均迁移距离约为 429km。1878 年，河南饥民迁往北京和安徽。山东，河北，陕西的一些饥民迁到了北京，山西的一些饥民迁到了河北、北京、安徽、陕西的大庆关和潼关。饥民迁移的距离为 130~1080km，平均迁移距离约为 460km。因此，在 1877~1878 年，饥民迁徙的平均距离为 444km（翟献帅，2022；Zhai et al., 2020）。饥民迁徙方向似乎相对固定和稳定，表明了区域政治、救济信息传播，以及习俗和传统的影响（裴卿，2017）。

当饥民从受灾最严重的地区转移到周边受影响较小的地区，或从村庄转移到城镇，社会动乱事件也接踵而至。1877 年，河南、山东、河北和北京发生了更多的社会动乱事件（≥2~4/10000km$^2$）（图 4.6），这是饥民迁徙主要来源地和目的地，其中河北有着非常高的动乱事件密度（6~7/10000km$^2$）。此外，在陕西、山西和河南 3 省交界处，也有许多关于土匪和粮食抢劫的报道。1878 年,饥民迁徙的主要目的地从江苏南部转移到安徽,使得江苏南部的社会秩序开始改善,而此时社会动乱事件密集的地区(≥2～4/10000km²)主要是河南(翟献帅,2022;Zhai et al.,2020)。

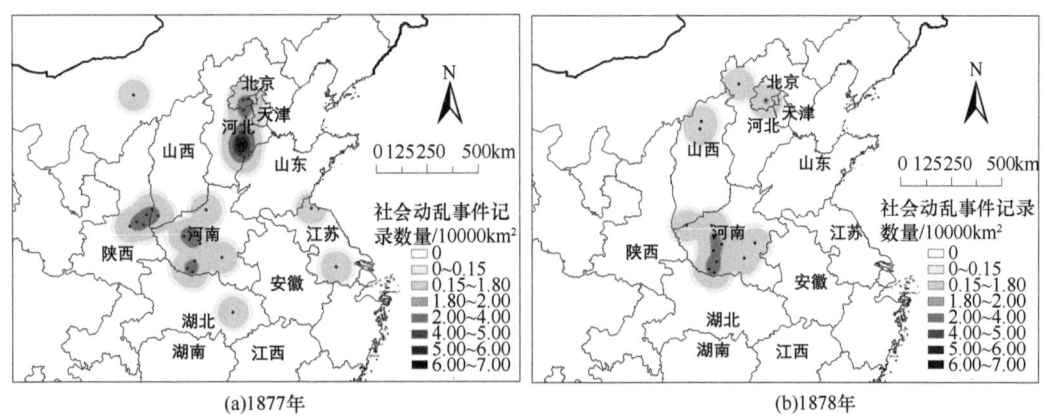

图 4.6 1877～1878 年社会动乱事件空间分布图(翟献帅,2022)
(a) 1877 年社会动乱空间分图,(b) 1878 年社会动乱空间分布图

饥民动乱事件有两个高发期,分别为 1877 年 9～10 月和 1878 年 3 月。其中 1877 年 9～10 月正好处于秋收时期,此时粮食收成率只有 45%,与此同时,经历了春夏时期的饥民迁徙与瘟疫传播的高发,社会矛盾加剧,在粮食歉收的刺激下,抢粮伤人等动乱事件频发,饥民动乱一直是封建王朝的心腹之患,频发的饥民动乱事件引起了政府的高度重视,为了维护统治秩序,政府进行相应的社会赈济,饥民动乱事件随即得到了很好的抑制,但以当时清政府的国力不可能维持长时间的高频次赈济,因此到了 1878 年 3 月,赈济高发期结束的时候,饥民动乱事件再次反弹。人吃人、人口交易等儒家伦理破坏事件也有两个高发时期,分别为 1877 年 5 月和 1878 年 6 月。1877 年 5 月,正好处于瘟疫高发时期,瘟疫带来了大量的饥民死亡,同时夏收只有 50%的收成率,严酷的生存环境激发了饥民采取极端的措施,人相食与人口买卖事件时有发生,随着时间的推移,开始进入社会赈济的高发期,但与其他灾害事件不同,高频次的社会赈济事件并不能很好的抑制儒家伦理破坏事件的攀升,其在 1878 年 6 月达到顶峰。

丁戊奇荒期间,清政府的钱粮调度、粥厂开放、清明吏治等赈济响应短时期有效抑制饥民迁徙、瘟疫传播、饥民动乱等事件。赈济期间饥民迁徙、瘟疫传播与饥民动乱较为平缓,一旦赈济结束,这些灾害事件又急剧上升,完全消除灾害事件需要政府保持长时间的高频次赈济。但丁戊奇荒正处于清王朝末年,在极端气候事件连续发生的压力之下,人地矛盾激烈,财政状况恶化,当时清政府与灾民的互动关系日趋消极,难以保持高频次的赈济(萧凌波等,2011)。而对于儒家伦理破坏事件,一般的赈济行为已经不起作用,需要灾后长时间的意识形态教育与价值重塑工程。例如,根据《清实录》记载,灾荒期间山西省人相食与人口贩卖等儒家伦理破坏事件频发,山西巡抚曾国荃上奏设立书局刊书及重修省志来重塑儒家传统道德。

## 4.3 极端灾害事件社会影响的机理

极端气候事件及严重气象灾害的社会影响,本质上是气候极值变化与人类社会在相对短的时段内相互作用、响应反馈的结果。气候变化对于人类社会的影响与区域社会脆弱性密切相关,是气候变化影响与人类适应相作用的产物(Glp, 2009; Zheng et al., 2014)。

明清时期的中国,以农为本,人口生计及社会经济主要基于农业的发展。延续古代形成的主动适应自然的农业生产系统和行为模式,顺天时、量地利,坚持可持续的产量优先而非生产效率优先的生产模式,采取粮食生产优先而非效益优先的种植策略(方修琦等,2019),粮食生产不仅是人们生存生活的物质基础,也奠定了经济发展和社会系统稳定的基础。自古以来,中国农业发达、人口相对密集的主要为中东部季风气候区,这里降水季节集中、年际波动大,极端气候灾害事件时有发生。受限于经济水平和技术条件,农业活动对气候的依赖程度较高,因此历史极端气候事件对经济社会的灾害性影响,多数是从影响粮食生产开始的,对其影响机制的讨论,也常从粮食安全的问题展开(方修琦等,2015)。

### 4.3.1 极端气候对人类-环境耦合系统的影响传递

人类-环境耦合系统可划分成3个层次的子系统:第1个层次是环境和资源系统,为地球系统中对人类产生直接影响的部分,突出作用是为人类的生存和发展提供资源及形成各种制约(极端情况下表现为灾害),同时容纳和消化人类所产生的废弃物。第2个层次是支撑系统,包括生产系统和基础设施系统,其功能是为人类提供消费产品和基础设施与防护设施;第3个层次是人文系统或社会经济系统,包括人口系统、经济系统和社会系统(方修琦等,2014)。极端气候事件对人类系统的各个子系统均能够产生直接或间接的影响,其中最重要的影响途径是由于气候资源变化和灾害发生,影响生产系统和基础设施系统,进而影响传递到经济系统、人口系统,以及社会系统,影响的传递具有一定的层级性。从粮食安全的框架上看,就是首先影响到粮食生产安全,进而影响粮食供应配送安全和粮食消费安全。

极端干旱事件通常形成"气候变化-收成丰歉-饥民-社会稳定性"和"气候变化-收成丰歉-经济盛衰-社会稳定性"的影响与响应链。如在1877~1878年北方大旱中,干旱通过连续影响3季及以上的粮食收成而造成了大量人口饥饿受灾,威胁了个人的粮食消费安全,同时也造成社会粮食供需失衡、粮价上涨(郝志新等,2010);在粮价飞涨和严重饥荒的威胁下,陕西、河南、山西等省份的部分地区出现饥民抗税、盗粮、匪乱等滋事事件,造成了饥荒区域社会治安的失稳,另外还有部分饥民外迁乞食,饥民迁入地也受到流民问题困扰,社会稳定性降低。

极端降水带来的暴雨-洪涝灾害与极端干旱事件有类似的影响传递路径,除了影响粮食生产系统,还会对基础设施系统造成破坏,导致灾民流离失所,甚至直接造成人口死亡。如1849年的长江中下游洪涝在淹没庄稼的同时，破坏了城市的基础设施，使得社会活动和经济活动被迫停止；洪水不仅直接夺去了大量人的生命，后续的无居无食也进一步引起了人口死亡（Xu et al., 2021）。

低温冷害在历史时期主要影响农业生产以及人体生命健康，影响可能通过生产系统传递至经济、人口，以及社会子系统，也可能直接影响人口子系统。极端高温的影响可能加剧干旱程度，更直接的社会影响表现为大规模的人口死亡。在缺乏有效降温设施的明清时期，比如1743年的高温热浪，导致相对短时且剧烈的热射病，对人体生命健康造成威胁，经估算造成北京约1.03%的人口死亡（陶乐，2022）。

不同类型的极端灾害事件具有不同的时间尺度，其主要的影响传播路径也存在差异。通常情况下，气候要素的极端变异累积程度越大，影响的层次也越高。

### 4.3.2 极端气候事件影响的非线性与级联效应

一般认为气候变化的影响从某一层次传递到更高层次的前提，是影响超出了该层次所能承受的范围或调节能力。对于各子系统来说，存在对极端气候不敏感到敏感，以及影响传递放大的两个阈值。生态系统中这种阈值可被理解为环境因子对生物的制约和影响，如高温或低温对农作物造成影响的阈值，对人类来说，也同样存在这样的温度阈值，如医学上发生冻伤或热射病的气温阈值。人文系统当中的具体阈值则较为复杂和难以确定。研究表明，在1877～1878年旱灾当中，对于山西解州来说，"粮食减产–饥民迁徙"和"粮价上涨–社会动乱"两条关键路径的年人均粮食拥有量阈值分别为315kg、189kg（翟献帅，2022）。

正因为阈值和非线性的存在，极端灾害事件的社会影响传递过程中既有层次传播的特点，也会存在明显的级联效应，即当气候要素的极端性或其变异累积到一定程度，或叠加了社会经济因素，诸如耕地面积减少、人口数量激增、赈济政策调整、外来势力干预等，会对气候变化的影响起到放大作用，使得极端事件的影响不再具有时滞效应或层序性，而是迅速到达传递路径的各个层次。如在1927～1929年干旱事件过程中，经济萧条和社会秩序混乱的背景下，干旱的影响在关中地区迅速同时传递至人类社会系统的各个层次，从而造成了社会伦理丧失、兵乱匪乱等严重影响（Chen et al., 2021）。

### 4.3.3 极端气候事件与构建弹性/韧性社会

从弹性视角来看，气候变化或极端气候事件的影响从根本上讲是由气候变化导致的资源与自然灾害状况变化超出人类社会的弹性阈值而产生的。在整个系统弹性阈值内，即使气候变化影响超过某个子系统的弹性阈值，整个系统还可以通过其他子系统的适应性调整继续维持稳定（方修琦，2021）。快速响应极端事件，维持基础设施、经济、社会等系统的基本运转，并在冲击结束后能迅速恢复甚至有改进，即社会韧性提升。

人类的响应措施也会通过发生在生产、经济、人口和社会等各个领域的一系列反馈过程，缩小或减缓气候变化的影响（魏柱灯等，2014）。一些有效的行政管理、经济赈济等措施的及时施行，能够使特定子系统中的影响维持在较低的水平，从而抑制影响的进一步放大（Hao et al.，2021）。例如，在干旱事件中通过调粮平粜抑制粮价的快速上升，还可以进一步防止其可能造成的社会不稳定；在暴雨洪水事件时疏浚通道、修护堤垸，避免基础设施系统损坏而影响民众生命和经济财产安全；在极端高温时期，通过发放降温药物，避免人口死亡造成的社会恐慌。因此，极端灾害事件的影响不是一个单向的、简单的线性因果关系，而是一种非线性过程，人类社会各种主动或被动的响应行为，构成了复杂的气候变化影响–响应反馈关系（方修琦等，2019）。

以上的积极响应措施和适应策略，改善人类社会各个系统的结构以提高各个层次的灾害影响阈值，是社会–生态系统更好地消解、应对极端灾害事件，即提高弹性和韧性的体现。气候变化影响最终形成的种种社会后果绝不仅仅由气候变化引发，而是整个响应过程链的产物。古今对比可知，人类社会系统在面对极端灾害事件的一个重要进步是通过极大地丰富生产系统的形式，完成了从农业到工业社会的转变，使得社会经济活动有了更为多样的支持。

### 4.3.4 极端气候事件影响的区际扩散与异地响应

区域间的联系使得一个地区发生的气候变化影响及其响应行为会传递到其他相关的地区，在区域之间引起连锁响应过程，使气候变化的影响产生异地响应及区际关联。IPCC 指出，在地方、国家、区域和全球范围内，面对极端气候事件，灾害影响转移和共享是有效的社会响应方式之一。

我国地域广阔，气候和社会经济区域差异显著，气候变化的影响也因此存在显著的区域差异。历史时期虽不如现代拥有先进的交通和互联网信息交汇，但以饥民迁徙、钱粮调度为代表的灾害与社会赈济的区际联动，对极端气候事件的发生区起到了调节缓解作用（方修琦等，2019），本质是历史时期极端气候事件影响的外溢与转化。尤其在极端水旱事件中，其他地区特别是周边地区受到连带的影响较大；高温、低温等极端灾害事件的影响受限于交通原始、信息闭塞，影响扩散程度相较而言低一点。

历史时期灾害事件与社会赈济响应事件的区域相互作用是极端气候影响的外溢和转化的过程，对灾区和非灾区都有不同的风险影响。在全球化和区域联系日益紧密的背景下，影响国家或区域的矛盾外部化，可激化与其他国家或地区之间的矛盾冲突或改变彼此之间的力量对比，需要提高综合风险预防和全面行政管理的能力。

### 参 考 文 献

方修琦. 2021. 社会–生态弹性视角下的历史气候变化影响社会发展机制. 第四纪研究, 41(2): 577-588.
方修琦, 苏筠, 尹君, 等. 2015. 冷暖–丰歉–饥荒–农民起义：基于粮食安全的历史气候变化影响在中国社会系统中的传递. 中国科学: 地球科学, 45: 831-842.
方修琦, 苏筠, 郑景云, 等. 2019. 历史气候变化对中国社会经济的影响. 北京: 科学出版社.
方修琦, 郑景云, 葛全胜. 2014. 粮食安全视角下中国历史气候变化影响与响应的过程与机理. 地理科学, 34(11): 1291-1298.

郝志新, 郑景云, 伍国凤, 等. 2010. 1876—1878 年华北大旱: 史实, 影响及气候背景. 科学通报, 23: 2321-2328.
李晓方, 温小兴. 2007. 明清时期赣南客家地区的风水信仰与政府控制. 社会科学, 1: 108-114.
南京市地方志编纂委员会. 1994. 南京水利志. 深圳: 海天出版社.
裴卿. 2017. 自然灾害与移民: 一个中国历史上农民的被动选择. 中国科学: 地球科学, 47(12): 1406-1413.
清代官修. 2008a. 清仁宗实录. 北京: 中华书局.
清代官修. 2008b. 清宣宗实录. 北京: 中华书局.
瞿同祖. 2011. 清代地方政府. 北京: 法律出版社.
水利电力部水管司科技司. 1991. 清代长江流域西南国际河流洪涝档案史料. 北京: 中华书局.
陶乐. 2022. 1743 年华北平原高温与干旱事件及影响. 北京: 北京师范大学.
魏柱灯, 方修琦, 苏筠, 等. 2014. 过去 2000 年气候变化对中国经济与社会发展影响研究综述. 地球科学进展, 29(3): 336-343.
文彦君, 方修琦, 李屹凯, 等. 2019. 华北地区 1876—1879 年旱灾研究文献综述. 灾害学, 34(1): 172-180.
萧凌波, 叶瑜, 魏本勇. 2011. 气候变化与清代华北平原动乱事件关系分析. 气候变化研究进展, 7(4): 253-258.
颜亚琴, 庄杨, 刘丹杰, 等. 2017. 常州市运北片区汛期平均径流系数的探析. 江苏水利, 7: 48-51.
杨煜达, 满志敏, 郑景云. 2005. 嘉庆云南大饥荒(1815—1817)与坎博拉火山喷发. 复旦学报(社会科学版), 1: 79-85.
杨煜达, 郑微微. 2008. 1849 年长江中下游大水灾的时空分布及天气气候特征. 古地理学报, 10(6): 677-685.
翟献帅. 2022. 丁戊奇荒事件的影响–响应过程及其触发机制分析. 北京: 北京师范大学.
张德二, 梁有叶. 2010. 1876—1878 年中国大范围持续干旱事件. 气候变化研究进展, 6(2): 106-112.
张仲礼. 2008. 中国绅士研究. 上海: 上海人民出版社.
中国科学院民族研究所云南少数民族社会历史调查组. 1962. 哈尼族简史简志合编. 北京: 民族出版社.
Chen X D, Su Y, Fang X Q. 2021. Social impacts of extreme drought event in Guanzhong area, Shaanxi Province, during 1928—1931. Climatic Change, 164(3-4).
Glp G. 2009. Science plan and implementation strategy. Environmental Policy Collection, 20(11): 1262-1268.
Hao Z, Xiong D, Zheng J. 2021. How ancient China dealt with summer droughts—a case study of the whole process of the 1751 drought in the Qing dynasty. Climatic Change, 165(1-2).
Xu Z, Yang Y, Sun T. 2021. Feng Shui and imperial examinations: A case study on the 1849 severe flood in Nanjing and discussions on flood discharge. Climatic Change, 166(1): 1-16.
Zhai X, Fang X, Su Y. 2020. Regional interactions in social responses to extreme climate events: A case study of the North China famine of 1876—1879. Atmosphere, 11(4): 393.
Zheng J, Xiao L, Fang X, et al. 2014. How climate change impacted the collapse of the Ming dynasty? Climatic Change, 127(2): 169-182.

# 第 5 章

## 器测时期高分辨率地面气候数据集

气象观测得到的高分辨率地面气候数据集是气候变化研究的基础,但目前相对可靠的仪器观测数据仅覆盖了近几十年,20 世纪中叶之前数据十分匮乏。同时,还有大量早期气象观测数据还没有数字化,一些数据还散落在国内外档案馆和图书馆。5.1 节简要介绍国内外早期器测资料相关的资料拯救、数字化和处理的进展,以及我国现有早期数据的时空分布情况和处理情况,并以东北地区为案例详细介绍器测资料的来源和时间覆盖。早期资料观测的规范性和资料的完整性较差,5.2 节按照流程介绍早期资料插补、序列重建的技术和方法,包括观测元数据信息插补、数据整合、时空插补等一系列使用早期器测资料建立符合现代规范的气象序列的相对普适的方法。此外,还按照气压阈值和涡度阈值两类,介绍台风的重建方法。5.3 至 5.5 节,从数据来源、预处理、数据时空分布等方面详细介绍本书建成的早期日气温、降水、气压数据集,并与现有的格点数据集进行对比,评估新研数据集的科学性。此外,还与 20CR 和 ERA20C 两套再分析资料进行对比评估,分析再分析资料和观测资料在数值、年际变率、离散度及长期变化的差异,对两套百年再分析资料在中国东部的使用作出初步评价。

## 5.1 资料拯救、数字化和处理

### 5.1.1 科学意义、ACRE-China 活动

一方面,和全球其他地区一样,东亚地区,包括中国,大量早期气象观测数据还没有数字化,一些数据还散落在国内外档案馆和图书馆。另一方面,气候和气候变化研究对早期观测数据具有很高的需求。气候变化监测和研究需要了解全球气候快速变暖之前的背景气候状态,也需要对年代和年代以上尺度自然气候变率有清晰的了解。但是,目前相对可靠的仪器观测数据序列只有 60 多年,20 世纪中叶之前数据十分匮乏。因此,尽最大可能挖掘、数字化早期观测资料,对于气候和气候变化研究十分重要。

国际上发起的地球大气环流圈重建计划(ACRE),主要目标就是拯救(归档、图像化、数字化、质量控制)和分析应用早期器测资料,特别是为开展 100 年以上时期全球、区域气候变化观测研究和全球大气再分析提供支持,也为开展 100 年以上时期极端气候变化研究提供基础观测数据。

ACRE-China 是由中国气象局国家气候中心、中国地质大学(武汉)和英国气象局哈德利中心等多家机构联合发起的 ACRE 区域子计划。ACRE-China 合作伙伴包括英国气象局哈德利中心、新加坡管理大学、中国气象局国家气候中心、北京市气候中心、中国气象局国家气象信息中心、中国地质大学(武汉)、中国科学院、中国国家海洋信息中心、沈阳区域气候中心、香港天文台、英国布里斯托尔大学、德国气象局、日本气象厅、日本海洋研究开发机构、日本成蹊大学、日本东京都立大学等多家单位。

ACRE-China 的目标是通过恢复和数字化分散在中国和其他国家/地区的图书馆、档案馆、博物馆、气象服务机构和在线存储平台中的器测记录,这些数据的时间范围可以

追溯到 1950 年前，为研究中国乃至东亚地区的气候变化提供观测基础。作为气候科学支持服务伙伴关系中国项目（CSSP-China）WP1 的一个组成部分，ACRE-China 的任务是恢复、扫描和数字化历史日值到亚日值的陆地和海洋数据，它们来源于中国和周边国家的气象站及这些地区的船舶航海日志。所有这些数据都将存储在国际存储平台上，可以用于 20CR 等资料再分析和区域极端气候变化研究工作。

## 5.1.2 国际和国内进展

截至 2018 年，ACRE-China 的国内工作已经完成了全国 19 个站地面小时气温和气压，以及日降水资料的数字化工作；完成了东北地区 68 个站早期月地面气温和降水量资料数字化工作；收集分析了北京等站历史元数据资料；利用雨雪分寸等代用资料重建了海河流域过去 300 年的降水量序列；检验对比分析了 20 世纪再分析地面气温资料同实际观测气温资料的异同性。ACRE-China 也负责协调其他国家针对中国和东亚地区早期气象观测资料的发掘、数字化合作和数据共享工作（图 5.1）。

(a)　　　　　　　　　　　　　　　　(b)

图 5.1　ACRE-China 研讨会

（a）2016 年 8 月 23~25 日，北京；（b）2019 年 11 月 4~6 日，武汉

近些年 ACRE-China 在早期资料拯救、数字化的工作取得了一系列成果，完成 1951 年以前中国东部地区 6 个台站的地面气压亚日值数据和 19 个台站的地面气压、气温和降水日记录；在 1730~1900 年期间 6 个台站的土壤湿度（雨雪分寸）古老记录处理取得巨大进展；完成 1757~1762 年北京站的地面气压、气温和降水数字化（可能是世界上最早的气象记录之一，东亚地区最早的连续观测一年以上气象数据），并建成标准的气候序列；应用数字化数据分析了中国东北地区长春、营口极端气温指数的长期变化；利用石鱼出水记录数据分析长江上游白鹤梁过去 1000 年的严重干旱情况；初步完成工业革命前（1757~1762 年）北京极端气候变化的分析；通过英国气象局 PRECIS 团队对 20CR 再分析资料进行中国区域的高分辨率降尺度，这将显著提高中国气候科学领域 20CR 再分析资料的价值，扩大气候应用和服务，有利于政策制定、规划和环境管理。

作为东亚季风区早期资料数字化和分析的一部分，国家研究项目与东亚其他国家/地区的合作获得了顺利的进展。2021 年 8 月 25 日，在贵阳召开了 ACRE-China 国内工作会议。

ACRE-China 项目开展过程中也遇到一系列的问题，包括：①缺少记录，尤其是 1940 年代的记录；②不同组织之间的数据共享存在问题；③数字化资料没有得到充分利用；④缺乏特定的国家或国际项目支持等。

### 5.1.3 中国现有早期数据编目、数字化

ACRE-China 针对早期数据相关的工作分成两部分：一部分是国内，主要是中国气象局对 20 余个气象站观测数据的数字化，另一部分是国外同行，主要是英国、日本、德国、法国、葡萄牙、新加坡等国家科学家针对在中国和东亚早期观测数据的发掘和数字化。

作为中英气象科技合作内容的一部分，国家气象信息中心和国家气候中心针对早期 19 个站的亚日数据，最先完成了气压资料的数字化，后来也完成了气温和降水资料数字化。这些台站气压观测资料基本信息见表 5.1。

表 5.1  中国大陆 19 个台站的地表气压亚日值记录

| 台站 | 编号 | 来源编码 | 起始时间 | 截止时间 | 有数据月份数 | 无数据月份数 | 缺失率/% | 观测时次（UTC 时间） |
|---|---|---|---|---|---|---|---|---|
| 哈尔滨 | 1001 | 4 | 190001 | 195103 | 160 | 455 | 74 | 03、04、05、07、08 |
| 大连 | 3001 | 2 | 190701 | 195012 | 378 | 150 | 28 | 03、06 |
| 沈阳 | 3002 | 4 | 188701 | 195012 | 465 | 303 | 39 | 00、03、04、06、08 |
| 呼和浩特 | 4027 | 2 | 193501 | 195312 | 99 | 129 | 57 | 02、03、08 |
| 乌鲁木齐 | 5025 | 3 | 193001 | 193309 | 21 | 24 | 53 | 03 |
| 兰州 | 6001 | 3 | 193209 | 195012 | 218 | 2 | 1 | 00、03、04、24 |
| 太原 | 11023 | 7 | 192601 | 195312 | 222 | 114 | 34 | 00、03、06、08 |
| 青岛 | 12001 | 4 | 190201 | 195312 | 412 | 212 | 34 | 03、06、08 |
| 济南 | 12003 | 6 | 192101 | 195312 | 325 | 71 | 18 | 00、01、03、06 |
| 南京 | 13010 | 5 | 190701 | 195112 | 310 | 230 | 43 | 03、24 |
| 福州 | 16003 | 3 | 192901 | 195012 | 202 | 62 | 23 | 01、02、03 |
| 武汉 | 19012 | 9 | 188003 | 195410 | 710 | 186 | 21 | 00、02、03、04、05、06、07、08、09、10 |
| 南宁 | 22012 | 3 | 193201 | 194811 | 123 | 80 | 39 | 03、05、08 |
| 广州 | 23002 | 7 | 191501 | 195212 | 319 | 137 | 25 | 00、02、03、04、24 |
| 昆明 | 25022 | 4 | 192901 | 195312 | 293 | 7 | 2 | 00、03、04、05、08、19、20、24 |
| 北京 | 29001 | 7 | 186804 | 195309 | 547 | 479 | 46 | 00、03、04、06、08、24 |
| 上海 | 30001 | 3 | 192001 | 195312 | 265 | 143 | 35 | 03、08、24 |
| 天津 | 31006 | 6 | 190701 | 195312 | 413 | 151 | 27 | 00、03、08 |
| 重庆 | 32041 | 9 | 189101 | 195406 | 754 | 8 | 1 | 00、02、03、04、05、06、08、10、12、24 |

注：起始时间和截止时间前 4 位表示年份，后 2 位表示月份。

在 ACRE-China 支持下,过去十余年发现了一批中国和东亚地区最早/最长的气象观测资料,部分数据序列的扫描和数字化工作已经完成。表 5.2 列出了部分中国最早气象观测地点及其相关情况。这些早期数据,对于开展东亚地区工业革命以来气候与极端气候变化研究具有重要价值。

表 5.2  中国连续一个月以上日观测最早(17~18 世纪)记录

| 时段 | 台站 | 高度/m | 气象要素 | 观测者 | 数字化 |
| --- | --- | --- | --- | --- | --- |
| 1698~1699 年 | 厦门 | | 气压 | James Cuningham | 是/否 |
| 1700~1702 年 | 舟山 | | 气压 | James Cuningham | 否 |
| 1743~1746 年 | 北京 | | 气温 | Antoine Gaubil | 是 |
| 1757~1762 年 | 北京 | 55 | 气温,气压,风速 | Joseph Amiot | 是 |
| 1787 年 | 澳门和关东 | | | Chr. L.J. de Guignes | 否 |

### 1. 厦门和舟山地表气压观测

厦门和舟山分别于 1698~1699 年和 1700~1702 年的地表气压测量可能是中国目前所知最早的近现代仪器观测。这项工作由英国人卡宁哈姆(James Cuningham)开展,可能在沿岸船舶上观测。目前仅获得厦门 1699 年冬春 6 个月数字化日气压数据,其他数据存储地点尚未发现。

### 2. 北京 18 世纪 40 年代历史气候数据

法国传教士宋君荣(Antoine Gaubil),就是竺可桢先生在《前清北京之气象记录》中所说的哥比神父,于 1743 年 7 月开始,使用酒精温度表,在其北京寓所进行气象观测,陆陆续续到 1746 年 3 月,留下了约 250 组不连续的气温观测记录。

### 3. 北京 1757~1762 年气象观测

由传教士钱德明(Amiot)在北京编著,观测发生在 1757 年 1 月至 1762 年 12 月期间,观测地点位于现今北京城区中心的西什库教堂西侧,这可能是中国和东亚地区最早的连续一年以上的仪器气象观测。每天进行两次观测("matin."表示下午,相当于地方时 3 点左右;"soir."表示清晨,相当于地方时 8~9 点左右),观测的变量包括气温、气压和风速,天气现象也包括在内(图 5.2)。这套观测数据质量和完整性良好。数据的数字化及其处理由国家气候中心和中国地质大学(武汉)共同完成,应用这些数据开展的气候学和极端气温事件分析工作也在进行。

### 4. 其他已扫描和有待数字化的中国早期数据

目前国家气象信息中心已扫描了大约 330 万张早期气象观测资料图片数据,其中一些已经数字化或即将数字化;100 个城市的日降水和气温数据,部分已经完成数字化和处理;60 个城市的气压、相对湿度和风速资料在数字化和处理中(图 5.3)。

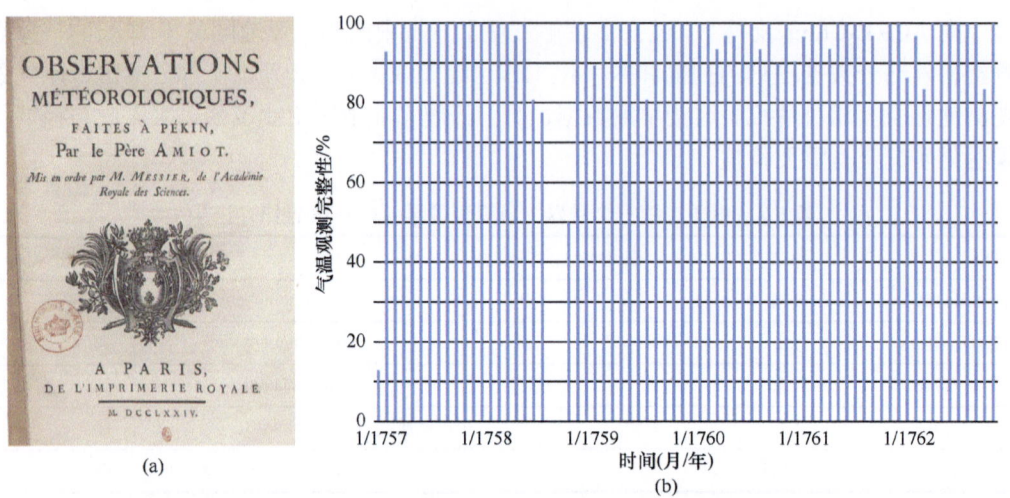

图 5.2 《气象观测》封面（a）和早晨气温观测完整性（b）

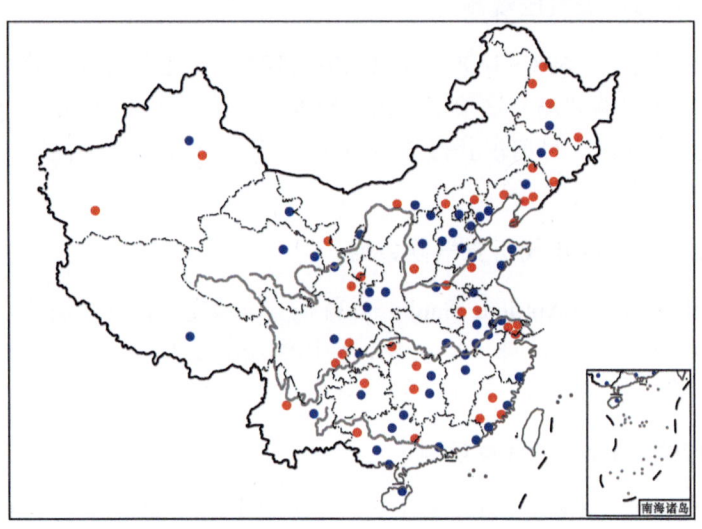

图 5.3 中国气温和降水日观测数据站点分布
红点表示已完成的 40 个城市，蓝点表示即将完成的 60 个城市

此外，国家气象信息中心还实现了对早期中国部分天气现象观测记录的数字化，国家气候中心、国家气象信息中心和中国地质大学（武汉）对东北地区部分站点早期雷暴、闪电、大风和冰雹观测资料实现了数字化。

国际同行对中国早期观测资料的发掘和数字化工作，主要是英国、日本、德国和新加坡等几个国家科学家开展的，分布于上述国家有关研究、教学机构。这些数字化资料，有一部分已经在 ACRE-China 旗下获得共享。

### 5.1.4 东北案例介绍

沈阳区域气候中心、国家气候中心等单位，对东北早期观测资料开展了收集和数字化工作。目前,东北地区 68 个站点 1950 年以前的气温和降水日记录已经完成了数字化,其中 6 个站点的数据时长大于 30 年,11 个站点的数据时长大于 20 年,25 个站点的数据时长大于 10 年。1935~1939 年期间数据的完整性最高,而 1940~1949 年期间最低。

**1. 营口站的观测记录**

营口市气象局和国家气候中心共同收集整理了营口早期观测资料。营口的牛庄可能是东北最早开展气象观测的地点之一,早在 1890 年就有英国人进行观测。此后,1904 年至抗战结束,一直由日本人观测。营口各个时期观测及其数据完整性情况见图 5.4。

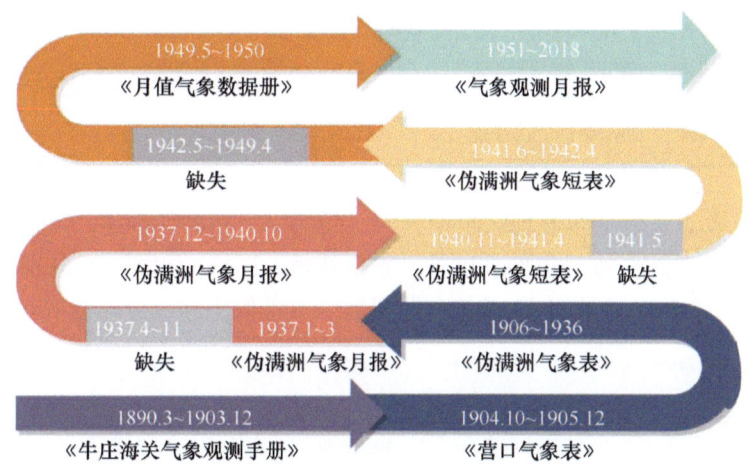

图 5.4 营口气象观测资料的来源及断点(年.月)

**2. 沈阳站的观测记录**

沈阳区域气候中心数字化了 1950 年以前沈阳各地点的每日观测数据。沈阳也有 19 世纪后期的地面气温观测,但来源不清,观测数据质量低劣,推测可能是在室内测量的,无法使用。通过将各地数字化后的数据与 1951 年后观测数据结合,已形成沈阳站 1905 年以来逐日气候(气温、降水)数据集。

**3. 大连站的观测记录**

大连市旅顺灯塔站位于老铁山,于 1894 年 4 月至 1898 年 4 月由英国人建立,观测资料现保存于中国气象局气象档案馆;1902 年,俄国人在大连市胜利大桥建立观测站;1904 年由日本人在胜利桥观测站开始观测,直到 1940 年,此后迁移到大连寺儿沟/南山继续观测;1952 年 1 月,中国气象局在南山大都会街开始进行观测(表 5.3)。目前,沈阳区域气候中心已经建立了大连 1905 年以来历史气候资料数据集。

表 5.3 大连站的日观测资料来源和观测变量

| 编号 | 时间/分辨率 | 数据来源 | 观测变量 |
| --- | --- | --- | --- |
| 1 | 1905~1934 年/月 | 伪满洲气象通报 | 气压、温度、相对湿度、水蒸气张力、云量、降水量、风、日照时长、蒸发量、地温、季节、天气现象 |
| 2 | 1905~1936 年/月 | 伪满洲气象通报 | 气压、温度、相对湿度、水蒸气张力、云量、降水量、风、日照时长、蒸发量、地温、季节、天气现象 |
| 3 | 1933~1941 年/日 | 气象月报 | 气压、温度、相对湿度、降水量、日照时长、蒸发量、云量、云纹、风速、风向 |
| 4 | 1933~1940 年/日 | 年度气象报 | 气压、温度、相对湿度、水蒸气张力、云量、降水量、风、日照时长、蒸发量、地温、季节、天气现象 |
| 5 | 1942 年/日 | 关东州高空气流观测年报 | 观测次数、平均风速、最大风速、最多风向、云量、云纹、地温 |
| 6 | 1905~1932 年/月 | 伪满洲气象资料 | 气压、温度、相对湿度、水汽张力、云量、降水量、风、日照时长、蒸发量、地温、天气现象、雪深、季节 |
| 7 | 1926~1932 年/日 | 伪满洲气象资料 | 气压、温度、相对湿度、降水量、云量、云纹、风向、风速、日照时长、蒸发量 |
| 8 | 1938~1940 年/日 | 伪满洲航空气象条件 | 风、云、最大能见度、天气 |

此外，气象志还包括东北地区早期天气气候的文字和图件描述。国家气候中心和沈阳区域气候中心对这些资料也部分进行了收集整理。图 5.5 和图 5.6 分别表示气象报告中 1922 年的一次暴雨记录和 1932 年东北亚地区五条低压路线分布情况。

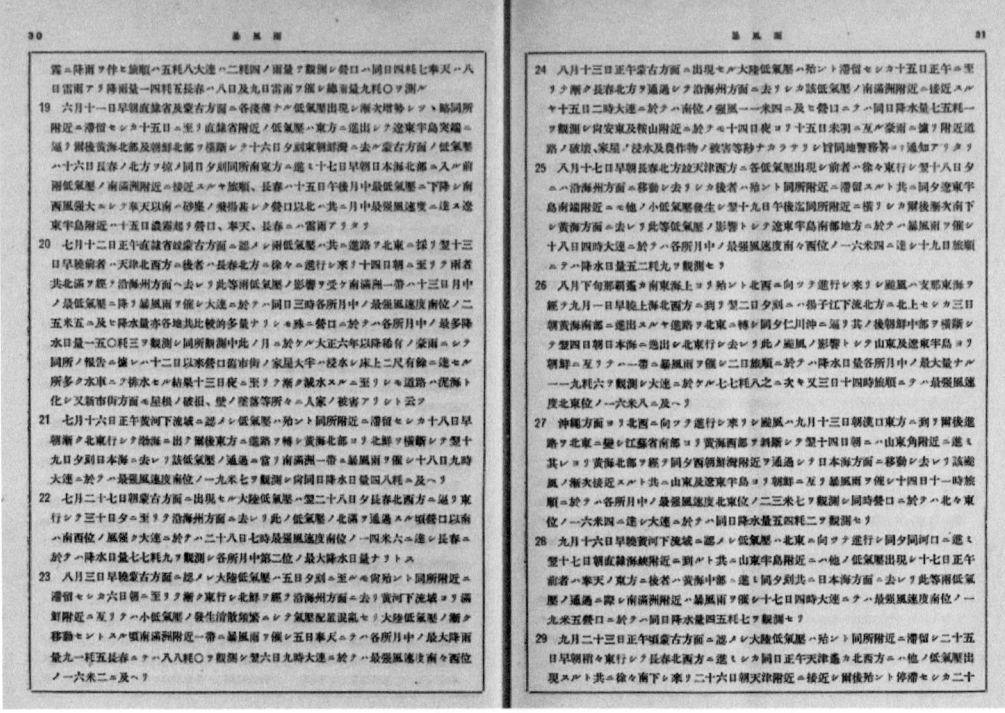

图 5.5 气象报告中的暴雨记录

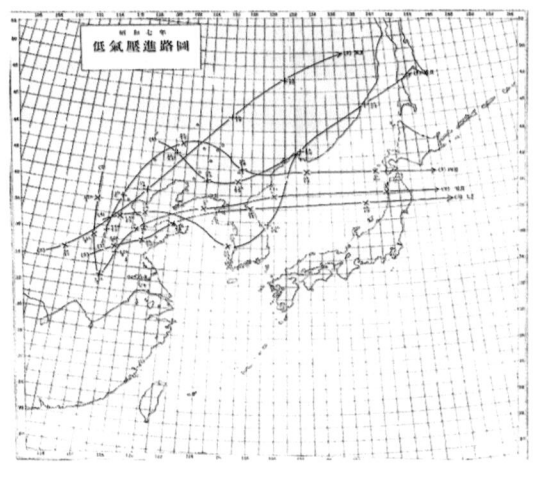

图 5.6 气象报告中低压路线图

## 5.2 早期资料插补和序列重建技术

### 5.2.1 观测资料序列重建方法

**1. 数据预处理**

在获取气象观测资料后,需要对数据进行预处理。首先,对影像类、纸质档案类资料进行数字化,转换成可以直接进行分析的数字;其次,确认观测记录的元数据信息,包括观测的时间、观测地址、观测仪器和仪器的布置情况等,这些信息帮助人们评估记录的代表性;最后,在前两步的基础上,换算成标准单位,进行质量控制。例如,列氏度转换成摄氏度,剔除超过气候界限的记录等。气温、降水等不同要素的质量控制方法有所不同,将在各要素数据集建设中进行介绍。早期资料观测信息缺失严重,这里侧重元数据信息插补。

1)观测时间确认

早期气象观测不标准,观测时间、使用的时制都比较混乱。例如,中国东北地区部分早期观测使用日本东京时区标准时间,而中原地区部分观测使用北京时间,还有很大部分数据没有记录其使用的时制,这样就无法确定观测的具体时间。这里介绍最小差值法来辅助判断观测使用的时制。假定气象要素在一天内的分布在同一气候区的观测站点中是一样的,如冬季的气温在早 7 时最低,14 时达到最高。因此,这些站点的相同时次的定时观测值的差值的平方和最小,也即

$$\sum = \left(T\_A_{1i} - T\_A_{2j}\right)^2 \tag{5.1}$$

式中,$i$ 为待确定时区的观测时间,$j$ 为确定时区的对应的观测时间,$T\_A_{1i}$ 和 $T\_A_{2j}$ 为站点 $A_1$ 和 $A_2$ 在 $i$ 时和 $j$ 时的气温数据。

例如，北京在 1951 年 4 月份的气温观测的时制不明，该月份有 5 时、7 时、9 时、11 时、13 时、15 时、17 时、19 时、21 时 9 个时次的定时观测。为了确定北京这个观测时段的时制，对北京地区有时制说明的定时气温观测记录，间隔 2 小时取一个观测值，计算两套观测差值平方和。图 5.7（a）是假设北京早期数据与现代北京气温数据均使用东八区标准时的气温对比图，可以看出两者存在一个相位差。将早期气温数据资料滞后 5 小时后可以发现，两段资料的气温定时观测可以很好的重合起来[图 5.7（b）]，因此可以判定早期站点的时区与现代站点的时区（世界时）相差 5 个小时，运用此类方法可以判定所有的时区不明的站点。

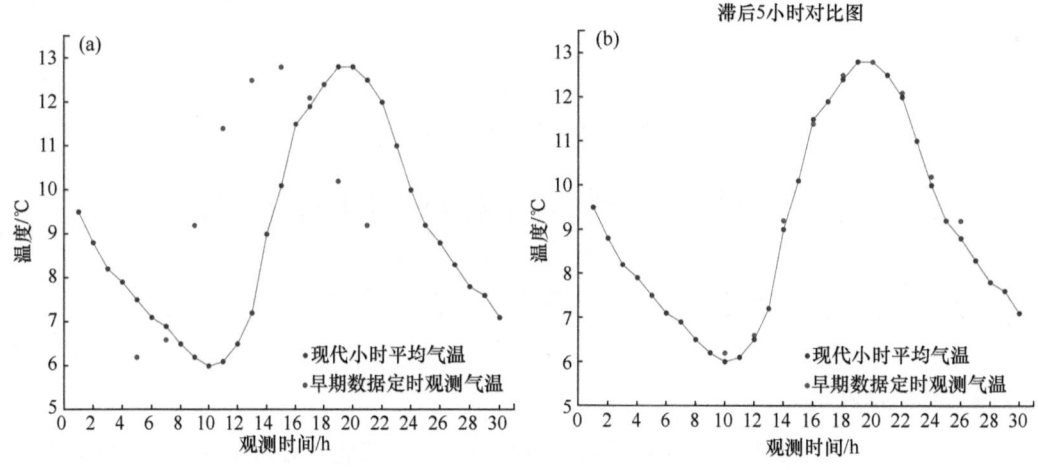

图 5.7　北京 1951 年定时观测气温对比图

还有部分记录定时观测次数偏少，每日仅 1 次或 2 次观测，或者完全没有精确的时间的描述。例如，法国传教士钱德明 1757~1762 年在北京的观测，元数据中仅记载每天早上和下午各观测一次。这里还需要结合当时其他观测的记录和北京气温的分布情况进行确定。在 18 世纪中后期，欧洲气象观测多在早上（8 时）和下午（3 时）或晚上（8 时）进行。对比钱德明记录 6 月早上的均值与现代北京 6 月各个时次的均值（图 5.8 左）和钱德明记录下午均值与现代北京夏季 3 个月各个时次的均值（图 5.8 右），早期早上记录的均值与 8 时的观测非常接近，下午记录的均值明显高于下午 2 时，接近最高气温发生的下午 3 时。据此，可以确定钱德明在清中期的观测时间为早 8 时和下午 3 时。

2）观测位置信息

对早期观测资料来说，观测位置信息分站点位置信息和仪器位置信息。站点多位于观测机构建筑范围内，仪器位置则多放置于避光通风处。大多观测记录档案会记载站点或观测场的经纬度信息，或者通过对当时观测机构的位置信息推断站点的信息。这里需要注意的是，仪器放置的位置是否能使得观测具有代表性。例如，早期部分传教士将温度计放置于教堂内北侧的墙上，使得记录到的最高温度偏低、最低温度偏高，日较差和年较差均较户外小。因此，对比气温的日较差和年较差即可确定观测仪器的放置位置或观测的微环境。

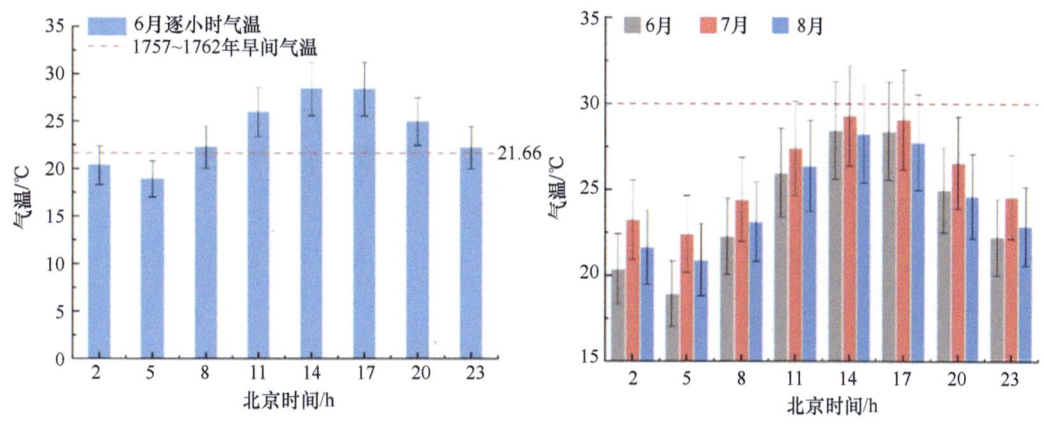

图 5.8 北京不同时次定时观测气温对比图

**2. 数据时空插补**

很多城市中有多个不同的机构进行气象观测，使得同一城市有多个不同来源、不同时间覆盖和分辨率的观测记录序列。这些序列之间可以相互校验、插补，建成更为科学、完整的序列。

1）确定主序列

选择同一城市序列中观测时间最长并且相对完整的序列定为主序列，以该主序列为基础，将其他序列按需对主序列进行插补，形成对应城市的最终结果序列。

2）时间插补

经过质量控制、时制判断、单位转换（华氏度统一为摄氏度），时制转换（统一为东八区）后得到了一套新的数据集。不过此基础的数据集还存在许多情况，比如 Tmax，Tmin 缺失的情况：146 个站点存在缺测情况，48 个站点不存在缺测情况，站点的缺测率达到 75.3%。因早期资料十分宝贵，因此需要尽可能地将所有资料利用起来，将这些缺测的 Tmax 和 Tmin 插补起来。这里主要用到了岭回归的模型。

岭回归，是对不适定问题（ill-posed problem）进行回归分析时最经常使用的一种正则方法。对于有些矩阵，矩阵中某个元素的一个很小的变动，会引起最后计算结果误差很大，这种矩阵称为"病态矩阵"。有些时候不正确的计算方法也会使一个正常的矩阵在运算中表现出病态。对于高斯消去法来说，如果主元（即对角线上的元素）很小，在计算时就会表现出病态的特征。

回归分析中常用的最小二乘法是一种无偏估计。对于一个适定问题，$X$ 通常是列满秩的。

$$X\theta = y \tag{5.2}$$

采用最小二乘法，定义损失函数为残差的平方，最小化损失函数为

$$\|X\theta = y\|^2 \tag{5.3}$$

上述优化问题可以采用梯度下降法进行求解，也可以采用式（5.4）进行直接求解：

$$\theta = \left(X^\mathrm{T} X\right)^{-1} X^\mathrm{T} y \tag{5.4}$$

当 $X$ 不是列满秩时，或者某些列之间的线性相关性比较大时，$X^\mathrm{T} X$ 的行列式接近于 0，即 $X^\mathrm{T} X$ 接近于奇异，上述问题变为一个不适定问题，此时，计算 $\left(X^\mathrm{T} X\right)^{-1}$ 时误差会很大，传统的最小二乘法缺乏稳定性与可靠性。

为了解决上述问题，需要将不适定问题转化为适定问题，为上述损失函数加上一个正则化项，变为

$$\|X\theta - y\|^2 + \|\tau\theta\|^2 \tag{5.5}$$

其中，定义 $\tau = \alpha I$，于是：

$$\theta(\alpha) = \left(X^\mathrm{T} X + \alpha I\right)^{-1} X^\mathrm{T} y \tag{5.6}$$

式中，$I$ 是单位矩阵。

随着 $\alpha$ 的增大，$\theta(\alpha)$ 各元素 $\theta(\alpha)_i$ 的绝对值均趋于不断变小，它们相对于正确值的偏差也越来越大。$\alpha$ 趋于无穷大时，$\theta(\alpha)$ 趋于 0。其中，$\theta(\alpha)$ 随 $\alpha$ 的改变而变化的轨迹，就称为岭迹。实际计算中可选非常多的 $\alpha$ 值，做出一个岭迹图，观察岭迹图在取哪个值时变稳定，即确定 $\alpha$ 值。

岭回归是对最小二乘回归的一种补充，它损失了无偏性，来换取高的数值稳定性，从而得到较高的计算精度。

举例来说，某个城市的某个早期站点 A 数据定时观测时段为 $m, n, j$ 时，但该站点的 Tmax，Tmin 缺测，可以通过该早期站点的经纬度，找到距离该站点最近的现代站点 B（A 和 B 距离 3 km 以内），此时默认站点 A 和 B 属于同一个站点，气温分布规律没有变化。利用 B 站点 1961～1978 年的气温数据来推导出 $m, n, j$ 时与 Tmax，Tmin 的关系式（选用 1961～1978 年的数据是因为 1978 年后中国开始改革开放，城市化进程迅速，用 1978 年以前的数据可以尽可能避免城市化对气温的影响，与早期气温数据保持较好的一致性，可以进一步提高模型的拟合效果）。从而将站点 A 的缺测时段的 Tmax，Tmin 插补起来。

具体操作方法如下：站点 B 的 1961～1978 年气温数据包括逐小时气温数据（即 24 时次的气温数据），以及 Tmax 和 Tmin。因为气温变化具有明显的季节性，为了使得回归模型更加合理化，将站点 B 的资料按月划分，分为 12 个月，利用岭回归模型训练出每个月 Tmax，Tmin 和 Tm、Tn、Tj 的关系式。具体操作方法为将 12 个月的气温数据（Tmax、Tmin、Tm、Tn、Tj）按 7∶3 的比例分成训练集和验证集，利用 Python 语言进行编译和机器学习，通过设定不同的随机种子（0.001～1000）来确定不同城市各个月份的最优学习模型。然后将得到的模型表达式代入到极值缺测的早期数据中，就可以将早期的缺测的极值数据插补完成。

$$\mathrm{Tmax}_{i2} = ai1\mathrm{Tm}_{i2} + bi1\mathrm{Tn}_{i2} + ci1\mathrm{Tj}_{i2} + di1 \quad (i=1, 2, \cdots, 12) \tag{5.7}$$

$$\mathrm{Tmin}_{i2} = ai2\mathrm{Tm}_{i2} + bi2\mathrm{Tn}_{i2} + ci2\mathrm{Tj}_{i2} + di2 \quad (i=1, 2, \cdots, 12) \tag{5.8}$$

式中，$Tmax_{i2}$ 是站点 B 第 $i$ 月的最高气温，$Tmin_{i2}$ 是站点 B 第 $i$ 月的最低气温，$Tm_{i2}$、$Tn_{i2}$、$Tj_{i2}$ 分别是站点 B 第 $i$ 月的 $m$，$n$，$j$ 时的气温。

将站点 A 的第 $i$ 月的 $m$、$n$、$j$ 时气温 $Tm_{i1}$、$Tn_{i1}$、$Tj_{i1}$ 代入式（5.7）和式（5.8），即可得到站点 A 第 $i$ 月缺测的 $Tmax_{i1}$ 和 $Tmin_{i1}$。具体公式如下所示：

$$Tmax_{i1} = ai1 Tm_{i1} + bi1 Tn_{i1} + ci1 Tj_{i1} + di1 \quad (5.9)$$

$$Tmin_{i1} = ai2 Tm_{i1} + bi2 Tn_{i1} + ci2 Tj_{i1} + di2 \quad (5.10)$$

3）空间插补

经历过时间插补后，原始的器测资料缺测的 Tmax、Tmin 都被插补完整，可以更好的为接下来的空间插补作服务。空间插补主要是将不同的子站点插补到主序列上来，需要对数据进行融合。其中融合主要分为两个步骤。

步骤一：相同城市下不同站点的空间插补

60 个城市对应了 194 个站点，每个城市有 1~7 个子站点，需要将这些子站点插补到对应城市上的主站点上，以期获得该城市的相对时间序列较长且完整的气温序列。以北京为例，北京有 6 个观测站点：2900101，2900102，2900103，2900107，2900108，2900109，具体信息见表 5.4。

表 5.4 北京各站点的详细信息

| 站点号 | 经度（°E） | 纬度（°N） | 海拔高度/m |
| --- | --- | --- | --- |
| 2900101 | 116.48 | 39.95 | 32.4 |
| 2900102 | 116.47 | 39.9 | 42.6 |
| 2900103 | 116.31 | 39.9 | 52 |
| 2900107 | 116.05 | 40 | * |
| 2900108 | 116.30 | 39.95 | 62.1 |
| 2900109 | 116.40 | 39.82 | 32.3 |

*数据缺测。

由图 5.9 可以看出 2900102 的站点的温度序列观测时段最长，且较为连续，所以将 2900102 站点序列设为主序列，将其他 5 个站点序列依次插值到 2900102 序列上。其中插值分为两类：①和主序列观测时段有交叉的站点插补；②和主序列观测时段没有交叉的站点插补。

其中有交叉时段的插补主要采用的是将两个观测时段的重合部分单独挑出，假设重合部分日期长度为 $N$ 天。主序列重合部分序列记为 MS，子序列重合部分序列记为 SS，然后按照 4∶1 的比例将 $N$ 天分为训练集和测试集，得到两者的关系式

$$MS = aSS + b \quad (5.11)$$

运用得到的关系式将子序列中子序列和主序列不重复的观测时段的数据插补到主序列上。

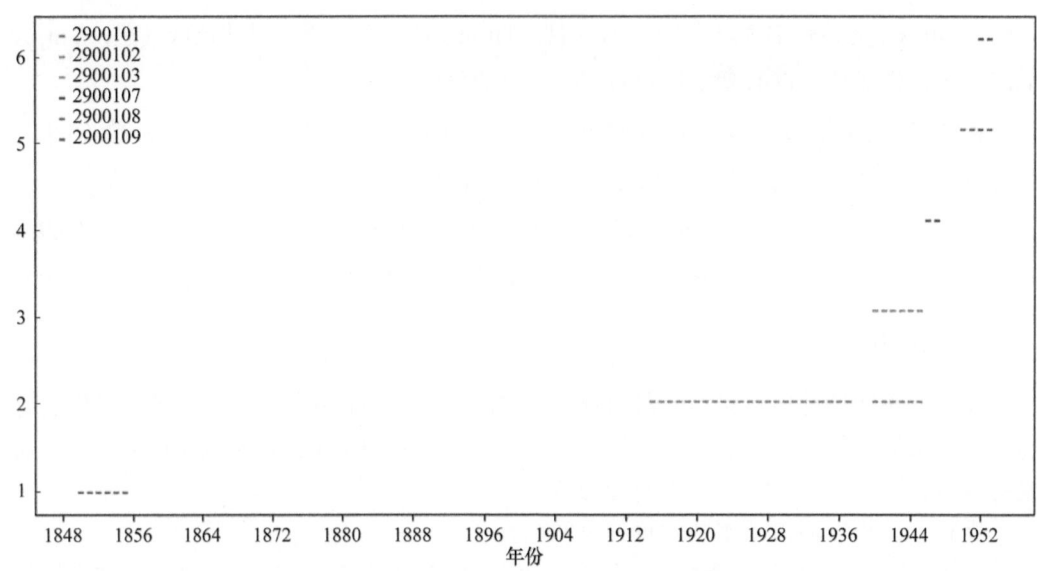

图 5.9 北京早期数据子站点资料观测时长

对于和主序列没有重复观测时段的序列来说,插补的时候则用另一种方法,思想和时间插补类似,需要逐月插补。

以 2900101 站点为例,首先在 2400 个自动站中分别找到与 2900101 站点及 2900102 站点(主序列站点)直线距离最近的现代站点 A 和 B,原则上 2900101(2900102)与 A(B)站点直线距离不能超过 3 km,确保 A(B)站点与 2900101(2900102)站点处于同一气候区,具有相同的气温变化规律。利用现代站点 A(B)站点 1961~1978 年的数据来表征早期 2900101(2900102)站点。

以插补 Tmax 为例,将 A、B 站点 1931~1978 年的逐日 Tmax 气温数据按月进行划分,分成 12 个月,每个月按训练集:验证集=4:1 的比例来训练模型,得到每个月 A 和 B 的关系,即

$$\text{Tmax\_B}_i = m_i \cdot \text{Tmax\_A}_i + n_i \quad (i=1, 2, 3\cdots, 12) \tag{5.12}$$

式中,Tmax_A$_i$ 和 Tmax_B$_i$ 分别表示 A、B 站点第 $i$ 个月的最高气温。

将得到的两者间 12 个月对应的关系直接应用到早期站点中,即

$$Y_i = m_i \cdot X_i + n_i \quad (i=1, 2, 3\cdots, 12) \tag{5.13}$$

合并后即可得到 2900101 站点插值到 2900102 的结果。

最低气温的插值同理。其他城市的插补步骤和北京的插补步骤相同。

步骤二:不同城市之间的空间插补

在完成步骤一的插值后初步得到了一个 60 个重点城市的极端气温数据集,但是仍然存在一些问题:1840~1950 年部分城市气温序列不够完整,仍有改善空间。为了更好地研究中国的长期温度变化趋势,考虑进一步估算 60 个城市,以获得 45 个时间序列更长、完整性更高的温度序列,插补用到的城市见表 5.5。插补的方法和步骤一相同,两个城市有交叉时段的则将交叉时段挑出,按训练集:测试集=4:1 的比例来建立模型。插补的原则是经纬度相差 2.5°以内,并且处于同一气候区,这样可以保证模型有更高的

可靠性。经过插补后得到 45 个城市的数据集（图 5.10）。

表 5.5 待插值城市列表

| 主城市 | 用于插值的城市 |
| --- | --- |
| 北京 | 天津 |
| 太原 | 大同，石家庄 |
| 济南 | 德州 |
| 南京 | 合肥，镇江，芜湖 |
| 九江 | 安庆，南昌 |
| 杭州 | 北仑 |
| 厦门 | 漳州 |
| 衡阳 | 马坡岭 |
| 武汉 | 岳阳 |
| 桂林 | 柳州 |
| 北海 | 南宁 |

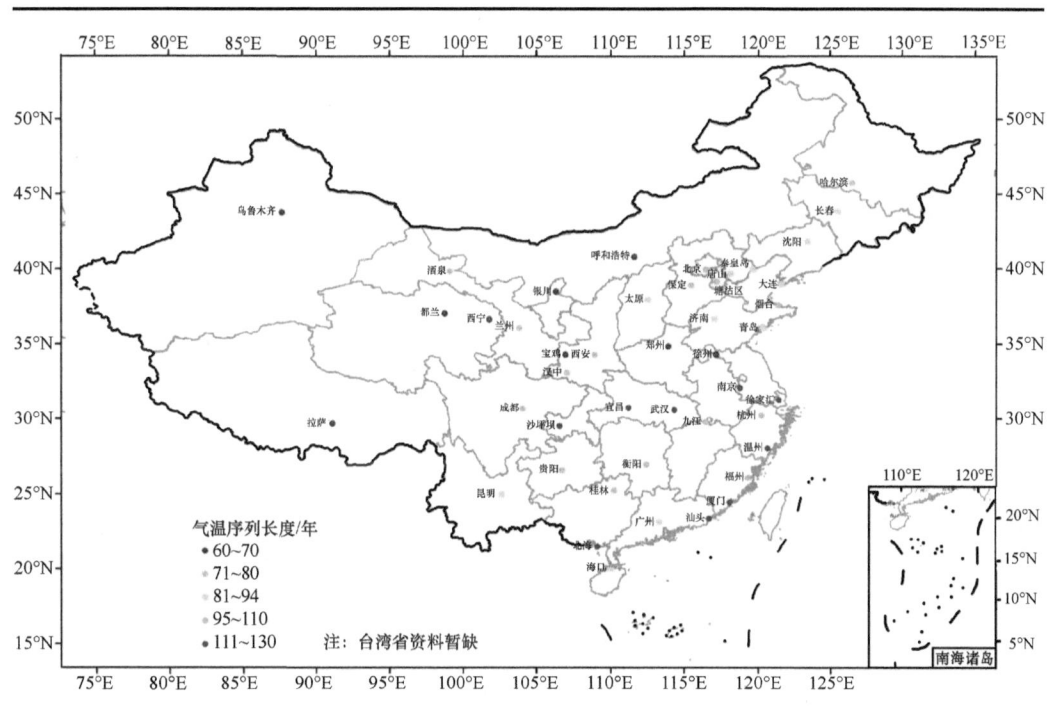

图 5.10 大陆 45 个重点城市气温序列长度

步骤三：插补方法的交叉验证

为了方法的严谨性，在此做了一个个例分析验证学习的回归模型的可信性。以成都为例，取成都两个早期站点的交叉时段的资料为原型（图 5.11），将交叉时段的资料分为 7∶3，因为这些极值数据都是已知的，可以将 30%当成未知，然后利用回归模型得到的预测值和实际值进行比较，就可以看出模型的预测效果。从图 5.11（b）可以看出

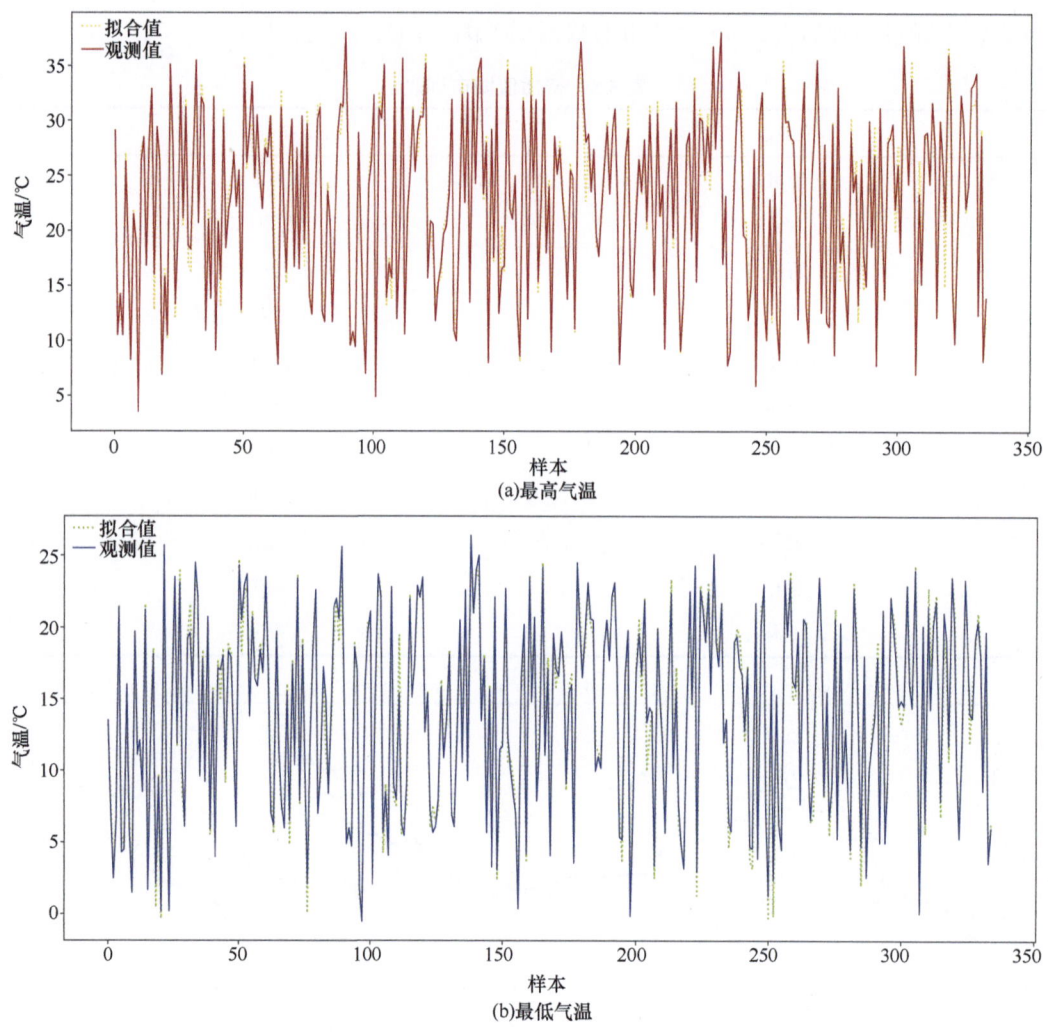

图 5.11 成都部分交叉验证结果图

预测值和实际值差距不大，测试的样本量为 335，其中最大值的预测误差为 2.016，均方根误差（RMSE）为 1.4199，平均绝对误差（MAE）为 1.0866，预测值和实际值的相关系数为 0.384，通过了 99.99% 的信度检验；最小值的均方误差（MSE）为 0.9608，RMSE 为 0.9802，MAE 为 0.7176，预测值与实际值的相关系数为 0.435，通过了 99.99% 的信度检验。由此可以看出插补的结果可信度还是很高的。

4）格点数据集构建

利用角度距离权重法，对数据集进行网格化处理。角度距离权重法被广泛使用，因为它在处理不规则台站数据时比其他方法更灵活，与其他方法相比，它具有更高的计算效率，而插值误差相似。为了配合之后的模式模拟工作，将网格化精度定为 2.5°×2.5°。因为本数据集站点较全球数据集而言相对较少，只有 75 个站点，所以对 ADW 方法做了相应的简化。具体步骤如下：

步骤一：定义一个相关函数 $r$

$$r = e^{\frac{-X}{X_0}} \quad (5.14)$$

式中，$X$ 为站点到对应格点中心的距离；$X_0$ 为 1000 km。

步骤二：定义距离权重 $w$

$$w = r^m \quad (5.15)$$

式中，$m$ 为调整参数，用于平衡不同远近台站的权重。测试发现交叉验证 RMSE 误差随着 $m$ 的增加而减小，$m$ 值为 4 时，在降低误差和减少空间平滑之间提供了一个合理的折中，$m$ 为 4 最合适。

步骤三：定义组合角度距离权重

$$W_i = w_i \left\{ 1 + \frac{\sum_k w_k |1-\cos(\theta_k - \theta_i)|}{\sum_k w_k} \right\}, i \neq k \quad (5.16)$$

式中，$i$ 为目标站，$k$ 为格点内目标站之外的其他站点，$\theta$ 指插值半径内各个台站相对网格中心的方位角（以北为起始），$W_i$ 为结合距离和角度之后的第 $i$ 个台站的权重。

在网格化过程中，只有网格中心周围站点大于等于 3 时，该网格点才会进行网格化，由于西部地区的站点比较稀疏，资料匮乏，所以中国西部地区的网格化结果较东部而言差距比较大。

## 5.2.2 气压阈值台风重建方法

**1. 数据**

本书主要利用了中国气象局国家气象信息中心发布的 1951～2016 年中国气象观测网基本气象历史数据集 3.0 版的 6 小时（00 时、06 时、12 时、18 时）本地地面气压（surface air pressure，SAP）和日平均 SAP（任芝花等，2012），中国气象局上海台风研究所发布的 1951～2017 年西北太平洋热带气旋（tropical cyclones，TCs）的最优路径数据集（Ying et al.，2014），以及香港 1885～2017 年 6 小时 SAP 序列。香港的 SAP 资料来自国际地面气压数据集（ISPD）和综合地面观测数据集（ISD）。根据最优路径数据集和热带气旋的登陆信息，共提取了 1951～2016 年 392 个在中国登陆的热带气旋和 67 个登陆点（图 5.12）。然后，提取每个登陆热带气旋在 67 个登陆点的登陆期（从热带气旋登陆前 4 天到登陆后 4 天）的 SAP 记录（包括 6 小时值和日平均值）。以香港站为目标站点，利用这些 SAP 序列和热带气旋登陆信息确定香港站有热带气旋影响时的热带气旋离香港站的有效距离，以及香港站 SAP 变化的阈值。

本小节以香港站为例研究，利用早期质量较高的气压器测资料重建热带气旋的方法。由于香港站 1940 年之前和之后观测要素改变（表 5.6），采用经验公式将 1885～1939 年的本站气压 SAP 订正到海平面气压（sea level pressure，SLP）上。静力方程可以表示气压随海拔高度的变化（朱乾根等，2000）：

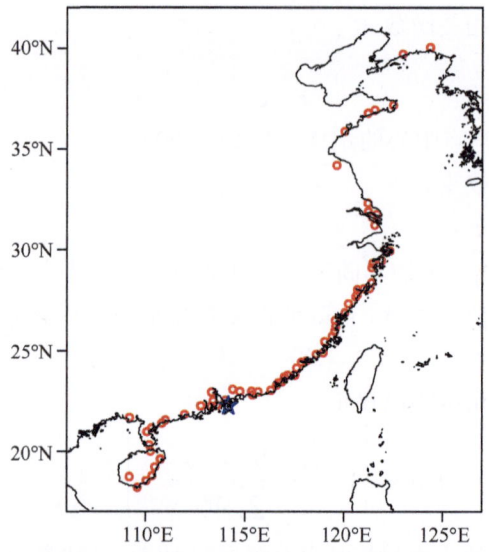

图 5.12 中国 67 个热带气旋登陆点分布图（红色圈为登陆点，蓝色星为香港站）（Zhang et al.，2021）

表 5.6  香港站沿革信息（Zhang et al.，2021）

| 站名 | 纬度（°N） | 经度（°E） | 海拔高度/m | 观测时期（年.月） | 要素 | 数据来源 |
|---|---|---|---|---|---|---|
| 香港（HK） | 22.3 | 114.17 | 62.0 | 1885.1~1939.12 | 本站气压 SAP | ISPD |
|  | 22.3 | 114.17 | 62.0 | 1947.1~2009.12 | 海平面气压 SLP |  |
| 沙田（ST） | 22.4 | 114.2 | 8.0 | 2010.1~2017.12 | 海平面气压 SLP | ISD |

$$0 = -\frac{1}{\rho}\frac{\partial p}{\partial z} - g \tag{5.17}$$

式中，$p$，$z$，$\rho$（9.81m/s$^2$）和 $g$（1.29kg/m$^3$）分别表示气压值，海拔，空气密度和重力加速度。进而，式（5.17）可以转换为

$$p_2 - p_1 = -\rho g(z_2 - z_1) \tag{5.18}$$

$$p_2 - p_1 = -12.7(z_2 - z_1) \tag{5.19}$$

式中，$z_1$（$z_2$）分别为调整前（后）的海拔高度，$p_1$（$p_2$）为调整前后的气压值。

式（5.18）表示海拔高度上升 1m，则气压下降 0.127 hPa。因此本站气压调整为海平面气压的公式最终可为

$$P_{adj} = P_{obs} + H_{obs} \times 0.127 \tag{5.20}$$

式中，$P_{adj}$ 和 $P_{obs}$ 分别为调整后的海平面气压 SLP 和观测到的本站气压 SAP，单位为 hPa；$H_{obs}$ 为观测站的海拔高度，单位为 m。

因此，利用式（5.20）和观测到的 SAP 和 SLP 获得了香港站 1885~2017 年 6 小时 SLP 的长时间尺度序列（图 5.13）。利用 RhtestsV4 均一性检测软件①对香港站重建的 SLP

---

① Wang X L, Feng Y. 2013. RHtestsV4 User Manual.

日序列进行了均一性检验，检验结果显示调整后的香港站 SLP 日序列的无非均一性问题，表明此序列可以用于长期气候变化研究。

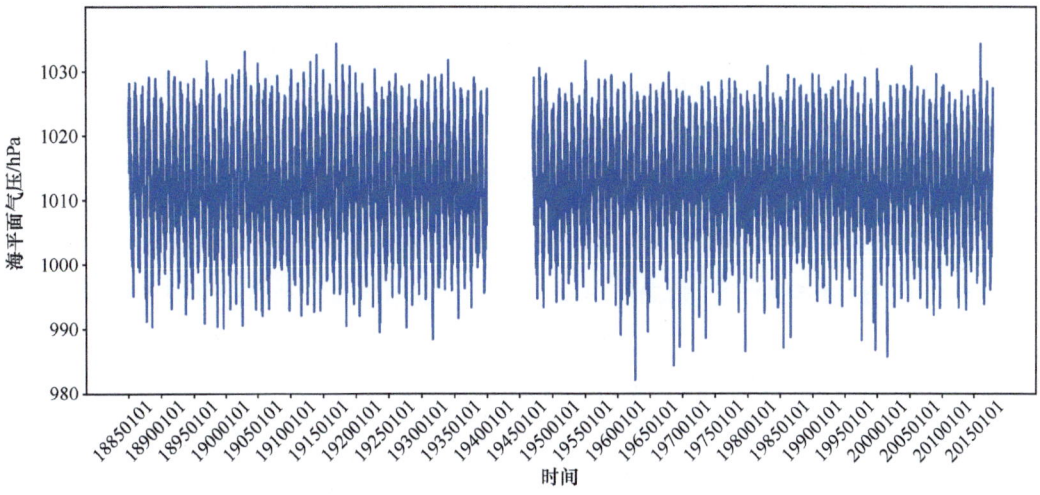

图 5.13　1885～2017 年香港站日平均 SLP 序列（1940～1946 年数据缺失）（Zhang et al.，2021）
18850101 表示 1885 年 1 月 1 日，以此类推

**2. 方法**

本书所开发的利用气压资料重建早期热带气旋的方法如图 5.14 所示。首先根据 1951 年以来实际观测到的 392 个登陆热带气旋的信息，分析每次登陆热带气旋对香港站气压变化的影响，获得香港站受登陆热带气旋影响时其观测到的 SLP 变化的阈值。然后，将确定的 SLP 阈值应用于香港站 1885～2017 年长时间尺度 SLP 记录。最后，得到重建后的影响香港的热带气旋序列。

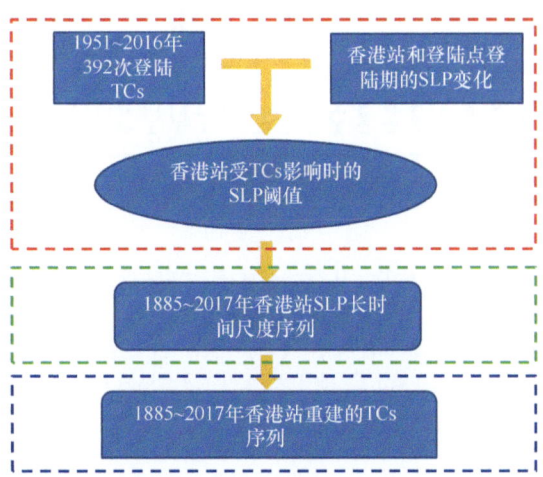

图 5.14　热带气旋重建方法流程图（以香港站为例）（改绘于 Zhang et al.，2021）

本书利用相关衰减距离（correlation decay distance，CDD）（Hofstra et al.，2008）来获得通过目标站点 SAP 记录即可监测到受热带气旋影响的最远距离，从而确定目标站

点有热带气旋影响时的 SAP 阈值。对于目标台站来说，CDD 内的登陆热带气旋会对目标站点的 SAP 产生显著影响，即对目标站点有影响，反之亦然。目标台站和热带气旋登陆台站之间的 SAP 序列的相关系数随着台站间距离的增加而衰减，CDD 通常定义为该相关系数衰减到一个特定值以下所对应的距离（Briffa and Jones，1993；Jones et al.，1997；Hofstra et al.，2008；Zhang et al.，2017）。首先，计算每次热带气旋登陆期内目标站和登陆台站的 SAP 序列的皮尔逊（Pearson）相关系数。其次，根据到目标站与热带气旋登陆台站的球面几何距离对相关系数进行排序，并通过最小二乘法获得距离和相关系数的最佳拟合函数。最后，相关系数等于 0.05 显著性水平所对应的距离即定义为 CDD。

以下部分将以香港站为目标站，具体说明如何利用气压阈值重建热带气旋。图 5.15 显示当热带气旋接近登陆点时，6 小时 SAP 差值的绝对值明显升高，最大值在登陆当天可达 50hPa 以上，而热带气旋登陆后，登陆点 6 小时 SAP 差值的绝对值逐渐下降。因此理论上来说，登陆点 6 小时 SAP 差值绝对值的变化与附近站点 SAP 差值绝对值的变化之间存在高度相关性，反之亦然。换句话说，登陆点和目标站之间的距离越近，它们之间 6 小时 SAP 差值绝对值的相关性越高。

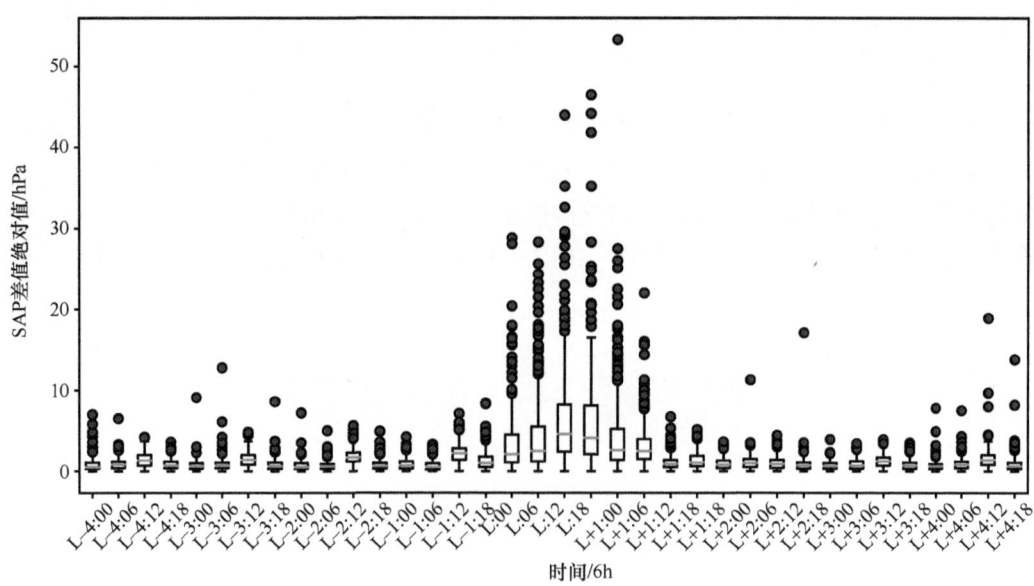

图 5.15  392 次登陆热带气旋登陆期 9 天（从登陆前 4 天到登陆后 4 天）登陆点 6 小时 SAP 差值绝对值的变化箱形图

方框上下线表示四分位数（25%和 75%分位数），橙色水平线表示中值，上下边缘线表示极值范围，红点表示异常值，横轴表示登陆日:时刻，L 表示登陆当天，L−1 表示登陆前 1 天，L+1 表示登陆后 1 天，以此类推（Zhang et al.，2021）

以香港站为目标站，计算获得每次热带气旋登陆期间（从登陆前 4 天到登陆后 4 天共有 9 天）香港站的 ΔSLP 序列（即当前时间和 6 小时前 SLP 差值的绝对值），以及登陆点的 ΔSAP 序列。然后，计算每个登陆热带气旋在登陆期间香港站的 ΔSLP 序列和登陆点的 ΔSAP 序列之间的皮尔逊（Pearson）相关系数。通过最小二乘法拟合出相关系数相对于香港站与登陆点之间距离的函数（指数、对数和线性函数）。3 种函数中指数函数的拟合度最高，最终选择了指数函数来表征 ΔSAP 序列相关系数与距离之间的关系，并且定义相关系数达到显著性水平对应的距离为 CDD。对于香港站来说，CDD 即为 362km，表示该距离之内的登陆热带气旋会对香港站的 ΔSAP 序列的变化产生显著的影响（图 5.16）。

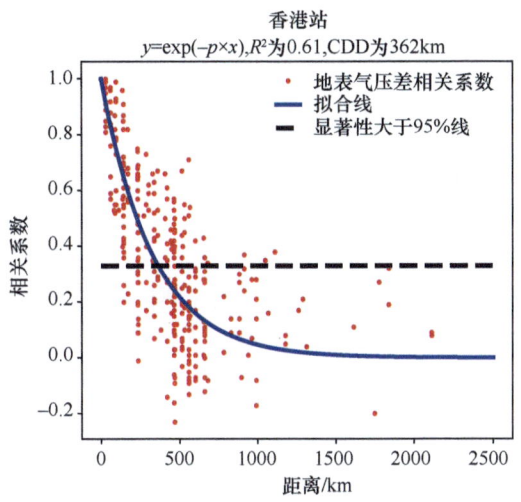

图 5.16 利用 9 天登陆期 6 小时 SAP 差值绝对值序列获得的香港站的 CDD（Zhang et al.，2021）

选择日平均 SLP 和 24 小时 SLP 差值的绝对值作为关键指标，并确定有登陆热带气旋影响下香港站两个关键指标变化的阈值。日平均 SLP 是 00 时、06 时、12 时和 18 时 4 个时次 SLP 的平均值，24 小时 SLP 差值的绝对值是当天和前一天之间 SLP 差的绝对值。图 5.17 显示了登陆热带气旋在 3 天着陆期（从登陆前 1 天到登陆后 1 天）香港站每日平均 SLP 的最小值和 24 小时 SLP 差值绝对值的最大值与离登陆点距离之间的关系。根据最小二

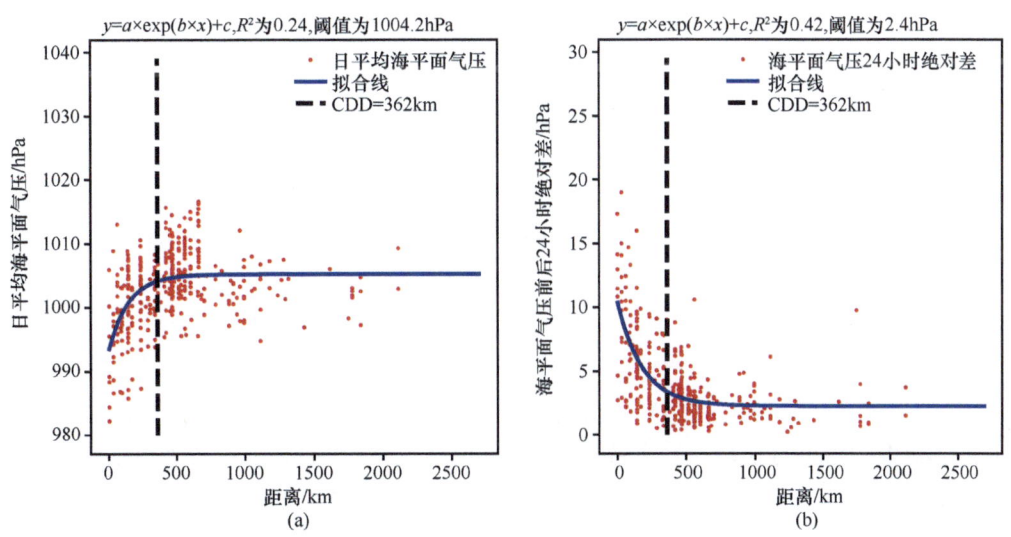

图 5.17 香港站有登陆热带气旋影响时日平均 SLP（a）和 24 小时 SLP 差值（b）的阈值（Zhang et al.，2021）

乘法，用两个拟合函数（指数函数和对数函数）进行拟合。结果显示指数函数的拟合度高于对数函数，因此最终选择指数函数进行拟合（图 5.17 中的蓝色曲线）。因此，CDD 对应的指数函数值即为相应 SAP 指标的阈值（即图 5.17 中蓝色曲线和黑色虚线交点的对应函数值）。按照上述步骤，即可确定若有登陆热带气旋影响时香港站的日平均 SLP 阈值和 24 小时 SLP 差值绝对值的阈值，即分别为 1004.2 hPa 和 3.4 hPa。对比香港站某天日平均 SLP 和 24 小时 SLP 差值与其相应的阈值，即可判断当天是否有热带气旋影响。因此，可利用长时间尺度的日平均 SLP 序列重建相应时期的热带气旋过程。

### 5.2.3 涡度阈值台风重建方法

#### 1. 再分析台风的追踪

随着再分析数据变得更精细和同化方案的改进，再分析资料在热带气旋（tropical cyclone，TC）研究中崭露头角。如何从再分析中提取出 TC 成为一个重要的课题。使用来自 Hodges（1994）的客观追踪方法。台风属于中尺度正涡旋天气系统，在再分析数据中，台风在低层表现为闭合的正涡度圈。因此，客观分析法采用 850hPa 相对涡度（relative vorticity，RV）场，首先设置阈值为 $1\times10^{-5}$/s，分割出正涡度对象点和背景点；其次，在对象点中确定好初始特征点后，在一定半径范围内，搜索下一时间步的特征点；最后，依次处理每个时间步的特征点，形成轨迹，将特征点的位置、时间和 850hPa 的相对涡度值等量储存，进行下一步的识别。

#### 2. 再分析台风的识别

目前，除了人工识别方法外，以前的许多工作都集中在 TC 暖心结构上，然而，不同的跟踪方案之间存在很大的分歧，其中持续时间、最大风速和生成纬度阈值的确定起着重要作用，同时各方案着力点的不同也会导致差异（Horn et al.，2014）。本书使用了类似于 Hodges 等（2017）的热带气旋识别方法，使用了轨道起始区域的限制，轨道的初始点必须在西北太平洋（Western North Pacific，WNP）盆地内。重建台风应用的客观跟踪方法已被证明可以产生延长的 TC 生命周期，存在涡度扰动刚刚出现，或者正涡度系统的温带过渡的阶段（Strachan et al.，2013）。为了消除那些甚至不太可能归因于热带低压的错误警报，考虑了不少于 4 天（16 步）的较长持续时间。持续时间指的是轨迹存在的时间，因为客观上跟踪的 TC 表现出较长的生命周期，而较长的持续时间条件对本书关注的 TC 影响不大。在制定登陆标准时，考虑了再分析 TC 位置的不确定性。当海岸线和其轨道之间的最小距离小于 1°时，TC 被认为与登陆有关。在此，本书在东亚地区重点关注五个登陆地，包括中国、菲律宾、马来西亚、文莱和越南。除了以上的要求，识别方案中还增加西移要求，以确保登陆的可靠性，并排除干扰的温带气旋。

找到台风强度的 850 hPa RV 阈值的关键是构建 RV 和最大持续风速（max sustained wind，MSW）之间的联系。一个台风的加强可以伴随着其中心附近正涡度的增强，同时出现一个贯穿对流层中上层的正涡度柱（于玉斌等，2008）。为了避免热带低压等干扰轨道，用直接匹配法将最佳路径 TC 与再分析 TC 进行匹配（Hodges et al.，2017），发现所有 6 个再分析数据 TC 的最大强度时间与最佳路径 TC 相比,强度的峰值出现了提前或推迟。每个数据集内的最大强度时间间隔显示在图 5.18 中。时间间隔的计算方法是用观测的 MSW 最大时间步长减去再分析的 RV 最大时间步长(在其匹配期内)。正值(蓝色)意味着 RV 最大值早于 MSW 最大值出现,而负值(黄色)意味着延迟出现。与 MSW 最大值相比,RV 最大值的提前和延迟出现都在前后 10 个时间步长(60 小时)内,这意味着在观测 TC 的 MSW 最大值的前后 60 小时内,很容易找到 RV 最大值。

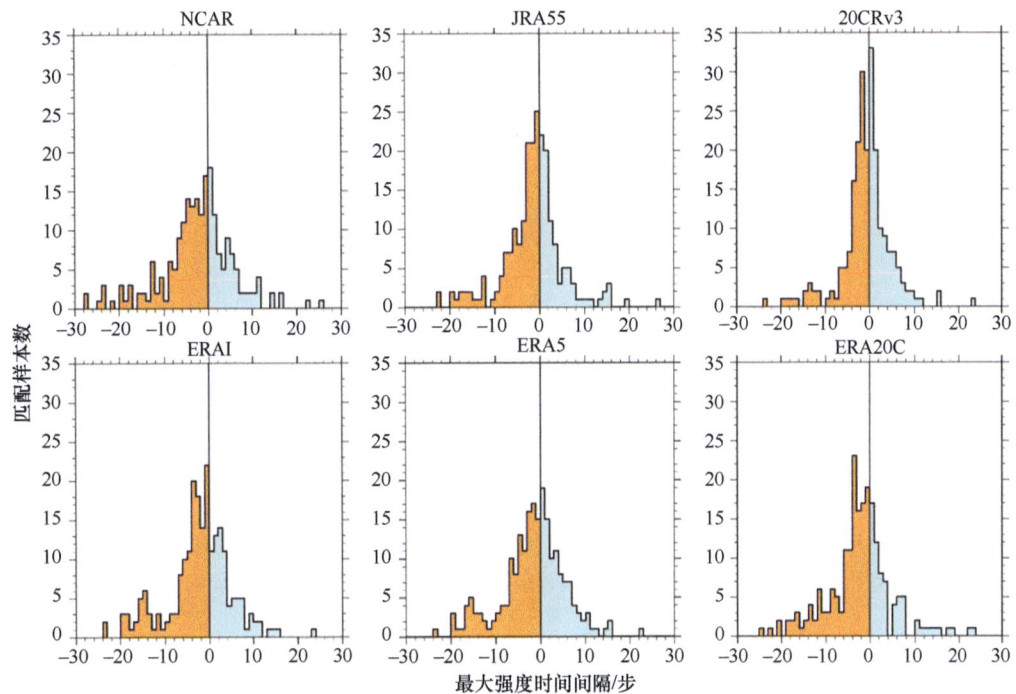

图 5.18　不同数据集的最佳路径–涡度追踪轨迹时间滞后分布
Y 轴表示匹配轨迹的样本数,X 轴表示再分析和观测台风之间的滞后时间(6 小时为一步)

有了上面的发现,画出了 MSW 最大值和对应于其前后 60 小时的 RV 值,如图 5.19 所示。为了客观地找到强度阈值,用线性函数和指数函数来拟合这些散点。20CRv3 MSW–RV 拟合的 $r^2$ 最高。Malakar 等(2020)也提到了 ERAI 的高强度重建失败,并声称在北印度洋 ERAI 获得了较高的低强度报告,但未能呈现出高强度。为了给再分析 TC 找到一个正确的阈值,找到了台风强度的相应 RV 值。为了简单起见,选择 $6×10^{-5}$/s 作为最终的阈值。

综上所述,制定的识别标准如下:
(1)再分析的 TC 轨迹与海岸线之间的最短距离小于 1°。
(2)TCs 的持续时间必须超过 4 天。
(3)TCs 的第一点必须在 WNP 盆地(0°～35°N,105°E～210°E)。
(4)与第 3 天相比,轨迹必须从生成时间开始向西移动(12 步)。

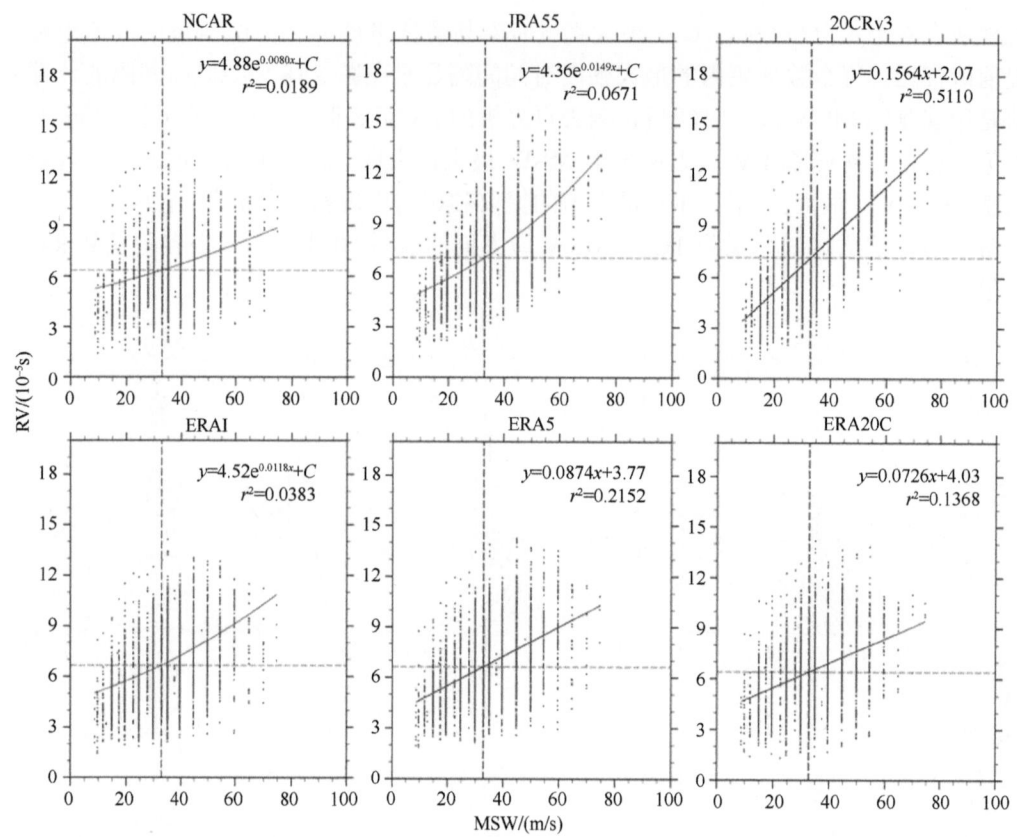

图 5.19 最佳路径 MSW 和匹配的 850 hPa RV 散点（蓝色）（1980~2009 年），拟合函数（黑色直线），台风风速阈值 32.7 m/s（红色虚线），以及拟合函数上台风风速阈值对应的涡度阈值（黄色虚线）

（5）850 hPa 的 RV 必须在 35°N 以下达到 $6\times10^{-5}$/s 的阈值。

这里使用的识别方法是高度基于区域环流特征的，它是一种依赖于特定生成盆地的方法，当应用于其他生成盆地时，应该有相应的变化。这里选择的 RV 阈值是基于 MSW–RV 关系的，它可以根据不同的再分析资料分配不同的阈值。本书试图为台风强度找到一个统一的阈值，因此进行了简化的选择。

## 5.3 早期日气温数据集建设

### 5.3.1 气温数据来源

本书基础数据来源于地球大气环流圈重建计划（ACRE）和各个区域的子计划（如 ACRE-China）、国家气象信息中心的中国 2400 个自动站 1961~2020 年的逐日最高和最低气温以及 GHCND 提供的国外站点数据。

其中 ACRE-China 项目提供的国内 60 城 194 站的逐日定时气温观测数据的时间和空间覆盖最高，故本节以 ACRE-China 数据为例，展示数据处理的流程。ACRE 项目数据的收集和数字化工作由中国气象局进行。ACRE-China 的数据文件中包括台站档案号、纬度、经度、海拔高度、数据来源代码、观测时制、观测次数、观测时间、单位（摄氏度℃或华氏度℉）等元数据信息。

## 5.3.2 数据预处理

按照 5.2.1 节中介绍的数据预处理的方法，按需对气温观测记录进行数字化、确定观测元数据、评估气候代表性、单位转换、质量控制处理。

**1. 数据质量控制**

本书早期气温记录的质量控制主要参考了 RClimDex 软件的质量控制模块、中国气象局国家气象信息中心研制的中国国家级地面气象站均一化气温日值数据集和 GHCND 的质量控制内容。质量控制的主要内容如下：

（1）检查站点经纬度值是否超过范围。每个台站的经度范围应该在$-180°\sim180°$之间，纬度范围应该在$-90°\sim90°$之间。如果超过该范围则排除掉该台站。

（2）日期重复性检查。检查同一个台站中是否有相同的日期，若有则删除重复日期据。

（3）检查气温值是否超过目前的世界纪录。目前记录的世界最高气温是 57.8℃，最低气温是 $-89.4$℃。如果气温值在这个范围之外，将其重新赋值为缺失值。

（4）如果连续出现 10 天或以上的相同气温，则定为缺测值。

（5）内部一致性检查。如果日最低气温高于日最高气温，那么该日的日最高气温和日最低气温同时赋值为缺失值。

（6）本地的气候学极值检查。每个气象站都根据该站的历史实际气温设定一年中每天气温的上下变化范围，超过这个范围就作为异常值处理，这个范围是气候参考期（1961～1990 年）平均值±5 倍的标准差。计算时采用 5 日窗口法。比如计算 1 月 3 日的日最高气温变化范围，首先将 30 年参考期（1961～1990 年）内所有 1 月 1～5 日的日最高气温全部挑选出来，然后计算其平均值（mean）和标准差（$\sigma$），那么每年 1 月 3 日的日最高气温的变化范围就限定在（mean$\pm5\sigma$）范围之内；如果超出了这个范围，就重新赋值为缺失值。日最低气温采用同样方法处理。

（7）观测微环境检查。分析观测仪器微环境，评估记录的气候代表性。例如，对早期沈阳记录的分析发现，部分观测最低气温较现代值高 10℃以上（1840～1870 年），这部分确定为室内观测，不具有代表性，予以剔除。

（8）对检测出来的有问题的数据进行逐一的回查，与原始资料进行比较。检查疑问数据前后几天的气温数据，进行比较分析，将一些 3 写成 8、2 写成 5 等类的错误，以及因单位标注错误而导致数据异常的错误（摄氏度写成华氏度），日期出现错误（如 1890-1-0）等数据进行进一步确认和修改，拯救早期的数据。

**2. 均一化处理**

本书使用 RHtestsV4 软件对日气温数据进行非均一性检验和订正，软件可对目标序列进行无参考序列的检验和订正，但是缺少参考序列会降低检测结果的可靠性，故在非均一性检验和订正过程中，为目标序列构建高质量的参考序列。参考序列的数据来源于 Berkeley Earth Merged Dataset-version 2 数据集（Muller et al.，2013），这是一套多源融合数据，融合了全球历史气候网格（GHCN）、美国历史气候网格（USHCN）、哈德利中心和东英格利亚大学气候研究中心数据集（Hadley Centre/Climate Research Unit Data Collection）等十余套气温数据，其气温序列长度较长，东亚地区序列观测年份最早起始于 1853 年，能够较好满足参考序列的观测长度需求。选用其中经过质量控制和均一化的数据作为参考序列进行非均一性检验。

按照以下方法和步骤来检验和合成参考序列：首先以目标序列台站为中心，在 500 km 半径范围内选取参考站，并保证参考序列台站与目标序列台站的海拔高差<200 m。然后分别对每条目标序列及其参考序列进行一阶差分处理，计算方法如下：

$$(dT/dt)_i = T_{i+1} - T_i \tag{5.21}$$

$T_i$ 和 $T_{i+1}$ 分别为序列中前后两个相距为单位 1 的数值，一条长度为 $n$ 的序列可计算得到一条长度为 $n-1$ 的 $dT/dt$ 序列，即一阶差分序列。计算目标序列与各参考序列一阶差分序列的相关系数，挑选出与目标序列显著相关，且相关系数>0.8 的参考序列。由于 RHtests 方法只使用一条参考序列来检验目标序列的非均一性，因此该方法对参考序列的均一性有着更严格的要求，若参考序列存在明显的突变点，则很可能会在检测过程中给目标序列引入额外的非均一性，所以对于挑选出来的参考序列，需对其非均一性进行初步检验。检验参考序列的非均一性时，在无参考序列和无元数据信息（记录台站历史变迁的沿革信息）的条件下进行，这样虽不能彻底检测出参考序列中的所有非均一性突变点，但可以排除大部分最显著的突变点，最后再通过使用多条参考序列合成平均序列的方式来平滑掉参考序列中可能存在的潜在微小突变点。在无参考序列进行检验时，使用的是 PMFred 算法（Wang，2008a），该方法基于最大惩罚 $F$ 检验（Wang，2008b），在没有序列作为参考的情况下，也能识别出目标序列中的最显著突变点；而使用参考序列进行检验时则用到 PMTred 算法（Wang，2008a），该方法基于最大惩罚 $t$ 检验（Wang et al.，2007），能以参考序列为依据，准确检测出目标序列中的绝大多数突变点，有着更高的可靠性。对所有参考序列进行初步非均一性检验之后，弃用检测出突变点的序列，只保留均一的序列用于最终参考序列的合成。

参考序列不足可能达不到消除潜在非均一性突变点的目的，而参考序列过多又可能导致合成的序列过于平滑，失去了原本的局地气候变率，经过试验及参考前人研究工作（Peterson and Easterling，1994；Peterson et al.，1998），认为将参考序列数目设定在 3~5 条之间是比较合适的。为尽可能检验目标序列整个观测时期的非均一性，挑选与目标序列有效观测数据重合长度（即目标序列与参考序列同时存在非缺失值的日期长度）最长的序列来合成参考序列，有效观测数据重合长度占目标序列有效数据总长度 50%以上的序列才纳入参考范围。当足够长度的参考序列数目少于 3 条时，则认为对应的目标序列没有足够的序列作为参考，其将在无参考序列的条件下进行非均一性检验。

合成最终的参考序列时,以相关系数的平方作为权重,使用加权平均的方法将挑选出的参考站序列合成为最终的参考序列。针对合成的参考序列,将再次进行非均一性检验,以评估其均一性是否良好。若合成的参考序列依旧存在显著突变点,则弃用该参考序列,相应目标序列的非均一性检验同样在无参考序列的条件下进行。所有检测过程均在99.99%的最高信度水平下进行,以保证检测出的都是最为显著的突变点。

如表5.7统计,国内45个台站的最高气温(Tmax)序列和最低气温(Tmin)序列基本都能构建和匹配均一的参考序列;国外30个站点的参考序列丰富程度相对较低,最低气温只有23条目标序列能够匹配参考序列,且其中一条参考序列因均一性较差而未被采用,即国外站点的最低气温序列中,有8条是在无参考序列的情况下进行非均一性检验。

表5.7 参考序列的构建及其非均一性检验情况

| 数据来源 | 数据类型 | 总台站数 | 有参考序列台站数 | 非均一参考序列数 |
| --- | --- | --- | --- | --- |
| 国内站点 | Tmax | 45 | 41 | 0 |
|  | Tmin | 45 | 42 | 0 |
| 国外站点 | Tmax | 30 | 25 | 0 |
|  | Tmin | 30 | 23 | 1 |

非均一性检测时,为避免日值数据中天气尺度的变率带来的噪音和影响,首先将日值数据计算成月值数据,从月值数据中能够更准确地识别显著的非均一性突变点,然后根据月值数据的突变点检测结果,采用分位数匹配QM方法(Vincent et al., 2012)对日气温数据进行订正。为尽可能降低订正过程中的不确定性,避免过多不必要突变点(可能是局地气候变率的反映,而不是人为造成的非均一性)的订正,对突变点的订正值进行限定:计算目标序列中各年份日气温的最高值的平均值作为阈值上界,各年份日气温的最低值的平均值作为阈值下界,若突变点订正值的绝对值小于上下阈值差的1/20,则该突变点不进行订正,保留序列原始的变化特征,避免对某些可能的气候变率造成误订。

由于所构建的参考序列可能并不能完全覆盖目标序列的整个观测时期,参考序列覆盖时期外的序列并没有得到检验,故在使用参考序列对目标序列进行首次检验和订正之后,继续在无参考序列的条件下对目标序列进行二次检验和订正,此时只将在参考序列没有覆盖到的时期内检测出的突变点纳入订正范围。

以福州站和泰国的宋卡站为例,展示均一化订正的效果。图5.20绘制了福州站和宋卡站订正前后的时间序列,以及各序列的订正值曲线。可见,福州站最高气温和最低气温的突变点都在1937年,平均订正值分别约为-2.4℃和-1.8℃,订正使得福州站早期的序列片段整体下移,校正了其早期气温的异常偏高现象。宋卡站最高气温分别在1976年和1999年有一个平均订正值约为-0.2℃和0.5℃的突变点,订正使得宋卡站最高气温1976~1999年之间的序列片段有一个整体下移,序列的气温变化趋势有所增大;宋卡站最低气温在1986年有一个平均订正值约为0.6℃的突变点,订正抬升了宋卡站1986年之前的序列片段,订正后的序列气温变化趋势减小。

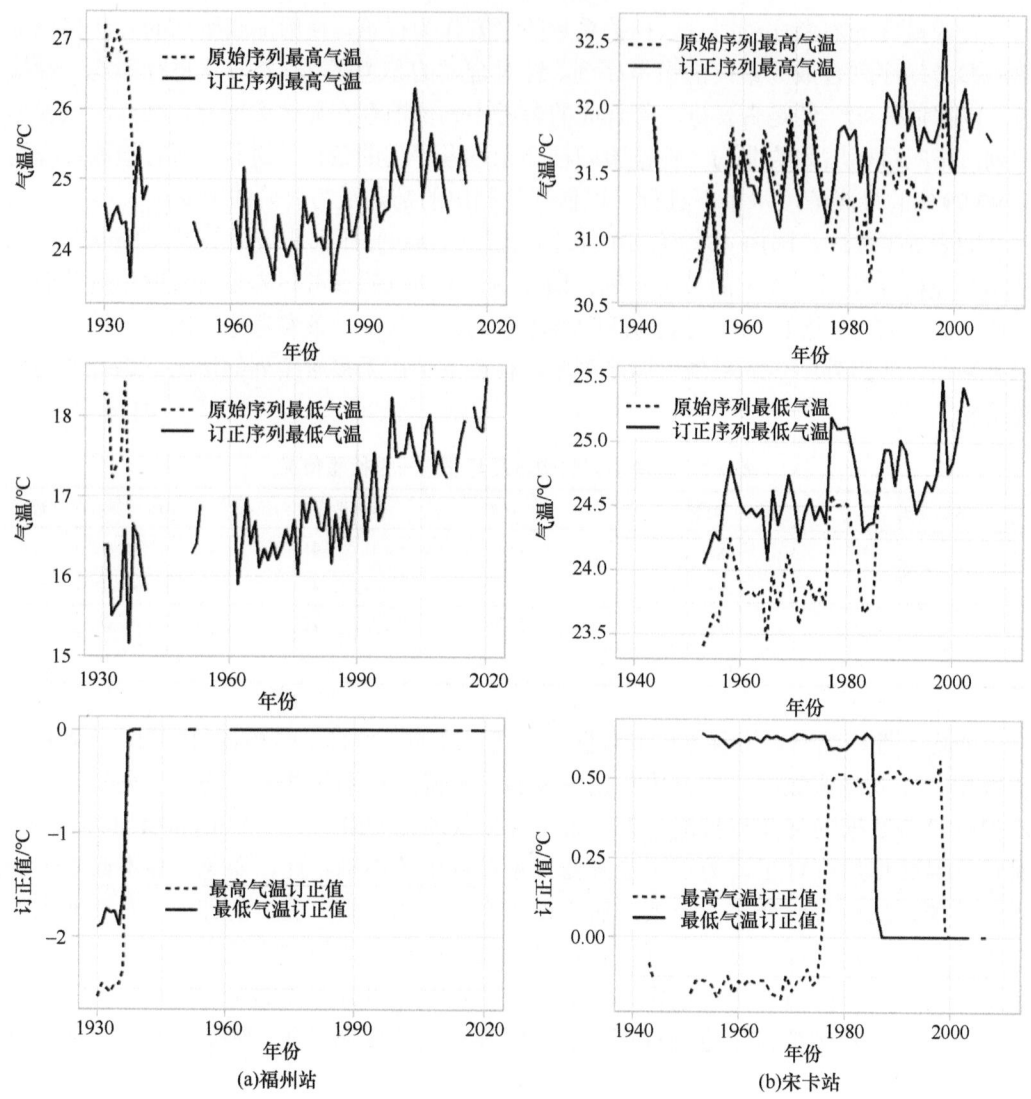

图 5.20 福州站（a）和宋卡站（b）气温序列订正前后对比

### 5.3.3 气温数据时空分布

图 5.21 为 60 个原始城市空间分布图及其子站点数量图，可以看出华东地区站点分布密集且子站点数量相对较多，经过质控及插补等一系列工作后得到中国地区百年均一化极端气温数据集。中国地区百年均一化极端气温数据集包含国内 45 个重点城市，其中包含百年序列 13 条：北京（134 年）、厦门（126 年）、徐家汇（125 年）、北海（124 年）、武汉（123 年）、温州（122 年）、沙坪坝（122 年）、宜昌（117 年）、南京（114 年）、汕头（112 年）、九江（112 年）、杭州（110 年）和衡阳（100 年），80~100 年序列 14 条，60~80 年序列 17 条，不足 60 年序列 1 条——都兰（47 年）。

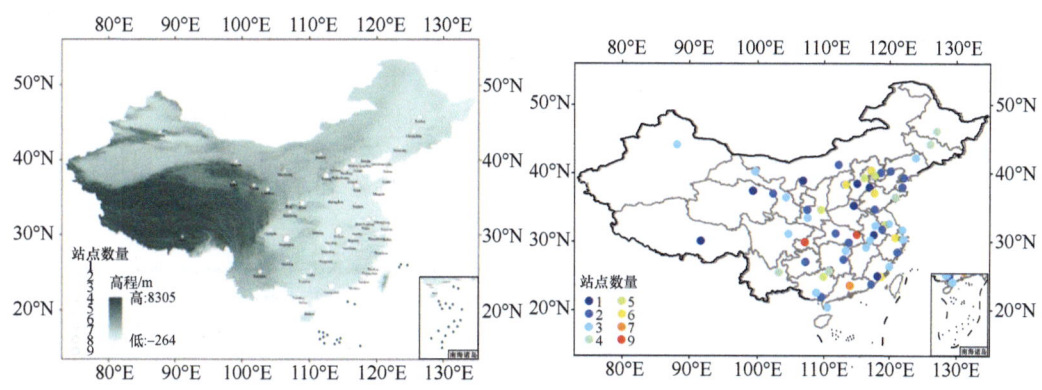

图 5.21 重点城市的位置分布及其子序列数量

图 5.22 显示了 1840~2020 年期间有观测数据的台站数量信息。可以看出,在中华人民共和国成立(1949 年)之前有观测数据的台站相对较少。随着新中国的发展,气象观测工作稳步推进,台站数量保持在 45 个。1880 年以前,只有 1 个站有观测数据,即北京站。自 1900 年以来,拥有观测数据的台站数量稳定在 13 个以上,并且随着时间的推移呈上升趋势。1940~1945 年间,有观测数据的台站数量大幅减少,主要是受抗日战争的影响,导致南京站、成都站、武汉站等台站气温观测中断。

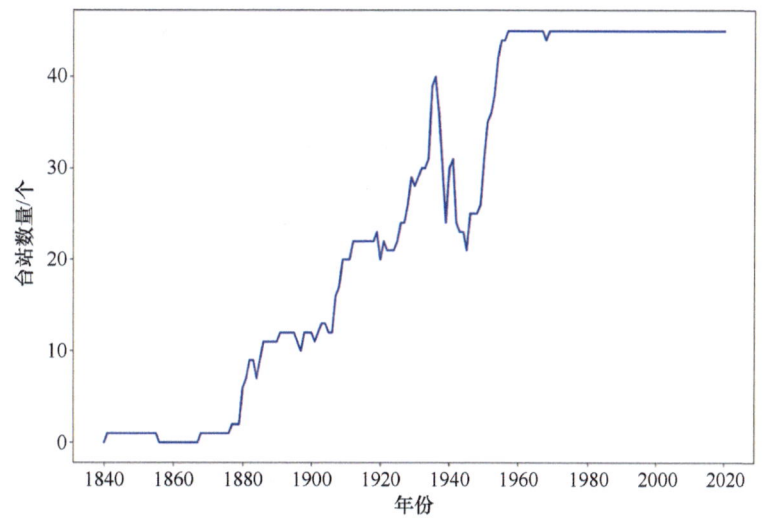

图 5.22 观测期间(1840~2020 年)有观测数据的台站数量

图 5.23 显示了数据集中所有 45 个站点的温度序列的长度和完整率,数据集的整体质量良好。总的来说,数据集基本上覆盖了中国的所有地点,观测周期长,数据完整率高,这意味着其可以用来研究过去一个世纪中国极端温度变化的特征和机制。

### 5.3.4 站点和格点数据集构建与质量评估

为保证数据集的可靠性,将均一化后的数据集(CUG)与 CRU 数据集进行对比验证。挑选出 4 个最具代表性、观测时间最长的站点：北京（CN00003，134 年）、厦门（CN00004，126 年）、徐家汇（CN00028，125 年）、北海（CN00039，124 年），与从 CRU 数据集中提取出来的对应站点进行对比验证，对比结果如图 5.24 所示。结果可以看出 CUG 数据集与 CRU 数据集的差异不大，并且相关系数很高，从而可以证明 CUG 数据集的可靠性。

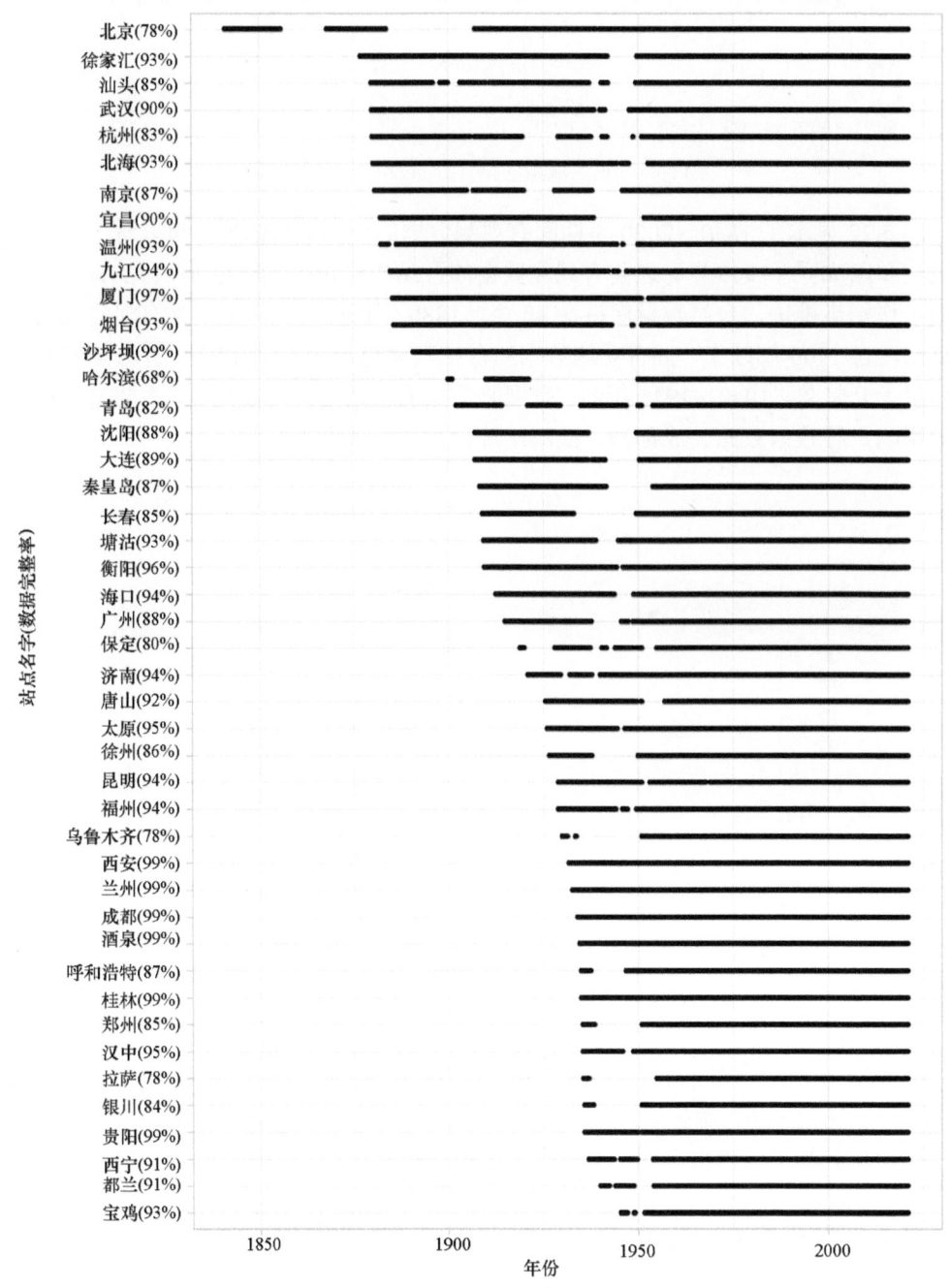

图 5.23　45 个站点温度数据系列的长度和完整率

表 5.8 给出了数据集中中国所有 45 个站点的 Tmax 和 Tmin 与 CRU 数据集的相关系数，可以看出两者之间的相关性很高，说明了 CUG 数据集的可靠性，可以将其用来分析后续的极端气温变化特征及机理。

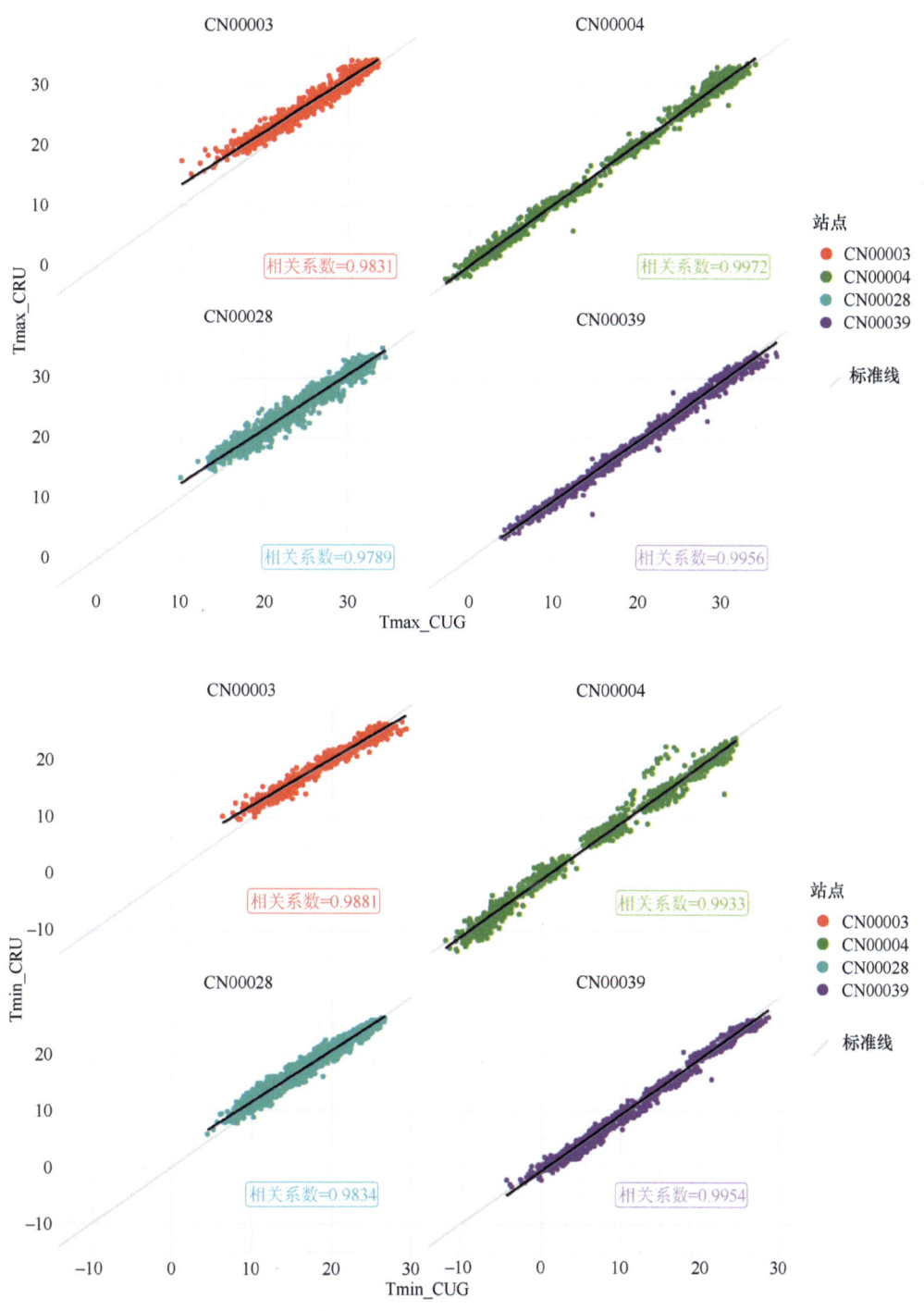

图 5.24 数据集与 CRU 数据集的对比验证及相关关系

表 5.8 CUG 数据集 45 个站点与 CRU 数据集的相关系数结果

| 站号 | 站点名 | 最高气温的相关系数 | 最低气温的相关系数 |
| --- | --- | --- | --- |
| CN00001 | 宝鸡 | 0.995360 | 0.996298 |
| CN00002 | 保定 | 0.996647 | 0.996998 |
| CN00003 | 北海 | 0.983141 | 0.988135 |
| CN00004 | 北京 | 0.997167 | 0.993255 |
| CN00005 | 成都 | 0.993847 | 0.995152 |
| CN00006 | 大连 | 0.997701 | 0.996591 |
| CN00007 | 都兰 | 0.991939 | 0.994132 |
| CN00008 | 福州 | 0.993491 | 0.995196 |
| CN00009 | 广州 | 0.988988 | 0.989586 |
| CN00010 | 贵阳 | 0.991036 | 0.991068 |
| CN00011 | 桂林 | 0.991386 | 0.994268 |
| CN00012 | 哈尔滨 | 0.998658 | 0.998302 |
| CN00013 | 海口 | 0.978265 | 0.968004 |
| CN00014 | 汉中 | 0.995869 | 0.997603 |
| CN00015 | 杭州 | 0.994441 | 0.997172 |
| CN00016 | 衡阳 | 0.992248 | 0.995081 |
| CN00017 | 呼和浩特 | 0.997696 | 0.996976 |
| CN00018 | 济南 | 0.997927 | 0.996626 |
| CN00019 | 九江 | 0.995819 | 0.995780 |
| CN00020 | 酒泉 | 0.994069 | 0.992738 |
| CN00021 | 昆明 | 0.949830 | 0.969992 |
| CN00022 | 拉萨 | 0.987076 | 0.994053 |
| CN00023 | 兰州 | 0.995152 | 0.997206 |
| CN00024 | 南京 | 0.997236 | 0.996941 |
| CN00025 | 秦皇岛 | 0.995040 | 0.996733 |
| CN00026 | 青岛 | 0.995955 | 0.997656 |
| CN00027 | 沙坪坝 | 0.989271 | 0.992910 |
| CN00028 | 厦门 | 0.978934 | 0.983362 |
| CN00029 | 汕头 | 0.989666 | 0.981386 |
| CN00030 | 沈阳 | 0.998597 | 0.998256 |
| CN00031 | 太原 | 0.994484 | 0.992275 |
| CN00032 | 唐山 | 0.992728 | 0.995997 |
| CN00033 | 塘沽 | 0.997050 | 0.996604 |
| CN00034 | 温州 | 0.991802 | 0.995607 |
| CN00035 | 乌鲁木齐 | 0.996946 | 0.995608 |
| CN00036 | 武汉 | 0.994703 | 0.994275 |
| CN00037 | 西安 | 0.995484 | 0.997213 |
| CN00038 | 西宁 | 0.994798 | 0.994935 |
| CN00039 | 徐家汇 | 0.995597 | 0.995387 |
| CN00040 | 徐州 | 0.997468 | 0.996988 |
| CN00041 | 烟台 | 0.986525 | 0.984328 |
| CN00042 | 宜昌 | 0.995430 | 0.995920 |
| CN00043 | 银川 | 0.997125 | 0.997276 |
| CN00044 | 长春 | 0.998647 | 0.998488 |
| CN00045 | 郑州 | 0.996797 | 0.997742 |

## 5.4 早期日降水数据集建设

### 5.4.1 降水数据来源

东亚地区主要的百年尺度逐日降水资料来源有两个：①中国气象局 2002 年完成的全国 60 个重点城市中华人民共和国成立前和成立初期的一般月总簿、一般月报表、海关月总簿、逐日降水统计表等多种原始观测报表纸质档案降水资料的数字化，可作为 1950 年前的基础数据源。然而，该资料存在多种问题，如多数城市的元数据信息缺失、无降水和缺测数据无法区分、降水量单位不一致、录入数据质量差、观测地点和观测时段不连贯等，无法直接应用。因此，后续着重针对这一批数字化数据的以上问题进行处理。②GHCND 资料，为处理和质控后的日降水量资料，主要集中在俄罗斯远东地区。

**1. 元数据信息的补充**

经翻阅原始档案图像，整理和确认了全国 60 个重点城市中华人民共和国成立前和成立初期数字化资料元数据信息，获得了每个台站的经纬度、海拔高度、观测地址、数据观测的起止，以及缺测时段等重要信息，60 个城市中共记录有 200 个台站（观测机构），有 43 个台站的观测地点经历过变更，即总共 243 个观测地点，其中 15 观测地点未能找到经纬度信息，33 个观测站点未找到海拔高度信息且无详细的观测地址，这些元数据定义为缺测。

**2. 无降水和缺测数据的补充**

纸质档案中只记录了有降水或微量降水情况下的降水量，大多数档案没有对降水量"0"进行记录，导致无法确认录入数据之中没有记录的部分是"无降水"还是"缺测"。然而，由于绝大部分台站均为连续观测，可以依据有降水的记录及元数据信息判断月内或年内未录入记录的分类。因此，制定以下技术方案补充 1901~1950 年 60 城市站逐日降水资料之中的全部"无降水"与"缺测"记录。

（1）若某站某月有任意一天"有降水"或"微量"记录存在，该站该月其他无记录的日降水量为 0，质控码（QC）为 0（表示数据正确）。同时，由于有不确定量的"微量"记录录入为"0"，本数据集不区分"微量"及"无降水"，微量降水一律处理成降水量为 0 mm，QC=0。

（2）若某站某年存在任意一天"有降水""微量"或已录入的"无降水"记录存在，则对非汛期和汛期分别进行处理。若该年非汛期（1~4 月，10~12 月）的某月没有"有降水"记录存在，且台站信息表之中记录确定其为实有观测时段，则估测该月全部日降水量均为 0，QC=4（表示估测为 0 数据）；若不为实有观测时段，该站该月全部日降水量缺测（记为 999999），QC=8（表示缺测数据）。汛期（5~9 月）的相似情况则逐一查找原始档案图像，确认其实为以下哪种情况：整月无降水、整月缺测或缺少录入。缺少录入的进行补充录入，整月无降水及整月缺测的处理方式同非汛期。

(3) 除了以上两种情况之外，全部未录入的日降水量数据均为缺测。

通过上述处理之后，形成了整齐的 60 城市全部台站的 1901～1950 年逐日降水资料。

**3. 逐日降水量单位的统一**

1951 年以来的逐日降水资料的单位只有 mm 一种，精确到 0.1 mm，大部分历史纸质气象档案之中的降水量单位和精度与其相同，但海关月总簿等部分档案中的降水量单位是英寸（in），精确到 0.01 in。由于 1 in=25.4 mm，此类逐日降水记录换算成 mm 之后精度为 0.254 mm。本数据集规定全部逐日降水记录使用 mm 为单位，以两位小数表示。原以 mm 为单位的降水量记录小数点后第二位补 0，以 in 为单位的换算成 mm 之后，四舍五入到小数点后二位。完成处理之后，全部逐日降水资料形成了统一的单位和精度表示。

## 5.4.2 降水数据质量控制

1951 年之前的数字化逐日降水资料的质量问题有两类：数字化过程错误及档案数据本身错误。第一类错误主要是因为中华人民共和国成立前逐日降水记录记载于年代久远的纸质气象档案之上，纸张多存在发黄老化、破损等现象，并且多数档案为人工手抄记载，人眼识别和手动录入困难，导致部分录入数据与原档案报表不符；第二类错误的形成原因是早期的观测和统计人员记录数据缺少规范，向原始档案报表中记载数据时出现错误。

基于以上原因，需要对数字化逐日降水资料进行质量控制，将检出的问题数据与原档案进行对比，修正数字化过程错误。因此，质量控制过程应包含以下 3 个步骤：①制定质量控制方案，进行初次质量控制，检出"可疑"与"错误"数据。②翻阅原始气象档案，检查其是否与原档案记载相同。若相同，证实可疑或错误的数据来源于档案本身，QC=1（表示可疑数据）或 QC=2（表示错误数据），不再进行下一个步骤；若不相同，表明先前的数字化过程错误，进行下一步的补充录入。③基于原始档案图像修正检出的可疑与错误数据，QC 改为 0 后进行二次质控，再次检出的可疑与错误数据，QC=1 或 QC=2。

质量控制方案分为 3 步：气候学界限值检验、内部一致性检验和时间一致性检验，具体的质控参数如下：

（1）气候学界限值检验：若日降水量超出了北半球 24 h 降水量极值 1633.98 mm（世界气象组织天气气候极值档案），则判定该日数据错误。

（2）内部一致性检验：若其月合计值与同站同时期的月降水量差异较大或远远超过现代同城市国家级地面气象观测站（以下简称现代国家站）历史时期极值，认为数据可疑。将录入日降水量的月合计值与录入月降水量进行比较，若月降水量>10 mm，则相对误差[（日降水量的月合计-月降水量）×100%/月降水量]应<20%；若月降水量≤10 mm，则绝对误差（日降水量的月合计-日降水量）应<2 mm。否则，认为整月的日降水量数据可疑。统计现代降水观测记录的日降水量最大值以及各月的月降水量、月水日数、连续有降水日数的最大值，若录入的日降水量数据或者相应的任一统计指标超

过了上述最大值的 2 倍，则认为全月数据可疑。

（3）时间一致性检验：若连续多日降水量变化范围很小，认为数据可疑。

当日降水量≥2 mm 时，若前后连续 5 次以上数据变化范围<5.0%，或者 0.05 mm <日降水量<2 mm，前后连续 5 次以上数据变化范围<0.10 mm，则认为连续无变化的数据都可疑。

通过质量控制过程，气候学界限值检验共检出 1 条错误数据，出现在 1918 年 5 月 4 日，长沙海关观测记载日降水量为 68.00 in（约 1727.20 mm），为档案数据错误。内部一致性检验共检出 552 个站月的日降水量数据与同期的月降水量数据不符，20 个站月与现代台站降水记录差异太大。逐一对比原档案图像，发现前者中有 402 站月的数据与原档案不符，为录入错误，对其进行了修正后重新质控，仍有 172 站月的数据可疑，月内全部日降水量的 QC=1；后者均与原档案相符（如拉萨站 1936 年 7 月全部数据），表明其不属于录入错误，QC=1。时间一致性检验共检出 11 组可疑数据，其中 1 组为数据录入错误，修正后通过了质控检验，另外 10 组录入数据与档案相符无法修正，QC=1。

## 5.4.3　降水数据拼接和数据时空插补

为获得百年尺度的逐日降水资料，需要将多来源的中华人民共和国成立前逐日降水数据与 1951 年以来的现代逐日降水资料整合及拼接，形成 60 城市站的序列。1951 年之前的逐日降水数据台站较多，需要排除掉与现代资料空间差异大的台站，避免数据出现严重的非均一性。按照国家标准《地面标准气候值统计方法》（GB/T 34412—2017）的规定，如某站经纬度与海拔高度任意一项不明，或与现代国家站的水平距离超过 50 km 或海拔高度差的绝对值超过 100 m，该站视为与现代国家站不同的台站。其全部准确数据及估测为 0 的数据的质控码改为 3，表示台站地址与现代有显著差异的数据（以下简称站址差异数据）。

站址差异数据标记完成后，以准确数据多、台站序列长为台站资料优先挑选原则，分以下 3 种情况对全部台站的逐日降水资料进行整合拼接。

（1）某城市某月有且只有一个观测站存在不缺测（QC<8）的日降水数据，使用该站月全部数据。

（2）某城市某月有多个观测站存在不缺测的日降水数据，需要根据 3 个条件判断：①若月内准确数据日数最多的台站唯一，使用该站月数据。若某日存在非正确（QC>0）的记录，选取准确数据次多台站的该日正确数据插补，以此类推。如其他全部站该日都不存在正确数据，保留该数据及其质控码。②若正确数据日数最多的台站>1，选取月内正确数据不少于 15 d 的总月数最多的台站，使用该站月数据，其非正确数据的插补方法同第 1 个条件。③若某城市某月全部台站均无准确数据，选取月内不缺测的数据不少于 15 d 的总月数最多的台站，使用该站月数据，其可疑、错误，以及估测为 0 数据选取不缺测数据次多台站的该日站址差异数据插补，以此类推。如其他全部站该日都不存在站址差异数据，保留该数据及其质控码。

（3）某城市某月没有观测站存在不缺测的日降水数据，该站月全部缺测。

处理完成后，实际选用137个台站拼接得到了60个城市站的1901～1950年逐日降水数据。与1951年以来的资料（保留原有的数据及质控码）结合，形成完整的1901～2019年60个城市站逐日降水数据集。

### 5.4.4 站点和格点数据集构建与质量评估

**1. 评估指标**

完整准确的降水量观测资料是开展气候变化研究的根本，数据集的重要评估指标为完整性和正确性。在有数据源的情况下，为实有数据；与此相对，找不到任何数据源的情况下，数据记为缺测。实有数据包括准确数据、可疑数据、错误数据、站址差异数据以及估测为0数据。本书利用站网情况、年平均和台站平均的数据实有率（Pa）和实有数据的正确率（Pb）、可疑率（Pc）、错误率（Pd）、缺测率（Pe）、站址差异的数据占比（Pf）、修改为0的数据占比（Pg）等指标评估数据的完整性和正确性。对于第 $i$ 个台站（合并全部年份）或第 $i$ 年（合并全部台站），除Pb之外均使用以下公式统计：

$$P_{xi} = \frac{S_{xi}}{S_i} \times 100\% \quad (5.22)$$

式中，$S_i$ 代表总数据组数；$S_{xi}$ 代表各类数据组数。Pe=1-Pa，由上文可知，整个数据集中的错误数据组数 $S_d$=1，故下文不再分析 Pd 及 Pe。Pb 使用以下公式统计：

$$Pb_i = \frac{S_{bi} + S_{fi} + S_{gi}}{S_{ai}} \times 100\% \quad (5.23)$$

式中，$S_{bi}$、$S_{fi}$ 和 $S_{gi}$ 分别表示正确数据、站址差异数据及修改为0的数据组数。

**2. 站网情况**

图5.25为中国60个站1901～1950年降水日值资料的空间分布及序列长度。100°E以西的4个台站降水资料长度不足10 a，100°E以东的中国中东部地区台站分布较为均匀，但序列长度相差较大，沿海以及长江沿岸地区的20个台站序列长度多在30 a以上，其他26个台站序列长度在10～30 a。

1901～2019年60个城市台站数量的时间变化如图5.26。20世纪初期的逐日降水观测较少，1901～1908年实有台站数量不足20个，之后台站数量不断增加。1936年增加到47个，为中华人民共和国成立前实有台站数量的最大值。1937年之后台站数量又迅速减少，1945年减少到只有16个。1946～1955年台站数量增加较快，1955年实有53个台站。1956～1961年台站数量继续增加到58个，此后保持稳定，始终在58个以上。

1901～1935年，记录较为完整（年实有数据不少于183d）的台站数量与具备记录的台站数量较为接近，相差不超过2个，说明早期有观测的台站观测记录较为完整。然而，1936～1950年有较多台站的观测记录很不完整，记录较完整的台站数量比全部实有台站偏少超过5个，1945年具备较完整观测记录的台站只有10个。

## 第 5 章 器测时期高分辨率地面气候数据集

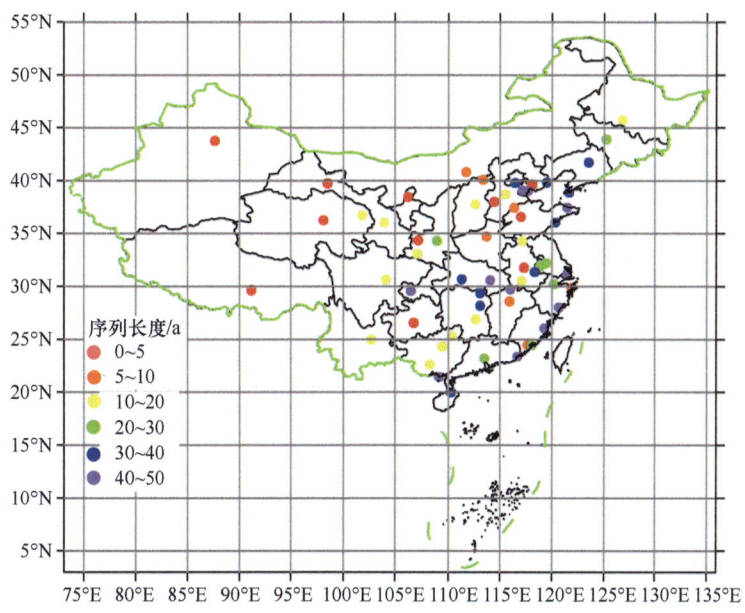

图 5.25　1901～1950 年中国 60 个站降水资料空间分布及序列长度

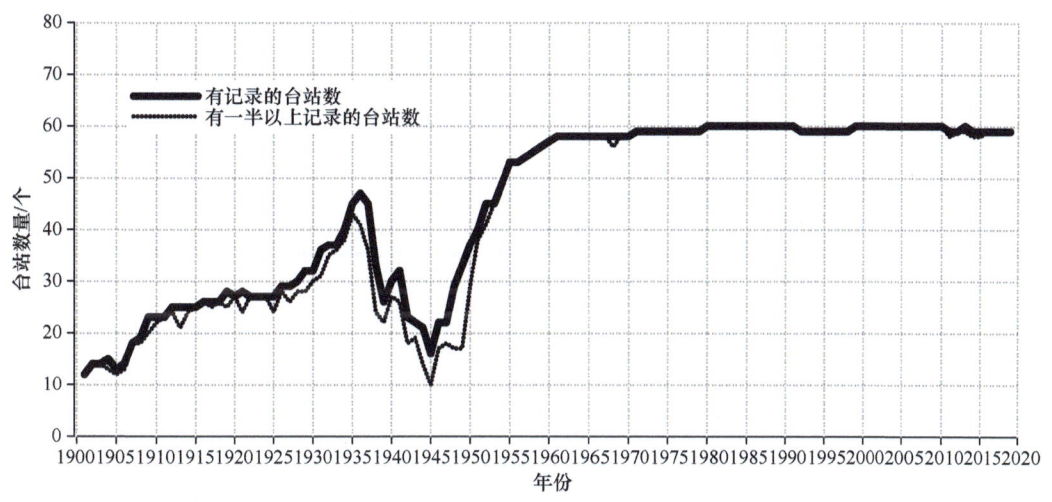

图 5.26　1901～2019 年 60 个城市台站数量的时间变化

### 3. 完整性和正确性

图 5.27 为 1901～2019 年 60 个城市站降水日值数据实有率、正确率、可疑率、站址差异数据所占比率以及估测为 0 数据所占比率的时间变化。数据集中全部数据的实有率为 74.3%，其与台站数量的变化趋势较为一致。1907 年之前数据集实有率较低，均小于 25.0%。1901～1936 年数据实有率不断增加，从 1901 年的 21.4%增加到 1936 年的 79.9%，达到相对高点。1937～1945 年又快速减少，1945 年只有 24.3%，与 20 世纪早期水平相当。1945 年之后迅速增加，1960 年之后实有率超过 98.0%。

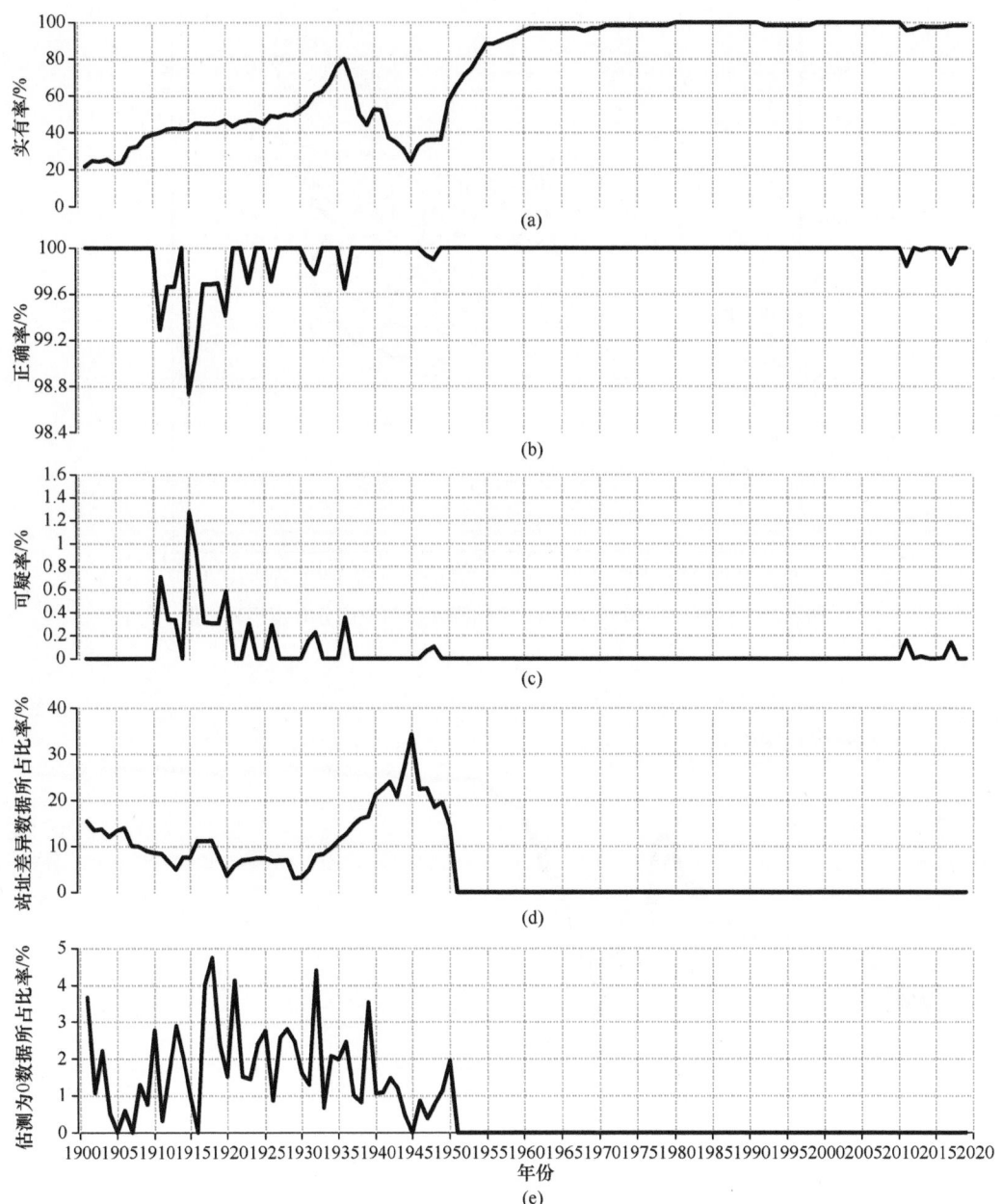

图 5.27 1901~2019 年 60 个城市站降水日值数据实有率（a）、正确率（b）、可疑率（c）、站址差异数据所占比率（d）以及估测为 0 数据所占比率（e）时间变化

数据集的总体正确率较高，为 99.9%，其中绝大多数年份的正确率达到 100.0%。1911~1920 年正确率相对较低，但也超过了 98.7%。

1910 年之前不存在可疑数据，1911~1920 年可疑数据量较多，普遍达到 0.4% 以上，其中 1915 年数据可疑率最高，达到了 1.3%。1921 年之后可疑率明显减少，1933 年之后可疑数据极少，存在可疑数据的时段只有 1936 年、1947 年、2011 年、2013 年、2016 年、2017 年，且可疑数据占比均不足 0.2%。

数据集中的站址差异数据占实有数据的比率为 2.1%，全部集中在 1951 年之前。1901～1929 年站址差异数据所占比率从 15.0%逐渐减少到 3.1%，1930 年之后又迅速增加，1935 年起超过 10.0%，1945 年达到最大值，为 34.3%，1946～1950 年又明显减少，1951 年之后的数据均来自现代观测，没有站址差异数据。

估测为 0 的数据同样只存在于 1901～1950 年，在数据集实有数据中所占比率为 0.3%。不存在显著的趋势性变化，但年际振荡明显，最大为 4.7%（1918 年）。其中 20 世纪 40 年代估测为 0 的数据占比有所减少，均不足 1.5%。

从空间分布上来看，东部沿海、长江流域的台站数据实有率较高，普遍超过 75.0%，其中重庆（99.4%）、上海（92.9%）、九江（92.5%）等 7 个台站的实有率超过 90.0%，数据完整性很好。东北地区长春的数据实有率也超过了 90.0%，西北内陆地区的大部分台站实有率不足 75.0%，但均超过 50.0%[图 5.28（a）]。

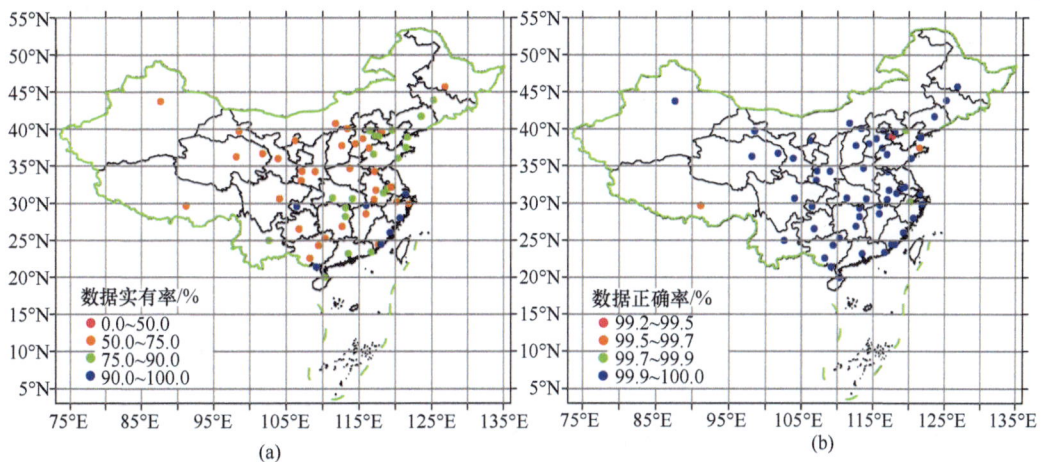

图 5.28　1901～2019 年中国 60 个城市站逐日降水资料实有率（a）和正确率（b）空间分布

绝大多数（55 个）台站的正确率都超过了 99.9%。只有秦皇岛、塘沽、烟台、杭州和拉萨这 5 个台站的正确率较低，原因均是原始档案之中部分数据记载可疑，且无法找到其他佐证信息

1901～1950 年，台站的总体实有率明显低于 1901～2019 年。重庆的数据实有率最高，达到 98.7%，西部地区的全部台站实有率均不足 50.0%。中部地区大部分台站的实有率不足 75.0%，东部沿海地区有较多台站的数据实有率超过 75.0%，但只有厦门超过 90.0%[图 5.29（a）]。

1951 年之前，全国大部分台站（51 个）无可疑的降水日值数据，7 个台站存在可疑数据，但不足 1.0%，数据可疑率超过 1.0%的台站只有塘沽（6.4%）和拉萨（11.0%）[图 5.29（b）]。

中国中西部地区大部分台站的观测记录较少，当主要观测地点与现代国家站差异大时，就导致 1901～1950 年的站址差异数据占比偏高[图 5.29（c）]。使用了经纬度与海拔高度与现代国家站差异大的台站数据进行了插补的台站共 15 个，大多数属于这种情况。如 1901～1950 年都兰、银川均只有一个观测台站，其海拔高度（都兰测候所，海拔高度比现代都兰站偏低 204 m）或水平位置（银川机场测候所，距离现代银川站

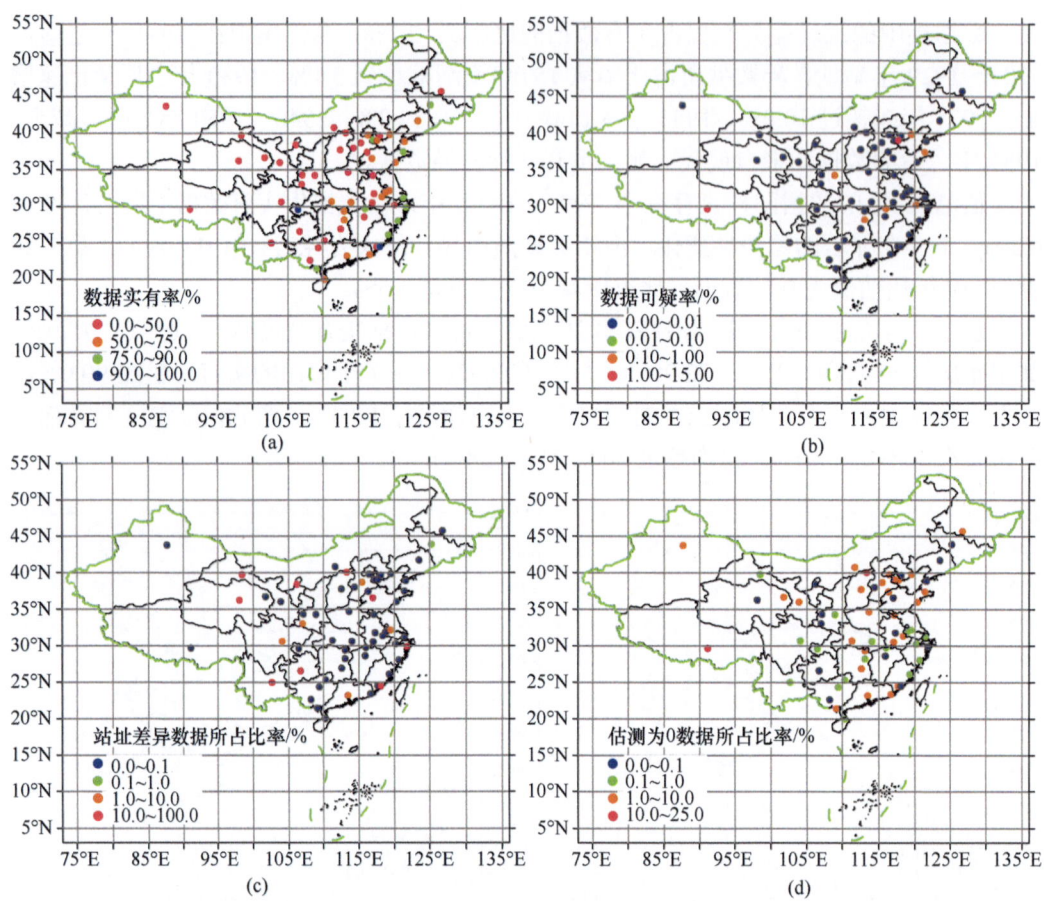

图 5.29　1901~1950 年中国 60 个城市站逐日降水资料实有率（a）、可疑率（b）、站址差异数据所占比率（c），以及估测为 0 数据所占比率（d）空间分布

77.1 km）与现代国家站差异大，其站址差异数据占比为 100%。中东部地区台站使用站址差异数据的主要原因是中华人民共和国成立前的主要观测台站经纬度或海拔高度不明或现代国家站海拔高度较高，如宁波 1901~1950 年 80.4% 的数据采用的是"宁波海关测候所"的数据，该台站观测地址及海拔高度均不详，被认定为站址差异数据；济南、厦门和贵阳等城市的现代国家站均位于城市内部的小山丘上，海拔高度比中华人民共和国成立前主要台站偏高 100 m 以上（但均不足 200 m），导致 1901~1950 年的站址差异数据占比均较高，其中济南和贵阳的站址差异数据占比为 100%，厦门为 61.6%。

1901~1950 年，13 个台站不存在估测为 0 的数据，17 个台站的估测为 0 数据占比低于 1.0%，28 个台站多于 1.0% 但不足 10.0%，只有 2 个台站（拉萨、大同）多于 10.0% [图 5.29（d）]，主要原因为这些地区降水日数较少，冬季常出现整月无降水现象。需要指出的是，都兰、银川等站也补充了较多的整月无降水数据，但由于观测位置与现代国家站差异大，修改后的整月无降水数据全部被定义为站址差异数据，其估测为 0 数据量即变为 0。

**4. 东亚数据情况**

在中国以外的东亚区域，GHCND 资料主要集中在俄罗斯远东，平均年降水量从西到东递增（图 5.30）。因此，对东亚地区百年尺度极端降水的分析，可以主要分为中国东部季风区及俄罗斯远东两部分。42.5°N 以北的俄罗斯远东地区台站的资料较好。将这些台站划分为 5.0°×5.0°的网格，定义全年实有数据不少于 243 天、5～9 月不少于 122 天为一个序列完整年，按照 1901～1950 年至少 1 个序列完整年且 1961～1990 至少 5 个序列完整年的标准，获得序列长度较长的总共 187 个台站。从时间变化来看，1901～1935 年台站数量增加缓慢，1936 年迅速增加到 120 个以上，1940 年之后超过 160 个站，但 1990 年之后台站数量明显减少，仍有数据的 20～40 个台站，完整性也显著降低。

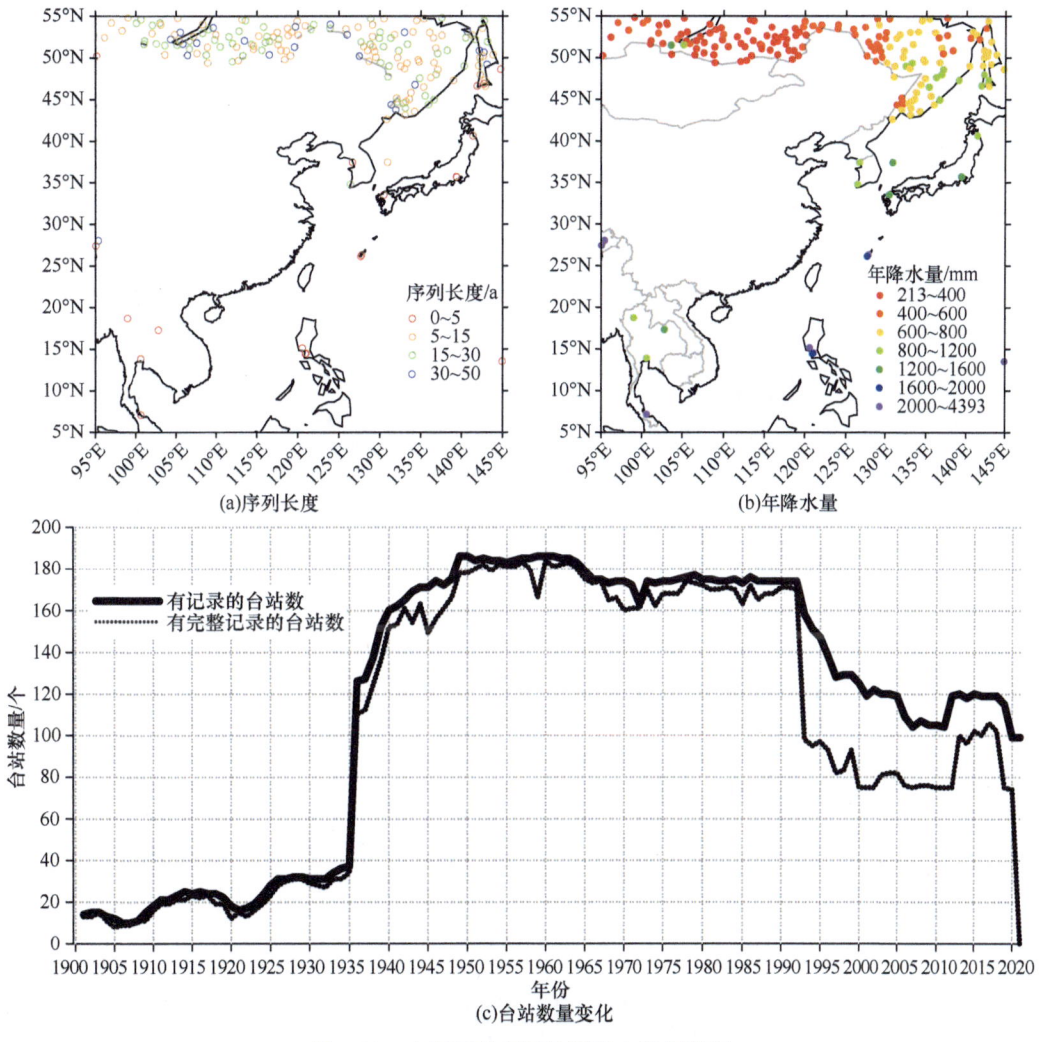

图 5.30 中国以外东亚地区降水数据情况

中国东部季风区的资料为国家气象信息中心研发的中国 60 城市站 1901～2020 年日

降水数据集,该数据集 1901~1950 年的数据来自多种历史气象档案数字化资料,经过了严格的质量控制,在中国东部地区的台站密集,多数台站的数据完整性和质量较好(战云健等,2022)。

### 5. 格点化方法

结合中国 60 城市站 1901~2020 年日降水数据集及 GHCND 两种数据源,采用 5.0°×5.0°经纬度网格面积加权平均方法,将全部数据插值成为格点数据。即形成了 1901~2019 年东亚地区 5.0°×5.0°格点日降水量数据集,利用该数据集进行面积加权计算后,即可以建立 1901 年以来的区域平均降水量以及极端降水序列。绝大部分台站的年总降水量与较为成熟的百年月降水数据产品基本一致。图 5.31(a)为北京站分别来自日降水量数据集(以下简称日值)、CGP V1.1(Yang et al.,2016)(以下简称月值)、CRU TS V4.05(Harris et al.,2020)(以下简称 CRU)月降水量数据集年合计值对比结果。北京的月值及 CRU 序列完整无缺,但日值序列缺少 1901~1914 年、1927~1929 年、1938~1939 年,以及 1945~1949 年。在有数据的其他年份,日值和月值、CRU 的年降水量变化特征基本一致,但 CRU 在 1930 年代振幅相对偏大。利用任一数据集

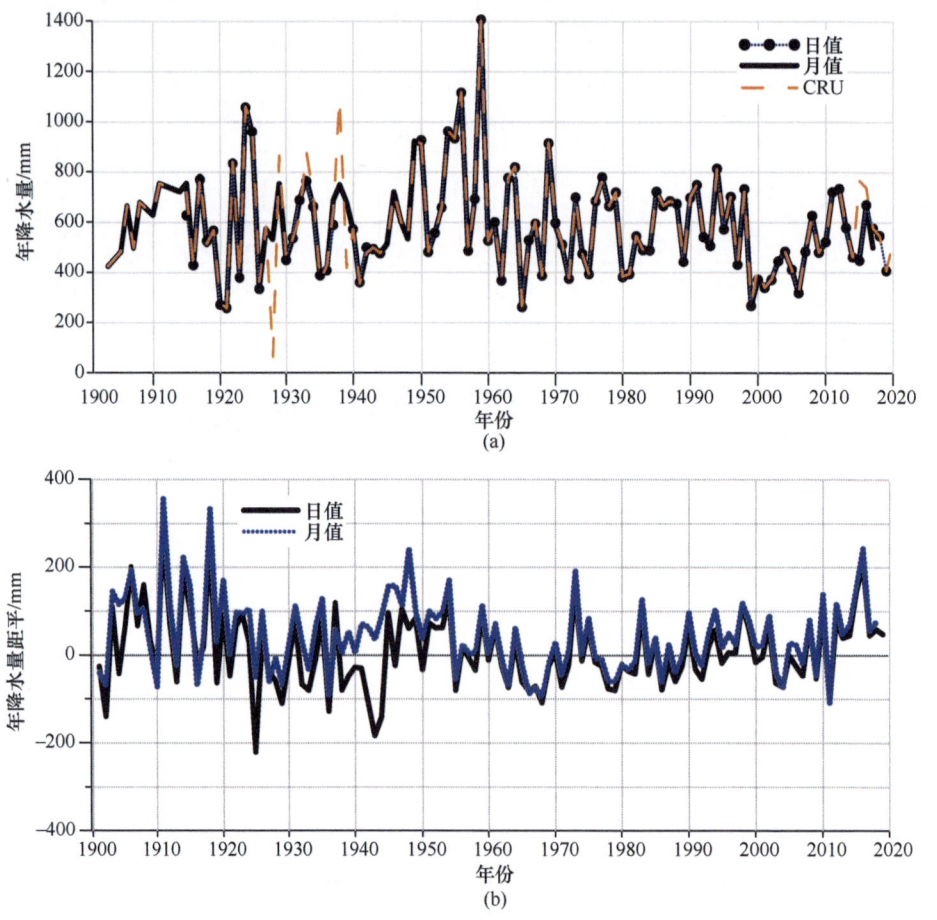

图 5.31  1901~2019 年北京(a)及中国区域平均(b)的日值和月值累加成的年降水量时间序列

都可以得出北京总降水量在近百年期间的变化以振荡为主的结论，但由于日降水量数据存在少量缺失，利用月降水量数据分析总降水量较好，日降水量数据更适用于极端降水的分析研究。

计算1901～2019年中国区域平均年降水量距平序列，与CGP V1.1月降水数据集之中1951年之前有数据的48个台站的年降水量距平序列进行对比[图5.31（b）]，结果显示，1901～2019年中国区域平均降水量距平以波动振荡为主，绝大部分年份两条序列差异不大，只有1940年代月值序列明显偏高。以1943年为例，日值的平均年降水量距平为–183.7 mm，而月值为35.7 mm。两者的差异主要是由数据完整性的差异引起的。

图5.32（a）表示日值数据集1943年在中国区域内的年降水量空间分布，与月值数据集的结果[图5.32（b）]相比，同一台站两者的降水量基本一致，但完整性有较大差异。前者缺少拉萨、昆明、贵阳、酒泉、广州、汕头、南京、合肥、唐山、济南等台站，除了酒泉、唐山、济南之外，其余台站年降水量都在800 mm以上，贵阳、广州、汕头、合肥的年降水量超过了1200mm；日值数据集增加的台站为汉中、成都、重庆、海口、衡阳、温州，其中重庆、海口、衡阳、温州的年降水量超过800 mm，但超过1200mm的台站只有衡阳和温州。总之，1940年代日降水数据集在长江以南地区的完整性不足，导致在此时间段的中国平均降水量偏少。

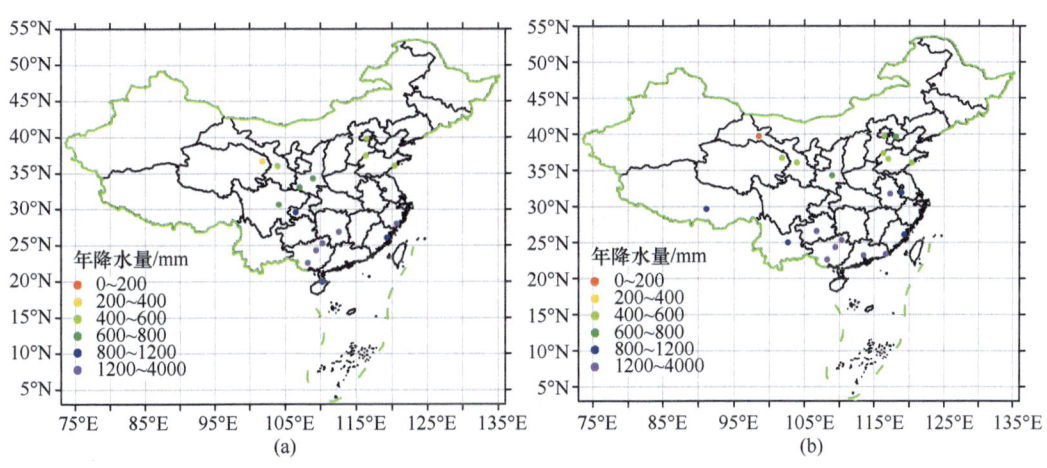

图5.32　1943年日值（a）和月值（b）累加成的年降水量空间分布

## 5.5　早期日气压数据集建设

### 5.5.1　气压数据来源、数据拼接

本书数据基础来源于四套气压资料数据集，包括：ISD、ISPD、ACRE-China、SURF（中国气象局19个重点城市中华人民共和国成立前和成立初期数字化气压要素数据）。四套气压数据来源不同，其特点分别如下：①ISPD数据从1850年开始记录，为本站气压数据或海平面气压数据，数据记录较全。②ISD数据从1942年开始记录，为海平

面气压数据,数据记录较全。③ACRE-China 数据从 1873 年开始记录,数据记录格式不统一,站点信息不统一,为海平面气压或本站气压数据。④SURF 数据从 1868 年开始记录,数据记录格式不统一,站点信息不统一,气压数据单位不统一。

基于上述各套气压资料特点,分别进行处理。

(1) 针对 ACER-China 数据无站点经纬度信息的问题:部分站点通过查找原始资料图片,对其中部分站点经纬度确定;另有一部分站点无记录,根据其站点名称,利用地图定位确定其经纬度位置;

(2) 针对 SURF 数据时区、单位及格式不统一,并有部分数据无经纬度信息的问题:将其中无经纬度信息站点去除;原始数据中的时区共有 9 种,以太阳时表示如下:0 为当地太阳时;1 为北京时间(120°E 太阳时);2 为 105°E 的太阳时;3 为 90°E 的太阳时;4 为 135°E 的太阳时;5 为 82.5°E 的太阳时;6 为 127.5°E 的太阳时;7 为其他的太阳时;8 为当地真太阳时;9 为未知。

将所有数据的太阳时调整到北京时间;另外 SURF 记录的气压资料单位不一,主要有四种(表 5.9),将所有气压单位统一为 hPa。

表 5.9　不同编码代表气压单位

| 标识码 | 含义 | 单位 |
| --- | --- | --- |
| 1 | 毫米水银柱 | 0.01mmHg |
| 2 | 毫巴 | 0.1mb |
| 3 | 百帕斯卡 | 0.1hPa |
| 4 | 英寸水银柱 | 0.01inch |

(3) 将 ISPD 和 ISD 数据与处理后的 ACRE-China 和 SURF 数据统一格式合并,并筛选数据集中 1900 年至今的数据。

(4) 整合数据集质量控制。首先去除缺测值,并以[800,1200]的气压值为区间,将在该区间之外的异常数据去除,最后挑选出 1900 年至今东亚地区(4°N~53°N,73°E~150°E)的站点数据为整合后的东亚气压数据集。

## 5.5.2　气压数据时空插补

整合后的早期东亚气压数据集的站点在时间和空间的分布并不均一,大部分站点数据时间长度较短(有些站点仅几年甚至几个月有数据)且站点与站点之间较分散。需从气压数据集内选出质量较高、数据在研究时段较为完整的序列作为主序列,并利用主序列周边相邻序列对主序列进行插补。需要注意的是,早期气压数据缺失较多,故本书对数据集的插补以 1900~1950 年之间为主。

**1. 主序列挑选**

主序列的选择需要遵循以下原则:

(1) 站点在 1900~1950 年间,以每日是否有数据为标准,数据覆盖 40%以上。

（2）相邻两个主站点之间距离在 150km 以上。由以上标准筛选出 24 个东亚地区的主站点（图 5.33）。

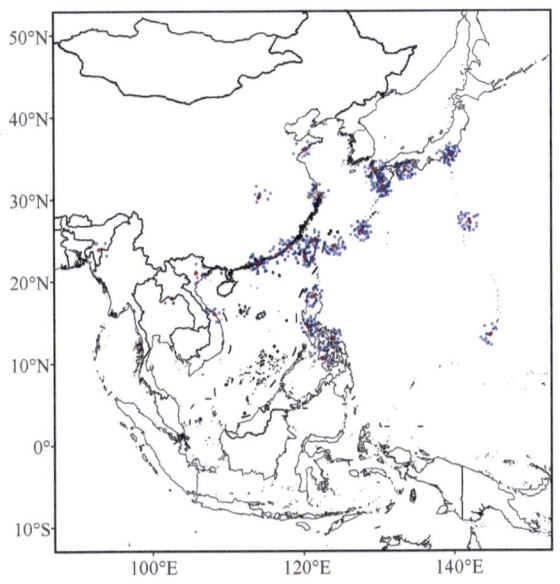

图 5.33　东亚地区主序列及其相邻序列的地理位置（红色点为主站，蓝色点为邻站）

**2. 主序列缺测时段气压数据插补**

主序列（后称主站）数据时间覆盖率高，但仍有一些时段缺失数据，为了尽可能填补缺失值，得到更完整的主站点序列，选择主站周围 150km 内的相邻站点（后称邻站），对主站进行插补，大致可分为两步如下（图 5.34）：

（1）找到主站 A 与邻站 $B_n$（$n=1$，2，3，…）都有数据的时间段 $T_1$，在 $T_1$ 时段内，在主站与邻站之间建立拟合方程。本书中对拟合方程进行求解的方式为岭回归，使用岭回归的最大优势在于，可以最大程度的避免拟合数据时数据之间的多重共线性问题。

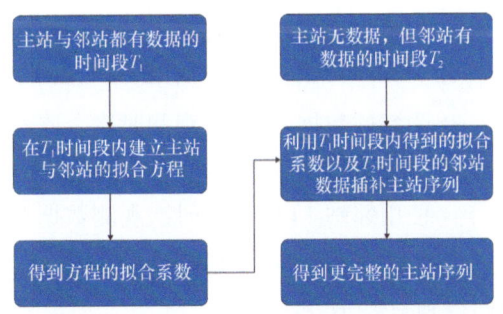

图 5.34　主站点气压插补方法技术路线图

（2）找到主站 A 无数据，且邻站 $B_n$（$n=1$，2，3，…）有数据的时间段 $T_2$，在 $T_2$ 时间段内，利用在 $T_1$ 时间段内得到的拟合方程，将邻站有数据，但主站无数据的部分插补进去。

下面以菲律宾马尼拉主站点的处理为例进行说明。

图 5.35 显示的是马尼拉主站及其周围 150km 范围内 49 个邻站 1900～1950 年气压资料的分布情况，不同颜色代表不同站点，纵轴代表一日观测的次数，最多一日 24 次观测。

由图 5.35 可以看出，马尼拉站（19 号站点）为一日 24 小时分布，数据较全，被选择为主站，其余 49 个邻站的数据可以对主站缺测时段进行填补。这里以邻站 50 号站点为例说明用其来插补主站缺测时段数据的具体方法。

（1）首先确认主站和邻站数据的具体观测时段和时次。

主站数据情况为：1914～1938 年间每日 24 次观测。

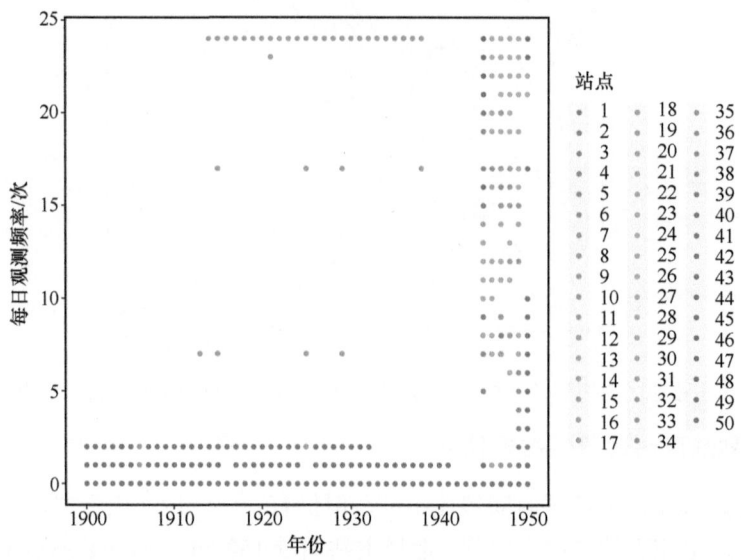

图 5.35 马尼拉周边 150km 范围所有站点 1900～1950 年气压有效数据的频率分布图

邻站 50 号站点的数据情况为：1900～1917 年间每日 2 次观测，分别为 4，10 时；1918～1932 年间每日 2 次观测，分别为 6，14 时；1933～1941 年间每日 1 次观测，14 观测。

（2）根据具体情况，$T_1$ 时段可以分成两部分建立拟合方程。

Part1：1914～1917 年，使用邻站 4 时，10 时两个时次观测数据对主站数据进行拟合。

$$A_t = \alpha B_4 + b B_{10} + c \left(t = 0, 1, 2, 3, \cdots, 23\right) \tag{5.24}$$

式中，$A_t$ 为主站点数据，$B_t$ 为邻站数据，$t$ 表示观测时次，该方程可使用岭回归得到系数 $a$，$b$，$c$；

Part2：1933～1938 年，使用邻站 14 时一个时次观测数据对主站数据进行拟合。

$$A_t = \alpha B_{14} + c \left(t = 0, 1, 2, 3, \cdots, 23\right) \tag{5.25}$$

该方程可用线性回归得到系数 $a$，$c$。

（3）在 $T_2$ 时间段内填补数据。

根据主站和邻站数据的具体情况，主站缺测的 $T_2$ 时段也分两个部分进行插补。

Part1：1900～1913 年，可以使用 $T_1$ 时段 Part1 部分得到的拟合方程进行插补。

Part2：1939～1941 年，可以使用 $T_1$ 时段 Part2 部分得到的拟合方程进行插补。

经过插补后，得到的一条较为完整的马尼拉站点序列。经多源数据拼接、插补后的马尼拉主站的气压序列可将从 1940s 开始的现代气压观测向前延长至 1900 年。

### 5.5.3 主站点亚日数据插补、均一化

**1. 亚日数据插补**

从前述例子中可以看到,虽然马尼拉站点在早期的现代的数据质量都较好,但是在现代仍有部分时段数据并未有每日 24 小时观测,且观测不均匀、不规律,所有东亚地区台站都有类似情况,故需要将已有的不规律的小时数据插值到亚日分辨率上(一日 24 小时分辨),并挑选固定时次的数据为后续工作做准备。此处考虑到原始数据的集中时段,选择 3 时,9 时,15 时,21 时 4 个时次作为固定时次。

此处对数据的日内插补使用的是自然样条插补的方法。进行日内插值时,根据数据的情况,当主序列中最近的两次观测数据时间差不超过 24 小时,使用自然样条的方法进行插补。

仍然以马尼拉为例,图 5.36 显示的是马尼拉站点经过自然样条插值后,每日 3 时的数据。

**2. 均一化处理**

考虑到气压数据集的建立来源于多套资料,且中间经过时间、空间插补和数据拼接,以及地面观测资料本身在收集过程中具有一定的不均一性,类似前述对日气温数据的处理,使用 RHtestsV4 软件对气压数据进行非均一性检验和订正。

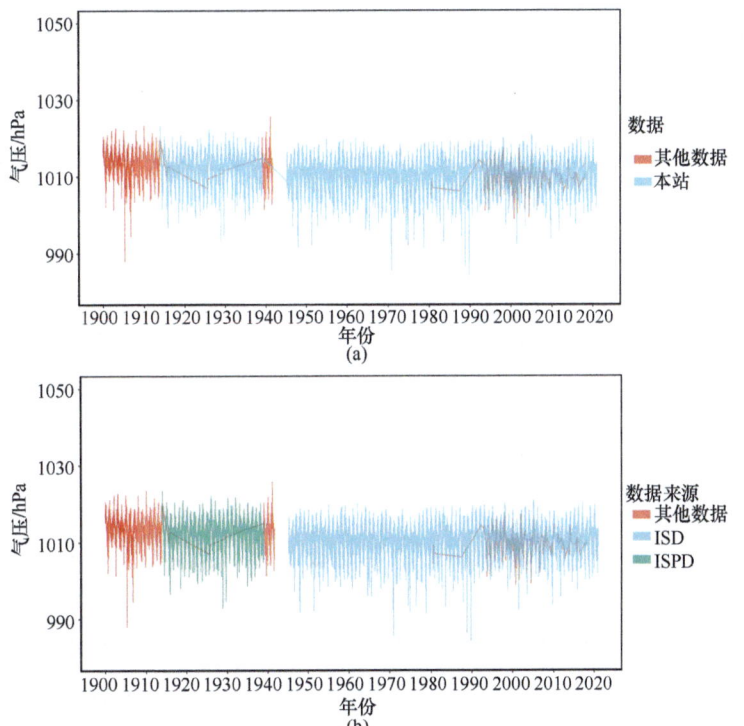

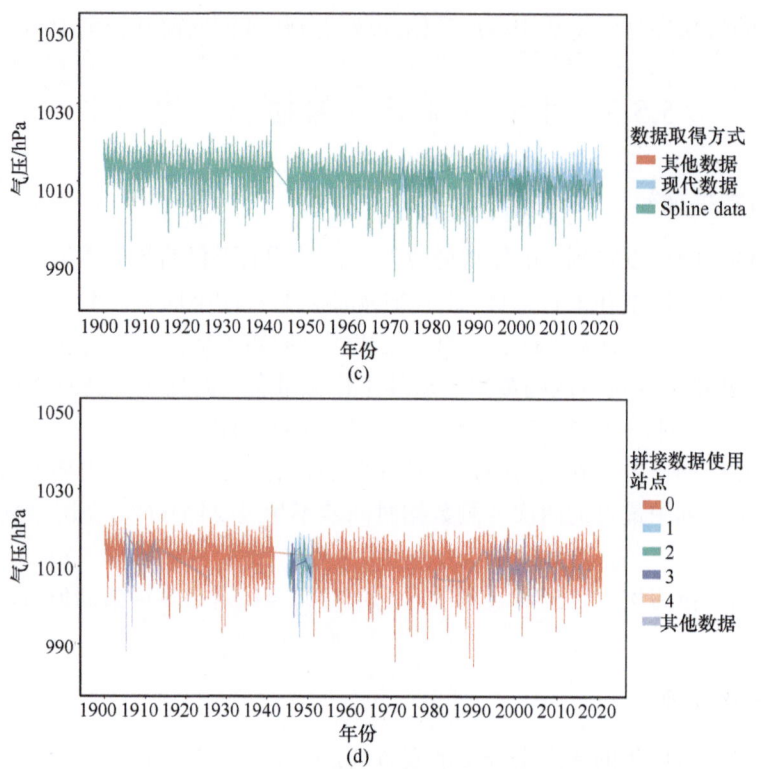

图 5.36　19 号(马尼拉)站点插值后 3 时数据留痕

(a)表示数据为本站气压数据或者其他数据；(b)表示不同数据来源；(c)表示得到数据的不同方式；(d)表示拼接数据时使用的站点号

在进行非均一性检验时，为避免小时数据中每日波动的变率带来的影响，首先将小时数据转化成日值数据，并进一步转化为月数据，从月值数据中能够更准确地识别非均一性突变点，然后根据月值数据的突变点检测结果，结合数据留痕情况，确定具体的突变点，采用分位数匹配 QM 方法对小时气压数据进行订正，最终形成均一化的气压序列。

仍以 19 号站点(马尼拉)每日 3 时数据为例进行说明。将每日 3 时的站点数据转化为每月 3 时的数据，利用月值数据进行断点检测(表 5.10)。

表 5.10　19 号站点 3 时数据断点检测结果

| 第几类断点 | 是否显著 | 断点出现时间(年.月) |
| --- | --- | --- |
| 1 | 是 | 1903.9 |
| 1 | 是 | 1907.2 |
| 1 | 是 | 1915.4 |
| 1 | 是 | 1917.4 |
| 1 | 是 | 1941.8 |
| 1 | 是 | 1979.8 |

当检测出的断点不显著时，根据检测出的断点结合数据留痕的情况，判断断点

的出现是否由数据处理过程或者数据本身的不均一导致,在此基础上,进行均一化处理(图 5.37)。均一化处理后,就可以得到东亚地区 24 个站点的气压序列。

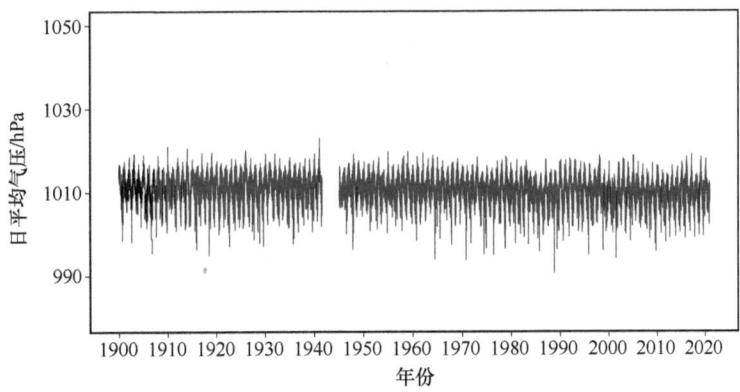

图 5.37 马尼拉站点均一化后日平均气压数据序列

## 5.6 早期资料与再分析资料对比评估

### 5.6.1 早期气温资料评估

**1. 逐年气温序列对比分析**

中国东部地表观测(ADJ)与再分析年、季节平均温度距平曲线(图 5.38)表明,两套再分析资料基本描述了观测温度在 20 世纪所具有的年际变化特征,主要表现在 1980 年以后两套再分析资料与 ADJ 较为一致,除去 1965～1975 年 ERA20C 明显高于 ADJ 外,在距平数值和变化特征上 ERA20C 较 20CR 更为接近 ADJ。20CR 在 20 世纪 20～50 年代比 ADJ 平均偏低 1℃,在 1963～1968 年也出现波动。再分析资料与 ADJ 的年距平特征也在季节距平中得到体现,1980 年以后各季节再分析资料与 ADJ 一致性较好,1920～1950 年夏季和秋季再分析资料较 ADJ 偏低 0.5～1℃,冬季和春季 ERA20C 在 1930 年以前较 ADJ 偏高,且在 1965～1975 年高于 ADJ 也主要受到各季节影响,其中夏季影响最为突出,20CR 在 1963～1968 年出现的波动主要受到春季的影响。总体而言,冬季和春季所表现的年际变化特征好于夏季和秋季。

为了更加突出短期年内变化特征,图 5.39 是 1909～2010 年中国东部地表观测(ADJ)与再分析年、季节平均温度去趋势距平曲线。结果得出,1965～1975 年 ERA20C 的年平均温度明显高于 ADJ,这主要是由于受到夏季和秋季温度较高的影响。此外,1963～1968 年 20CR 存在较大的波动特征,这主要是由于春季温度波动较大从而使得年际变化波动较大。1955～1965 年夏秋两季 20CR 平均温度高于 ADJ。总的来说,年、季节平均温度去趋势距平曲线显示,再分析数据集可以在更大程度上描述了 ADJ 温度在 20 世纪的年际变化特征。再分析资料在描述冬季和春季特征上优于夏季和秋季。

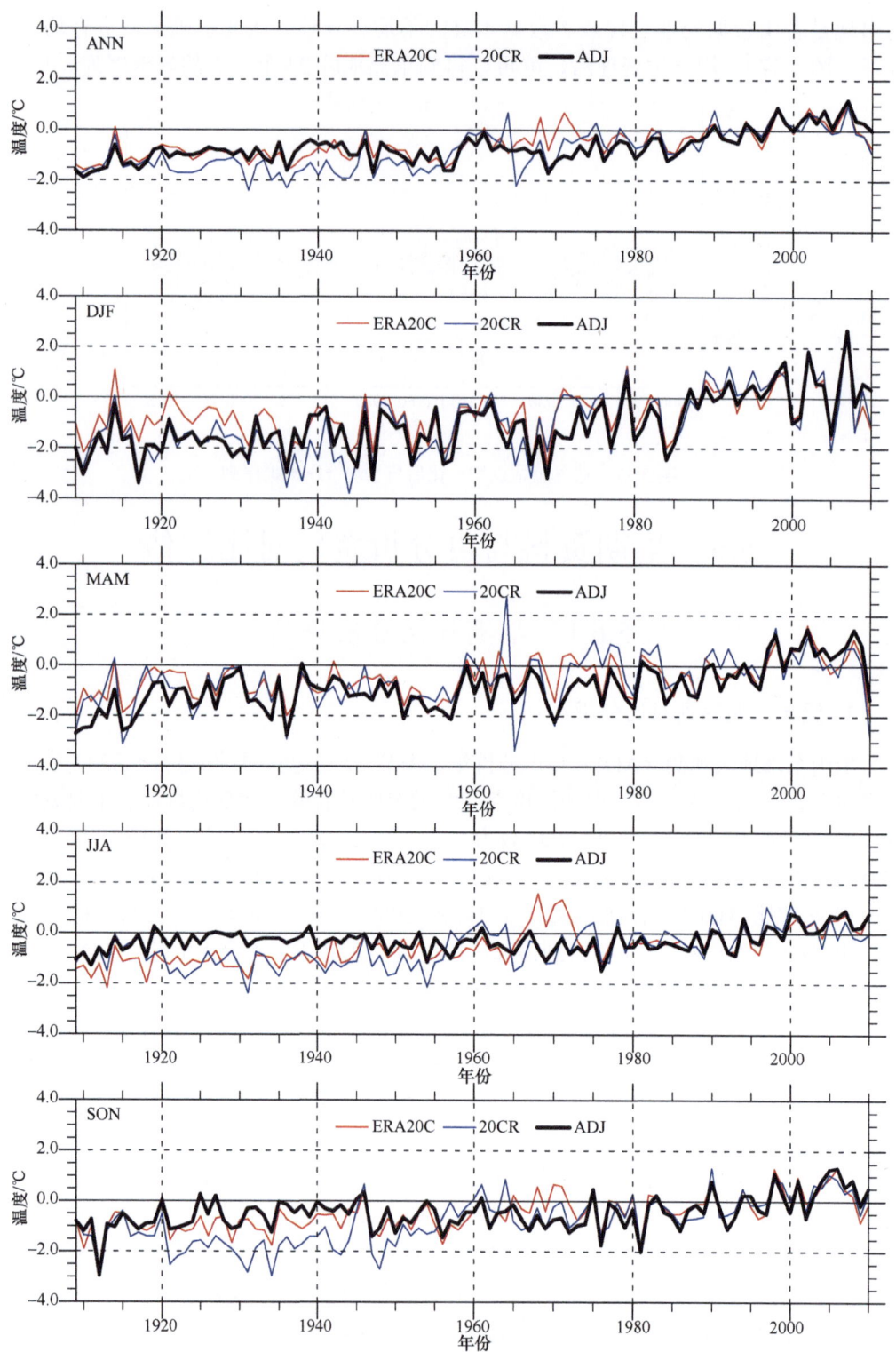

图 5.38 1909~2010 年中国东部地表观测（ADJ）和再分析资料平均温度年、季节距平序列
ANN：全年；DJF：冬；MAM：春；JJA：夏；SON：秋，余同

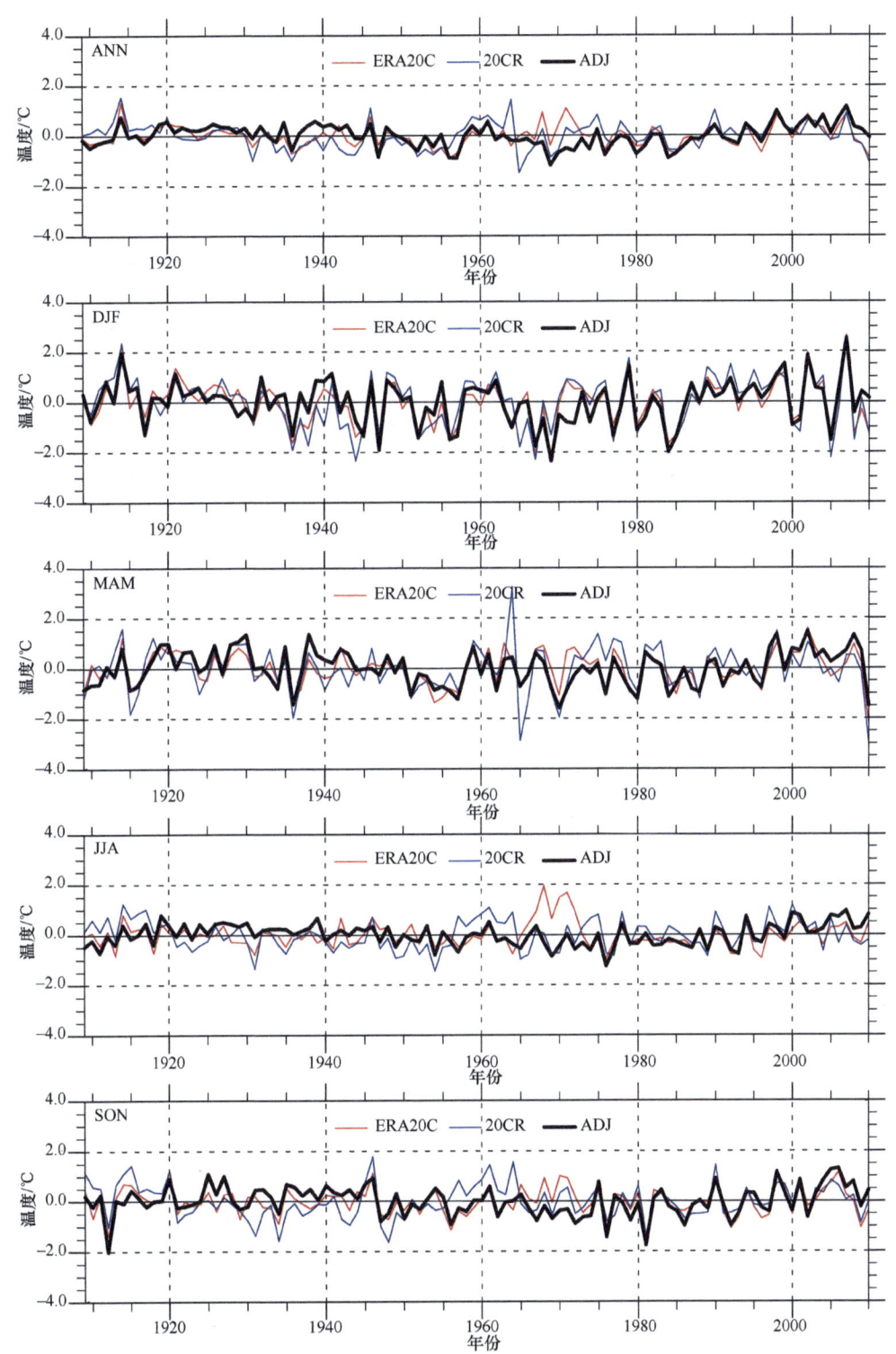

图 5.39 1909~2010 年中国东部地表观测（ADJ）和再分析资料平均温度年、季节去趋势距平序列

综上所述，ERA20C 与 20CR 两套再分析资料对年际变化特征的描述在 1975 年以后

与 ADJ 有较高的一致性，1960～1970 年代 20CR 存在较大波动，ERA20C 偏高于观测，在 1950 年代之前 20CR 与观测偏差较大，ERA20C 总体与 ADJ 更为接近。

**2. 年际变率和离散度分析**

通过以上分析得出，ERA20C 和 20CR 在不同时期与 ADJ 存在不同差异，这些对评估再分析资料而言带来极大的不确定性，所以这部分将分析再分析资料与 ADJ 在不同时间段年际变率和离散度上的相似性，从而进一步评估早期再分析资料的可信度。

表 5.11 是 1909～2010 年、1951～2010 年、1979～2010 年再分析资料与观测资料（ADJ）年平均温度相关系数和标准差比值。再分析资料与 ADJ 在各时间段相关系数均达到统计显著，说明 ERA20C 和 20CR 在描述长期年际变率特征上与 ADJ 具有较高的一致性。ERA20C 在不同时间范围与 ADJ 的相关系数均高于 20CR（1979～2010 年之间相关系数分别为 0.88 和 0.80，1951～2010 年为 0.76 和 0.74，1909～2010 年为 0.81 和 0.74），说明在年际变率特征上 ERA20C 与 ADJ 更为接近。从再分析资料与 ADJ 温度标准差比值可以看出，ERA20C 在 3 个时间段内标准差均小于 ADJ，其中 1909～2010 年比值为 0.96，与 ADJ 最为接近，而 20CR 在 1909～2010 年和 1951～2010 年标准差较 ADJ 偏大（分别为 1.28 和 1.07），说明在离散度特征上 ERA20C 总体较 ADJ 偏小，20CR 由于早期资料较 ADJ 温度偏低，离散度偏大（图 5.40）。

表 5.11  1909～2010 年、1951～2010 年、1979～2010 年再分析资料与观测资料（ADJ）年平均温度相关系数与标准差比值（95%显著性阈值分别为 0.19，0.36，0.41）

| 时间 | ERA20C | | 20CR | |
|---|---|---|---|---|
| | 相关系数 | 标准差比值 | 相关系数 | 标准差比值 |
| 1909～2010 年 | 0.81 | 0.96 | 0.74 | 1.28 |
| 1951～2010 年 | 0.76 | 0.87 | 0.74 | 1.07 |
| 1979～2010 年 | 0.88 | 0.85 | 0.80 | 0.88 |

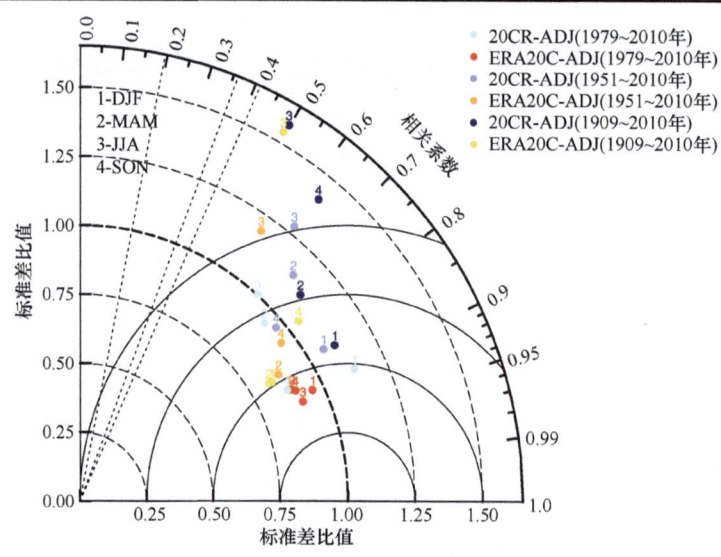

图 5.40  1909～2010 年、1951～2010 年、1979～2010 年再分析资料与观测资料（ADJ）季节平均温度泰勒图

为了深入研究不同时间段再分析资料和 ADJ 年际变率和离散度的一致性,图 5.41 给出 1909~2010 年、1951~2010 年、1979~2010 年再分析与 ADJ 季节平均相关系数和标准差比值泰勒图。再分析资料各季节与 ADJ 在不同时间范围相关系数均通过 95% 统计显著。再分析资料与 ADJ 在多数冬季和春季相关性优于夏季和秋季,其中再分析资料在描述冬季年际变率特征时与 ADJ 的一致性最好,夏季最差。从标准差比值得出,除去 1909~2010 年夏季和秋季以及 1951~2010 年夏季外,ERA20C 其余时间范围季节标准差均小于 ADJ,比值集中在 0.8~1.0 之间,而 20CR 除去 1979~2010 年春季和秋季以及 1951~2010 年秋季外,其余时间段各季节标准差均大于 ADJ。再分析资料与 ADJ 标准差偏差最大发生在 1909~2010 年的夏季,说明此时间范围再分析资料所描述夏季离散度特征较差。针对再分析与观测资料各个台站的年际变率和离散度特征,利用相关系数与标准差比值在中国东部区域空间分布特征来描述 1909~2010 年、1951~2010 年

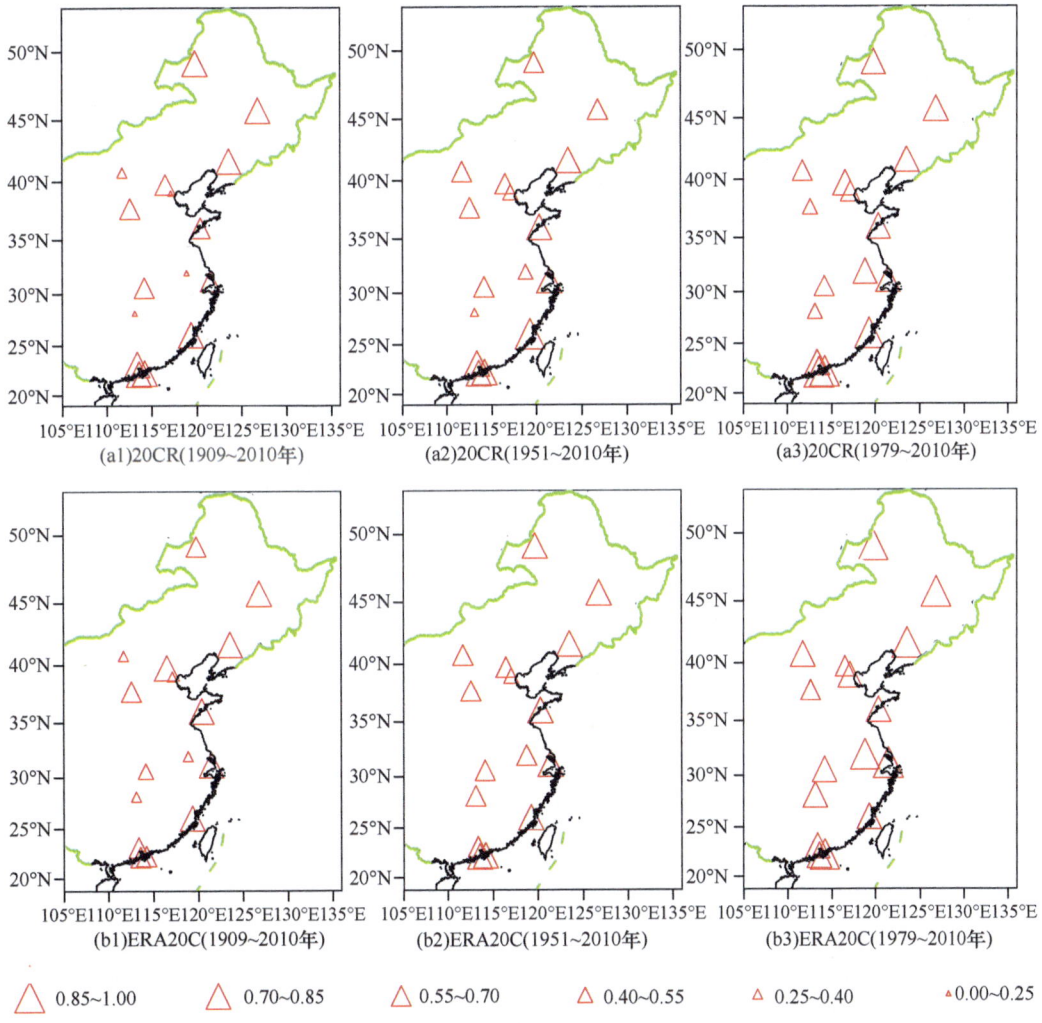

图 5.41  1909~2010 年、1951~2010 年、1979~2010 年中国东部再分析资料与观测资料(ADJ)年平均温度相关系数空间分布

和 1979~2010 年 3 个时间段再分析资料与观测资料的年际变率和离散度特征。图 5.41 是不同时间段再分析资料与 ADJ 年平均温度相关系数空间分布。除 20CR 在 1909~2010 年南京站外（相关系数 0.11），其余台站在各时间段均通过 95%统计显著，说明再分析资料在描述年际变率特征上与 ADJ 具有较高的一致性。南京、长沙、天津、呼和浩特等站在 1909~2010 年、1951~2010 年再分析资料与 ADJ 的相关系数明显小于其他各站，例如 20CR 在 1909~2010 年在南京、长沙、天津、呼和浩特站相关系数分别为 0.11、0.24、0.25、0.35，1951~2010 年南京、长沙、天津站相关系数为 0.36、0.4、0.51，相关性明显小于同时期其余台站。为了深入研究上述 4 站相关系数明显小于其他台站的原因，图 5.42 给出 1909~2010 年南京、长沙、天津和呼和浩特站地表观测（ADJ）和再分析资料平均温度年、季节距平序列。在 1960 年以前，南京、长沙和天津站再分析逐年温度低于 ADJ，而呼和浩特站在 1940 年以前低于 ADJ，1960~1980 年高于 ADJ。以上是 4 个台站相关系数较低的原因，同时说明在描述长期气候变化特征时，此 4 站适用性较低。对于离散度特征，通过比较 3 个时间段再分析资料与 ADJ 年平均温度标准差比空间分布（图 5.43）得出，在 1909~2010 年华北和华东地区 20CR 较 ADJ 离散度偏大，其中北京和天津标准差比值最高，可达 1.68 和 1.78，1951~2010 年主要受到华北、华东和华南大部分台站标准差比值较大的影响，1979~2010 年北方除满洲里和呼和浩特外其余台站标准差比值较 ADJ 偏大，南方除澳门站外较 ADJ 偏小。ERA20C 在 3 个时间段年平均标准差比值较 ADJ 偏小，1909~2010 年和 1951~2010 年主要体现在东北、内蒙古和南方沿海台站，1979~2010 年主要分布特征为北方标准差比值偏大，南方偏小。

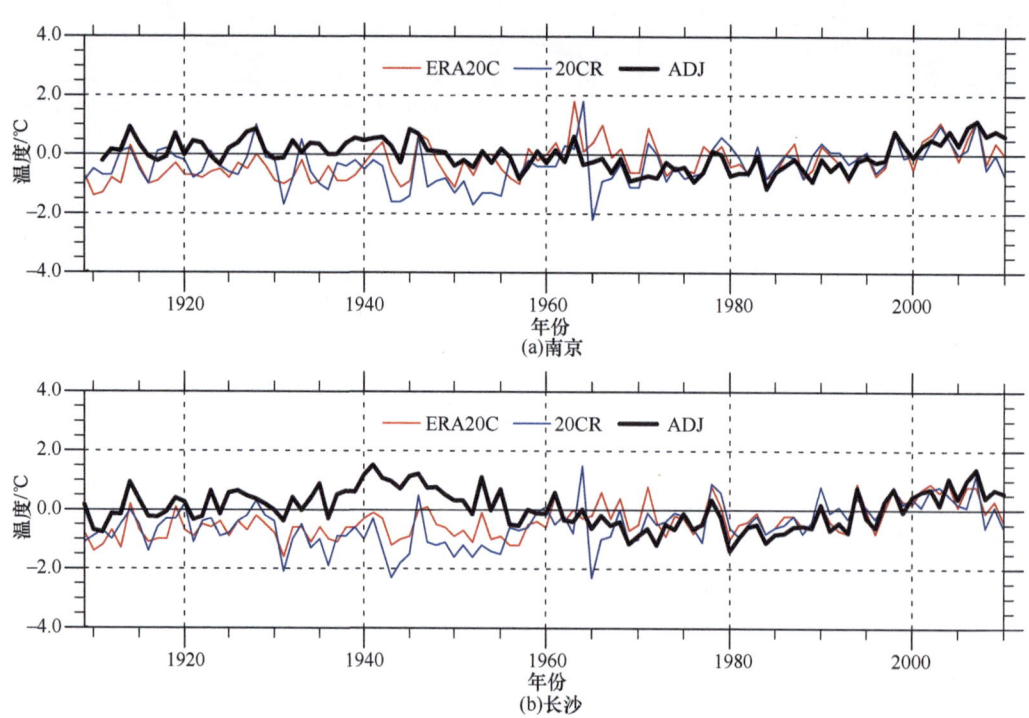

第5章 器测时期高分辨率地面气候数据集

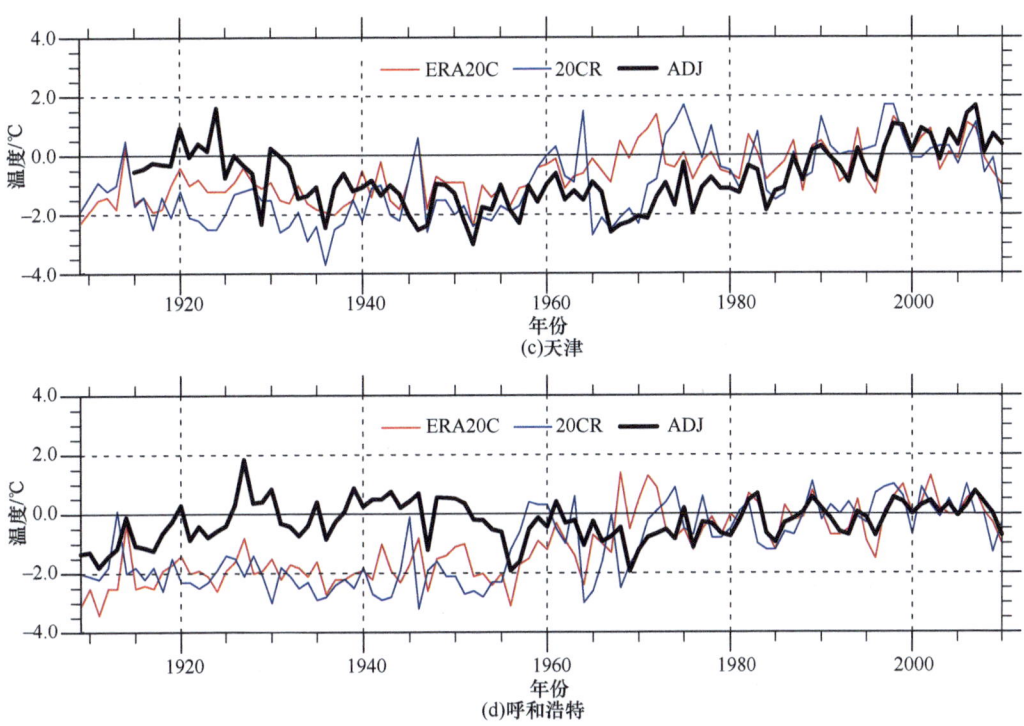

图 5.42 1909~2010 年南京、长沙、天津和呼和浩特站地表观测（ADJ）和再分析资料平均温度年、季节距平序列

综上所述，两套再分析资料在描述气温的年际变率和离散度特征时与 ADJ 具有较高的一致性，其中 ERA20C 在各时间段与 ADJ 的相关系数均大于 20CR，且标准差均小于 ADJ。20CR 在 1909~2010 年、1951~2010 年标准差大于 ADJ，相似的结论在前人的工作中也得以体现，Zhou 等（2018）根据多套再分析地表温度与观测对比评估得出 1979 年以后再分析与观测相关较好，但是对于西部地区以及高原区域的可信度还需要进一步验证。总体而言，ERA20C 比 20CR 更接近于 ADJ。早期再分析温度比观测资料偏

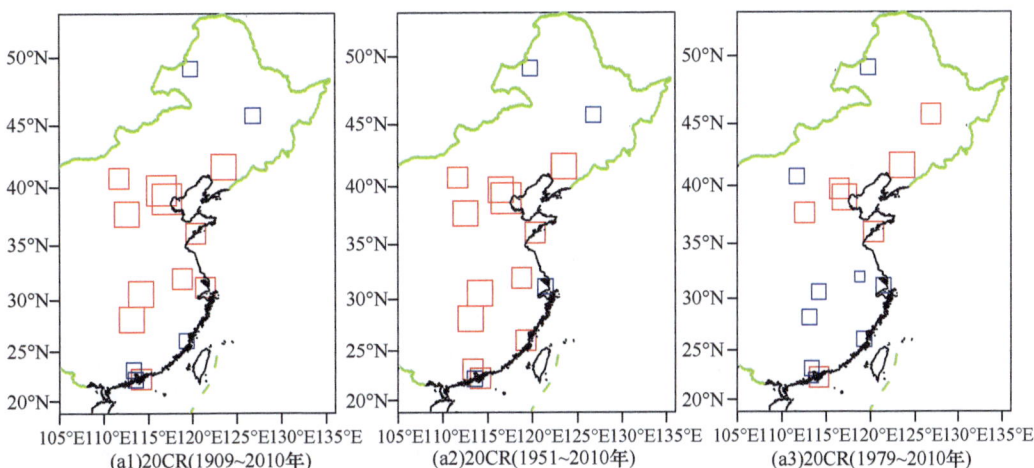

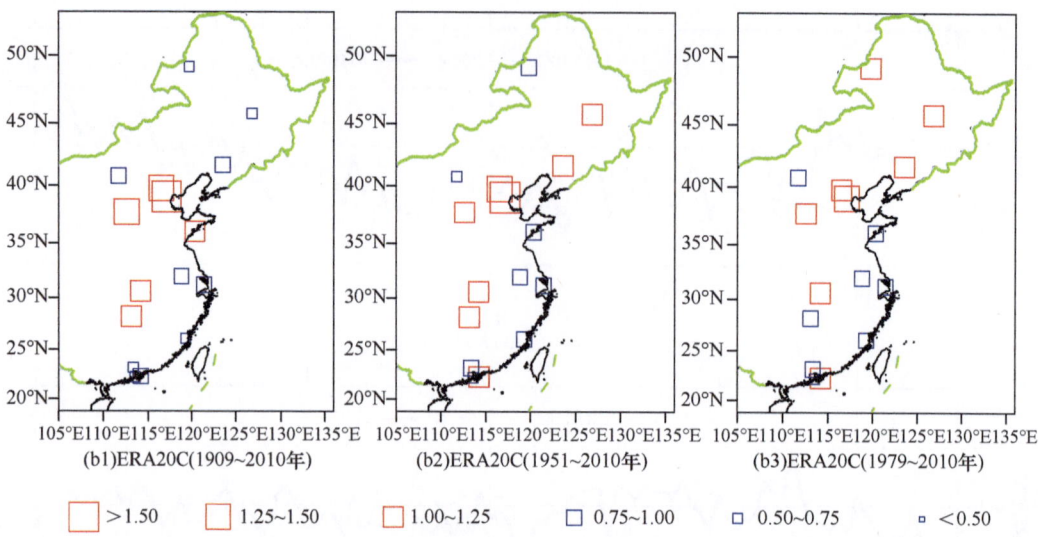

图 5.43 1909~2010 年、1951~2010 年、1979~2010 年中国东部再分析与观测（ADJ）年平均温度标准差比值空间分布

低，导致年际变率相似性偏低及离散度偏大，并且影响再分析资料与观测偏差的主要季节发生在夏季和秋季，冬季偏差最小。

**3. 线性趋势分析**

表 5.12 是再分析资料与观测资料在 1909~2010 年、1951~2010 年和 1979~2010 年全年和季节平均气候变化趋势。由于 ADJ 在反映长期气温趋势上存在着较大的正偏

表 5.12 再分析资料与观测资料（ADJ、ADJ-T）气候趋势 ℃/10a

| 时间 | | ERA20C | 20CR | ADJ | ADJ-T |
|---|---|---|---|---|---|
| 1909~2010 年 | 全年 | 0.147 | 0.202 | 0.151 | 0.104 |
| | 冬 | 0.139 | 0.258 | 0.252 | 0.173 |
| | 春 | 0.125 | 0.165 | 0.201 | 0.145 |
| | 夏 | 0.176 | 0.154 | 0.057 | 0.027 |
| | 秋 | 0.148 | 0.230* | 0.105 | 0.070 |
| 1951~2010 年 | 全年 | 0.197 | 0.244 | 0.291 | 0.274 |
| | 冬 | 0.268 | 0.363 | 0.426 | 0.383 |
| | 春 | 0.204 | 0.206 | 0.364 | 0.261 |
| | 夏 | 0.152 | 0.186 | 0.176 | 0.181 |
| | 秋 | 0.175 | 0.207 | 0.221 | 0.260 |
| 1979~2010 年 | 全年 | 0.258 | 0.246 | 0.487 | 0.443 |
| | 冬 | 0.168 | 0.278 | 0.529 | 0.406 |
| | 春 | 0.301 | 0.079 | 0.583 | 0.529 |
| | 夏 | 0.345 | 0.204 | 0.411 | 0.364 |
| | 秋 | 0.279 | 0.378 | 0.506 | 0.460 |

注：下划线表示趋势通过 95% 显著性检验，本书同。

差（Cao et al., 2013；Ren et al., 2017），趋势比较也参考了唐国利和任国玉（2005）、唐国利等（2009）（ADJ-T）的结果。再分析资料和 ADJ、ADJ-T 在不同时间段年平均气候变化趋势均通过 95%显著性检验，其中在 1909~2010 年 ADJ 气候倾向率为 0.151℃/10a，数值介于两个再分析资料之间，而 ADJ-T 为 0.104℃/10a，小于再分析资料趋势。1951~2010 年、1979~2010 年两个时间段再分析气候变化趋势均小于 ADJ 和 ADJ-T，而 ADJ 趋势大于 ADJ-T。从再分析与观测各时间段季节平均上看，ADJ 和 ADJ-T 在不同时间范围季节上均通过 95%显著性检验，冬春和大多数夏秋季 ADJ 趋势大于 ADJ-T，再分析各季节气候趋势在 1909~2010 年、1951~2010 年，以及 1979~2010 年夏秋季等达到统计显著。总体而言，在 1909~2010 年多数季节两套再分析资料趋势大于观测资料，1951~2010 年和 1979~2010 年较观测资料偏低。

为进一步对比再分析资料与 ADJ 不同时间段年平均气候趋势的差异，图 5.44 引入 16 个台站 1909~2010 年、1951~2010 年、1979~2010 年平均温度变化趋势空间分布。从 1909~2010 年 [(a1)~(c1)] 得出，北方各个台站增温趋势较南方高，再分析资料各个台站温度均为上升趋势，且都通过 95%显著性检验，除南京和长沙站为下降趋势，ADJ 在大部分地区呈显著上升趋势。1951~2010 年 [(a2)~(c2)] 再分析资料和 ADJ 大部分台站上升趋势显著，20CR 主要集中在东北以南，ERA20C 则集中在长江以北，ADJ 各台站上升趋势较 1909~2010 年有所升高，长江以北 ERA20C 与 ADJ 更相似，长江以南 20CR 与 ADJ 更接近。1979~2010 年 [(a3)~(c3)]，20CR 各站温度显著上升主要分布在沿海区域，ERA20C 主要分布在长江以南，ADJ 上升趋势较 1951~2010 年有所升高，20CR 和 ERA20C 在华北和东北与 ADJ 相似度偏低。

## 5.6.2 早期降水资料评估

**1. 逐年降水序列对比分析**

中国地表观测（OBS）与再分析年、季节平均降水距平曲线（图 5.45）表明，再分析资料基本描述了 OBS 降水在 20 世纪所具有的年际变化特征，主要表现在 1960 年以后 20CR 与 OBS 较为一致，而早期观测资料与再分析资料存在明显偏差。OBS 在 1920~1950 年比再分析资料波动大，1900~1920 年 OBS 较再分析资料偏高，1930~1950 年 OBS 较再分析资料偏低。再分析资料与 OBS 的年距平特征也在季节距平中得到体现，1960 年以后各季节再分析资料与 OBS 一致性较好，1920~1950 年 OBS 的波动性明显高于再分析资料，其中春季，夏季和秋季在早期 OBS 明显高于再分析资料，形成明显峰值。总体而言，冬季所表现的年际变化特征好于其他季节。

为了更加突出短期年内变化特征，图 5.46 是 1901~2015 年中国地表观测（OBS）与再分析年、季节平均降水去趋势年代际变化特征箱型图。结果得出，中国区域 20 世纪降水存在明显的年代际变化特征。早期降水偏高，在 20 世纪初出现一个波峰，随后下降，在 1930s 出现低值，形成波谷，其后再次上升，并在 1950s 形成另一个峰值，在 1960s 下降，在最近几十年有所上升。季节特征上，春季，夏季和秋季在早期降水较高，

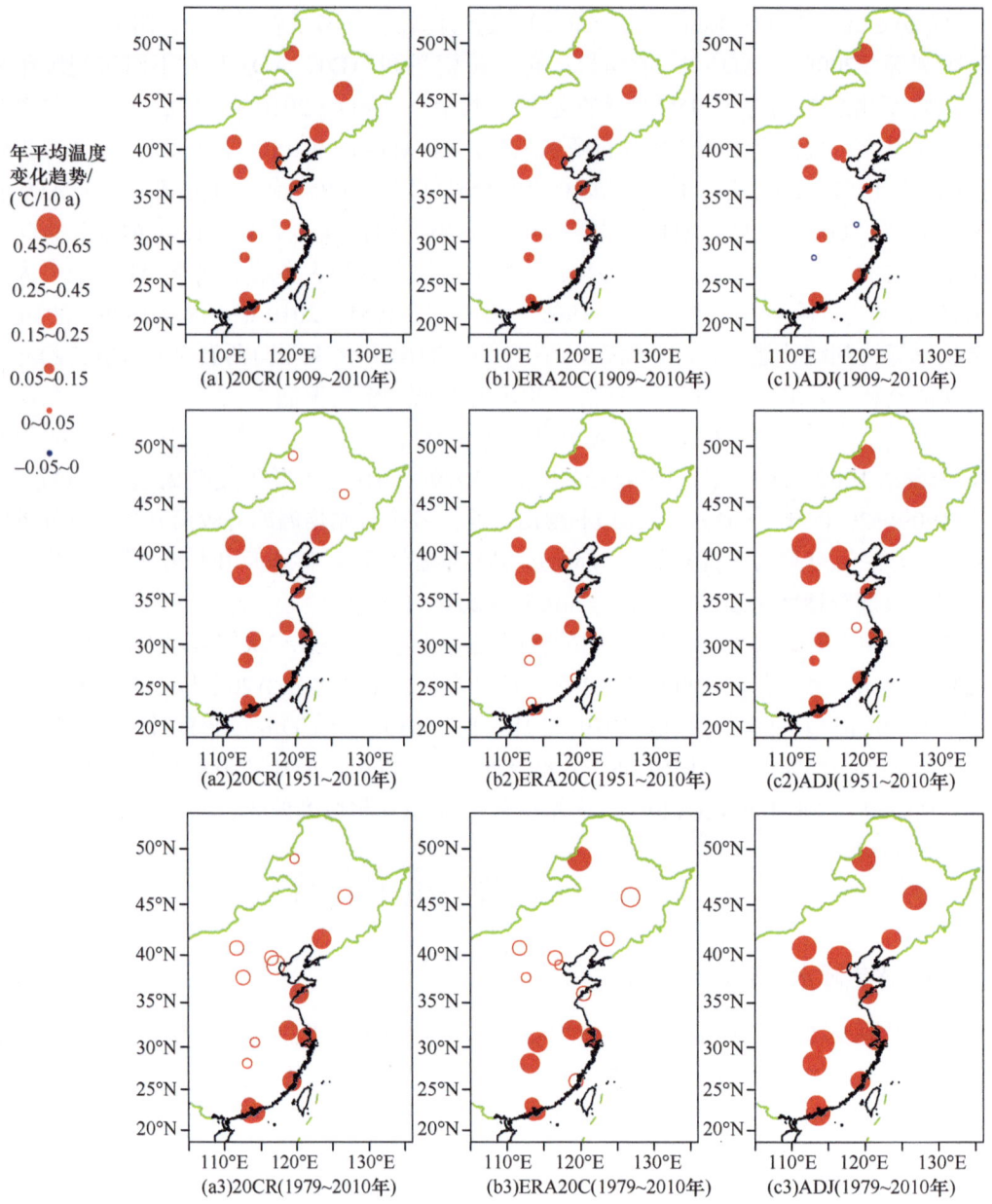

图 5.44 1909~2010 年、1951~2010 年、1979~2010 年再分析与 ADJ 年平均温度变化趋势空间分布
实心表示趋势显著，空心表示不显著

而后下降，低值形成于 1940s 和 1950s，随后降水特征又上升。总的来说，年、季节平均降水区趋势距平曲线显示，再分析数据集可以在更大程度上描述了 OBS 在 20 世纪的年代际变化特征。再分析资料在描述冬季特征上优于其他季节。

综上所述，20CR 再分析资料对年际变化特征的描述在 1960 年以后与 OBS 有较高的一致性，20 世纪 50 年代之前 20CR 与 OBS 偏差较大，OBS 的方差高于 20CR。

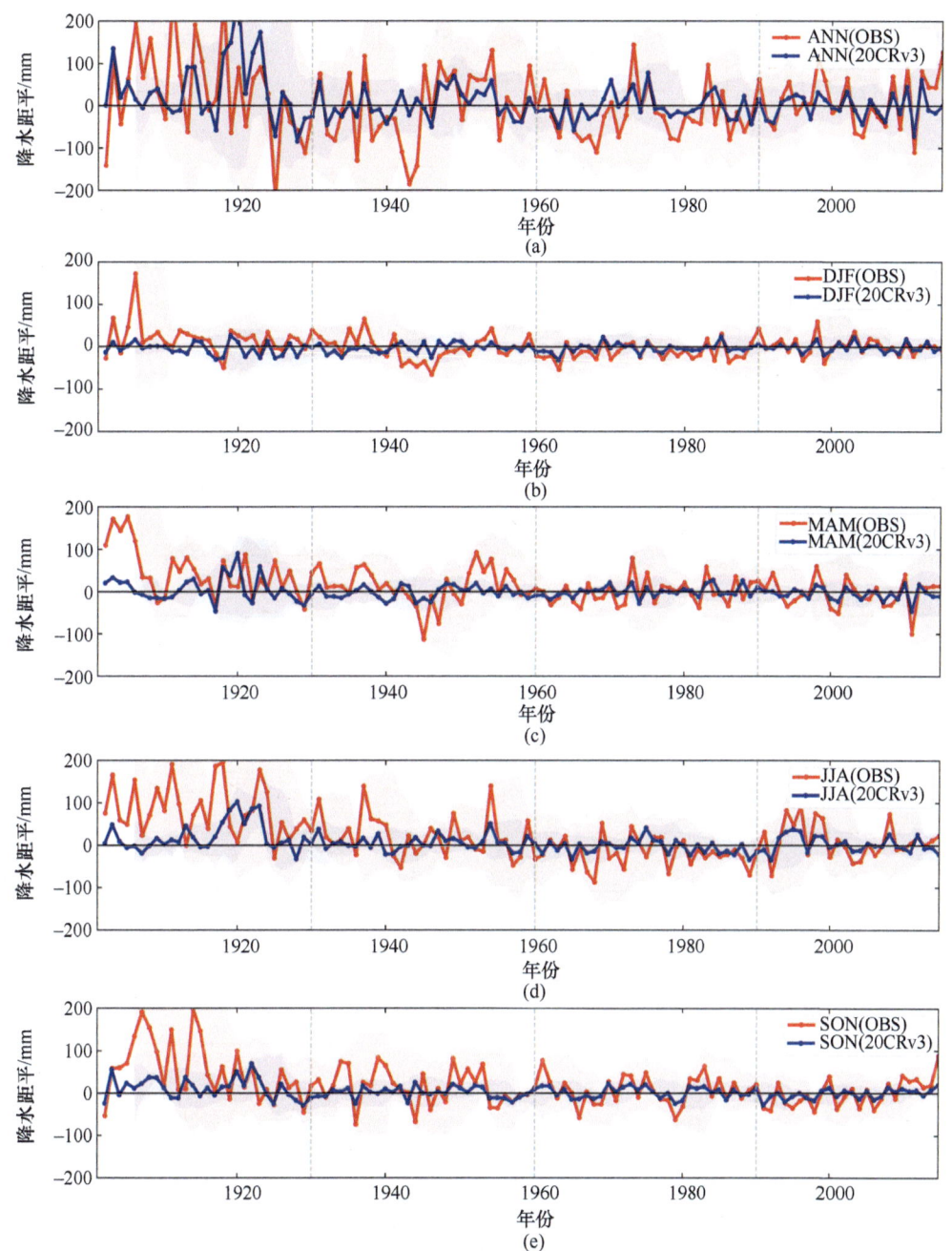

图 5.45　1901～2015 年中国地表观测（OBS）和再分析资料平均降水年、季节距平序列

### 2. 年际变率和离散度分析

通过上述分析得出，20CR 在不同时期与 OBS 存在不同差异，这些给评估再分析资料带来极大的不确定性，所以这部分将分析再分析资料与 OBS 在不同时间段年际变率和离散度上的相似性，从而进一步评估早期再分析资料的可信度。

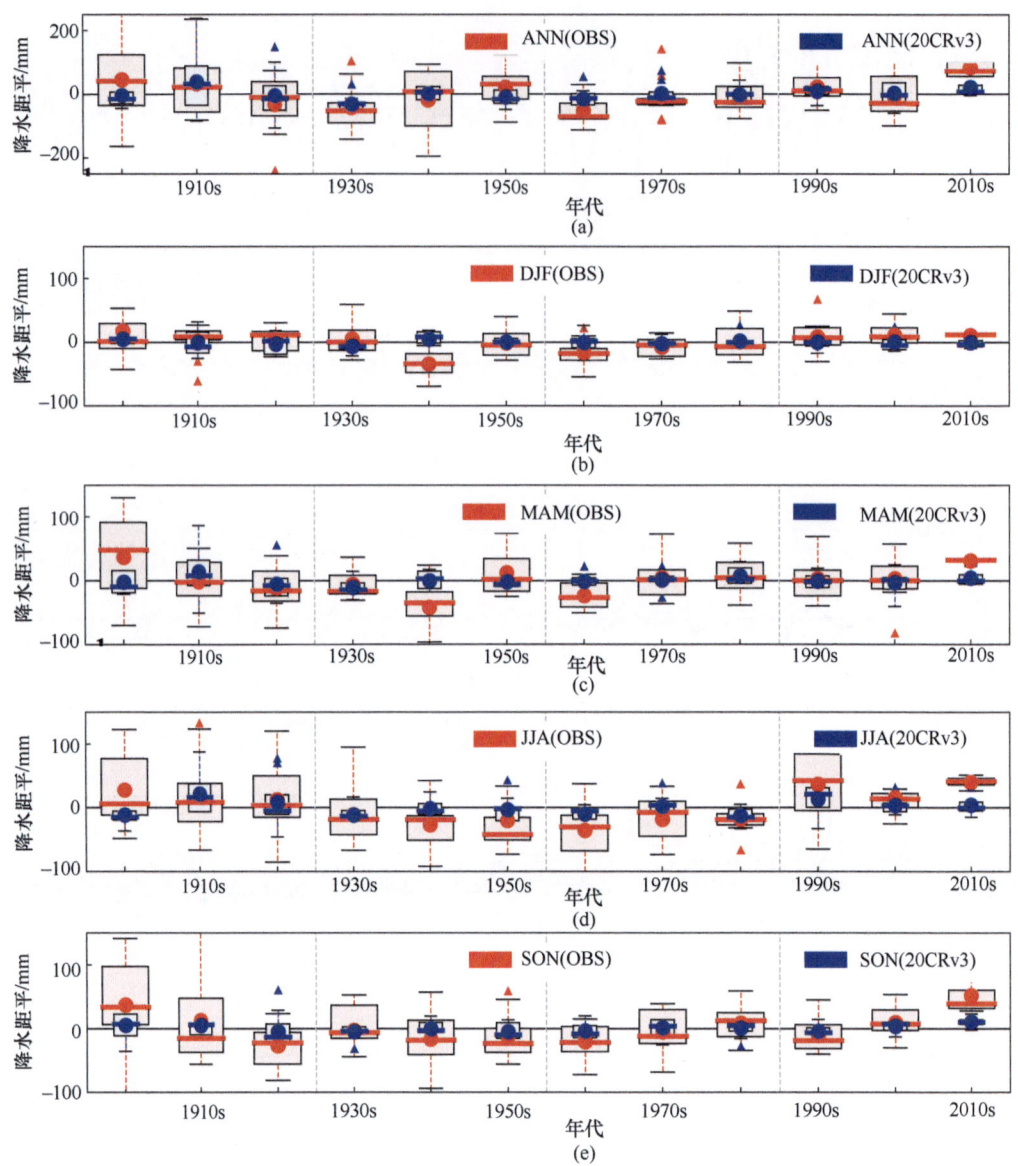

图 5.46 1901～2015 年中国地表观测（OBS）和再分析资料平均降水年、季节去趋势年代际变化特征

表 5.13 是 1901～2015 年、1901～1960 年、1961～2015 年再分析资料与观测（OBS）年平均相关系数和标准差比值。再分析资料与 OBS 在各时间段相关系数均达到统计显著，说明 20CR 在描述长期年际变率特征上与 OBS 具有较高的一致性。其中 1901～1960 年之间相关系数分别为 0.42，低于 1961～2015 年相关系数 0.64，说明在年际变率特征上近 60 年年际变率 20CR 与 OBS 更为接近。从再分析资料与 OBS 降水标准差比值可以看出，20CR 在 3 个时间段内标准差均大于 OBS，其中 1901～1960 年间比值为 1.98，高于 1961～2015 年标准差比值 1.63，说明在离散度特征上 20CR 由于早期资料较 OBS 降水偏低，离散度偏大。

表 5.13　1901～2015 年、1901～1960 年、1961～2015 年再分析资料与观测资料（OBS）年平均降水相关系数与标准差比值

|  | 相关系数 | 标准差比值 |
| --- | --- | --- |
| 1901～2015 年 | 0.48* | 1.67 |
| 1901～1960 年 | 0.42* | 1.98 |
| 1961～2015 年 | 0.64* | 1.63 |

*表示通过 95%显著性检验。

针对再分析与观测资料各个台站的年际变率和离散度特征，利用相关系数与标准差比值在中国区域空间分布特征来描述 1901～2015 年、1901～1960 年和 1961～2015 年 3 个时间段再分析与观测资料的年际变率和离散度特征。图 5.47 是不同时间段再分析与观测降水（OBS）年平均降水相关系数空间分布。OBS 与 20CR 多数台站在各时间段均通过 95%显著性检验，说明再分析资料在描述年际变率特征上与 OBS 具有较高的一致性。其中，20 世纪前 60 年多数台站相关系数较低，高于 0.4 的台站主要分布于长江以南和黄河流域地区。近 60 年相关系数在中国东部区域高于西部，主要在华北区域和华东区域相关系数较高。对于离散度特征，通过比较 3 个时间段再分析与 OBS 年平均降水标准差比空间分布得出，在 1901～2015 年间华北和华东地区 20CR 较 OBS 离散度偏大，早期标准差比值在西南区域和华北区域较大，1961～2015 年间主要受到华北、华东和华南大部分台站标准差比值较大的影响。

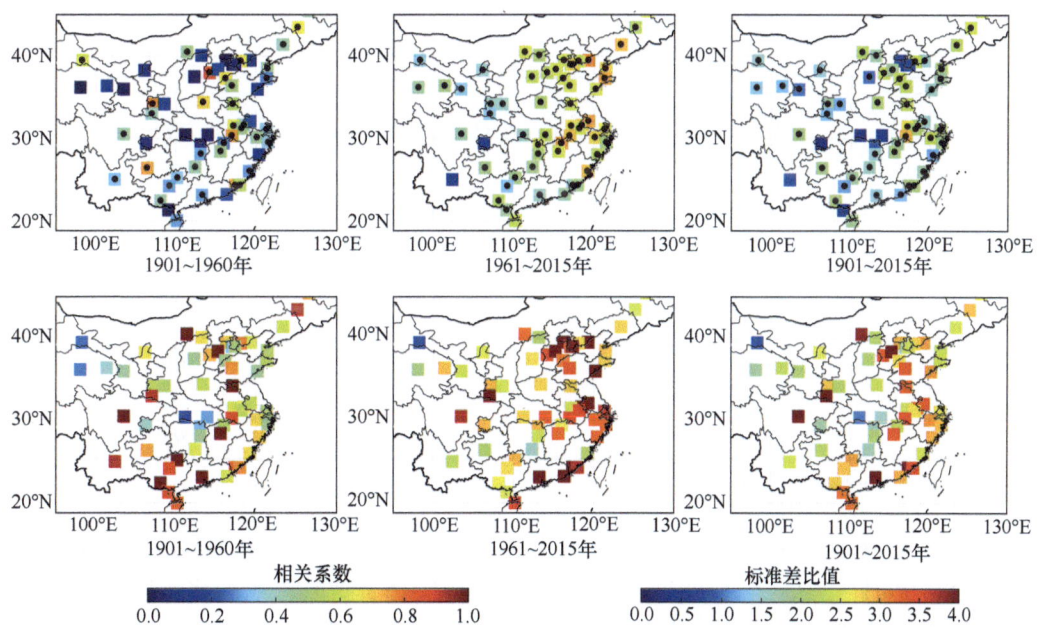

图 5.47　1901～2015 年、1901～1960 年、1961～2015 年中国东部再分析资料与观测（OBS）年平均降水相关系数（上图）和标准差比值（下图）空间分布

综上所述，再分析资料在描述气温的年际变率和离散度特征时与 OBS 具有较高的一致性，其中 20CR 在近 60 年相关系数要高于早期 60 年相关系数，且标准差均小于

OBS。相似的结论在前人的工作中也得以体现，Zhou 等（2018）根据多套再分析地表降水与观测对比评估得到 1979 年以后再分析资料与 OBS 相关较好，但是对于西部地区及高原区域的可信度还需要进一步验证。总体而言，早期再分析降水比 OBS 偏低，导致年际变率相似性偏低及离散度的偏大，并且影响再分析资料与 OBS 偏差的主要季节发生在夏季和秋季，冬季与观测偏差最小。

### 3. 线性趋势分析

表 5.14 是再分析资料与 OBS 在 1901~2015 年、1901~1960 年和 1961~2015 年，全年和季节平均气候变化趋势。再分析资料和 OBS 在不同时间段年平均降水变化趋势为早期下降趋势，近 60 年微弱上升趋势，其中在 1901~2015 年 OBS 降水倾向率为 –3.11mm/10a，数值较再分析资料偏低。从再分析资料与 OBS 各时间段季节平均上看，1901~2015 年 OBS 在不同季节上均通过 95%显著性检验，夏季降水减小或增大趋势均大于其他季节，再分析资料各季节气候趋势在 1901~2015 年、1901~1960 年，以及 1961~2015 年部分季节等达到统计显著。

表 5.14 再分析资料与观测资料气候变化趋势 （单位：mm/10a）

| 时间 | | 20CR | OBS |
| --- | --- | --- | --- |
| 1901~2015 年 | 全年 | –4.08* | –3.11 |
| | 冬 | 0.46 | –2.43* |
| | 春 | –0.97 | –6.02* |
| | 夏 | –2.26* | –9.28* |
| | 秋 | –1.36* | –6.05* |
| 1901~1960 年 | 全年 | –9.05* | –10.90 |
| | 冬 | 0.42 | –7.83* |
| | 春 | –2.52 | –13.60* |
| | 夏 | –3.28 | –19.79* |
| | 秋 | –3.63* | –15.13* |
| 1961~2015 年 | 全年 | 0.64 | 10.97* |
| | 冬 | 0.93 | 4.05* |
| | 春 | –1.03 | 0.01 |
| | 夏 | 1.06 | 6.55* |
| | 秋 | –0.33 | 0.50 |

*表示趋势通过 95%显著性检验。

为进一步对比再分析资料与 OBS 不同时间段年平均气候趋势的差异，图 5.48 引入 60 个台站 1901~2015 年、1901~1960 年、1961~2015 年平均降水变化趋势空间分布。从 1901~1960 年得出，OBS 北方各个台站增温趋势较南方高，再分析各个台站降水均为下降趋势，且都通过 95%显著性阈值。1961~2015 年再分析资料和 OBS 大部分台站北方下降趋势，南方上升趋势显著，且北方集中在华北区域，南方集中在华东区域。近 120 年中国降水分布趋势为北方降水减少，而南方增加。20CR 总体能够很好地反映观测资料（OBS）降水空间分布趋势特征。

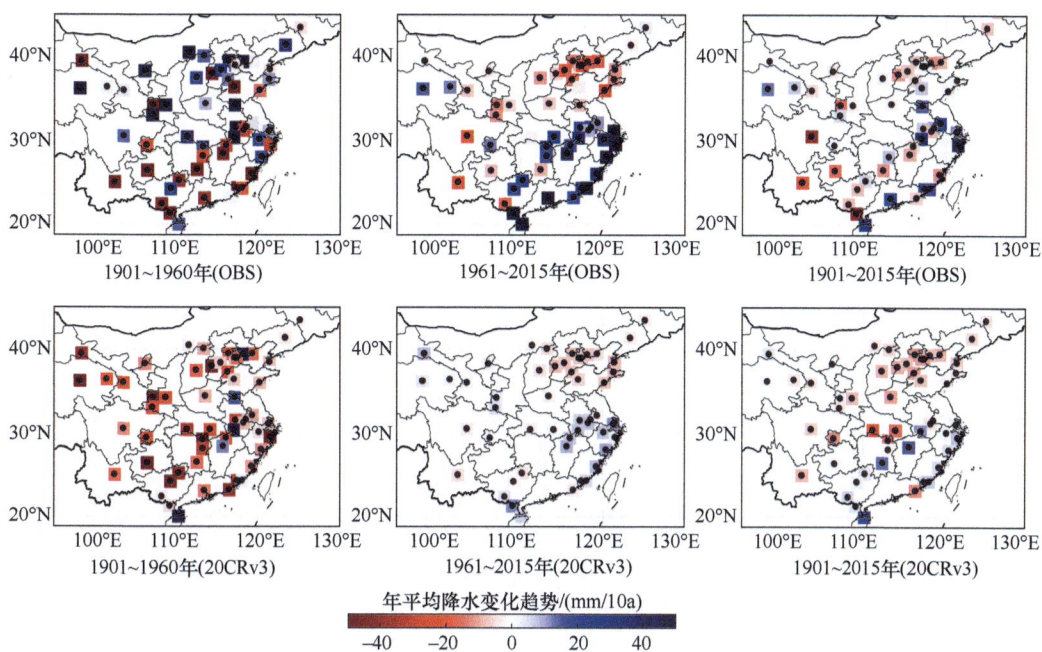

图 5.48 1901~2015 年、1901~1960 年、1961~2015 年再分析资料与观测资料（OBS）年平均降水趋势空间分布

# 参 考 文 献

任芝花, 余予, 邹凤玲, 等. 2012. 部分地面要素历史基础气象资料质量检测. 应用气象学报, 23(6): 739-747.

唐国利, 丁一汇, 王绍武, 等. 2009. 中国近百年温度曲线的对比分析. 气候变化研究进展, 2: 8.

唐国利, 任国玉. 2005. 近百年中国地表气温变化趋势的再分析. 气候与环境研究, 10(4): 791-798.

于玉斌, 陈联寿, 杨昌贤. 2008. 超强台风"桑美"(2006)近海急剧增强特征及机理分析. 大气科学, 32(2): 405-416.

战云健, 陈东辉, 廖捷, 等. 2022. 中国 60 城市站 1901—2019 年日降水数据集的构建. 气候变化研究进展, 18(6): 13.

朱乾根, 林锦瑞, 寿绍文, 等. 2000. 天气学原理和方法. 北京: 气象出版社.

Briffa K R, Jones P D. 1993. Global surface air temperature variations during the twentieth century: Part 2, implications for large-scale high-frequency palaeoclimatic studies. Holocene, 3(1): 77-88.

Cao L, Zhao P, Yan Z, et al. 2013. Instrumental temperature series in eastern and central China back to the nineteenth century. Journal of Geophysical Research: Atmospheres, 118: 8197-8207.

Harris I, Osborn T J, Jones P, et al. 2020. Version 4 of the CRU TS monthly high-resolution gridded multivariate climate dataset. Scientific Data, 7 (1): 109.

Hodges K L. 1994. A general method for tracking analysis and its application to meteorological data. Monthly Weather Review, 122(11): 2573-2586.

Hodges K L, Cobb A, Vidale P L. 2017. How well are tropical cyclones represented in reanalysis datasets? Journal of Climate, 30 (14): 5243-5264.

Hofstra N, Haylock M, New M, et al. 2008. Comparison of six methods for the interpolation of daily, European climate data. Journal of Geophysical Research Atmospheres, 113(D21).

Horn M, Walsh K, Zhao M, et al. 2014. Tracking scheme dependence of simulated tropical cyclone response to idealized climate simulations. Journal of Climate, 27(24): 9197-9213.

Jones P D, Osborn T J, Briffa K R. 1997. Estimating sampling errors in large-scale temperature averages. Journal of Climate, 10: 2548-2568.

Malakar P, Kesarkar A P, Bhate J N, et al. 2020. Comparison of reanalysis data sets to comprehend the evolution of tropical cyclones over North Indian Ocean. Earth and Space Science, 7(2).

Muller R A, Rohde R, Jacobsen R, et al. 2013. A new estimate of the average earth surface land temperature spanning 1753 to 2011. Geoinformatics & Geostatistics An Overview, 1(1).

Peterson T C, Easterling D R, Karl T R, et al. 1998. Homogeneity adjustments of in situ atmospheric climate data: a review. International Journal of Climatology, 18(13): 1493-1517.

Peterson T C, Easterling D R. 1994. Creation of homogeneous composite climatological reference series. International Journal of Climatology, 14(6): 671-679.

Ren G, Ding Y, Tang G. 2017. An overview of China's mainland temperature change research. Acta Meteorologica Sinica, 31: 3-16.

Strachan J, Vidale P L, Hodges K, et al. 2013. Investigating global tropical cyclone activity with a hierarchy of AGCMs: The role of model resolution. Journal of Climate, 26(1): 133-152.

Vincent L A, Wang X L, Milewska E J, et al. 2012. A second generation of homogenized Canadian monthly surface air temperature for climate trend analysis. Journal of Geophysical Research: Atmospheres, 117(D18).

Wang X L, Chen H, Wu Y, et al. 2011. New techniques for the detection and adjustment of shifts in daily precipitation data series. Journal of Applied Meteorology & Climatology, 49(12): 2416-2436.

Wang X L, Wen Q H, Wu Y. 2007. Penalized maximal t test for detecting undocumented mean change in climate data series. Journal of applied meteorology and climatology, 46(6): 916-931.

Wang X L. 2008a. Accounting for autocorrelation in detecting mean shifts in climate data series using the penalized maximal t or F test. Journal of Applied Meteorology and Climatology, 47(9): 2423-2444.

Wang X L. 2008b. Penalized maximal F test for detecting undocumented mean shift without trend change. Journal of Atmospheric and Oceanic Technology, 25(3): 368-384.

Yang S, Xu W, Xu Y, et al. 2016. Development of a global historic monthly mean precipitation dataset. Journal of Meteorological Research, 30: 217-231.

Ying M, Zhang W, Yu H, et al. 2014. An overview of the China Meteorological Administration tropical cyclone database. Journal of Atmospheric & Oceanic Technology, 31: 287-301.

Zhang Y, Hidalgo J, Parker D. 2017. Impact of variability and anisotropy in the correlation decay distance for precipitation spatial interpolation in China. Climate Research, 74(1).

Zhang Y, Ren Y, Ren G, et al. 2021. Surface air pressure-based reconstruction of tropical cyclones affecting Hong Kong since the late nineteenth century. Climatic Change, 164: 57.

Zhou C, He Y, Wang K. 2018. On the suitability of current atmospheric reanalysis for regional warming studies over China. Atmospheric Chemistry and Physics, 18: 8113-8136.

# 第6章

近现代极端气候
变化特征规律

极端天气气候变化是气候变化研究的重大科学挑战之一，也是 IPCC 评估报告一直以来的重要内容。虽然 IPCC AR6 在第 11 章中对 20 世纪 50 年代以来的极端事件变化进行了全面和系统的评估，但科学家对百年尺度极端气候变化特征的认识仍然不足，这主要是因为目前相对可靠的仪器观测数据仅覆盖了近几十年，20 世纪中叶之前数据十分匮乏。本章在第 5 章构建新的器测时期以来的资料集的基础上，较为全面揭示了近 120 年以来全球及我国主要极端气候事件新的变化特征。本章 6.1 节介绍全球极端气温事件近 120 年以来的变化，除了全球陆地的极端气温事件外，还重点关注了东亚地区、我国，以及东北地区主要城市的极端温度事件长期变化，这部分内容采用了最新国内外研制百年尺度气温观测数据集。6.2 节聚焦在极端降水事件的长期变化，特别关注了东亚季风区及我国长江流域百年极端降水变化情况，这些都基于最新整合的 20 世纪以来的降水日值资料集。6.3 节主要是利用新发展的热带气旋客观识别方法建立了东亚及重点地区百年热带气旋序列，揭示了东亚地区热带气旋百年以来的趋势和变化特征。另外，还利用历史文献资料重建了我国沿海地区近 2000 年以来的台风风暴潮过程及其变化特征。6.4 节分别利用石鱼出水及器测资料探讨了三峡地区近 1000 年以来的水文干旱及汉江流域近百年来的气象干旱的变化特征。6.5 节在整合我国东北地区早期器测资料的基础上，建立了东北地区雷暴、冰雹等强对流天气日数的百年序列。虽然早期器测数据在资料拯救、数字化和处理等方面的技术仍然不完备，但本章所获得的最新的近 120 年以来全球主要极端气候变化特征仍较大地增强了对百年尺度上极端气候变化的科学认识。

## 6.1 极端气温事件长期变化

IPCC AR6 指出，1950 年以来全球和超过 80%的区域都表现出极端热事件的发生频率和强度增加，冷事件减少，并且这个结论几乎是可以肯定的。然而，目前 1950 年以前最高和最低气温数据的完整性和空间覆盖率不足，导致 1901 年以来全球极端事件的变化规律仍旧不完全清楚。本章将分别依据中国气象局开发的数据集，利用 1901 年以来全球地表气温、中国地表气温、中国东北典型台站（营口和长春）气温数据，分析全球到东亚区域尺度近代时期最高气温、最低气温、日较差（DTR）和极端气温事件长期变化规律。近 120 年全球陆地表面温度观测数据来源于中国气象局国家气象信息中心 2012~2015 年期间全新发展的全球地表气温月值均一化数据集 CMA-LSAT v1.0（国家气象信息中心，2015），数据集相对于 CRU 和 GHCN 数据集的空间独有台站如图 6.1 所示。资料来源于中国气象局国家气象信息中心提供的国家级地面气象站均一化气温月值数据集（国家气象信息中心，2013）。近 120 年中国最高、最低气温观测数据来源于国家气象信息中心整理的我国 60 站长序列气温数据集及 32 个长序列站月平均气温资料集。近 120 年中国和东北典型台站日值观测数据来源于地球大气环流圈重建计划（ACRE）和各个区域的子计划（如 ACRE-China）、国家气象信息中心下载的中国 2400 自动站 1961~2020 年的逐日最高和最低气温，以及 GHCND 下载的国外站点数据。

# 第 6 章 近现代极端气候变化特征规律

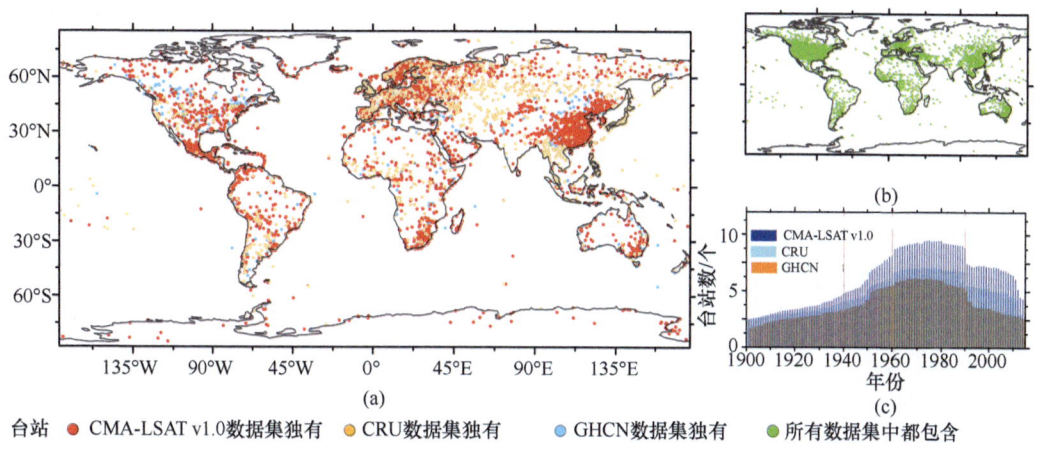

图 6.1 不同全球陆地表面气温数据集所独有的台站分布情况（a）和共有台站分布（b）以及 1900 年以来各个数据集台站数目随时间的变化情况（c）

## 6.1.1 全球陆地和东亚平均气温

**1. 近 120 年全球陆地平均气温长期趋势**

全球和南、北半球陆地表面年平均气温距平序列如图 6.2 所示，这些气温距平序列变化特征和前人的研究成果很相似（Hansen et al.，2010）。全球和南、北半球 1901 年以来年平均陆地表面气温的线性趋势分别为 0.104℃/10a、0.088℃/10a 和 0.115℃/10a，北半球陆地平均气温上升趋势最大，但所有序列的趋势都通过了 0.05 的显著性检验。

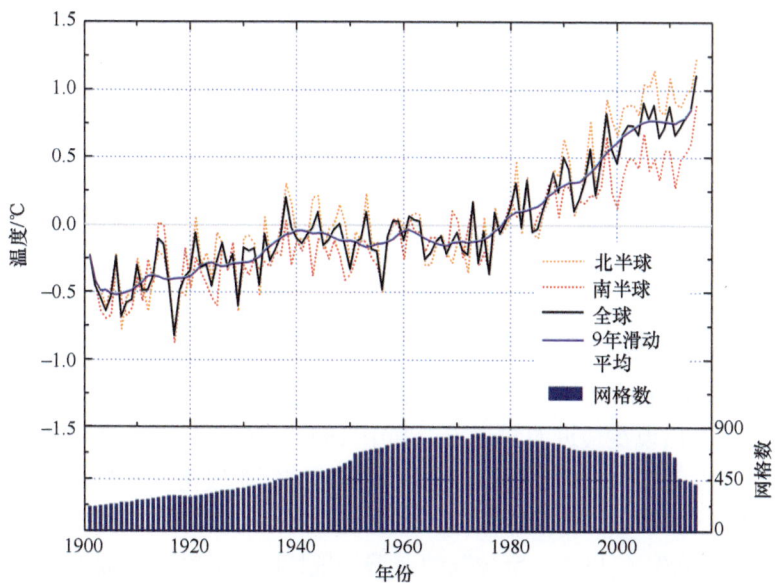

图 6.2 1901 年以来全球和南、北半球陆地表面年平均气温距平序列和全球陆地 9 年滑动平均曲线（相对于 1961~1990 基准气候期），以及逐年全球平均所用到的 5°×5°的网格数量（孙秀宝，2018）

1901~2015年，全球平均序列有两个明显的升温时期，分别是1901s到1930s和1980s早期到2000s中期，特别是1980s早期以来的升温程度更为明显；同样也有两个变冷或变暖减缓时期，分别为1940s到1970s时期以及最近的18年。南、北半球序列的变化情况总体是一致的，但变暖程度北半球明显高于南半球。主要区别在1950s到1970s时期，当时南半球平均气温处于一个振荡的上升过程，而北半球则处于一个下降的态势；此外，在1980s早期开始的剧烈增暖时期，北半球的变暖趋势明显高于南半球；从1990s后期开始的气候变暖减缓现象，南半球陆地似乎比北半球陆地明显，但南、北半球和全球平均陆地表面气温距平值仍然处在一个较高的水平。

表6.1给出了不同时期的年平均陆地表面气温线性趋势。1951~2015年和1979~2015年全球陆地升温趋势明显，特别是1979~2015年时期异常明显，全球和北、南半球陆地平均升温趋势分别为0.250℃/10a、0.319℃/10a和0.142℃/10a。1998~2015年时期，全球和北、南半球变暖趋势有所减缓，变暖趋势分别为0.098℃/10a、0.105℃/10a和0.087℃/10a，均未通过显著性检验。需要说明的是，在计算不同时期趋势时所用到的网格数量并不一致。除了1998~2015年，其余时段网格数都在800个以上。1998~2015年时段网格数量有所下降，虽然网格数量有所下降，台站空间覆盖程度依然较高，因此针对各时期所得计算结果仍具有较高可信度，且具有可比较性。在东亚，平均气温明显存在1901~1930s和1970s以后的2个增暖时期，并在1930s~1970s初期和1998~2014年时期进入2个相对变暖减缓期或变冷期。东亚进入显著升温通道较早，开始于1930s后期，明显超前于全球和北半球的增暖时期，并且变暖幅度明显高于表6.1中显示的全球和北半球平均水平，特别是1951年以来增暖幅度更大。

表6.1 不同时期南、北半球和全球及东亚陆地表面气温线性变化趋势及北半球与南半球气温趋势比值
（孙秀宝，2018） （单位：℃/10a）

| 时期 | 全球网格数 | 全球 | 北半球 | 南半球 | 东亚 | 北半球/南半球 |
| --- | --- | --- | --- | --- | --- | --- |
| 1901~2015年 | 853 | 0.104* | 0.115* | 0.088* | 0.151* | 1.31 |
| 1951~2015年 | 853 | 0.177* | 0.211* | 0.125* | 0.294* | 1.69 |
| 1979~2015年 | 801 | 0.250* | 0.319* | 0.142* | 0.343* | 2.25 |
| 1998~2015年 | 686 | 0.098 | 0.105 | 0.087 | 0.156 | 1.21 |

\* 通过 $p<0.05$ 的显著性检验。

**2. 近120年全球陆地平均气温的空间变化**

在各个时期，北半球陆地年平均气温上升趋势均高于南半球（表6.1）。两半球陆地气温变化最大差异出现在最近的几十年，其中1979~2015年北半球陆地升温趋势比南半球陆地高1倍多，但在1998年以来的气候变暖减缓阶段南、北半球气温趋势差异却最小。不同时期全球陆地表面年平均气温线性趋势变化的空间分布和每5°的纬向平均趋势如图6.3所示。1901年以来，全球陆地普遍呈现增暖的趋势，多数地区年平均增温趋势在0.10℃/10a左右，北极地区、北美洲高纬度和亚洲中高纬度大陆升温趋势略高，增温趋势可达0.20℃/10a左右。纬向平均线性趋势显示，全球陆地各纬度带气温变化趋势

基本差异不大，高纬度地带略高，纬向差别小。南半球高纬度地带升温趋势最小，个别纬度带甚至表现出降温趋势。

1951年以来，北半球中高纬度和北美洲高纬度增暖趋势加强，但北极地区的变暖并没有比其他中高纬度地区更明显；南半球增暖趋势仍然较小，亚马逊盆地和东南极地区存在弱的变冷趋势。这一时期纬向平均显示，低纬和高纬增温趋势差距有所增大，但总体上看，这一时期全球陆地表面气温上升的区域范围扩大了，但气温变化的空间差异较小，大体与1901~2015年接近。

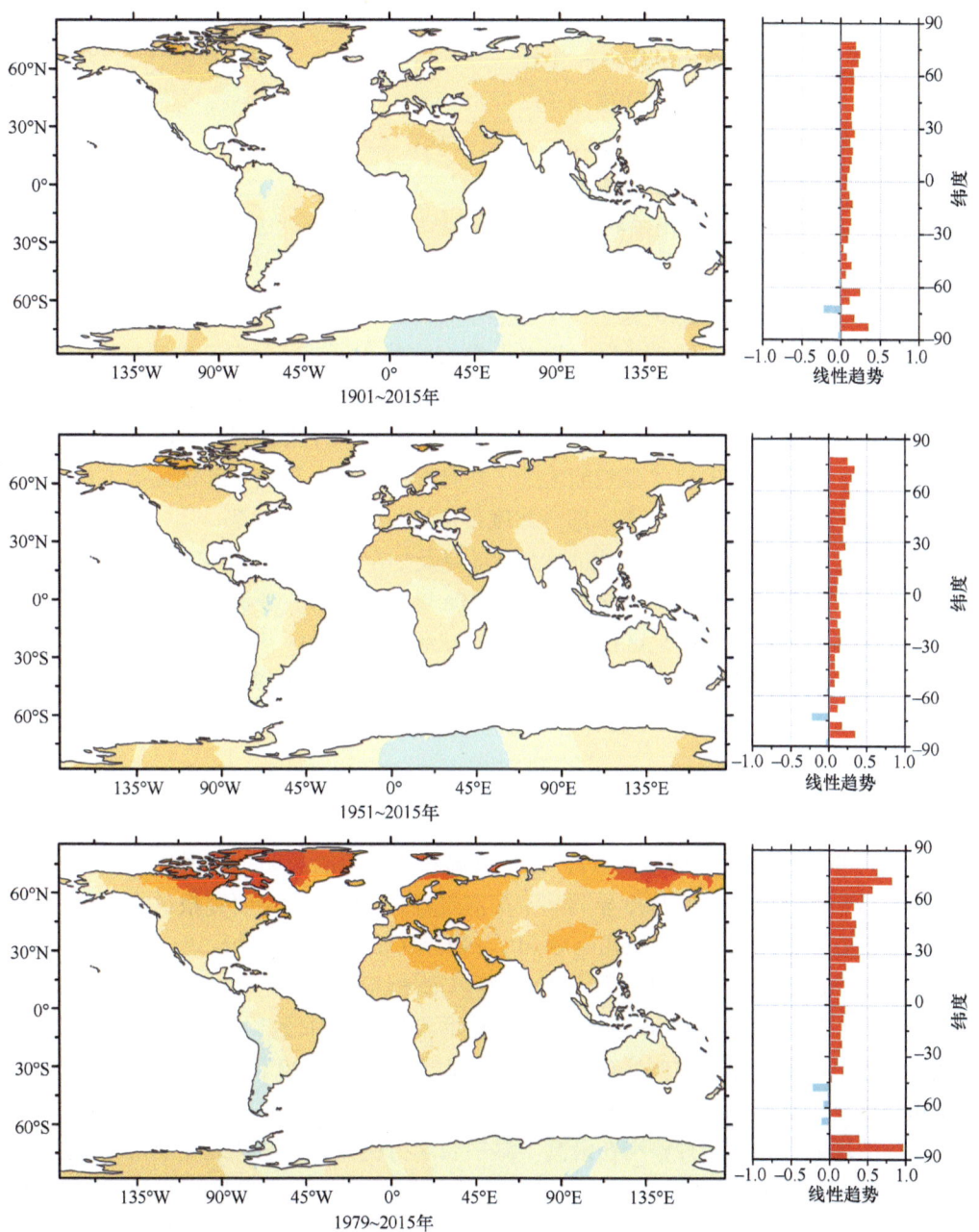

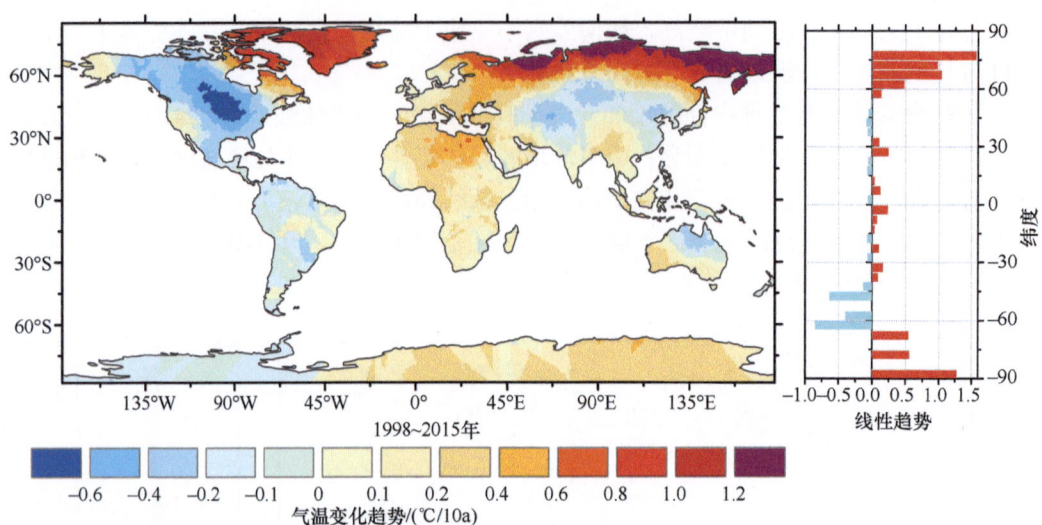

图 6.3　全球陆地表面年平均气温在 4 个不同时期变化趋势的空间分布（左侧分布图）和纬向每 5°的网格距平平均（右侧柱状图）（Sun et al.，2018a）

1979 年以来，全球陆地进入了一个强烈增暖时期，增暖速率高于研究时段内所有时期，亚洲大陆中高纬度、欧洲大陆，以及北美大陆的北极地区气温升高趋势最为明显，最快速的增暖发生在加拿大东北部和格陵兰岛地区，以及俄罗斯远东的北冰洋沿岸。纬向平均气温趋势表明，全球陆地增暖趋势普遍比 1951 年以来加强，其中北半球中高纬度、南半球的南极地区出现了强烈的增暖，并且线性趋势明显高于其他纬度；南美南部和南大洋岛屿气温增加趋势最弱，部分纬度带仍可见弱的降温趋势。

1998 年以来，欧亚大陆邻近北冰洋地区，以及加拿大东北部和格陵兰岛是全球陆地增温趋势最大的区域，增温速率达到 0.60℃/10a 以上。此外，亚洲中低纬度、北美、南美、南非、澳大利亚北部等地区增暖趋势明显减缓，部分地区甚至出现变冷的趋势，北美大陆中南部和亚洲中纬度地带变冷趋势最明显，落基山以东最大降温速率超过–0.500℃/10a，北美洲作为一个整体，年平均气温下降趋势达到–0.243℃/10a。

### 6.1.2　全球陆地和东亚最高、最低气温和日较差

1901 年以来全球和半球最高气温、最低气温和日较差的长期时间序列如图 6.4 所示。全球和半球最低气温的变暖幅度显著高于最高气温，这也是大量研究报道的导致日较差长期整体下降的直接原因（Easterling et al.，1997；Dai et al.，1999；Vose et al.，2005；Makowski et al.，2008）。最高气温在 1940 年以前增温更明显，从 20 世纪 40 年代到 70 年代末的降温也更加明显，而最低气温的这种增温和降温时段并不明显。无论最高气温还是最低气温，南半球的时间序列波动都明显大于北半球。20 世纪 70 年代后期开始，最高和最低气温有类似于平均气温的强烈增暖的过程。1998 年以后最高和最低气温也存在变暖停滞现象，并且这种停滞在最高气温中表现得更明显。这种最高最低气温的停滞现象与大量研究发现的 1998 年以来全球平均气温变暖停滞现象也相一致（Fyfe and Gillett，2014；Li et al.，2015；Sun et al.，2018b）。图 6.4（c）是全球和半球日较差的

第 6 章 近现代极端气候变化特征规律

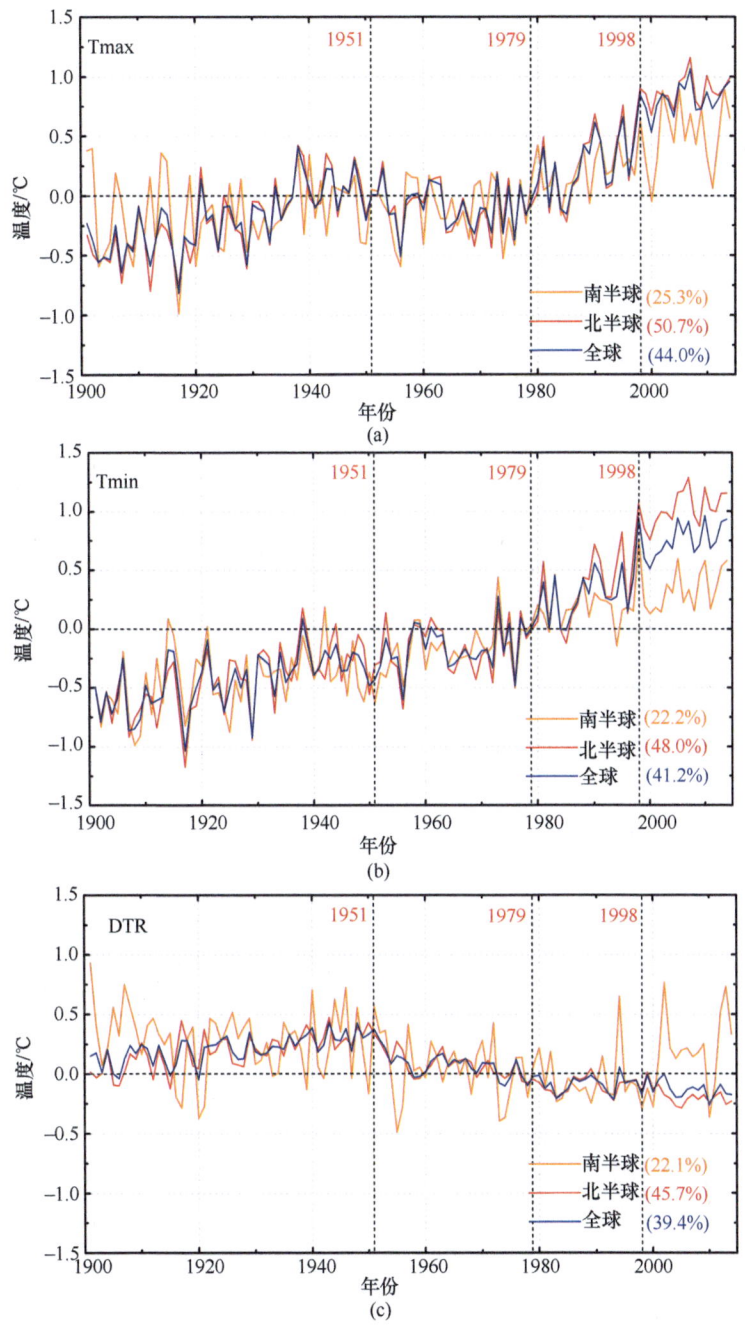

图 6.4 全球和半球最高气温（a）、最低气温（b）和日较差（c）的时间序列
百分比数值代表台站的空间覆盖率（Sun et al., 2019）

时间序列。显然日较差存在 1951 年前后的趋势逆转现象，1951 年以前呈上升趋势，1951 年之后呈下降趋势。这表明围绕 1951 年左右，日较差存在一个明显由上升转为下降的转折现象。前期研究也显示，1951 年之后也存在转折现象，全球和区域的转折主要发生在 20 世纪 70～80 年代。从序列来看，全球 20 世纪 70～80 年代的转折明显

弱于 1951 年附近的转折现象。从南北半球差异来看，这种转折现象是普遍存在的，并且主要发生在北半球，南半球由于站点数量较少，所以波动较大，进而转折现象也不明显。

从最高和最低气温 1901 年以来长期趋势来看，最高气温和最低气温在 1901 年以来分别升高了 1.1℃和 1.6℃，同时最低气温的变暖幅度（0.142℃/10a）是最高气温升温幅度（0.100℃/10a）的 1.5 倍。1979 年以来，全球最高和最低气温增温幅度是各个时期中最大的，升温幅度分别为 0.284℃/10a 和 0.301℃/10a。20 世纪上半叶，最高和最低气温的升温幅度明显低于 20 世纪下半叶的增温幅度。最高气温在 1950 年以前变化趋势略高于最低气温变化，而 1950 年以后最高气温变化趋势明显低于最低气温的变化趋势，这也是导致全球和半球日较差发生转折的原因。1998 年以来，最高和最低气温都出现了明显的变暖幅度降低的现象，全球最高和最低气温变化趋势分别为 0.098℃/10a 和 0.119℃/10a，即出现变暖减缓现象。日较差在各时期的变化趋势如图 6.4（c）所示，1901 年以来北半球和全球日较差下降了接近 0.4℃，同时日较差在北半球下降趋势（−0.37℃/10a）较南半球的下降趋势（−0.34℃/10a）更明显。在 1951 年以前，全球日较差显示出明显的升高趋势（0.046℃/10a），北半球显示出的升高趋势（0.067℃/10a）更明显，而南半球则显示出明显下降的趋势（−0.055℃/10a），但是这个下降趋势并不能通过统计上的显著性检验。1951 年以后，全球日较差显示出了一个显著的下降趋势（−0.054℃/10a），北半球的下降表现得相对更加明显（−0.066℃/10a）。可见 1901 年以来长期日较差的下降，主要可以归结于 1951 年之后日较差下降的影响。1979 年以来和 1998 年以来，全球和北半球日较差都显示出下降的趋势，全球和北半球日较差下降趋势分别为−0.049℃/10a 和−0.077℃/10a。

在东亚地区，1901 年以来的最高、最低气温变化与全球和北半球的变化基本相一致，也直接导致东亚日较差变化以长期下降为主要特征，同样的也存在 20 世纪 50 年代附近的趋势逆转现象。东亚日较差长期以来以下降为主并且 1951 年之后下降更快，1901 年以来东亚日较差下降了 0.60℃（−0.05℃/10a），而 1951 年以来下降了 0.53℃（−0.08℃/10a）。此外，1950 年以前，日较差表现出非线性增长，非线性变化的原因主要是由于 20 世纪 30 年代日较差的距平值较低引起的。

全球最高气温和最低气温各时期趋势的空间分布和纬向每 5°的网格距平平均如图 6.5 所示。从前 3 个时期（1901 年以来、1951 年以来和 1979 年以来）的变化趋势可以看出，20 世纪下半叶和 1979 年以来最高和最低气温表现出强烈升温，纬向上这种增温在北半球的高纬度地区表现得更加明显，最低气温高纬度升温表现更为明显。1998 年以来，全球出现了两极化的变化趋势分布，北半球高纬度和南极地区的最高和最低气温增温都更加剧烈，而同时北美、亚洲部分区域、南半球中低纬度变化趋势不明显或者出现了部分区域降温的趋势，赤道附近也存在明显的增温趋势。可见，最高和最低气温有和全球平均气温基本一致的各时期变化趋势分布，同时也存在中高纬度变暖更加剧烈的现象，特别是 1998 年以来高纬度的强烈变暖和中低纬度的变暖减缓形成了鲜明的对比。

## 6.1.3 东亚季风区极端高、低温事件

**1. 资料来源与处理**

资料来自 1900~2020 年经过数字化、质量控制、缺测值插补,以及均一化后的东亚季风区(85°E~150°E,0~50°N)75 个台站的极端气温(最高气温和最低气温)观

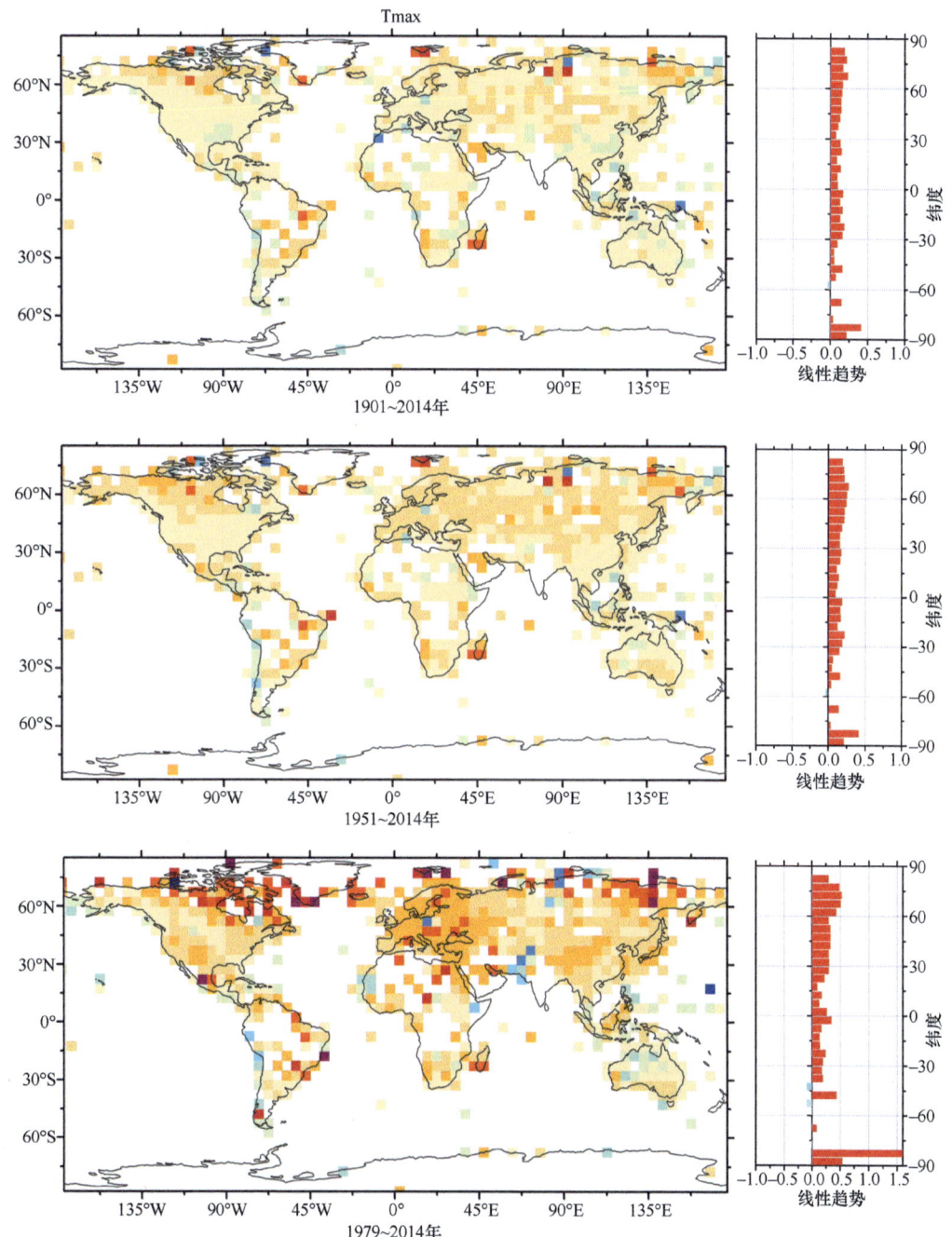

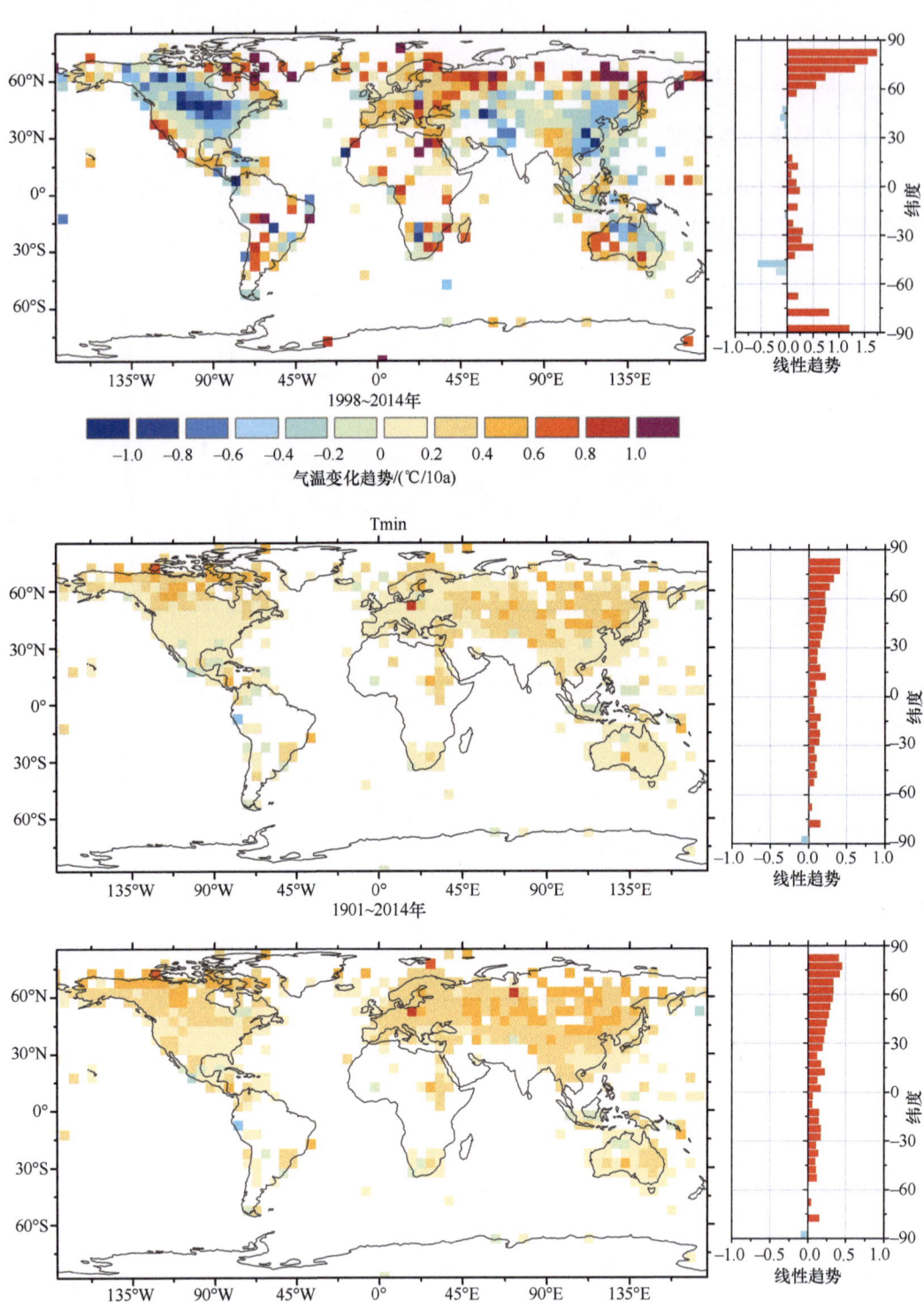

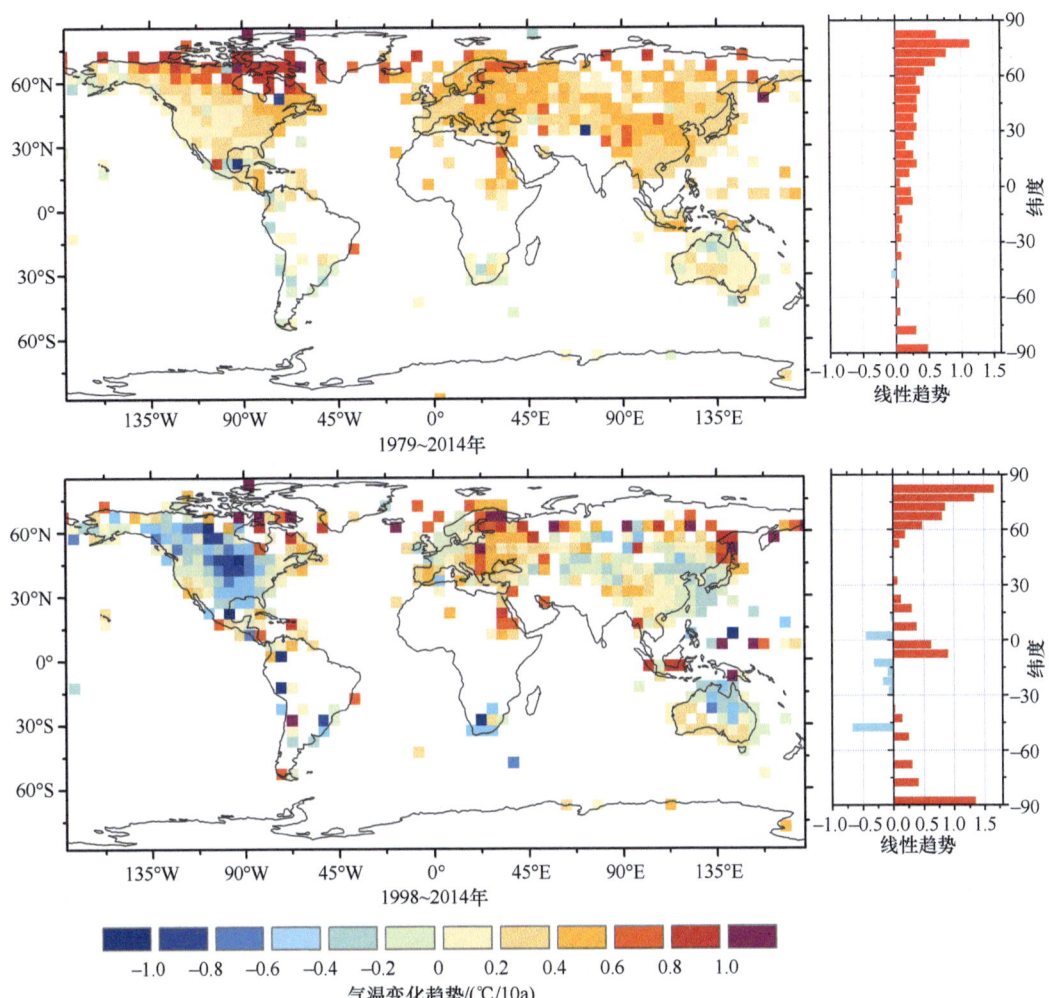

图 6.5 最高气温和最低气温各时期趋势的空间分布和纬向每 5°的网格距平平均（分布图右侧对应的柱状图）（Sun et al.，2019）

测资料。利用世界气象组织的气候变化检测和指数专家组（ETCCDI）定义的 12 个极端气温指数进行时空分析，分别是 FD（霜冻日数）、SU（夏季日数）、TR（热带夜日数）、ID（结冰日数）、TXx（最高气温的最大值）、TNx（最低气温的最大值）、TXn（最高气温的最小值）、TNn（最低气温的最小值）、TN10p（冷夜）、TX10p（冷日）、TN90p（暖夜）和 TX90p（暖日）。各指数的详细定义见表 6.2，这些指数可以反映出极端气温相关的极端天气气候事件的变化特征。

**2. 东亚季风区极端高、低温变化**

图 6.6 和表 6.3 是 12 个极端气温指数在东亚季风区 1900~2020 年间的时间序列和变化趋势特征，所有的 12 个极端气温指数除 1900~1960 年的 ID、FD、TXx、TNx、TXn 和 TNn 外，趋势变化特征均通过了 95%的信度检验。其中 4 个固定阈值指数（FD、SU、TR 和 ID）在东亚季风区 1900~2020 年都表现出变暖的趋势，即冷极端事件（FD

表 6.2　极端气温与极端气温指数定义

| 指数简称 | 指数名称 | 指数定义 | 单位 |
| --- | --- | --- | --- |
| FD | 霜冻日数 | 每年日最低气温低于 0℃的天数 | d |
| SU | 夏季日数 | 每年日最高气温高于 25℃的天数 | d |
| TR | 热带夜日数 | 每年日最低气温高于 20℃的天数 | d |
| ID | 结冰日数 | 每年日最高气温低于 0℃的天数 | d |
| TXx | 最高气温的最大值 | 每年/月的日最高气温的最大值 | ℃ |
| TNx | 最低气温的最大值 | 每年/月的日最低气温的最大值 | ℃ |
| TXn | 最高气温的最小值 | 每年/月的最高气温的最小值 | ℃ |
| TNn | 最低气温的最小值 | 每年/月的最低气温的最小值 | ℃ |
| TN10p | 冷夜 | 日最低气温低于 10%分位数的天数所占的百分比 | % |
| TX10p | 冷日 | 日最高气温低于 10%分位数的天数所占的百分比 | % |
| TN90p | 暖夜 | 日最低气温高于 90%分位数的天数所占的百分比 | % |
| TX90p | 暖日 | 日最高气温高于 90%分位数的天数所占的百分比 | % |

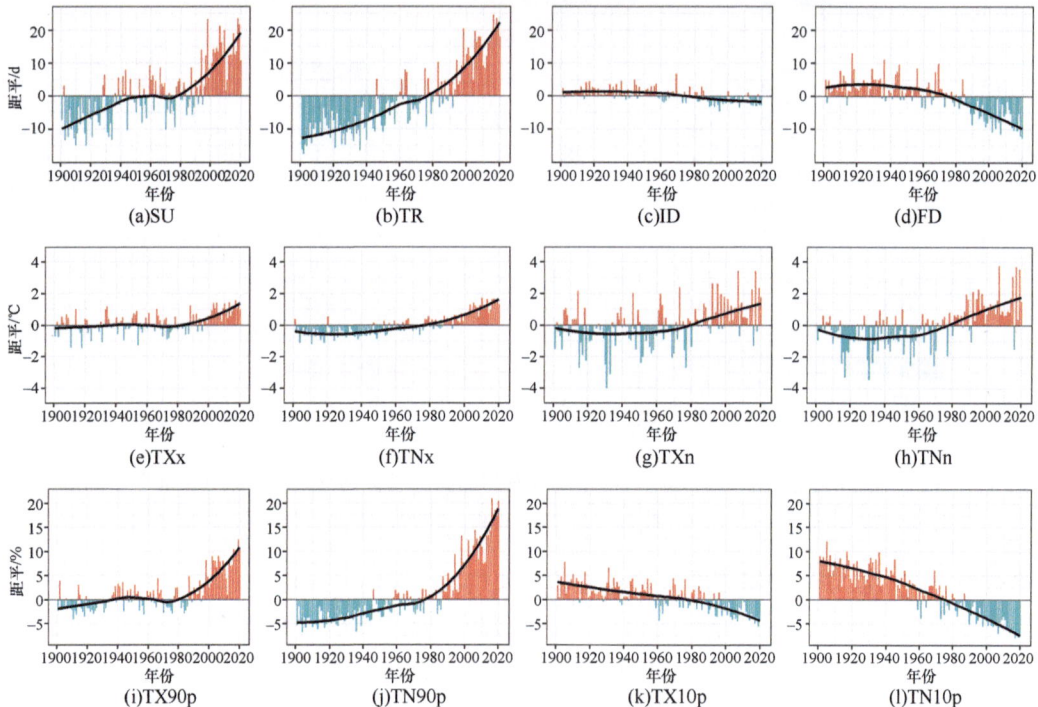

图 6.6　1900～2020 年东亚季风区极端气温指数时间序列

表 6.3　1900～2020 年东亚季风区极端气温指数线性趋势

| 时段 | SU/ (d/10a) | TR/ (d/10a) | ID/ (d/10a) | FD/ (d/10a) | TXx/ (℃/10a) | TNx/ (℃/10a) | TXn/ (℃/10a) | TNn/ (℃/10a) | TX90p/ (%/10a) | TN90p/ (%/10a) | TX10p/ (%/10a) | TN10p/ (%/10a) |
| --- | --- | --- | --- | --- | --- | --- | --- | --- | --- | --- | --- | --- |
| 1900～2020 年 | 1.87 | 2.56 | −0.31 | −1.10 | 0.08 | 0.16 | 0.14 | 0.20 | 0.67 | 1.35 | −0.60 | 1.32 |
| 1900～1960 年 | 1.92 | 1.68 | **−0.02** | **−0.26** | **0.02** | **0.03** | **−0.11** | **−0.06** | 0.53 | 0.67 | **−0.42** | −0.98 |
| 1961～2020 年 | 3.33 | 4.39 | −0.36 | −2.26 | 0.25 | 0.30 | 0.25 | 0.35 | 1.87 | 3.34 | −0.77 | −1.65 |

注：加粗表示未通过95%显著性检验。

和 ID) 在减少,而暖事件 (SU 和 TR) 在增加。SU 和 TR 指数的上升趋势很明显,分别为 1.87d/10a 和 2.56d/10a,且距平值均在 1980 年左右变为正值,1980~2020 年的上升趋势高于 1900~1980 年上升趋势。说明东亚季风区 120 年来一直是变暖趋势,且 1980~2020 年增暖趋势有所增强。ID 和 FD 指数都呈下降趋势,且都在 1980 年左右由正距平变为负距平,下降速度明显加快。

4 个极值指数(TXx、TNx、TXn 和 TNn)在东亚季风区 1900~2020 年都呈增加趋势,但冷极端气温指数(TNx 和 TNn)的变暖幅度要比暖极端气温指数(TXx 和 TXn)的变暖幅度更大一些。与固定阈值指数变化特点类似,4 个极值气温指数同样在 1980 年后变化趋势发生改变,1980~2020 年增暖的速度比 1900~1980 年明显变快。

4 个相对阈值指数(TN10p、TX10p、TN90p 和 TX90p)中 TX90p 和 TN90p 指数变化呈现上升趋势,TX10p 和 TN10p 指数变化呈现下降趋势即冷夜和冷日的发生频率在减少,而暖日和暖夜的发生频率在增多,且暖夜的变化幅度大于冷夜,暖日的变化幅度也大于冷日。和其他 8 个极端气温指数一样,4 个相对阈值指数的变化趋势也在 1980 年左右发生了变化。

### 6.1.4 中国最高、最低气温和日较差

**1. 近 120 年中国地表最高、最低气温和日较差趋势长期变化**

由图 6.7 可见,区域最高气温以 0.07℃/10a 上升,且通过了 0.01 水平的显著性检验,20 世纪 40 年代末之前,最高气温上升速率缓慢,20 世纪 40 年代末至 20 世纪 80 年代中期,最高气温呈微弱下降趋势,20 世纪 80 年代中期至 20 世纪 90 年代末,最高气温上升较快,20 世纪 90 年代末至今,上升速率不明显;最暖年份为 2007 年,距平为 1.21℃,最冷年份为 1984 年,距平为 -0.73℃。区域最低气温以 0.19℃/10a 上升,且通过了 0.01 水平的显著性检验,20 世纪 30 年代中期以前,最低气温上升不明显,20 世纪 30 年代

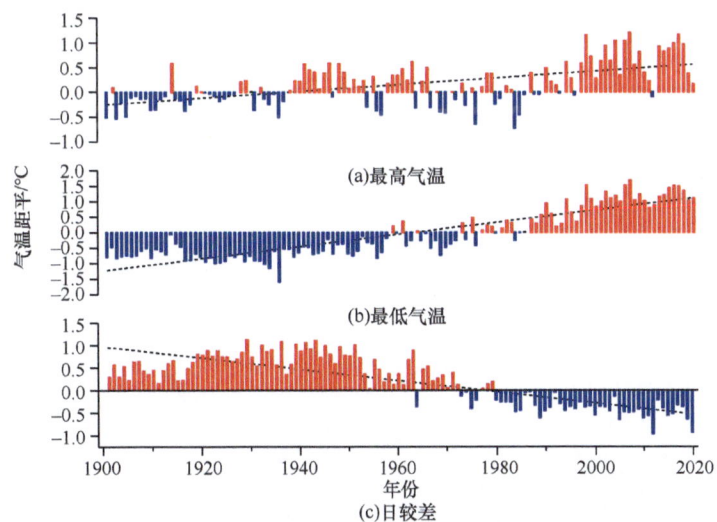

图 6.7 1901~2020 年中国年最高(a)、最低(b)气温以及气温日较差(c)距平序列(基准期为 1961~1990 年)

中期至 21 世纪第一个十年末期,最低气温上升较快,而后至今,上升速率不明显;最暖年份为 2007 年,距平为 1.69℃,最冷年份为 1936 年,距平为–1.59℃。区域日较差以 0.13℃/10a 下降,且通过了 0.01 水平的显著性检验,20 世纪 50 年代以前,日较差下降不明显,20 世纪 50 年代至今,日较差下降较快;日较差最大年份为 1929 年,距平为 1.14℃,最小年份为 2012 年,距平为–0.97℃。

**2. 近 120 年中国地表最高和最低气温趋势空间变化**

由图 6.8 可见,1901~2020 年最高气温以–0.09~0℃/10a 速率下降的站点主要分布在华中、华北、东南沿海、长江中下游等地区,其中下降速率最大的为镇江站,以–0.09℃/10a 的速率下降;最高气温以 0.15~0.31℃/10a 速率增加的站点主要分布在西南、西北、华北、东部沿海等地,其中增温速率最大的站点为昆明站,以 0.30℃/10a 的速率增加,其次为北京、西宁及酒泉站,分别以 0.26℃/10a、0.22℃/10a、0.21℃/10a 的速率增加;其余站点增温速率较小,在 0~0.15℃/10a 之间。

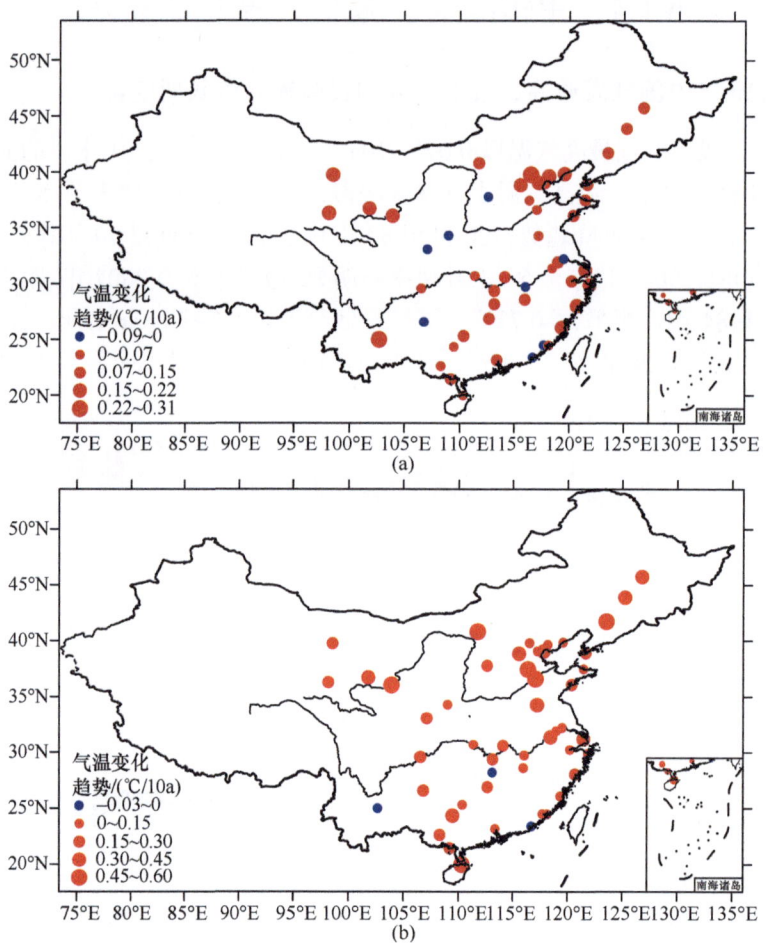

# 第 6 章 近现代极端气候变化特征规律

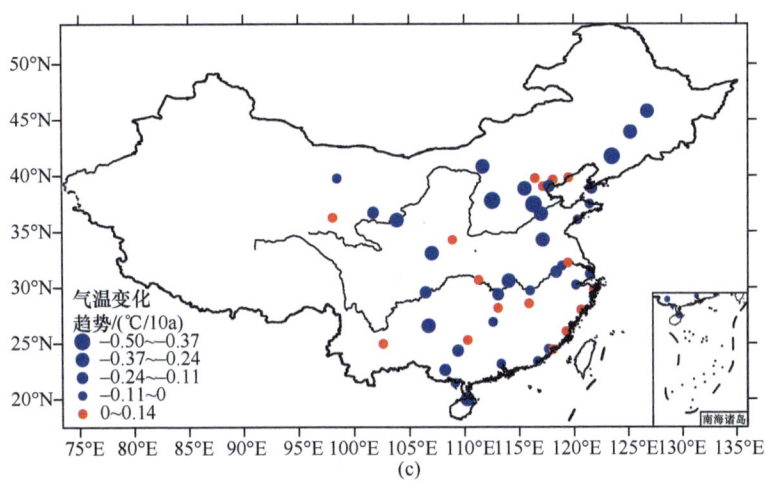

图 6.8 1901~2020 年中国年最高 (a)、最低 (b) 气温及日较差 (c) 变化趋势空间分布

1901~2020 年最低气温以–0.03~0℃/10a 速率下降的站点主要分布在西南、华南、长江中下游等地区，其中降温速率最大的为昆明站，降温速率为–0.02℃/10a；最低气温增温速率较大，以 0.45~0.60℃/10a 速率增加的站点主要分布在华北、东北及西北等地，其中增温速率最大的站点为德州站，以 0.60℃/10a 的速率增加，其次为沈阳、呼和浩特及海口、济南、兰州站，分别以 0.59℃/10a、0.48℃/10a、0.47℃/10a、0.47℃/10a、0.46℃/10a 的速率增加。

1901~2020 年日较差以–0.50~–0.37℃/10a 速率下降的站点主要分布在东北、华北等地区，包括沈阳、德州、太原和呼和浩特站，其下降趋势分别为–0.49℃/10a、–0.47℃/10a、–0.39℃/10a、–0.37℃/10a；日较差以–0.37~–0.24℃/10a 速率下降的站点主要分布在东北、华北、长江中下游、华中和西北等地区，包括长春、哈尔滨、武汉、海口、兰州、济南、保定、汉中、徐州和贵阳站，下降趋势分别为–0.35℃/10a、–0.34℃/10a、–0.30℃/10a、–0.30℃/10a、–0.29℃/10a、–0.29℃/10a、–0.28℃/10a、–0.25℃/10a、–0.24℃/10a 和–0.24℃/10a；日较差呈增加趋势的站点主要分布在东南沿海、长江中下游、华北及华中等地，其中增温趋势最大的为长沙马坡岭站，增加趋势为 0.14℃/10a，其次为宁波北仑、唐山及北京站，分别以 0.07℃/10a、0.06℃/10a、0.05℃/10a 的速率增加。

## 6.1.5 东北地区案例城市极端气温

**1. 近 114 年东北营口站极端气温事件变化**

由于早期日值观测和资料缺乏，对极端气温百年趋势的理解受到了阻碍。本节依据中国东北营口站（图 6.9）近 114 年观测的记录，探讨东北地区案例城市近 114 年极端气温的变化。对东北营口气象站自 1904 年以来的日气温数据集进行采集和数字化处理，并经过严格质量控制和均质化处理。过去 114 年平均和极端气温的变化研究结果表明，平均温度、最高温度和最低温度在 1904~2017 年间均呈显著上升趋势。3 个研究要素中，年平均最低温度的增温最为显著，增温速率为 0.34℃/10a。此外，最显著的变暖主要发

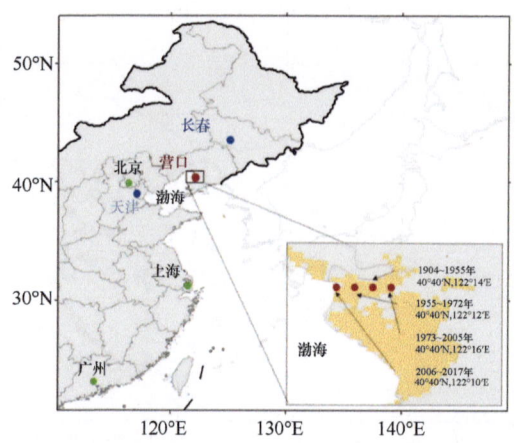

图 6.9　东北营口站在中国的位置（大图）以及营口站 3 次迁站的位置（小图）

小图中黄色代表建城区，数据来源于中国科学院资源环境科学与数据平台的 2015 年土地利用和土地覆盖数据（Xue et al., 2021）

生在春季和冬季，平均气温的变暖在这两个季节分别达为 0.32℃/10a 和 0.31℃/10a。基于最高气温和最低气温的绝对和相对阈值定义的极端温度指数在近 114 年几乎都发生了显著变化，特别是极端冷事件的下降趋势更显著，营口的这一变化与过去 60 年全球地表和中国的气温变化相似。此外，最高气温（1958 年）和最低气温（1920 年）的记录极值均发生在整个时期的前半段，这表明 1950 年以前的极端气温指数变化与近几十年明显不同，尤其是对于气温日较差，这在 1950 年前后两个时间段中表现出趋势逆转的现象（图 6.10）。

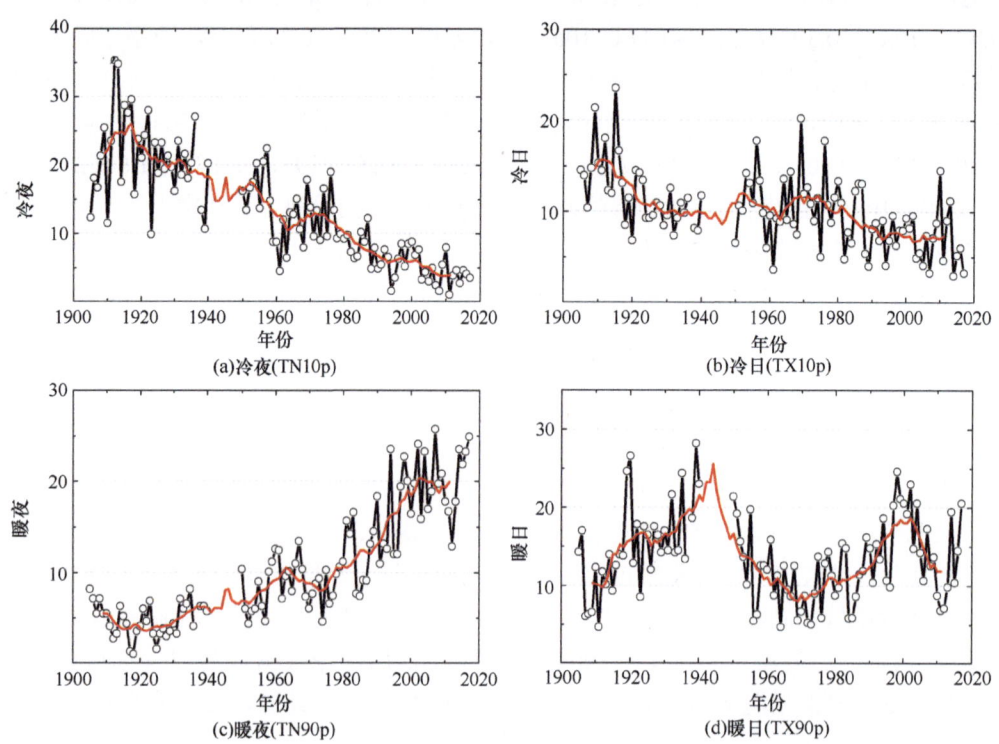

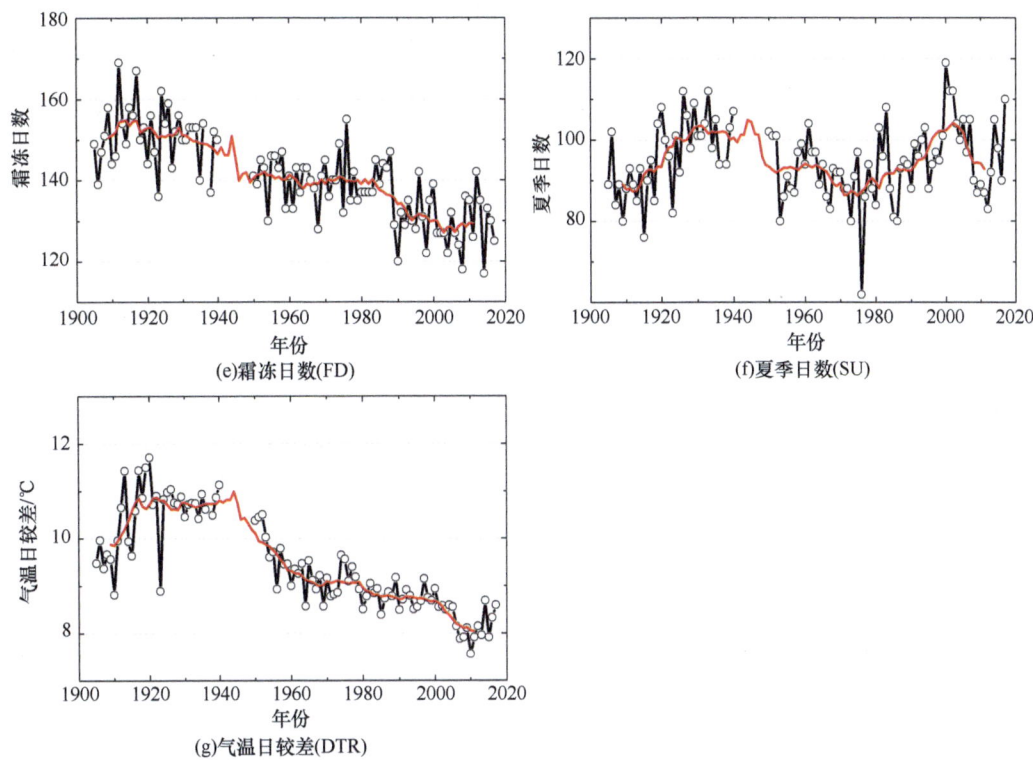

图 6.10 营口站近 114 年气温极端指数 (a) 冷夜、(b) 冷日、(c) 暖夜、(d) 暖日、(e) 霜冻日数、(f) 夏季日数、(g) 气温日较差的变化 (Xue et al., 2021)

## 2. 近 110 年东北长春站极端气温事件变化

本节依据中国东北长春站 (图 6.11) 近 110 年观测的气温日值,探讨东北地区案例城市近 110 年极端气温的变化。对东北长春气象站自 1909 年以来的日极端气温数据集进行采集和数字化处理,并经过严格质量控制和均质化处理。过去 110 年极端气温的变化研究结果表明,长春冷日、冷夜、霜冻日数、结冰日数、低温日数等极端冷事件分别以 –0.41d/10a、–1.45d/10a、–2.28d/10a、–1.16d/10a、–1.90d/10a 的速率显著减

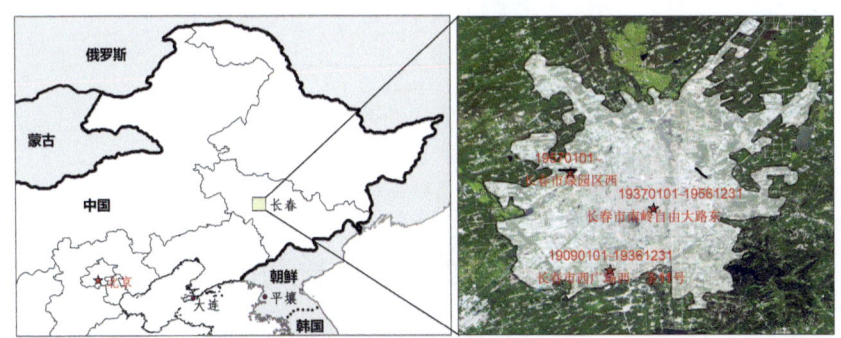

图 6.11 东北长春站在中国的位置以及 110 年来长春站 3 次迁址位置图 (五角星)
右图中 8 位数字表示时间,前 4 位为年份,5~6 位为月份,7~8 位为日期

少，暖夜以1.71d/10a的速率显著增加，高温日数以-0.20d/10a的速率减少，暖日日数略有减少；寒潮事件频数以0.25d/10a的速率增多，且多发时段主要集中在1950s中至1980s中后期；平均最高气温、平均最低气温和极端最低气温分别以0.09℃/10a、0.36℃/10a和0.54℃/10a的速率明显升高；极端最高气温以-0.17℃/10a的速率显著降低；1909~2018年、1951~2018年、1979~2018年3个时段，与冷事件有关的极端温度指数大多减少，与暖事件有关的指数，因研究的年代不同，变化趋势差别明显（图6.12）。

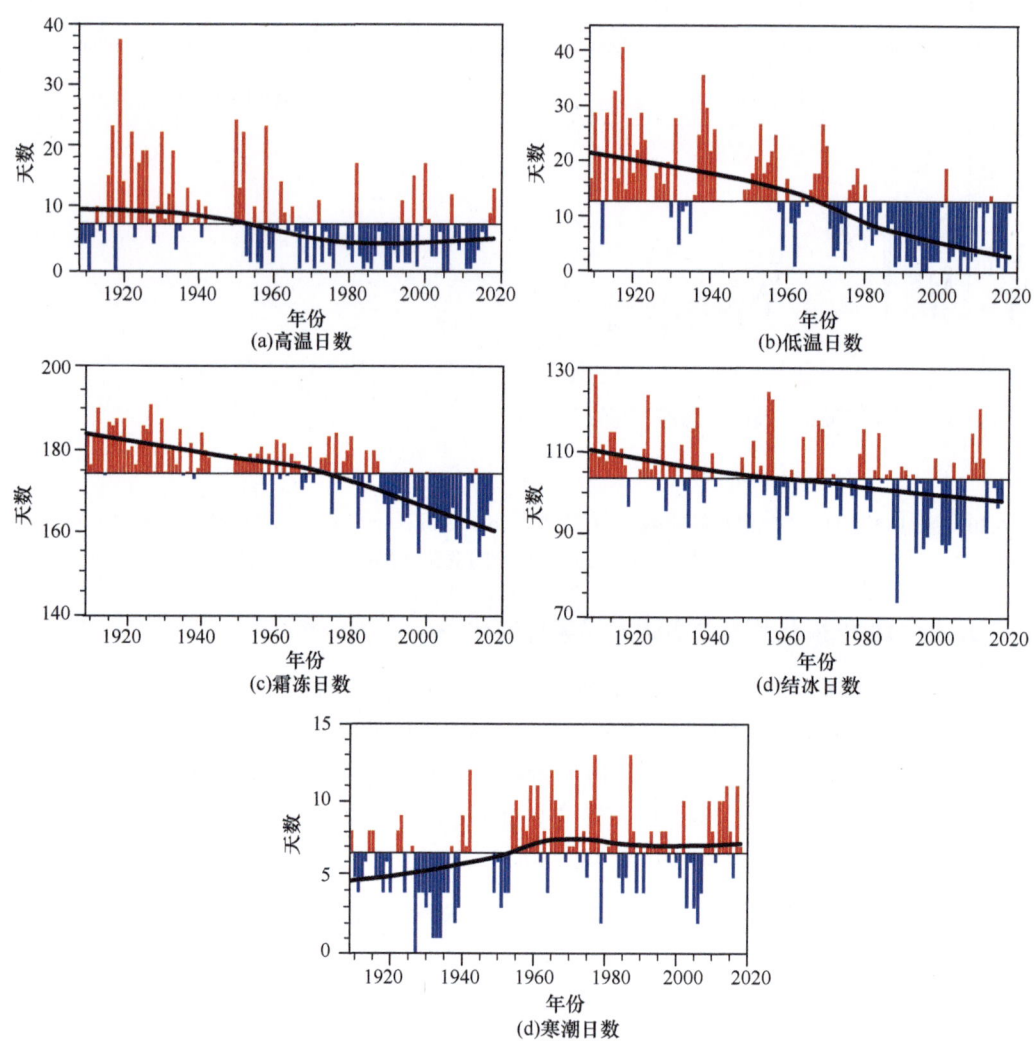

图6.12 1909~2018年长春绝对阈值指数的时间演变

## 6.2 极端降水事件长期变化

近百年来全球平均气温虽有振荡但总体呈现以变暖为主要特征的显著变化（Sun et al., 2017）。降水和气温一样，也对气候特征和气候变化具有重要的表征意义。它是一切陆地水最根本的来源，也是水循环之中最活跃、最易变的环节（王守荣，2003）。

降水的变化会改变整个水循环过程，使得大气和陆地水资源出现变化，直接影响到城市规划、农业生产等人类活动，改变生态环境。在很多地区，降水变化产生的影响比温度变化还要大（於凡和曹颖，2008；陶涛等，2007）。理论上，大气温度和水汽含量及降水存在密切联系，近百年来全球气候变暖可能已导致海洋蒸发加剧，大气水分含量增加，全球水文循环更加强烈，并造成了更多的降水量和更频繁的干旱和极端降水事件（Huntington，2006；Trenberth，1998）。因此，对中国乃至整个亚洲地区降水和极端降水的长期变化趋势开展系统研究，不仅可以深入理解全球气候变暖背景下大气降水的可能响应和反馈作用机制具有明显的理论意义，而且对于社会防灾减灾、适应气候变化也具有重要的实际指导意义，在全球气候变化研究中占据独特的地位。本节主要利用国家气象信息中心研发的以下几套数据产品进行研究：①中国 2425 站逐日降水数据集（1951~2016 年）。②全球 31456 站陆地降水月值整合数据集（CGPV1.1）及日值整合数据集（CGP–DV1.1）（1951~2016 年）。③美国国家气候资料中心（NCDC）20590 个地面交换站逐日降水观测资料（GHCND v2.0）（1951~2009 年）。④沃尔科夫主要地球物理观测台（VMGO）和世界数据中心 B（World Data Center B）提供的俄罗斯地区 457 个观测站降水月值订正数据集（1936~2010 年）。

## 6.2.1 亚洲大陆降水

**1. 亚洲大陆降水数据来源**

对亚洲区域近百年降水变化分析所用的主要资料为国家气象信息中心提供的全球陆地降水月值整合数据集（CGPV1.1），其整合了共计 13 个降水数据源的资料，包括 GHCN 等多种当前国际上公认的高质量数据集，并进行了质量控制，但中国之外的区域没有进行均一化订正（Yang et al.，2016）。由于俄罗斯地区经历过仪器更换，降水数据的非均一性问题突出（Groisman et al.，1991）。本书应用 1936~2010 年的俄罗斯地区降水月值订正数据集（RMBP）的 457 个降水观测站资料，对 CGP 数据集的俄罗斯地区资料进行均一化订正。

选择亚洲地区台站时，需要同时满足以下两个标准：①台站位于 WMO 二区协所规定的亚洲范围内，即 WMO 台站号的大区标志为 2；②台站的经纬度位于 40°E~170°W，5°N~80°N 这个矩形区域内。总共选取了 6937 个台站，基本可以覆盖整个亚洲大陆（不包含菲律宾和印度尼西亚）。这些台站的缺测情况不一致，为尽可能避免数据缺测的影响，根据以下步骤筛选有观测时间记录较长的台站。筛选步骤如下：①选取标准气候参考期 1961~1990 年内，1~12 月每个月有数据的年份都不少于 10 年的台站。在这一步，选出了总共 2652 个台站，其空间分布如图 6.13（a1）所示。②计算这些台站每个月的标准期平均降水量。③对年缺测月<3 的所有年，缺测月数据用该月的气候参考期平均值代替，插补得到全年不缺测的 $x$ 年纪录。④全年不缺测的 $x$ 年纪录中，如果 1991~2016 年间有至少 5 年纪录，1901~1950 年期间有至少 5 年纪录，则得到 1316 站，如图 6.13（a2）所示。其中印度、中国东部、日本、泰国等地区台站密度较高，西亚、中亚、俄

罗斯北部、中国西部、蒙古国、东南亚大部地区台站密度较低。

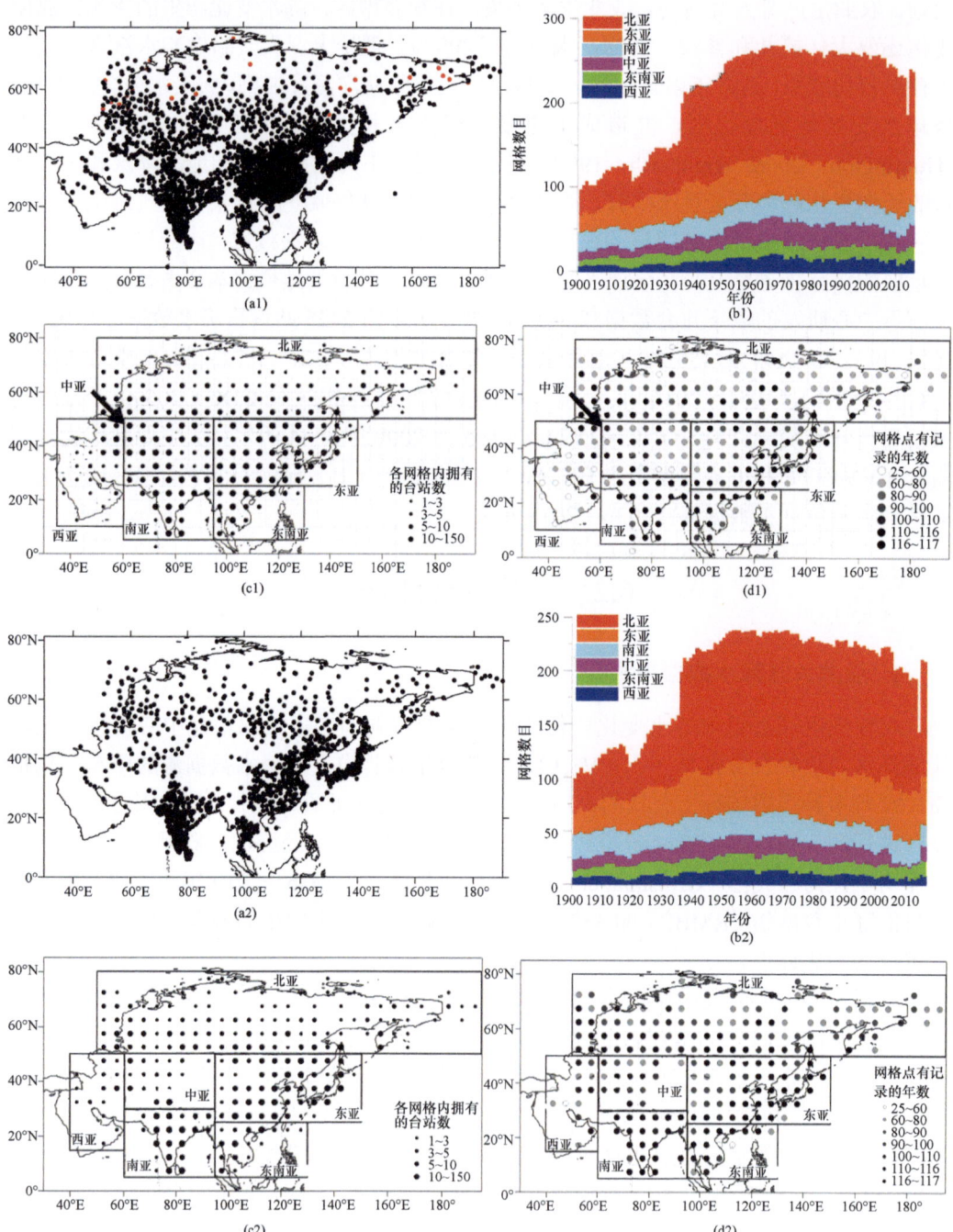

图 6.13 亚洲地区降水观测站地理分布（a），每年拥有的网格数目（b），各网格内拥有的台站数（c），网格点有记录的年数（d）

(c)、(d) 中粗实线代表亚洲的地理分区；(a1)、(b1)、(c1)、(d1) 是 2652 站的结果，(a2)、(b2)、(c2)、(d2) 是 1316 站的结果

## 2. 亚洲地区年降水量标准化距平变化特征

图 6.14 代表亚洲地区 1901~2016 年、1951~2016 年、1981~2016 年 3 个时间段内具有不少于 65、50、25 个无缺测年的网格的降水量标准化距平线性趋势空间分布及其纬向平均趋势值。1901~2016 年位于 50°N 以北的绝大多数网格的降水量都显著增加，20°N~30°N 之间的区域降水量呈现出一致减少的趋势，但大多数网格减少趋势不显著。中国东部降水量减少，中亚地区和东南亚地区降水量增加，但增减趋势都不显著。从纬向平均的结果来看，副热带（20°N~30°N）降水量减少，热带（5°N~20°N）、温带（30°N~50°N），以及寒带和极地（50°N~80°N）降水量均有增加趋势。

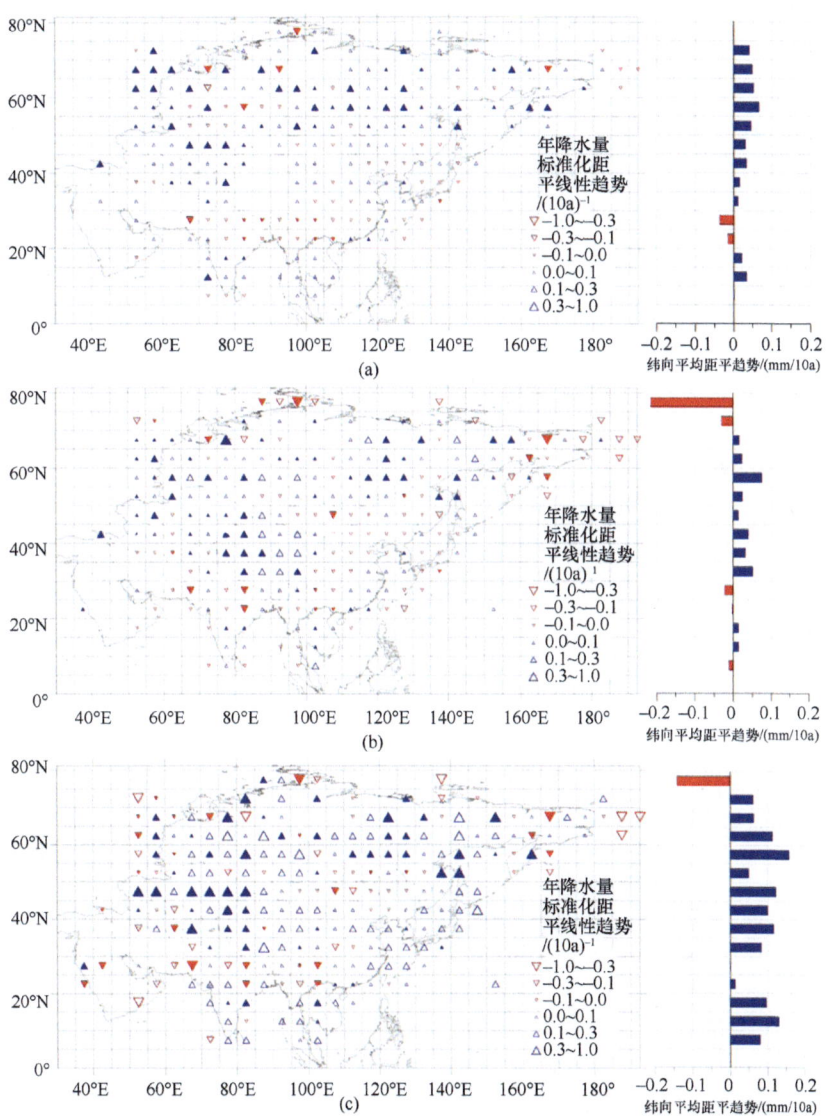

图 6.14  1901~2016 年（a）、1951~2016 年（b）、1981~2016 年（c）亚洲各网格年降水量标准化距平线性趋势及纬向平均趋势

1901~2016 年的趋势基于 1316 站，1951~2016 年及 1981~2016 年的趋势基于 2652 站

1951～2016年，中国西部地区降水量呈一致性增加趋势。其他区域的降水量变化空间分布接近于1901～2016年。纬向平均的结果显示，50°N～70°N的大多数网格的降水量显著增加，20°N～30°N之间及70°N以北的部分网格降水量显著减少，其他地区变化趋势不显著。从纬向平均的结果来看，副热带（20°N～30°N）降水量略为减少，热带（5°N～20°N）、温带（30°N～50°N）、寒带（50°N～70°N）降水量略为增加，极地（70°N～80°N）降水量明显减少。

1981～2016年，俄罗斯，日本，中国西部和哈萨克斯坦的大多数网格降水量都显著增加，且降水量标准化距平的增长趋势均超过0.10/10a。其中哈萨克斯坦中南部降水量标准化距平的增加速率超过1/10a。西亚地区降水量变化不明显。从降水量变化的纬度分布来看，50°N～70°N的绝大部分网格降水量明显增加，20°N～30°N之间的云贵高原、恒河和印度河平原等部分网格降水量显著减少，20°N以南的地区降水量都有较明显增加，但大多不显著。从纬向平均的结果来看，副热带（20°N～30°N）和部分极地（75°N～80°N）降水量略有减少，其他纬度带的年降水量均有明显增加趋势。

无论近30年，60年还是近一百多年的时间尺度，北亚大部分地区降水量都显著增加。副热带地区降水量趋向于减少，热带降水量有所增加，只是增加或者减少的程度不同。说明近百年来，降水量纬向平均变化的持续性较好。

图6.15代表亚洲地区区域平均降水量标准化距平的时间序列。1952年之前的大部分年份亚洲区域平均降水量都是明显的负距平，1953年突变为正距平，此后一直到1961年都维持明显正距平。1962年之后直到21世纪早期呈现出正负距平交替，振荡起伏的特点，但2005～2006年亚洲区域平均降水量再次从负距平突变为正距平，之后降水量呈现出显著的增加趋势，2016年亚洲区域平均降水量标准化距平达到0.4以上，为近百年来的最高值。总体来看，1901～2016年亚洲区域平均降水量标准化距平呈现出增加趋势，线性趋势为0.016/10a，通过了0.01显著性水平检验（表6.4）。去掉可能有非均一问题的中亚季风区之后，亚洲区域平均降水量标准化距平在有些年份出现了明显的改

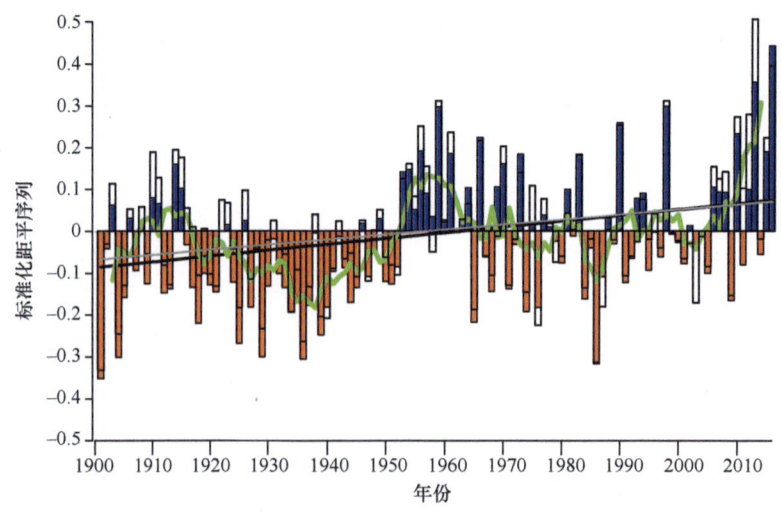

图6.15 1901～2016年亚洲区域平均年降水量标准化距平序列

绿色曲线为5年滑动平均；黑色直线为线性回归趋势；柱状图中未填色部分为去掉"中亚大风区"之后的区域平均序列

表 6.4　1901～2016 年、1951～2016 年、1981～2016 年亚洲及不同子区域平均各季节和年降水量标准化距平线性变化趋势　　　　　　　　　　　　　　　　[单位：$(10a)^{-1}$]

| | | 春 | 夏 | 秋 | 冬 | 年 |
|---|---|---|---|---|---|---|
| 1901～<br>2016 年 | 中亚 | 0.031* | 0.011 | 0.045* | 0.025* | 0.047* |
| | 东亚 | 0.007 | −0.002 | −0.011 | −0.013 | −0.009 |
| | 北亚 | 0.028* | 0.006 | 0.028* | 0.035* | 0.046* |
| | 南亚 | −0.002 | −0.001 | 0.001 | −0.031* | −0.008 |
| | 东南亚 | 0.013 | 0.013 | −0.006 | −0.004 | 0.009 |
| | 西亚 | 0.005 | −0.011 | 0.039* | −0.009 | 0.003 |
| | 亚洲 | 0.016* | 0.004 | 0.011* | 0.001 | 0.016* |
| 1951～<br>2016 年 | 中亚 | 0.004 | −0.017 | 0.073* | 0.034 | 0.009 |
| | 东亚 | 0.008 | −0.021 | −0.006 | 0.028 | −0.019 |
| | 北亚 | 0.060* | 0.004 | 0.020 | 0.024 | 0.018 |
| | 南亚 | −0.002 | −0.021 | −0.010 | −0.019 | −0.028 |
| | 东南亚 | 0.028 | 0.015 | −0.002 | 0.024 | 0.025 |
| | 西亚 | 0.010 | 0.008 | 0.086* | 0.009 | 0.021 |
| | 亚洲 | 0.027* | −0.001 | 0.013 | 0.014 | 0.005 |
| 1981～<br>2016 年 | 中亚 | 0.051 | −0.046 | 0.189 | −0.003 | 0.038 |
| | 东亚 | 0.086 | −0.029 | 0.062 | 0.153* | 0.044 |
| | 北亚 | 0.161* | 0.028 | 0.069* | 0.081* | 0.057* |
| | 南亚 | 0.066 | −0.006 | 0.026 | −0.080 | 0.021 |
| | 东南亚 | 0.009 | 0.111 | 0.065 | 0.094 | 0.122* |
| | 西亚 | −0.032 | −0.093 | 0.274* | −0.072 | −0.049 |
| | 亚洲 | 0.086* | 0.017 | 0.073* | 0.046 | 0.052* |

*代表通过了 0.05 显著性水平检验。

变，但 1901～2016 年的降水量标准化距平仍然在 0.01 显著性水平下显著增加，只是增加速率减小到了 0.012/10a，大约下降了 25%。

**3. 亚洲地区季节降水量标准化距平变化特征**

从区域平均的亚洲各区域各季节降水量 1901～2016 年线性变化趋势来看（图 6.16），北亚和中亚地区近百年来各季节降水量都显著增加，并且除了夏季之外，变化趋势都是显著的（表 6.4）。1901～2016 年期间，南亚地区的冬季降水量是显著减少的。

1951～2016 年，北亚、西亚的季节降水量和年降水量都增加，南亚地区的各季节降水量和年降水量则都减少，然而，只有北亚和整个亚洲地区的春季降水量，中亚和西亚的秋季降水量的增加趋势通过了 0.05 显著性水平检验。

1981～2016 年，北亚和整个亚洲地区的各季节降水量和年降水量也都增加，其中春季、秋季和年降水量显著增加；北亚和东亚的冬季降水量、西亚的秋季降水量，以及东南亚的年降水量也大幅度显著增加。在 1951～2016 年和 1981～2016 年两个时间段内，任何地区都没有降水量显著减少的季节，说明在近几十年内，各地区的降水量只存在显著增加和变化不显著两种情形。

## 6.2.2　东亚季风区极端降水

东亚地区主要的百年尺度逐日降水资料来源有两个：国家气象信息中心研发的中国

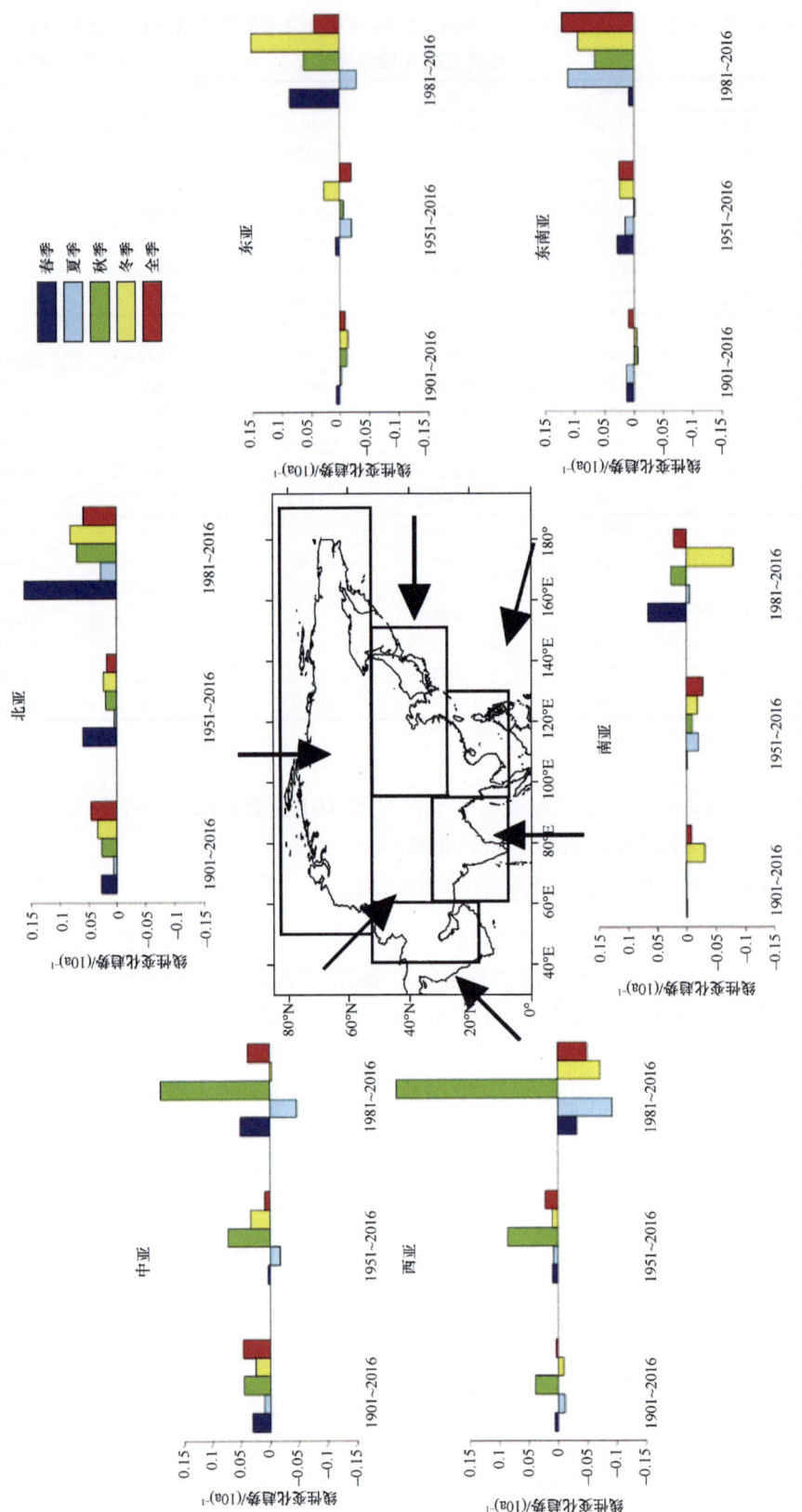

图 6.16 1901~2016 年、1951~2016 年、1981~2016 年亚洲不同地区各季节和年降水量标准化距平线性变化趋势

60城市站1901~2019年日降水数据集和以及GHCND资料。在中国以外的东亚区域，GHCND资料主要集中在俄罗斯远东，平均年降水量从西到东递增。因此，对东亚地区百年尺度极端降水的分析，可以主要分为中国东部季风区及俄罗斯远东两部分，本小节主要利用资料较好的42.5°N以北的俄罗斯远东地区台站进行分析。将这些台站划分为5.0°×5.0°的网格，定义全年实有数据不少于243天，5~9月不少于122天为一个序列完整年，按照1901~1950至少1个序列完整年且1961~1990至少5个序列完整年的标准，获得序列长度较长的总共187个台站。从时间变化来看，1901~1935年台站数量增加缓慢，1936年迅速增加到120个以上，1940年之后超过160个站，但1990年之后台站数量明显减少，仍有数据的20~40个台站，完整性也显著降低（图6.17）。

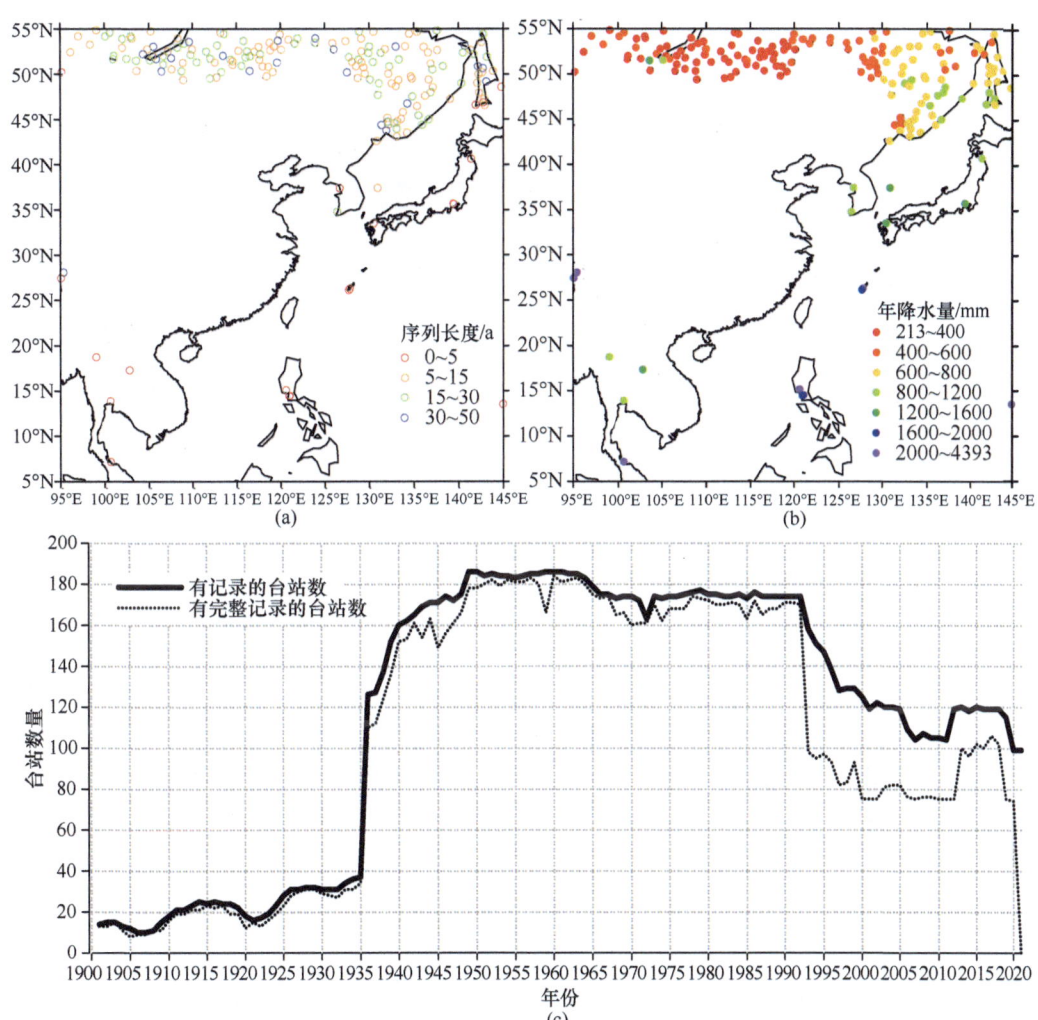

图6.17 GHCND资料东亚区域台站序列长度（a）、平均年降水量空间分布（b）以及台站数量时间变化（c）

将187个台站划分为2.5°×2.5°的网格，以1961~1990年为标准气候期，计算降水量、降水日数、降水强度等降水指标的区域平均标准化距平序列。如图6.18所示，俄罗斯远东

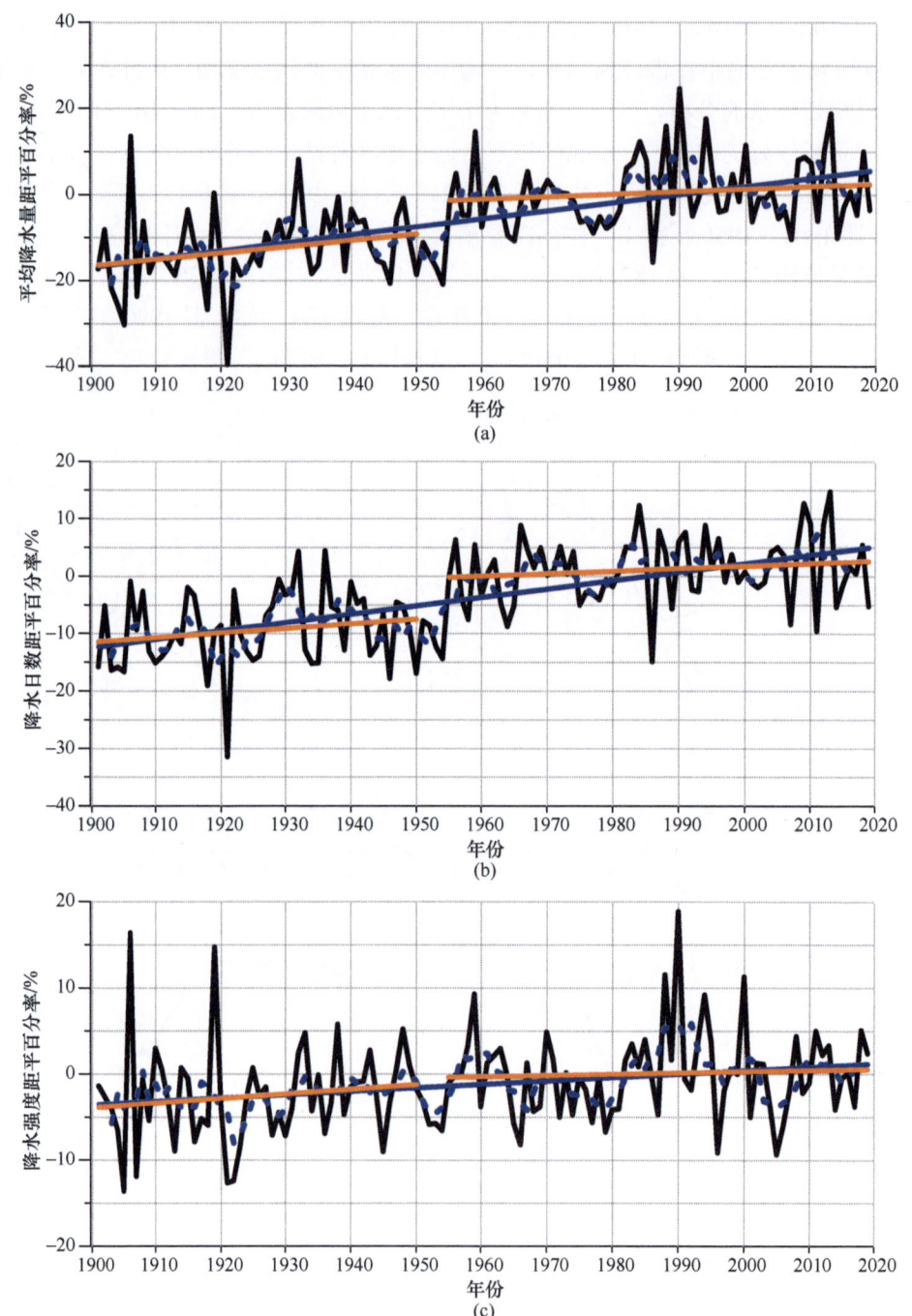

图6.18 俄罗斯远东地区区域平均降水量（a）、降水日数（b）和降水强度（c）距平百分率时间序列
蓝色虚曲线为5年滑动平均，蓝色直线为1901～2020年的线性拟合趋势，橙色直线为1901～1950年及1955～2020年的线性拟合趋势

区域平均降水量、降水日数、降水强度的距平百分率显著增加（蓝色直线），增加速率分别为1.879%/10a、1.465%/10a、0.396%/10a，三者均通过了0.01显著性水平检验。其中降水量的增加速率最快，整体的变化规律与前文所述北亚的变化符合，主要的增加来源于为

1953年左右的突变（更换仪器）所致；降水日数的总体变化规律与降水量的变化较一致，1953年左右也存在显著突变，但总体的变化速率稍小。降水强度1953年左右也有突变，但不如降水量和降水日数明显，其在整个研究时段内的变化速率也最小。

为排除突变的影响，分段计算1901～1950年及1955～2020年两段时期的降水量、降水日数和降水强度的变化趋势。在两个时间段内三者仍然都存在增加趋势，但增加速率普遍较小。1901～1950年，降水量、降水日数和降水强度虽然也都有增加的趋势，但均不能通过0.05显著性水平检验。1955～2020年，三者也均存在增加趋势，其中降水量和降水日数通过了0.05显著性水平检验，但降水强度的变化不显著（表6.5）。

表6.5　1901～2020年、1901～1950年，以及1955～2020年俄罗斯远东季风区区域平均降水量、降水日数、降水强度和极端降水指标标准化距平线性回归变化速率　　[单位：(10a)$^{-1}$]

| 指标 | 1901～2020年趋势 | 1901～1950年趋势 | 1955～2020年趋势 |
| --- | --- | --- | --- |
| 降水量 | 1.879** | 1.477 | 0.597* |
| 降水日数 | 1.465** | 0.810 | 0.440* |
| 降水强度 | 0.396** | 0.532 | 0.146 |

\*代表趋势通过了0.05显著性水平检验。
\*\*代表趋势通过了0.01显著性水平检验。

总之，在俄罗斯远东南部区域，近几十年和近百年的降水量、降水日数和降水强度都表现为较显著的增加趋势，但该变化很可能部分来源于俄罗斯地区降水资料的非均一性。

### 6.2.3　中国东部极端强降水

**1. 降水数据来源和处理**

本小节利用资料为国家气象信息中心研发的中国60城市站1901～2020年日降水数据集，该数据集1901～1950年的数据来自多种历史气象档案数字化资料，经过了严格的质量控制，在中国东部地区的台站密集，多数台站的数据完整性和质量较好。

本书将降水日数或者降水频率定义为每年所有日降水量大于等于1mm的天数，单位为日数（d）。年降水量为每年全部降水日的日降水量的总和，单位为毫米（mm）。年平均日降水强度（简称降水强度）为年降水量与年降水日数之比，单位为毫米每日（mm/d）。

由于中国区域内降水气候背景差异较大，直接计算降水量、绝对阈值的暴雨量等指标的区域平均序列会抹掉相对干燥区域的极端降水变化特征。故本书采用相对阈值法对降水进行分级，每个站采用不同级别的降水阈值分析极端降水的变化，并将所有降水指标处理成标准化距平。将每个台站的标准气候参考期所有1mm以上日降水量从小到大排序，取第95百分位的日降水量记录，定义为该站的强降水阈值，该站每年大于此阈值的日降水量累加得到年强降水量；类似的，计算得到强降水日数和强降水强度。同时，也使用50mm的绝对阈值计算了暴雨量和暴雨日数的区域平均序列与之对比。

## 2. 中国东部季风区降水和极端降水长期变化特征

1901~2020 年，中国东部季风区区域平均降水量标准化距平没有显著的变化趋势，变化速率仅有 0.007/10a；分段来看，20 世纪初期的降水量较多，形成了明显的波峰。1920 年代降水量显著减少，此后直到 1940 年代中期降水量都较少，多数年份降水量为负距平。20 世纪 40 中期至 50 年代迅速增加，形成了 20 世纪中期的波峰。20 世纪 60 年代又显著减少至以负距平为主。20 世纪 70 年代至 21 世纪 00 年代的降水量表现为正负距平交替，增减趋势不明显。21 世纪 10 年代降水量快速增加，2012 年之后全部为正距平（图 6.19，表 6.6）。

1901~2020 年中国东部季风区区域平均降水日数有减少趋势，变化速率为–0.009/10a，但趋势不显著，总体主要表现为周期性变化。分时段来看，1901~1905 年降水日数偏少，1906~1920 年转变为持续偏多，20 世纪 20 年代至 40 年代早期大多偏少，20 世纪 40 年代后半段迅速增加，直到 1961 年为止大都偏多，20 世纪 60 年代降水日数减少，但 70 年代又增加，20 世纪 70 年代到 21 世纪 00 年代降水日数具有较明显的减少趋势，21

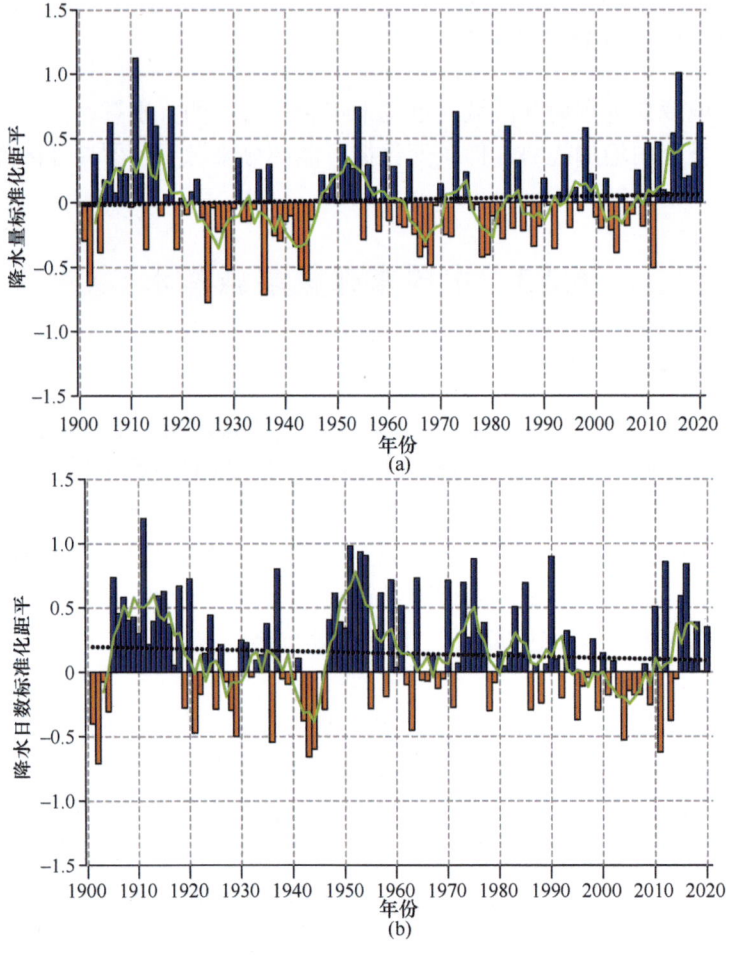

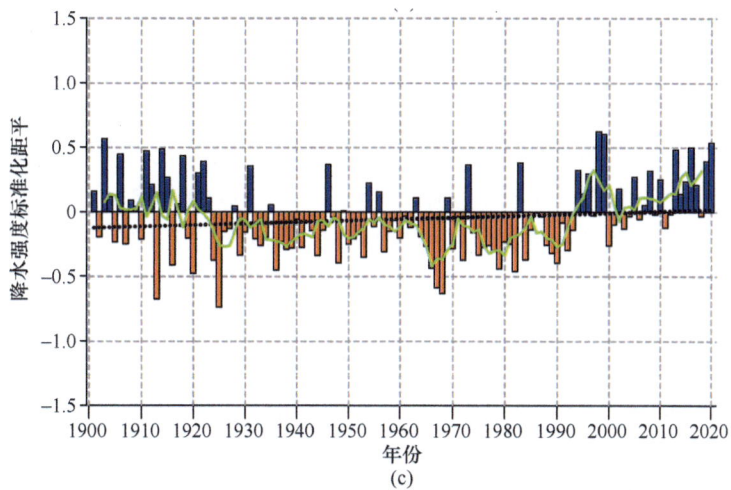

图 6.19　1901~2020 年中国东部季风区区域平均降水量（a）、降水日数（b）和降水强度（c）标准化距平时间序列

绿色曲线为 5 年滑动平均，黑色直线为线性拟合趋势

表 6.6　1901~2020 年、1901~1950 年及 1951~2020 年中国东部季风区区域平均降水量、降水日数、降水强度和极端降水指标标准化距平线性回归变化速率　　[单位：(10a)$^{-1}$]

| 指标 | 1901~2020 年 | 1901~1950 年 | 1951~2020 年 |
| --- | --- | --- | --- |
| 降水量 | 0.007 | −0.065 | 0.022 |
| 降水日数 | −0.009 | −0.052 | −0.051* |
| 降水强度 | 0.012 | −0.063* | 0.071** |
| 强降水量 | 0.010 | −0.076* | 0.043** |
| 强降水日数 | 0.007 | −0.066 | 0.037* |
| 强降水强度 | 0.018** | −0.044 | 0.032* |
| 暴雨量 | 0.012 | −0.064* | 0.042* |
| 暴雨日数 | 0.010 | −0.047 | 0.038* |
| 1 日最大降水量 | 0.015 | −0.083** | 0.043** |
| 连续 3 日最大降水量 | 0.006 | −0.074** | 0.038** |
| 连续 5 日最大降水量 | 0.001 | −0.066* | 0.030* |
| 连续有降水日数 | −0.015 | 0.007 | −0.019 |

*代表趋势通过了 0.05 显著性水平检验。
**代表趋势通过了 0.01 显著性水平检验。

世纪 10 年代又快速增加为正距平。1901~1950 年的区域平均降水日数为不显著的减少趋势，变化速率为−0.052/10a。1951~2020 年同样减少，线性变化速率为−0.051/10a，在 0.05 显著性水平上显著。

先前的大多数研究指出中国区域近几十年来平均降水强度显著增加。1951~2020 年，中国东部季风区区域平均降水强度的变化速率达到了 0.071/10a，可以通过 0.01 显著性水平检验。然而，1901~1950 年中国东部季风区区域平均降水强度表现为减少趋势，可以通过 0.05 显著性水平检验，减少速率（−0.063/10a）的绝对值接近 1951 年以来的增加速率，导致近 120 年中国东部季风区平均降水强度变化速率很小（0.012/10a），也不显著。分时段看，1901～2020 年区域平均降水强度呈现出"V"型变化，1901～1940 年不断减少，20 世纪 40～60 年代降水强度一直较弱，20 世纪 70 年代后不断增强。

降水强度的滑动趋势变化特征与降水量和降水日数差异较大，20 世纪上半叶的绝大多数时段内都有减少趋势，其中趋势起始年在 1900～1915 年，趋势结束年不晚于 1995 年的多数减少趋势都通过了显著性检验。与此相对应，1960 年之后的绝大多数时段都为增加趋势。起始年在 1920～1980 年，结束年在 2000 年之后的全部趋势均通过了 0.05 显著性水平检验。

空间变化方面，近百年来，长江流域多数台站降水量增加，东北、华北，以及西南地区的台站则大多减少，但大部分台站的降水量线性变化趋势都不显著，且变化速率的绝对值均不足 0.15/10a。1901～1950 年降水量的变化空间分布则显著不同，东北、长江流域，以及东南沿海绝大多数台站的降水量都表现为减少趋势，其中南京、芜湖、九江、福州、广州等站的减少变化显著；西北地区东部及华北地区的降水量则大多增加，但均不显著（图 6.20）。

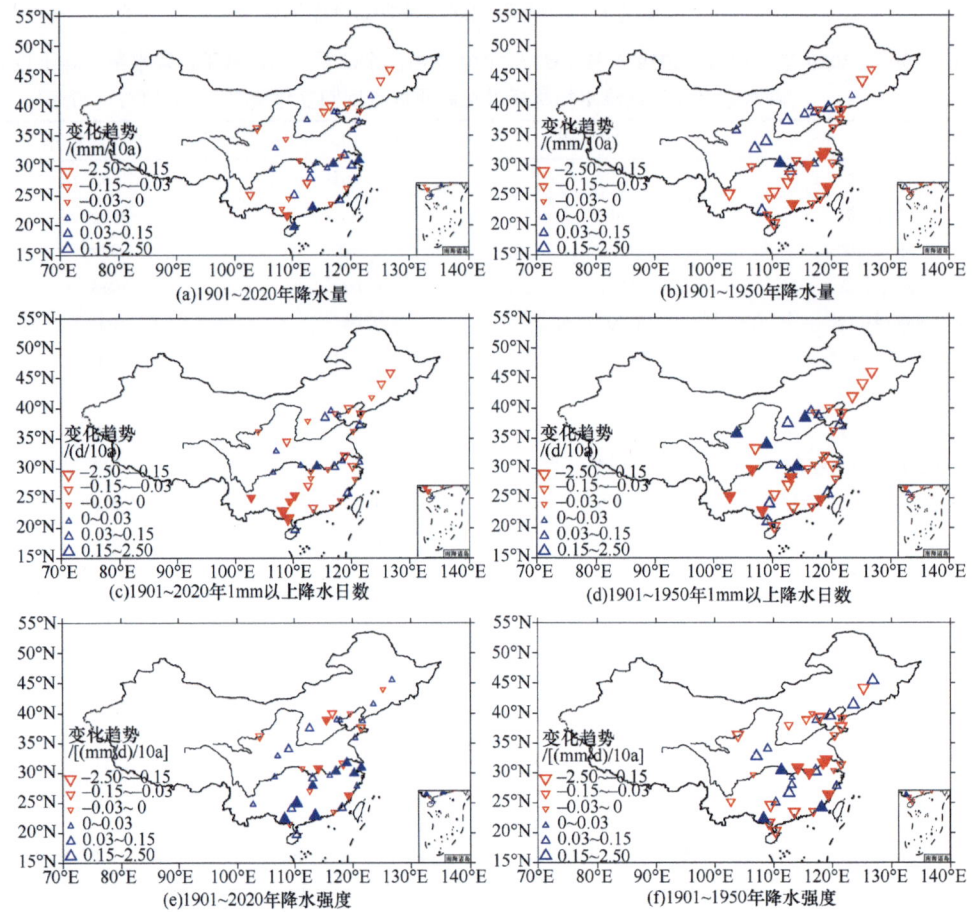

图 6.20　1901～2020 年及 1901～1950 年中国东部季风区 38 站降水量、1mm 以上降水日数及降水强度线性变化趋势空间分布

图中实心三角代表趋势通过了 0.05 显著性水平检验

近百年来，昆明、南宁、桂林、柳州、北海等西南和华南地区台站的降水日数一致性显著减少，东北地区全部台站也都减少，但变化趋势都不显著；东南沿海多数台站也存在不显著的减少趋势；长江流域、华北和西北地区东部大多数台站的降水日数变化不明显，大多数台站变化速率的绝对值不超过 0.03/10a。1901～1950 年，大部分地区降水日数的增减趋势与 1901～2020 年一致，东北、西南，以及东南沿海等地区大多数台站降水日数均减少，长江流域下游减少而中游大多增加，但西北地区东部和华北地区的降水日数以增加为主。

1901～2020 年，黄河以南大部分台站的降水强度都有增加趋势，其中长江下游及华南的南宁、桂林、广州等数个台站显著增加，仅有福州和武汉显著减少；黄河以北大多数台站的降水强度变化速率很小且不显著。1901～1950 年，多数台站的降水强度表现为减少趋势，其中长江下游的武汉、九江、芜湖、南京等台站的减少趋势超过 0.15/10a，且可以通过 0.05 显著性水平检验（图 6.20）。

## 6.2.4 长江流域极端降水事件

**1. 资料来源与处理**

本小节利用资料来自 1901～2020 年经过数字化、质量控制和缺测值插补的长江流域 17 个台站的气象观测资料。利用世界气象组织的气候变化检测和指数专家组（ETCCDI）定义的具有代表性的极端气候指数进行时空分析。参考长江流域极端气候以及变化特征，最终选取其中 9 个极端降水指数进行分析，详细定义详见表 6.7。这些指数可以有效反映暴雨洪涝相关等极端天气气候事件变化特征。危险性采用相对阈值和绝对阈值相结合的极值分析方法，对长江流域近 120 年极端降水事件进行识别。百年气候变化一直是气候研究关注的重点，虽然存在早期资料的缺失以及资料质量差等问题，但是对存在相对完整百年尺度台站观测序列而言，其极端气候变化特征的研究具有重要的意义和价值。

表 6.7 极端降水事件指数定义

| 指数 | 定义 | 单位 |
| --- | --- | --- |
| 最长连续干旱日数（CDD） | 每年最长连续无降水日数 | d |
| 最长连续降雨日数（CWD） | 每年最长连续有效降水日数 | d |
| 最大 1 日降水量（Rx1day） | 每年最大的 1 天降水量 | mm |
| 最大 5 日降水量（Rx5day） | 每年最大的连续 5 天降水量 | mm |
| 强降水量（R95p） | 每年大于基准期内 95%分位点的日降水量的总和 | mm |
| 极端强降水量（R99p） | 每年大于基准期内 99%分位点的日降水量的总和 | mm |
| 暴雨日数（R50mm） | 每年日降水量大于等于 50mm 的天数 | d |
| 中雨日数（R10mm） | 每年日降水量大于等于 10mm 的天数 | d |
| 大雨日数（R20mm） | 每年日降水量大于等于 20mm 的天数 | d |

**2. 长江流域极端降水变化**

图 6.21 和表 6.8 为长江流域 120 年极端降水指数时间序列和变化趋势特征，其中多个极端降水指数趋势变化特征不显著。但是 1901～1960 年和 1961～2020 年多数极端降

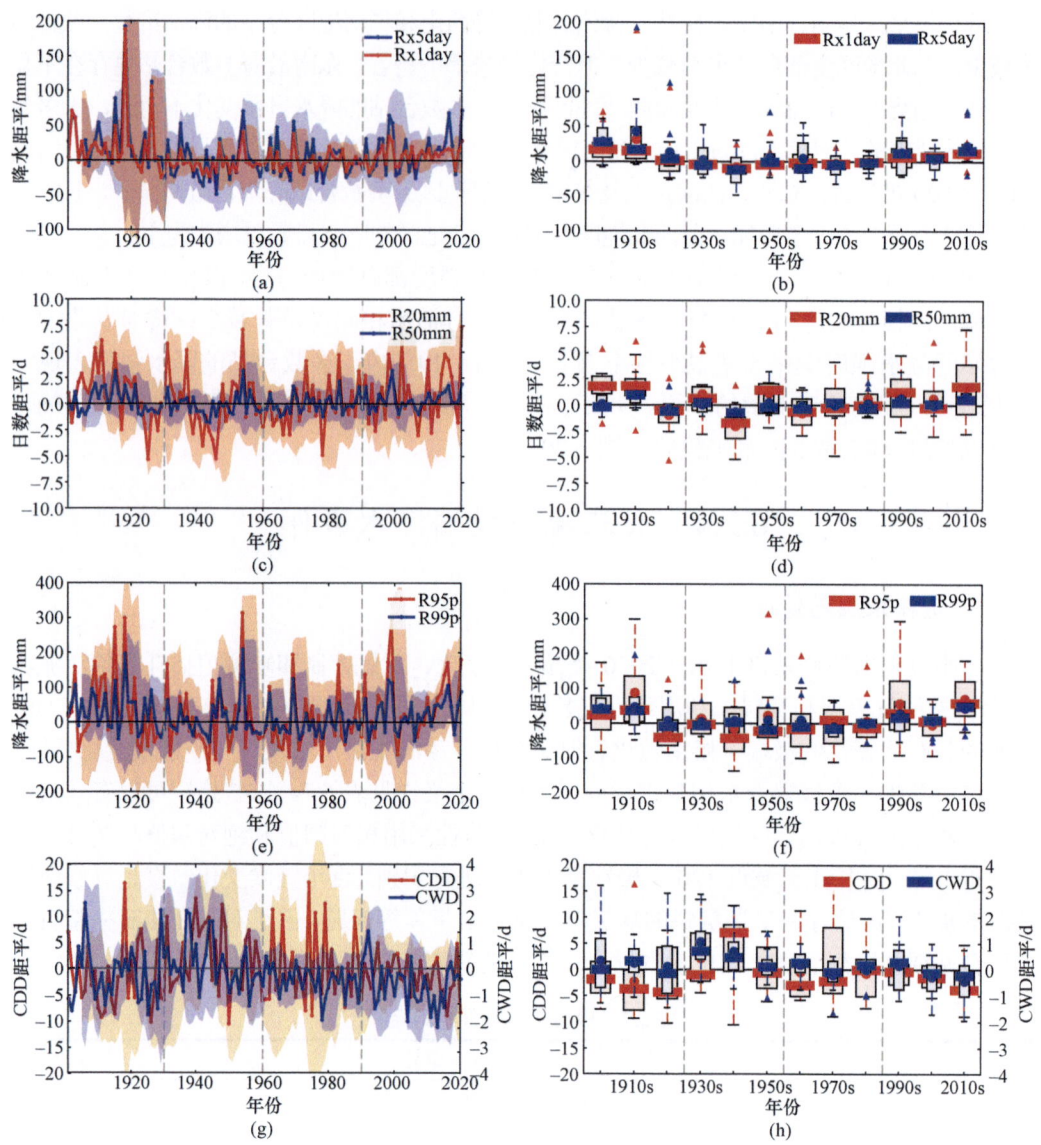

图 6.21 长江全流域极端降水指数时间序列及箱形图

时间序列 [(a)(c)(e)(g)] 中的阴影部分表示 5 年滑动平均值加上或减去 5 年滑动标准差的范围;箱形图 [(b)(d)(f)(h)] 表示每 10 年的极端降水指数分布特征,箱形图中的点、线和三角形分别表示每 10 年中的平均值、中位数和异常值

表 6.8 长江流域极端降水指数线性趋势

| 时段 | Rx1day /(mm/10a) | Rx5day /(mm/10a) | R20mm /(d/10a) | R50mm /(d/10a) | CDD /(d/10a) | CWD /(d/10a) | R95p /(mm/10a) | R99p /(mm/10a) |
|---|---|---|---|---|---|---|---|---|
| 1901~2020 年 | -1.13 | -1.40 | 0.01 | 0.03 | -0.08 | <u>-0.07</u> | 0.36 | -0.77 |
| 1901~1960 年 | <u>-6.55</u> | <u>-7.93</u> | <u>-0.38</u> | -0.11 | <u>0.82</u> | 0.05 | <u>-10.06</u> | <u>-8.18</u> |
| 1961~2020 年 | <u>2.43</u> | <u>3.82</u> | <u>0.43</u> | <u>0.15</u> | -0.52 | -0.10 | <u>13.39</u> | <u>8.18</u> |

水指数变化较为显著(均通过 95% 统计显著检验)。1901~1960 年多数极端降水指数为下降趋势,且早期极端降水发生频次更为突出,CDD 指数上升表明早期长江流域干旱

加剧，1961~2020 年多数极端降水指数为上升趋势，CDD 指数下降表明近 60 年极端降水增多干旱有所缓解。综上所述，近 120 年极端降水指数变化不明显，其中早期为下降趋势，近 60 年为上升趋势，干旱为早期有所加剧，近 60 年有所缓解。

## 6.3 热带气旋事件长期变化

目前，针对东亚及我国热带气旋（TC）长期变化、原因及影响的研究更多地集中在 20 世纪 50 年代之后，这主要是因为 1950 年后的 TC 信息和观测数据更为准确。而在 20 世纪 50 年代之前，卫星资料及台站数据缺乏，TC 信息更为贫乏，这导致从不同的观测和重建的数据集（包括基于 TC 最优路径数据集）获得的 TC 统计数据和变化趋势估计值之间存在很大差异。特别是在 19 世纪中叶之前，由于缺乏现代仪器观测，TC 重建只能依靠非气候记录或代用资料，如利用历史文献和海洋来源的洪水沉积物等。这在某种程度上限制了对 TC 百年尺度的长期变化特征及其影响和机制的认识。因此本节利用多套资料及多种客观识别方法，客观重现 19 世纪末以来的东亚及重点地区的百年热带气旋序列，包括利用地面气压观测资料客观重建影响香港等我国华南地区的百年热带气旋频次序列（Zhang et al., 2021）；利用 20 世纪再分析资料重建百年东亚地区登陆热带气旋序列；利用《中国地方志集成》等历史文献资料整理近 1000 年以来台风风暴潮灾害。

### 6.3.1 香港登陆热带气旋频次

**1. 气压资料重建热带气旋**

以香港站为目标站，确定了香港站受登陆热带气旋影响其日平均海平面气压（SLP）阈值和 24 小时 SLP 差值绝对值的阈值分别为 1004.2 hPa 和 3.4 hPa。定义如果某天香港站日平均 SLP 低于 1004.2 hPa，同时当天或前一天的 24 小时 SLP 差值低于-3.4 hPa 时，则判断香港站在当天受到热带气旋影响；另外，当某天香港站的日平均 SLP 低于 1004.2 hPa，但当天或前一天的 24 小时 SLP 差值为负值但高于-3.4 hPa，同时一天后或两天后的 24 小时 SLP 差值大于 3.4 hPa 时，也判定香港站当天有登陆热带气旋的影响。

根据上述判定标准，则可确定香港站在某一天是否受到登陆热带气旋的影响。将以上判定标准应用在香港站 1954~2017 年的 SLP 序列，共识别出香港站受 266 个热带气旋影响。经验证，266 个热带气旋中的 241 个确实存在，25 个识别到的热带气旋在现实中并不存在。也就是说，这种热带气旋识别方法的误判率约为 10%。同时，该方法没有检测到一些真实的热带气旋过程，这是因为这些热带气旋对香港站的 SLP 变化没有显著影响。与香港天文台（HKO）记录的 1961~2000 年间每年 6.1 次 TCs 相比，气压阈值重建方法识别的台风个数偏少（4.3 次）。一个原因是，HKO 的统计结果包括距离香港 500 km 以内的所有热带气旋，但在本书中，香港可检测到的热带气旋距离为 362 km。另一个原因是，HKO 的结果中包括了弱热带气旋，如热带气压，而这些弱的热带气旋无法对香港站的 SLP 记录产生明显的影响。客观识别的结果显示影响香港的热带气旋从 1961~1990 年年平均的 4.5 个下降到 1981~2010 年年平均的 3.9 个，这种下降趋势与

HKO 世纪的观测结果非常一致。此外，气压阈值重建方法得出的 1961～2000 年期间影响香港热带气旋呈现减少的趋势（–0.31 个/10a）与 HKO 观测到的热带气旋实际的变化趋势也是一致（–0.32 个/10a）。

**2. 香港百年热带气旋序列**

将确定的日平均 SLP 阈值和 24 小时 SLP 差值阈值应用到香港站 1885～2017 年的 SLP 序列，获得了影响香港的百年热带气旋数量时间序列（图 6.22）。遗憾的是，由于香港站 1940～1946 年 SAP 记录缺失，这 7 年重建的热带气旋信息也是缺失的。图 6.22 显示，自 1885 年以来，影响香港的年热带气旋数量以–0.08 个/10a 的速度减少，但这一趋势在统计上并不显著。20 世纪 60 年代初以后，热带气旋也呈现出明显减少的趋势。虽然有 7 年记录缺失，但缺失时段位于整个热带气旋序列的中间，因此认为呈现的整体减少趋势不受 20 世纪 40 年代中期缺失数据的影响。不同时段来看，1885～1939 年的年平均热带气旋为 4.8 个，1953～2017 年的年平均热带气旋为 4.2 个。1898 年和 1974 年对香港有影响的热带气旋数量最多，有 10 个，而 1886 年和 1987 年的数量为 0。年热带气旋序列也表现出明显的年际和年代际变化，1917～1926 年的 10 年热带气旋最多（5.6 个），而 1994～2003 年的 10 年热带气旋最少（3.3 个）。值得注意的是，1993 年后对香港有影响的热带气旋数量急剧减少，在 24 年中只有 4 年的年热带气旋个数高于 1885～2017 年的气候平均值。

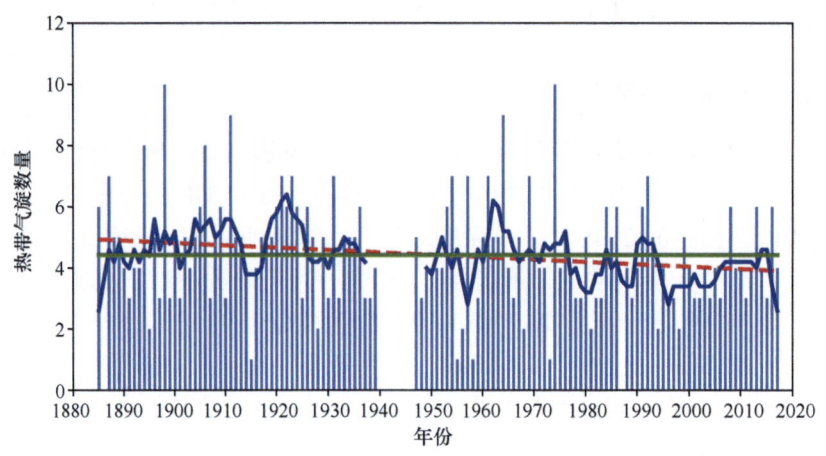

图 6.22　1885～2017 年影响香港的年热带气旋数量时间序列

蓝绿色柱状图表示热带气旋数量，绿色直线、蓝色曲线和红色虚线分别表示气候均值、5 年滑动平均和线性趋势（Zhang et al.，2021）。1940～1946 年 SAP 记录缺失

目前的气压阈值客观识别热带气旋的 10%左右的误判率主要是由于将识别到的中小型强对流天气过程误判为热带气旋过程，因为中小型强对流天气也会引起目标站点气压的强烈变化。已有研究表明，在过去几十年中，中国包括南方地区的雷暴和闪电频率呈显著下降趋势（Zhang et al.，2017；薛晓颖等，2019）。如果中小尺度强对流天气可能导致客观识别热带气旋的误判，则近几十年雷暴和雷电频率的下降可能是重建的热带气旋数目显著下降的原因之一。然而，近几十年来又观察到热带气旋有向北移动的趋势，

1997年后整个中国的登陆热带气旋确实有所减少（图6.23），这意味着重建的影响香港的热带气旋的下降趋势可能是真实的。将重建的影响香港的热带气旋序列同已有的影响福建省的热带气旋序列（高建芸等，2007）相比较，发现二者有着类似的年代际和多年代际尺度的变化，例如，19世纪80年代末至20世纪初的热带气旋较少，而20世纪初至20世纪30年代初的热带气旋较多。

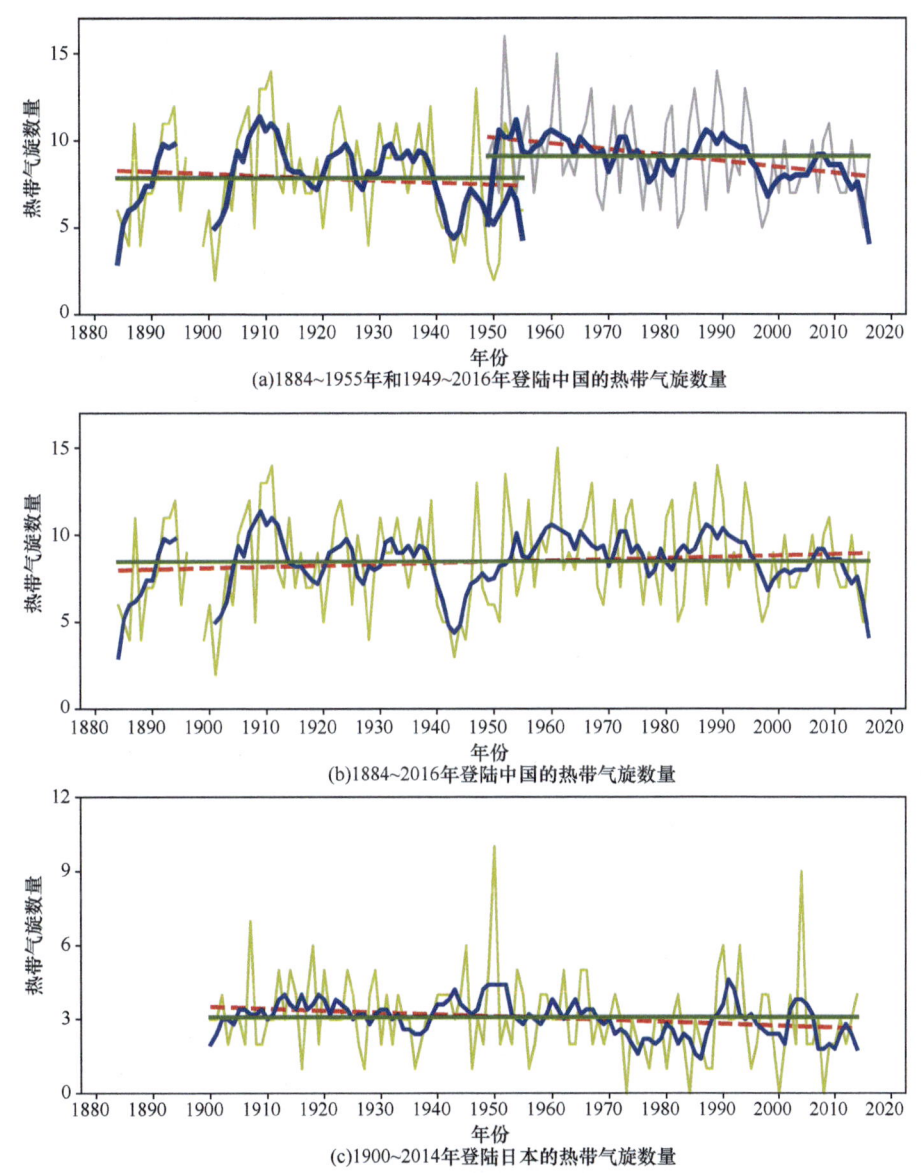

图 6.23　热带气旋时间序列

（b）由（a）中两条序列整合获得，重叠期热带气旋的数量是这两条序列的平均值；绿色直线、蓝色曲线和红色虚线分别表示气候平均值、5年滑动平均和线性趋势（Zhang et al.，2021）

将重建的影响香港的百年热带气旋序列与东亚其他地区已有研究结果进行了比较（图6.23和表6.9），图6.23（a）显示了1884~1955年期间高由禧和曾佑恩（1957）及中国气象局最优热带气旋路径集（CMA-BT）获得 1949~2016 年期间登陆中国的热带气旋序列。1885~1939 年，高由禧和曾佑恩（1957）获得的中国登陆热带气旋呈上升趋势（0.42 个/10a），然而重建的影响香港的年热带气旋数目在这一期间没有明显的变化趋势。1949~2016 年，CMA-BT 给出的中国登陆年热带气旋个数呈显著下降趋势（–0.34 个/10a），且对香港有影响的热带气旋也呈现出类似的下降趋势。值得注意的是，在重叠时期（1949~1955 年），从不同来源得出的登陆中国年热带气旋数量是不一致的[图 6.23（a）]，这种不一致性无疑会导致中国长时间尺度热带气旋序列的非均匀性。因此认为，仅通过将两个序列简单拼接组合在一起获得的中国登陆热带气旋的增加的趋势（0.07 个/10a）很大可能是虚假的[图 6.23（b）]。值得注意的是，日本和中国香港的百年热带气旋序列都表现出一致的下降趋势（–0.08 个/10a 和–0.11 个/10a）。这一结论支持了之前的研究结果，即自 19 世纪末以来，在全球变暖的背景下，西太平洋热带气旋的发生频率并没有增加（Chan and Liu，2004；高建芸等，2007；Nagata and Mikami，2017）。

表 6.9 东亚地区年登陆热带气旋或影响东亚地区热带气旋的数量和变化趋势

| 变化趋势/（个/10a） | 时段 | 登陆/受影响地区 | 来源 |
| --- | --- | --- | --- |
| 0.42 | 1885~1939 年 | 中国 | 高由禧和曾佑恩，1957 |
| 0.00 | | 香港 | Zhang et al.，2021 |
| –0.34 | 1949~2016 年 | 中国 | CMA-BT |
| –0.09 | | 香港 | Zhang et al.，2021 |
| 0.07 | 1885~2016 年 | 中国 | CMA-BT；高由禧和曾佑恩，1957 |
| –0.08 | | 香港 | Zhang et al.，2021 |
| –0.08 | 1900~2014 年 | 日本 | Kumazawa et al.，2016 |
| –0.11 | | 香港 | Zhang et al.，2021 |

## 6.3.2 东亚地区登陆热带气旋数据序列及其分析

**1. 热带气旋历史数据**

西北太平洋的热带气旋（TC）历史数据可以追溯到 19 世纪晚期。传教士在东亚地区 TC 研究上扮演着重要的作用，伴随着他们的步伐，第一批气象观测站在东亚建立。菲律宾马尼拉观象台是东亚第一个进行常规观测的气象站。随后位于上海的徐家汇观象台建立，在其存在的 60 余年承担了气象、地球物理和天文方面的观测和研究，并与亚洲地区的其他气象观测站进行电报交流，这使得绘制中国部分地区及其近海的早期天气图成为可能。包括位于中国香港和日本的观象台，这些较早建立的气象观测站使得台风研究早在 19 世纪末就得以开始（Udías，1996）。

目前主流使用的东亚地区历史热带风暴（TS）数据来源于中国上海、中国香港、日本各地和菲律宾马尼拉，其中中国香港的热带气旋序列主要代表中国南海附近，而中国上海的序列则主要代表中国东海附近；相对应地，日本和菲律宾的序列主要代表西北太平洋北部和南部的热带气旋。图 6.24 给出了西北太平洋（WNP）1884~2018 年的 TC 变化图，在 1910s 前，由于缺乏台站数据支持，所有的机构数据都存在 TC 数的减少。早期日本各地与中国上海、中国香港 TC 差别较大可能因为热带气旋路径的经向振荡，

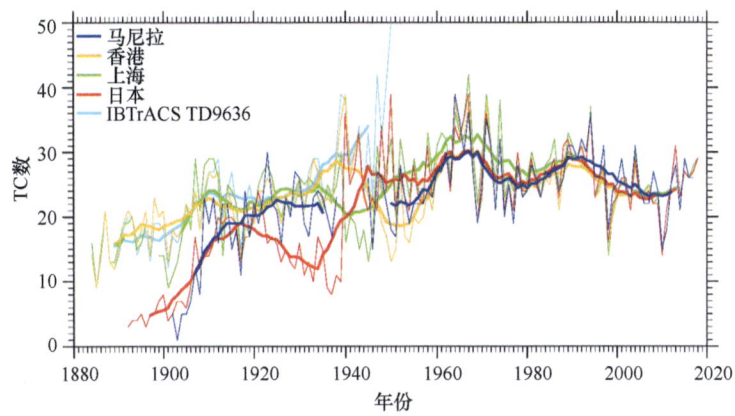

图 6.24 西北太平洋 1884~2018 年 TC 变化

TC 数据使用历史数据和最佳轨迹数据进行合并。粗线是 11 年的滑动平均值（Kubota et al., 2021）

这种南北迁移的特点在卫星时代以后被首先发现，研究人员证明了 TC 最大强度纬度的极向迁移（Kossin et al., 2014）。而在早期的历史数据中，由于两机构所代表的区域不同，这种经向振荡被反映出来，原因可能是大尺度环流模式的年代际变化导致的 TC 生成位置变化（Liu et al., 2021）。

**2. 再分析重建百年登陆台风序列**

使用涡度阈值台风重建法，通过两套 20 世纪再分析数据，对东亚（中国、菲律宾、马来西亚、文莱和越南）登陆 TC 进行了重建，如图 6.25 所示。计算了 ECMWF 20 世纪再分析资料（ERA20C）和 20 世纪再分析第 3 版数据集（20CRv3）TC 在 1950 年后的年平均生成频数和相对于观测的均方根误差、相关系数和趋势差。20CRv3 TC 的年生成频数为 8.71，相比于 ERA20C 的重建 TC 年频数 7.36，更加接近观测的 8.72。相对应地，ERA20C 的均方根误差为 3.24，相关系数为 0.26（在 95%的水平显著），趋势差为 0.057，20CRv3 均方根误差为 2.85，相关系数为 0.50（在 95%的水平显著），趋势差

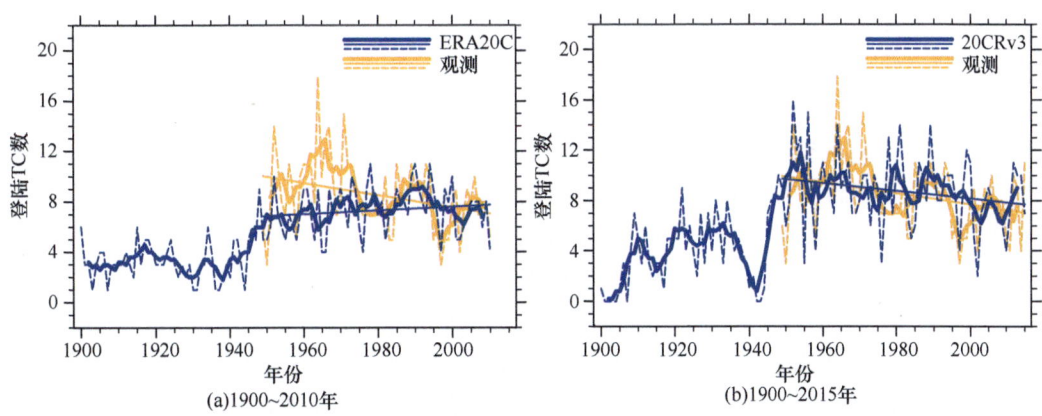

图 6.25 登陆东亚的年 TC 数量

虚线是年频数，粗实线是 5 年的滑动平均值，细实线是 1950 年后的线性趋势

为0.018。与前人的研究相似，定义了再分析TC的命中率和误报率。命中率是指再分析数据中真实TC占观测总TC的比率，误报率则是指再分析TC中不能被观测印证的比率。两套再分析的命中率分别是0.60和0.75，误报率分别是0.30和0.27。ERA20C TC在1980年后对观测有较好的重建效果，但在1950～1980年出现对观测的明显低估，这是造成它在1950年以来的生成频数均值小于观测、并与观测呈现相反趋势的重要原因。与之相反，20CRv3 TC在1980年前后更加一致，所以它的均方根误差和趋势差更小，命中率和相关系数更高。

在1950年前，两套再分析TC的生成频数都出现了明显的不一致性。相比于ERA20C在1950年前的缓慢上升，20CRv3在1940年左右出现明显的急剧上升，这是因为在日本入侵东亚的战争中，早期气象站的观测活动受到了巨大影响，菲律宾马尼拉，中国上海等地的TC轨迹中也能看出战争对气象观测的波及。1910～1935年20CRv3的登陆台风变化趋于稳定，但仍然相较1950年后较低，一部分因为再分析数据早期同化有限的观测数据，确实遗漏了更多TC，另一部分也因为早期TC具有很大的强度不确定性。考虑到以上因素，在制定识别方案时已经降低了对TC结构或者强度的要求，转而通过其登陆特征进行筛选，但还是难免会误筛未被再分析正确呈现的真实TC。总体来说，目前使用再分析重建100年以上的东亚登陆TC仍然存在很多限制。

### 6.3.3 中国沿海台风风暴潮

**1. 台风风暴潮灾害时间变化特征**

研究数据主要来源于《中国地方志集成》、现代江河水利志及其他方志中沿海各省约1000种志书、约14万件故宫清代水利档案和约6万件《民国水利剪报》，以及《二十五史》《明实录》《清实录》等资料，从中提取1949年前历史台风风暴潮灾害记录。台风、风暴潮灾害的事件记录最早出现在西汉时期，明代万历《莱州府志》记载到"初元元年五月，渤海水大溢。"风暴潮灾害在我国沿海各省区均有出现。7世纪以前每百年有灾害记录数大约7县次；7～10世纪变成每百年19县次左右；11世纪以来，每百年灾害发生次数明显增加，由每百年发生70余县次上升到600余县次（图6.26）。

**2. 台风风暴潮灾害时间变化特征**

通过灾害记录空间分布进行初步分析发现，过去2000年间沿海有14个省级行政单位（包括港澳台）具有历史灾害事件的记录。其中浙江省多、江苏次之、上海再次，港澳地区、台湾等最少。进一步进行归类可以看出我国台风风暴潮灾害集中分布在长江三角洲地区、珠江三角洲、山东半岛3个区域（图6.27）。长江三角洲地区经济发达，社会文化比较繁荣，历史时期遗留下来的历史文献资料记录丰富，同时这一地区也是台风、风暴潮、咸潮多发的地区。自然条件和社会经济条件决定了这一地区存留的历史灾害文献记录丰富。如过去2000多年上海崇明、浙江杭州遭受灾害多达125次，浙江海宁为117次，浙江海盐为101次，且多为近1000年发生。第2个地区是珠江三角洲地区，这一地区也是我国台风、风暴潮频发的地区。同时近代以来广东一带对外贸

第 6 章　近现代极端气候变化特征规律

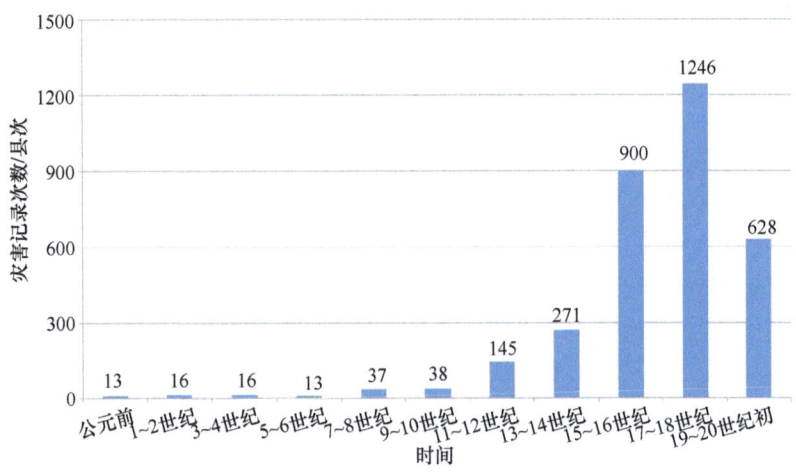

图 6.26　不同时段台风风暴潮灾害记录次数

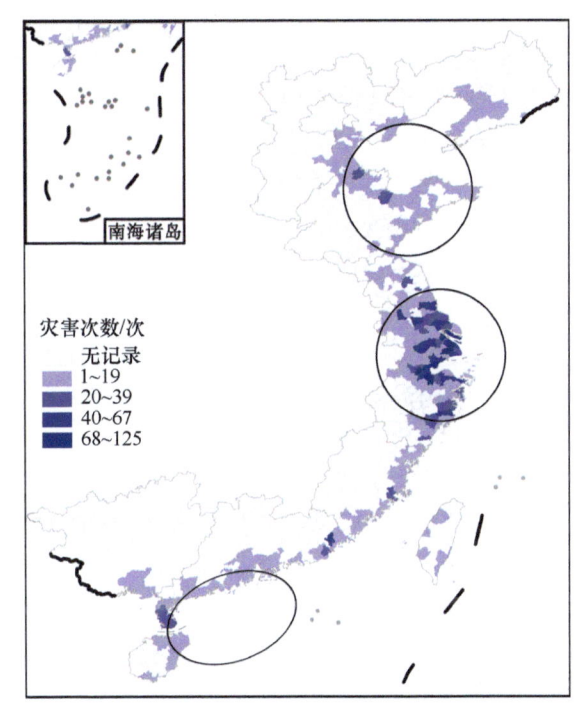

图 6.27　过去 2000 年台风风暴潮灾害分布图

易的兴起，区域经济迅速发展，台风、风暴潮等灾害造成的社会影响日益巨大，地方志中的记录也开始增多，同时香港、澳门这两个地方的灾害记录也纳入到地方志中。第 3 个区域是山东半岛地区，这一区域社会经济文化比较发达，同时是我国台风风暴潮灾害北上必经之处，此外山东南部由于极端气候条件出现大范围结冰的事件，因此有关的灾害记录也会比较多。

公元 1000 年以前，我国台风风暴潮灾害的记录集中在山东半岛地区，这种分布情况主要与宋代以前我国的主要政治中心地处北方关系大。此外浙江温州，台州一带、长江沿线江宁一带也有部分灾害记录。沿海的辽宁、广西、海南、台湾，以及港澳地区均没有台风风暴潮灾害的记录。近1000以来，台风风暴潮灾害分布在空间范围上和频次上变化很大。首先，沿海各省区均出现台风风暴潮灾害的文献记录。其次，我国台风风暴潮灾害记录的频次中心由北方地区的山东转向长江三角洲地区，频次中心近1000年最大频次数也由14次变为125次。存世文献数量增加，区域经济条件等因素共同作用，促成了这种转变。

公元1000~1500年台风风暴潮灾害记录的空间范围较公元1000年有较大变化，首先是记录中心南移，其次是记录范围扩大，此时期除了辽宁、台湾、香港、澳门地区外均出现了灾害记录。记录中心长江三角洲地区在这一时期最高的受灾频次是47次，分布在钱塘江口一带。公元1500年以后，我国沿海各省区台风风暴潮灾害频次数均明显增多增强。前述的辽宁、台湾、港澳地区也出现了灾害记录。其中辽宁灾害记录出现在19世纪后，主要是由于东北地方逐渐开禁，大量中原人口外迁，区域数百年游牧生产向农业生产转换后，区域社会经济发展，州县区划建制日趋完善，地方志修撰工作相继开展，开始出现台风风暴潮灾害的事件记录。如清朝《盘山厅乡土志》中就有简短的几个字"夏，海水溢"记录盘山地区一次风暴潮灾害。如民国《安东县志》也记述了1879年辽东半岛东部地区一次风暴潮灾害："六月十四日，南风暴起，昏冥昼晦，扬沙石，发房屋，大木摧折，禾苗尽偃。石庙倾覆数处，且吹起海水，雨遍县境。农人谓为下卤雨，晴后，禾悉枯萎。是岁大饥，诏免田租。"

近500年来，长江口地区台风风暴潮灾害最大频次由上一个500年的47次，升高为96次。钱塘江河口、长江河口两个河口地带的成为局部台风风暴潮灾害的集聚中心。此外，浙闽沿海和两广沿海地区台风风暴潮灾害记录的频次和范围也明显高于上一个500年。从空间分布上来看，我国沿海的多数省份都曾经遭受过台风风暴潮灾害，涵盖了我国海岸线的大部分区域，其中以东海海域为最甚。可以看出，台风风暴潮灾害的记载有一个区域逐渐转变的过程。在唐朝以前，关于台风风暴潮灾害的记载主要集中在黄海、渤海地区。这是因为当时的政治、经济重心都在北方，朝廷对外的主要海事交流活动，其出入海口也均在北方，北方的海洋区域环境较之南方来说，更有战略意味，自然能够引起当权者的重视。然而由于北方连年战乱，时局不稳，经济重心逐渐向南方转移，关于东海、南海的台风风暴潮灾害记载开始逐渐增多。随着南方经济中心地位的确立，南方海洋区域经济、交通的快速发展，南方海域逐渐取得国家海洋区域的主导地位。反映在文献上，南方海域的台风风暴潮灾害记载也远远超过了北方海域。就风暴潮灾害而言，关于南海的风暴潮记录在唐朝以前几乎没有，可判定为风暴潮灾害的明确记载，是北宋开宝八年十月广州海区发生的"飓风大雨，水起，一昼夜雨水二丈余，海为之涨，漂失舟楫"。自北宋开始，关于南海的风暴潮灾害开始逐渐增多，但是也多局限在广州、潮州等经济较为发达的沿海一带，对于广西等较偏远地区的关注度明显不够。但是由于在明朝以前，南海区域尚属于未加开发的"蛮荒"之地，沿海居民稀少，经济发展缓慢，因此沿海环境的变化情况不能得到当时政府的足够重视，历史文献中保存下来的记录有风暴潮等灾害的资料自然十分稀少。明清以来，随着经济重心的进一步南移，广州等城市跻身当时的主要港口城市行列，关于南海的风暴潮灾害才逐渐详细起来。从中可以看出,历史文献中对于自然灾害的记载是与发生地的经济地位密不可分的,其能反映一定的气候变化事实,却不能完全代表当时的气候变化事实。这一点在关于东海的风暴潮灾害的文献记载中也有所反映。东海的风暴潮灾害在我国古代文献中的记载最为丰富详细。究其原因,其一是东海受热带气旋和季节性风候的影响较为强烈,为我国风暴潮灾害的多发区域。加之东海海区,尤其是江苏、浙江、福建沿海在历代经济中的重要作用,使得这一区域的人口数量逐渐增加,其对海洋环境的人工干预必然增多。其二是东海沿海地区历来为我国的经济重心,东海沿海地区又是我国沿海经济最为发达的地区,其长江口岸段、杭州湾岸段、浙江沿海区域、福建沿海区域都是我国的经济重地,大部分的经济、政治、文化中心都集中在此区域内。因此历代朝廷对东海海域的台风风暴潮灾害情况都十分重视。

**3. 重大台风风暴潮灾害**

在没有观测记录的情况下,利用历史文献界定我国历史时期的重大台风风暴潮灾害,因灾死亡人口数量是最为直观的指标。通过对历史文献梳理发现风暴潮灾害往往造成巨大的人员伤亡,最早的记录死亡万人以上的风暴潮灾害是明嘉靖十九年《太平县志》记载的北宋庆历五年(1045 年)发生在浙江南部温州一带沿海的风暴潮灾害,地方志记载"宋庆历五年夏,海溢,杀人万余",可见当时海潮灾害严重。通过整理近 1000 年以来死亡人口万人以上台风风暴潮灾害,初步统计表明近 1000 年来我国沿海地区共发生 40 场次死亡人口万人以上的台风风暴潮灾害。按照朝代统计,发现明代次数最多,为 18 次,其次为清代 15 次。按照时段统计,发现明代后期的 16 世纪死亡万人以上的台风风暴潮灾害最多,达到 10 次。14 世纪、15 世纪、17 世纪、18 世纪、19 世纪基本控制每百年发生 5 次左右死亡人口万人以上的台风风暴潮灾害(图 6.28)。

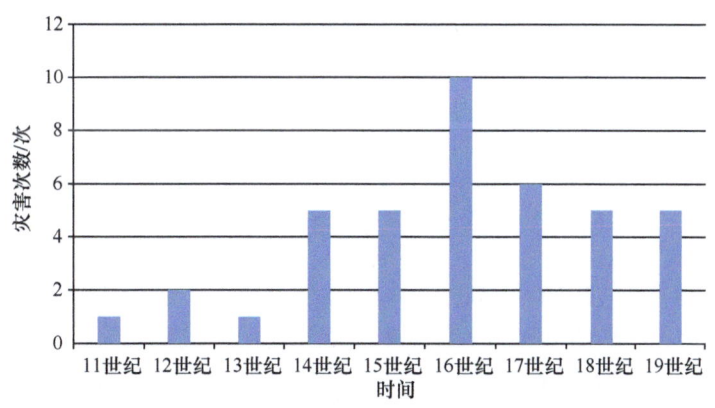

图 6.28 不同时期死亡人口万人以上台风风暴潮灾害次数

## 6.4 干旱频次和强度长期变化

随着全球变暖加剧,洪水和旱灾等极端事件频发,给各国社会经济造成了很大的损失。气象与水文的交叉研究在预防旱涝灾害上显得尤为重要,过去几十年的相关研究拟实现的重要科学目标之一,就是在国家水文网络之前的时期内重建极端水文事件。本节利用涪陵白鹤梁石鱼出水记录来分析历史时期三峡地区水文干旱事件变化特征。结果显示长江上游在小冰期水文干旱事件较少,而在中世纪暖期远远高于后来的小冰期阶段。本章节分别使用史料数据和器测数据两部分资料,选取汉江流域汉中、安康、郧西、南阳、襄阳、潜江、钟祥和武汉共 8 个站点,对 1900~2017 年汉江流域逐年干旱等级变化进行了重建。研究发现 1940~1970 年代是旱灾发生频次最高的时期,其中尤其以 1970 年代最为突出,1980 年代旱灾发生频次突然降低。

### 6.4.1 汉江流域干旱重建

本书参考中国气象局制定的历史旱涝重建标准,采用等级法对 1900~2017 年汉江流域的干旱等级进行重建:发生旱灾的年份定为 4 级干旱,发生严重旱灾的年份定为 5 级严重干旱。分别使用史料数据和器测数据两部分资料,其中 1900~1950 年使用史料数据,来源包括《中国三千年气象记录总集》(张德二,2013)、《清代奏折汇编:农业·环境》(中国科学院地理科学与资源研究所和中国第一历史档案馆,2005)、《清代长江流域西南国际河流洪涝档案史料》(水利电力部水管司科技司,1991)、《中国近代灾荒纪年》(李文海,1990)、《中国近代灾荒纪年续编(1919—1949)》(李文海,1993)。此外,《中国气象灾害大典:陕西卷》《中国气象灾害大典:湖北卷》《中国气象灾害大典:河南卷》(温克刚,2005a,2005b,2007)中 1911~1950 年的干旱记录也作为补充资料使用。器测时期数据(1951~2017 年)来自中国国家级地面气象站基本气象要素日值数据集(V3.0)中的月降水数据。该数据集经过气候极值、内部一致性以及空间一致性等质量控制,也对观测站迁址、仪器换型、观测场周边环境变化等情况导致的降水数据时间序列非均一性进行了检测和订正(杨溯和李庆祥,2014)。在行政区域划分的基础之上,遵循空间均匀分布和时空史料多寡的原则,选取汉江流域汉中、安康、郧西、南阳、襄阳、潜江、钟祥和武汉共 8 个站点,每一个站点包含周围若干个县市,各站点的干旱级别表示该站点所代表的一定范围内的区域降水异常程度。

### 6.4.2 汉江流域百年干旱变化

运用以上资料和方法,对 1900~2017 年汉江流域各个站点的逐年干旱等级变化进行了重建,并统计了每 10 年的 4 级干旱和 5 级严重干旱发生的频次总数(其中 2010~2017 年为 7 年),结果如图 6.29 所示。可以看出 1920 年代是研究期间内汉江流域 5 级严重干旱事件发生频次最高的时期,此后干旱事件的发生频次呈上升趋势,1940~1970 年代是旱灾发生频次最高的时期,其中尤其以 1970 年代最为突出。1980 年代旱灾发生频次突然降低,5 级严重旱灾的发生频次达到研究期间内最低,但是进入 1990 年代以后旱灾的发生又呈现上升趋势。

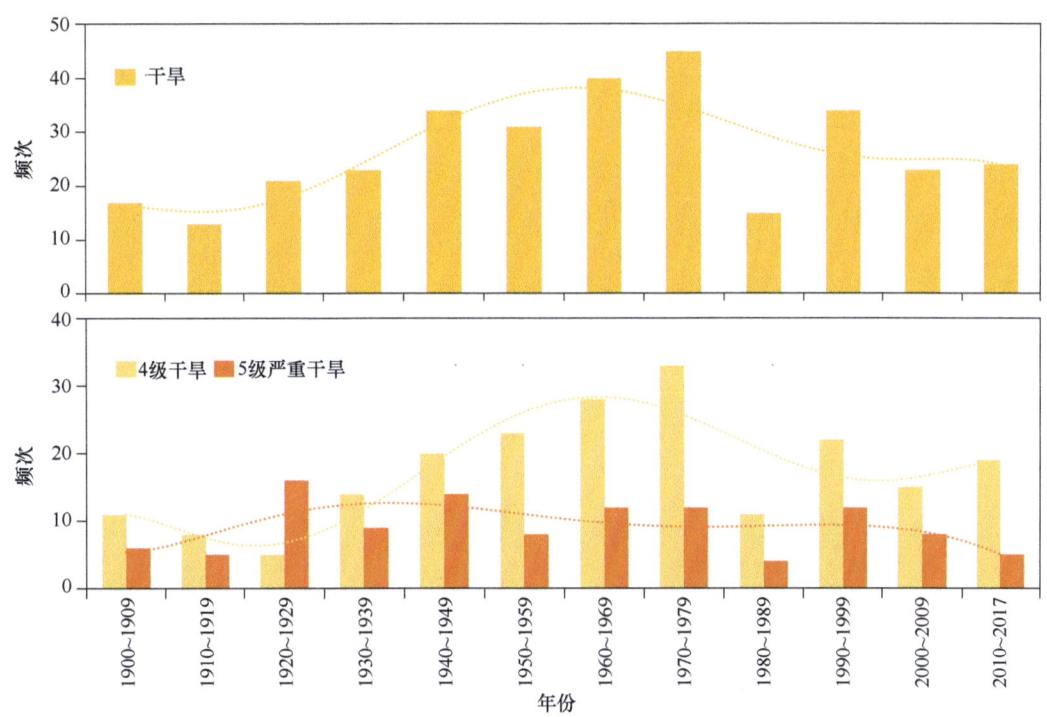

图 6.29 1900~2017 年汉江流域干旱等级每 10 年变化频次（其中 2010~2017 年为 7 年）

## 6.5 中小尺度强对流天气变化

中小尺度强对流天气的时空尺度较小，但影响很大，常给人民生命和财产安全带来极大的损失。雷暴、闪电、龙卷和冰雹均属于中小尺度强对流天气。然而，在全球气候变暖的背景下，世界各地中小尺度强对流天气的变化却存在很大不确定性，与其他极端天气事件相比研究较少，且没有达成科学上的共识。本节利用中国东北地区 15 个台站的早期雷暴和冰雹逐日观测数据，研究了我国东北地区雷暴和冰雹日数近百年的变化特征。结果表明 1905~2013 年，东北地区雷暴呈现早期增加、后期减少的变化特点。冰雹长期变化趋势类似于雷暴，但表现出早期无明显变化、后期显著下降，以及整个时期显著下降的变化特征。

### 6.5.1 东北地区早期中小尺度天气观测

**1. 东北地区早期中小尺度天气观测**

早在公元前 877 年，中国就有关于中小尺度强对流天气的记录，但是直到 19 世纪初，才开始有系统的观测。在 ACRE 的支持下，本书收集中国大陆早期的温度和降水逐日数据，发现一些不完整的图片形式记录的 1949 年以前的中国早期气象数据，有关于雷暴和冰雹的逐日观测记录（图 6.30）。进一步研究发现，1949 年以前，中国大陆的大量气象观测是日本气象学家观测的，在中国大陆观测主要集中在东北地区，并且很大一部分资料现在仍保存在日本（Xue et al., 2021）。早期的气象资料是宝贵的气象遗产，在国家气象信息中心、日本气象厅、日本国立档案馆，以及 ACRE 的帮助下，本书对这部分早期雷暴和冰雹逐日数据进行了收集和数字化，在质量控制和均一化处理后，进行了分析研究。

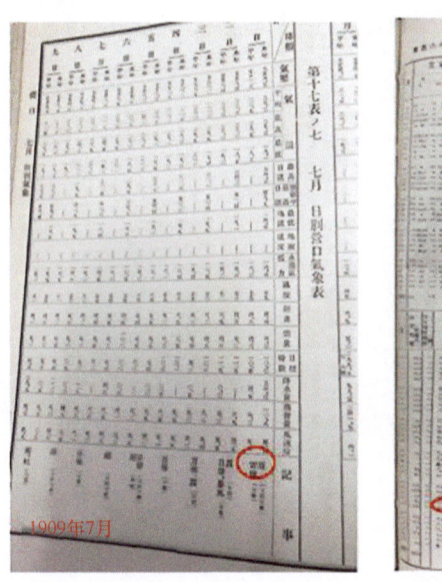
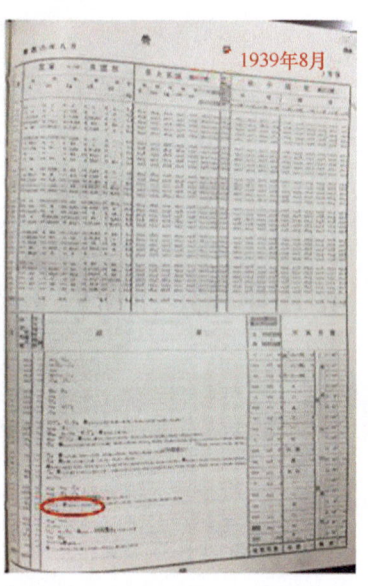

图 6.30　1909 年 7 月以及 1939 年 8 月营口气象站关于雷暴和冰雹的记录

关于中国大陆 1949 年之前的观测主要集中在东北地区，1933 年之前存在观测的台站共有 15 个，分别是大连、营口、奉天（沈阳）、四平街（四平）、新京（长春）、旅顺、鞍山、开原、郑家屯（双辽）、洮南、哈尔滨、齐齐哈尔、海伦、凤凰城（凤城），以及敦化，站点分布情况如图 6.31 所示。东北地区这 15 个观测站中，开始观测时间最早的站点为旅顺站，于 1904 年 7 月 17 日开始气象观测，除此之外，大连和营口观测站分别于 1904 年 9 月 7 日和 9 月 30 日开始观测，奉天（沈阳）气象站于 1905 年 5 月 1 日开始气象观测。1908 年 11 月 20 日，新京（长春）站开始气象观测，后来长达 18 年里，东北地区一直是这 5 个气象台站开展观测，直到 1925 年才陆续有新的观测台站开始气象观测，不过比较遗憾的是，1942～1953 年因为战争等原因，观测资料丢失或者观测终

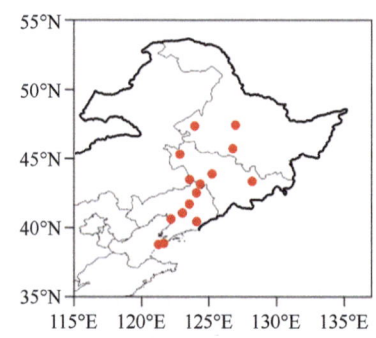

图 6.31　1949 年以前中国大陆东北地区观测站点分布

止,1954 年之后才陆续重新开始气象观测,使得 1904 年至今的资料有所缺测,这种由于停止观测造成的区域范围内数据全部缺失是很难弥补的。东北地区早期观测站点位置及开始观测时间如表 6.10 所示。辽宁省 1954 年之前存在气象观测的台站有 7 个,为东北地区早期台站最多,吉林省有早期台站 5 个,黑龙江省有早期台站 3 个。

表 6.10 中国东北地区早期观测站点位置及开始观测时间

| 站点 | 纬度（°N） | 经度（°E） | 开始观测时间（年.月.日） |
| --- | --- | --- | --- |
| 旅顺 | 38.82 | 121.23 | 1904.7.17 |
| 大连 | 38.90 | 121.63 | 1904.9.7 |
| 营口 | 40.65 | 122.17 | 1904.9.30 |
| 奉天（沈阳） | 41.73 | 123.52 | 1905.5.1 |
| 新京（长春） | 43.90 | 125.22 | 1908.11.20 |
| 鞍山 | 41.08 | 123.00 | 1925.1.1 |
| 郑家屯（双辽） | 43.50 | 123.53 | 1925.1.1 |
| 开原 | 42.53 | 124.05 | 1926.1.1 |
| 洮南 | 45.33 | 122.82 | 1929.1.1 |
| 齐齐哈尔 | 47.38 | 123.92 | 1930.1.1 |
| 哈尔滨 | 45.75 | 126.77 | 1930.1.1 |
| 敦化 | 43.37 | 128.20 | 1931.1.1 |
| 海伦 | 47.45 | 126.97 | 1933.1.1 |
| 凤凰城（凤城） | 40.47 | 124.07 | 1933.1.1 |
| 四平街（四平） | 43.17 | 124.33 | 1934.1.1 |

**2. 数据均一化处理**

收集并数字化了 1904~1941 年中国东北地区雷暴和冰雹的逐日观测数据,并与之前研究所用的 1954~2013 年雷暴和 1954~2019 年冰雹日数数据进行了拼接,因为战争等原因造成了 1942~1953 年台站观测的中断,造成资料缺测,但是由于缺测时段主要在观测时段的中间位置而不是两端,在气候学上来说,对于趋势的估算影响不是很大。

在此基础上,根据之前研究得到的气候特征等内部一致性原则对数据进行了质量控制,并利用 RHtestsV4 程序包对雷暴和冰雹逐日数据行了均一化处理,必须指出的是本书拼接数据所使用的 1954 年以后的雷暴和冰雹数据是国家气象信息中心经过质量控制和均一化处理过的,即认为是均一性的,所以主要订正的是 1954 年以前的雷暴和冰雹数据。对雷暴和冰雹的逐日数据进行计算后得到年值数据,并对年值数据再次进行均一化订正,因为只有 5 个观测台站的早期观测记录时间较长,所以在对单站进行均一化订正的时候,主要订正这 5 个台站。在订正后的基础上,对这 15 个台站平均得到东北地区的均值序列,并再次对这个均值序列进行均一化订正。

对于雷暴来说,在 0.05 置信度的显著性水平下,旅顺站没有非均一性点,大连站也没有非均一性点,营口站的非均一性点为 1920 年,奉天（沈阳）站的非均一性点为 1927

年，新京（长春）站没有非均一性点。东北地区雷暴的均值序列的非均一性点为 1922 年。针对这些非均一性点对于雷暴数据进行均一性订正。对于冰雹来说，在 0.05 置信度的显著性水平下，旅顺站没有非均一性点，大连站也没有非均一性点，营口站也没有非均一性点，奉天（沈阳）站的非均一性点为 1933 年，新京（长春）站没有非均一性点。东北地区冰雹的均值序列的非均一性点为 1920 年。针对这些非均一性点对于冰雹数据进行均一性订正。

得到了 1904~2013 年雷暴逐日数据和 1904~2019 年冰雹逐日数据，因最早开始观测时间为 1904 年 7 月 17 日，所以 1904 年无法统计雷暴和冰雹的年值，所以研究时段为雷暴 1905~2013 年，冰雹 1905~2019 年，在此基础上对雷暴和冰雹的变化进行了分析。

### 6.5.2 东北地区百年雷暴和冰雹变化

1905~2013 年，中国东北地区的雷暴的变化并不是如 1961~2013 年中国雷暴般呈现出明显的减少趋势，反而呈现出增加趋势（图 6.32），这是因为 1941 年之前雷暴日数明显少于 1954 年之后，并且 1905~1941 年之前雷暴增加，1954 年之后减少，1905~2013 年，东北地区雷暴以 1.29 d/10a 的趋势增加，1905~1941 年以 1.64 d/10a 的趋势增加，

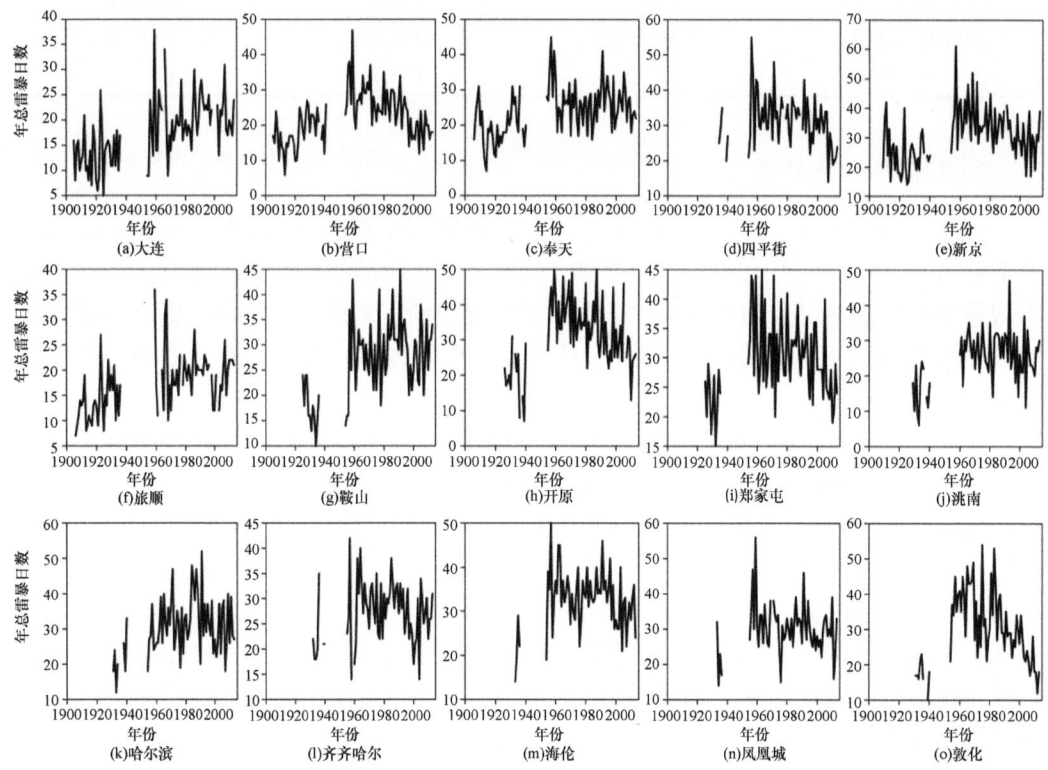

图 6.32　1905~2013 年中国东北地区年总雷暴日数变化

1954~2013 年以-1.11 d/10a 的趋势减少,即东北地区雷暴早期增加,后期减少,并且整个时间段内是增加的。1905~2019 年,中国东北地区的冰雹的变化与 1961~2019 年中国冰雹变化一致,呈现出明显的减少趋势,但是没有 1961~2019 年减少的显著,大体上呈现出 1941 年之前增加,1954 年之后减少的波动变化,1905~2019 年,东北地区冰雹以-0.10 d/10a 的趋势减少,1905~1941 年以 0.08 d/10a 的趋势增加,1954~2019 年以-0.26 d/10a 的趋势减少,也就是东北地区冰雹早期增加,后期减少,并且整个时间段内是减少的(图 6.33)。

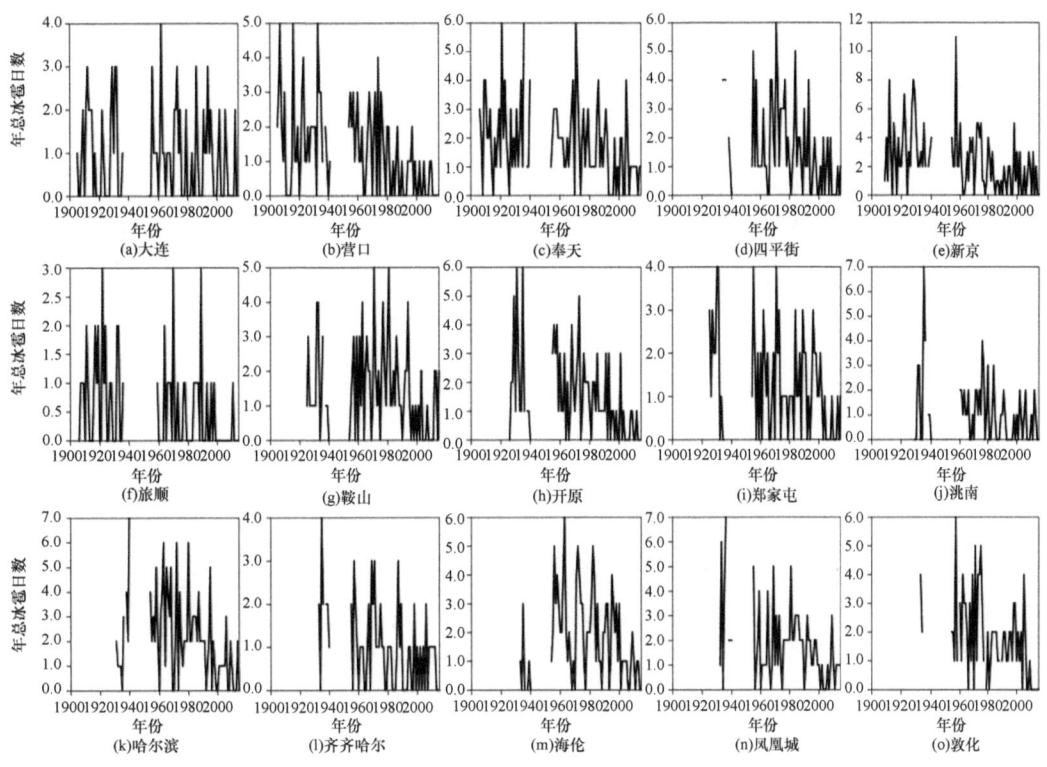

图 6.33 1905~2019 年中国东北地区年总冰雹日数变化

雷暴和冰雹的这种早期增加后期减少的趋势变化和近百年气温日较差(DTR)的变化趋势有所类似(Sun et al.,2019)。而以往的研究中指出,1951 年以来,云量、降水、土壤湿度、气溶胶、陆地植被和当地城市化进程的长期变化都对全球 DTR 的减少有所影响(任国玉等,2015;Dai et al.,1999;Zhou et al.,2004,2008;Wild,2009),尤其是在中国和亚洲的其他发展中国家,DTR 的显著下降可能主要和气溶胶的增加(Wang and Dickinson,2013;Shen et al.,2015)及观测站周围快速的城市化所导致的区域性变暗(周雅清和任国玉,2005;Kalnay and Cai,2003;任国玉等,2015)有关系。而在前面的研究中得出,影响 DTR 显著减少的因素如云量、气溶胶,以及城市化等同样影响着雷暴和冰雹的变化。所以推测可能是同样的因素导致了雷暴和冰雹如同 DTR 一样呈现出早期增加后期减少的变化(图 6.34)。

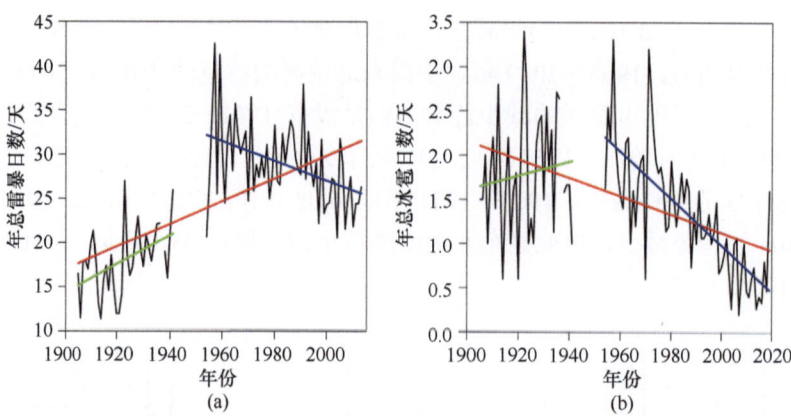

图 6.34 1905~2013 年中国东北地区年总雷暴日数变化情况（a）和 1905~2019 年东北地区年总冰雹日数变化情况（b）

黑色实线为雷暴和冰雹的年总日数。(a) 中绿色实线为 1905~1941 年年总雷暴日数的趋势线，蓝色实线为 1954~2013 年年总雷暴日数的趋势线，红色实线为 1905~2013 年年总雷暴日数的趋势线。(b) 中绿色实线为 1905~1941 年年总冰雹日数的趋势线，蓝色实线为 1954~2019 年年总冰雹日数的趋势线，红色实线为 1905~2019 年年总冰雹日数的趋势线

# 参 考 文 献

高建芸, 江志红, 游立军, 等. 2007. 百余年来影响福建热带气旋的变化特征. 应用气象学报, 18(2): 211-218.

高由禧, 曾佑恩. 1957. 台风的路径图及其一些统计. 北京: 科学出版社.

国家气象信息中心. 2013. 中国国家级地面气象站均一化气温月值数据集(V1.0)评估报告. 北京: 国家气象信息中心.

国家气象信息中心. 2015. 全球地表气温月值均一化数据集(v1.0). 北京: 国家气象信息中心.

李文海. 1990. 近代中国灾荒纪年. 长沙: 湖南教育出版社.

李文海. 1993. 近代中国灾荒纪年续编 1919—1949. 长沙: 湖南教育出版社.

任国玉, 任玉玉, 战云健, 等. 2015. 中国大陆降水时空变异规律——Ⅱ.现代变化趋势. 水科学进展, 26(4): 451-465.

水利电力部水管司科技司. 1991. 清代长江流域西南国际河流洪涝档案史料. 北京: 中华书局.

孙秀宝. 2018. 基于 CMA-LSAT 数据的全球陆表气温变化研究. 南京: 南京信息工程大学.

陶涛, 信昆仑, 刘遂庆. 2007. 全球气候变化对水资源管理影响的研究综述. 水资源与水工程学报, 18(6): 7-12.

王守荣. 2003. 全球水循环与水资源. 北京: 气象出版社.

温克刚. 2005a. 中国气象灾害大典: 陕西卷. 北京: 气象出版社.

温克刚. 2005b. 中国气象灾害大典: 河南卷. 北京: 气象出版社.

温克刚. 2007. 中国气象灾害大典: 湖北卷. 北京: 气象出版社.

薛晓颖, 任国玉, 孙秀宝, 等. 2019. 中国中小尺度强对流天气气候学特征. 气候与环境研究, 24(2): 199-213.

杨溯, 李庆祥. 2014. 中国降水量序列均一性分析方法及数据集更新完善. 气候变化研究进展, 10(4): 276-281.

於凡, 曹颖. 2008. 全球气候变化对区域水资源影响研究进展综述. 水资源与水工程学报, 19(4): 92-97.

战云健, 陈东辉, 廖捷, 等. 2022. 中国 60 城市站 1901—2019 年日降水数据集的构建. 气候变化研究进展, 18(6): 670-682.

战云健, 任国玉, 王朋岭. 2019. 数据处理方法对中国区域平均降水序列精度的影响. 气候变化研究进展, 15(6): 584-595.

张德二. 2013. 中国三千年气象记录总集. 南京: 江苏教育出版社.

中国科学院地理科学与资源研究所, 中国第一历史档案馆. 2005. 清代奏折汇编: 农业·环境. 北京: 商务印书馆.

中国气象局气象科学研究院. 1981. 中国近五百年来旱涝分布图集. 北京: 地图出版社.

周雅清, 任国玉. 2005. 华北地区地表气温观测中城镇化影响的检测和订正. 气候与环境研究, 10(4): 11.

Chan J C L, Liu K S. 2004. Global warming and western North Pacific typhoon activity from an observational perspective. Journal of Climate, 17: 4590-4602.

Dai A, Trenberth K E, Karl T R. 1999. Effects of clouds, soil moisture, precipitation, and water vapor on diurnal temperature range. Journal of Climate, 12(8): 2451-2473.

Easterling D R, Horton B, Jones P D, et al. 1997. Maximum and minimum temperature trends for the globe. Science, 277(5324): 364-367.

Fyfe J C, Gillett N P. 2014. Recent observed and simulated warming. Nature Climate Change, 4(3): 150-151.

Groisman P Y, Koknaeva V V, Belokrylova T A, et al. 1991. Overcoming biases of precipitation measurement: A history of the USSR experience. Bulletin of the American Meteorological Society, 72(11): 1725-1733.

Hansen J, Ruedy R, Sato M, et al. 2010. Global surface temperature change. Reviews of Geophysics, 48(4).

Huntington T G. 2006. Evidence for intensification of the global water cycle: Review and synthesis. Journal of Hydrology, 319(1): 83-95.

Jones P D, Hulme M. 1996. Calculating regional climatic time series for temperature and precipitation: Methods and illustrations. International Journal of Climatology. 16: 361-377.

Kalnay E, Cai M. 2003. Impact of urbanization and land-use change on climate. Nature, 423(6939): 528-531.

Karl T R, Knight R W. 1998. Secular trends of precipitation amount, frequency, and intensity in the United States. Bulletin of the American Meteorological Society, 79(2): 231-241.

Kossin J P, Emanuel K A, Vecchi G A. 2014. The poleward migration of the location of tropical cyclone maximum intensity. Nature, 509: 349-352.

Kubota H, Matsumoto J, Zaiki M, et al. 2021. Tropical cyclones over the western north Pacific since the mid-nineteenth century. Climatic Change, 164: 29.

Kumazawa R, Fudeyasu H, Kubota H. 2016. Tropical cyclone landfall in Japan during 1900—2014 (in Japanese). Tenki, 63: 855-861.

Li Q, Yang S, Xu W, et al. 2015. China experiencing the recent warming hiatus. Geophysical Research Letters, 42(3): 889-898.

Liu K S, Chan J C L, Kubota H. 2021. Meridional oscillation of tropical cyclone activity in the western North Pacific during the past 110 years. Climatic Change, 164: 23.

Makowski K, Wild M, Ohmura A. 2008. Diurnal temperature range over Europe between 1950 and 2005. Atmospheric Chemistry and Physics, 8(21): 6483-6498.

Nagata R, Mikami T. 2017. Reconstruction of typhoon tracks around Japan using daily precipitation data, 1901—2000 (in Japanese). Annual Meeting of the Association of Japanese Geographers, 85: 508-516.

Shen X, Liu B, Li G, et al. 2015. Spatiotemporal change of diurnal temperature range and its relationship with sunshine duration and precipitation in China. Journal of Geophysical Research Atmospheres, 119(23): 13, 163-179.

Sun X B, Ren G Y, Ren Y Y, et al. 2018a. Global land-surface air temperature change based on the new CMA GLSAT dataset. Science Bulletin, 62(4): 236-238.

Sun X B, Ren G Y, Ren Y Y, et al. 2018b. A remarkable climate warming hiatus over Northeast China since 1998. Theoretical and Applied Climatology, 33: 579-594.

Sun X B, Ren G Y, You Q L, et al. 2019. Global diurnal temperature range (DTR) changes since 1901. Climate Dynamics, 52(5): 3343-3356.

Sun X B, Wang C Z, Ren G Y. 2021. Changes of diurnal temperature range over East Asia from 1901 to 2018 and its relationship with precipitation. Climatic Change, 166(44): 1-17.

Sun X, Ren G, Xu W, et al.2017. Global land-surface air temperature change based on the new CMA GLSAT data set. Science Bulletin, 62(4): 236-238.

Trenberth K E.1998. Atmospheric moisture residence times and cycling implications for rainfall rates with climate change. Climate Change, 39(4): 667-694.

Udías A. 1996. Jesuits' contribution to meteorology. Bulletin of the American Meteorological Society, 77(10): 2307-2316.

Vose R S, Easterling D R, Gleason B. 2005. Maximum and minimum temperature trends for the globe: An update through 2004. Geophysical Research Letters, 32: L23822.

Wang K, Dickinson R E. 2013. Contribution of solar radiation to decadal temperature variability over land. Proceedings of the National Academy of Sciences of the United States of America, 110(37): 14877-14882.

Wild M. 2009. How well do IPCC-AR4/CMIP3 climate models simulate global dimming/brightening and twentieth-century daytime and nighttime warming? Journal of Geophysical Research, 114: D00D11.

Xue X, Ren G, Sun X, et al. 2021. Change in mean and extreme temperature at Yingkou station in Northeast China from 1904 to 2017. Climatic Change, 164(3-4): 1-20.

Yang S, Xu W, Xu Y, et al.2016. Development of a global historic monthly mean precipitation dataset. Journal of Meteorological Research, 30: 217-231.

Zhang Q H, Ni X, Zhang F Q. 2017. Decreasing trend in severe weather occurrence over China during the past 50 years. Science Report, 7: 42310.

Zhang Y, Ren Y, Ren G, et al. 2021. Surface air pressure-based reconstruction of tropical cyclones affecting Hong Kong since the late nineteenth century. Climatic Change, 164: 57.

Zhou L, Dickinson R E, Tian Y, et al. 2004. Evidence for a significant urbanization effect on climate in China. Proceedings of the National Academy of Sciences of the United States of America, 101(26): 9540-9544.

Zhou L, Dickinson R, Dirmeyer P, et al. 2008. Asymmetric response of maximum and minimum temperatures to soil emissivity change over the Northern African Sahel in a GCM. Geophysical Research Letters, 35(5): 1-6.

# 第 7 章

## 现代极端气候变化特征规律

近 60 年来，气候系统加速变暖，极端气候事件呈现频发且极端化的趋势，给自然环境和社会经济造成了严重的影响，引起了人们广泛的重视。本章聚焦于极端气温、极端降水、热带气旋、干旱、复合型极端气候事件、中小尺度强对流天气事件和城市极端气候事件的现代时期（近 60 年）变化特征规律。7.1 节依据偏差校正和均一化的站点观测数据从多个极端气温指标全面分析了全球陆地和中国大陆极端气温的时空变化特征；7.2 节分析了东亚极端降水事件，尤其聚焦山东半岛海效降水事件的时空特征；7.3 节分析了热带气旋强度、历时、频次、移动距离、移动速度和强度衰减速度等特征及其诱发的强降水时空特征；7.4 节从气象干旱、水文干旱、农业干旱等分析了中国干旱的时空特征；7.5 节聚焦热浪–强降水、冷热不舒适和高温–干旱三种类型的复合型极端气候事件的时空特征；7.6 节分析了中国暖季雷暴、闪电、冰雹和龙卷风 4 种中小尺度天气事件的时空特征及其可能的物理影响因子；7.7 节从极端气温、极端降水两个方面分析了城市极端气候的时空变化特征及城市化的影响。本章为客观理解现代极端气候变化特征规律提供了基础认识和相关数据支持。

## 7.1 极端气温事件变化

全球平均气温近 60 年正在快速上升，变化的气温可能会导致极端天气/气候事件在频率、强度和持续时间上发生变化，从而有可能对人类社会系统和自然生态系统造成不利的影响（Jones et al.，2012；Sun et al.，2017）。伴随着全球经济的发展和城市化进程，全球的人口和财富在单位土地面积内的数量快速增加，使得生命财产在面临风险时的暴露度也在增加（谢盼等，2015；谢铖等，2020）。我国近地表气温在近 60 年也出现了明显的上升趋势，并且上升趋势大于同期全球气温上升水平。我国极端气温事件发生频次存在明显的变化特征：极端高温事件呈现增加趋势，极端低温事件呈现减少趋势（中国气象局气候变化中心，2022）。城市化效应也会影响极端气温事件的检测结果（Ren and Zhou, 2014）。气温的变化趋势会随着海拔的不同而出现差异（Mountain Research Initiative Edw Working Group，2015），这种差异可以用气温直减率来衡量。

### 7.1.1 全球陆地极端气温

本书集成开发了一套新的全球陆地日气温数据集，新的数据集以全球历史气候网的日值数据集（GHCND）为基准，整合了欧洲气候评估与数据中心（ECA&D）、澳大利亚、加拿大和中国大陆的均一化日气温数据集。对新的数据集进行了统一的质量控制，并利用 RHtests 软件对未均一化订正的数据进行了非均一性检验，保留高置信水平下无间断点的台站资料序列。新数据集包含了目前已知的最多的均一化订正数据，减少了资料非均一性所带来的序列偏差。同时，新数据集在研究时段的早期（1951 年）和末期（2018 年）均有较高的空间覆盖度。本节采用面积加权平均法计算全球平均时间序列（Jones and Hulme, 1996），采取了修订的 Theil-Sen 趋势法估计时间序列的趋势（Sen, 1968；Wang and Swail, 2001），采用 Mann-Kendall 检验法进行趋势的显著性检验（Mann, 1945；Kendall, 1955；

Wang and Swail,2001)。

研究主要分析了固定阈值指数（FD、SU、ID 和 TR）、极值指数（TXx、TNx、TXn 和 TNn）、相对阈值指数（TN10p、TX10p、TN90p 和 TX90p）和 4 个特殊的气温指数（Tmax、Tmin、DTR 和 Tmean）的时空变化特点，限于篇幅，本小节只列出了固定阈值指数 1951~2018 年的趋势空间分布和全球陆地年平均距平时间序列变化曲线，如图 7.1 所示。

从趋势的空间分布图来看，霜冻日数[图 7.1（a）]在全球大部分地区都在下降，欧洲和亚洲的趋势下降速度要快于世界其他地区，其中北欧地区下降的趋势最明显，北美和澳大利亚地区下降的趋势相对比较温和。赤道附近地区在整个研究时段没有霜冻事件。尽管有部分地区，如中国东亚、北美和澳大利亚等地区，出现了一些上升的趋势，但是趋势普遍比较小，且在统计上不显著。

夏季日数[图 7.1（b）]在全球大部分地区发生的频率都在增加，其中在中纬度地区的欧洲、东亚、澳大利亚和非洲南部的增加较为明显。美国地区的变化趋势普遍不大，且美国中部地区的夏季日数发生频率反而有轻微减小的趋势。

结冰日数[图 7.1（c）]在整个北半球大部分地区都在减少，其中欧洲中部和北部地区减少得最为明显。北美洲的变化趋势比较小，且变化趋势显著的网格也比较少。美国的中部和东部地区出现增加趋势，但统计上并不显著。在赤道两侧及整个南半球由于气温高基本上没有出现结冰日数。赤道附近气温高容易理解，因为接受的太阳辐射比较多，而南半球的陆地气温高可能是由于南半球的陆地大多被大洋环绕，受海洋性气候影响较大一些，海洋的比热大，可以储蓄的能量多，温度变化幅度小。

热带夜日数[图 7.1（d）]表现出了较高的空间一致性，全球大部分地区都表现出了增加的趋势，其中欧洲南部、东亚沿岸一带和澳大利亚东北部表现出了最明显的增加趋势。在高纬度地区和高海拔地区（如青藏高原）由于气温比较低，一些网格没有发生热带夜事件。

从时间序列上来看，霜冻日数[图 7.1（a）]的全球陆地平均距平序列在整个研究时段都在减少，但是最快速的减少主要发生在 20 世纪 70 年代中期之后（基本上是负距平）。霜冻日数在 1990 年、1998 年、2007 年、2015 年和 2016 年达到较低值，其中最低值是 2016 年。结冰日数[图 7.1（c）]的变化类型与霜冻日数类似，但结冰日数的变化幅度更小一些。夏季日数[图 7.1（b）]在 20 世纪 70 年代中期以前几乎没有明显的变化趋势,而在 20 世纪 70 年代中期之后,夏季日数快速增加,除了在 1983~1985 年和 1992~1993 年中的年份中出现负距平外，其他年份均是正距平，其中最高的距平值在最近的 10 年中，而 2018 年又是其中的最高值，最低的距平值出现在 1992~1993 年，这时对应的平流层气溶胶光学厚度达到峰值，而在 1991 菲律宾出现了 Pinatubo 火山爆发事件。热带夜日数[图 7.1（d）]的变化特点与夏季日数类似，但热带夜日数变化的幅度相对比较小。

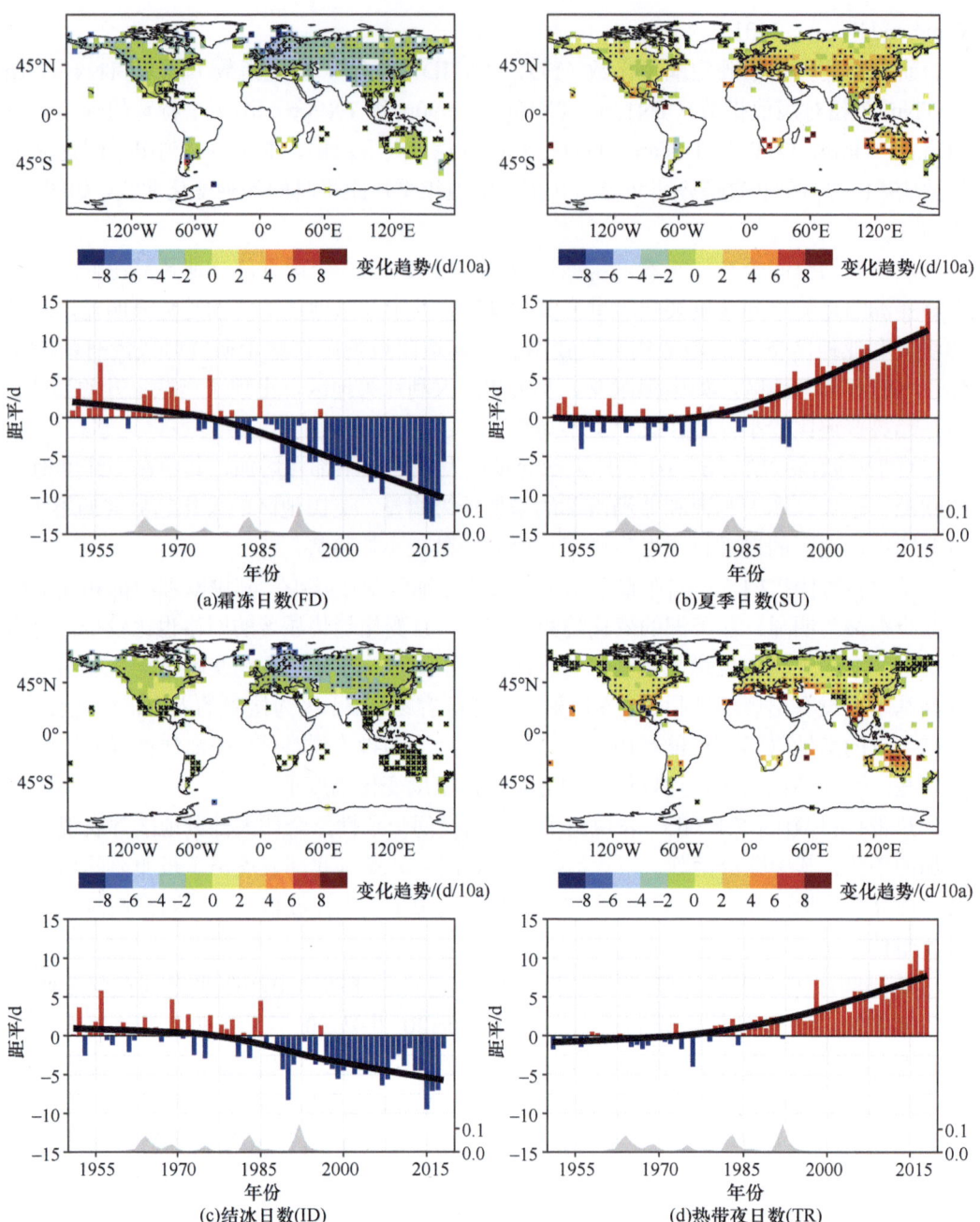

图 7.1 固定阈值指数的趋势空间分布和全球陆地年平均距平时间序列

网格内的黑点表示趋势在统计上显著（$p<0.05$）。网格上的"×"号表示该网格序列全部是 0 值，即该网格的整个研究时段 1951~2018 年内没有出现超过或低于固定阈值的极端事件。时间序列图中的红色或蓝色的条形柱表示每一年的全球平均距平值，计算全球平均时间序列时要求参与计算的网格至少有 90%的数据完整度。条形图上的黑色平滑曲线是用局部加权散点平滑法（Cleveland，1979）计算而来的。X 轴上方灰色阴影呈现的是平流层气溶胶 550nm 处光学厚度的全球年平均序列（Sato et al., 1993）

与此同时，东亚地区 4 个指数的年平均时间序列与全球序列的对比结果，见图 7.2。从图中可知，与全球的时间序列相比，东亚地区的霜冻日数具有更大的减少趋势，而东亚地区的夏季日数和热带夜日数都具有更大的增多趋势，即东亚地区的冷指数的减少和暖指数的增多都比全球更加明显。当平流层气溶胶光学厚度较高时，对应的暖极端指数（夏季日数和热带夜日数）通常在当年或随后 1~2 年减少，而冷极端指数（霜冻日数和结冰日数）通常会随之增多。

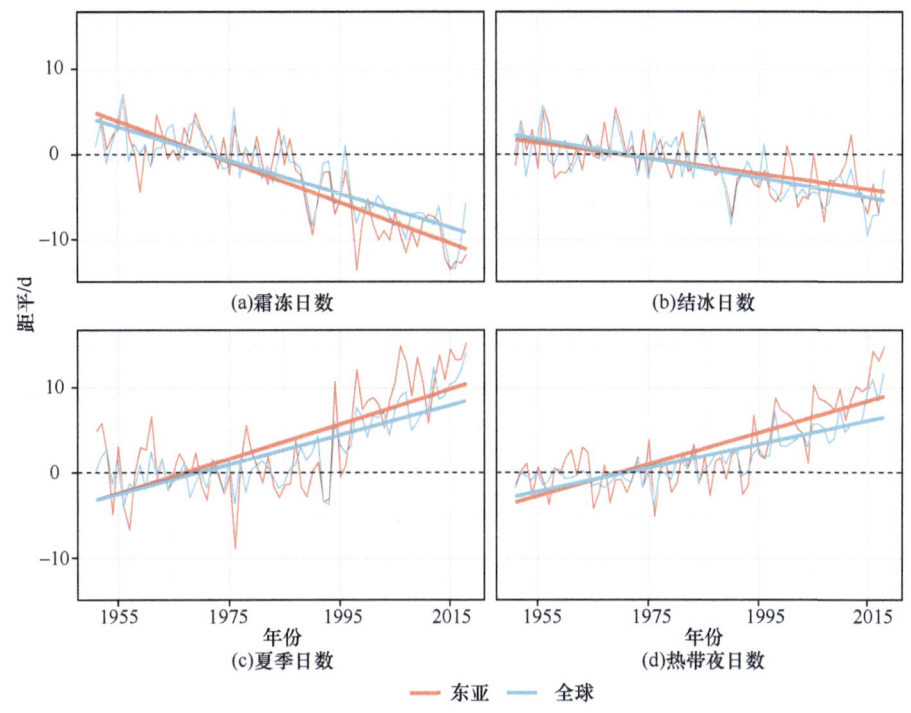

图 7.2　东亚地区 4 个指数的年平均时间序列与全球序列的对比

综上所述，4 个固定阈值指数在研究时间段 1951~2018 年都表现出了变暖的趋势，即冷极端事件（霜冻日数和结冰日数）在减少，而暖极端事件（夏季日数和热带夜日数）在增加，但是这些指数的变化主要发生在 20 世纪 70 年代中期之后，在 20 世纪 70 年代中期之前，这些指数基本上没有明显的变化。

## 7.1.2　中国平均与极端气温

**1. 全国区域平均距平序列的分析**

利用国家级地面气象站气温均一化月值数据集，订正我国区域近 50 年气温数据集中的城市化偏差。中国区域 143 个乡村站，由任国玉等（2010）及 Ren 等（2015）的研究发展而来。将订正偏差后的 684 个国家站的逐月地面气温资料，加上 143 个乡村站中的 79 个国家站的气温资料，得到一套基本不包含城市化偏差的我国国家站月资料集，用于进行本小节的研究分析。

年气温距平的年代际演变大体上可以划分为降温期、平稳期、迅速变暖期（图 7.3）。1969 年之前的区域距平以-0.79℃/10a 降低，为降温期；1969~1987 年气温距平改变不大，为平稳期；1987年以后，是一个气温距平快速增加时期，较大气温距平值在该段时间出现，为迅速变暖期。20世纪80年代末期，是区域年平均距平由负向正转变的年代际转变时期，1987年前，区域距平值小于0占大多数，1987年后，区域距平大于0占大多数。

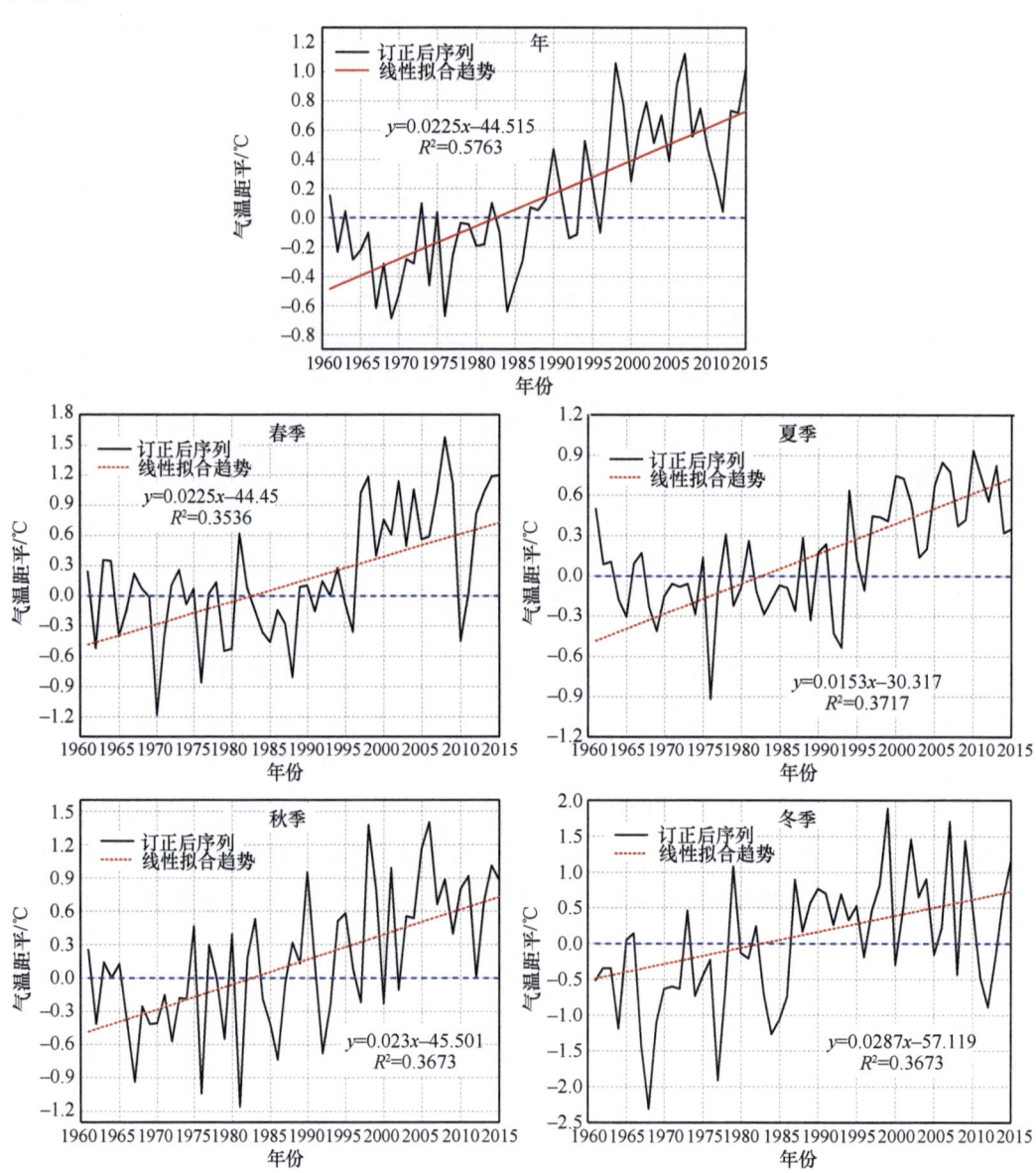

图7.3 去城市化影响的中国区域年和四季距平序列曲线

春季，整个时期区域气温以0.225℃/10a显著增加。20世纪90年代中后期以前，气温距平基本在0值线附近波动，20世纪90年代末开始，平均距平值基本位于0值线以上。但在2010年，春季平均距平突然跌至−0.45℃，导致该极小值出现的原因主要是北方地区2010年出现的大范围春季低温事件。

夏季，平均距平与春季有相似的演变特征，整个时段气温以0.153℃/10a显著增加。

1976年以前以-0.354℃/10a下降，从20世纪70年代中后期至20世纪90年代中期，气温距平波动幅度很小。最大距平为2010年的0.936℃，气温距平最小值在1976年出现，为-0.92℃。夏季平均距平值的波动幅度为四季最小。

秋季，气温距平序列演变与夏季类似。整个研究时段以0.23℃/10a显著增加，最大距平为2006年的1.4℃，最小距平为1981年的-1.16℃，秋季距平的极差为2.56℃。

冬季，气温距平在20世纪80年代末之前小于0的占大多数，且值较小，20世纪80年代末之后，大于0的占大多数，且1999年、2002年、2007年及2009年为4个峰值，整个研究时段冬季距平以0.29℃/10a显著增加，距平最小值为1968年的-2.31℃，最大值为1999年的1.89℃。冬季平均距平值的波动范围为四季最大。

从年代际演变来看，订正偏差前后的年和季节平均距平增加趋势显著（$p<0.01$；表7.1）。订正偏差以前，区域年均气温趋势为0.276℃/10a，订正以后，趋势降至0.225℃/10a，任国玉等（2005）发现1951~2004年我国年均气温以0.25℃/10a增加。尽管研究时段及站点数目不一样，但本书获得的结果与其得出的结论差别不大。冬季具有最大的订正偏差，订正前、后的趋势绝对差值为0.068℃/10a，年及其他季节的趋势绝对差值约为0.05℃/10a，相差较小。年及季节平均气温的相对偏差介于17%~21.9%，夏季最大，达21.9%，秋季最小，仅17%。

表7.1 城市化偏差订正前后中国区域平均距平序列线性趋势变化

| | 年 | 春季 | 夏季 | 秋季 | 冬季 |
|---|---|---|---|---|---|
| 订正前序列/(℃/10a) | 0.276** | 0.274** | 0.196** | 0.277** | 0.355** |
| 订正后序列/(℃/10a) | 0.225** | 0.225** | 0.153** | 0.230** | 0.287** |
| 绝对偏差/(℃/10a) | 0.051 | 0.049 | 0.043 | 0.047 | 0.068 |
| 相对偏差/% | 18.5 | 17.9 | 21.9 | 17 | 19.2 |

**表示$p<0.01$。

763个国家站中，只有1个国家站的年均气温显示出降温趋势，即云南的元谋站，其他国家站都显示为升温趋势，其气温增加趋势大多数在0~0.15℃/10a之间（图7.4）。趋势大于0.3℃/10a的站点大多分布在东北、西北西部、青海和甘肃。

春季，气温具有较大变化趋势的站点主要分布在华东、内蒙古、东北西部、西北西部、甘肃及青海，值大于0.3℃/10a；具有较小趋势的站集中位于西南、广西及华北部分，值小于0.15℃/10a。只有2个站呈现降温趋势，分别为四川越西站和云南元谋站。

夏季，气温变化趋势为正的站点占78.2%，其中，55.4%的站点呈现显著的升温趋势。具有降温趋势的站点主要位于华中及华北南部地区，大多数的趋势在-0.2~0℃/10a之间；具有较大升温趋势的站点大多分布于东北、内蒙古、西藏、西北西部、青海及甘肃，值大于0.3℃/10a。

秋季，气温变化趋势为负值的站点共3个，即云南的元谋站、山西的榆社站和新疆的阿拉尔站。具有显著正趋势的站点占78.1%，其中，升温趋势大于0.3℃/10a的站点主要位于西北地区的西部、华东地区和东北中西部地区、华南地区、青海和甘肃等地区。

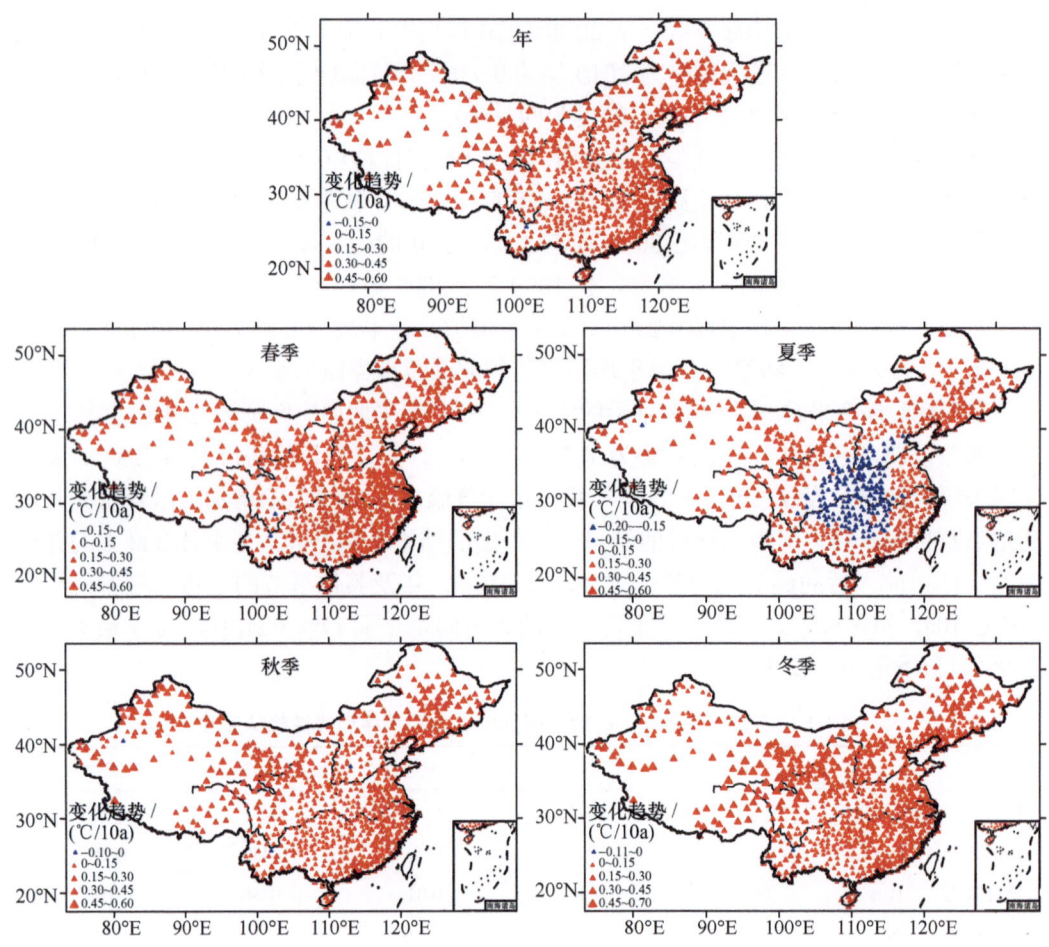

图 7.4  1961～2015 年我国站点年、季节气温趋势

红色代表增温趋势；蓝色代表降温趋势。实心代表在统计上显著（$p<0.05$）；空心则代表在统计上不显著

冬季，只有元谋站的趋势为负值。74.3%的站点气温呈现显著增加，其中，升温趋势大于 0.3℃/10a 的站点主要位于东北南部及中部、西北西部、青海、甘肃、西藏中东部、华北北部及长江下游地区。

**2. 中国极端气温事件**

1961～2020 年中国区域极端气温和大气因子距平序列显示，近 60 年平均最高气温和平均最低气温存在显著的变暖趋势（图 7.5）。其中，平均最高气温在 1985 年前下降而后快速上升，平均最低气温则在 1970 年前下降而后快速上升。平均最高气温的变暖速率低于平均最低气温，这导致气温日较差的变化趋势下降。平均最高气温、平均最低气温和气温日较差在冬季的标准差高于夏季。中国极端气温空间分布趋势和箱形图显示，冬季的平均最高气温和平均最低气温的上升趋势高于夏季，由于平均最高气温的线性趋势低于平均最低气温，气温日较差为下降趋势（图 7.6）。空间分布显示，平均最高气温线性趋势在中国大部分地区显著上升，在长江流域部分区域微弱下降，平均最低气温在长江流域部分区域的上升趋势也低于中国其他区域。多数台站平均最高气温趋势低于平均最低气温,但是也有些相反,其主要特征分布在西南区域和北方部分区域(Zhang et al.,2022a)。

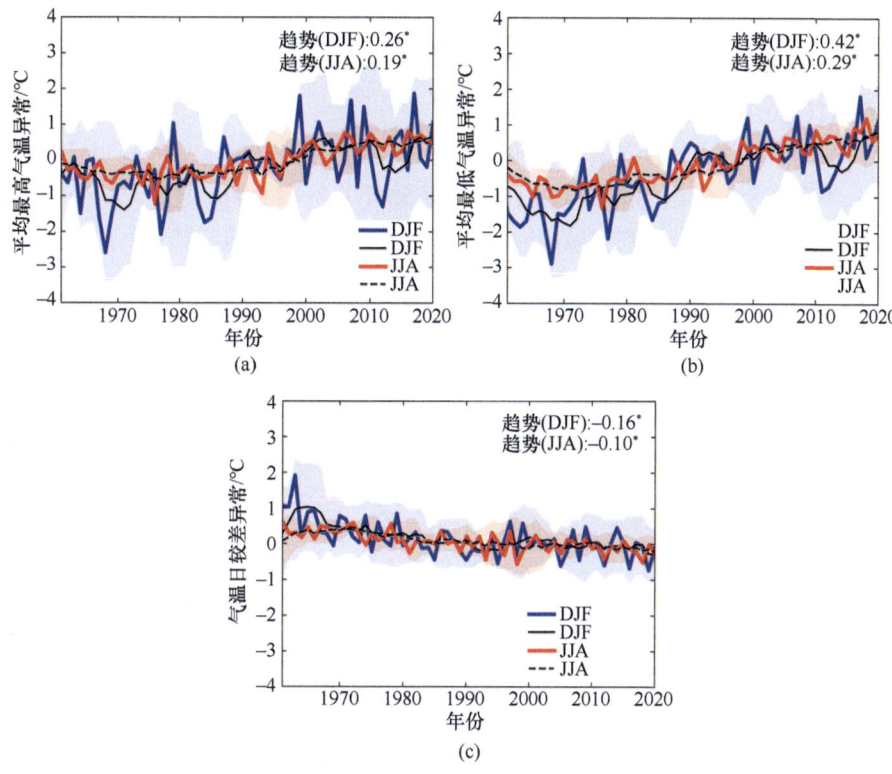

图 7.5 1961~2020 年中国区域冬季和夏季极端气温

(a)平均最高气温;(b)平均最低气温;(c)气温日较差。黑线表示时间序列,彩色线表示 5 年滑动平均序列,阴影表示标准差范围。DJF 表示冬季,JJA 表示夏季,余同。*表示线性趋势显著

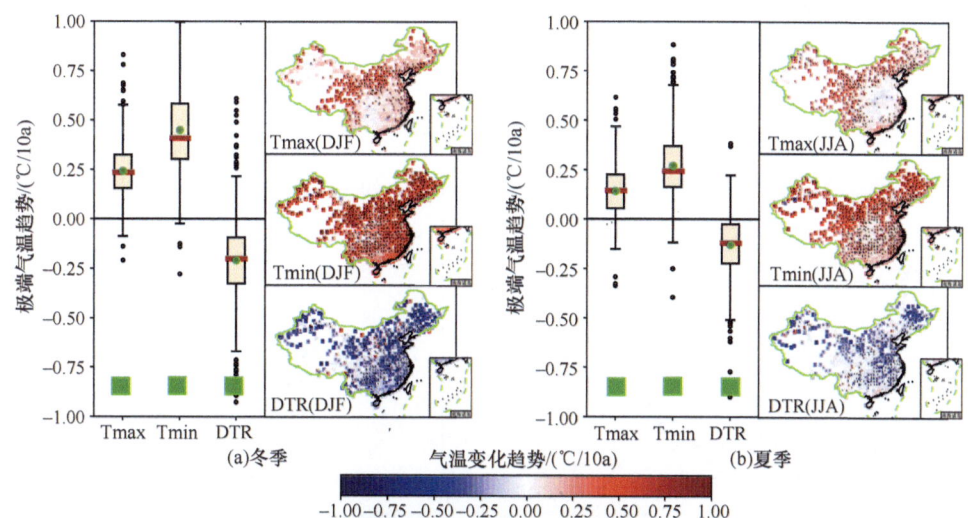

图 7.6 1961~2020 年中国区域冬季和夏季极端气温线性趋势空间分布和箱型图

箱形图中绿点表示趋势均值,红线表示趋势中位数,绿方块表示平均趋势显著,空间分布中黑点表示趋势显著

## 7.1.3 中国气温直减率

本小节内容基于中国气象局国家气象信息中心提供的均一化之后的 2419 个国家气象站近地表气温数据集,并对缺失值进行填补后,采用地理加权回归模型计算地表气温直减率(SATLR)(秦云,2021)。

1961~2015 年平均(以下简称多年平均)SATLR 的空间分布复杂,没有明显的空间上的渐变规律,不存在全年逆温的情况。SATLR 主要分布在 3~7℃/km 之间(图 7.7)。较深的 SATLR(>7℃/km)主要分布在青藏高原、天山、阴山、燕山等地,其中以青藏高原东部和天山南部等地最深,可达 10℃/km 以上。塔里木盆地东部与祁连山西部之间的山区、环四川盆地西侧的山区等地多年平均 SATLR 较浅,主要在 3~4℃/km 之间(Qin et al.,2021)。

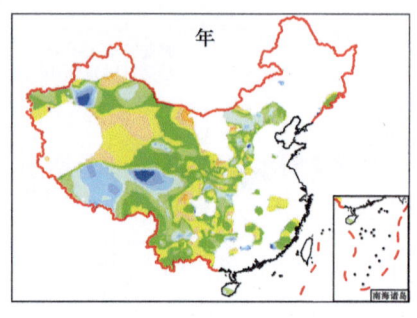

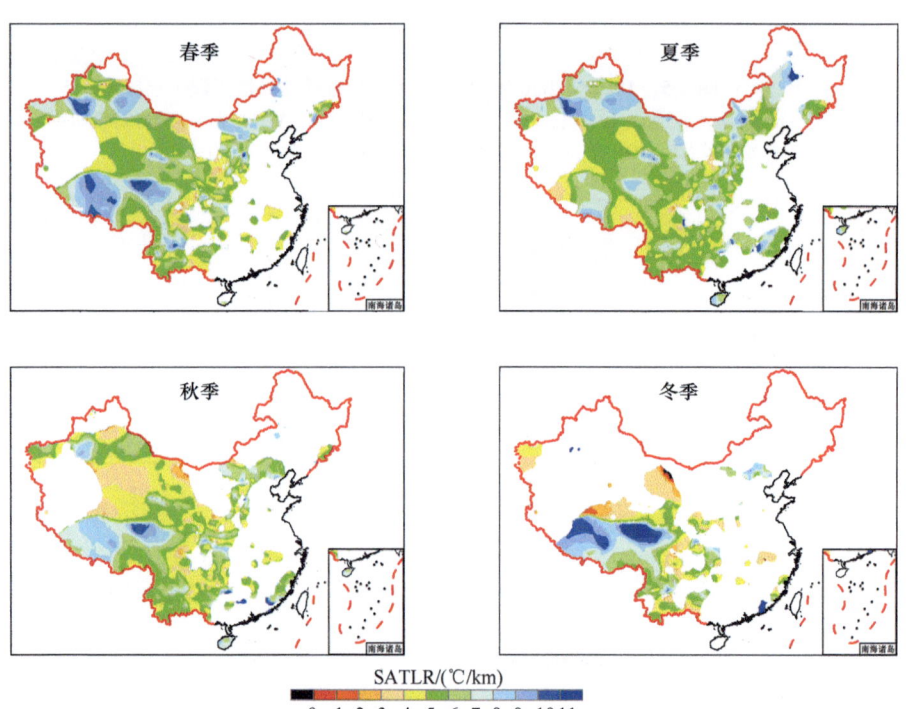

图 7.7 多年平均和各个季节多年平均 SATLR 的空间分布
图中未填色区域代表无资料

各个季节多年平均 SATLR 的空间分布显示，夏季有效 SATLR 的面积最广，冬季最小（图 7.7）。这可能与冬季频繁发生的逆温有关，它降低了季节平均气温与海拔高度的负向相关性，使得局部 $R^2$ 较低。春季 SATLR 较深的区域发生在青藏高原、天山、阴山等地；到了夏季，青藏高原的 SATLR 变浅了，但此时天山和一些北方山区的 SATLR 依然较深；在秋季，天山和一些北方山区的 SATLR 变浅，而青藏高原的 SATLR 却变深，而且在塔里木盆地东部与祁连山西部之间的山区出现了较浅的 SATLR；季节变换到冬天时，从有效 SATLR 可以看出，北方的山区 SATLR 变得更浅，并且少数地区出现了季节上的逆温，但此时青藏高原的 SATLR 却在加深，并且较深的 SATLR 空间分布面积也在变广。一个有意思的现象是，环四川盆地的山区 SATLR 比较稳定，其西部的 SATLR 在所有季节均大致维持在 3～5℃/km 之间，而其东部的 SATLR 常年大致稳定在 5～7℃/km 之间，这可能与这里独特的地形气候条件有关。

## 7.2 极端降水事件变化

近 60 年以来，在持续变暖的背景下，全球基本一致地表现出增多和增强的极端高温事件。然而，极端降水事件的变化趋势并不显著，更多地体现出年际和年代际的波动，且有较大的区域差异，以及不同极端降水指标之间的变化也不完全一致。因此，本节将汇总相关较新成果，提炼出关于东亚和我国近 60 年的降水要素极端指标的变化特征。结果表明虽然东亚地区年降水强度表现为弱的下降趋势，但中国地区的降水强度则呈显著增强趋势，另外我国黑龙江东北部、新疆北部、河西走廊中段和青藏高原东北部等北方和高原地区极端强降雪量增加趋势显著。

### 7.2.1 东亚与中国极端降水

**1. 东亚地区**

所用数据为美国国家气候资料中心（NCDC）和中国基准气候站、基本气象站网日降水观测资料，资料时段为 1951～2009 年。由于各测站的数据质量参差不齐，缺测情况不同，对原始降水资料进行了质量控制，包括极值检查、错误数据排除、连续无变化检查和缺测值处理。

由于研究区域广，各地降水气候特征差异较大，为增强不同地区各级别降水事件之间的可比性，采用相对阈值法对降水进行分级。取第 95 百分位的降水记录所对应的降水量定义为极强降水阈值，大于此阈值的降水为极强降水；同样，定义介于第 80～95（含）百分位阈值之间的降水为强降水，第 50～80（含）百分位阈值之间的降水为中降水，第 50 及以下百分位阈值的降水为弱降水。以此方法划分的弱、中、强和极强降水，大体对应中国江淮流域以绝对阈值定义的小雨、中雨、大雨、暴雨。

东亚地区年降水量由 20 世纪 50 年代到 60 年代中期的正距平为主，转变为 20 世纪 70 年代的负距平为主，其中 20 世纪 70 年代初到 80 年代初连续 9 年降水量为负距平，为该区域近59年最干时期(图7.8)。20世纪80年代东亚地区年降水量回升到多年平均值附近,20世纪90年代多数年份为正距平,其中1998年降水量达到整个时期最高水平。此后年降水量总体变化趋势不明显,尤其自2000年以来降水量的年际波动较小。总体来看,59年间东亚地区年降水量变化为弱的负趋势,变化速率为–0.479%/10a,但统计上不显著(表7.2)。

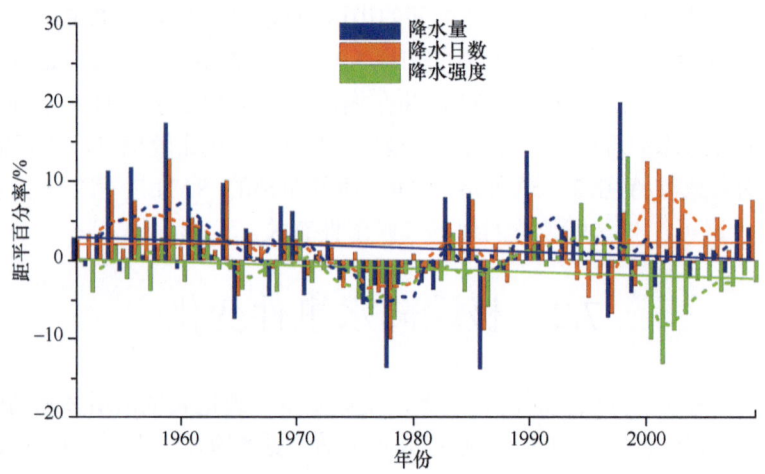

图 7.8  1951~2009 年东亚区域平均年降水量、降水日数和降水强度距平百分率

虚曲线为5年滑动平均,实直线为线性趋势

表 7.2  1951~2009 年东亚地区各季节不同级别降水变化趋势　　　单位:(10a)$^{-1}$

|  | 降水量变化趋势/% | | | | | 降水日数变化趋势/% | | | | | 总降水强度变化趋势/% |
| --- | --- | --- | --- | --- | --- | --- | --- | --- | --- | --- | --- |
|  | 弱降水 | 中降水 | 强降水 | 极强降水 | 总降水 | 弱降水 | 中降水 | 强降水 | 极强降水 | 总降水 |  |
| 春季 | 0.086 | 0.251 | 0.037 | — | 0.505 | 0.660 | 0.301 | 0.159 | — | 0.557 | 0.243 |
| 夏季 | –0.421 | –0.590 | –0.074 | –0.456 | –0.350 | 0.128 | –0.563 | –0.062 | –0.617 | –0.173 | 0.162 |
| 秋季 | –0.499 | –0.840 | –2.190* | –2.405 | –1.149 | 0.053 | –0.859 | –2.150* | –2.244 | –0.538 | –0.367 |
| 冬季 | 1.135 | 5.579* | — | — | 1.590 | 1.776 | 5.054* | — | — | 1.803 | 0.656 |
| 全年 | –0.271 | –0.407 | –0.772 | –0.418 | –0.479 | 0.557 | –0.348 | –0.942 | –0.622 | 0.033 | –0.421 |

*代表 $p<0.05$。

2000年之前,东亚区域平均年降水日数的变化趋势与年降水量较为接近,但此后降水日数呈现显著增加,近10年有9年为正距平,仅1年为很弱的负距平(图7.8)。59年间全区平均年降水日数变化趋势很弱,只有0.033%/10a,在统计上不显著(表7.2)。东亚地区年平均降水强度在20世纪50年代至60年代总体变化不大,20世纪70年代以负距平为主,20世纪80年代至90年代呈现增加趋势,90年代降水强度多呈正距平,而2000年以来则突然下降,全部年份均为负距平(图7.8)。整个分析时期东亚地区年降水强度表现为下降趋势,下降速率为–0.421%/10a,在统计上不显著(表7.2)。

### 2. 中国地区

1956~2000年期间,中国区域平均降水量大致以10年左右的周期进行周期性振荡,大致在1960年左右、1973年左右、1983年左右、1990年左右和1998年左右出现了波峰,而在 1966 年左右、1978 年左右、1987 年左右出现波谷,全国平均降水量维持在 650～800mm 之间,趋势性变化不大。然而,2000 年以来,全国平均年降水量先明显减少,2004 年全国平均年降水量只有 659.8mm,为历史最小值,其后又迅速增加,2016 年达到 868.8mm,为历史时期最高值,比次高值的全国平均降水量多出约 50mm。这使得 1956～2016 年降水量的总体变化趋势为增加趋势,变化速率为 3.98 mm/10a,但统计上不显著(图 7.9)。

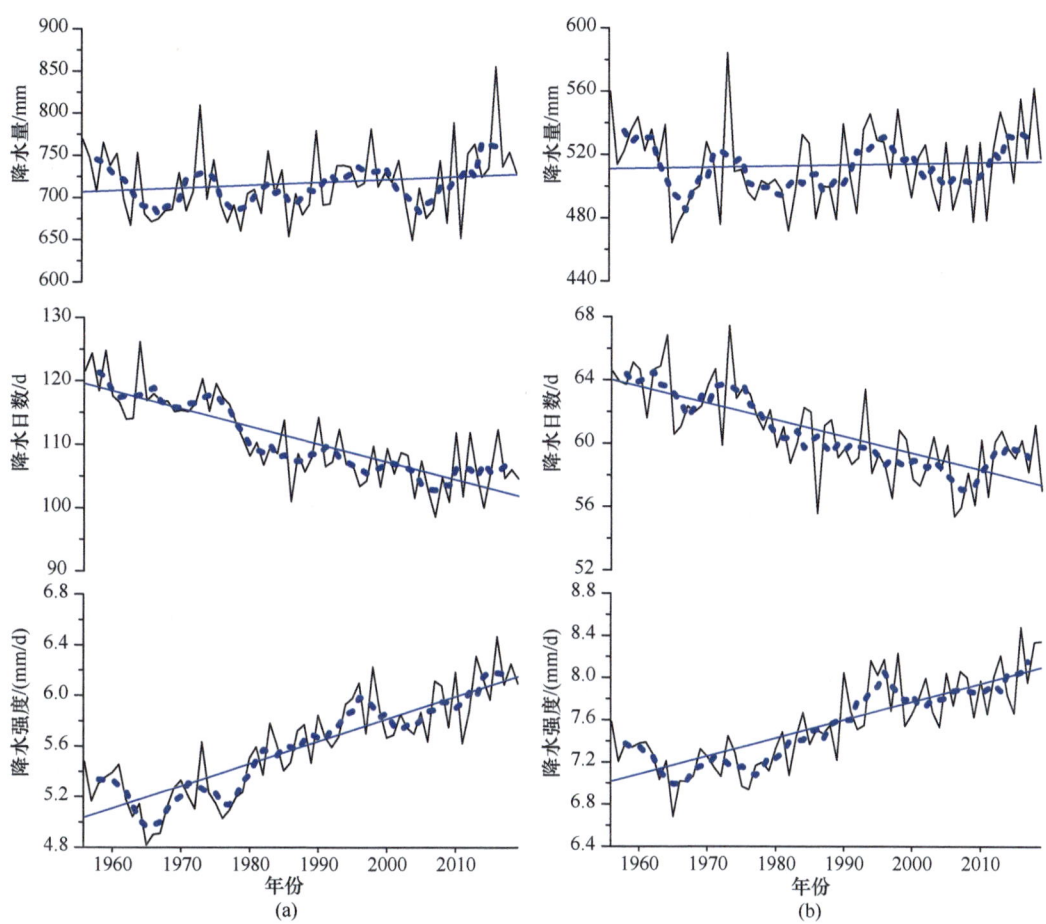

图 7.9　1956～2016 年中国年(a)和汛期(b)降水量、降水日数、降水强度线性趋势分布图

1956～2000 年,全国平均年降水日数呈现出明显的减少趋势,年平均日降水强度则表现为显著的增加趋势。2001 年之后,尽管降水强度仍显著增加,但降水日数也有回升的趋势,尤其是 2010 年以来,降水日数回升至接近 1980 年代的数量。然而,由于 20 世纪后半叶降水日数减少明显,1956～2016 年全国平均降水日数仍然呈现出明显的减少趋势,变化速率为 $-2.84$ d/10a($p<0.01$;图 7.9)。1956～2016 年全国平均日降水强度则出现显著上升趋势,整个时段上升速率达到 0.18mm/(d·10a)。

汛期(5～9 月)的全国平均降水量变化情形不同于年降水量的变化,其正负波动更为明显,1956～2016 年汛期降水量线性变化趋势很小,只有 $-0.01$mm/10a。汛期降水日数和平均日降水强度的变化接近于年降水日数和年平均日降水强度,1956～2016 年分别表现为显著减少和显著增加的趋势。然而,2000 年以来汛期降水日数的回升趋势更为显著($p<0.05$;图 7.9)。

中国各区域降水强度距平百分率的变化特征突出。1956～1979 年,降水强度的变化较为分散,没有大范围的降水强度集中增减变化;1980～2000 年,降水强度在全国大部分区域都趋向于增加,减少区域只包含四川盆地-关中平原一带以及东北部分区域;2001～2016 年,除了山东半岛至河南中部一线,全国大部分地区的降水强度有明显增加趋势。在 1956～2016 年整个时间段,全国绝大部分地区的降水强度一致性显著增加,只有内蒙古东部部分台站降水强度略有减少,但减少速率很小,且不显著。总体来看,全国范围内降水强度的增加趋势呈现出不断加速的特点,极端降水事件可能会越来越频繁出现。

## 7.2.2 中国降雪和极端强降雪事件

**1. 中国降雪气候特征**

随纬度和高度变化,降雪频数和降雪量不同。根据雪季降雪频数划分中国雪带,东北、内蒙古东部、新疆北部、青藏高原东部、南部边缘、秦岭和山东半岛北部为常年多雪带;南疆大部、青藏高原中西部、西北东部、华北大部和秦岭—淮河地区为常年降雪带;塔里木盆地大部、阿拉善地区、黄河下游一带和南方山地丘陵地区为偶尔降雪带;滇中南、四川盆地、长江以南的小型盆地和谷地、苏浙闽沿海等地区为常年无雪带。

雪季长度在中国东部大致纬向分布,大兴安岭雪季最长,超过 210d,长江以南最短,为常年无雪或偶尔降雪区域;雪季长度 60d 等值线大体与秦岭—淮河一致。西部以青海和西藏北部雪季为最长,其中伍道梁达到 348.0d,沱沱河为 331.9d,清水河为 314.4d,安多为 307.6d,四季均可落雪;滇、川、藏交界处雪季长度也较长;北疆雪季长度与东北北部接近,最长达 210d 以上,但南疆地区最短,一般不足 60d。降雪量以东北北部和东部、西北北部,以及青藏高原东北部较多,年平均降雪量可超过 30mm,其中青藏高原部分地区降雪量最大,最大超过 60mm。喜马拉雅山脉北麓的聂拉尔年平均降雪量高达 212.4mm,青藏高原上的嘉黎、清水河年平均降雪量也都超过 100mm。雪季内降雪日数东部地区从南到北逐渐增加,长江以南地区最少,东北北部和东部则超过 50d,内蒙古的阿尔山站降雪日数多达 117d;西部地区的新疆北部、青海和西藏降雪日数较多,其中新疆吐尔尕特达到 136d,青海伍道梁和清水河均为 127d。降雪强度等值线分布与雪季长度、降雪量和降雪日数分布不同,在黄淮、江淮一带等年平均降雪量不多的地区,平均降雪强度却比较大,甚至大于东北和西北北部,喜马拉雅山北麓的聂拉尔平均降雪强度也比较大,但最大降雪强度出现在江西樟树,达到 5.3mm/d。

东北北部地区降雪日数最多在 12 月上、下旬和 11 月下旬,降雪量最多在 10 月下旬、3 月中旬和 11 月下旬;华北地区降雪日数最多在 1 月上旬和 12 月下旬,降雪量最多在 1 月上旬和 2 月中、下旬;黄淮地区降雪日数最多在 1 月中旬到 2 月上旬,降雪量最多在 1 月中、下旬和 2 月中旬;西北地区降雪日数和降雪量分布一致,降雪量最多在

3月；新疆降雪日数最多在12月下旬到1月中旬，降雪量最多在12月上、下旬和1月上旬；青藏高原东部地区降雪日数和降雪量一致，最多在3月中旬到4月上旬；东南地区降雪量和降雪日数一致，最多在1月中旬到2月上旬。

**2. 中国极端强降雪事件特征**

以雪季内超过气候基准期80%分位值的降雪天数和降雪总量为强降雪事件频率和强降雪量的指标。全国强降雪量和强降雪日数具有大体一致的空间分布特征，呈现出东北北部、北疆和青藏高原东南部等三大高值区域，东北南部、内蒙古东部、华北、黄土高原和江淮流域强降雪日数和降雪量相对较高。多年平均强降雪量和强降雪日数较少区域主要分布在江南地区、西北的南疆和内蒙古西部。强降雪强度的地理分布与强降雪量、强降雪日数具有很大差异，高值中心出现在强降雪频率很低的南方地区。云贵高原、长江中下游和东南沿海地区强降雪强度最高，而强降雪频率很高的东北北部和青藏高原东南部则较低，最低值主要发生在四川盆地、南疆北部和内蒙古西部。

就局地分布特点来看，中部的华山，青藏高原东部的梅里、玉龙雪山以及青藏高原西南侧山地等地点强降雪量较大，年平均强降雪量最多在喜马拉雅山脉北麓，中心在西藏聂拉尔（122.2mm）、西藏嘉黎（67.6mm）和云南德钦（53.7mm）。华山、梅里雪山、玉龙雪山、青藏高原西侧等高海拔地区强降雪日数较多，但强降雪日数最多发生在西藏嘉黎（7.3d），而不在强降雪量最多的聂拉尔（5.3d），其次是青海清水河（6.9d）和四川石渠（2.4d）。年平均强降雪强度最大中心在云南玉溪（36.2mm/d）、云南昆明（27.3mm/d）和云南丽江（24.1mm/d），这几个地点均位于我国西南水汽通量最大区域。

东北北部地区极端强降雪量增加趋势明显，强降雪量在1980年代前以少为主，最少的年份是1971年，1980年代以后转多，最多年份是2006年，次多年是1980年。华北地区极端强降雪量没有明显的年代际变化，但年际波动较大，雪量最少年份在1967年，最多在2006年。黄淮地区极端强降雪量阶段性比较明显，有5个较多期，分别是1960年代后期、1980年代初期、1980年代末、1990年代初期和2000年代初期。近年是一个偏少时期，强降雪量最多和最少的年份分别是1988年和1976年。西北地区的极端强降雪量在1970年代中期前以偏少为主，仅1965年和1966两年超过气候均值，而1966年的极端强降雪量最多，1970年代中期以后到1980年代末，极端强降雪量偏多，1990年代以来偏少为主，只2000年和2006年多于气候平均值，1998年是极端强降雪量最少的年份。新疆增加趋势明显，1980年代中期以前以偏少为主，而分析时期内极端强降雪量最多的年份1968年和最少的年份1964年都出现在这个偏少的背景里。1990年代中期以后，极端强降雪以偏多为主，2000年是极端强降雪量次多的年份。青藏高原东部区增加趋势明显，极端强降雪量在1970年代以前明显偏少，最少年份是1964年，1970年代和1980年代在平均值附近年际变化不大，1990年代出现了分析时期内极端降雪量最多的1995年，此后波动减少，2001年后又波动增加。

在1961~2008年这48年中，中国大陆大部分地区极端强降雪量没有明显变化趋势，增加趋势较明显的地区位于黑龙江东北部、新疆北部、河西走廊中段和青藏高原东北部（$p<0.05$），减少趋势明显的地区在河套平原东南部、松嫩平原西部、燕山山脉

西部、山东北部、长白山区南部。极端强降雪日数的趋势变化空间分布与强降雪量变化空间分布基本一致。极端降雪强度变化趋势在全国大部均不显著,增加趋势明显的地区主要在柴达木盆地东北部,减小趋势明显的地区在松嫩平原西部、燕山山脉西部和黄土高原西部(图7.10)。

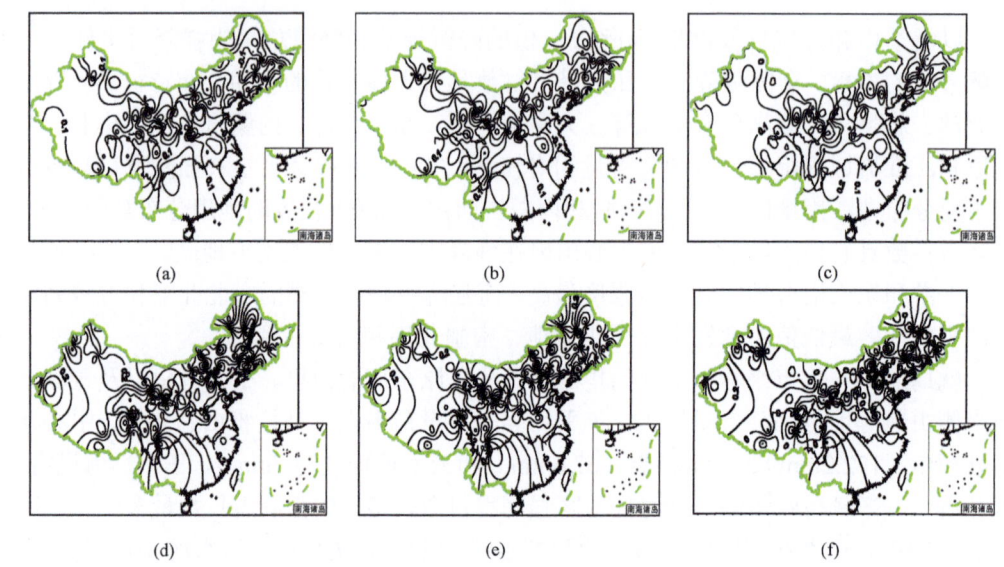

图7.10 1961~2008年强降雪量(a)、强降雪日数(b)、强降雪强度(c)和1981~2008年强降雪量(d)、强降雪日数(e)、强降雪强度(f)变化趋势空间分布

## 7.2.3 山东半岛海效降水

1961~2011年山东半岛共出现1173个海效降水日,平均每年出现23d。其中降雪日有865d(73.7%),年均17d;降雨日有189d(16.1%),年均3.7d;雨雪天有119d(10.1%),年均2.3d。雨天和雨雪天所占比例达到26.2%,甚至有大雨出现。山东半岛每年都有海效降水发生,海效降水量有明显的年际变化,降水量在6.66~62.33mm之间波动,年平均海效降水量为24.12mm。海效降水占冬季降水量的4.76%~82.42%。

山东半岛年平均海效降水量为24.12mm,平均年降雪量为16.42mm,海效降雪量变化与年海效降水量变化较一致,且有明显的年际变化。降雪量占总降水量的21.14%~100%,平均68.47%。降雪量在海效降水总量中的百分比没有明显的变化趋势[图7.11(a)]。年均海效降雨量为4mm,海效降雨量变化与年海效降水量变化较一致[图7.11(b)],量级明显比降雪量小,降雨量占总降水量的0%~49.56%,年平均17.08%,20世纪80年代初期至90年代后期海效降雨量偏少(除1985年外),其前后两个时段年均降雨量相当。年均雨雪天海效降水量为3.69mm,雨雪天降水占总降水的0%~67.83%[图7.11(c)]。虽然不是每年都有发生,但年均达到14.45%,雨雪天在年海效降水量中所占的百分比没有明显的变化。

# 第7章 现代极端气候变化特征规律

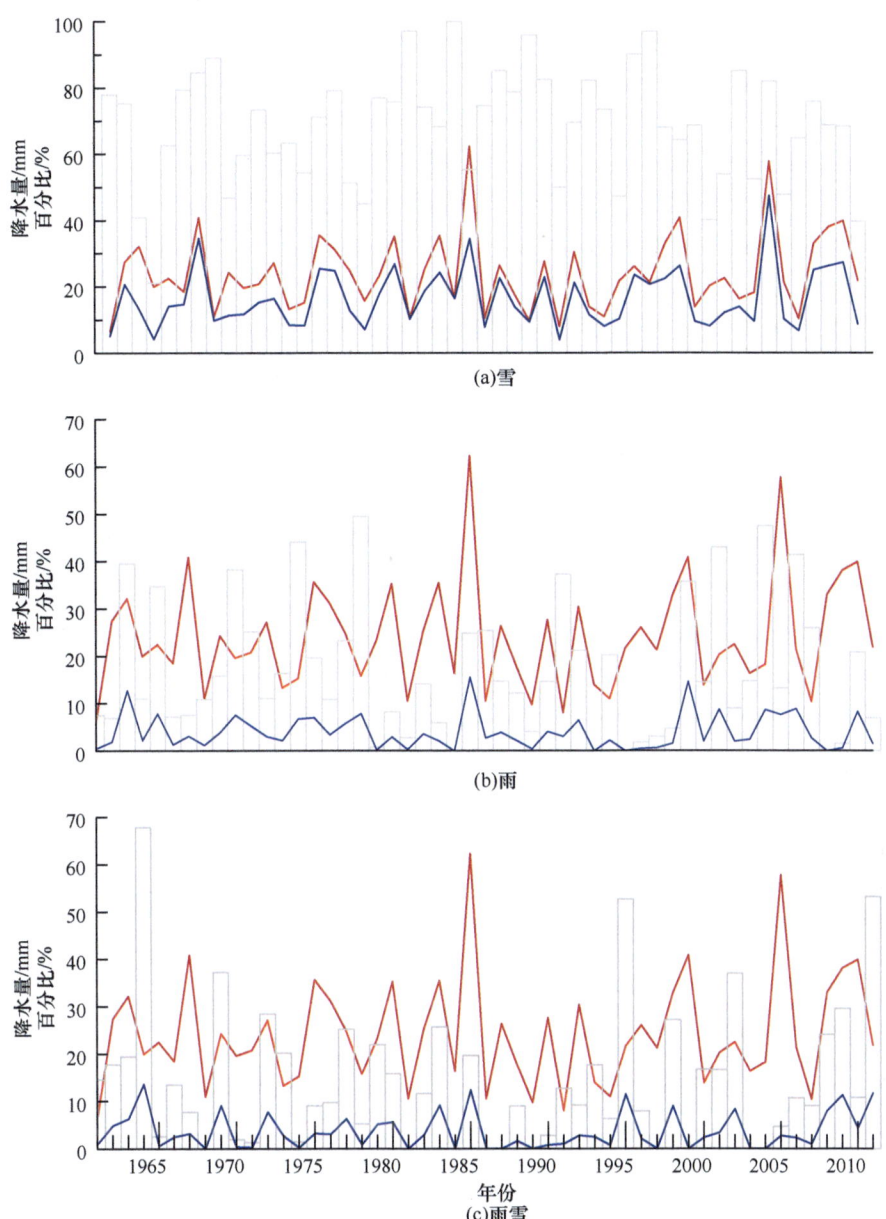

图 7.11 1961~2011 年海效降水量、不同类型降水量及其占比

红色折线：年海效降水量及趋势；蓝色折线：不同类型海效降水量及趋势；柱状：不同类型海效降水量所占百分比

不同类型和最大强度海效降水主要集中在烟台以东的沿岸地区。海效降水暴雪中心发生在文登，其次为威海，成山头和牟平也出现较多的暴雪。大雪主要集中在成山头，其次为文登，中雪也以成山头最多，文登次之。烟台和威海及周边地区是降雪发生频率最高的地区，占不同强度降雪一半以上，随着降雪强度的减小，降雪范围扩大，延伸到内陆地区。近51年总共发生189d海效降雨，降雨经常发生在沿岸地区，特别是大雨和中雨。

降雪最多发生在 12 月，1 月次之，11 月最少。12 月份为暴雪最多发生月，11 月次之，2 月没有出现暴雪，大雪也最多发生在 12 月，1 月次之，2 月最少，中雪在 12 月最多，1 月次之，2 月最少。小雪与其他等级降雪不同，1 月发生最多，12 月次之，11 月最少，因此，12 月是中雪及以上强度降雪集中发生期，11 月暴雪发生次数也较高，1 月中雪和大雪发生频率较高，而 2 月强降雪发生概率很低。小雪在 2 月发生次数明显多，比 11 月多很多。11、12、1 月均可以发生不同等级降雪，2 月降雪强度最高达到大雪，且强降雪频率低。

由图 7.12 看出，11 月上旬开始有海效降水出现并且最强可以达到暴雪，到中旬不同等级降雪明显增多，下旬时小雪发生频率明显增多，11 月虽然降雪发生次数较少，但是降雪量较大，不同等级的降雪均有可能发生。到 12 月不同强度降雪明显增多，20mm 以上的暴雪集中在上旬，12 月中旬是不同强度降雪最密集发生的时段，1 月上旬仍有暴雪发生，但到中旬，降雪强度减弱，下旬继续减弱，但小雪发生仍很多。2 月没有出现暴雪，降雪强度降低的同时，发生频率也降低。雨天最多发生在 11 月，降水量在 0.1~40.7mm 之间，以小雨为主。12 月次之，11 月有不同等级降雨出现，最大可达 40.7mm，到 12 月中旬量级和次数明显减少，直至 2 月中旬有较大量级降雨出现。海效降雨并不是每年都有发生。雨雪天每个月都有可能发生，最易发生在 11 月，为 49.6%，12 月次之（27.7%），1 月为 13.4%，2 月为 9.2%。雨雪天

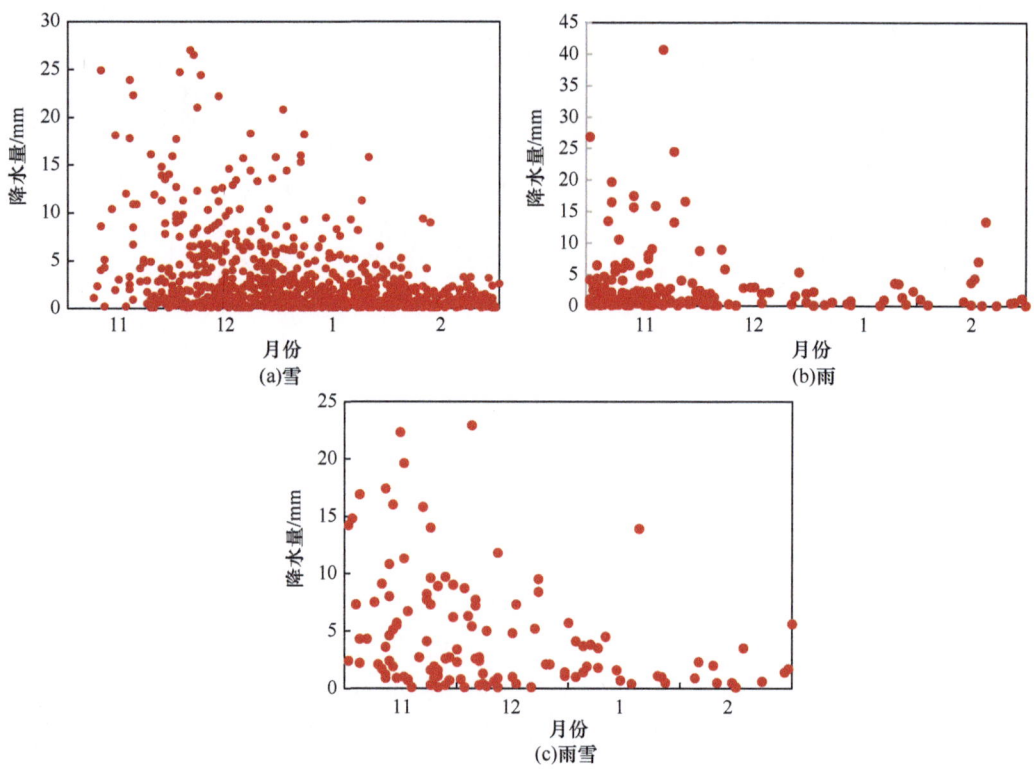

图 7.12  冬季各月海效降水强度和频率分布

主要分布在 11 月、12 月，11 月中下旬和 12 月上旬是发生雨雪天的高峰期。11 月降水量在 0.1~22.9mm，到 12 月降水量逐渐减少，1 月降水量和次数也明显减少，1 月中下旬最小、最少，2 月则最少。

## 7.3 热带气旋事件变化

近 60 年来，在全球变暖背景下，热带气旋的移动速度放缓，其在内陆的移动历时很可能会增加，进而可能诱发具有破坏性的暴雨，引发城市内涝和泥石流等灾害。我国位于热带气旋发生次数最多的西北太平洋地区的西部，平均每年有 7 个热带气旋登陆我国。随着我国沿海地区经济快速发展，登陆热带气旋对沿海地区人民生命财产和社会经济发展造成的灾害损失在急剧上升。本节是登陆我国的热带气旋强度、移动历时和衰减速度等方面的研究，关注热带气旋极端降水的时空变化，对减少我国台风有关的社会经济损失和人员伤亡具有重要意义。

### 7.3.1 热带气旋强度、历时、频次时空变化特征

**1. 热带气旋强度与历时变化**

西北太平洋（WNP）、热带气旋（TC）强度变化的揭示仰仗强度指数的建立。生命期最大强度是衡量 TC 强度的通用指标之一，它使用 TC 生命期内最大的最大持续风速（MSW）表示。通过生命期最大强度指标，TC 可以在西北太平洋按照国家标准进行分级：热带气压、热带风暴、强热带风暴、台风、强台风、超强台风；在其他地区也可使用 Saffir-Simpson 分为 5 类，一般认为第 3 类或第 4 类以上是主要 TC。在评估海盆尺度 TC 强度变化时，通常使用的是主要 TC，也就是台风等级以上的热带气旋的变化。然而，这个变化本身可能带有 TC 年变率的影响，所以目前较常用的指标是第 4、5 类（强台风、超强台风）的比率（Webster et al.，2005）。

Liu 和 Chan（2019）使用联合台风警报中心（JTWC）最佳路径资料，指出西北太平洋热带气旋在 1975~2015 的 40 年间有略微的下降趋势，而强台风和强台风的比率则在上升。他们指出在厄尔尼诺年，热带气旋的发生位置偏东南，使得它有更多的机会发展成强台风，而在拉尼娜年，热带气旋的发生位置向西北移动，则导致强台风的发展受限。然而，当使用不同资料时，这个在 20 世纪 70 年代后的强台风增加趋势消失不见，取而代之的是一个自 1960 年起的下降趋势，这可以被解释为西北太平洋热带气旋的自然变率即太平洋年代际振荡（图 7.13；Wu et al.，2022）。热带气旋日数可以用来衡量热带气旋总体的持续时间变化，它是指一年内热带气旋发生的天数总和。在 Webster 等（2005）的工作中，全球过去 35 年的飓风和风暴日数没有明显变化趋势，但北大西洋在持续时间上有一个显著的增加趋势。

**2. 热带气旋频次变化**

在 60 年的时间尺度上，WNP TC 无论是在东亚南部、中部还是北部，都没有伴随

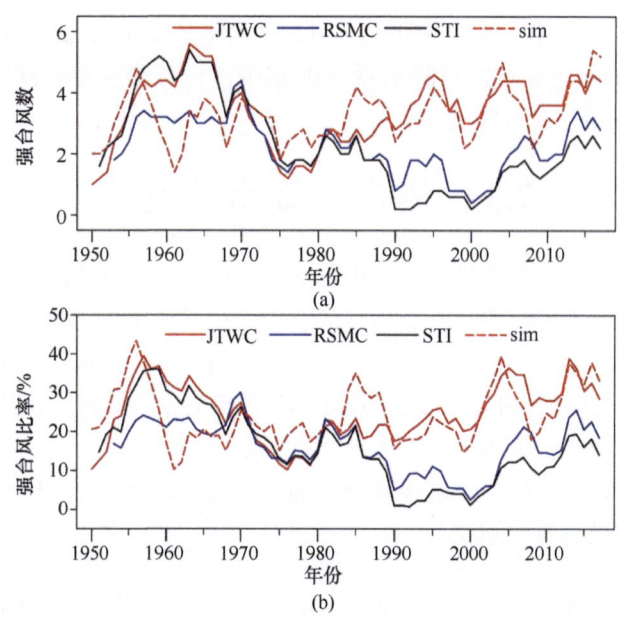

图 7.13 1951~2019 年 JTWC、RSMC（东京世界气象组织区域专项气象中心）和 STI（中国气象局上海台风研究所）的数据集中第 4 类和第 5 类台风的年度频率（a）和比率（b）的比较

虚线表示模拟值（sim），并对时间序列采用了 5 年的滑动平均（Wu et al., 2022）

全球变暖的显著线性趋势，但它们存在一个明显的年际和年代际变化，周期分别为 2~8 年、8~16 年和 16~32 年。在这 3 个变化周期中，年际变化最为显著，它与 8~16 年的变化叠加解释了东亚登陆 TC 变化的大多数部分。总的来说，尽管统计上并不显著，然而几乎所有数据集都显示在 1977 年后，WNP TC 出现了下降的趋势。TC 和台风都在 1945 年后逐渐上升，1965 年左右达到峰值后逐渐下降。在 1945 年后的 70 余年里，共有两个 TC 不活跃期，分别是 1979~1993 年和 2003~2010 年。

### 3. 再分析台风变化

就再分析重建台风来说，JRA55（日本 55 年再分析数据集）、ERA5（ECMWF 第五套大气再分析数据集）和 20CRv3（20 世纪再分析第 3 版数据集）都呈现出与观测（BT）相当的下降趋势，但是再分析并没有表现出观测所示的明显的年代际变化趋势（图 7.14）。JRA55、ERA5 和 20CRv3 台风与观测的相关系数分别为 0.58、0.52 和 0.50（$p<0.05$），它们的检测率和误报率分别为 0.75、0.70、0.75 和 0.33、0.34、0.27，是对观测还原较好的再分析数据。然而就算是这 3 套对观测还原较好的再分析数据，仍然难以表现观测在 1980 年、1998 年和 2014 年的台风生成低值，这可能是因为再分析数据对台风的强度表示不确定性。而对 NCAR（美国国家环境预测中心和国家大气研究中心再分析数据集第一套）和 ERA20C 两套数据来说，由于在 1975 年前缺少卫星数据，其重建质量出现了陡然的下降，这说明了发展和同化卫星数据对再分析数据质量的重要性。

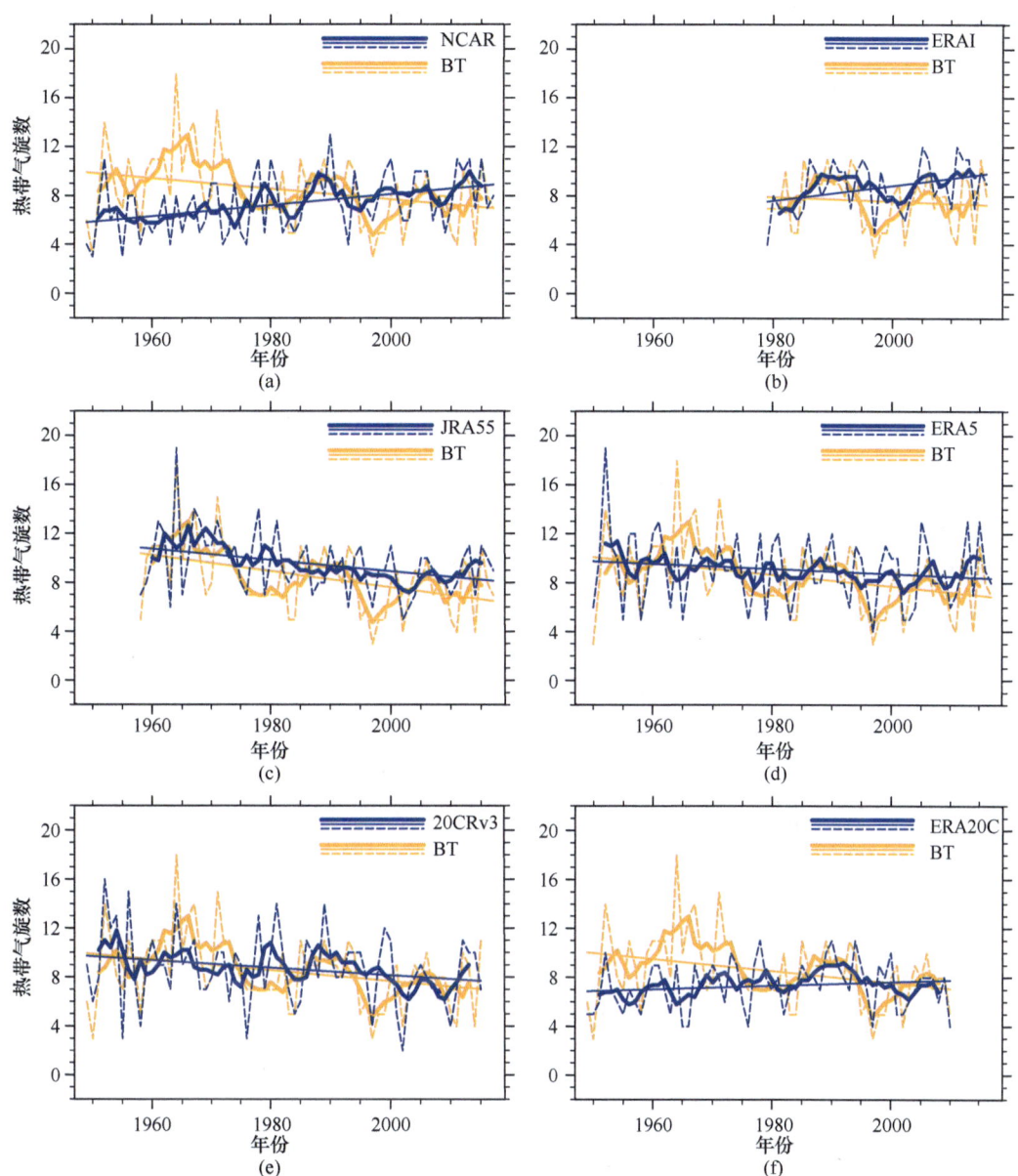

图 7.14 NCAR（a）、ERAI（b）、JRA55（c）、ERA5（d）、20CRv3（e）和 ERA20C（f）在观测参考下的年频率变化（虚线）

蓝色表示再分析资料，黄色表示观测资料；粗实线表示 5 年的滑动平均值，细实线表示线性趋势

## 7.3.2 热带气旋移动距离、移动速度和衰减速度变化特征

采用 CMA（中国气象局）、RSMC、JTWC 和 HKO（香港天文台）4 个热带气旋路径数据集，去除热带低压（表 7.3）。对于温带变性或最大持续风速小于 10.8m/s 的 TC 位置进行剔除。对于 IBTrACS（国际气候管理最佳轨道档案）数据集，选择与上述 4 个数

据集中记录相同的 TC。采用这 5 套数据集，分析 1961~2019 年 WNP TC 移动距离和速度的变化特征。

表 7.3  本节使用的 5 个热带气旋数据集信息

| 数据集 | 观测时期 | 时间分辨率/h | 最大持续风速/min | 转换系数 | 选定的热带气旋数量 |
| --- | --- | --- | --- | --- | --- |
| CMA | 1949~2020 年 | 6 | 2 | 0.96 | 1586 |
| RSMC | 1951~2020 年 | 6 | 10 | — | 1524 |
| JTWC | 1945~2019 年 | 6 | 1 | 0.93 | 1507 |
| HKO | 1961~2019 年 | 6 | 10 | — | 1434 |
| IBTrACS | 1884~2019 年 | 3 | — | — | 1414 |

在 IBTrACS 数据集中，1961~2019 年 WNP 所有 TC 和登陆 TC 的移动距离分别显著减少了 17.7%（3.0%/10a）和 33.6%（5.7%/10a）[图 7.15（a）]。对于这 4 套数据集（CMA、RSMC、JTWC 和 HKO），所有 TC 和登陆 TC 移动距离的集合平均值下降速度分别为 1.8%/10a 和 2.2%/10a。对于所有台风和登陆台风，IBTrACS 数据集中的移动距离下降速度分别为 2.3%/10a 和 2.7%/10a，而 4 套数据集的集合平均值下降速度分别为 1.9%/10a 和 2.0%/10a。对于 IBTrACS 数据集（4 套数据集的集合平均值），TC 在西行、西北和转向路径上的移动距离下降速度分别为 3.3%/10a（1.6%/10a）、2.6%/10a（1.8%/10a）和 2.9%/10a（2.7%/10a）。在 TC 移动距离时间序列中，检测到了其在 1997 年左右发生了显著的变异。将整个数据集分成两个子时期，与变异前时期（1961~1997 年）相比，变异后时期（1998~2019 年）所有登陆 TC 的平均移动距离在不同的热带气旋数据集（除 HKO 外）上都明显缩短[图 7.15（d）]。例如，IBTrACS 数据集（4 套数据集的集合平均值）中所有 TC 的平均移动距离从 2369（3494）km 显著减少到 2168（3222）km，减少了 8.5%（7.8%）。

IBTrACS 和 4 套数据集集合平均值均显示，西北太平洋所有 TC 和登陆 TC 持续时间变短、移动速度变慢[图 7.15（b）（c）；Kossin，2018]。1961~2017 年在中国沿海登陆的热带气旋移动速度下降了 11% [−0.044 km/（h·a）]。与移动距离相似，在热带气旋持续时间和移动速度中也检测到在 1997 年左右发生了变异。相比变异前时期，变异后时期热带气旋持续时间和移动速度主要表现为下降[图 7.15（e）（f）]。

易受热带气旋影响的陆地地区（尤其是东南亚）以移动距离的减少为主。相比之下，海洋地区显示出复杂的变化模式，热带气旋移动距离的下降主要出现在西北太平洋西部，在该地区产生的热带气旋最多（Corporal-Lodangco et al.，2016）。总的来说，陆地上热带气旋移动距离的下降速率为 4.0%/10a，几乎是海洋上下降速率（2.4%/10a）的两倍，说明热带气旋登陆后移动距离缩短更快。

与热带气旋移动距离一致，陆地上的热带气旋持续时间和移动速度的下降速率（分别为 4.8%/10a 和 1.8%/10a）比海洋上的更快（分别为 3.4%/10a 和 1.1%/10a）。热带气旋移动距离和持续时间变化的空间模式之间的 Spearman 相关系数为 0.87，明显高于热带

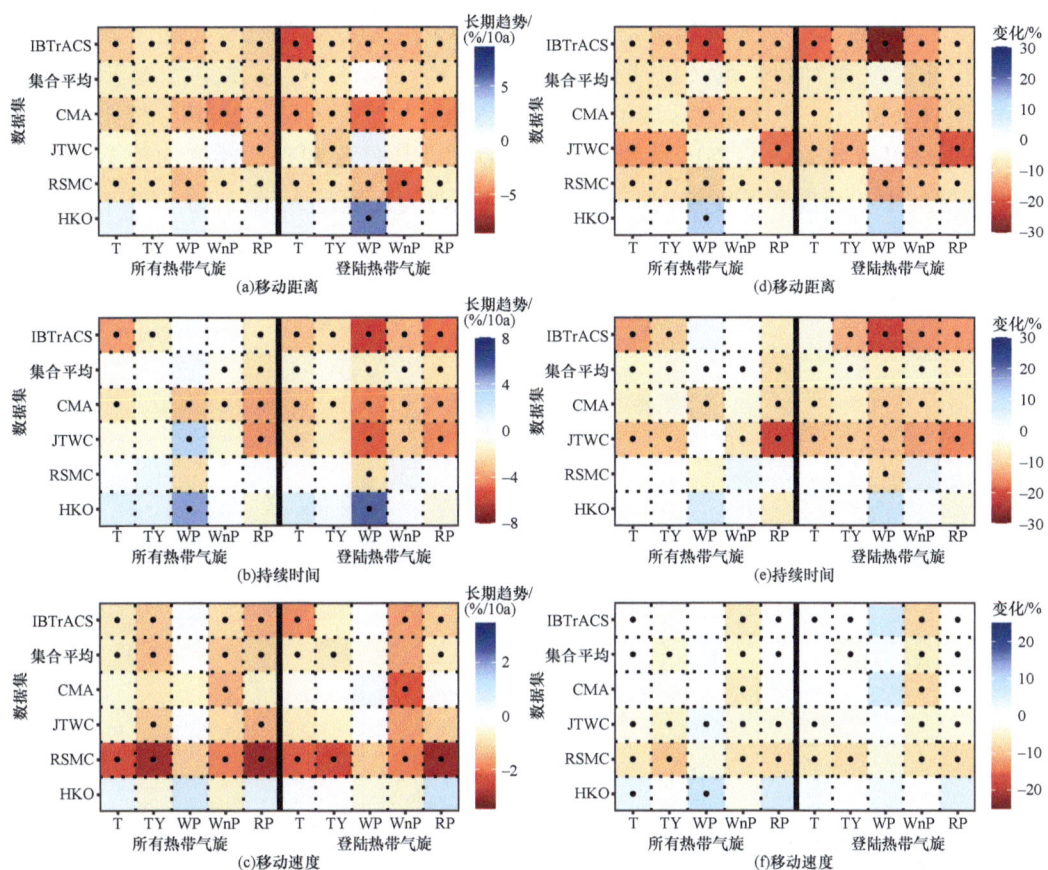

图 7.15　1961~2019 年西北太平洋热带气旋移动距离、持续时间和移动速度的变化特征
（a）（b）（c）为长期趋势（单位：%/10a）；（d）（e）（f）为 1998~2019 年（变异后）相对于 1961~1997 年（变异前）的变化（单位：%）；黑点表示长期趋势或者相对变化在统计上显著（$p<0.05$）；T、TY、WP、WnP 和 RP 分别表示总热带气旋、台风、西行路径、西北路径和转向路径的热带气旋

气旋移动距离和移动速度变化的空间模式之间的相关系数（0.68），这意味着热带气旋持续时间的减少在移动距离的缩短中起了更重要的作用。根据 IBTrACS 数据集/4 套数据集的集合平均，热带气旋持续时间和移动速度的下降对移动距离缩短的相对贡献分别为 76.9%/65.3% 和 23.1%/34.7%。

为了研究登陆热带气旋强度衰减速度的变化特征，对 1967~2018 年内登陆中国大陆的热带气旋按照以下条件进行筛选：①热带气旋在登陆前 1 个位置的强度要达到强热带风暴级别及以上（强度≥24.5 m/s）；②热带气旋在陆上至少停留 24h，即热带气旋在陆上至少有连续 4 个每 6h 的位置记录；③热带气旋登陆后的强度不能出现增加的情况；④热带气旋在登陆前的 1 个位置以及登陆后的 4 个位置不能出现温带变性、温带过渡的情况。根据以上 4 个条件，选取了 150 个热带气旋。根据这 150 个热带气旋登陆后的 4 个强度，计算得到它们的衰减时间尺度（τ；τ 值越大，登陆热带气旋强度衰减速度越慢；Li and Chakraborty，2020），紧接着排除了 7 场衰减时间尺度 τ 异常大的事件（即排除大于 τ 均值的 2 倍标准偏差的事件）。最终，一共有143个登陆热带气旋作为研究对象[图7.16（a）]。划分热带气旋登陆区域为华南（包括广东、广西）和华东（包括福建、江西、浙江、江苏、安徽、上海）两个区域[图7.16（b）]。登陆华东区域的$\tau$均值（34h）与华南区域（25.9h）相比明显更大。相较于华东区域，华南区域的热带气旋登陆平均经度和平均纬度均更小，即热带气旋登陆中心纬度和经度越大，登陆强度衰减时间尺度越大[图7.16（b）]。

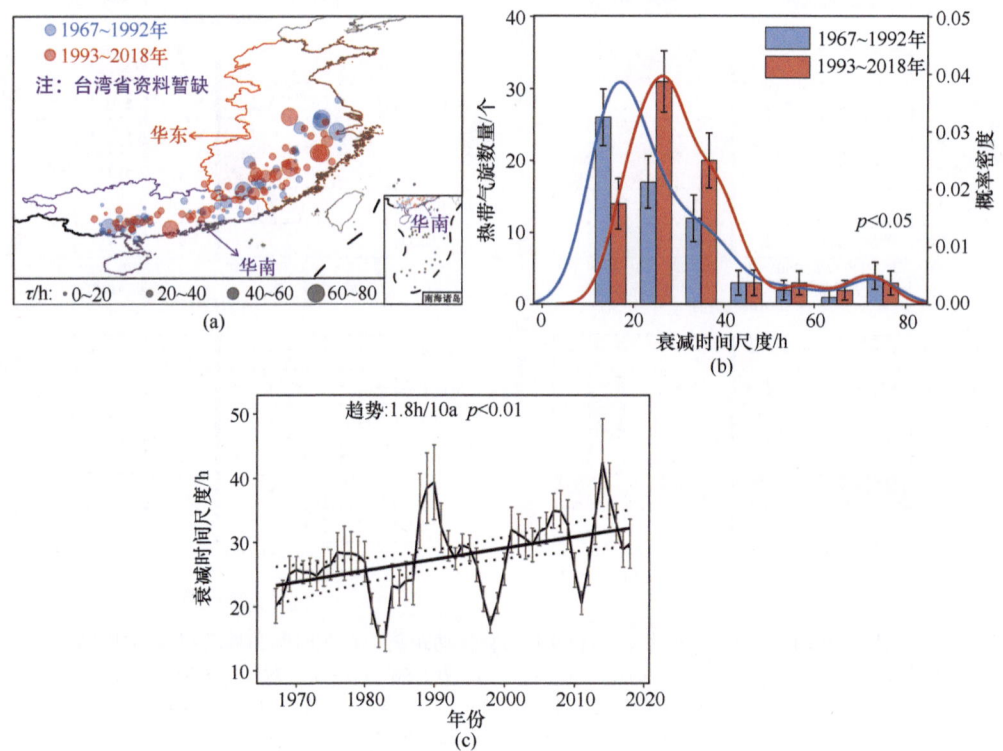

图7.16 1967～2018年登陆中国的热带气旋登陆强度衰减速度特征
(a) 1967～2018年登陆中国大陆的热带气旋衰减时间尺度$\tau$在华东和华南区域的分布特征，实心圆点代表热带气旋登陆事件的中心位置，圆圈大小对应热带气旋登陆事件$\tau$的大小。(b) 热带气旋衰减时间尺度$\tau$值和90%置信区间及其概率密度分布。(c) 热带气旋衰减时间尺度$\tau$值时间序列及其长期变化趋势和90%置信区间，时间序列为$\tau$值双重3年滑动平均值，误差条给出了其1倍标准差

以1992年为界限，将研究时期1967～2018年划分两个等长时期（1967～1992年和1993～2018年）。在1967～1992年和1993～2018年，登陆热带气旋强度衰减时间尺度（即$\tau$）的覆盖区间比较大，说明各登陆TC强度衰减差异较大[图7.16（c）]。相较于1967～1992年，$\tau$值在1993～2018年的概率密度曲线明显右移，$\tau$高值在这期间发生概率更大，说明登陆热带气旋强度衰减速度减缓。从1967～2018年的滑动平均$\tau$值变化来看，$\tau$值在过去52年中以1.8 h/10a速率呈现显著的上升趋势（$p<0.01$），从22h增加至32h，上升幅度为45%。相较于52年前，热带气旋登陆后24h的强度由登陆时强度的44%增加为57%。$\tau$值呈现的显著增加趋势说明热带气旋登陆后强度衰减明显减缓。

## 7.3.3 热带气旋诱发的强降水时空变化特征

### 1. 资料和方法

本节使用的台风资料为 CMA 的热带气旋最佳路径数据和登陆热带气旋数据以及卫星分析热带气旋尺度资料（Lu et al., 2021），包括 1960~2019 年期间西北太平洋台风每 6h 位置、中心最低气压，登陆热带气旋编号资料以及热带气旋尺度资料。观测资料使用的是 1960~2019 年 1981 个中国国家级地面气象站基本气象要素逐日降水数据。

为了体现不同地域极端降水量之间的差异性，使用了相对阈值的方法定义极端热带气旋降水。具体做法是将站点在 1961~1990 年间有降水的观测日按其降水升序排序，将其中第 95 个百分位值定义为极端降水阈值，超过这个阈值的降水就认为是极端降水；同时使用客观天气图分析方法判断所有站点的登陆热带气旋降水（Ren et al., 2006），当某一站点降水既为极端降水又被判定为登陆热带气旋降水时，即为登陆热带气旋极端降水（LTCER）。

在分析极端降水偏移时，使用了极端降水雨量加权中心的纬度变化进行度量，权重为其降水量大小，将某一日所有存在热带气旋极端降水的站点雨量加和为 $P_{all}$，根据每个站点的雨量大小在总雨量的比例确定该站点所占位置比重，加和得到雨量加权中心，具体如下：

$$L_{\text{center}} = \sum_{k=1}^{L} \frac{P_k}{P_{\text{all}}}, \ L_k \tag{7.1}$$

式中，$L_{\text{center}}$ 为降水雨量加权中心，$P_k$ 为某一站点登陆热带气旋影响极端降水值，$L_k$ 为该站点的位置，$L$ 为该站点经度或纬度。

### 2. LTCER 气候特征

LTCER 影响了我国一半以上国土面积，降水量总体上是自沿海向内陆，由南向北逐渐减少，存在空间上不均匀性。累积极端降水量最多的地区都集中在东南沿海地区，且普遍超过了 45mm。年均 LTCER 日数的空间分布特征与累积极端降水量相似，即由东南沿海向西北内陆逐渐递减。极端降水日数的最大值分布在东南沿海地区，都在 1d 以上，海南岛、雷州半岛、广东、福建和浙江沿海地区超过 2d。降水强度大致满足南方高，北方低，沿海高，内陆低的特征。东南沿海一带是降水强度的大值区，可达到 100mm/d 以上，但同时华北地区南部以及辽东半岛的降水强度也普遍能达到 100mm/d，部分地区降水强度可达 160mm/d，这表明热带气旋北上时在北方造成单次降水量较高，从而导致降水强度较大。

### 3. LTCER 变化特征

近年来的不少研究都表明热带气旋整体呈现向极移动的趋势（Cao et al., 2020；Kossin et al., 2014；Sun et al., 2018；Sharmila and Walsh, 2018；Daloz and Camargo, 2018；Song and Klotzbach, 2018；Zhan and Wang, 2017），LTCER 是否也有相似的变化

特征并不清楚。由于南北方地区 LTCER 致灾特征不同，因此以 30°N 为界，分别讨论南北方及全国 LTCER 是否也有类似的变化趋势。

1960～2019 年间 LTCER 降水量呈现弱的上升趋势，上升率为 0.2 mm/10a[图 7.17（a）]。另外，LTCER 有明显的年际和年代际变化。在 20 世纪 60 年代中期、20 世纪 80 年代中期、20 世纪 90 年代中期，以及 2010 年后偏多，1963 年、1983 年和 1993 年为 1960 年以来 LTCER 前三多的年份；而在 1970 年前后、20 世纪 80 年代后期以及 2000～2010 年间 LTCER 则偏少。如图 7.17（b）所示，我国北方地区 LTCER 在 1960～2019 年间呈现上升趋势，上升趋势为 0.3 mm/10a，略高于全国，而南方地区则无明显的变化趋势[图 7.17（c）]。另外，北方地区 LTCER 的年际和年代际变化要明显大于南方地区。1998 年以来北方地区 LTCER 呈现显著的增加趋势，而 30°N 以南地区则为弱的减少趋势。因此，在热带气旋整体向极移动的大背景下，我国北方地区 LTCER 的确有增加的趋势，并且这种趋势在 1998 年之后最为显著。

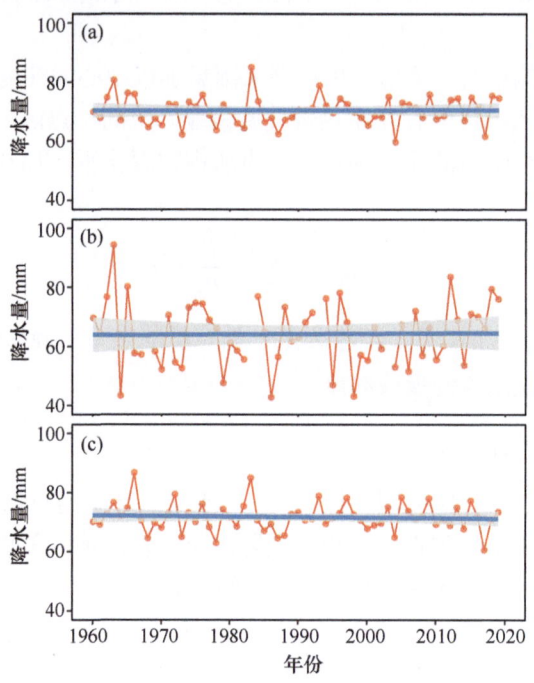

图 7.17　1960～2019 年全国（a），30°N 以北（b），30°N 以南（c）LTCER 年际变化
红色曲线代表 LTCER，蓝色直线为最小二乘法拟合趋势线，灰色区域为 95%置信区间；1968 年，1983 年，1993 年和 2003 年无影响北方的 LTCER

图 7.18（a）呈现了我国北方地区 LTCER 的雨量加权中心纬度变化。可见中心纬度呈现较大的年际和年代际波动，且 1964 年位置最北（38.14°N），1988 年最南（30.72°N）。中心纬度在 1960～1989 年间平均值为 33.87°N，在 1990～2019 年间均值为 32.94°N，两段时间偏差几乎达到 1°的差距，表明 1960～2019 年中心纬度整体呈现向南迁移的趋势，迁移率为 0.3°/10a（$p<0.05$）。图 7.18（b）显示，我国南方地区 LTCER 的雨量加权中心纬度在 2004 年最北（27.21°N），1983 年最南（21.54°N）。中心纬度在 1960～1989 年间平均值为 23.81°N，而在 1990～2019 年间的平均值为 24.05°N，表现为向北迁移，迁移率为 0.05°/10a。

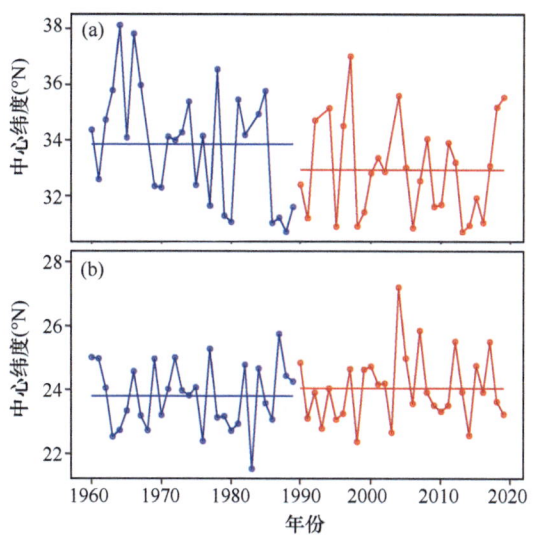

图 7.18 登陆热带气旋影响我国 30°N 以北（a），30°N 以南（b）极端降水中心纬度变化

蓝色和红色曲线代表 1960~1989 年和 1990~2019 年的中心纬度，蓝色和红色直线代表 1960~1989 年和 1990~2019 年中心纬度的平均值

已有研究表明，热带气旋本身的移动速度是造成热带气旋降水变化的直接原因之一。对登陆热带气旋强度的位置变化对极端降水的影响进行分析，发现北方地区登陆热带气旋的强度加权中心有明显的年际波动，1962 年为登陆热带气旋强度加权中心纬度最北端，为 45.45°N。另外，1960~2019 年登陆热带气旋强度加权中心纬度呈现较为明显的南移趋势，为 0.51°/10a（$p<0.1$）。而南方地区登陆热带气旋强度加权中心纬度则显示出向北的移动趋势，为 0.23°/10a（$p<0.05$）。因此，虽然之前不少研究结果都表明热带气旋最大强度中心逐渐向极迁移（Kossin et al.，2014；Song and Klotzbach，2018；Sun et al.，2018），但本书发现这种向极迁移对极端降水的影响并不是线性的，主要表现为南方 LTCER 向北偏移，而北方则向南移动。

## 7.4 干旱时空变化特征

近 60 年以来，极端气候事件频发，其中干旱灾害是持续时间最长、发生频率最高、影响范围广的气象灾害。我国地形复杂、受季风气候影响，干旱灾害发生频率、受灾程度远高于其他国家，是受干旱灾害影响最为严重的国家之一。随着全球变暖，我国干旱区和半干旱区的干旱形势更加严峻，湿润区和半湿润区的干旱也在增加。本节聚焦气象干旱、水文干旱和农业干旱 3 个方面，结合华北地区的土壤水分变化，进一步讨论气候变暖条件下我国的干旱时空演变特征。

### 7.4.1 中国气象干旱时空演变特征

干旱可以划分为气象干旱、水文干旱、农业干旱和社会经济干旱。其中气象干旱指由降水和蒸发不平衡所造成的水分亏缺现象。标准化降水指数（SPI）是国际上最常用的干旱指数之一，可以反映不同时间尺度的干旱状况（Guttman，1999）。标准化降水蒸散发指数（SPEI）是在 SPI 指数的基础上提出的，考虑了气温因子主控下潜在蒸散发对干旱的影响，也可以多时间尺度进行干旱监测（Vicente-Serrano et al.，2010），本节主要利用 12 个月时间尺度的 SPI12 和 SPEI12 对气象干旱的时空变化特征进行分析。

从我国各地 1961～2017 年 SPI12 和 SPEI12 变化趋势空间分布可以看到：二者基本都表现出东部地区"南涝北旱"和西部"东干西湿"的分布格局，但是变湿和变干的程度和范围略有差异[图 7.19（a）（b）]。SPEI12 在西北西部、吉林西部、华北、江淮和华南大部表现出了整体变湿的显著趋势（$p<0.05$），在西北东部、西南地区为显著变干的趋势，其他地区的变化趋势不显著。SPI12 在西北西部、吉林西部、江淮和华南大部也为整体变湿的趋势，但是西北东部变干的趋势没有 SPEI12 显著，在华北则为不显著的变干趋势，二者差异较大。

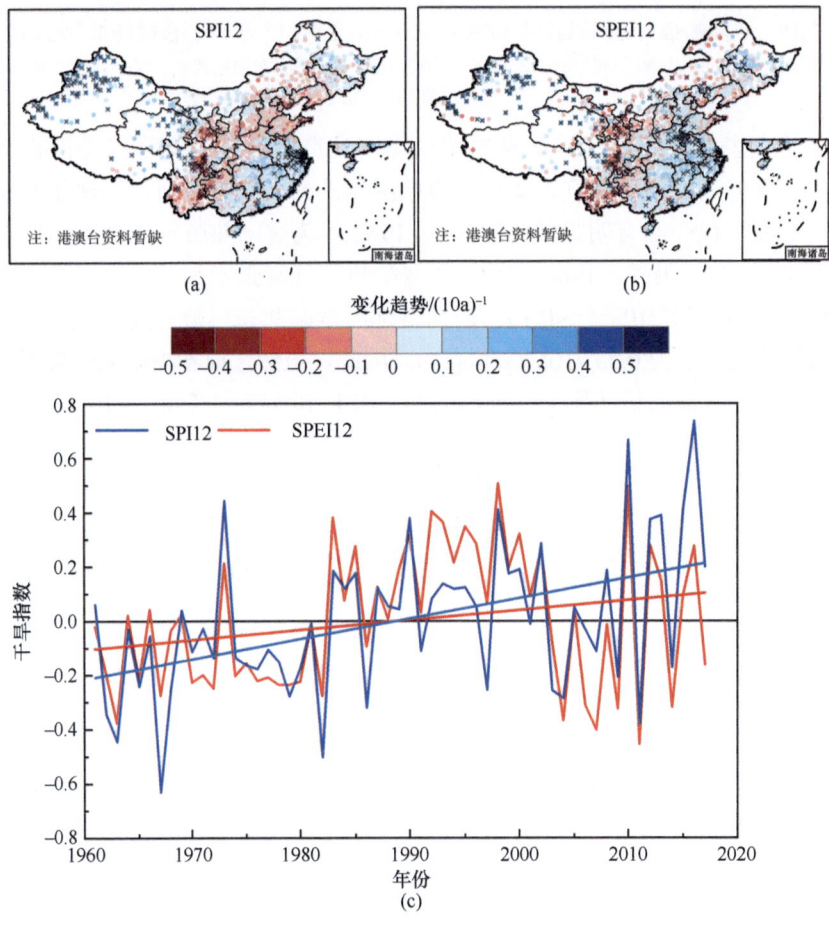

图 7.19　1961～2017 年 12 个月时间尺度 SPI（a）和 SPEI（b）变化趋势分布及中国区域平均值序列（c）

从整个中国区域平均 SPI12 和 SPEI12 的长期变化来看，1961～2017 年中国区域平均

SPI12 和 SPEI12 均为不显著的增加趋势，增加速率分别为 0.07/10a 和 0.03/10a[图 7.19（c）]。1960 年代和 1970 年代大气相对干燥，1980 年代和 1990 年代降水相对偏多，这一时期 SPI12 和 SPEI12 大于 0 的年份较多，处于相对湿润的时期，2000 年之后 SPI12 和 SPEI12 的年际变率增大，年尺度的干旱和湿润异常程度增大。

### 7.4.2 中国水文干旱时空演变特征

标准化径流指数（SRI）是基于径流提出的单一因素指数，评价水文干旱特征。其计算原理与 SPI 一致，当 SRI 为正时，表明径流较均值偏多；而 SRI 为负值，则表示径流较均值偏少，水文偏旱。这里采用基于观测数据校正的水文模型模拟的中国天然径流数据集 1.0 版（CNRD v1.0；Gou et al.，2021）和基于多观测数据集驱动的全球径流再分析数据集（G-RUN；Ghiggi et al.，2021）估算了我国 1961~2018 年 SRI12（12 个月的时间尺度）的变化趋势（图 7.20）。

基于 CNRD v1.0 数据集的水文干旱评价结果显示，SRI12 减少的地区大致分布在我国的第二级阶梯[图 7.20（a）]。即西南诸河、珠江流域西部、黄河流域南部、辽河流域、海河流域的 SRI12 主要呈现出减少趋势，其中云南、四川和京津地区主要呈现出显著减少趋势，表明这些区域水文干旱在增加。我国东南部、东北部和西北部 SRI12 主要呈现

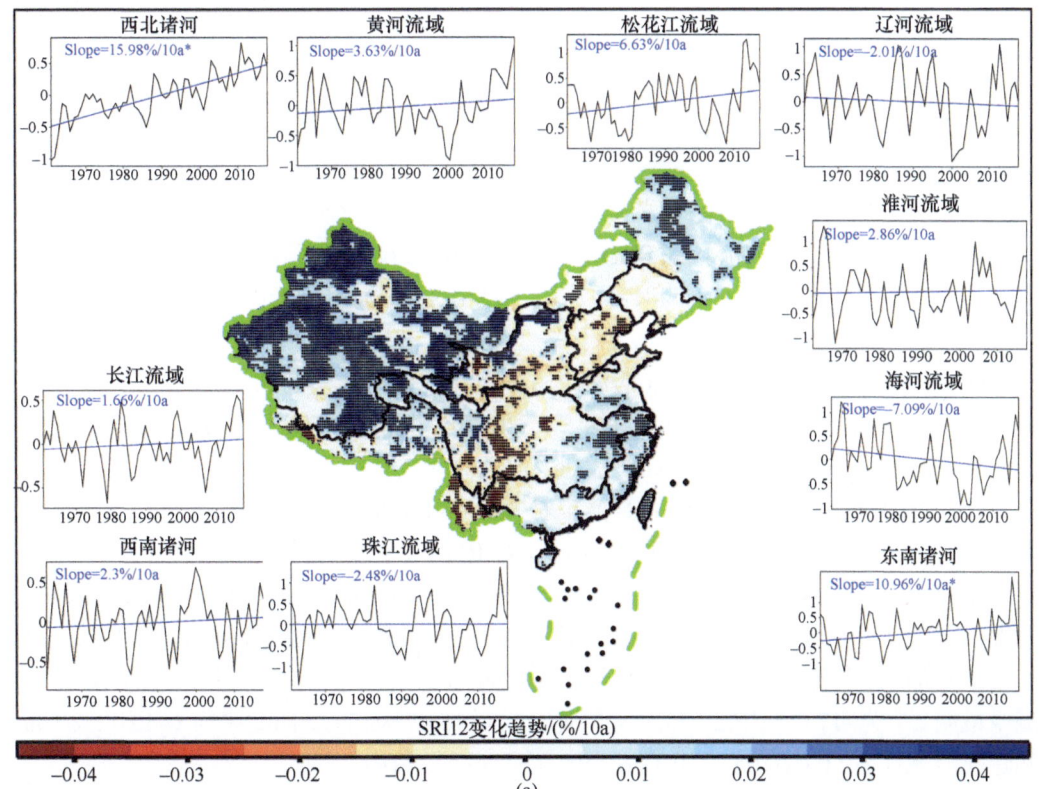

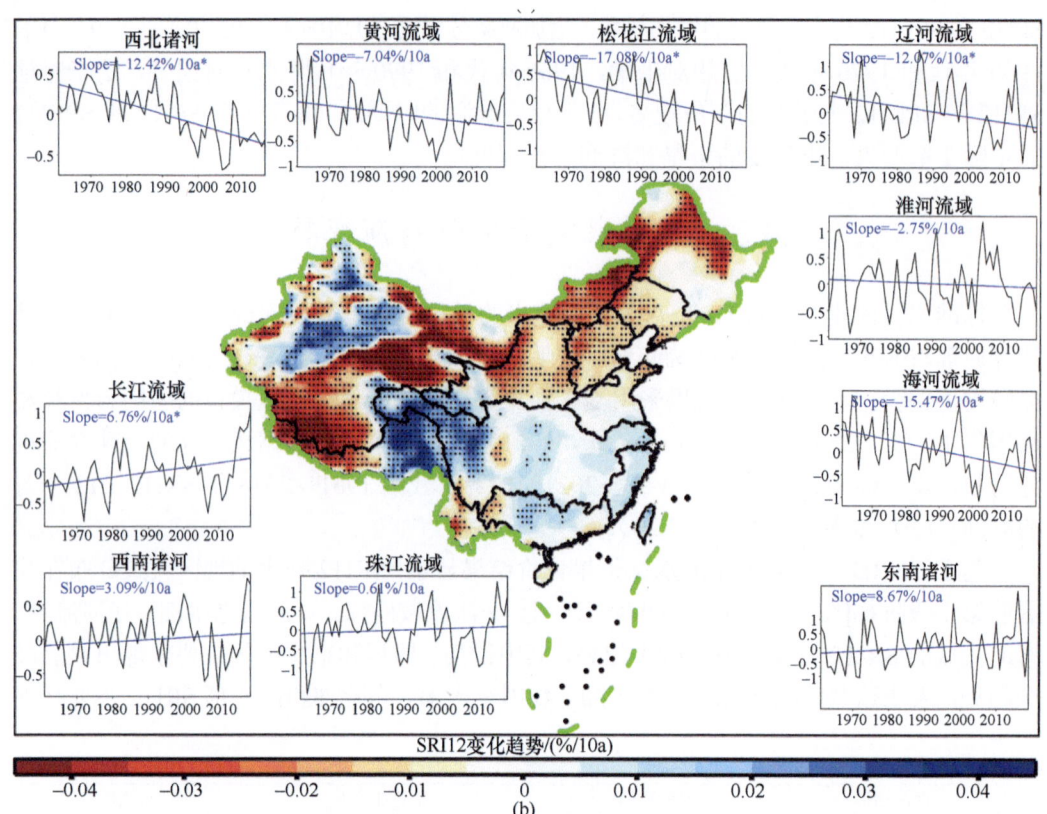

图 7.20　1961~2018 年中国 SRI12 的变化趋势及 10 个流域的区域平均值序列
*表示趋势显著，$p<0.05$；（a）和（b）分别来源于 CNRD v1.0 数据集和 G-RUN 再分析数据集

增加或显著增加，表明这些区域水文干旱影响较小，发生风险减弱。从我国 10 大流域的区域平均值来看，海河流域的 SRI12 以 7.09%/10a 的趋势下降，其下降的数值最大，其次为珠江流域（−2.84%/10a）和辽河流域（−2.01%/10a）。其他流域的 SRI12 均呈现出增加趋势，这表明这些流域的水文干旱在减少，其中数值增加最多的是西北诸河（15.98%/10a），这可能与中国西北的河流由冰川补给有关，在气候变暖的背景下，冰川融水增多，进而导致径流增加（丁永建等，2007）。其次增加较多的是东南诸河和松花江流域，分别为 10.96%/10a 和 6.63%/10a。

　　G-RUN 数据集和 CNRD v1.0 数据集对中国水文干旱的评估结果在空间上有明显的差异（图 7.20），相比于 CNRD v1.0 数据集，G-RUN 数据集倾向于显示中国更多的区域正遭受更为严重的水文干旱。尽管如此，两套数据集均显示中国东南部、青藏高原和西北部部分地区 SRI12 呈增加趋势，中国华北地区、黄河流域、西南部 SRI12 呈减少趋势，水文干旱加剧。从流域平均值序列来看，G-RUN 数据集评估结果显示松花江流域 SRI12 减少最明显，为−17.08%/10a。其次为海河流域（−15.47%/10a）、西北诸河（−12.42%/10a）和辽河流域（−12.07%/10a），共有 6 个流域呈现减少趋势。

### 7.4.3 中国农业干旱时空演变特征

降水与蒸散的负向平衡,一般情况下会使土壤含水量下降、作物水分供给不足;但在降水较为丰沛的湿润地区,一段时期降水偏少,出现气象干旱未必会引起农业干旱。本节利用全球陆面数据同化系统(GLDAS)提供的土壤湿度数据,对1961~2017年中国农业干旱的时空变化特征进行研究。并采用标准化土壤湿度指数(SSI)对农业干旱的强度、持续时间等特征进行分析,其计算原理与SPI相似,也具有多时间尺度。用SSI12来表示12个月时间尺度的农业干旱。

**1. 中国土壤湿度变化特征**

在1961~2017年中国土壤湿度变化趋势的空间分布上,从东南到西北出现3个趋势变化较为明显的地区:在广东、福建、浙江等东南沿海地区年平均土壤湿度为增加趋势,增加趋势为$0 \sim 0.2 \times 10^{-2} \, m^3/(m^3 \cdot 10a)$,安徽南部增加较为明显;从西南经西北东部、华北一直到东北地区,年平均土壤湿度明显减小,尤其在华北、江淮、东北地区减小趋势最明显,减小的趋势在$0.3 \times 10^{-2} \sim 0.5 \times 10^{-2} \, m^3/(m^3 \cdot 10a)$之间;青藏高原和新疆北部年平均土壤湿度显著增加,增加的趋势较东南沿海明显(图7.21)。

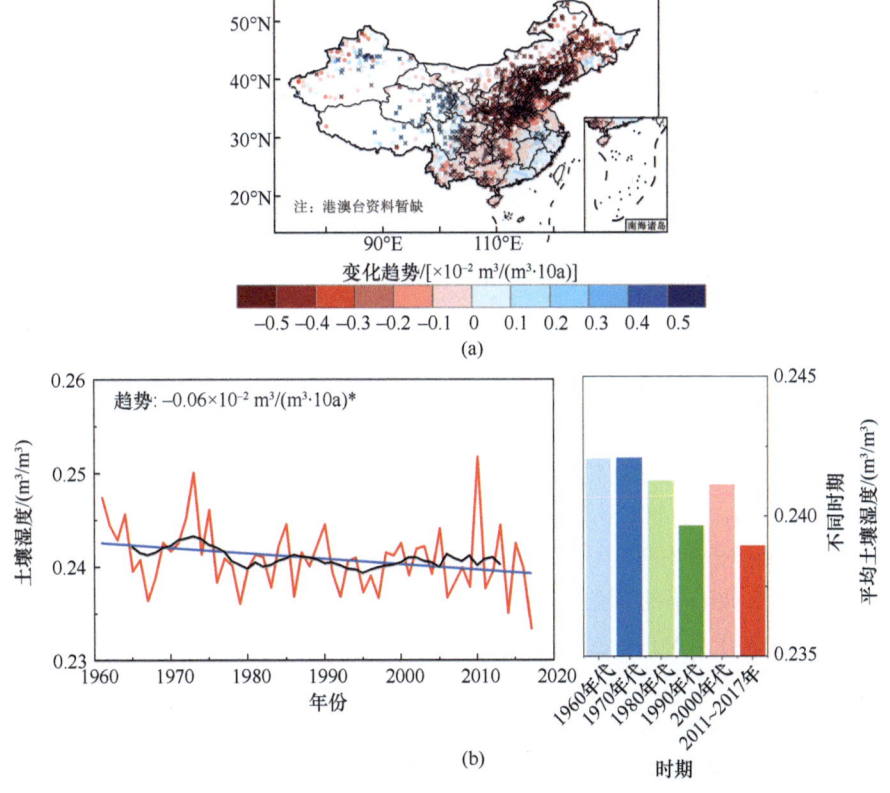

图7.21 1961~2017年中国年平均土壤湿度变化趋势分布(a)和年平均土壤湿度变化(b)
(b)中蓝线为线性趋势,黑线为9年滑动平均,*表示$p<0.05$

1961～2017 年中国区域平均土壤湿度整体为显著减小的趋势,减小的速率为 $0.06 \times 10^{-2} \mathrm{~m}^3/(\mathrm{m}^3 \cdot 10\mathrm{a})$($p<0.05$;图 7.21)。1960 年代和 1970 年代土壤相对湿润,1970 年代后期到 2000 年代,土壤湿度变化幅度较小,但土壤偏干的年份多于湿润年份,1976～2010 年 35 年间,共出现了 20 年土壤湿度较常年值偏小,2010 年出现了近 60 年土壤湿度的最大值,为 $0.25 \mathrm{m}^3/\mathrm{m}^3$,之后土壤湿度继续减小,且年际间的变率增大,2011～2017 年为土壤最干的时期,2017 年土壤湿度为近 60 年的最低值,仅为 $0.23 \mathrm{m}^3/\mathrm{m}^3$。

从中国各个子区域平均土壤湿度的变化趋势来看(表 7.4),1961～2017 年除青藏高原年平均土壤湿度呈不显著的增加趋势,其他区域均为减小趋势,尤其是东北和华北减小显著,变化趋势分别为 $-0.20 \times 10^{-2} \mathrm{~m}^3/(\mathrm{m}^3 \cdot 10\mathrm{a})$ 和 $-0.32 \times 10^{-2} \mathrm{~m}^3/(\mathrm{m}^3 \cdot 10\mathrm{a})$($p<0.01$),西北东部减少的趋势最不明显。

表 7.4　1961～2017 年中国各子区域土壤湿度的变化趋势　[单位:$\times 10^{-2} \mathrm{~m}^3/(\mathrm{m}^3 \cdot 10\mathrm{a})$]

| 区域 | 土壤湿度变化趋势 |
| --- | --- |
| 整个中国 | −0.06* |
| 东北 | −0.20** |
| 华北 | −0.32** |
| 江淮 | −0.08 |
| 华南 | −0.04 |
| 西南 | −0.03 |
| 青藏高原 | 0.07 |
| 西北西部 | −0.03 |
| 西北东部 | −0.01 |

\*表示 $p<0.05$。
\*\*表示 $p<0.01$。

### 2. 农业干旱变化特征

根据 SSI 的干旱等级划分将农业干旱分为轻旱($-1.3<\mathrm{SSI}\leqslant-0.8$)、中旱($-1.6<\mathrm{SSI}\leqslant-1.3$)、重旱($-2.0<\mathrm{SSI}\leqslant-1.6$)、特旱($\mathrm{SSI}\leqslant-2.0$)4 个等级。当 $\mathrm{SSI}\leqslant-0.8$ 时,则认为该月出现了干旱,每年出现干旱的月数为 SSI12$\leqslant-0.8$ 的月数和,出现其他等级干旱的月数也如此统计。参考游程理论(Yevjevich,1967),将 SSI12$\leqslant-0.8$ 的连续月数定义为干旱持续时间($D$),将持续干旱累积 SSI12 的绝对值定义为干旱严重程度($S$)。

从整个中国区域平均每年出现农业干旱月数的长期变化来看,1961～2017 年中国区域平均每年出现农业干旱的月数呈显著增加的趋势,增加的速率为 0.40 月/10a($p<0.05$),农业干旱发生月数在 1996 年之后发生了突变(图 7.22)。1960 年代每年平均出现 12 个月时间尺度农业干旱的月数为 2.2 个,1970 年代和 1980 年代 12 个月时间尺度干旱的出现月数相对较少,1990 年代之后,每年 12 个月时间尺度农业干旱的出现月数增多,2000 年和 2017 年出现月数最多,均为 4.9 个月(图 7.22)。

1990 年代以来,中国中东部地区 12 个月时间尺度农业干旱发生频率逐渐增加,尤其是在西南到华北、东北一带频率增加最为明显,2000 年代以来发生重旱的频率高于中旱（图 7.22）。1961~2017 年中国区域平均发生 12 个月时间尺度农业干旱事件的持续时间和严重程度均呈显著增加趋势，增加速率分别为 0.17 月/10a、0.11 月/10a。2000 年之前 12 个月时间尺度的干旱持续时间和严重程度年际间的变化幅度较小，2000 年中国遭遇了历史罕见的严重干旱，造成了巨大的经济损失，干旱持续时间和严重程度均在 2000 年达到峰值，之后发生持续时间长、较为严重的干旱事件较 2000 年之前明显增加，年际间的变幅也明显增加（图 7.22）。

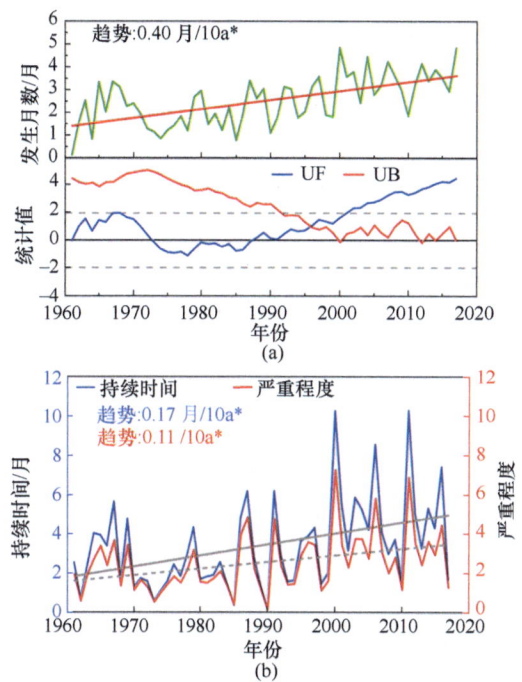

图 7.22 1961~2017 年中国区域平均每年出现 12 个月时间尺度农业干旱月数变化、Mann-Kendall 突变检测（a）和农业干旱持续时间及严重程度变化特征（b）

(a) 中 UF 和 UB 是 Mann-Kendall 突变检测的两个统计值；(b) 中灰色实线表示持续时间的线性趋势，灰色虚线表示严重程度的线性趋势

不同年代发生的 12 个月时间尺度农业干旱事件的持续时间与严重程度的变化基本一致，因此重点对 12 个月时间尺度干旱事件严重程度的年代际变化进行分析（图 7.23）。对于整个中国区域平均来说，从 1960 年代到 1980 年代，干旱事件的严重程度在逐渐减小，1980 年代为近 60 年来干旱事件严重程度最小的时期，之后逐渐增加，2011~2017 年以来为干旱严重程度最强的时期。对于中国各个子区域，除东北和西北东部干旱事件的严重程度在 1990 年代最大，其他地区均在 2000 年代和 2011~2017 年最大，最小值出现的区域年代差异较大。1960 年代，江淮、青藏高原、华北出现 12 个月时间尺度干旱事件严重程度最大，东北最小；1970 年代，江淮的干旱严重程度最大，华北和西南次之，西北西部最小；1980 年代，华北和西北东部干旱严重程度最大，但是整体较其他年代偏小，最小出现在西北西部；1990 年代，东北出现 12 个月时间尺度干旱事件的严重程度明显大于其他地区，华北次之，华南、西南、江淮地区最小，在这一时期，尽管中国南方地区出现干旱的频率高于北方地区，但是北方地区出现干旱事件的严重程度明显

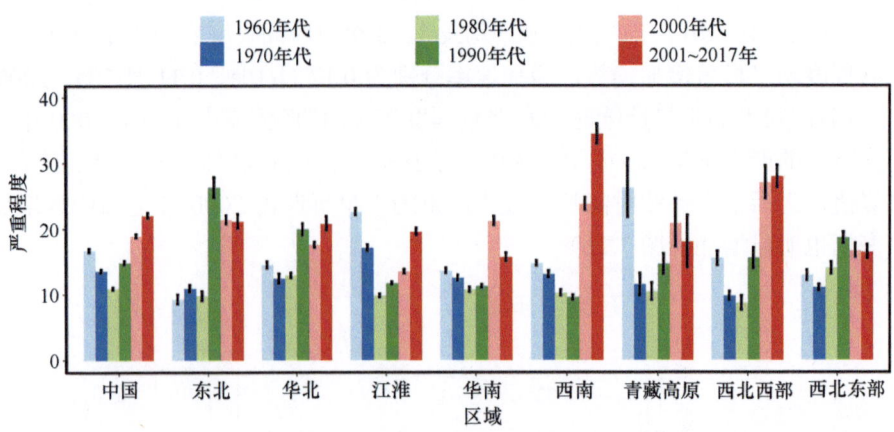

图 7.23 不同年代中国及各子区域发生 12 个月时间尺度农业干旱事件严重程度变化

较南方地区偏大；2000 年代，西北西部出现的干旱事件严重程度最大，西南和东北次之，最小出现在江淮；2011~2017 年，西南地区出现干旱的严重程度最大，西北西部次之，华南最小（图 7.23）。

### 7.4.4 变暖减缓期华北土壤水分变化

1961~2017 年，华北是中国土壤湿度减小速率最快的地区，而 SPI12 为不显著的减少趋势，SPEI12 则表现为显著增加趋势，不同的指标对该地区的气候干湿变化监测结果并不一致。另外，位于中国北方半干旱和半湿润地区的华北地区[图 7.24（a）]，也是地表蒸散量对气温升高响应敏感区（Jung et al., 2010; Seneviratne et al., 2010; Zhang et al., 2018a）。因此本节以华北为例，基于 GLDAS 数据重点分析 1961~2017 年华北地区土壤湿度的变化特征。

1961~2017 年华北各地土壤湿度的变化趋势均为显著减小趋势，减小趋势自西向东逐渐增大，东部沿渤海地区的土壤湿度减小趋势大于 $0.40\times10^{-2}$ m$^3$/(m$^3\cdot$10a)[图 7.24（b）]。春季土壤湿度显著变干的区域主要位于华北东南部地区，其他地区的变化趋势并不显著。夏季和秋季华北大部分地区土壤湿度均为显著减小的趋势，夏季显著减小的范围大于秋季，其中华北东北部部分地区土壤湿度的减小趋势大于 $0.60\times10^{-2}$ m$^3$/（m$^3\cdot$10a），变干的速率大于其他地区。而秋季变干的速率最大的区域主要位于华北东部的沿渤海地区，减小趋势大于 $0.60\times10^{-2}$ m$^3$/（m$^3\cdot$10a）的范围较夏季扩大。冬季华北显著变干趋势的站点主要位于河北的中北部，其他地区变化并不显著。

1961~2017 年华北地区土壤湿度整体为显著减小的趋势，减小的速率为 $0.32\times10^{-2}$ m$^3$/（m$^3\cdot$10a）[$p<0.05$；图 7.24（c）]。1960 年代至 1970 年代中期土壤相对偏湿，1964 年为近 60 年土壤湿度最大值，为 0.25m$^3$/m$^3$；1970 年代末期到 1990 年代土壤湿度开始转为偏干的阶段；尽管 2000 年代之后出现了 2003~2005 年土壤湿度连续 3 年偏湿的现象，2003 年的土壤湿度仅次于 1964 年，为 0.24m$^3$/m$^3$，但 2003 年之后土壤湿度总体减小的趋势仍较明显，且年际间的变率增大，2017 年甚至出现了近 60 年土壤湿度的最低

值，仅为 0.20m³/m³。

对比各个季节土壤湿度的变化，秋季土壤湿度减小的速率最大，为 $0.50\times10^{-2}$ m³/(m³·10a)（$p<0.05$），其次为夏季，减小趋势为 $0.37\times10^{-2}$ m³/(m³·10a)（$p<0.05$）；夏季土壤湿度与年平均土壤湿度的变化较为相似，主要是由于华北夏季降水对年降水量贡献最大，影响土壤湿度最主要的气象条件就是降水。而春季、冬季为不显著的减小趋势，减小趋势分别为 $0.21\times10^{-2}$ m³/(m³·10a)、$0.16\times10^{-2}$ m³/(m³·10a)。春季土壤湿度在 1980 年代和 1990 年代为偏湿阶段，2000 年代以来则转为相对偏干的阶段，秋季则正好相反。冬季在 2000 年之后土壤湿度出现异常偏湿的年份增多，干湿年际变率增大。

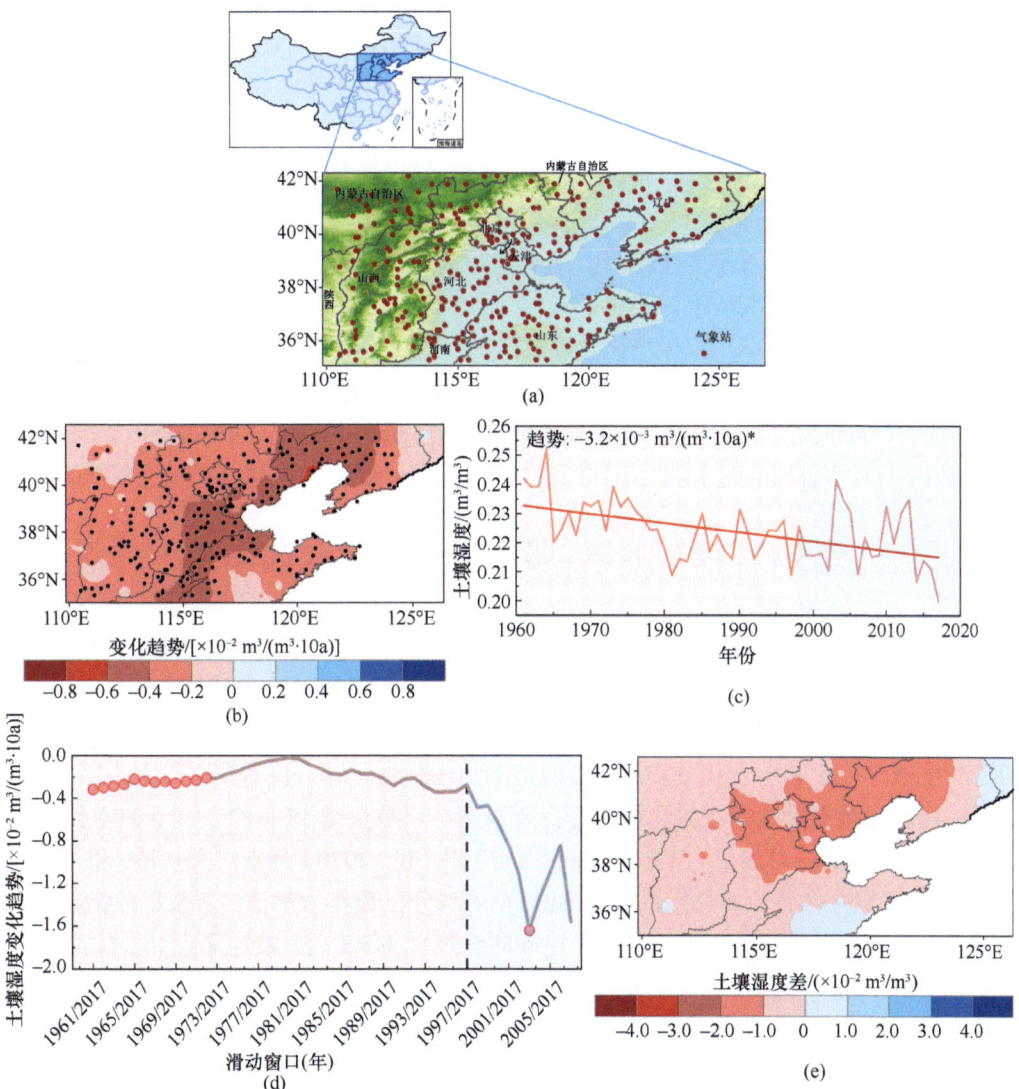

图 7.24 华北区域气象站点分布（a）、年平均土壤湿度变化趋势分布（b）、区域年平均土壤湿度变化（c）、年平均土壤湿度滑动趋势（d）和 1998～2017 年与 1961～1997 年两个时段华北年平均土壤湿度平均值之差（e）

图（b）中的黑点和图（d）中的红点表示 $p<0.05$

为了进一步分析不同阶段土壤湿度的变化特征，采用滑动趋势估计的方法，固定序列终止年份为 2017 年，序列初始年份从 1961～2007 年逐年滑动，即开始年份变化、终止年份不变的滑动趋势（例如：1961～2017 年、1962～2017 年……2007～2017 年）。华北在 1981 年之前土壤湿度减小的速率随着滑动窗口的递减而减弱，之后减小的速率逐渐加大，在 1998 年以来的区域气候变暖减缓阶段，土壤湿度减小的速率较之前明显加快，尤其是 2003 年以来土壤湿度减小趋势最为明显，减小趋势为 $1.6\times10^{-2}\ \text{m}^3/(\text{m}^3\cdot10\text{a})$ [$p<0.05$；图 7.24（d）]。

从华北各地 1998～2017 年和 1961～1997 年两个时段土壤湿度差值的空间分布看，1998 年以后华北大部分地区土壤湿度的年平均值较 1961～1997 年减小 $0.01\ \text{m}^3/\text{m}^3$ 以内，减小最明显的是华北东部沿渤海地区，减小幅度达到 $0.01.0\sim0.02\ \text{m}^3/\text{m}^3$，仅华北东部靠近东北的地区和南部等小范围地区土壤湿度较 1961～1997 年略有增大[图 7.24（e）]。

## 7.5 复合型极端气候事件变化

近年来，极端气候事件频繁发生，且常常表现为多种事件交织形成的复合型极端事件，受到了更多的关注和研究。相比于单一极端事件，复合型极端事件对不同系统或部门可能带来更大的负面影响。气候变化导致多种复合型极端事件的频率和强度增加，对水资源供给、农业生产、公共卫生和基础设施等造成了前所未有的威胁。由于气候类型复杂、升温速度快、人口密度大等因素，中国处于全球复合型极端事件及灾害的脆弱区。因此，在传统的极端气候事件研究的基础上，有必要加强对中国区域复合型极端事件演变特征的认识。

### 7.5.1 中国热浪–强降水复合型极端事件

尽管前人单独针对热浪或者强降水事件做了大量的研究，但热浪–强降水复合型极端事件的时空特征还尚未被揭示。本书的数据来自中国气象局国家气象信息中心的全国 2481 个国家气象站点逐日观测资料，包括降水、近地面气温和近地面相对湿度。数据集经过严格质量控制和均一化处理，尽可能消除了因站址迁移、仪器变更等人为因素造成的台站观测记录不连续的现象，最终符合要求的站点数量是 1776 个。基于热指数（HI；Li et al.，2018）和湿球温度（WBT；Zhang and Villarini，2020）分别定义热浪。将 1961～1990 年夏季（6～8 月）日热指数/湿球温度的 95%分位数作为阈值，若某日热指数/湿球温度高于该阈值，该日为极端湿热日，连续的湿热日（≥3 天）被定义为一个热浪事件。分别将热指数和湿球温度定义的热浪标记为 HW_HI 和 HW_WT。考虑到降水量的区域差异，将 1961～1990 年夏季日降水量的 95%分位数作为阈值，若某日降水量超过该阈值，为暴雨日，连续暴雨日为同一个暴雨事件，标记为 HP。如果一次暴雨事件起始日期的前 3 天内发生热浪，则认为这是一次热浪–暴雨复合事件（Zhang and Villarini，2020）。过往研究表明，不同滞后时间长度（1d、5d 和 7d）对热浪–暴雨复合事件的识别结果影响不大（Zhang and Villarini，2020；You and Wang，2021；Chen et al.，2021）。基于热指数和湿球温度定义的热浪–暴雨复合事件分别简称为 HWHP_HI 和 HWHP_WT。

在中国，约有 1/3 的暴雨事件发生之前出现了热浪。具体而言，HWHP_HI 占所有暴雨事件的 33.30%，HWHP_WT 占 32.38%[图 7.25（a）（c）]。事件巧合分析法（He and Sheffield，2020）检测结果显示，中国分别有 48.25%和 60.19%的站点发生的 HWHP_HI 和 HWHP_WT 事件在统计上显著（$p<0.05$），即热浪、暴雨发生的时间滞后性在统计学上是相关的。这些站点主要分布在华北区、东北区和东部干旱区。分别将滞后时间设置为 2d、4d 和 7d，以及选择 50mm 作为阈值定义暴雨事件，热浪–暴雨复合事件的空间分布模式没有发生改变。

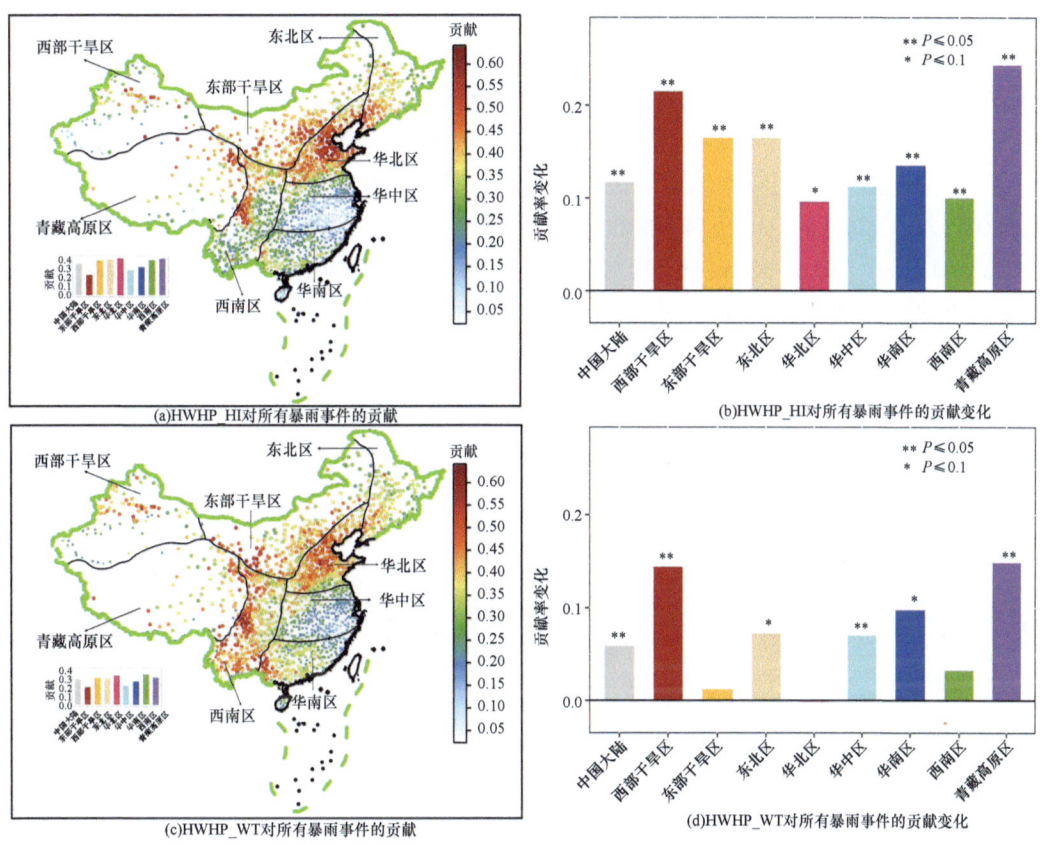

图 7.25　1961～2019 年夏季热浪–暴雨事件（HWHP_HI/HWHP_WT）对所有暴雨事件的贡献率
中国分为 8 个区域（林之光和张家诚，1985）：西部干旱区、东部干旱区、东北区、华北区、华中区、华南区、西南区和青藏高原区。（a）中大点表示 $P≤0.05$（48.48%），小点表示 $P>0.05$（51.52%），（c）中大点表示 $P≤0.05$（60.59%），小点表示 $P>0.05$（39.41%）

热浪–暴雨复合事件对暴雨的贡献率在空间上呈不均匀分布。高贡献率的站点主要位于华北区（HWHP_HI/HWHP_WT 为 43%/37%，下同）、东北区（40%/34%）和东部干旱区（39%/34%），而低贡献率的站点位于华中区（23%/24%）、华南区（28%/30%）和西部干旱区[22%/22%；图 7.25（a）（c）]。中国热浪–暴雨复合事件对所有暴雨事件的贡献率呈显著增加趋势，表明在过往 60 年中，越来越多暴雨事件的发生受到热浪的影响[图 7.25（b）（d）]。1961～2019 年，HWHP_HI/HWHP_WT 对所有暴雨事件的贡献率从 27%/29%增加到 40%/36%。8 个子区域中都存在类似的增长趋势，尤其是西部干旱区（从 12%/15%到 33%/29%）和青藏高原区（从 26%/28%到 50%/42%）。

热浪发生时，高温加热了大气（高显热），这为大气提供了丰富的水汽（高比湿），将增强大气不稳定性（高对流有效势能），有利于暴雨的形成（Zhang and Villarini, 2020）。对于华北区，暴雨通常与非均匀饱和引起的局部湿度集中有关（Gao et al., 2010；Yang et al., 2007）。暖湿空气在低层大气中逐渐累积，中高层的干冷空气入侵增强了大气垂直运动，引起强对流，导致低层水汽辐合、高层水汽辐散（高守亭等，2018；赵宇等，2011）。华南区与华中区暴雨的生成机制不同（高守亭等，2018）：热带气旋在促进华南暴雨事件的发生中起着重要作用（Wang et al., 2020；Zhang et al., 2018b），而华中暴雨事件主要由梅雨锋引起（Ding et al., 2020）。这两个天气系统减弱了热浪和暴雨之间的关联，导致热浪–暴雨复合事件对这两个地区暴雨的贡献率较低。由于中国不同地区暴雨产生的主导机制不同，应结合当地天气条件进一步探讨热浪–暴雨复合事件发生的物理过程。

中国正在经历着更频繁的湿热浪，HW_HI 和 HW_WT 增加速率分别为 0.32 次/10a [$p<0.05$；图 7.26（a）]和 0.14 次/10a[$p<0.1$；图 7.26（b）]，这与过去的研究结果相似（Luo and Lau, 2018；Kong et al., 2020）。然而，湿热浪的增加在华北区（HW_HI 和 HW_WT 增加速率分别为 0.11 次/10a 和 0.01 次/10a，下同）和华中区（0.13 次/10a 和

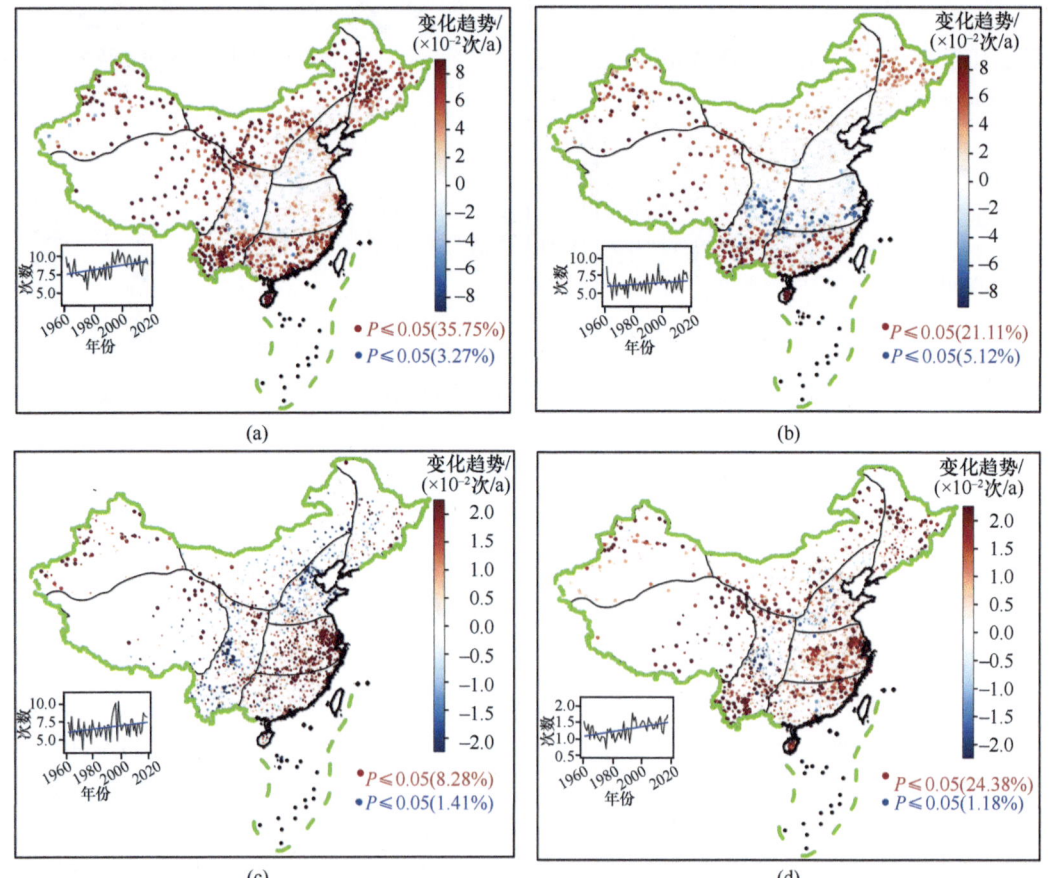

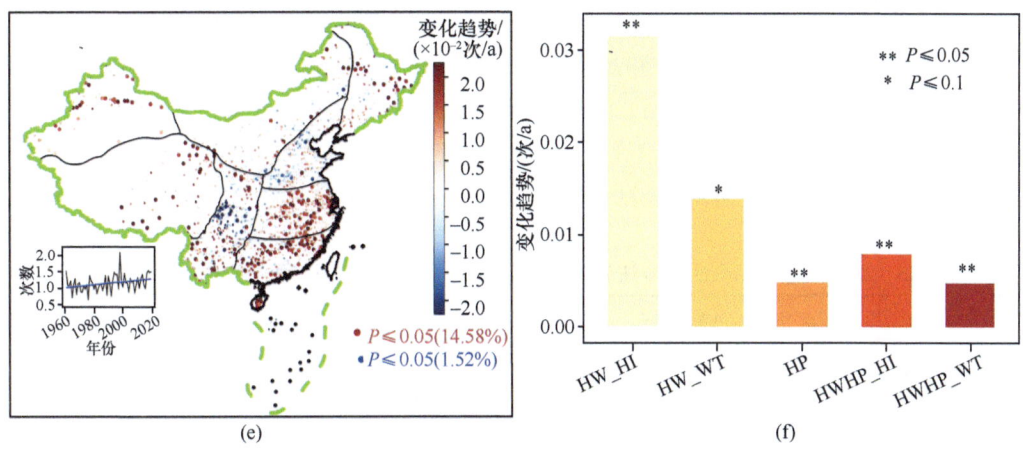

图 7.26 （a）基于热指数定义的热浪事件（HW_HI）；（b）基于湿球温度定义的热浪事件（HW_WT）；（c）暴雨事件（HP）；（d）基于热指数的热浪–暴雨复合事件（HWHP_HI）；（e）基于湿球温度的热浪–暴雨复合事件（HWHP_WT）；（f）全国年平均值的时间趋势

0.08 次/10a）的增长趋势并不显著。这可能与这两个地区夏季气温增加相对缓和了相对湿度的显著降低有关。相比于热指数，湿球温度对相对湿度的降低更加敏感。相对湿度的普遍降低将导致 HW_WT 的增加弱于 HW_HI 的增加。暴雨事件在中国变得越来越频繁[增加速率为 0.048 次/10 年，$p<0.05$；图 7.26（c）]。其中华中区、华南区和西部干旱区的暴雨频率呈显著增加趋势，增加速率分别为 0.17 次/10a、0.09 次/10a 和 0.11 次/10a，而华北区和东部干旱区则相反（分别为 –0.05 次/10a 和 –0.01 次/10a）。暴雨频率的时空变化特征与之前的研究一致（Gu et al.，2017；任国玉等，2015，2016）。

随着中国热浪和暴雨事件发生次数的增多，HWHP_HI 和 HWHP_WT 分别显著增加 0.08 次/10a（1961~2019 年增加 45.25%）和 0.05 次/10a（1961~2019 年增加 23.97%）。热浪–暴雨复合事件普遍增加的地区有西部干旱区（HWHP_HI 和 HWHP_WT 分别显著增加 0.09 次/10a 和 0.08 次/10a，1961~2019 年分别增加 117.98% 和 94.61%，下同）、青藏高原区（0.18 次/10a 和 0.12 次/10a，70.31% 和 49.07%）、东北区（0.08 次/10a 和 0.02 次/10a，51.61% 和 27.67%）、华中区（0.01 次/10a 和 0.07 次/10a，71.35% 和 50.91%）和华南区（0.10 次/10a 和 0.09 次/10a，59.35% 和 48.67%）[图 7.26（d）（e）]。此外，热浪–暴雨复合事件变化的分布特征与热浪基本一致，这表明热浪在中国热浪–暴雨复合事件的变化中发挥着相对更重要的作用。然而，热浪并不总是热浪–暴雨复合事件变化的主要驱动因素。例如，由于暴雨数量的增多，在热浪事件没有显著增加的华中地区却经历着越来越多热浪–暴雨复合事件。在华中区，高度城市化的长江三角洲热浪–暴雨复合事件的增加最显著[图 7.26（d）（e）]。城市化一方面加剧了暴雨（Jiang et al.，2020；Wang et al.，2021），另一方面加速了热浪的增加（Luo and Lau，2018；Kong et al.，2020），导致热浪和暴雨之间出现滞后效应的可能性增加。

由于热浪和暴雨的发生均影响热浪–暴雨复合事件的时空变化，采用偏最小二乘回归方法（Guo et al.，2013）来量化不同地区热浪和暴雨对热浪–暴雨复合事件变化的相对贡献（表 7.5）。热浪–暴雨复合事件的变化类型可分为 3 类：热浪驱动型、暴雨驱动型、热浪和暴雨共同驱动型。西部干旱区热浪–暴雨复合事件的变化主要由暴雨事件驱动,基于 HWHP_HI/HWHP_WT 相对贡献率为 57.02%/54.60%。由于华北区热浪和暴雨均无明显变化趋势,二者共同导致了热浪–暴雨复合事件的轻微变化,它们的相对贡献度约等于 50%。在其他地区,热浪在热浪–暴雨复合事件的发生中发挥着更重要的作用。以华南区为例,热浪是热浪–暴雨复合事件增加的主要驱动力,相对贡献率超过 60%。

表 7.5 基于偏最小二乘回归方法计算的热浪和暴雨对热浪–暴雨复合事件变化的贡献

| 子区域 | HWHP_HI | | | | | HWHP_TW | | | | |
|---|---|---|---|---|---|---|---|---|---|---|
| | VIP | | 贡献率/% | | $R^2$ | VIP | | 贡献率/% | | $R^2$ |
| | HW | HP | HW | HP | | HW | HP | HW | HP | |
| 西部干旱区 | 0.85 | 1.13 | 42.98 | 57.02 | 0.76 | 0.90 | 1.09 | 45.41 | 54.60 | 0.75 |
| 东部干旱区 | 1.02 | 0.98 | 51.00 | 49.00 | 0.82 | 0.91 | 1.09 | 45.48 | 54.52 | 0.77 |
| 东北区 | 1.20 | 0.74 | 61.77 | 38.23 | 0.81 | 1.05 | 0.95 | 52.46 | 47.54 | 0.78 |
| 华北区 | 1.02 | 0.98 | 51.21 | 48.79 | 0.74 | 1.00 | 1.00 | 50.11 | 49.89 | 0.75 |
| 华中区 | 1.27 | 0.61 | 67.48 | 32.52 | 0.46 | 1.06 | 0.94 | 52.93 | 47.07 | 0.41 |
| 华南区 | 1.20 | 0.75 | 61.67 | 38.33 | 0.74 | 1.22 | 0.71 | 63.21 | 36.79 | 0.82 |
| 西南区 | 1.30 | 0.55 | 70.43 | 29.57 | 0.79 | 1.15 | 0.83 | 58.00 | 42.00 | 0.83 |
| 青藏高原区 | 1.14 | 0.83 | 57.91 | 42.10 | 086 | 1.11 | 0.88 | 55.77 | 44.23 | 0.85 |

注:VIP 代表变量的相对重要性,$R^2$ 代表模型的拟合优度。

### 7.5.2 中国冷热不舒适极端事件

传统的针对冷热极端事件的研究通常只考虑近地表气温这一要素,然而仅依靠气温无法准确衡量人体的热舒适度,湿度、风速和太阳辐射等其他气象要素也可能对人体的冷热感受产生影响,有必要将其统筹考虑(闫业超等,2013;Zhang et al.,2022b)。自 20 世纪中期以来,在全球快速增暖的背景下,基于气温定义的极端热事件在中国快速增加,极端冷事件有所减少(周雅清和任国玉,2010),但考虑人体舒适度的极端冷热事件的变化特征还尚未被揭示。本节以 1960~2017 年国家基本气象站的逐日平均气温和相对湿度观测资料为基础,采用温湿指数(THI;Thom,1959)刻画人体感知的冷热程度,对中国 1960~2017 年间冷热不舒适日数的气候态及变化趋势进行分析。观测资料已通过严格的质量控制流程,并已进行均一化订正(Li et al.,2016;2020),最终符合要求的站点数量是 739 个。参考前人提出的适用于中国区域的分级标准(蔚丹丹和李山,2019),此处将 THI 低于 7℃的一天定义为冷不舒适日,将 THI 高于 27℃的一天定义为热不舒适日。

1961~2017 年全国年平均冷、热不舒适日数分别为 112.1d 和 6.9d[图 7.27(a)]。冷不舒适事件在除华南和西南地区南部以外的全国大部分区域都经常发生,而热不舒适事件仅分布在华南地区和长江中下游区域[图 7.28(a)(b)]。在 1961~2017 年间,全国平均的冷不舒适日数以–2.1d/10a 的趋势（$p<0.05$）减少，而热不舒适日数以 0.9d/10a 的趋势（$p<0.05$）增加[图 7.27（b）（d）]。从空间分布来看[图 7.28（c）（d）]，冷不舒适日数的减少趋势广泛地分布在全国绝大部分区域，且所有分区的减少趋势都在统计上显著（$p<0.05$），趋势值在–3.1d/10a（江淮地区）到–0.6d/10a（华南地区）之间；热不舒

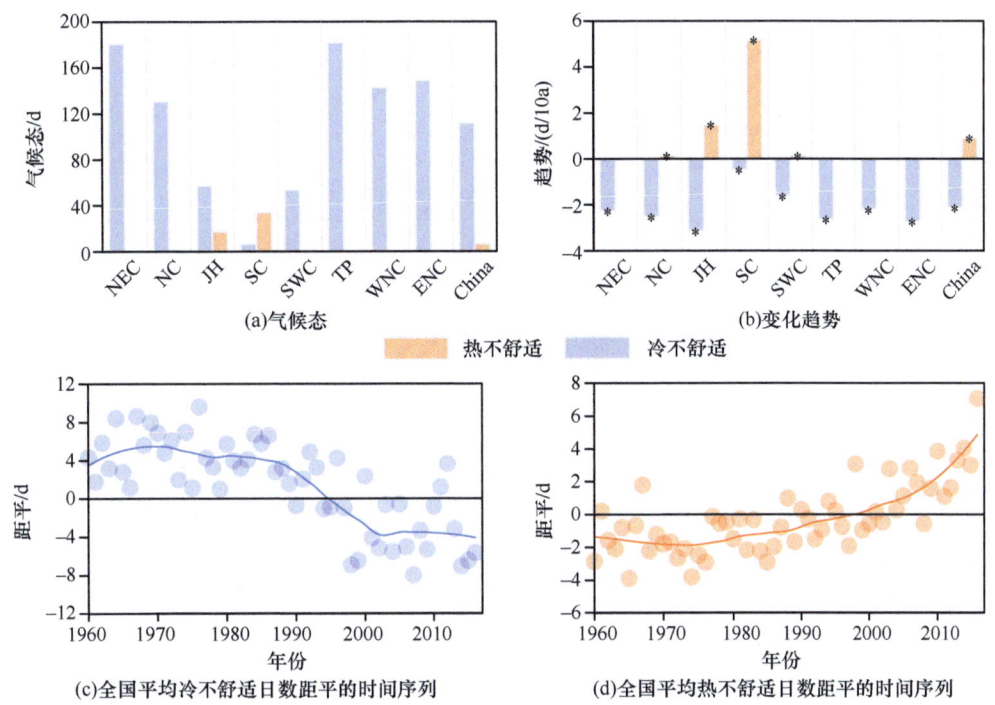

图 7.27　历史冷热日数变化区域平均

（b）中的*表示趋势在统计上显著（$p<0.05$）。（c）和（d）中的距平是相对于 1981～2010 年平均，圆点表示逐年的数值，曲线表示平滑拟合。（a）和（b）中的区域缩写：NEC=东北地区、NC=华北地区、JH=江淮地区、SC=华南地区、SWC=西南地区、TP=青藏高原地区、WNC=西北地区西部、ENC=西北地区东部、China=全国，对应的空间位置见图 7.28（a）

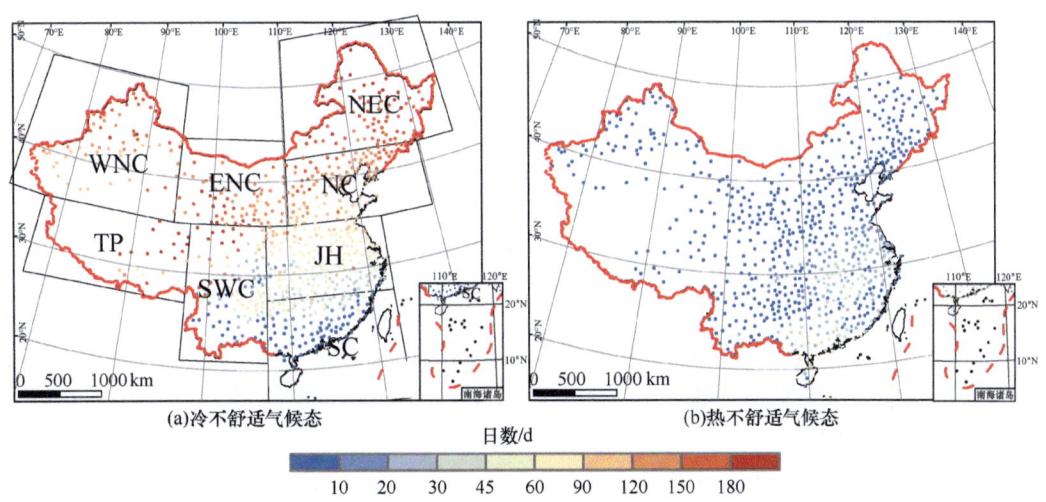

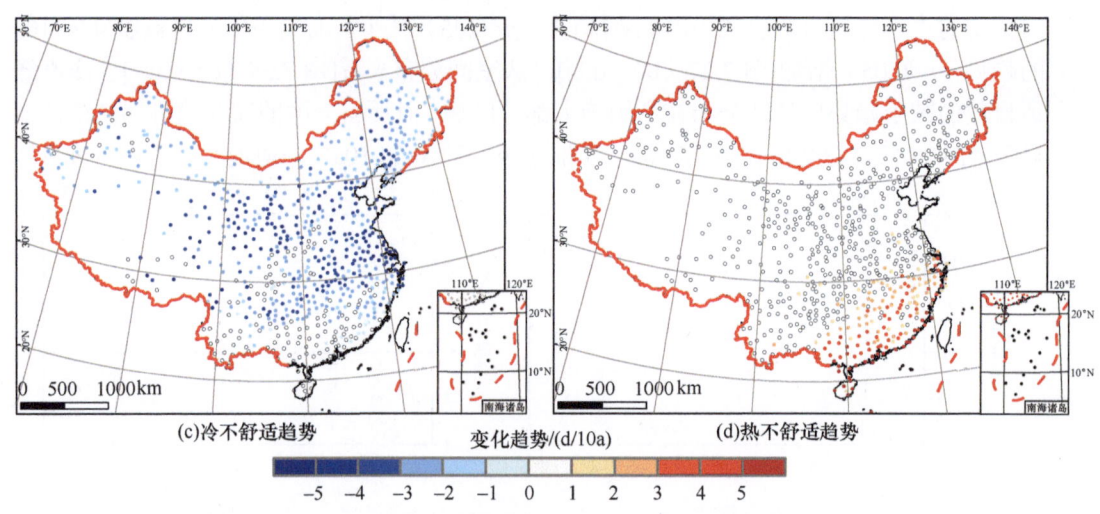

图 7.28 新观测气候态和趋势空间分布
（c）和（d）中的变化趋势，仅显示了在统计上显著（$p<0.05$）的结果

适日数的增加趋势集中在中国东南部[图 7.27（b）]，其中以华南地区最为突出（5.1d/10a，$p<0.05$），其次是江淮地区（1.5d/10a，$p<0.05$）。进一步来看，冷热不舒适日数在不同时间段体现出不同的变化特征[图 7.27（c）（d）]，在 20 世纪 80 年代中后期之前，二者的变化均不明显，随后一个时间段出现了快速变化趋势，但到了 2000 年前后又出现转折（对应于 21 世纪初期的增暖停滞期），其中冷不舒适日数的变化趋于停滞，而热不舒适日数仍快速增加。上述分段特征和前人基于气温的极端冷热事件的研究大体一致（周雅清和任国玉，2010；Chen and Zhai，2017；Shen et al.，2018）。

### 7.5.3 西北地区高温-干旱复合型极端事件

极端气候事件，如极端高温和干旱都会造成严重的环境和经济问题。干旱与极端高温之间的关系已受到广泛关注（Vautard et al.，2007；Zampieri et al.，2009）。高温导致土壤蒸发加速，土壤水分减少，植物水分流失。土壤水分的缺乏反过来又会强烈减少蒸发冷却，从而对高温热浪的空间范围和幅度产生明显的影响。西北地区是中国干旱半干旱地区的主要组成部分，部分地区为极端干旱地区。作为对全球气候变化响应最敏感的地区之一，如果干旱和极端高温同时或连续发生时，对社会经济的影响会更加严重（Li et al.，2019）。因此本节主要以西北地区为例，对高温和干旱同时发生的这种复合型干热事件的变化特征进行分析，为进一步了解复合型极端事件提供参考。

一般中度以上干旱造成的危害较为严重，因此定义复合型暖干事件为当月出现中旱（3 个月时间尺度的 SPEI3<–1.0）以上等级干旱时，计算该月出现不同阈值的极端高温事件数量。当年发生复合型暖干事件的数量则为 5～10 月的事件总和（Mazdiyasni and AghaKouchak，2015）。

极端高温事件定义为在 1961～2017 年期间，当连续 3 天的日最高气温均超过日最高气温阈值时，则认为发生了一次极端高温事件。日最高气温阈值为研究期 1961～2017 年日最高气温的 85% 和 90% 分位数（Meehl and Tebaldi，2004；Perkins and Alexander，2013；Russo et al.，2014）。将超过 85% 和 90% 分位数阈值的复合型暖干事件分别表示为 $DH_{85}$ 和 $DH_{90}$。

复合型干热事件在西北大部分地区为增加趋势，尤其是 $DH_{85}$ 在新疆东部、青海格尔木北部、河西走廊、宁夏到陇南一带，以及陕北增加趋势超过了 0.3/10a（$p<0.05$），甚至在新疆东部和格尔木北部增加趋势超过了 0.6/10a，但在新疆西部和青海、陕西的部分站点为减少趋势，新疆西部的部分站点减少趋势显著（$p<0.05$）[图 7.29（a）]。$DH_{90}$ 的变化趋势分布与 $DH_{85}$ 相似，在大部分区域为增加趋势，其中新疆东部、青海的格尔木北部、河西走廊、宁夏至陇南、陕北地区的增加趋势超过了 0.3/10a，塔克拉玛干沙漠南部和青海北部的部分地区增加趋势超过了 0.5/10a，而在新疆西部 $DH_{90}$ 为减少趋势的站点范围大于 $DH_{85}$[图 7.29（b）]。

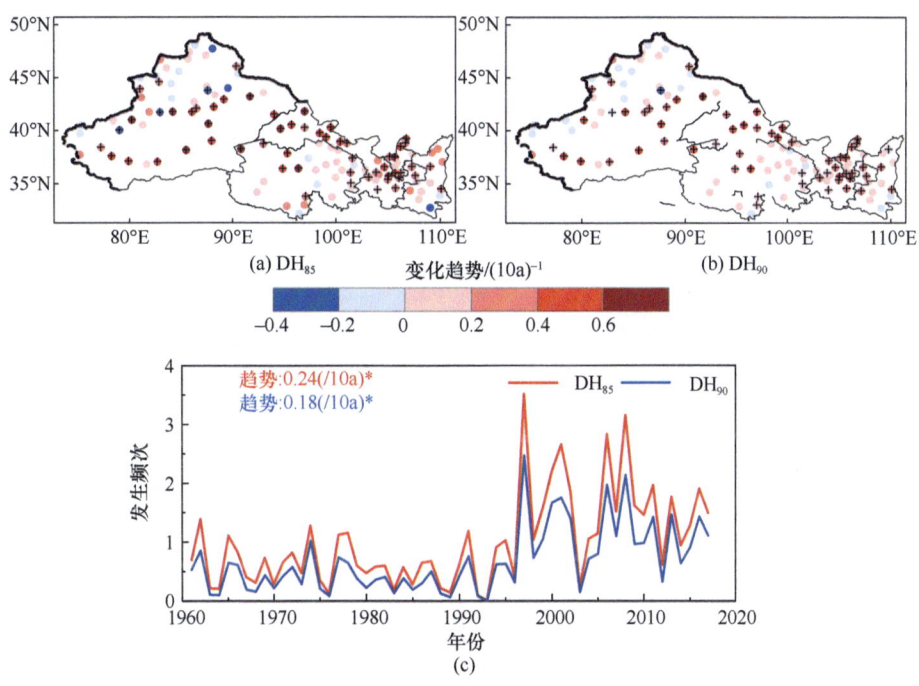

图 7.29　1961～2017 年西北地区复合型暖干事件变化趋势分布（a）（b）和区域平均值变化（c）
+表示趋势在统计上显著（$p<0.05$）

从 1961～2017 年西北地区复合型干热事件的变化曲线可以看到，$DH_{85}$ 和 $DH_{90}$ 的增加速率分别为 0.24/10a、0.18/10a[$p<0.05$；图 7.29（c）]。该地区复合型干热事件在 20 世纪 90 年代急剧增加，峰值出现在 1997 年，之前时期的变化较为稳定。$DH_{85}$ 和 $DH_{90}$ 均在 1996 年之后发生了突变（$p<0.05$）。1961～1996 年 $DH_{85}$ 和 $DH_{90}$ 平均每年发生次数为 0.6 和 0.4，1997～2017 年增加到了 1.7 和 1.2，分别是前一个时期的 2.8 倍和 3.0 倍。

## 7.6 中小尺度强对流天气变化

### 7.6.1 中国暖季雷暴、闪电日数

中国 4～10 月暖季雷暴日数平均发生频率为 37.3d/a，并且暖季雷暴日数随着纬度的增加而明显减少。中国的南部和西南部以及青藏高原的东南部，雷暴发生的也较为频繁，雷暴发生日数明显高于同纬度的其他地区。长江流域的北部地区，暖季雷暴的平均发生次数随纬度的变化不明显。西北干旱区暖季雷暴发生的次数最少[图 7.30（a）]。在 163 个网格点中，1961～2013 年暖季雷暴共有 161 个网格点（98.8%），呈现出减少趋势[图 7.30（b）]，其中 89.4%在统计上显著（$p<0.05$）。因此，暖季雷暴日数在中国大陆范围内大部分地区都呈现出了明显的减少趋势。青藏高原的中部和东部、华南地区，以及西南地区下降的趋势最为明显，幅度也最大，减少趋势超过−4.0 d/10a。而西北地区有两个网格点呈现出不显著的增加趋势，占总网格点的 1.2%。中国大陆整体上 1961～2013 年暖季雷暴日数减少明显，趋势为−2.6 d/10a，在 1961～1975 年之前，雷暴日数在波动中变化，减少趋势不明显，而 1975 年之后，雷暴日数开始明显减少，最大幅度的减少出现在 2000 年以后[图 7.30（c）]。

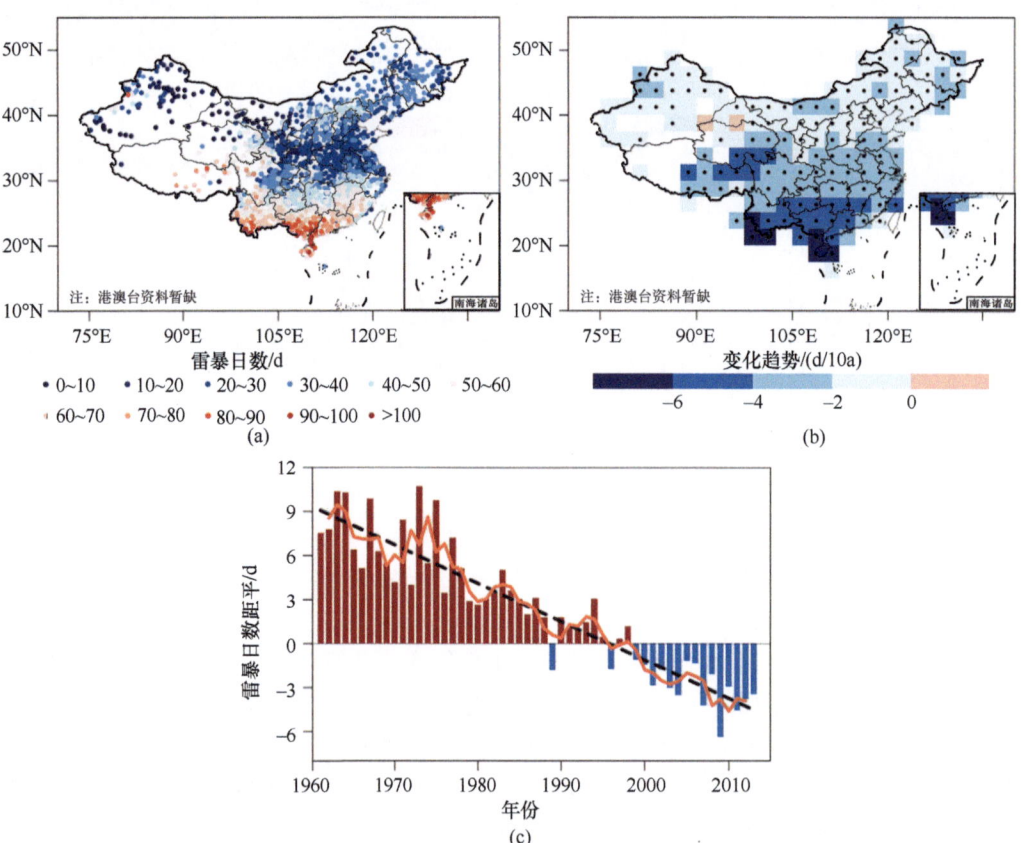

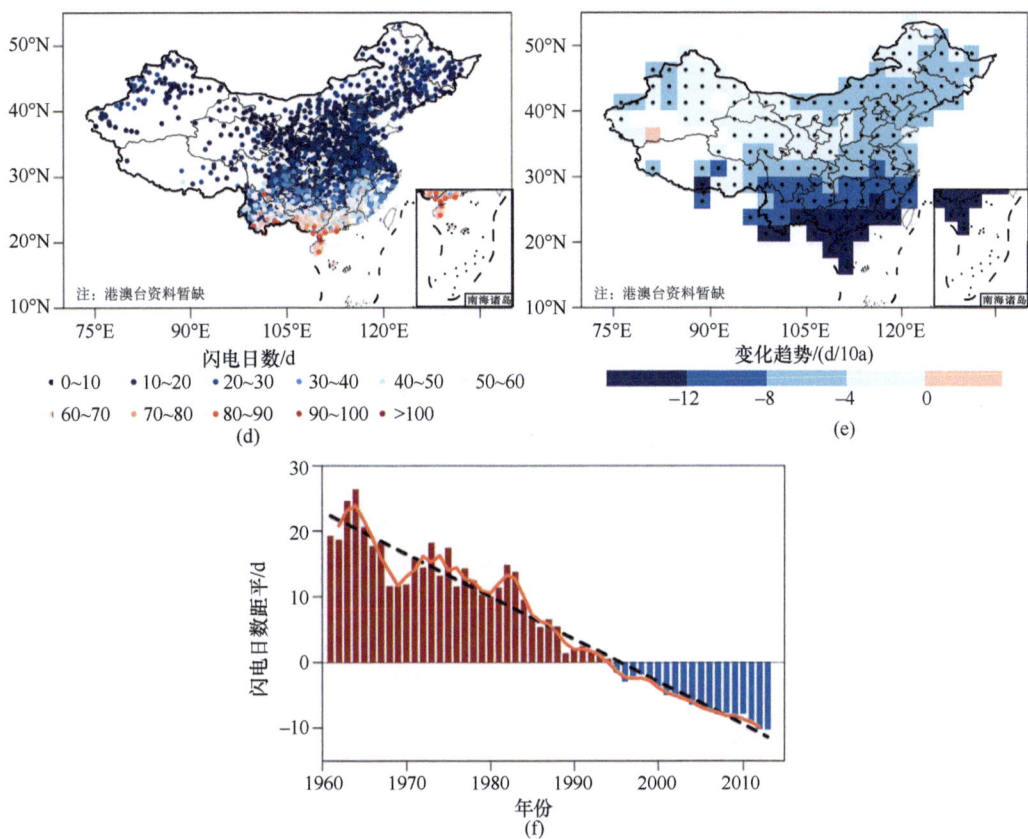

图 7.30　1961~2013 年中国暖季平均雷暴日数的空间分布情况（a）；网格点暖季雷暴距平序列的变化趋势（b）；全国的暖季雷暴日数距平序列（c）；中国暖季平均闪电日数的空间分布情况（d）；网格点暖季闪电距平序列的变化趋势（e）和全国的暖季闪电日数距平序列（f）

（b）（e）中的黑点代表结果在统计上显著（$p<0.05$）。（c）（f）中黑色虚线表示线性回归，橙色曲线表示 3 次滑动平均线。标准气候期选取的是 1981~2010 年

1961~2013 年中国暖季闪电日数平均发生频率为 21.4 d/a。整体来说，闪电日数的空间分布情况和雷暴类似，也是随着纬度的增加而明显减少，但是青藏高原地区不再是高频区之一[图 7.30（d）]。在 163 个网格点中，有 162 个网格点闪电的变化呈现出减少趋势，占全部网格的 99.4%，并且大部分在统计上显著[$p<0.05$；图 7.30（e）]。其中，中国南方闪电日数的减少趋势最为明显，小于-12 d/10a。而在 1961~2013 年，过去这近 50 年中，全国暖季闪电减少趋势为-6.5 d/10a[图 7.30（f）]。虽然闪电和雷暴经常同时发生，空间分布上也很相似，但是闪电的减少趋势是明显比雷暴显著的。

1961~2013 年全年、暖季、春季、夏季和秋季雷暴以及闪电的变化趋势见表 7.6。无论是年、暖季、还是春、夏、秋 3 个季节，中国区域内雷暴和闪电的变化都是减少的，并且都在统计上显著（$p<0.05$）。春、夏、秋 3 个季节中，减少趋势最为明显的是夏季。雷暴的年减少趋势为-2.7 d/10a，闪电的年减少趋势为-6.6 d/10a。

表 7.6  1961~2013 年中国雷暴和闪电日数的变化趋势

| 时间 | 雷暴日数 | 闪电日数 | 单位 |
| --- | --- | --- | --- |
| 全年 | −2.7* | −6.6* | d/10a |
| 暖季 | −2.6* | −6.5* | d/10a |
| 春季 | −0.6* | −1.1* | d/10a |
| 夏季 | −1.7* | −4.1* | d/10a |
| 秋季 | −0.4** | −1.3* | d/10a |

*表示 $p<0.05$。
**表示 $p<0.01$。

## 7.6.2  中国冰雹、龙卷频次

中国冰雹的年平均日数分布情况和雷暴、闪电具有很大的不同，雷暴和闪电在中国南部发生较多，而冰雹却在东北地区、内蒙古东部地区、山西和陕西地区，以及云贵高原发生较多，并且在华南和华中地区发生最少，也就是在中国温度较高的地区，冰雹发生较少[图 7.31（a）]。1961~2019 年，冰雹日数发生最多的台站为那曲站（西藏），共发生

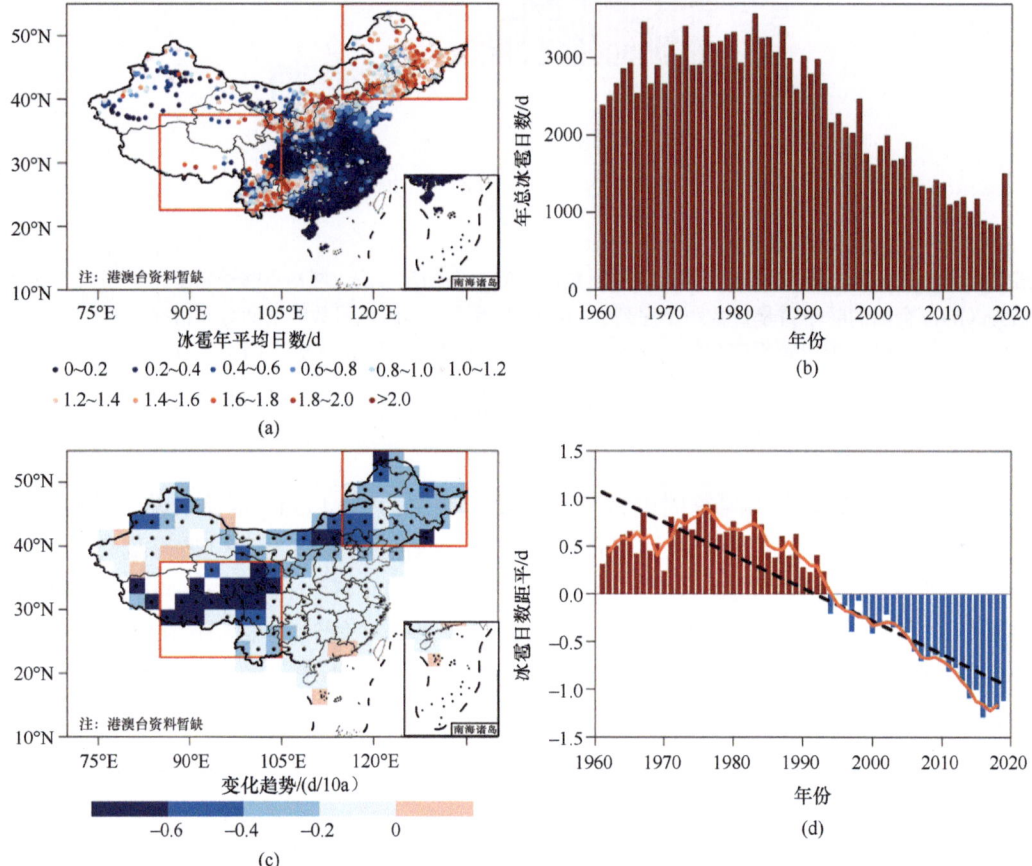

图 7.31  1961~2019 年中国冰雹年平均日数分布情况（a）；年总冰雹日数变化情况（b）；网格点冰雹距平序列的趋势（c）和全国的冰雹日数距平序列（d）

(c) 中的黑点代表结果在统计上显著（$p<0.05$）。(d) 中黑色虚线表示线性回归，橙色曲线表示 3 次滑动平均线。标准气候期选取的是 1981~2010 年。(a) 和 (c) 的红色方框区域为东北地区和青藏高原地区

了 1795d。1983 年是年总冰雹日数发生最多的年份，全国共发生 3572d，2018 年发生的最少，为 842d，在 1980 年之前，中国冰雹总日数表示出微弱的增加趋势，之后显著减少，但是 2019 年发生的冰雹总日数比 2018 年发生的多 1 倍[图 7.31（b）]。在全国的网格点中，除了华南地区 3 个网格点和中国西部 5 个网格点呈现出不显著的增加趋势以外，其他网格点都是减少的，减少的网格点占全部网格点的 95.32%，并且大部分在统计上显著（$p<0.05$），青藏高原地区是冰雹日数减少最为显著的地区，东北地区减少也很明显[图 7.31（c）]。1961～2013 年全国的冰雹日数以 $-0.35$ d/10a 的趋势减少，并且 1980 年以后减少更为明显[图 7.31（d）]。

1961～2013 年，中国观测台站共记录到 1082d 的龙卷日数，年平均龙卷日数是 20.42d[图 7.32（a）]。广西壮族自治区的涠洲岛站是中国龙卷发生最多的台站，总共有 26d。在中国共有 3 个龙卷发生较多的典型区域，分别是华南地区、华东地区，以及东北地区。华南地区共有 52 个台站，华东地区共有 118 个台站，东北地区共有 76 个台站，1961～2013 年至少观测到了 1 次龙卷的发生。在这 3 个典型区域中，1961～2013 年，华南地区共发生 215d 龙卷日数，华东地区共发生 286d 龙卷日数，东北地区共发生 204d 龙卷日数。近 50 年来，台站龙卷发生最多的省份是黑龙江省，为 120d，其次是广东省，为 108d，再然后是江苏省，为 87d[图 7.32（b）]。而重庆市则没有台站记录到龙卷的发生。

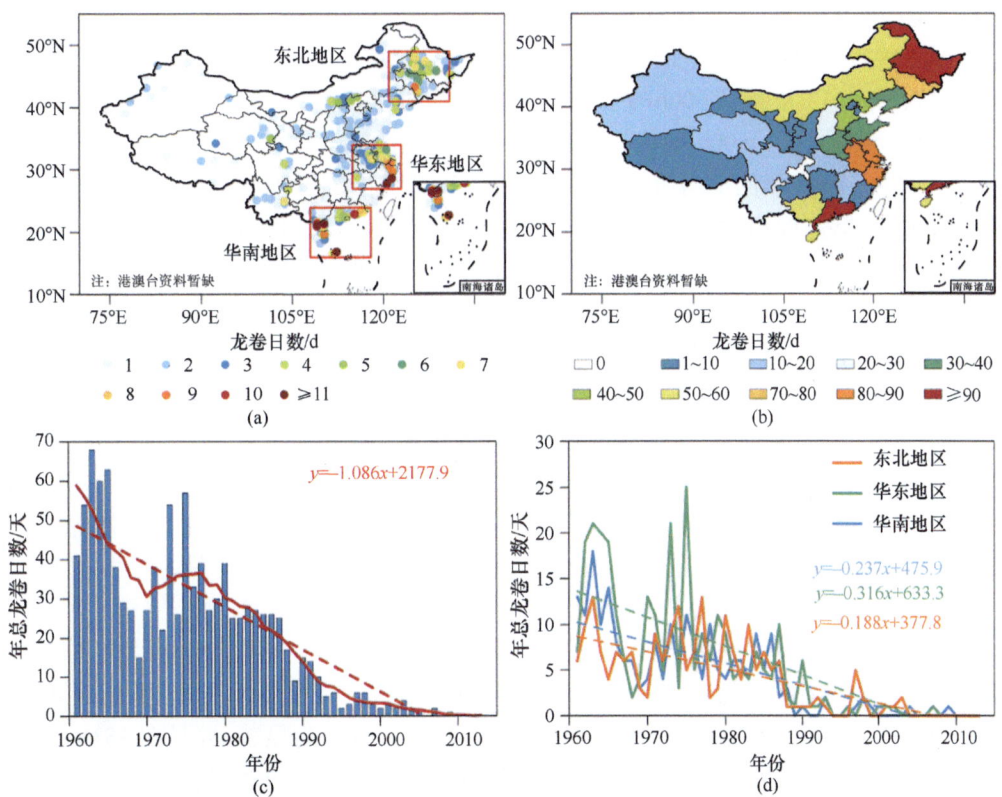

图 7.32 1961～2013 年中国总龙卷日数的空间分布（a）；省份分布情况（b）；中国（c）和典型区域（d）的总龙卷日数变化情况

（c）和（d）中的虚线表示线性回归线，（c）中的红色实线表示 9 年滑动平均线

1961～2013年中国龙卷总日数明显减少，趋势为–10.86 d/10a[$p<0.05$；图7.32（c）]。在1963年发生的龙卷总日数最多，为63d，在1980年代中期以后，台站观测到的龙卷显著减少。华南地区、华东地区以及东北地区这3个龙卷日数高发区域的龙卷总日数呈现出明显的减少趋势[图7.32（d）]。华南地区龙卷总日数的减少趋势为–2.37 d/10a，华东地区的减少趋势为–3.16 d/10a，而东北地区的减少趋势为–1.88 d/10a（$p<0.05$）。在1980年代以后，这3个典型区域的减少更为明显[图7.32（d）]。

### 7.6.3 中小尺度强对流天气变化影响因子

雷暴和闪电都属于中小尺度强对流天气，常常与强降水伴随发生。在过去的50年中，中国范围内，雷暴和闪电表现出明显的减少趋势，这与如极端强降水之类的其他极端事件呈现出的增加趋势完全相反。因此，造成中国范围内雷暴和闪电明显减少的影响因子值得进一步的研究。1961～2013年中国暖季雷暴和闪电在1979年之后减少得更为明显，并且因为多元数据的融合及模型和数据同化方法的提高，再分析数据的质量在1970年代中期以后有明显的提高。因此选取了1979～2013年4～10月暖季的ERA5再分析数据来研究中国范围内雷暴和闪电日数减少与大尺度环流和局地环境因子的关系。

选取1979～1999年为正的异常阶段，2000～2013年为负的异常阶段。图7.33（a）为1979年到2013年暖季500hPa位势高度，以及200hPa风场的平均值。图7.33（b）为暖季两个阶段之间，500hPa位势高度及200hPa风场的差异值（2000～2013年的平均值减去1979～1999年的平均值）。从500hPa位势高度及200hPa风场的平均值来看，中国华南地区位势高度相对较高，而华北地区则相对较低，从200hPa风场来看，中国大部分地区处于西风急流的控制下[图7.33（a）]。从500hPa位势高度的差异值来看[图7.33（b）]，从贝加尔湖到中国东北地区的位势高度有明显的上升，与这一变化相对应的是，该区域存在反气旋异常，控制了华北和蒙古国东部的大部分地区。这意味着在200hPa（35°N～45°N）西风急流盛行的区域存在异常的东风分量，而异常东风的存在使得西风急流减弱，将不利于高空的辐散。与之相反，在中国南方，从云南到海南的位势高度存在负的异常。这就意味着，北方的位势高度变得相对较高，而南方的位势高度变得相对较低，也就是位势高度高的南方位势高度变低了，位势高度低的北方位势高度反而变高了，这就使得南北之间的位势高度差变小了。而南北位势高度差的减小，将不利于冷空气向南爆发（马晓玲，2019）。

南北位势高度差的减小和西风急流的减弱影响了高空纬向风的变化。雷暴日数与500hPa纬向风有着很好的正相关关系，特别是在中国的东南沿海地区至云南地区和青藏高原至内蒙古地区（图7.34）。闪电日数与纬向风的相关性更为显著，并且在35°N～45°N这个西风急流区域，大部分闪电日数和高空纬向风的相关系数在统计上显著（$p<0.05$）。500hPa纬向风与雷暴日数的相关系数为0.53，与闪电日数的相关系数为0.51。1979～2013年，中国大陆大部分地区高空纬向风减弱，尤其是在东南沿海地区和华中地区纬向风减弱更为明显，这可能是导致中国暖季雷暴和闪电日数明显减少的原因之一。

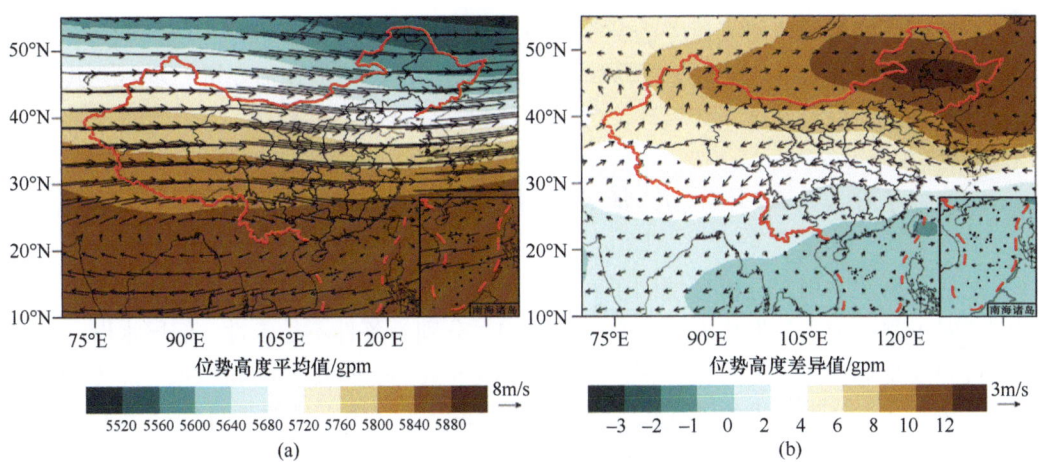

图 7.33　1979～2013 年 4～10 月暖季 500hPa 位势高度及 200hPa 风场的平均值（a）和差异值（b）

平均值是 1979～2013 年暖季的平均值，差异值是 2000～2013 年暖季的平均值减去 1979～1999 年暖季的平均值

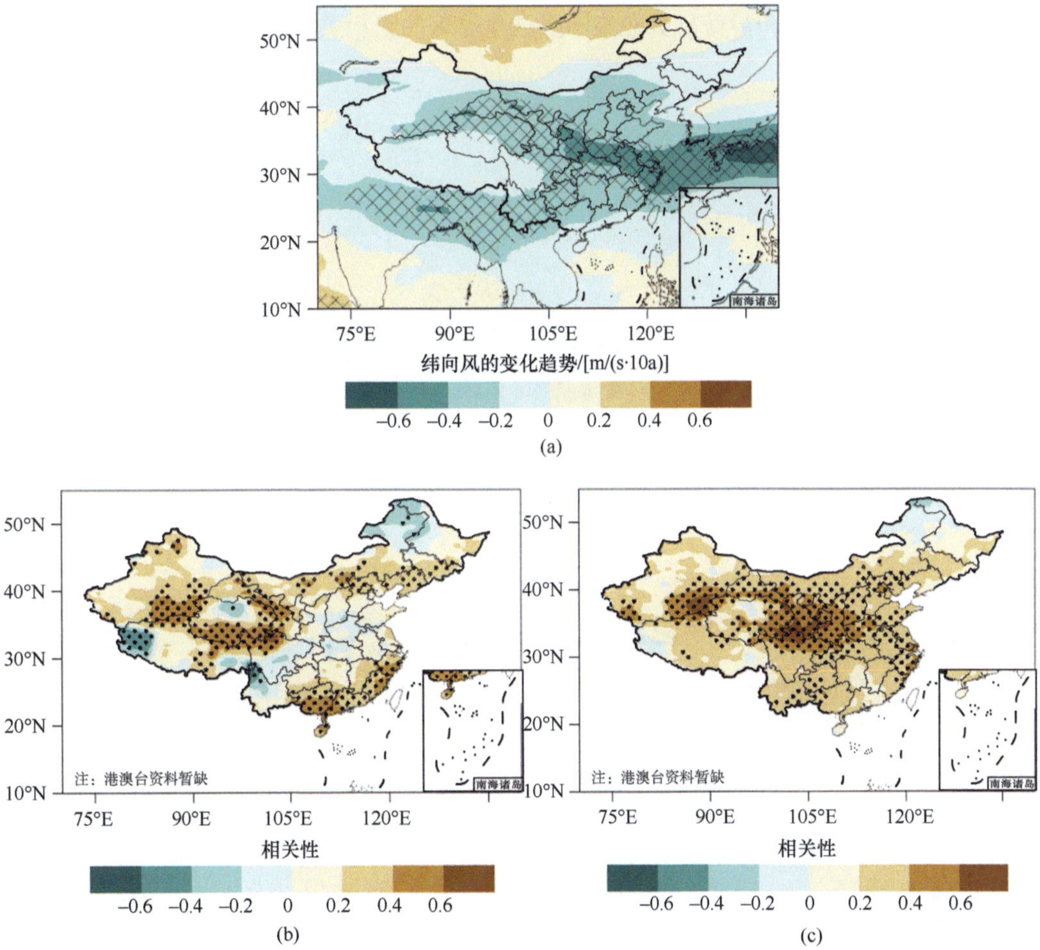

图 7.34　1979～2013 年 4～10 月暖季 500hPa 纬向风的变化趋势分布（a），500hPa 纬向风和雷暴日数（b）以及闪电日数（c）的相关性分布

（a）中黑色网格区域以及（b）和（c）的黑点区域代表结果在统计上显著（$p<0.05$）

总体而言，南北位势高度差的减少和西风急流的减弱导致了高层大气纬向风减小，这影响了过去 50 多年中国暖季雷暴和闪电的产生和发展。但还需要进一步研究其具体的动力学机制，以及其他大尺度环流因子是否起着同样重要的作用。

### 7.6.4 中小尺度强对流天气变化局地环境因子

配料分析法常用来分析环境因子对于强对流天气的影响，根据这一方法，有 4 个环境因子对于强对流天气发生发展有着重要作用，分别为条件不稳定性、低层水汽、对流启发机制以及垂直风切变。对流不稳定性（convective available potential energy，CAPE）是用来测量大气不稳定性的物理量，它可以提供导致气团上升的垂直综合浮力的估计（Taszarek et al., 2019）。CAPE 值越大，大气越不稳定，对流天气也就越容易发生。因此，CAPE 对雷暴和闪电的发生发展和变化有着明显的影响。1979～2013 年暖季，中国大部分地区 CAPE 是减少的，尤其是东南沿海地区到云南省，趋势可达到 $-25$ J/(kg·10a) [图 7.35（a）]。CAPE 和雷暴日数在中国区域呈显著的正相关，相关系数达到 0.40 以上，

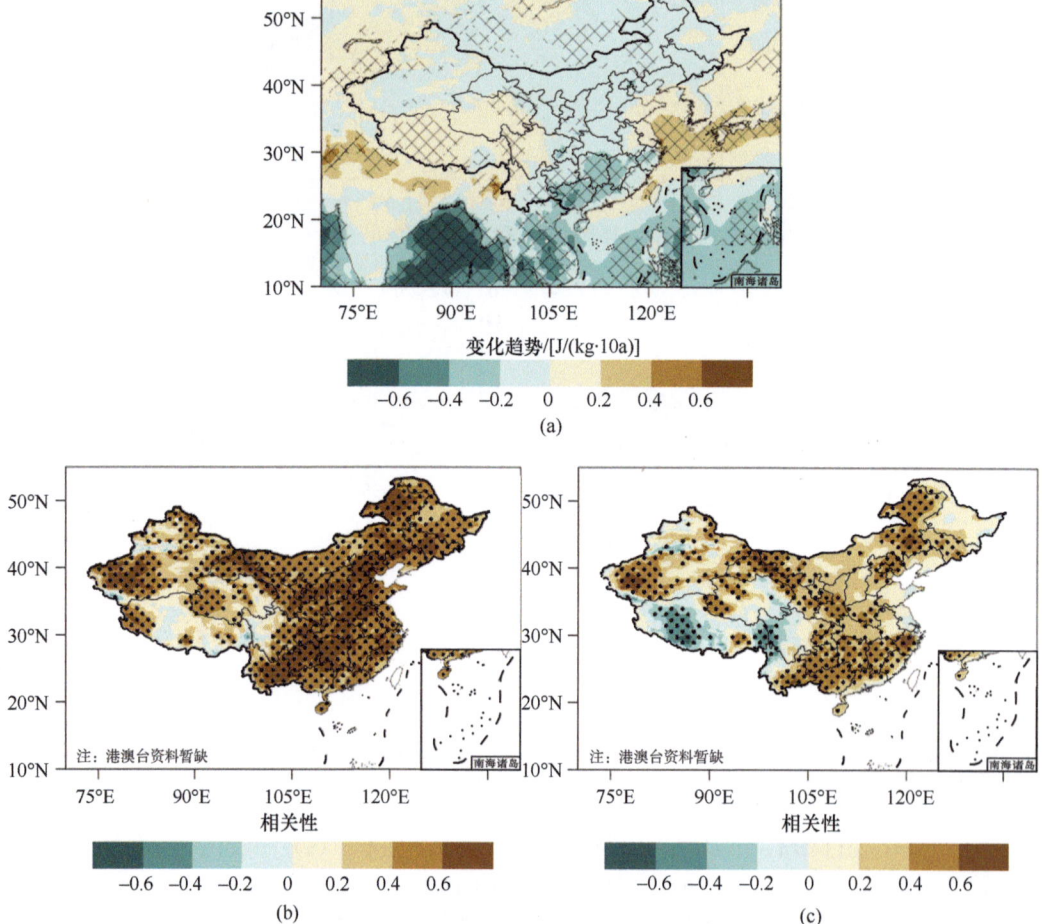

50°N
40°N
30°N
20°N
10°N
75°E
90°E
105°E
120°E
南海诸岛
变化趋势/(%/10a)
−0.6
−0.4
−0.2
0
0.2
0.4
0.6

(d)

50°N
40°N
30°N
20°N
10°N
注：港澳台资料暂缺
南海诸岛
75°E
90°E
105°E
120°E
相关性
−0.6
−0.4
−0.2
0
0.2
0.4
0.6

(e)

50°N
40°N
30°N
20°N
10°N
注：港澳台资料暂缺
南海诸岛
75°E
90°E
105°E
120°E
相关性
−0.6
−0.4
−0.2
0
0.2
0.4
0.6

(f)

50°N
40°N
30°N
20°N
10°N
75°E
90°E
105°E
120°E
南海诸岛
变化趋势/[m/(s·10a)]
−0.6
−0.4
−0.2
0
0.2
0.4
0.6

(g)

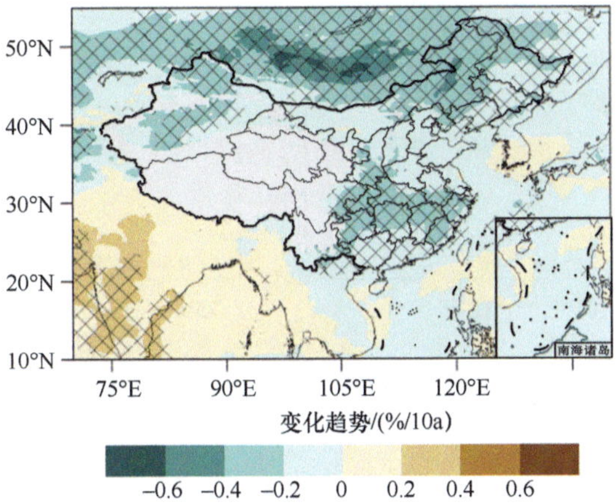

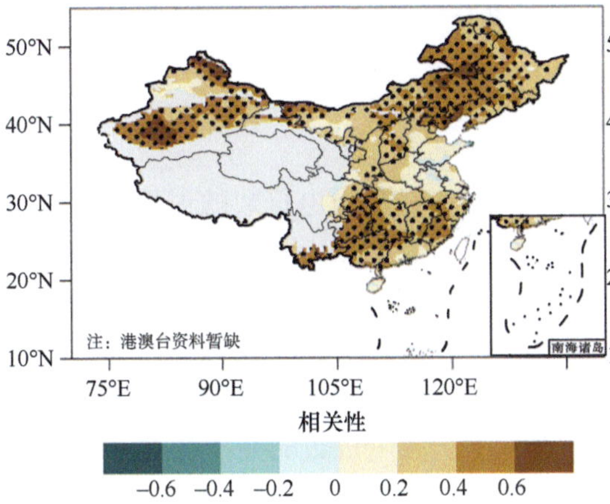

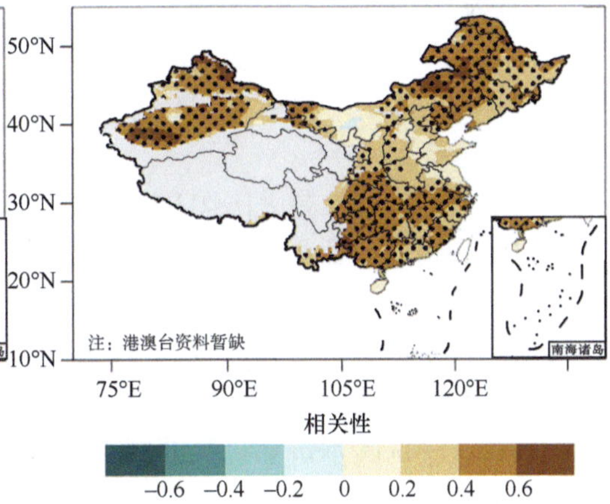

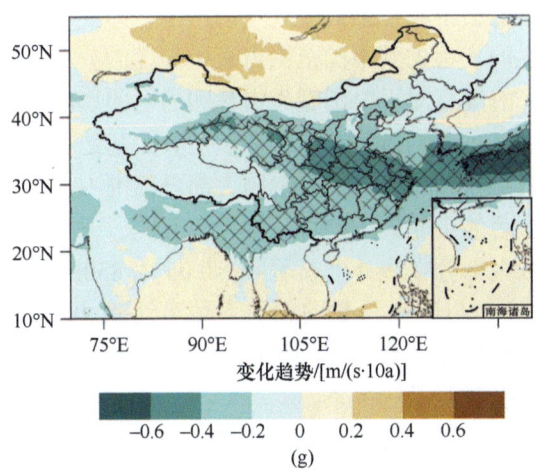

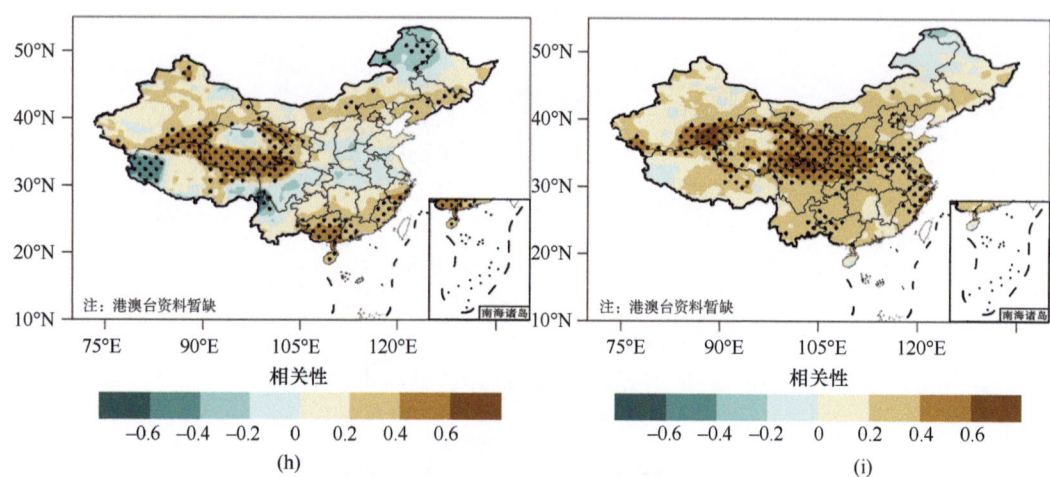

图 7.35　1979～2013 年 4～10 月暖季 CAPE 的变化趋势分布（a），CAPE 和雷暴日数（b）以及闪电日数（c）的相关性分布，850hPa 相对湿度的变化趋势分布（d），850hPa 相对湿度和雷暴日数（e）以及闪电日数（f）的相关性分布，0～6km 垂直风切变的变化趋势分布（g），0～6km 垂直风切变和雷暴日数（h）以及闪电日数（i）的相关性分布

黑色网格区域以及黑点区域代表结果在统计上显著（$p<0.05$）

并且大部分在统计上显著[$p<0.05$；图 7.35（b）]。CAPE 和闪电日数的正相关虽然不如 CAPE 和雷暴日数相关性明显[图 7.35（c）]，但仍有一半以上的相关系数在统计上显著（$p<0.05$）。CAPE 的减少趋势与雷暴和闪电日数的减少趋势在中国地区暖季是相一致的。在中国整个研究区域内，CAPE 和雷暴日数的相关系数可达 0.58，与闪电日数的相关系数可达到 0.27。雷暴日数与 CAPE 在中国暖季的相关性是要好于闪电日数的。因此，中国暖季雷暴日数的减少，以及一定程度上闪电日数的减少和 CAPE 的变化有着显著相关。

低层水汽也是配料分析法中一个重要的因素，对预报强对流天气的发生具有很重要的意义。根据 Westermayer 等（2017）的研究，中低层相对湿度的减少会导致干燥空气卷入上升气流中，这可能会不利于强对流天气的产生，即使有着足够大的 CAPE，也是不利于强对流天气产生的。考虑到中国范围内海拔高度的分布情况，使用 850hPa 的相对湿度来讨论中低层相对湿度对于中国暖季雷暴和闪电的影响[图 7.35（d）（f）]。在中国大部分范围内，850hPa 的相对湿度呈现下降趋势，尤其是在东南沿海和东北地区，下降趋势最明显，大于 –2%/10a[图 7.35（d）]。中国大部分范围内，雷暴和闪电日数与 850hPa 的相对湿度都呈现出显著的正相关[图 7.35（b）（c）]，除了中国的山东省和河南省以外，其余地区的正相关系数大部分在统计上显著（$p<0.05$）。850hPa 的相对湿度与雷暴日数的相关系数可达到 0.56，与闪电日数的相关系数可达到 0.51，并且都在统计上显著（$p<0.05$）。这表明，在过去的几十年里，中国暖季雷暴和闪电日数的显著减少，与对流层下层相对湿度的减少有着明显的关系。

垂直风切变也是基于配料分析法影响强对流天气的一个重要因素，它可以控制上升气流，并有利于形成长生命期的对流风暴，例如超级单体，这就有利于产生包括雷暴和闪电在内的强对流天气。以往的研究表明，垂直风切变越大，强对流天气产生的可能性也就越大（Brooks et al.，2003）。0~6km 的垂直风切变在美国和欧洲更有利于产生强对流天气（Taszarek et al.，2019），而中国与美国的纬度相接近，所以 0~6km 垂直风切变也可能是影响中国暖季雷暴和闪电减少的原因之一。在中国大部分地区，0~6km 垂直风切变呈现出明显的减少趋势[图 7.35（g）]。在中国暖季，0~6km 垂直风切变与雷暴日数的相关系数可达 0.48[图 7.35（h）]。大部分研究区域的闪电日数与 0~6km 垂直风切变呈现出显著的正相关[图 7.35（i）]，尤其是在 30°N~40°N 区域，闪电日数和 0~6km 垂直风切变相关性最为显著（$p<0.05$）。0~6km 垂直风切变的变化以及与雷暴和闪电日数的相关性分布情况与 500hPa 纬向风类似。1979~2013 年中国暖季大部分地区 0~6km 垂直风切变减弱，这可能是导致中国雷暴和闪电减少的原因之一。根据 0~6km 垂直风切变的计算方法（经高度剖面插值后地面与距离地面 6km 风的矢量差），中国大陆高空风速变化基本反映纬向风的变化（Zhang et al.，2009）。因此，高空纬向风的减弱导致了 0~6km 垂直风切变的下降，并由此导致了中国暖季雷暴和闪电日数的减少。

中国暖季雷暴日数和闪电日数的相关性可达到 0.91，说明雷暴和闪电常常是在同一时间、同一地点发生的。500hPa 纬向风、CAPE、850hPa 相对湿度和 0~6km 垂直风切变和雷暴，以及闪电日数都呈现出很好的正相关，并且与雷暴和闪电日数一样，在 1979~2013 年暖季呈现出减少趋势。中国暖季雷暴和闪电日数减少与大尺度环流，以及局地环境因子的关系示意图如图 7.36 所示，从大尺度环流的角度来说，南北位势高度差的减小以及西风急流和高空纬向风的减弱是观测到中国雷暴和闪电日数减少的重要背景原因。在局地环境因子中，CAPE、低层相对湿度，以及 0~6km 垂直风切变的减弱是导致中国暖季雷暴和闪电日数减少的原因。同时，高空纬向风的减弱导致 0~6km 垂直风切变的减弱，因此雷暴和闪电日数的减少是大尺度环流和局地

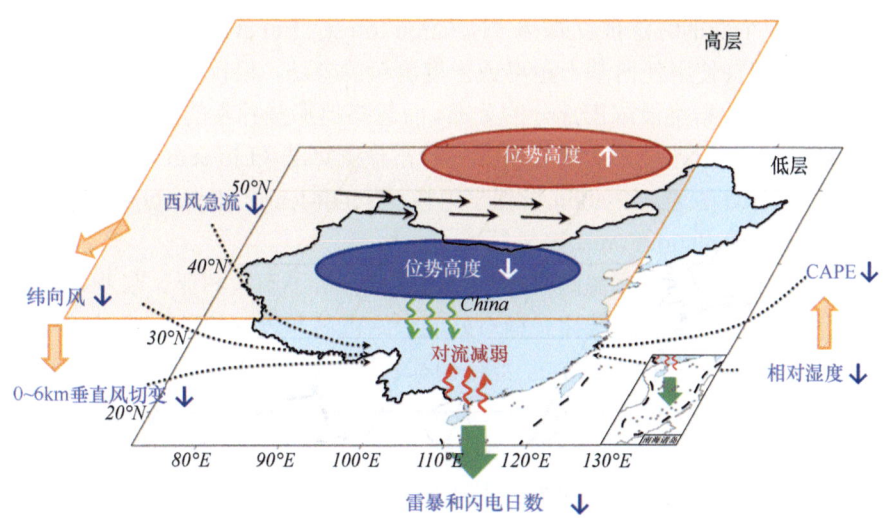

图 7.36 中国雷暴和闪电日数减少的机理示意图
蓝色表示局地环境因子，上升箭头表示增加，下降箭头表示减少，橙色箭头表示促进作用

环境因子协同作用的结果。然而，这些因子如何共同作用，哪一个是最重要的因子，以及背后的物理及微物理过程仍然不清楚，需要做更多的研究工作，比如通过观测数据和气候模型相结合来检查这些因子的相对作用以确定中国雷暴和闪电日数减少的根本原因。

## 7.7 城市化与城市极端气候变化

极端气候变化对自然和人类系统有着重要的影响。极端气候指数是极端气候变化监测和研究中的重要指标。基于器测气温和降水数据衍生的各种极端指数研究全球和区域极端气温变化趋势特征，是目前极端气候事件变化研究中常用的方法。然而，世界上许多国家和地区在过去的上百年到几十年时间里，经历了普遍的城市化进程，这些地区的地面气候序列中往往存在着城市化引起的系统性偏差（Ren, 2015；Jones et al., 2008）。识别和分离出当前极端气候指数序列中的城市化影响，是精确检测和归因极端气候变化的重要前提（Ren and Zhou, 2014）。近几十年来，大部分陆地区域极端高温热浪事件的强度、频率和持续时间不断增加（Perkins, 2015；Chew et al., 2021）。在全球气候变化下，极端热事件很可能将继续增多，将对全球范围内的更多地区产生越来越大的影响。热浪等极端天气/气候事件的频繁发生与城市热岛（urban heat island, UHI）效应有关，二者叠加趋势越来越明显（Ao et al., 2019；He et al., 2020）。

### 7.7.1 全球陆地气象站极端气温

本节主要使用 7.1 节的气温指数数据、美国气候参考网（USCRN；Diamond et al., 2013）的位置数据和欧洲空间局提供的全球土地利用/土地覆盖（LULC）数据（Hollmann et al., 2013）。采用了一个新的算法孤立森林（isolation forest，Liu et al., 2008）来挑选乡村参考站。这个算法没有使用任何基于距离或密度测量的方法，仅仅基于"孤立"这个概念来尝试拟合出训练数据集最浓密部分的分布，而忽略掉那些异常的训练样本。试验表明，孤立森林算法在性能上超过了大部分现存的异常检测算法（Liu et al., 2008）。在本书的研究中，孤立森林算法通过 Python 机器学习模块 scikit-learn（Pedregosa et al., 2011）中的对象 ensemble.IsolationForest 来执行。

除了全球陆地平均极端气温距平序列，还计算分析了澳大利亚、东亚、欧洲、北美的区域平均序列，因为这些区域拥有相对好的台站覆盖和较好的数据质量。从差值序列中可以看出，除了欧洲之外的区域，差值序列都表现出了明显的变化趋势，即所有站（包含乡村站和城市站）暖夜的发生频率要大于乡村站（图 7.37）。城市化的影响主要发生在 20 世纪 80 年代中期之后，最明显的城市化影响发生在东亚地区（特别是中国大陆）。城市化影响的信号在澳大利亚和东亚都是很清晰的，但是这两个地区差值序列的波动要大于全球和北美地区，这可能与澳大利亚和东亚这两个地区的台站数量相对较少有关。欧洲没有观测到明显的城市化信号，可能跟欧洲地区在近几十年来没有发生大规模的城市

# 第 7 章 现代极端气候变化特征规律

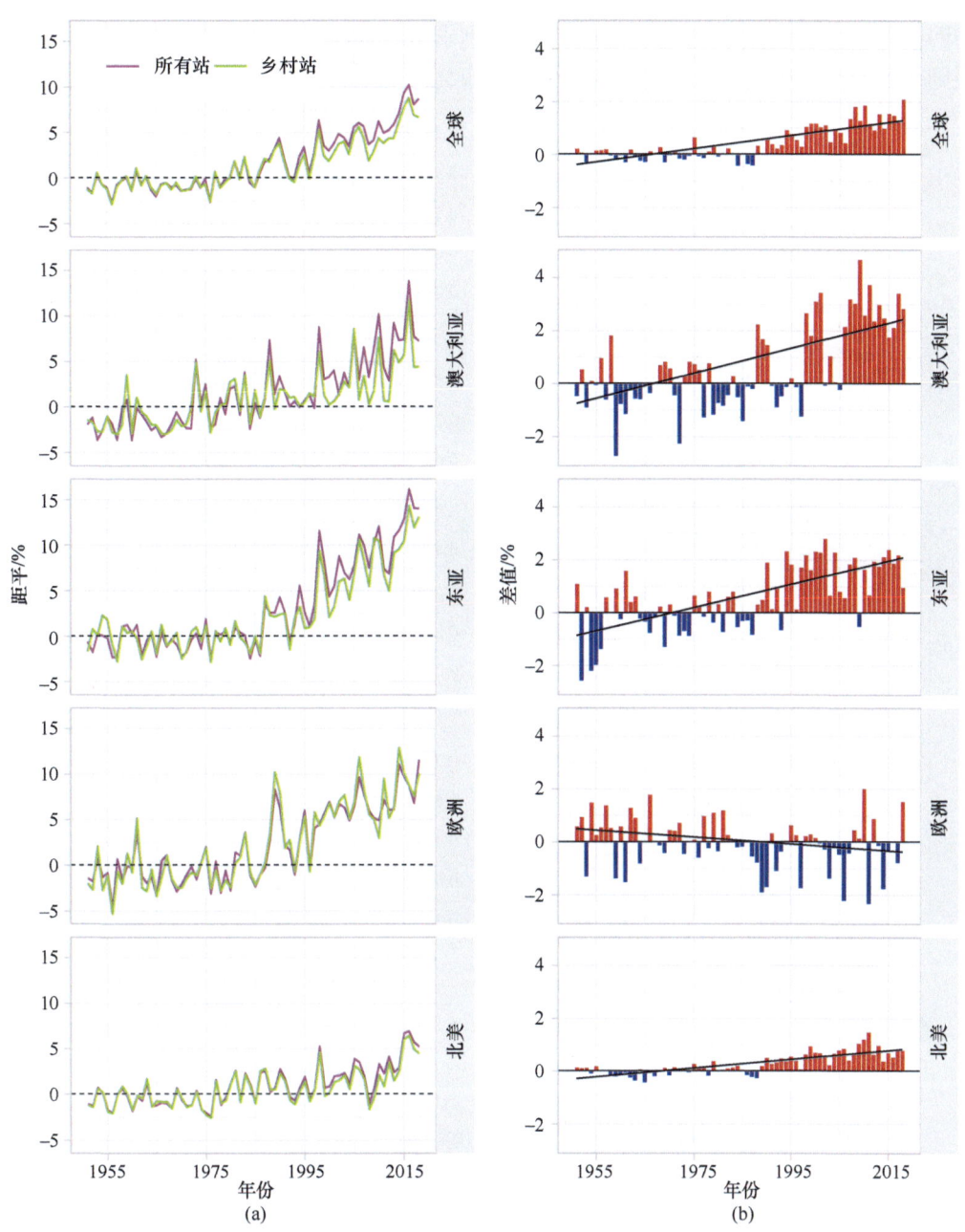

图 7.37 暖夜指数的全球和各区域的年平均时间序列（a）及差值序列（b）

化有关。尽管在同一时期，欧洲城市地区监测到的气温要高于乡村地区，但是长期的变化趋势却是相似的，因为无论城市环境或是乡村环境都没有大规模的变化（Jones et al.，2008；Jones and Lister，2009）。

图 7.38 左侧一栏给出了 4 个相对阈值指数（冷夜、冷日、暖夜和暖日）的城市化影响空间分布图，每个网格内都是所有站（包含农村站和城市站）的网格序列减去乡村站

的网格序列得到差值序列，然后再由差值序列求得线性趋势，即为城市化影响。右侧一栏则是各个指数相对应的全球和各区域的城市化影响及其贡献。

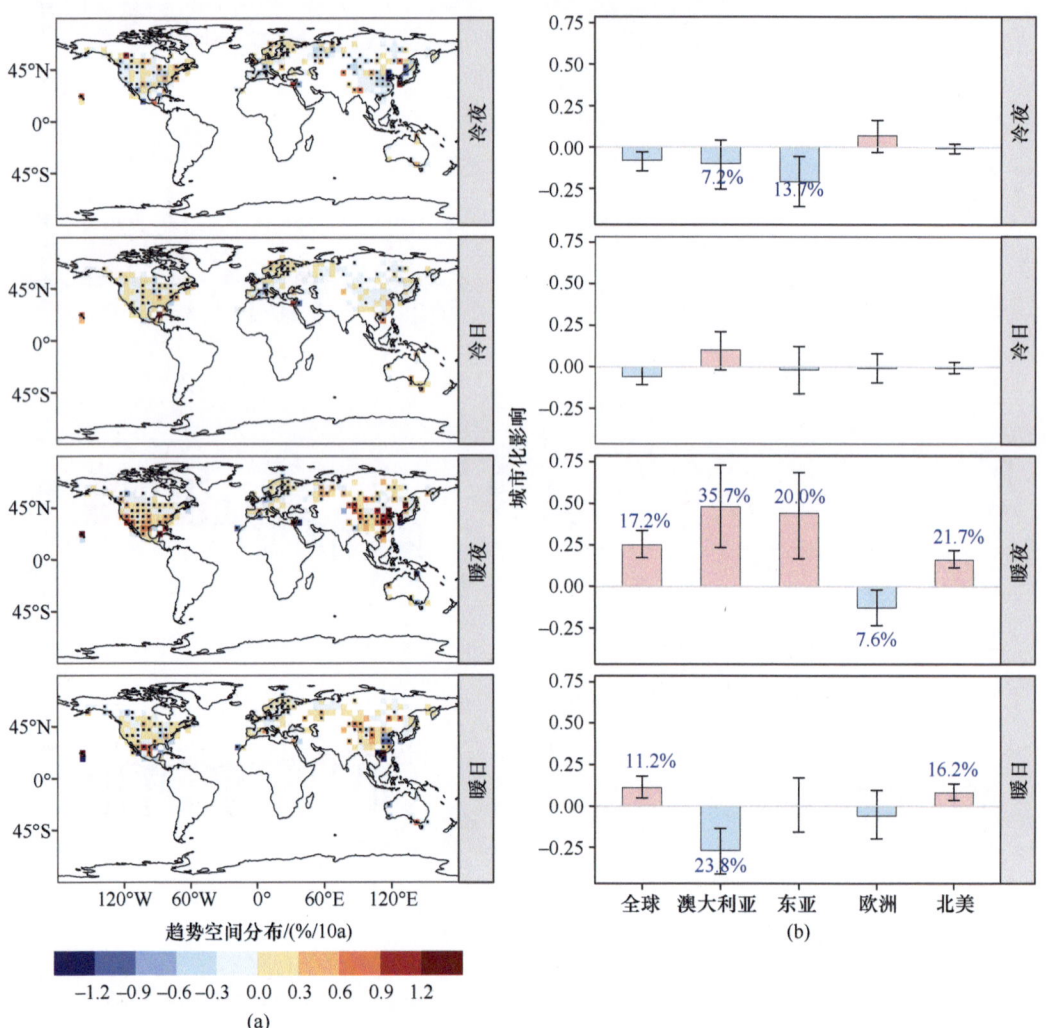

图 7.38　冷夜、冷日、暖夜和暖日的城市化影响趋势空间分布（a）及贡献（b）

网格内黑点表示该网格的线性趋势在统计上显著（$p<0.05$），条形图上误差棒表示城市化影响的 95%置信区间，条形图上蓝色的百分比数字表示在统计上显著（$p<0.05$）的区域城市化影响对该区域整体变化趋势的贡献

在冷夜指数的城市化影响中，大部分网格都是负值，即城市站的冷夜发生频率要比乡村站冷夜的发生频率低，同时也存在一些正值的城市化影响，但这些正值大部分在统计上不显著，最大的城市化影响主要分布在东亚地区[图 7.38（a）]。冷夜指数中，澳大利亚和东亚地区的城市化贡献分别达到了 7.2%和 13.7%，其他地区的城市化贡献没有计算，因为其城市化效应在统计上不显著[图 7.38（b）]。在欧洲和北美地区也发现有许多统计上显著的城市化效应网格，但是这些地区整体的城市化影响却在统计上不显著，这可能是这些地区的正的城市化影响和负的城市化影响相抵消的缘故，即城市热岛和城市冷

岛相互抵消。例如，欧洲南部主要是负值，而欧洲北部则主要是正值。在冷日指数中，全球和其他所有的子区域平均序列的城市化影响均在统计上不显著，所以其相应的城市化贡献没有计算，但是在欧洲和北美仍观测到了一些统计上显著的网格[图 7.38（a）]。

在暖夜指数中检测到了最为明显的城市化影响，大部分的城市化影响是正值。欧洲的城市化大小基本比较小，且负值的网格数量比正值略多[图 7.38（a）]。全球陆地、澳大利亚、东亚、欧洲和北美的城市化贡献分别达到了 17.2%、35.7%、20.0%、7.6%和 21.7% [图 7.38（b）]。

在暖日指数中，欧洲北部主要是正值的网格，而欧洲中部多是负值的网格[图 7.38（a）]。在中国的华北平原观测到了大量的负值的网格，即城市冷岛，这表明对于该地区而言，城市化主要起到减少暖日发生频率的作用，这也许与近几十年来华北地区严重的空气污染有关（Qian et al.，2003）。中国的西部干旱区也发现了一些负值的网格，这可能跟当地加强的绿洲效应有关（Ren and Zhou，2014）。在中国西部干旱区，城区比周围的乡村环境具有更多的植被和灌溉，城区的蒸腾作用相对比较强，因此可能会在白天形成城市冷岛（Su and Hu，1988）。东亚和欧洲也观测到了许多统计上显著的城市化效应，但是由于正值和负值相互抵消，这些地区整体的城市化影响在统计上并不显著。只有全球陆地整体、澳大利亚和北美的城市化影响显著，其相应的城市化贡献分别达到了 11.2%、23.8%和 16.2% [图 7.38（b）]。在非洲、南美洲和南亚地区存在大量的数据空白网格，这些地区近些年来也处于较快城市化进程中，但由于缺乏相应的台站观测数据，无法检测其城市化影响。

## 7.7.2 中国国家站极端气温

国家基准气候站和国家基本气象站（以下简称国家站）气温数据集被大量用于分析平均和极端气候的长期变化。但是在过去的十多年中，对中国大陆和其他东亚国家的许多研究已经证明，城市化对 1950 年代以后的年、季平均气温的趋势估计有显著影响。本小节将采用中国逐日气温数据，对比国家站和依据任国玉等（2010）地面气温参考站点遴选原则得到的乡村站的极端气候指数的差异，评估城市化对中国区域极端气温趋势的影响。

国家站逐日最高、最低气温资料取自国家气象信息中心整编的中国均一化历史气温数据集。资料时段取在 1955～2021 年。根据序列长度不少于 70 年，缺测不超过 2%的原则，选取国家站 526 个，乡村站 141 个。

对比分析国家站和乡村站冷夜、冷日、暖夜、暖日 4 个指数时间序列发现（图 7.39），冷夜在国家站和乡村站都明显减少，但乡村站变化趋势较缓，从 20 世纪 80 年代中后期开始国家站冷夜明显少于乡村站；暖夜则为明显增加的趋势，乡村站显著增加的时间偏晚，且其增加趋势也比国家站弱；冷日在国家站和乡村站随时间变化较为一致，在 21 世纪初期前差异不大；暖日在国家站和乡村站都表现出明显的增加趋势，且两者的时间变化也较一致。综上所述，城市化加剧了冷指数的减少和暖指数的增加，与最低气温相关的指数和与最高气温相关的指数相比较，其城市化影响更显著。

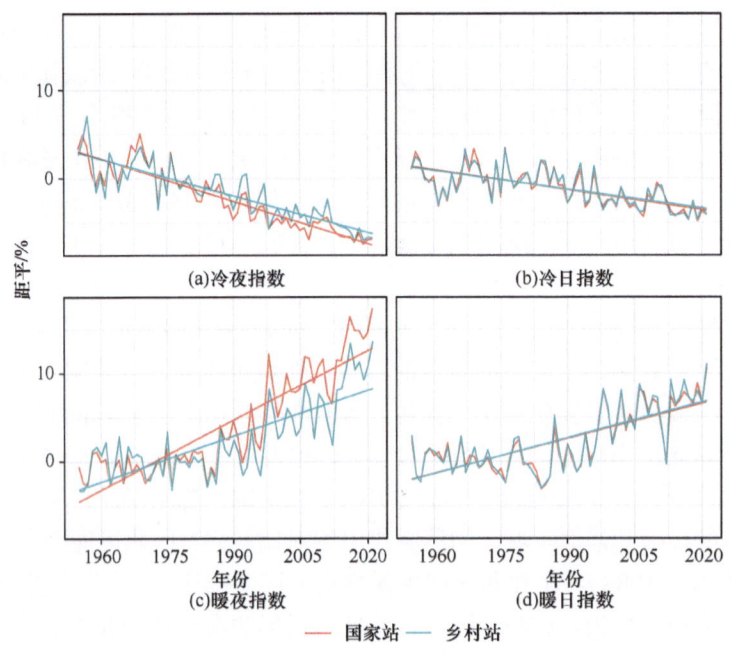

图 7.39 1955~2021 年国家站和乡村站冷夜、冷日、暖夜、暖日指数时间演变对比

从 4 个指数的城市化影响变化空间分布（图 7.40）来看，对于大多数的网格，负（正）冷夜（暖夜）城市化效应在统计上是显著的，表明在近 70 年周期内，由于国家站附近的快速城市化，冷夜（暖夜）大大减少（增加）。从 4 个指数变化趋势的空间分布看，冷日在东北和华北北部减少比较明显，达到 5d/10a 以上，增多的区域主要分布在西南地区；而冷夜除西南地区东部的个别台站为弱的增加趋势外，绝大部分地区都明显减少，且减少趋势基本都在 5d/10a 以上，北方以及长江中下游和西南地区西部在 10d/10a 以上。暖日除华北地区南部和西南地区东部的部分台站有减少外，其余大部分地区都明显增加，其中华北北部、西北、西南西部和华南沿海地区增加显著，在 5d/10a 以上，西南地区西部和华南沿海少数台站在 10d/10a 以上。暖夜变化趋势的空间分布与冷夜日数相反，全国有零散的减少趋势，其余绝大部分地区都明显增多，且增多的趋势基本上都在 5d/10a 以上，西北、华北、西南、青藏高原、华南沿海部分台站在 10d/10a 以上。

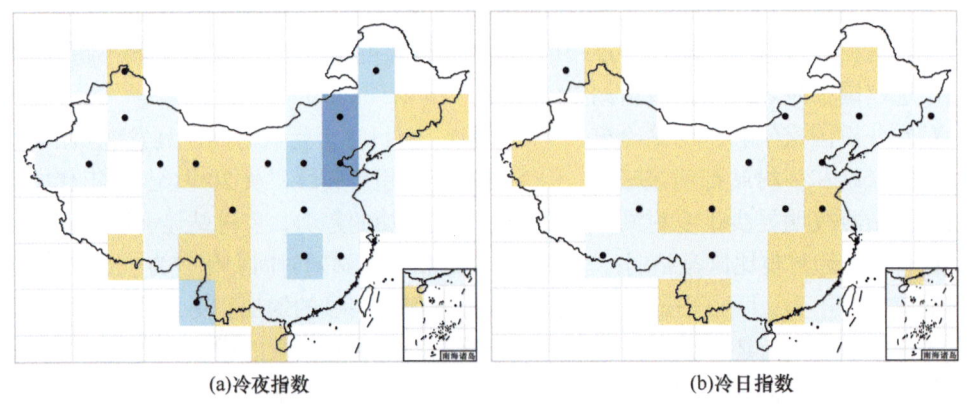

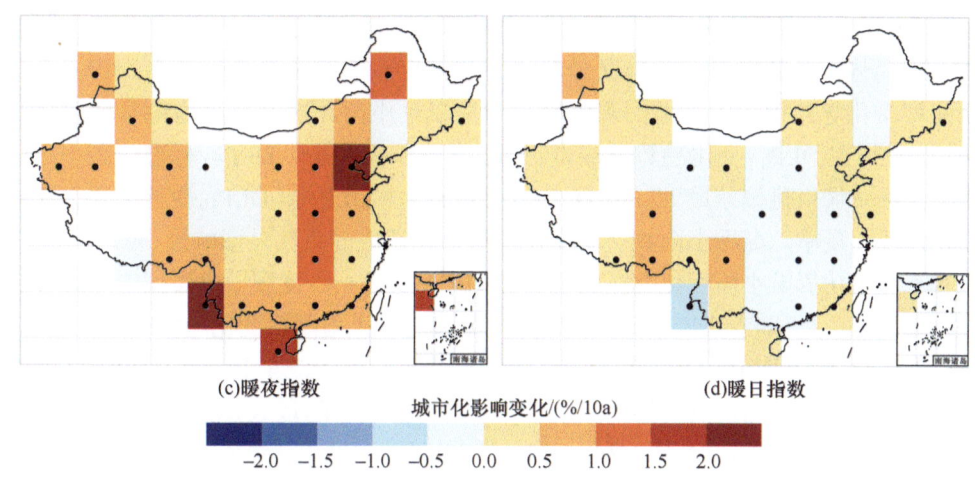

图 7.40 1955~2021 年冷夜、冷日、暖夜、暖日指数城市化影响变化空间分布
黑点表示该网格城市化影响在统计上显著（$p<0.05$）

由于作为背景台站的"乡村站"选取非常困难，真正没有受到城市化影响的台站很少，目前能够做到的只能是尽最大可能，选择那些代表性相对较好的站点，但一些参考站仍不可避免地坐落于乡镇甚至小城市等居民区附近，其气候也不免要受到一些城市化的影响，本节给出的国家站极端气温变化中城市热岛贡献只是最低估计值。城市化对中国大陆国家站观测数据计算得到的极端气温指数系列长期趋势的影响是显著的，特别是对与最低气温有关的极端气温指数序列影响更为显著，如何考虑单站和区域平均极端气温指数变化趋势中的城市化影响，获得消除局地人为影响偏差的极端气温变化趋势估计值，是需要今后进一步研究的重要问题。

### 7.7.3 中国国家站轻量级小雨频次

1960~2018 年期间中国城市、国家和参考地面观测网中，年累计小雨频次（DLP）均呈现出显著的减少趋势；在季节尺度上，秋季和夏季小雨频次序列的减少最明显，冬季小雨频次序列的减少最弱，甚至冬季 $DLP_5$（<5mm/d）和 $DLP_{10}$（<10mm/d）序列呈显著的增加趋势。此外，随着小雨的定义愈严格，对应其序列的减少趋势也愈明显。值得注意的是，在中国城市地面观测网中检测的小雨减少趋势，比其在国家和参考地面观测网中更强，且该差异在 $DLP_{0.1}$（=0.1mm/d）中更明显。例如，1960~2018 年中国城市、全国和参考站点年累计 $DLP_{0.1}$ 标准化距平序列的线性趋势分别为-0.240/10a、-0.232/10a 和-0.190/10a。

为定量估计城市化对国家地面观测网中小雨变化趋势的影响偏差，分析了国家和参考站点之间年累计小雨频次时间变化序列的差值序列，结果显示所有差值序列均呈现下降的趋势（$p<0.05$）。1960~2018 年期间城市化导致中国国家地面观测网中年累计小雨频次的减少趋势呈现出显著的负偏差，且在 $DLP_{0.1}$ 趋势中最为明显。近 59 年期间年累计 $DLP_{0.1}$ 标准化距平序列中城市化影响为-0.079 /10a。

过去 59 年中国国家和参考站点之间季节累计小雨频次序列的差值序列均呈现出显著的下降趋势，且随着小雨的定义愈严格，差值序列的减少趋势也愈强。1960～2018 年期间城市化导致中国国家地面观测网中季节累计小雨频次的减少趋势呈现出显著的负偏差，且均在 $DLP_{0.1}$ 变化趋势中最为明显。夏季和秋季累计 $DLP_{0.1}$ 标准化距平序列的变化趋势中负城市化偏差最大，但 $DLP_1$（<1mm/d）、$DLP_5$ 和 $DLP_{10}$ 变化中最大的负偏差主要体现在夏季。冬季小雨频次的变化中城市化造成的负偏差影响最小。

对于城市化影响小雨变化存在显著偏差的序列，进一步计算了该序列中的城市化贡献。在年际尺度上，随着小雨的定义愈严格，城市化对小雨频次变化趋势的贡献也愈大，其对年累计 $DLP_{0.1}$、$DLP_1$、$DLP_5$ 和 $DLP_{10}$ 变化贡献分别为 27.2%、21.1%、14.9% 和 12.1%。在季节尺度上，城市化影响对夏季累计小雨频次减少的贡献最大（除 $DLP_1$），分别达到 36.5%（$DLP_{0.1}$）、20.1%（$DLP_5$）和 16.5%（$DLP_{10}$），而城市化影响对冬季 $DLP_1$ 变化的贡献最大。

在各类小雨的变化中，1960～2018 年期间城市化导致中国地面观测网中 $DLP_{0.1}$ 的减少趋势呈现出最显著的负偏差，进一步分析了城市化影响 $DLP_{0.1}$ 变化的空间分布[图 7.41（a）]。在年际尺度上，约 78.5%（296/377）的格点呈现出城市化影响 $DLP_{0.1}$ 的变化为负偏差。$DLP_{0.1}$ 变化在整个中国东南部都经历了显著的城市化影响，特别是在中国中部和中国东部[图 7.41（a）]，其区域平均城市化影响分别为 –0.099/10a 和 –0.095/10a。在季节尺度上，城市化影响夏季累计 $DLP_{0.1}$ 变化呈现较为明显负偏差的子区域为中国北部和中国东部，其区域平均城市化影响分别为 –0.086/10a 和 –0.080/10a；城市化影响秋季累计 $DLP_{0.1}$ 变化呈现较为明显负偏差的子区域为中国西南部和中国东部，其区域平均城市化影响分别为 –0.086/10a 和 –0.084/10a。

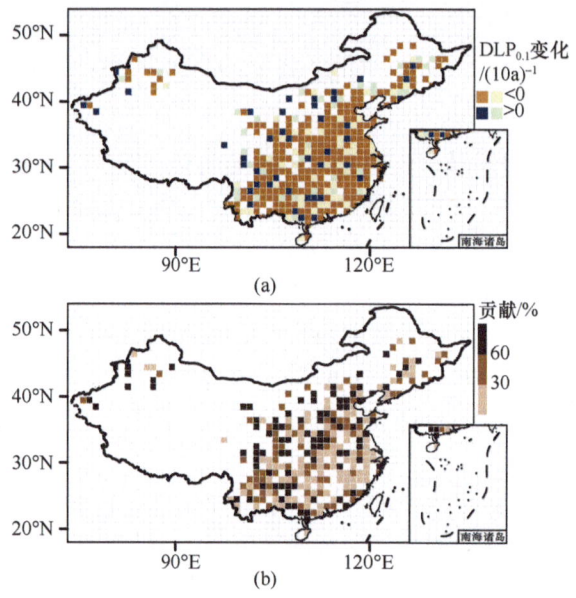

图 7.41 1960～2018 年城市化影响 $DLP_{0.1}$ 变化的空间分布和城市化对 $DLP_{0.1}$ 变化的贡献的空间分布

网格分辨率为 1°×1°；深蓝/棕网格表示该城市化影响在统计上显著（$p<0.05$）；未计算城市化影响不显著序列的贡献

进一步分析了1960~2018年城市化对中国地面观测网中$DLP_{0.1}$变化的贡献空间分布[图7.41（b）]。在年际尺度上，约61.2%（177/289）的格点呈现出城市化对$DLP_{0.1}$变化的贡献值大于30%[图7.41（b）]，其中城市化对中国中部和中国东部年累计$DLP_{0.1}$变化的贡献分别为29.8%和23.2%。城市化对中国北部和中国东部夏季累计$DLP_{0.1}$变化的贡献分别为47.5%和37.3%；城市化对中国西南部和东部秋季累计$DLP_{0.1}$变化的贡献分别为25.9%和23.2%。

为探究城市化强度对站点$DLP_{0.1}$长期变化趋势的影响，对比分析了城市化影响偏差和贡献不同城市化强度站点$DLP_{0.1}$长期变化的差异。结果揭示了即使城市化对U5站点$DLP_{0.1}$长期变化无显著的偏差影响，但随着城市化强度增加，城市化对年累计$DLP_{0.1}$变化的负偏差从–0.025/10a（U3站点）增加至–0.142/10a（U6站点）。然而相比于U4站点，城市化对U6站点$DLP_{0.1}$变化的贡献明显减小。

此外，也对比了城市化对大和小城市站点$DLP_{0.1}$变化的偏差和贡献。在年和季节尺度上，城市化对大和小城市站点$DLP_{0.1}$变化的偏差之间均存在显著的差异，城市化对小城市站点年累计$DLP_{0.1}$变化的正偏差，显著大于其对大城市站点的负偏差（除冬季以外），且在夏季最明显。然而相对于小城市站点，城市化对春季和秋季累计$DLP_{0.1}$变化的贡献在大城市站点显著减小。

### 7.7.4 特大城市极端高温和短时强降水

**1. 特大城市极端高温热浪事件分析**

天津市位于华北平原东北部的海河各支流交汇处，处于环渤海地区，是我国北方最大的国际港口城市。该区升温速率高于全国平均水平，近年来热浪事件发生频率更多，而且强度更大（Wang et al.，2019；邢佩等，2020），是夏季高温热浪重灾区之一。以天津为例，对2018年6月23~30日的一次典型的热浪过程展开研究。基于自动气象站实测的逐小时气象观测数据，结合应用气候学方法选取的乡村参考气象站，分析了高温热浪过程中超大城市的城市热岛的变化特征。

目前国际上还没有统一的热浪定义和标准，许多国家和地区依据本区域气候特征定义了自己的标准。邢佩等（2020）针对华北地区，把连续3天以上气温达到或超过35℃的高温天气过程定义为一次高温热浪过程。依据天津气候特点，本书采用该方法定义热浪过程。2018年6~7月北半球气候显著异常，极端高温事件频繁发生，中国京津冀地区频繁出现热浪，持续时间长而且对生产生活影响较大。因此，选择了2018年夏季6月末的一次典型热浪过程进行分析。城市热岛强度（UHII）定义为由于城市热岛效应等因素引起的城乡之间气温的差异。

热浪过程中，天津的小时最大UHII达到5.7℃，较热浪发生前期和后期大幅度升高，夜间表现尤为明显。在热浪前、中和后期，24h平均气温、湿球温度和风速及其城乡差值的变化如图7.42所示。无论是在城市还是乡村，24h平均气温变化在热浪期间明显高于热浪前期和后期[图7.42（a）（b）]。天津24h平均气温在城市（乡村）分别较热浪前期和后期升高 2.1℃（1.2℃）和 4.1℃（2.6℃）[图 7.42（a）（b）]。UHII 表现为热浪期间高于热浪前期和后期，尤其是其夜间明显高于白天。热浪期间天津夜间 UHII 为 3.1℃，分别较热浪前期和后期高 0.9℃和 1.9℃[图 7.42（c）]。与气温不同，无论是在城市还是乡村，24h 平均湿球温度在热浪期间均明显低于热浪前期和后期[图 7.42（d）（f）]。天津城市（乡村）24h 平均湿球温度在热浪期间分别较热浪前期和后期降低 1.4℃（1.1℃）和 2.1℃（1.2℃）[图 7.42（d）（e）]。值得注意的是，湿球温度差（ΔWBT）在白天热浪期间最高。热浪期间白天城市 WBT 较乡村减小 1.6℃，而热浪前期和后期白天城市 WBT 较乡村减小 0.9℃和 0.6℃[图 7.42（f）]。24h 平均风速（WS）白天在热浪期间高于热浪前期和后期[图 7.42（g）（h）]。热浪期间城市和乡村白天 24h 平均风速为 1.5～4.0m/s，较热浪前期和后期增大 0.5m/s 左右。城乡风速差（ΔWS）在热浪前、中、后期变化规律不明显[图 7.42（i）]。

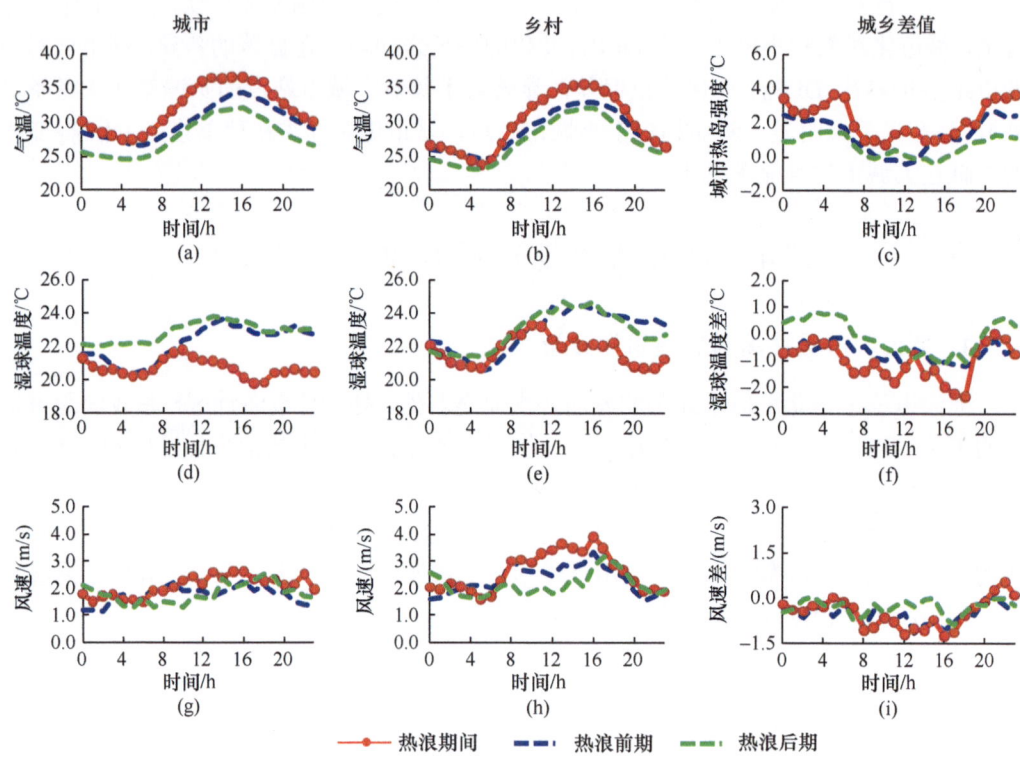

图 7.42 一次高温热浪过程期间和前期、后期天津的城市和乡村气温、湿球温度、风速及其城乡差值 24h 平均值变化

在 2018 年 6 月底的典型热浪中，天津城市气温最高达到 39.6℃，UHII 最高达到 5.7℃。UHII 在热浪期较无热浪期（热浪前期和后期）增加了 1 倍左右。值得注意的一点是，热浪前期气温偏高是因为受到上一次高温过程的影响。天津的 UHII 高值出现在热浪期间，表明热浪和城市热岛具有明显的协同作用。这一结果与 Zhao 等（2018）和 Jiang 等（2020）研究结果基本一致。此外，城市湿球温度在热浪发生时较热浪前、后期明显降低。总体来说，当热浪发生时超大城市 UHII 更高而ΔWBT 更低。Pyrgou 等（2017）

指出在高温过程中温度和相对湿度之间存在很强的负相关关系。敖翔宇等（2019）也发现在热浪期间城区地表较乡村变得更干。

**2. 特大城市短时强降水分析**

城市化导致城市下垫面和边界层性质的变化，改变了城市中能量和水的收支平衡，造成城市中诸多气象要素的改变，形成了独特的城市热岛效应。在湿润和半湿润地区，城市热环境的改变导致城区气温持续稳定地高于周边郊区。尽管针对城市热岛效应的研究已经较为成熟，但城市化进程对于城区降水格局特别是强降水事件的影响尚不清楚。以温带内陆特大城市北京为例，重点对城市短时强降水事件时空特征展开研究，揭示城市热岛效应等因素与城区短时强降水事件发生频次和强度之间的联系，对于进一步理解特大城市短时强降水变化机理具有重要帮助。

本小节检验了北京城区短时强降水事件的气候学特征，以及城市热岛效应与城区暴雨的联系。所用资料是一套高密度自动站小时降水资料。全部自动站数量是 115 个，观测年份为 2007~2014 年。短时强降水是指 1~12h 内降水累积量达到 25mm 以上的降水过程。在分析短时强降水事件空间和日内变化特征的基础上，还分别探讨了基于站点的和区域性的短时强降水事件可能影响因素，特别是城区内城市热岛强度和关键表面气候要素与短时强降水事件之间的相互作用。

多年平均统计分析表明，在平原地区，短时强降水事件高频站点一般出现在城市中心，多数出现在五环以内，少部分出现在中心城区东部的六环以内（图 7.43）。这与北

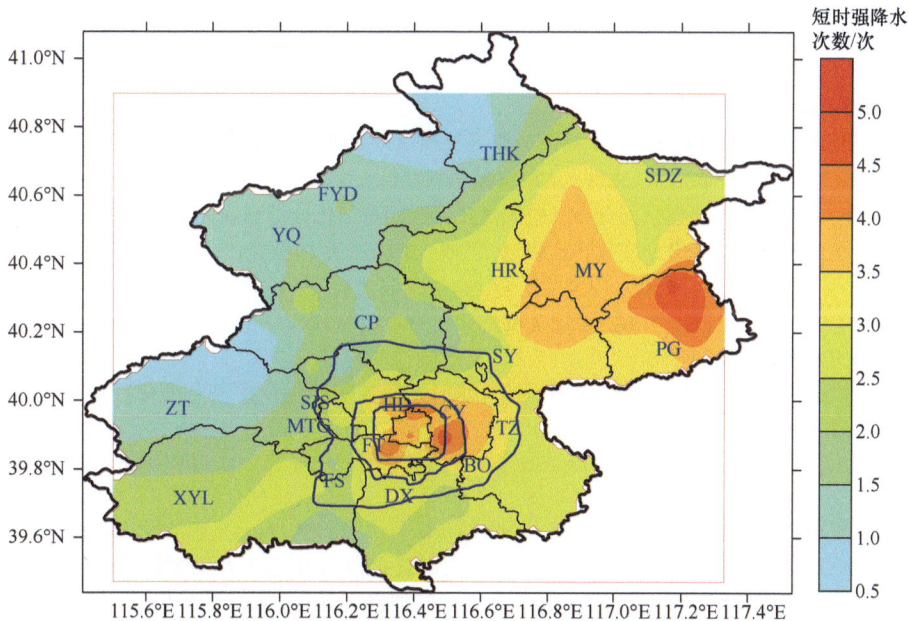

图 7.43　2007~2014 年北京地区每年短时强降水的空间分布

城市环线分别是四环、五环和六环线。图中字母是各气象站名称缩写，对应如下：SY 顺义气象站，HD 海淀气象站，YQ 延庆气象站，FYD 佛爷顶气象站，THK 汤河口气象站，MY 密云气象站，HR 怀柔气象站，SDZ 上甸子气象站，PG 平谷气象站，TZ 通州气象站，CY 朝阳气象站，CP 昌平气象站，ZT 斋堂气象站，MTG 门头沟气象站，BO 北京观象台，SJS 石景山气象站，FT 丰台气象站，DX 大兴气象站，FS 房山气象站，XYL 霞云岭气象站

京城市热岛强度和地表粗糙度的空间分布高度一致。东北部的密云和平谷也出现了大值区，但那里不是平原，应该和山地对降水的影响有关。短时强降水量空间分布特征与频次分布基本一致。短时强降水事件频次、累积降水量的时空分布格局，很好地证实了其与城市热岛强度及地表粗糙度之间的高相关性，表明城市化效应可能是短时强降水事件增多、增强的重要因素。

进一步分析发现，在傍晚城市热岛强度快速上升阶段，也是城区站点短时强降水事件开始出现时间最为集中的时期，降水过程多数在后半夜或凌晨结束。在短时强降水事件发生前 3h 或更早，城市热岛强度与短时强降水（频次及强度）之间存在明显正相关性。短时强降水事件发生前 3h 内，城市热岛强度呈现异常快速上升趋势，但这种降水事件的出现，却在更大程度上依赖较早时间内的城市热岛强度。

此外，在对北京观象台单站的多要素分析中，还发现在城区短时强降水事件发生前后，气温、气压、相对湿度、风向都发生了显著变化，其中前期的明显异常同样对城区短时强降水事件发生具有较好预示作用。在上海、广州和武汉等大都市区，其他研究也发现了类似的强降水时空分布特征，以及城市化对强降水事件发生、发展的可能影响证据。本小节介绍的短时强降水事件与城市热岛效应的密切联系，对于更好地理解北京等大都市区降水过程、准确预测城区短时强降水事件具有参考意义。

## 参 考 文 献

敖翔宇, 谈建国, 支星, 等. 2019. 上海城市热岛与热浪协同作用及其影响因素. 地理学报, 74(9): 1789-1802.

丁永建, 叶柏生, 韩添丁, 等. 2007. 过去 50 年中国西部气候和径流变化的区域差异. 中国科学 D 辑: 地球科学, 37: 206-221.

高守亭, 周玉淑, 冉令坤. 2018. 我国暴雨形成机理及预报方法研究进展. 大气科学, 42(4): 833-846.

林之光, 张家诚. 1985. 中国气候. 上海: 上海科技出版社.

马晓玲. 2019. 中国雷暴、冰雹空间分布及时间变化特征的精细化分析与成因探讨. 兰州: 兰州大学.

秦云. 2021. 中国温度直减率时空变化特征研究. 武汉: 中国地质大学(武汉).

任国玉, 初子莹, 周雅清, 等. 2005. 中国气温变化研究最新进展. 气候与环境研究, 10(4): 701-716.

任国玉, 柳艳菊, 孙秀宝, 等. 2016. 中国大陆降水时空变异规律——III.趋势变化原因. 水科学进展, 27(3): 327-348.

任国玉, 任玉玉, 战云健, 等. 2015. 中国大陆降水时空变异规律——II.现代变化趋势. 水科学进展, 26(4): 451-465.

任国玉, 张爱英, 初子莹, 等. 2010. 我国地面气温参考站点遴选的依据、原则和方法. 气象科技, 38(1): 78-85.

蔚丹丹, 李山. 2019. 气候舒适度的体感分级: 季节锚点法与中国案例. 自然资源学报, 34(8): 1633-1653.

温康民. 2020.中国地面气温记录中的城市化偏差订正研究.武汉:中国地质大学(武汉).

谢铖, 黄波, 刘晓倩, 等. 2020. 基于手机定位数据的深圳市热浪人口暴露度分析. 地理科学进展, (2): 1-12.

谢盼, 王仰麟, 刘焱序, 等. 2015. 基于社会脆弱性的中国高温灾害人群健康风险评价. 地理学报, 70(7): 1041-1051.

邢佩, 杨若子, 杜吴鹏, 等. 2020. 1961—2017 年华北地区高温日数及高温热浪时空变化特征. 地理科学, 40(8): 1365-1376.

闫业超, 岳书平, 刘学华, 等. 2013. 国内外气候舒适度评价研究进展. 地球科学进展, 28(10): 1119-1125.

赵宇, 崔晓鹏, 高守亭. 2011. 引发华北特大暴雨过程的中尺度对流系统结构特征研究. 大气科学, 35(5): 945-962.

中国气象局气候变化中心. 2022. 中国气候变化蓝皮书(2022). 北京: 科学出版社.

周雅清, 任国玉. 2010. 中国大陆 1956—2008 年极端气温事件变化特征分析. 气候与环境研究, 15(4): 405-417.

Ao X, Wang L, Zhi X, et al. 2019. Observed synergies between urban heat islands and heat waves and their controlling factors in Shanghai, China. Journal of Applied Meteorology and Climatology, 58(9): 1955-1972.

Brooks H E, Lee J W, Craven J P. 2003. The spatial distribution of severe thunderstorm and tornado environments from global reanalysis data. Atmospheric Research, 35(20): 73-94.

Cao X, Liu Y, Wu R, et al. 2020. Northwestwards shift of tropical cyclone genesis position during autumn over the western North Pacific after the late 1990s. International Journal of Climatology, 40: 1885-1899.

Chan J C L, Xu M. 2008. Inter-annual and inter-decadal variations of landfalling tropical cyclones in East Asia. Part I: Time series analysis. International Journal of Climatology, 29(9): 1285-1293.

Chen Y, Liao Z, Shi Y, et al. 2021. Detectable increases in sequential flood-heatwave events across China during 1961—2018. Geophysical Research Letters, 48(6): e2021GL092549.

Chen Y, Zhai P. 2017. Persisting and strong warming hiatus over eastern China during the past two decades. Environmental Research Letters, 12(10): 104010.

Chew L W, Liu X, Li X X, et al. 2021. Interaction between heat wave and urban heat island: A case study in a tropical coastal city, Singapore. Atmospheric Research, 247: 105-134.

Cleveland W S. 1979. Robust locally weighted regression and smoothing scatterplots. Journal of the American Statistical Association, 74: 829-836.

Corporal-Lodangco I L, Leslie L M, Lamb P J. 2016. Impacts of ENSO on philippine tropical cyclone activity. Journal of Climate, 29: 1877-1897.

Daloz A S, Camargo S J. 2018. Is the poleward migration of tropical cyclone maximum intensity associated with a poleward migration of tropical cyclone genesis? Climate Dynamics, 50: 1-11.

Diamond H J, Diamond H, Thomas R, et al. 2013. U.S. climate reference network after one decade of operations: Status and assessment. Bulletin of the American Meteorological Society, 94: 485-498.

Ding Y, Liang P, Liu Y, et al. 2020. Multiscale variability of Meiyu and its prediction: A new review. Journal of Geophysical Research: Atmospheres, 125(7): e2019JD031496.

Gao S, Yang S, Chen B. 2010. Diagnostic analyses of dry intrusion and nonuniformly saturated instability during a rainfall event. Journal of Geophysical Research: Atmospheres, 115(D2): D02102.

Ghiggi G, Humphrey V, Seneviratne S I, et al. 2021. G-RUN ENSEMBLE: A multi-forcing observation-based global runoff reanalysis. Water Resources Research, 57: e2020WR 028787.

Gou J, Miao C, Samaniego L, et al. 2021. CNRD v1.0: A high-quality natural runoff dataset for hydrological and climate studies in China. Bulletin of the American Meteorological Society, 102(5): 929-947.

Gu X, Zhang Q, Singh V, et al. 2017. Changes in magnitude and frequency of heavy precipitation across China and its potential links to summer temperature. Journal of Hydrology, 547: 718-731.

Guo L, Dai J, Ranjitkar S, et al. 2013. Response of chestnut phenology in China to climate variation and change. Agricultural and Forestry Meteorology, 180: 164-172.

Guttman N B. 1999. Accepting the standardized precipitation index: A calculation algorithm. JAWRA Journal of the American Water Resources Association, 35: 311-322.

He X, Sheffield J. 2020. Lagged compound occurrence of droughts and pluvials globally over the past seven decades. Geophysical Research Letters, 47(14): e2020GL087924.

Hollmann R, Handmer J Y, Hondar Y, et al. 2013. The ESA climate change initiative: Satellite data records for essential climate variables. Bulletin of the American Meteorological Society, 94: 1541-1552.

Jiang X L, Luo Y L, Zhang D L, et al. 2020. Urbanization enhanced summertime extreme hourly precipitation over the Yangtze River Delta. Journal of Climate, 33(13): 5809-5826.

Jones P D, Hulme M. 1996. Calculating regional climatic time series for temperature and precipitation: Methods and illustrations. International Journal of Climatology, 16: 361-377.

Jones P D, Lister D H, Li Q. 2008. Urbanization effects in large-scale temperature records, with an emphasis on China. Journal of Geophysical Research-Atmospheres, 113: D16122.

Jones P D, Lister D H, Osborn T J, et al. 2012. Hemispheric and large-scale land-surface air temperature variations: An extensive revision and an update to 2010. Journal of Geophysical Research-Atmospheres, 117: D05127.

Jones P D, Lister D H. 2009. The urban heat island in Central London and urban-related warming trends in Central London since 1900. Weather, 64: 323-327.

Jung M, Reichstein M, Ciais P, et al. 2010. Recent decline in the global land evapotranspiration trend due to limited moisture supply. Nature, 467: 951-954.

Kendall M G. 1955. Rank Correlation Methods. New York: Hafner Publishing.

Kong D, Gu X, Li J, et al. 2020. Contributions of global warming and urbanization to the intensification of human-perceived heatwaves over China. Journal of Geophysical Research: Atmospheres, 125(18): e2019JD032175.

Kossin J P. 2018. A global slowdown of tropical-cyclone translation speed. Nature, 558: 104.

Kossin J P, Emanuel K A, Vecchi G A. 2014. The poleward migration of the location of tropical cyclone maximum intensity. Nature, 509: 349-352.

Lai Y, Li J, Gu X, et al. 2020. Greater flood risks in response to slowdown of tropical cyclones over the coast of China. Proceedings of the National Academy of Sciences, 117: 14751-14755.

Lee T C, Thomas R K, Toshiyuki N, et al. 2022. Third assessment on impacts of climate change on tropical cyclones in the Typhoon Committee Region – Part I: Observed changes, detection and attribution. Tropical Cyclone Research and Review, 9(1): 1-22.

Li J, Chen Y, Gan T, et al. 2018. Elevated increases in human-perceived temperature under climate warming. Nature Climate Change, 8: 43-47.

Li L, Chakraborty P. 2020. Slower decay of landfalling hurricanes in a warming world. Nature, 587(7833): 230-234.

Li X, You Q, Ren G, et al. 2019. Concurrent droughts and hot extremes in northwest China from 1961 to 2017. International Journal of Climatology, 39(4): 2186-2196.

Li Z, Cao L, Zhu Y, et al. 2016. Comparison of two homogenized datasets of daily maximum/mean/minimum temperature in China during 1960—2013. Journal of Meteorological Research, 30(1): 53-66.

Li Z, Yan Z, Zhu Y, et al. 2020. Homogenized daily relative humidity series in China during 1960—2017. Advances in Atmospheric Sciences, 37(4): 318-327.

Liu F T, Ting K M, Zhou Z H. 2008. Isolation Forest. Pisa, Italy: 2008 Eighth IEEE International Conference on Data Mining (ICDM).

Liu K S, Chan J C L. 2019. Interdecadal variation of frequencies of tropical cyclones, intense typhoons and their ratio over the western North Pacific. International Journal of Climatology, 40(8): 3954-3970.

Lu X, Yu H, Ying M, et al. 2021. Western North Pacific tropical cyclone database created by the China meteorological administration. Advances in Atmospheric Sciences, 38: 690-699.

Luo M, Lau N C. 2018. Increasing heat stress in urban areas of eastern China: Acceleration by urbanization. Geophysical Research Letters, 45(23): 13060-13069.

Mann H B. 1945. Nonparametric tests against trend. The Econometric Society, 13: 245-259.

Mazdiyasni O, AghaKouchak A. 2015. Substantial increase in concurrent droughts and heatwaves in the United States. Proceedings of the National Academy of Sciences, 112(37): 11484-11489.

Meehl G A, Tebaldi C. 2004. More intense, more frequent, and longer lasting heat waves in the 21st century. Science, 305(5686): 994-997.

Mountain Research Initiative Edw Working Group. 2015. Elevation-dependent warming in mountain regions of the world. Nature Climate Change, 5(5): 424-430.

Pedregosa F, Varoquaux G, Gramfort A. 2011. Scikit-learn: Machine learning in python. Journal of Machine

Learning Research, 12: 2825-2830.
Perkins S E. 2015. A review on the scientific understanding of heatwaves–their measurement, driving mechanisms, and changes at the global scale. Atmospheric Research, 164-165: 242-267.
Perkins S E, Alexander L V. 2013. On the measurement of heat waves. Journal of Climate, 26(13): 4500-4517.
Pyrgou A, Castaldo V L, Pisello A L, et al. 2017. On the effect of summer heatwaves and urban overheating on building thermal-energy performance in central Italy. Sustain Cities and Society, 28: 187-200.
Qian Y, Ruby L, Ghan S J, et al. 2003. Regional climate effects of aerosols over China: Modeling and observation. Tellus B, 55: 914-934.
Qin Y, Ren G, Huang Y, et al. 2021. Application of geographically weighted regression model in the estimation of surface air temperature lapse rate. Journal of Geographical Sciences, 31(3): 389-402.
Ren F, Wu G, Dong W, et al. 2006. Changes in tropical cyclone rainfall over China. Geophysical Research Letters, 33: 131-145.
Ren G. 2015. Urbanization as a major driver of urban climate change. Advances in Climate Change Research, 6: 1-6.
Ren G Y, Li J, Ren Y Y, et al. 2015. An integrated procedure to determine a reference station network for evaluating and adjusting urban bias in surface air temperature data. Journal of Applied Meteorology & Climatology, 54: 1248-1266.
Ren G, Zhou Y. 2014. Urbanization effect on trends of extreme temperature indices of national stations over mainland China, 1961–2008. Journal of Climate, 27: 2340-2360.
Russo S, Dosio A, Graversen R G, et al. 2014. Magnitude of extreme heat waves in present climate and their projection in a warming world. Journal of Geophysical Research: Atmospheres, 119(12): 500-512.
Sato M, Hansen J E, McCormick M P, et al. 1993. Stratospheric aerosol optical depths, 1850—1990. Journal of Geophysical Research: Atmospheres, 98: 22987-22994.
Sen P K. 1968. Estimates of the regression coefficient based on Kendall's Tau. Journal of the American Statistical Association, 63: 1379-1389.
Seneviratne S I, Corti T, Davin E L, et al. 2010. Investigating soil moisture-climate interactions in a changing climate: A review. Earth-Science Reviews, 99: 125-161.
Sharmila S, Walsh K. 2018. Recent poleward shift of tropical cyclone formation linked to Hadley cell expansion. Nature Climate Change, 8: 730-736.
Shen X, Liu B, Lu X. 2018. Weak cooling of cold extremes versus continued warming of hot extremes in China during the recent global surface warming hiatus. Journal of Geophysical Research: Atmospheres, 123(8): 4073-4087.
Song J, Klotzbach P J. 2018. What has controlled the poleward migration of annual averaged location of tropical cyclone lifetime maximum intensity over the Western North Pacific since 1961? Geophysical Research Letters, 45: 1148-1156.
Su C, Hu Y. 1988. Cold island effect over oasis and lake. Chinese Science Bulletin, 33: 1023-1026.
Sun X, Ren G, Xu W, et al. 2017. Global land-surface air temperature change based on the new CMA GLSAT dataset. Science Bulletin, 62(4): 236-238.
Sun Y, Li T, Zhong Z, et al. 2018. A recent reversal in the poleward shift of Western North Pacific tropical cyclones. Geophysical Research Letters, 7398: 9944-9952.
Taszarek M, Allen J, Púčik T, et al. 2019. A climatology of thunderstorms across Europe from a synthesis of multiple data sources. Journal of Climate, 32(6): 1813-1837.
Thom C E. 1959. The discomfort index. Weatherwise, 12(2): 57-61.
Vautard R, Yiou P, D'Andrea F, et al. 2007. Summertime European heat and drought waves induced by wintertime Mediterranean rainfall deficit. Geophysical Research Letters, 34(7): 1-5.
Vicente-Serrano S M, Beguería S, López-Moreno J I. 2010. A multiscalar drought index sensitive to global warming: The standardized precipitation evapotranspiration index. Journal of Climate, 23: 1696-1718.
Wang J, Chen F, Doan Q, et al. 2021. Exploring the effect of urbanization on hourly extreme rainfall over Yangtze River Delta of China. Urban Climate, 36: 100781.

Wang L, Yang Z, Gu X, et al. 2020. Linkages between tropical cyclones and extreme precipitation over China and the role of ENSO. International Journal of Disaster Risk Science, 11(4): 538-553.

Wang X L, Swail V R. 2001. Changes of extreme wave heights in northern hemisphere oceans and related atmospheric circulation regimes. Journal of Climate, 14: 2204-2221.

Wang Y, Wang A, Zhai J, et al. 2019. Tens of thousands additional deaths annually in cities of China between 1.5 ℃ and 2.0 ℃ warming. Nature Communications, 10(1): 3376.

Webster P J, Holland G J, Curry J A, et al. 2005. Changes in tropical cyclone number, duration, and intensity in a warming environment. Science, 309: 1844-1846.

Westermayer A, Groenemeijer P, Pistotnik G, et al. 2017. Identification of favorable environments for thunderstorms in reanalysis data. Meteorologische Ztschrift, 26(1): 59-70.

Wu L G, Zhao H K, Wang C, et al. 2022. Understanding of the effect of climate change on tropical cyclone intensity: A review. Advances in Atmospheric Sciences, 39(2): 205-221.

Yang S, Gao S, Wang D. 2007. Diagnostic analyses of the ageostrophic (Q)over-right-arrow vector in the non-uniformly saturated, frictionless, and moist adiabatic flow. Journal of Geophysical Research: Atmospheres, 112(D9): D09114.

Yevjevich V M. 1967. An objective approach to definitions and investigations of continental hydrologic droughts. Fort Collins: Colorado State University.

You J, Wang S. 2021. Higher probability of occurrence of hotter and shorter heat waves followed by heavy rainfall. Geophysical Research Letters, 48(17): e2021GL094831.

Zampieri M, D'Andrea F, Vautard R, et al. 2009. Hot European summers and the role of soil moisture in the propagation of Mediterranean drought. Journal of Climate, 22(18): 4747-4758.

Zhan R, Wang Y. 2017. Weak tropical cyclones dominate the poleward migration of the annual mean location of lifetime maximum intensity of Northwest Pacific tropical cyclones since 1980. Journal of Climate, 30(17): 6873-6882.

Zhang A Y, Ren G Y, Guo J. 2009. Change trend analyses on upper-air wind speed over China in past 30 years. Plateau Meteorology, 28(3): 680-687.

Zhang J T, Ren G Y, You Q L. 2022b. Detection and projection of climatic comfort changes in China mainland in a warming world. Advances in Climate Change Research, 13(4): 507-516.

Zhang P F, Ren G Y, Xu X L, et al. 2019. Observed changes in extreme temperature over the global land based on a newly developed station daily dataset. Journal of Climate, 32: 8489-8509.

Zhang Q, Gu X, Li J, et al. 2018b. The impact of tropical cyclones on extreme precipitation over coastal and inland areas of China and its association to ENSO. Journal of Climate, 31(5): 1865-1880.

Zhang Q, Yang Z S, Hao X C. 2018a. Conversion features of evapotranspiration responding to climate warming in transitional climate regions in northern China. Climate Dynamics, 52: 3891-3903.

Zhang S Q, Ren G Y, Ren Y Y, et al. 2022a. Linkage of extreme temperature change with atmospheric and locally anthropogenic factors in China's mainland. Atmospheric Research, 277: 106307.

Zhang W, Villarini G. 2020. Deadly compound heat stress-flooding hazard across the central United States. Geophysical Research Letters, 47(15): e2020GL089185.

Zhao L, Oppenheimer M, Zhu Q, et al. 2018. Interactions between urban heat islands and heat waves. Environmental Research Letters, 13(3): 034003.

# 第 8 章

近现代重大极端气候事件的成因机理

极端降水及其引发的洪涝、泥石流等灾害会对社会经济发展和人们的生命财产安全造成严重影响，因而受到社会各界的广泛关注（Kunkel，2003；Kirsch et al.，2012；齐道日娜等，2022）。例如，在1999年10月，由热带低压引发的暴雨在墨西哥中部和东部地区造成了一场毁灭性的洪水，超过10万人在这场洪水中流离失所，425人死亡（Kunkel，2003）。2010年，由强降水导致的洪水在巴基斯坦直接影响了约1400~2000万人，并造成了1700多人死亡（Kirsch et al.，2012）。2021年7月17~22日，我国河南省遭遇了历史罕见的极端降水事件，其中郑州站的最大小时降水量（201.9mm）突破了记录以来的历史极值，造成了严重的人员伤亡和经济损失（齐道日娜等，2022）。因此，研究极端降水及其变化特征，并对重大极端事件进行成因机理的分析，为极端降水的预测预估提供参考依据，既是社会经济健康稳定发展的需要，也对防灾减灾等实践工作具有重要的指导作用。

台风是地球上最严重和最频繁的自然灾害之一，其对沿海国家人民的生命和财产构成严重威胁。台风的发生常常伴随着强风、暴雨，以及风暴潮等严重自然灾害，给人们的生命和财产造成了灾难性的影响。因此，准确了解气候变暖的情况下台风活动的潜在威胁和长期变化是非常重要的（Tu et al.，2018）。ENSO是当前最重要的一种海气相互作用的气候变化现象，ENSO的冷暖相位变换，对太平洋及其周边地区的气候特征变化具有较大的影响。因此，ENSO如何影响西北太平洋台风特征也值得深入研究（涂石飞等，2019）。西太平洋副热带高压是影响东亚区域及太平洋区域的重要的大型天气尺度系统，对热带大气环流、副热带环流都有重要的影响。同时，西太平洋副热带高压对台风的发展和移动起着重要的引导作用。辐射是大气和海洋的重要能量来源，近百年来，各辐射量在西北太平洋发生了显著的变化。此外，辐射与暖池、台风和ENSO之间也发生了比较明显的相互作用（Chai et al.，2021）。

## 8.1 极端降水事件的变化规律

IPCC第六次评估报告（AR6）指出，2011~2020年全球地表温度较工业化前（1850~1900年）增加了1.09℃。在气候变暖背景下，大气含水量增加，全球水循环加剧，极端降水事件在全球和区域尺度上普遍增加（Sun et al.，2007；Donat et al.，2016；Kharin et al.，2013；Pendergrass and Hartmann，2014），并在人口分布密集区造成了显著影响。例如，统计表明，2004~2015年中国地区达到或超过历史时期极值记录的极端降水事件达79次，其中仅2012年7月21日发生在北京的特大暴雨就造成了约20亿美元的经济损失（Zhang et al.，2013）。从全球来看，在生活着世界约62%人口的陆地季风区（Zhang et al.，2018），遭遇极端降水事件的区域也将随着变暖持续增加（Zhang et al.，2018）。例如在1.5℃和2.0℃变暖条件下，对于超过10年回归期的最大连续5日降水事件，全球陆地季风区中出现该极端事件的区域将从历史时期（1986~2005年）的9.47%分别增加至12.42%和14.01%（Zhang et al.，2018）。本章主要介绍中国、东亚和全球季风区的极端降水变化。

## 8.1.1 极端降水事件的定义及其应用

在极端降水研究中，由 ETCCDI 定义的极端降水指数得到了广泛应用，其中包括相对指标（百分位阈值）、绝对指标（固定阈值）和持续性指标等（程诗悦等，2019；胡宜昌等，2007；张爱英等，2008；Freychet et al.，2015；Lee et al.，2018；Wang and Zhou，2005）。相对指标是基于降水百分位数的指数，一般用于气候差异较大的区域，包括 R95p 和 R99p。绝对指标是某一固定阈值，多用于气候特征比较一致的区域，包括 R10 mm 和 R20 mm。持续性指标包括 Rx1day 和 Rx5day 等（程诗悦等，2019；胡宜昌等，2007）。

这些极端降水指数的广泛使用有利于不同研究成果之间的相互比较。然而，需要指出的是，在不同的研究中，由于采用的极端指数不同可能会造成研究结果的差异（张爱英等，2008；Wang and Zhou，2005）。例如，Wang 和 Zhou（2005）使用日降水的 97.5 分位数作为极端降水阈值，发现 1961~2001 年华北地区极端降水事件呈下降趋势，而张爱英等（2008）选取日降水量的 95 分位数作为极端降水指数，发现 1961~2005 年华北中部强降水日数的变化趋势并不明显。同时，在模式预估中，不同极端指数的选取可能会使极端降水的变化表现出较大的差异。例如，Wang 等（2017）研究表明 2006~2100 年全球陆地平均的 R95p 和 Rx5day 对全球变暖的响应速率分别为 21.1%/K 和 4.9%/K，尽管二者均为增加趋势，但 R95p 的增加幅度是 Rx5day 的 4 倍左右。此外，需要注意的是，同一极端降水指数可能并不适定义所有区域的极端降水。以常用的 95 分位数（包括无降水日的降水频率分布）为例，在美国加利福尼亚州的圣迭戈，超过 95 分位数的降水事件数占总降水事件数的 90%左右；而在挪威的特罗姆瑟，超过 95 分位数的降水占 32%左右（Pendergrass，2018）。

**1. 降水 PDF 分布的临界值理论**

IPCC 第五次评估报告以来，一些学者提出了降水概率密度分布（PDF）中的临界值理论（Peters et al.，2001，2010；Stechmann and Neelin，2011，2014；Neelin et al.，2017；Martinez‐Villalobos and Neelin，2018）。Stechmann 和 Neelin（2011，2014）为降水事件的概率密度分布建立了理论模型并在模型中提出了临界值（cutoff scale）的概念。在降水的概率密度分布中，随着降水量的增加，降水概率密度的下降速率会在临界值前后发生突变。当降水量低于临界值时，降水概率密度下降缓慢，而当降水量高于临界值时，降水概率密度迅速降低（Neelin et al.，2017；Martinez‐Villalobos and Neelin，2018）。因此，临界值可以用于指示降水概率密度分布的右端尾部，即极端降水的概率密度。同时，与常用的百分位数指标不同，这里的临界值具有明确的物理意义，代表降水过程中水汽辐合变化与降水损失变化之间的平衡（Neelin et al.，2017），当降水损失的变化超出水汽辐合的变化时，降水的概率密度将迅速下降。

根据临界值的特点，一些学者进一步将其应用到极端降水的研究中。Neelin 等（2017）利用气候模式分析了全球变暖情景下超过临界值的累积降水变化，结果表明全球变暖背景下临界值呈增加趋势，并且随着临界值的增加，高于临界值的累积降水的发生概率也会增加。这种临界值与概率密度分布尾部之间的一致性变化也在观测上得到了证实。Martinez-Villalobos 和 Neelin（2018）将临界值作为极端降水阈值研究了美国地区 1979～2013 年间的极端累积降水变化，发现临界值增加区域的累积降水 PDF 的尾部出现明显的上移。Martinez-Villalobos 和 Neelin（2019）进一步探讨了日降水概率密度分布的形状，发现临界值同样也是日降水概率密度分布的关键物理参数。此外，最近的研究表明 CMIP6 模式能够很好地模拟临界值的空间分布特征（Martinez-Villalobos and Neelin，2021），这表明了应用临界值研究模式模拟的极端降水及其变化的可靠性。

综上所述，在降水 PDF 分布中，临界值的变化可以指示 PDF 分布右尾部的变化，即极端降水发生概率的变化；且与常用的极端降水指数相比，临界值具有明确的物理意义：在降水事件中，它取决于降水损失变化与水汽辐合变化之间的平衡，这一特点为后续分析极端降水变化相关的物理机制提供了基础。因此，本章将临界值作为极端降水阈值分别对中国和全球陆地季风区的极端降水变化进行分析。

**2. 中国地区极端降水变化的研究**

在中国地区的极端降水研究中，大多数学者主要使用 ETCCDI 定义的极端降水指数对日降水资料进行分析（Xu et al.，2011；卢珊等，2020；吴佳等，2015；Zhou et al.，2016；Zhang and Zhou，2020；Feng et al.，2011）。结果表明，在过去的几十年间中国地区整体的极端降水呈增加趋势（Xu et al.，2011；卢珊等，2020）。如 Xu 等（2011）比较了 1960～1989 年和 1990～2007 年这两个时期的极端降水（99 分位数）变化，发现年极端降水量和极端降水天数分别增加了约 10.9mm 和 0.12d。卢珊等（2020）利用 693 个地面观测站的逐日降水资料分析了中国地区 1961～2016 年的极端降水变化，结果表明近 56 年以来全国极端降水量（99 分位数）每 10 年增加约 6.2mm，且极端降水日数每 10 年增加约 0.1 天。区域上，不同的分区中极端降水的变化特征各有不同。例如，Wang 和 Zhou（2005）表明 1961～2001 年西北地区的极端日降水事件（97.5 分位数）显著增加，而华北和东北地区的极端降水事件却明显减少。类似地，Zhou 等（2016）对 1961～2010 年中国地区的极端降水进行了研究，发现西北地区、华南和华东地区的 R95p 呈增加趋势，而东北和华北地区的 R95p 呈减少趋势。

IPCC 第六次评估报告（AR6）表明，在未来排放情景下，全球地表平均温度将进一步增加。在这种背景下，全球大部分地区的极端降水也将增加。作为气候变暖的敏感区，中国地区人口众多、地形复杂，将面临着极端降水增加带来的更为严重的自然灾害。因此，如何对中国地区极端降水的未来变化进行准确的预估成为了学者们关注的热点（吴佳等，2015；Zhang and Zhou，2020；Feng et al.，2011；Xu et al.，2021）。例如，根据 24 个 CMIP5 的气候模式，吴佳等（2015）分析了中国地区极端降水（R95p 和 R99p）对全球变暖的响应，发现在 RCP8.5 情景下，相对于 1986～2005 年，2006～2099 年间中国地区的平均气温每升高 1℃，R95p 和 R99p 将分别增加 11.0%和 22.4%。Zhang 和 Zhou（2020）根据 CMIP5 模式数据对中国地区极端降水的未来变化进行了预估，结果表明，在 1.5℃温升情景下，2006～2100 年间中国区域平均的极端降水（Rx5day）对变暖的响应速率约为 6.52%/K。类似地，基于 CMIP6 模式数据，Xu 等（2021）研究表明，相对于 1986～2005 年，在 21 世纪末，Rx5day 在 SSP2-4.5 和 SSP5-8.5 排放情景下将分别增加 12%和 25%。

区域上，在全球变暖背景下中国大部分地区的极端降水均呈增加趋势，但其增加幅度在不同的研究中有所差异。例如，吴佳等（2015）研究表明青藏高原和西南地区的极端降水对变暖最为敏感。RCP8.5 情景下气温每升高 1℃，R95p 在青藏高原和西南地区分别增加 13.9%和 15.7%，在东北和华南地区分别增加 10.9%和 9.7%。而 Zhang 和 Zhou（2020）的研究表明中国西部和北部的极端降水（Rx5day）对变暖的响应幅度更大。此外，应用不同的模式也会对区域极端降水变化的未来预估结果产生影响。例如，根据高分辨率全球气候模式 ECHAM5 的 T319 版本的输出结果，Feng 等（2011）分析了中国地区极端降水的未来变化，结果表明在 2080～2100 年间中国大部分地区的 R95p 和 Rx5day 均呈增加趋势，但在青藏高原地区南部二者均减少，这与 CMIP5 及 CMIP6 模式得到的结论明显不同。

综上所述，尽管目前很多研究都对中国地区的极端降水变化进行了预估，但受到极端指数和模式选取的影响，不同研究之间的结论具有很大的不确定性。而相比于常用的极端降水指数，目前降水概率密度分布中的临界值尚未应用到中国地区极端降水的预估研究中。基于临界值明确的物理意义及其与极端降水概率密度之间的联系，本章将应用降水概率密度分布中的临界值这一指标来研究极端降水的变化 对中国地区的极端降水变化进行预估。

**3. 东亚和全球季风区极端降水变化的研究**

季风降水影响着全球约 2/3 的人口（Zhang et al.，2018），因此季风区的极端降水变化备受关注。全球陆地季风区包括北非季风区、南亚季风区、东亚季风区、北美季风区、南非季风区、澳大利亚季风区和南美季风区（Kitoh et al.，2013）。目前，国内外学者已经对季风区历史时期的极端降水变化进行了深入研究（Skansi et al.，2012；King et al.，2013；New et al.，2006；Zhang and Zhou，2019）。例如，New 等（2006）分析了西非和南非地区 1961～2000 年的极端降水指数的变化，结果显示区域平均的 Rx1day 和 Rx5day 均呈增加趋势。Skansi 等（2012）研究指出 1950～2010 年间南美地区的极端降水指数明显增加，强降水事件占比呈上升趋势，特别是超过降水量 95 分位数的降水事件（R95p 和 R99p）。King 等（2013）指出 1907～2009 年间澳大利亚西部西南方向的一些站点的极端降水频率减少，除此之外，其他地区观测站点的极端降水频率呈上升趋势，表明大部分地区的极端降水事件增加。Zhang 和 Zhou（2019）分析了 1901～2010 年间全球陆地季风区极端降水的变化，发现极端降水显著增加的观测站点远大于极端降水显著减少的站点。同时在东亚季风区，南方的极端降水增强而北方的极端降水减弱，南亚季风区中印度次大陆的极端降水显著增加，而印度北部显著减少。

考虑到季风降水的重要影响，一些学者利用不同的气候模式对季风区极端降水的未来变化趋势进行了分析。Zhang 等（2018）预估了 CMIP5 耦合模式中 RCP8.5 情景下全球陆地季风区的极端降水变化，研究表明在 2006～2100 年间全球陆地季风区平均的 Rx5day 对全球温度增加的响应速率为 5.17%/K，而在区域上东亚和南亚季风区的极端降水对全球变暖最为敏感，响应速率分别为 6.4%/K 和 9.67%/K。同时，研究也指出当在

RCP4.5 和 RCP8.5 情景下升温 1.5℃和 2.0℃时，除了北美季风区之外，全球陆地季风区的极端降水（Rx5day）均增加，其中亚洲和非洲的极端降水增加较为明显。在印度中部，Lui 等（2019）研究表明 2075~2099 年间的 Rx5day 和 R95p 相对于 1979~2003 年分别增加了 11.3%/K 和 8.47%/K。Chevuturi 等（2018）对亚洲-澳大利亚季风区进行增温实验，结果显示在 2℃增温下印度和东亚的部分地区的极端降水事件将更为频繁。

总体而言，全球陆地季风区的极端降水在过去几十年间显著增加。同时，很多学者利用模式资料对陆地季风区的极端降水变化进行了预估，但极端指数的选取仍然对研究结论的不确定性造成了一定影响。此外，在探讨降水变化机制时，一些学者也注意到了热力和动力因素对季风降水变化的影响（Endo and Kitoh，2014；Chen et al.，2020），但这主要针对平均季风降水的变化。例如，Endo 和 Kitoh（2014）研究发现在平均季风降水的增加中热力项在所有季风区中均呈增加趋势，而动力项呈减少趋势。同样，Chen 等（2020）也指出在全球陆地季风区夏季降水的增加中热力因素造成的增强会被动力因素的影响抵消，并且发现季风降水预测的不确定性来自环流变化。然而，很少有研究能够明确地量化全球陆地季风区极端降水变化中的热力和动力影响。因此，本章在使用临界值对全球陆地季风区的极端降水未来变化进行分析时，也将从动力和热力过程的角度探讨极端降水变化的物理机制。

## 8.1.2  1980 年以来中国大陆的极端累积降水变化

目前，在中国地区的极端降水研究中，很多学者已经注意到日极端降水、小时极端降水和持续性极端降水事件在过去几十年间普遍增加（Zhou et al.，2016；Xiao et al.，2016；陈星任等，2020）。然而，很少有学者从累积降水的角度对中国地区的极端降水进行研究。以观测站点的小时降水数据为基础，累积降水量是指一次降水事件从开始到结束的降水总量（小时降水量阈值为 0.1mm）。本小节将累积降水概率密度分布中的临界值作为极端降水阈值，首先，揭示 1980~2015 年中国大陆地区暖季极端累积降水的变化特征。而后，从持续时间和平均强度的角度分析极端累积降水变化的原因。

**1. 累积降水概率密度分布中的临界值**

图 8.1 给出了 1980~2015 年间中国大陆地区暖季的累积降水和日降水概率密度分布。可以看到，随着累积降水量或日降水量的增加，降水概率密度分布（PDF）在中小量级降水阶段缓慢下降。$S_L$ 为累积降水的临界值，$P_L$ 为日降水的临界值，达到临界值之后，PDF 在大量级降水阶段迅速下降[图 8.1（a）（b）]，表明该临界值可以指示降水的概率密度的右尾部，即极端降水。

此外，累积降水与日降水 PDF 的差异主要体现在幂律指数上[图 8.1（c）（d）]。其中累积降水 PDF 分布的幂律指数 $\tau$ 为 1.2，而日降水的幂律指数 $\tau_P$ 则为 0.9，表明前期处于幂律范围内的累积降水 PDF 的下降速率比日降水更快。由于降水 PDF 分布的临界值（$S_L$）的计算较为复杂，本章将应用与 $S_L$ 成正比的降水距平 $S_M$ 来揭示极端累积降水的分布与变化。

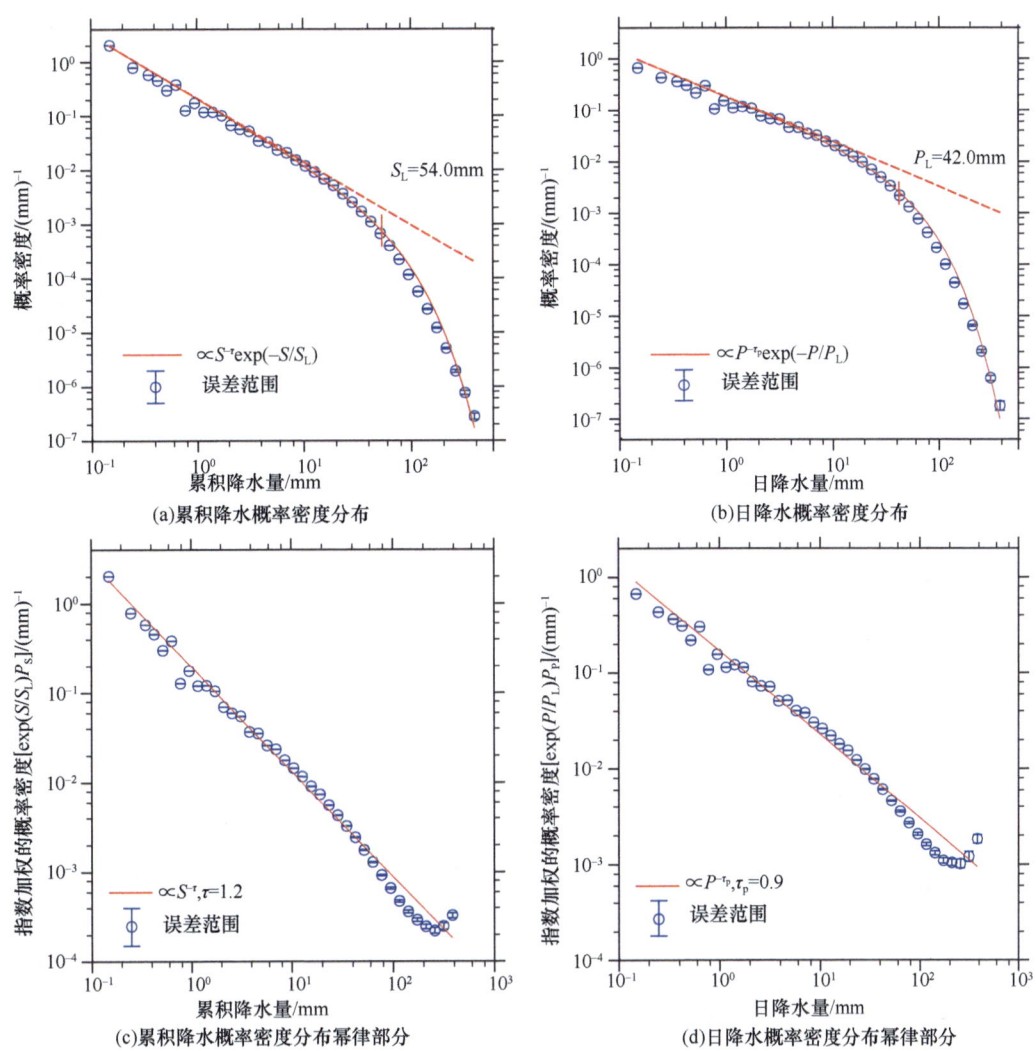

图 8.1 1980~2015 年中国大陆地区暖季累积降水的概率密度分布（a）和日降水的概率密度分布（b），（c）和（d）分别为累积降水和日降水分布中的幂律部分

误差范围为 1000 次抽样结果中的 5%~95%，中间的圆圈代表中间值（50%），$S$ 表示累积降水量，$P$ 表示日降水量，$\tau$ 和 $\tau_p$ 分别为累积降水和日降水的幂律指数，$P_s$ 和 $P_p$ 分别为累积降水和日降水的概率密度

图 8.2 给出了中国大陆地区 1910 个站点暖季降水 PDF 分布的临界值（$S_M$）与常用的极端降水百分位数（$S_{99}$）之间的相关关系。可以看到，二者呈现出显著的正相关关系（相关系数为 0.95）。并且，日降水 PDF 分布的临界值（$P_M$）与日降水的 99 分位数（$P_{99}$）（相关系数为 0.97），以及 $P_M$ 与 $S_M$（相关系数为 0.98）之间均存在高相关性（图 8.2）。这表明，基于累积降水得到的结论同样适用于日降水。

尽管在数值上临界值与常用的极端降水百分位数高度相关，但二者并不能等同。物理上，临界值代表了降水过程中水汽辐合变化和由降水造成的水汽损失变化之间的平衡。而在不同的地区，由于气候条件的差异，统一的降水百分位数指标所指示的降水极端程度可能是不同的。

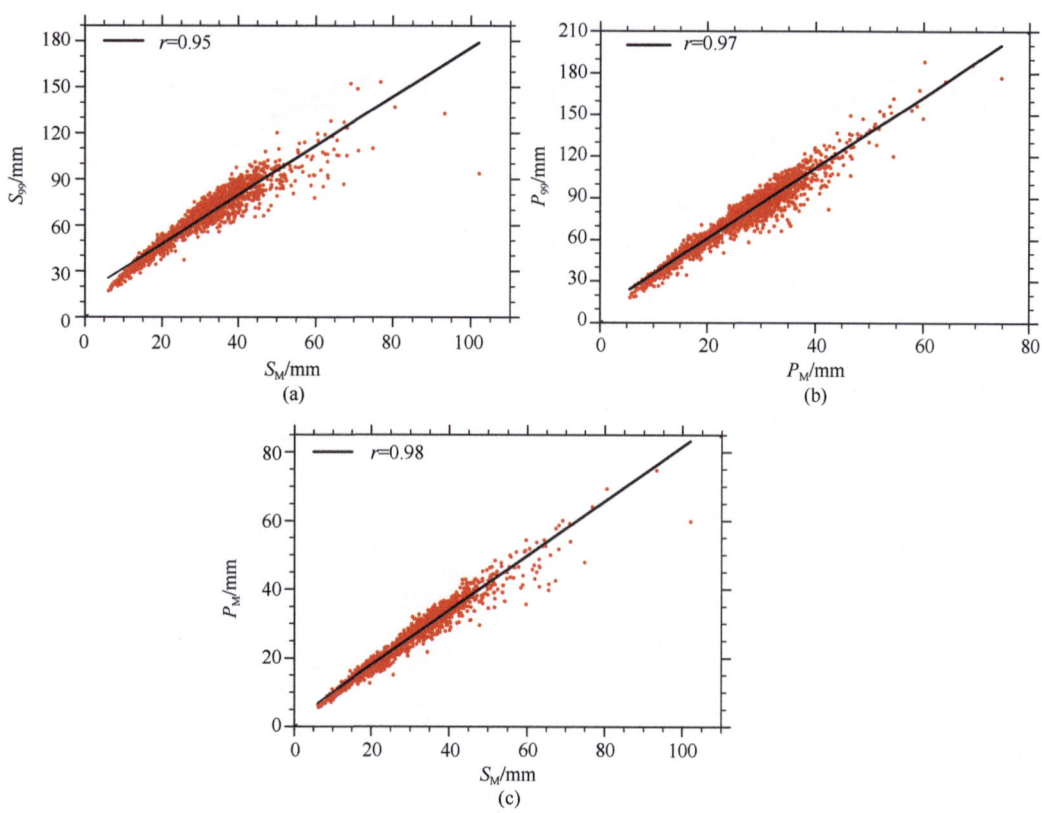

图 8.2 (a) 每个站点累积降水临界值（$S_M$）与 99 分位数（$S_{99}$）之间的散点图，(b) 每个站点日降水临界值（$P_M$）与 99 分位数（$P_{99}$）之间的散点图，(c) 每个站点累积降水的 $S_M$ 与日降水的 $P_M$ 之间的散点图

为了进一步揭示临界值的特征，图 8.3 给出了每个站点、每个区域的临界值 $S_L$ 对应的百分位数。显然，不同区域的临界值所对应的降水百分位数是不同的。例如，在水汽条件充沛的华南地区，临界值大约对应累积降水的 98.9 分位数，而西北地区的临界值则大致对应 97 分位数。即使在同一地区，每个站点的临界值所对应的百分位数也可能存在显著差异，例如在青藏高原区域，临界值对应的分位数降水从 $S_{91}$ 到 $S_{98}$ 不等。由此可见，使用同一降水百分位指标（如 R95p 或 R99p）在不同地区或站点代表的降水极端程度可能是存在差异的。

**2. 中国大陆地区极端累积降水的变化**

在 1980～2015 年间，极端累积降水的强度呈现出由东南向西、向北逐渐减弱的趋势。如图 8.4 所示，气候态上 $S_M$ 分布的高值区位于华东、华中和华南地区，低值区位于东北、西北和西南地区。这种空间分布特征与暖季平均总降水量的分布特征相似，同时也与强降水天数的分布一致（Ma et al., 2015）。

为了分析暖季极端累积降水的变化，这里将 1980～2015 年分为 1980～1997 年和 1998～2015 年两个时期，并计算了 1998～2015 年间每个站点和区域的 $S_M$ 相对于 1980～1997 年的变化百分比，结果如图 8.5 所示。总体来看，与 1980～1997 年相

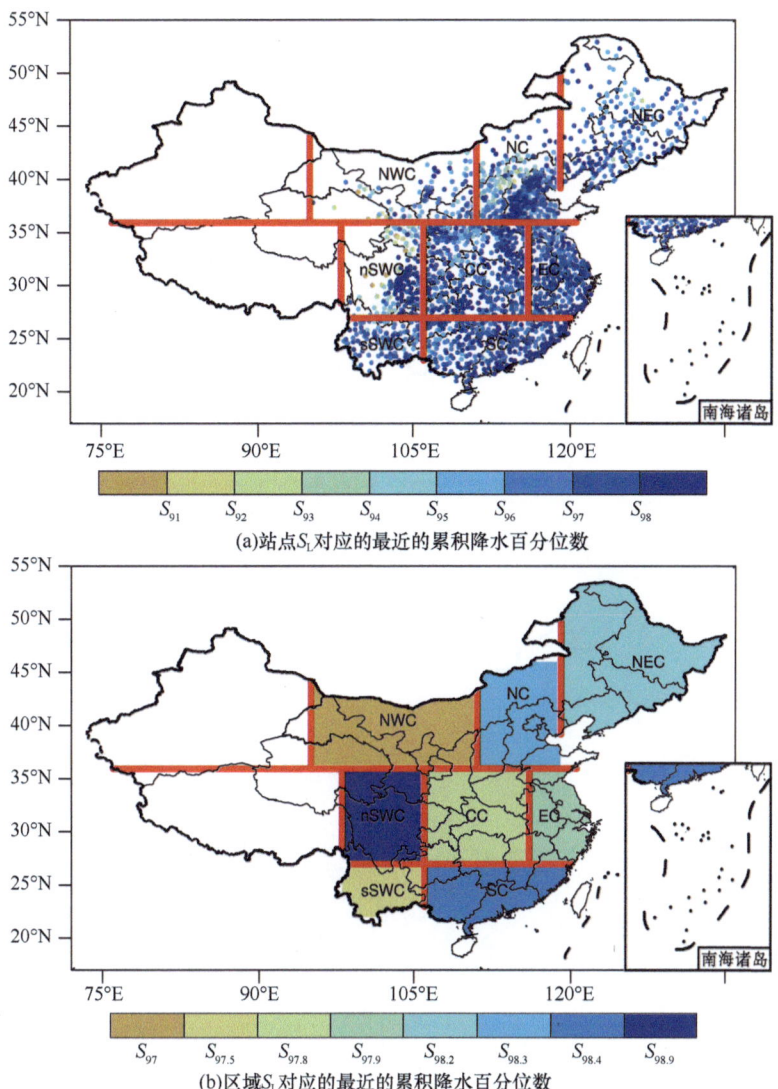

图 8.3 1980~2015 年暖季每个站点（a）和区域（b）的临界值 $S_L$ 对应的最近的累积降水百分位数
NWC 为西北地区，NC 为华北地区，NEC 为东北地区，nSWC 为西南地区北部，sSWC 为西南地区南部，CC 为华中地区，EC 为华东地区，SC 为华南地区（余图同）

比，在 1998~2015 年间极端累积降水增加的站点数占总站点的 58.5%，所有站点的极端累积降水平均增加了 4.7%。同时，当把所有站点作为一个整体时，1998~2015 年间中国整体的极端累积降水（$S_M$ 约为 34.1mm）比 1980~1997 年（$S_M$ 约为 32.3mm）增加了 5.6%。

区域上，华东（10.9±1.5%，平均值±标准差，下同）、西北（9.7±2.5%）、华南（9.4±1.4%）、西南（5.6±1.2%）和华中（5.3±1.0%）地区的极端累积降水呈增加趋势。而华北（−10.3±1.3%）、东北（−4.9±1.5%）和青藏高原地区（−3.9±1.8%）的极端累积降水呈减少趋势。同时，各区域的 $P_M$ 变化趋势与 $S_M$ 一致，且变化幅度略小于 $S_M$，表明极端日降水变化与极端累积降水变化一致。

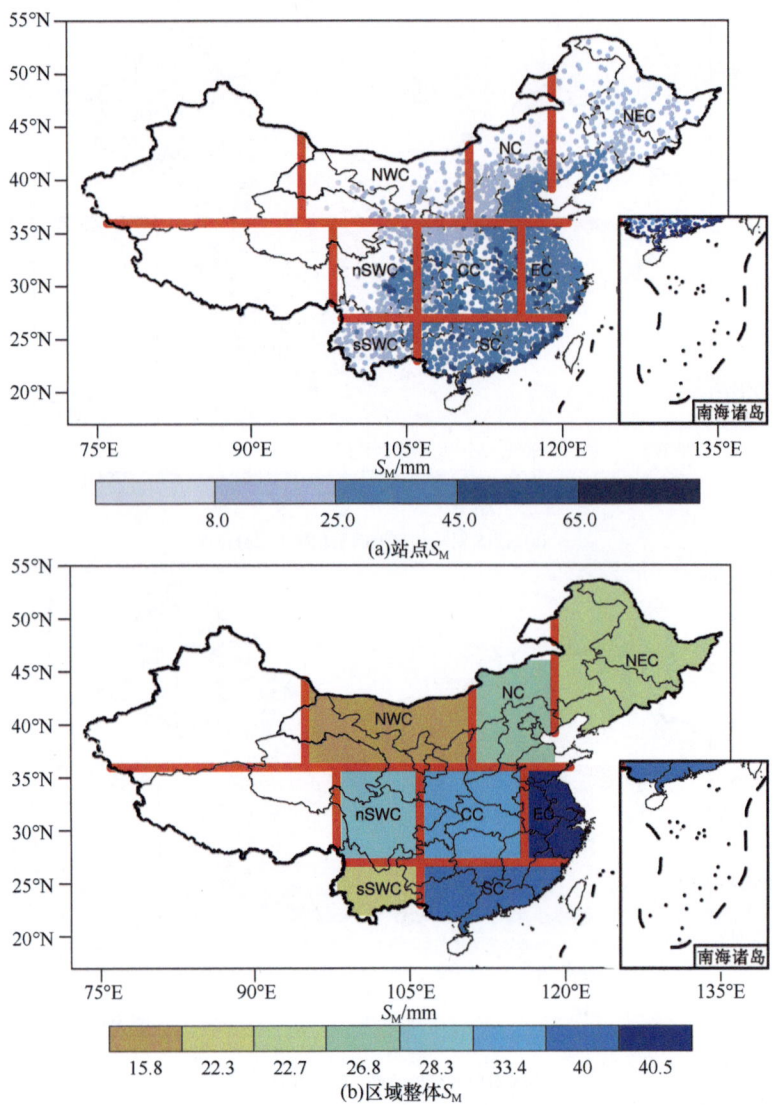

图 8.4　1980～2015 年暖季站点（a）以及区域整体（b）的 $S_M$ 分布

此外，研究也将临界值的变化与降水百分位数的变化进行了对比，如图 8.6 所示。总体来看，大多数区域的临界值变化与 5 个百分位数的变化均一致，并且临界值的变化幅度倾向于与高百分位数（99.9 分位数）的变化幅度一致。然而，在一些地区较低百分位数与高百分位数的变化趋势并不一致。例如，在西北地区，$S_{95}$ 呈减少趋势而 $S_{99}$ 呈增加趋势，类似的情况也出现在青藏高原地区。这表明在这些地区使用不同的降水百分位数会在极端降水变化上得到不同的结论。

**3. 极端累积降水风险的变化**

累积降水概率密度的变化与临界值的变化紧密相连。如图 8.7 所示，在 $S_M$ 增加较大的 3 个区域（西北、华东和华南地区），与 1980～1997 年相比，1998～2015 年间的概率

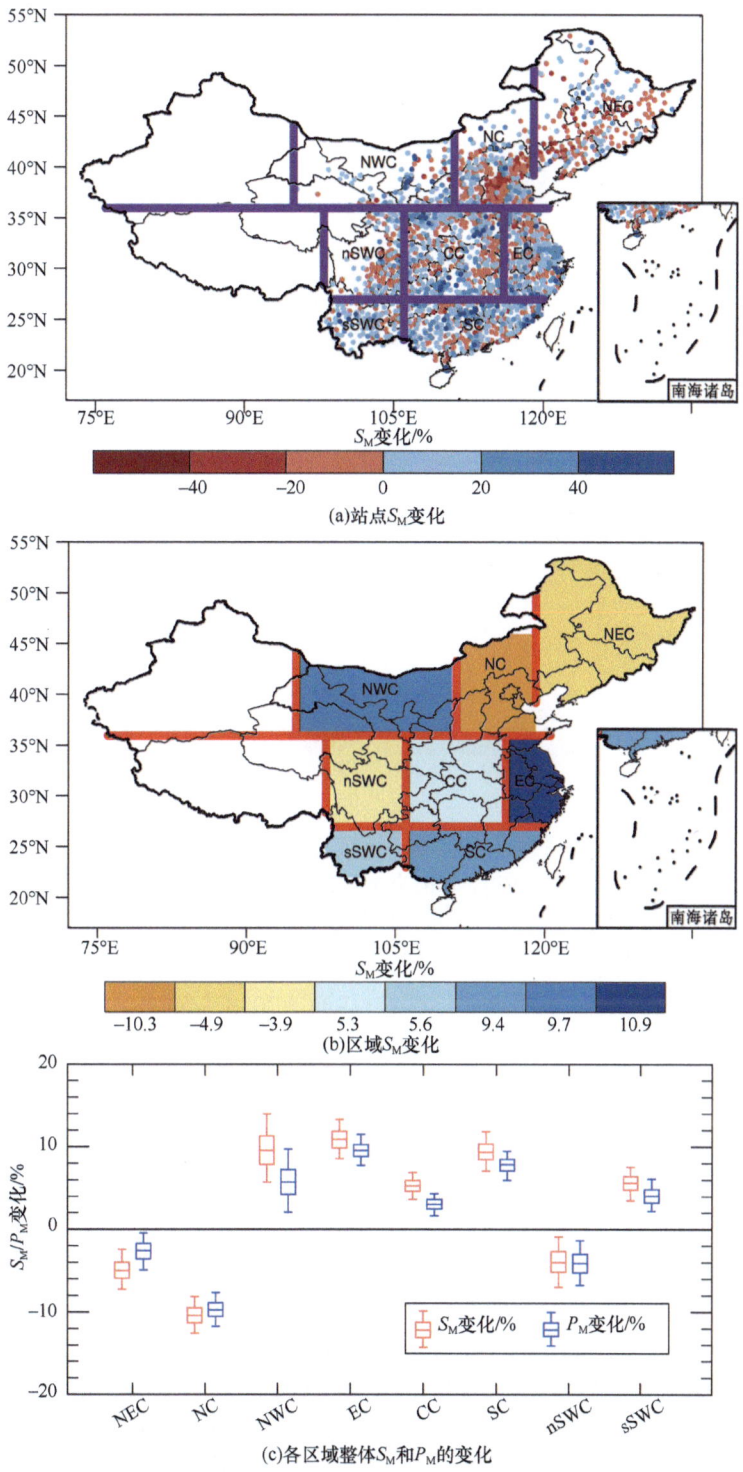

图 8.5  1998～2015 年相对于 1980～1997 年站点（a）和区域（b）的 $S_M$ 变化，以及各区域整体的 $S_M$ 与 $P_M$ 变化（c）

(b) 是降水数据 1000 次抽样结果的平均值，(c) 中的盒须图从下到上分别为 1000 次抽样结果的 5%、25%、50%、75% 与 95%

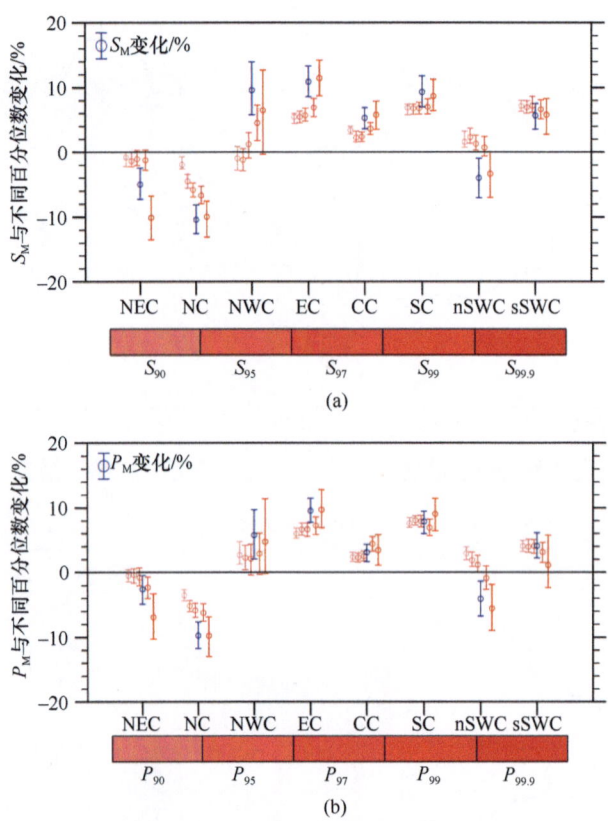

图 8.6 (a) 1998~2015 年相对于 1980~1997 年各区域的 $S_M$ 与不同百分位数 ($S_{90}$、$S_{95}$、$S_{97}$、$S_{99}$、$S_{99.9}$) 的变化，(b) 1998~2015 年相对于 1980~1997 年各区域的 $P_M$ 与不同百分位数 ($P_{90}$、$P_{95}$、$P_{97}$、$P_{99}$、$P_{99.9}$) 的变化

误差范围为 1000 次抽样结果的 5%~95%，中间的圆圈代表中间值 (50%)

密度分布的右尾明显上升，表明这些地区在 1998~2015 年间发生了更多的极端降水事件。而通过将 1980~1997 年间的临界值 $S_L$ 增加对应的 $S_M$ 变化，重新计算得到的 1998~2015 年降水概率密度分布与观测的概率密度分布一致[图 8.7 (c) (d)]，表明极端降水事件的增加与临界值的增加有关。因此，临界值是一个与累积降水概率密度分布的形状相联系的物理量，它的变化指示着概率密度分布中极端右尾的变化，也就是超过临界值的极端降水事件的变化。

为了进一步明确极端累积降水发生风险的变化，图 8.8 给出了两个时期之间的概率密度风险比。当把 5 个临界值增加的区域作为一个整体时，随着降水累积量的增加，概率密度风险比呈持续上升趋势。当累积降水量超过 99.9 分位数时，概率密度风险比超过了 1.2，表明 1998~2015 年间极端累积降水事件的发生风险增加了 20%以上。类似地，这 5 个区域各自的概率密度风险比均呈增加趋势且大于 1.0，代表极端累积降水的风险增加。值得注意的是，当累积降水量相对较小时其概率密度几乎是不变的（风险比约为 1.0），而对于大的累积降水事件，其概率密度显著增加。例如，在华中地区，当累积降水量小于 $S_{96}$ 时概率密度风险比增加得较为缓慢，而在累积降水量超过 $S_{96}$ 后概率密度风

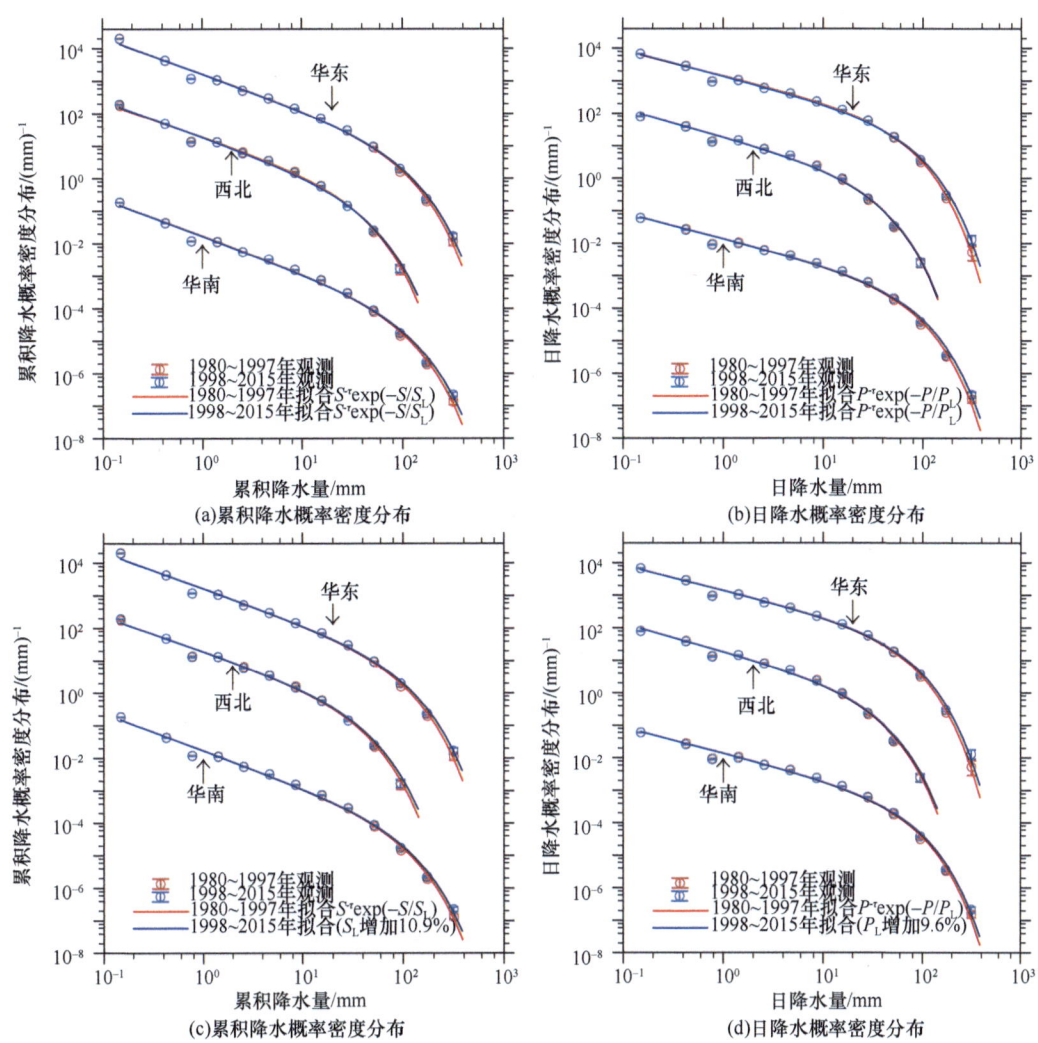

图 8.7 华东、西北和华南地区 1980~1997 年（红色）、1998~2015 年（蓝色）的累积降水及日降水的概率密度分布

其中为了便于区分不同区域，将华东地区的概率密度×$10^4$，西北地区的概率密度×$10^2$，华南地区的概率密度×$10^{-1}$。误差范围为 1000 次抽样结果的 5%~95%，中间的圆圈代表中间值（50%）。(c)(d)与(a)(b)类似，但(c)(d)中 1998~2015 年蓝色实线在进行拟合时公式中的 $S_L$（$P_L$）被 1980~1997 年的 $S_L$（$P_L$）增加 $S_M$（$P_M$）变化百分比后得到的结果所代替

险比迅速增加。对于超过 $S_{99}$ 的累积降水事件，除了华南地区外，其他 4 个区域的概率密度风险比可以达到 1.2 以上。

总体而言，随着临界值的增加，与 1980~1997 年相比，1998~2015 年间极端累积降水事件显著增加。相应地，在临界值减少的 3 个区域，极端累积降水事件的发生风险也在减少（图 8.9）。由此可见，临界值的变化可以揭示极端累积降水发生风险的变化。

**4. 极端累积降水变化的原因分析**

通过将极端累积降水量分解为降水持续时间和平均降水强度，进一步探索了事件持续时间和事件平均强度对极端累积降水的影响。其中极端累积降水阈值的范围在 $S_M$ 到

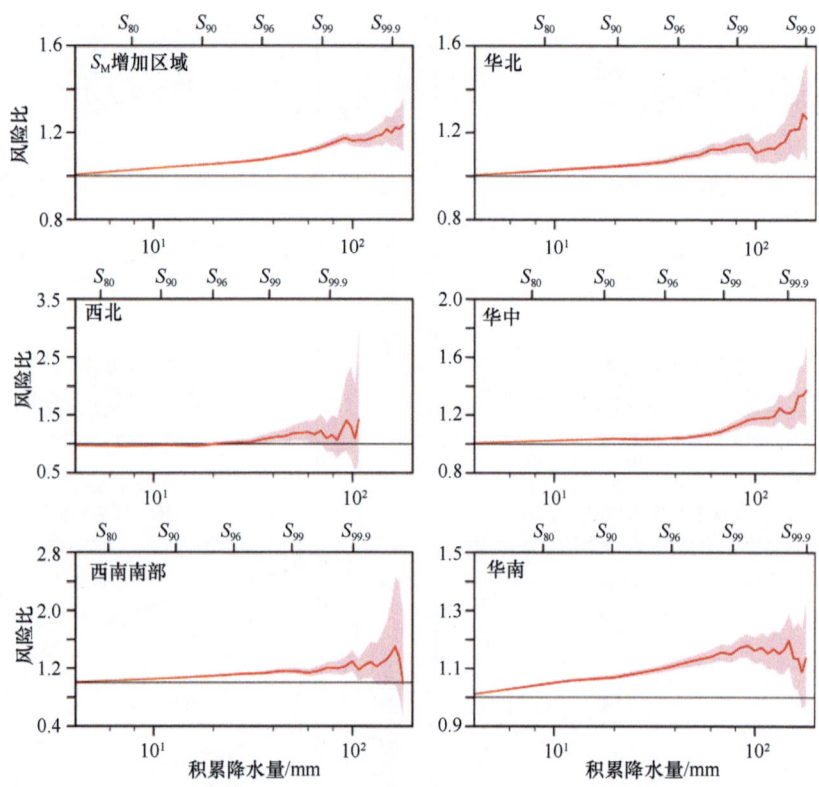

图 8.8  5 个 $S_M$ 增加区域的概率密度风险比

其中第 1 行第 1 列是将 5 个区域作为整体计算得到的。红色实线是由观测数据计算的概率密度风险比，粉色阴影代表 1000 次抽样结果的 5%~95% 范围，顶部的 $x$ 轴标记了 1980~2015 年不同累积降水百分位数的位置

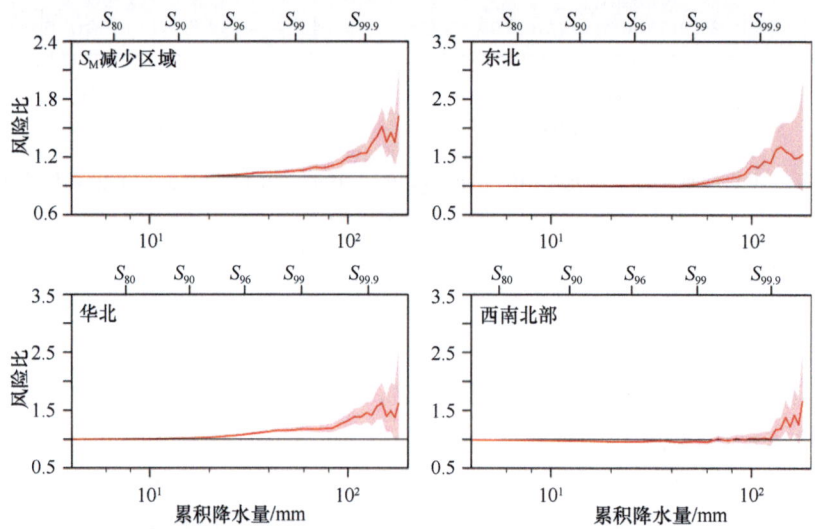

图 8.9  3 个 $S_M$ 减少区域的概率密度风险比（1980~1997 年相对于 1998~2015 年）

其中第 1 行第 1 列是将 3 个区域作为整体计算得到的。当概率密度风险比大于 1 时，表明 1980~1997 年的降水概率密度高于 1998~2015 年的概率密度。红色实线是由观测数据计算的概率密度风险比，粉色阴影代表 1000 次抽样结果的 5%~95% 范围，顶部的 $x$ 轴标记了 1980~2015 年不同累积降水百分位数的位置

$5S_M$ 之间（$S_M$ 为 1980~2015 年整个时期的值）。$S_M$~$5S_M$ 的范围可以确保不同极端程度的累积降水事件被采样分析。例如，大于 $S_M$ 的累积降水事件包含了很多中等极端强度的降水，而大于 $5S_M$ 的累积降水事件数更少但强度更为极端。具体的计算结果如图 8.10 所示。为了与常用的极端降水百分位数进行比较，图中上方的 x 轴标记了不同降水百分位数的位置。从图中可以看出，$S_M$~$5S_M$ 的范围至少包含了累积降水 97~99.9 的分位数，覆盖了中等极端和非常极端的极端降水事件。

整体而言，当把临界值增加的 5 个区域看作一个整体时，极端累积降水事件数和极端累积降水量均呈增加趋势（图 8.10）。从持续时间和强度的变化上看，当累积量小于 $S_{99}$ 时降水持续时间的变化较为微弱，当累积量大于 $S_{99}$ 时持续时间呈增加趋势。而降水

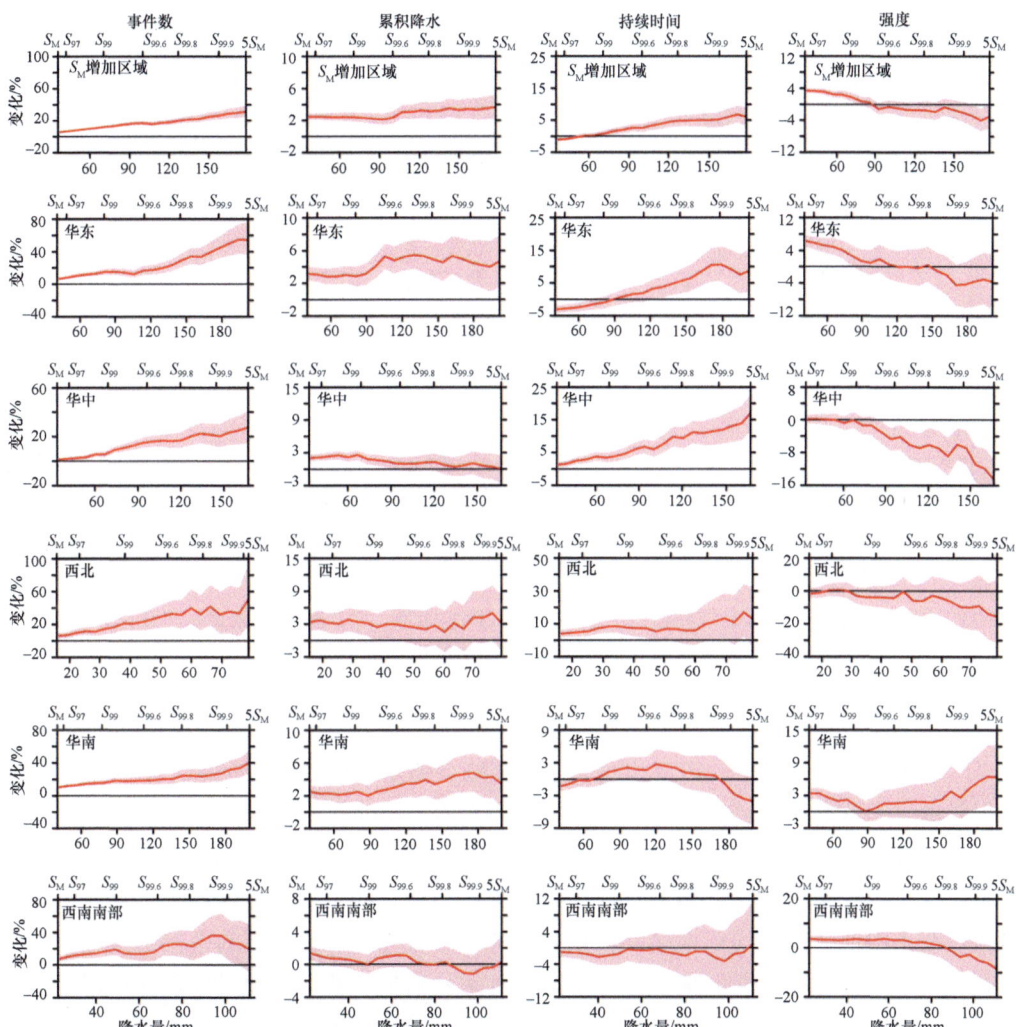

图 8.10　$S_M$ 到 $5S_M$ 范围内 5 个临界值增加区域的累积降水事件、平均累积降水量、平均降水持续时间和平均降水强度的变化（1998~2015 年相对于 1980~1997 年）

其中第 1 行是将 5 个区域作为整体计算得到的，$S_M$ 是 1980~2015 年整体的值。红色实线是由观测数据计算的变化，粉色阴影代表 1000 次抽样结果的 5%~95% 范围，顶部的 x 轴标记了 1980~2015 年不同累积降水百分位数的位置

平均强度在累积量小于 90mm 时呈正增加趋势,在 90mm 以后降水平均强度随累积量的增加逐渐减少。因此,对于超过 99 分位数的极端事件,其累积量的增加主要是受到了降水时间增加的影响。类似地,当把 3 个临界值减少的区域看作一个整体时,降水持续时间与极端累积降水量、极端累积降水事件数呈现出一致的减少趋势,而降水平均强度却呈增加趋势,表明降水持续时间的减少是极端累积降水量减弱的主要原因(图 8.11)。

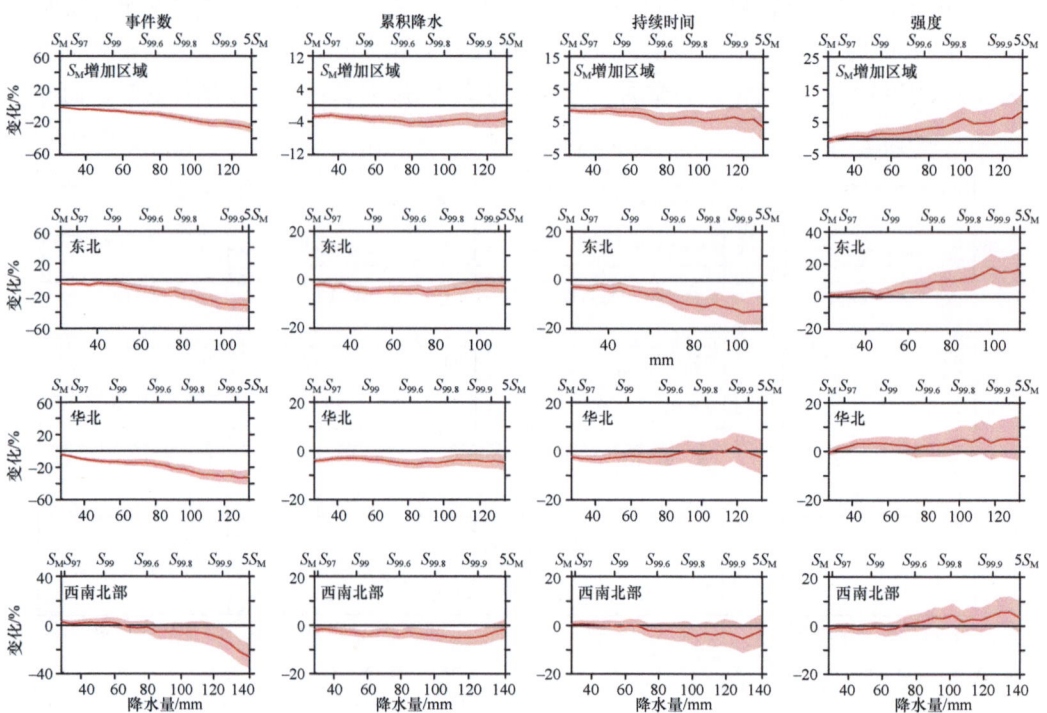

图 8.11 $S_M$ 到 $5S_M$ 范围内 3 个临界值减少区域的累积降水事件、平均累积降水量、平均降水持续时间和平均降水强度的变化(1998~2015 年相对于 1980~1997 年)

其中第 1 行是将 3 个区域作为整体计算得到的,$S_M$ 是 1980~2015 年整体的值。红色实线是由观测数据计算的变化,粉色阴影代表 1000 次抽样结果的 5%~95%范围,顶部的 $x$ 轴标记了 1980~2015 年不同累积降水百分位数的位置

区域上,华东、华中、华南和西北这 4 个临界值增加区域的极端降水事件数和降水累积量也呈一致的增加趋势,而西南地区的极端累积降水量的变化并不显著(图 8.10)。同时,降水持续时间和降水平均强度的变化具有区域性差异。在近几十年中正在变湿的西北地区,当极端累积降水增加时持续时间也在增加,而平均强度在减弱,同样的情况也出现在华中地区。在华东地区,平均强度的增强发生在 $S_{99}$ 以下的中等强度的极端降水上,在此之后平均强度呈减弱趋势而持续时间呈增加趋势,因此当极端累积降水量超过 $S_{99}$ 时持续时间的增加对累积降水的增加产生了重要影响。然而,在华南地区,降水持续时间的增加仅出现在 $S_{99}$ 至 $S_{99.8}$ 范围内,而降水平均强度却表现出一致的增加趋势;西南地区的降水持续时间呈微弱的减少趋势,而降水平均强度的变化却与极端累积降水量的变化较为一致。因此,在华南和西南地区,降水平均强度的增加似乎可以更好的解释极端累积降水的变化。上述分析表明至少对于超过 $S_{99}$ 的极端累积降水而言,其增加

趋势主要是由增加的持续时间导致的，这与从五个区域整体获得的结果一致。此外，对于三个临界值减少的区域，每个区域的极端累积降水的减少也是由减少的降水持续时间导致的（图 8.11），而非降水平均强度的变化。

总体而言，极端累积降水事件数和累积降水量的变化与临界值的变化一致，并且极端累积降水量的变化主要受到了降水持续时间变化的影响。值得注意的是日降水的临界值与累积降水的临界值变化是一致的，表明由累积降水得到的结果也同样适用于日降水。

## 8.2 重大极端降水事件的成因机理

重大极端降水事件通常发生在极其有利的环流形势之下，本节着重从大尺度环流形势场的角度来讨论极端降水事件的形成机理。稳定的大尺度环流背景对极端降水过程的形成与维持具有重要作用，它不仅有助于天气尺度系统的维持，而且通过热量和水汽的输送，建立起深厚的水汽通道。与极端降水过程直接相关的中尺度对流系统的发展同样受到稳定的大尺度环流背景的影响。在特定的环流背景下，极端降水事件发生频率增加且强度增强。因此，在探究极端降水形成机制时，通过建立大尺度环流型与极端降水的关系，揭示极端降水优势环流型，对提高极端降水预报具有潜在的应用价值。

### 8.2.1 大尺度环流分型方法

环流分型方法主要包括基于相关分析、特征向量和神经网络的 3 种基本方法。其中，相关分析方法通过计算数据格点间的相关系数进行分型，受分型区域、数据分辨率等方面影响（Yarnal，1984）。特征向量方法主要应用于经验正交函数 EOF 分析，通过数据矩阵的奇异值或者协方差矩阵的特征值进行分解，得到正交模态空间分布特征及其系数随时间的演变（Taylor et al.，2013）。

近年来，自组织映射（SOM）神经网络方法被引入气象领域的研究中。基于竞争学习的无监督神经网络，SOM 方法可以将高维数据映射到低维空间。该方法通过计算输入数据之间的欧几里得距离来竞争学习、训练，最终得到优胜节点，且优胜节点的空间位置仍保持输入数据的"拓扑映射"结构，即输入数据的内在统计特征。该方法不仅考虑了分型特征，还考虑了大气过程的连续性，并使其达到较好的平衡。因此对于大尺度环流的分型，SOM 方法具有准确和直观的特点（Kohonen，2001；2013）。

目前，SOM 方法已被广泛应用于大尺度环流分型的研究中。在极端降水方面，Swales 等（2016）应用 SOM 方法对美国西山地区整层水汽输送通量进行分型，得到两种与极端降水相关的环流形势。第 1 型中，由纬向传播槽所形成的水汽输送带随槽向南移动；第 2 型中，与沿海地区强脊相关的西南风暴路径导致水汽持续输送到西北太平洋。Ohba 等（2015）利用 SOM 方法确定了日本雨季中与极端降水事件相关的 7 种典型的环流形势并探索这些环流形势的年际变化和年代际变化与全球尺度气候变化之间可能的联系。Loikith 等（2017）利用 SOM 方法分型美国西北部大气环流形势并探究其与气温极值和降水极值的关系，讨论异常环流与极端气温和极端降水事件的联系。Olmo 和 Bettolli（2021）研究南美洲南部日极端降水的时空特征，并利用 SOM 方法对大气环流进行分型，分析有利于极端降水事件发生的环流形势,指出特定的环流形势显著增加了极端降水事件的发生频率。

此外,本研究还采用了名为混合单粒子拉格朗日积分轨迹(HYSPLIT)的拉格朗日模型[①](Stein et al.,2015)对水汽进行后向轨迹追踪,从而确定不同因素或不同水汽来源对某个地区降水的贡献。因为在欧拉坐标系中,目标降水区域的气团无法追溯到可能的源区,但基于拉格朗日坐标系的方法可以确定气团的运动轨迹,进而定量估计各个源对目标区域的水汽贡献。该方法被广泛应用于世界各地的研究(Gustafsson et al.,2010;Izquierdo et al.,2012;Salih et al.,2015;Huang and Cui,2015a,2015b;Sun and Wang,2014;Chen and Luo,2018;Nieto et al.,2019;Shi et al.,2020;Zhang et al.,2021a)。同时,考虑到一个气团从源地到目标区域的过程中可能会经历多次水汽增减循环,还采用了 Sodemann 等(2008)提出的来源归因法(source attribution method)来计算相关源对目标区的水汽贡献,这种方法在过去的研究中被成功应用(Sodemann and Stohl,2013;Martius et al.,2013)。

## 8.2.2　极端降水事件与大尺度环流型

利用 SOM 方法对近 52 年(1970~2021 年)夏季 7~8 月的 500hPa 的位势高度和整层水汽通量矢量异常进行环流分型,得出的 9 种大尺度异常环流型(图 8.12)。同时,计算了 9 类异常环流型与相应 SOM 节点中环流型之间的相关系数。总的来说,9 类环流型相关性具有统计学意义。对于 500hPa 的位势高度,环流型相关性均大于 0.85,对于纬向和经向的整层水汽通量,环流型相关性(在两个方向上平均)均大于 0.40,这表明每个节点中的环流型与该节点的平均环流型具有高度相似性。

与气候态环流形势相比,西太平洋副热带高压强度和位置的变化以及脊或槽的发展表现为 500hPa 正或负位势高度异常。其中,P2、P3、P5 和 P8 表现出相似的环流分布特征,即河南省北部(南部)存在正(负)500hPa 位势高度异常。相应地,可以观察到从西北太平洋到河南省存在明显的东风异常水汽通道。其中,P5 的环流特征是河南省北部正位势高度最强且省内异常东风最强。事实上,在 P5 环流型下,气候态的西南风完全被增强的东南风所取代[图 8.13(a)]。此外,河南省南部的负高度异常与热带气旋活动有关。P9 环流型下,河南省南部(北部)具有正(负)500hPa 位势高度异常。这表明西太平洋副热带高压增强并向西延伸,加强了来自孟加拉湾和南海的西南向水汽输送。对于 P1 和 P7 环流型,在河南省内存在西南向水汽通量减少(异常偏北的水汽输送),伴随着以朝鲜半岛附近为中心的负 500hPa 位势高度异常。在 P4 和 P6 型下,中国东部存在正 500hPa 位势高度异常,与西北太平洋和南海的异常水汽输送有关。

接下来,将大尺度环流分型结果与河南省极端降水相联系,揭示河南省极端降水的优势环流型,并探究该区域极端降水形成的相关机制。定义所有雨天(降水量大于或等于 0.1mm)降水量的第 95 分位数为极端降水的主要阈值。为了确定环流型与河南省极端降水之间的关系,定义每个环流型下每个站点的日极端降水发生频率为极端降水发生天数与该环流型总天数的比率。例如,在河南林州站(图 8.14 中的三角形),有 74 天降

---

① https://www.arl.noaa.gov/hysplit。

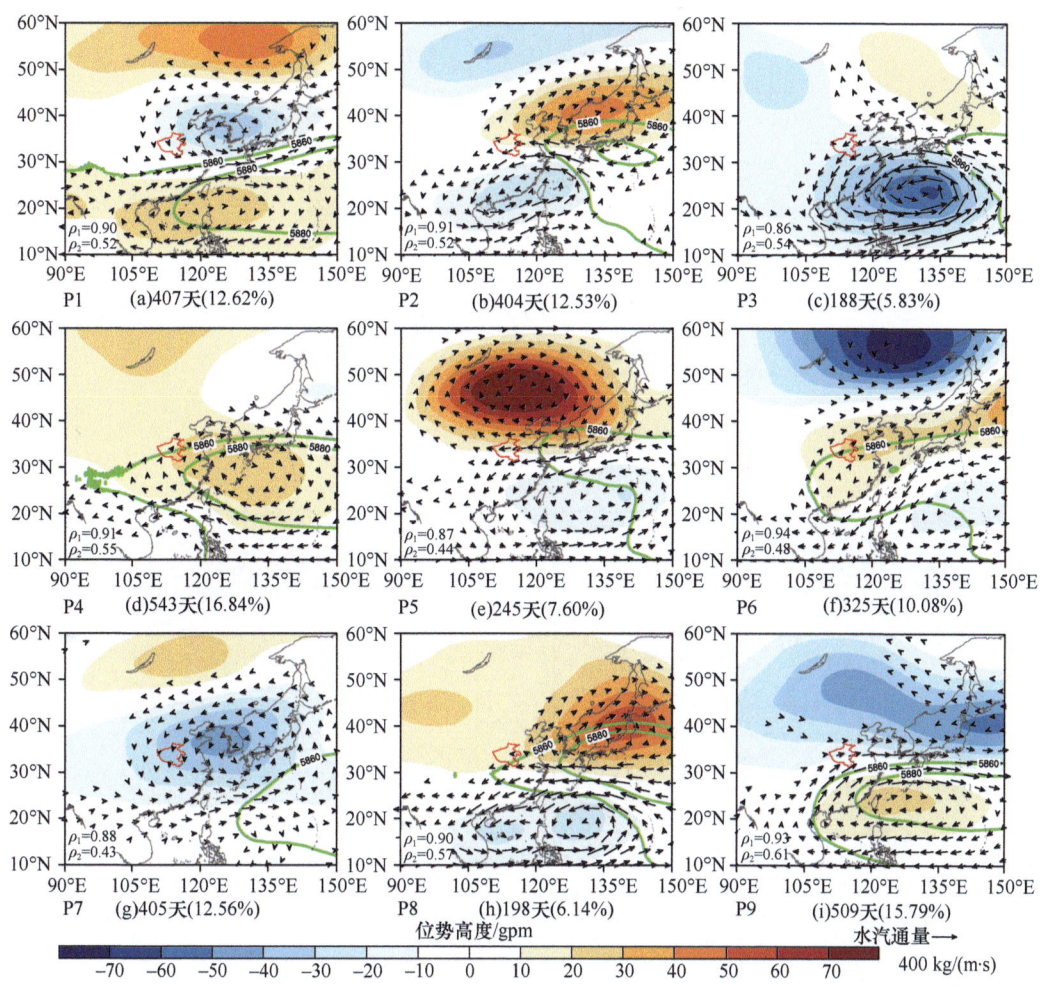

图 8.12  500 hPa 位势高度和整层水汽通量的 9 类大尺度异常环流型
绿线表示 5860gpm 和 5880gpm 等高线

水量超过该站的第 95 分位数（54.4mm），其中 20 天属于 P5 环流型（P5 环流型共 245 天）。因此，在 P5 中，林州站日极端降水的发生频率为 8.2%（20/245）。每个环流型下每个站点日极端降水发生频率的空间分布以及发生频率超过不同阈值（2.0%、3.0%、4.0% 和 5.0%）的站点比例如图 8.14 所示。

在 P5 下，日极端降水发生频率高的站点所占比例最大[图 8.14（b）]。例如，P5 环流型下日极端降水发生频率超过 3.0% 的站点比例为 49.1%，远高于其他环流型下的站点比例。在这种环流形势下，发生频率高的站点主要集中在河南省中部和北部，即太行山和伏牛山的偏东气流迎风坡，这里极端降水的发生与地形抬升作用相关。在所有环流型中，P9 环流型下极端降水发生频率高（>3%）的站点所占比例（29.5%）位列第二。极端降水发生频率高的站点主要分布在河南省东南部，与气候态上的降水高值区一致。

除了了解各环流型下极端降水的发生频率，还分析了不同阈值下极端降水的平均强度，即所有雨天降水量的第 90、95、98 和 99 分位数。通过对每个环流型下河南省所有台站的日极端降水进行平均来计算极端降水的平均强度。如图 8.15 所示，P5 下的

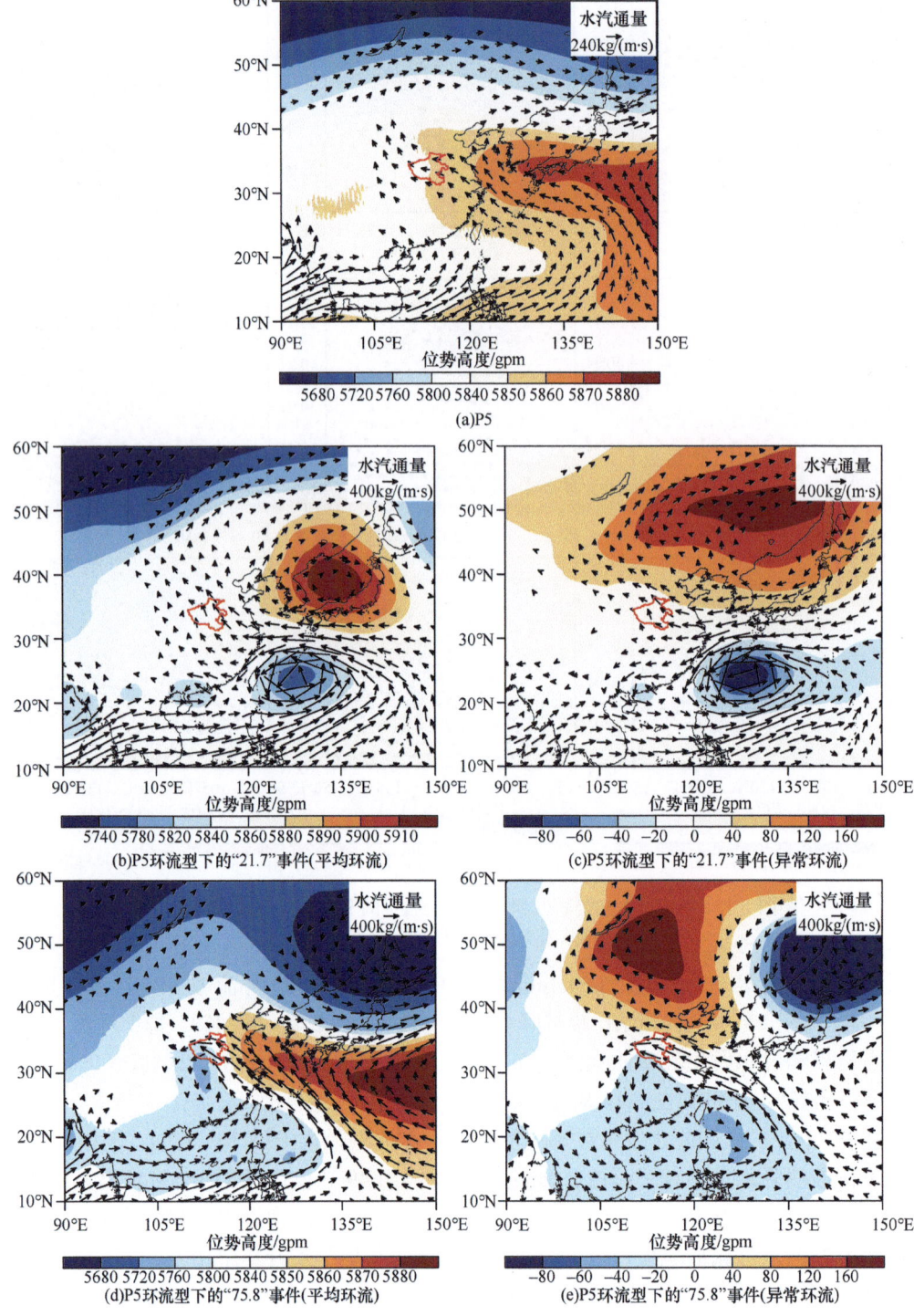

图 8.13 500hPa 位势高度和整层水汽通量的平均和异常环流形势在 P5 环流型下，P5 环流型下的"21·7"事件中和 P5 环流型下的"75·8"事件中

"21·7事件"是指发生在 2021 年 7 月，以河南郑州为中心的极端暴雨灾害事件。"75·8事件"是指发生在 1975 年 8 月，以河南驻马店为中心的特大暴雨引发水库溃坝的重大洪涝灾害事件

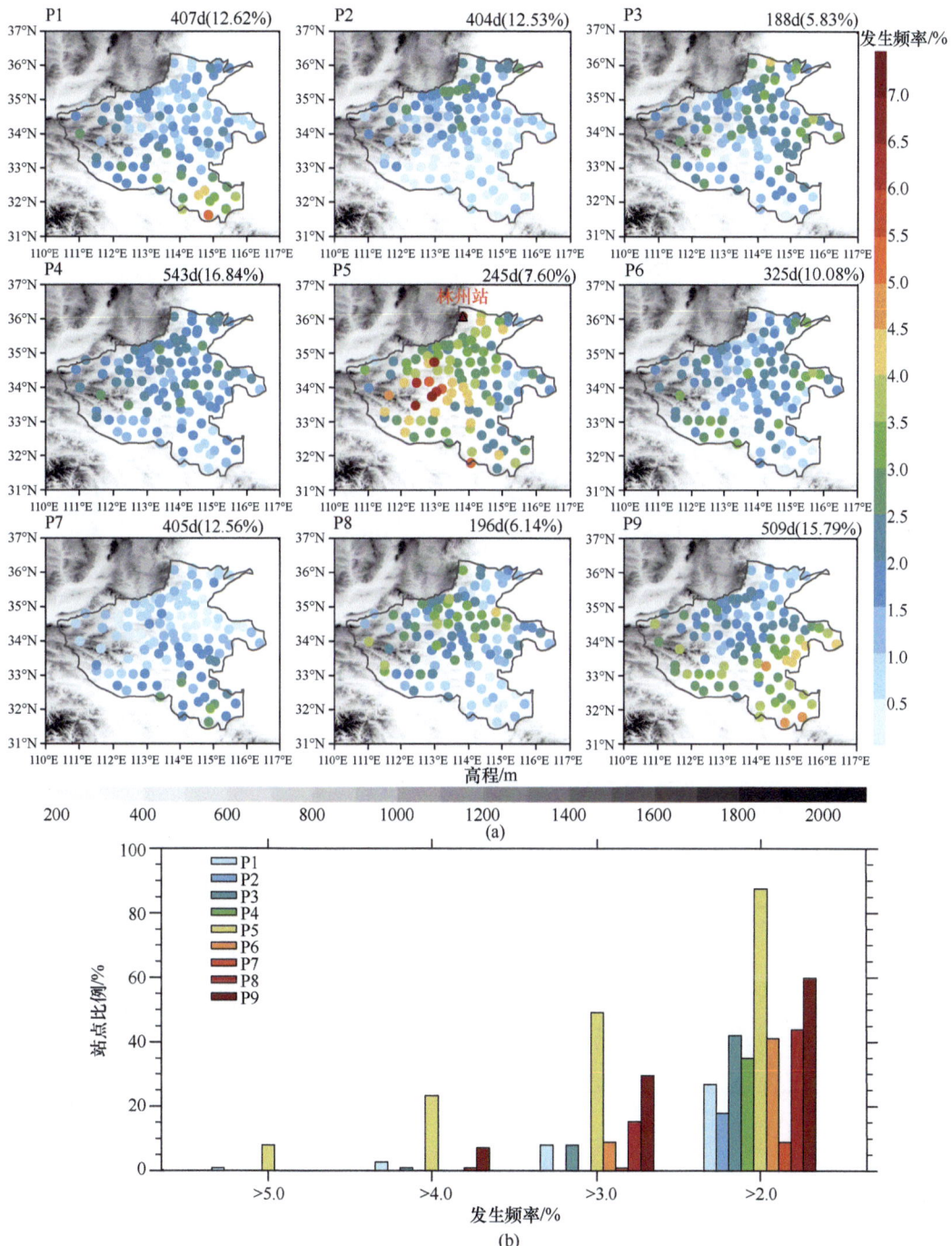

图 8.14 9 类环流型下阈值为 95% 的日极端降水发生频率的空间分布（a）和 9 类环流型下极端降水发生频率超过 2.0%、3.0%、4.0% 和 5.0% 的站点比例分布（b）

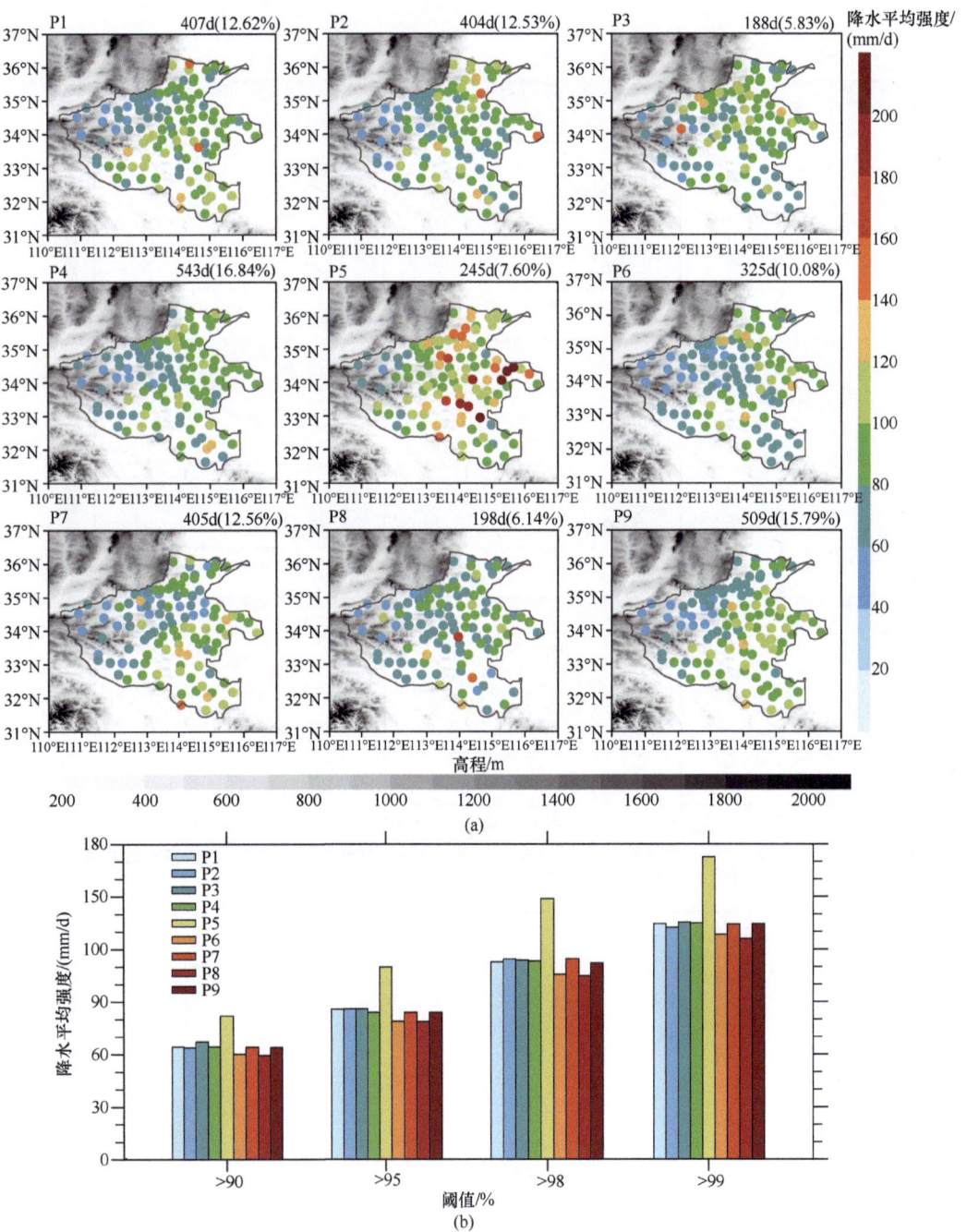

图 8.15　9 类环流型下阈值超 95% 的日极端降水平均强度的空间分布（a）和 9 类环流型下阈值超 90%、95%、98%、99% 的日极端降水平均强度分布（b）

极端降水平均强度同样显著大于其他环流型。例如，98 分位数的极端降水平均强度在 P5 型下为 148.7mm，超其他型 30% 以上。综上所述，发生频率较低（7.60%）的 P5 环流型是最有利于河南省极端降水发生的环流型。事实上，在 "21·7" 和 "75·8" 极端降水事件的 11 天中，有 7 天属于 P5 环流型，目前中国大陆地区小时雨强极值前两位也发生在 P5 环流型下。

上述分析表明，在 P5 下，日极端降水出现的频率最高，且平均强度最大。将 P5 和其他八种环流型之间的极端降水差异分解为热力学和动力学贡献，来分析 P5 型下极端降水的平均强度最大的原因。P5 环流型与其他环流型下极端降水和极端降水尺度的差异的空间分布一致，表明应用物理尺度诊断方法计算极端降水的可靠性。对于超过第 95 分位数的极端降水，P5 环流型与其他环流型河南省极端降水的热力学尺度差异较小（小于 5%），而动力学尺度差异较大，且河南省大部分地区表现出正差异。其中，动力和热力学尺度的差异分别对应于极端降水日的垂直速度和饱和比湿随气压变化的差异。从河南省的平均值来看，对于超过第 90、95、98 和 99 分位数的极端降水，动力学贡献的增加主导了 P5 和所有其他八种环流型之间极端降水平均强度的增加，而热力学的贡献很小（图 8.16）。因此，更强的上升运动是 P5 下降水极端平均强度更大的主要原因。

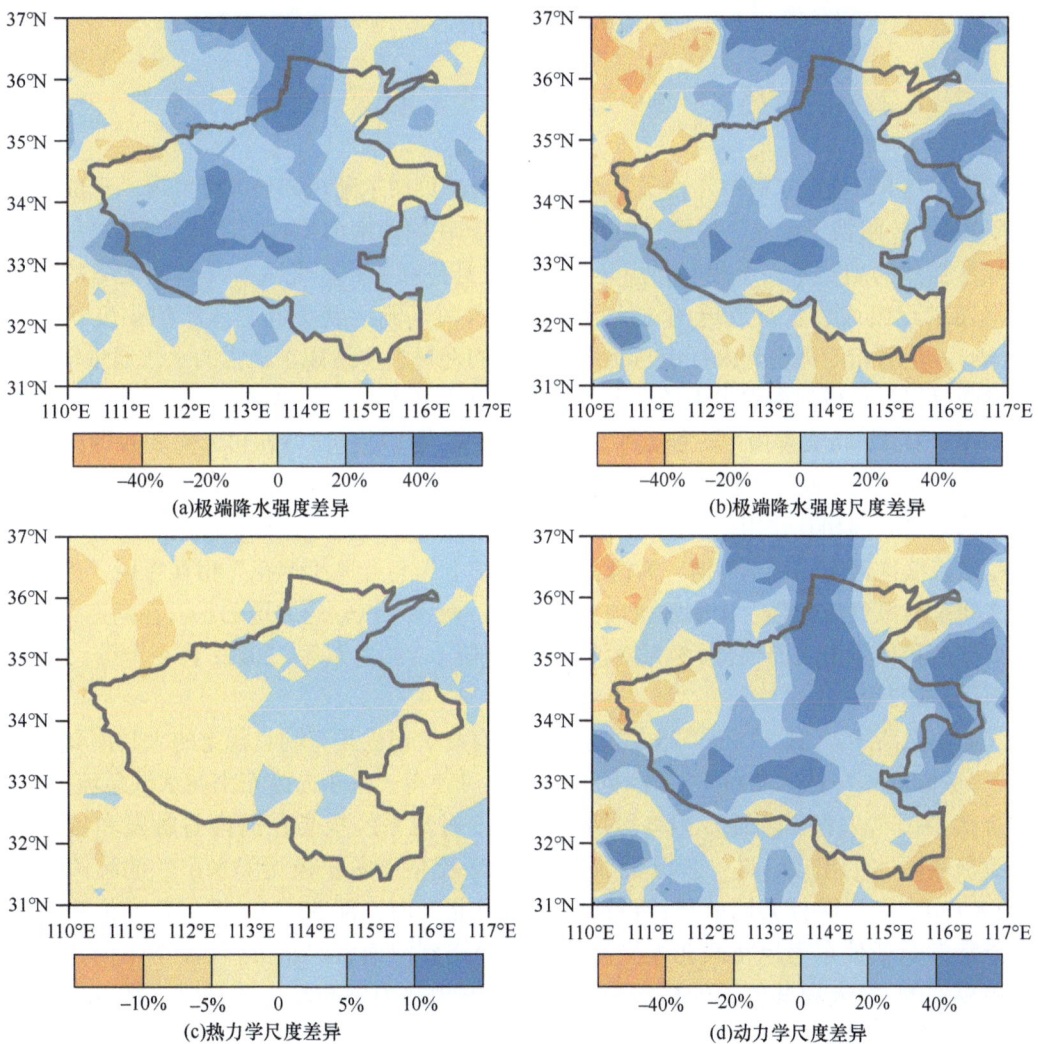

(a) 极端降水强度差异　　(b) 极端降水强度尺度差异

(c) 热力学尺度差异　　(d) 动力学尺度差异

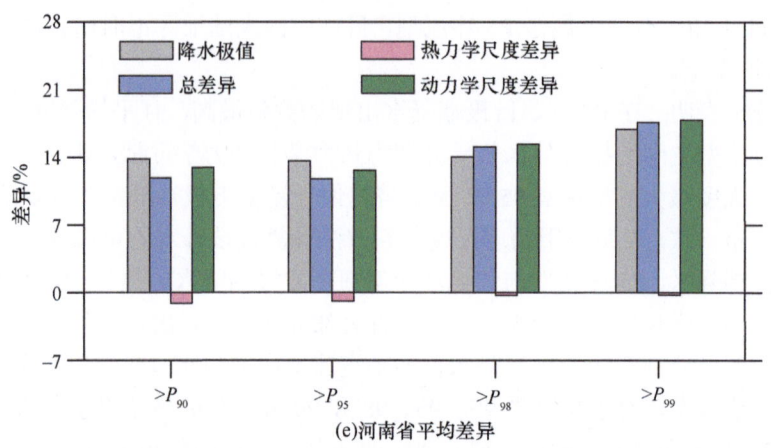

(e)河南省平均差异

图 8.16　P5 型与其他型的第 95 分位数下极端降水强度差异（a）、极端降水强度尺度差异（b）、热力学尺度差异（c）和动力学尺度差异的分布（d）；P5 型与其他型下第 90、95、98 和 99 分位数下降水极值、极端降水平均强度的总差异、热力学尺度差异和动力学尺度差异（e）

## 8.2.3　"75·8"和"21·7"河南省灾难性降水事件

在"75·8"特大暴雨中，由于上游频散效应，贝加尔湖东侧长波脊发展，形成稳定的阻塞高压，阻挡了台风"尼娜"向北移动，使其在河南南部长时间停滞。台风"尼娜"和异常强烈的副热带高压相互作用建立起稳定且持续的从西北太平洋到河南省的东南水汽通道。组成该水汽通道的对流层中低层东南气流达到了低空急流的强度（大于12m/s），在河南西部遇到太行山与伏牛山东侧的迎风坡，造成了极强的水汽通量辐合，触发强对流，造成河南省出现持续 5 天的极端降水（丁一汇，2015）。

在"21·7"特大暴雨中，西太平洋副高和大陆高压稳定维持在日本海和我国西北地区，形成高压坝，减缓了西北太平洋台风"烟花"的向北移动。台风"烟花"与异常强烈且偏北的副高相互作用，其北侧与副高之间东风气流加强，有利于自西北太平洋的水汽稳定持续向河南输送。同时，南海台风"查帕卡"与台风"烟花"相互作用，使得二者之间东南风气流加强，南海水汽向河南输送。两条水汽输送通道的水汽在河南汇聚，在太行山和伏牛山山前辐合，触发对流，产生强降水（梁旭东等，2022；冉令坤等，2021；张霞等，2021）。

如上文所述，"21·7"和"75·8"特大暴雨均发生在极其有利且稳定的大尺度环流背景下。大陆高压与日本海高压对峙，同时北上台风使得一条东向或东南向水汽急流增强。结合伏牛山与太行山的地形阻塞效应，中尺度对流系统极易在河南省触发和维持，导致极端降水的出现。进一步分析前文中 P5 环流型下两次极端降水事件的环流形势（图 8.13）。两次事件共同的环流特征是河南省北（南）部 500hPa 正（负）位势高度且异常偏东或偏东南风将西北太平洋的水汽输送到河南省。将 P5 环流型下两次极端降雨事件的 7 天和其他天的极端降水差异分解为热力学和动力学贡献（图 8.17）。

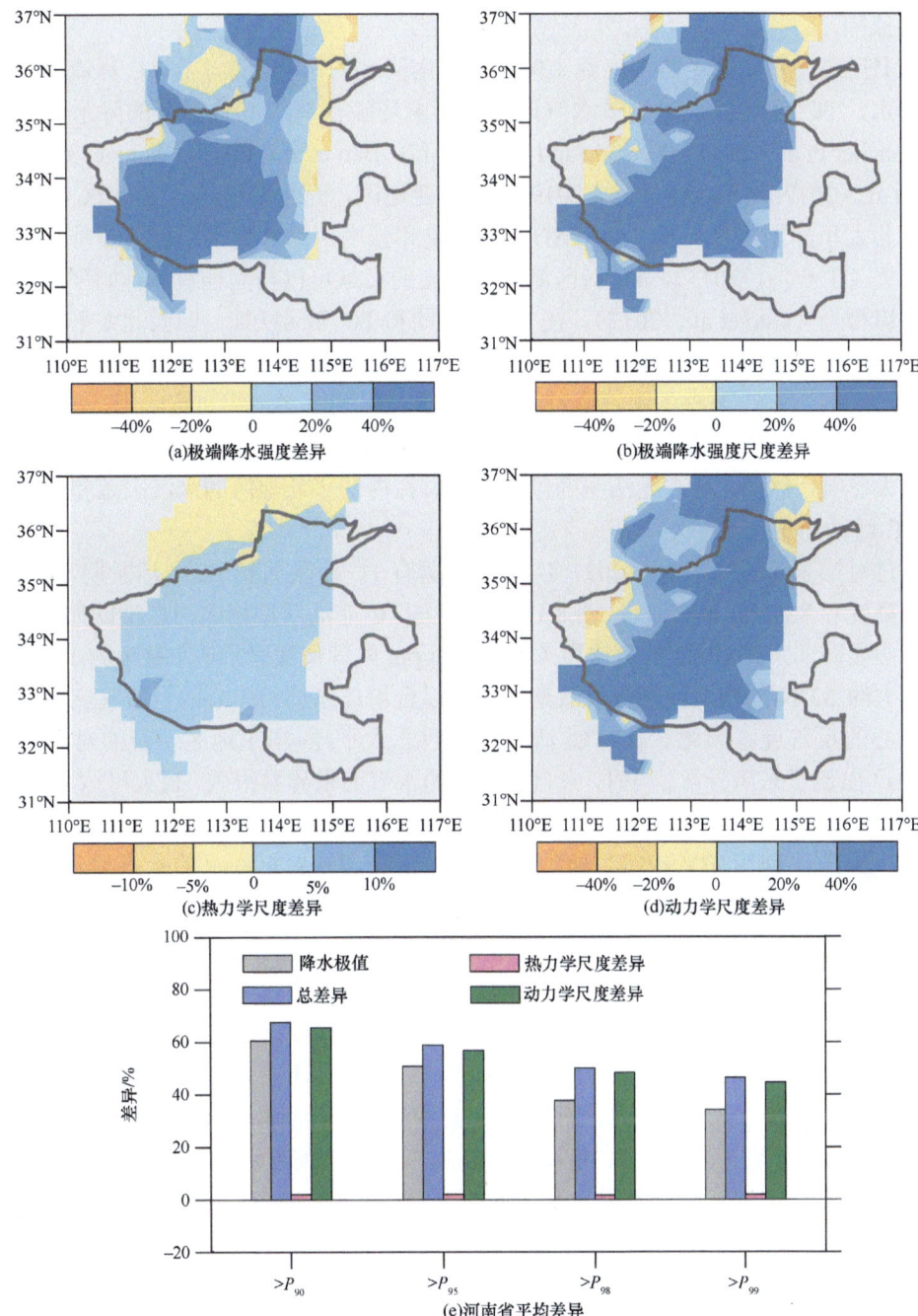

图 8.17　P5 型下两次极端降水事件的 7 天与其他天的第 95 分位数下极端降水强度差异（a）、极端降水强度尺度差异（b）、热力学尺度差异（c）和动力学尺度差异的分布（d）；P5 型下两次极端降水事件的 7 天与其他天的第 90、95、98 和 99 分位数下降水极值、极端降水平均强度的总差异、热力学尺度差异和动力学尺度差异（e）

与其他日相比，两次极端降水事件强度更大的降水主要是由动力学贡献主导的，而热力学贡献无明显差异。因此，更强的上升运动是两次极端降水事件降水强度更大的主要原因。

本书还进一步研究了热带气旋（TC）对河南降水的影响。除了在 TC 环流内产生的极端降水，TC 还可以通过调节水汽通道和影响环流形势对其他区域的降水产生影响（Schumacher et al.，2011；Yoshida and Itoh，2012；Bao et al.，2015；Wang et al.，2015；Deng et al.，2017；Arakane et al.，2019）。在东亚地区，西北太平洋上空的 TC 可以显著影响西北太平洋副热带高压（WNPSH）的位置和强度，这与中国东部的暖季水汽输送密切相关（丁一汇，2015）。TC 对区域水汽收支的贡献可以与其他贡献，如平均东亚夏季风环流相当（Guo et al.，2017）。在 TC 活跃期和 TC 非活跃期，即西北太平洋上空有 TC 和没有 TC 的时期，中国东部季风区边界的水汽收支存在明显差异（Lin et al.，2017）。在 TC 活跃期，大约 80%的水汽通过中国东部季风区的东部边界进行输送，而对于 TC 非活跃期，大部分水汽通过南部边界输入。上述研究表明，TC 可能对东亚的水汽循环存在较大影响。然而，现在无法明确包括河南省在内的华北地区的水汽来源和路径将如何随 TC 活动而变化。

通过对比东亚地区 1979~2021 年 7~8 月所有 TC 活跃期和 TC 非活跃期 500hPa 平均位势高度和 850hPa 水汽通量（图 8.18），发现与 TC 非活跃期相比，TC 活跃期 WNPSH 的强度明显减弱，WNPSH 的西边界（用 588dagpm 的等值线表示）东移至约 136°E。同时，在大约 32°N 的南北两侧可以观察到一对以台湾岛东部为中心的异常气旋和以日本海为中心的反气旋。因此，在 TC 活跃期，西北太平洋–华东地区一带的对流层低层（850hPa）出现了东风异常。同时，来自太平洋的水汽通量异常很强，最大可达 0.06m·kg/(s·kg)。

进一步地，利用 HYSPLIT 模型研究了河南省 7~8 月降水的水汽输送情况[图 8.19（a）（b）]。在两个时期（TC 活跃期和 TC 非活跃期）的平均态下，大致有 3 条水汽路径，即，来自孟加拉湾的西南路径（路径 1）、来自西北太平洋的东南路径（路径 2），以及来自地中海的西向路径（路径 3）。路径 1 将水汽从印度洋经由中南半岛和华南输送至河南。来自太平洋的水汽（路径 2）经由中国东部输送至河南。来自地中海的水汽（路径 3）则需要途经相对较长的路径到达目标区域。这些气团在到达河南之前将经过亚洲西部和中部、西伯利亚和蒙古国。图 8.19（c）显示了 TC 活跃期和非活跃期的轨迹频率分布差异。由于环流差异，在 TC 活跃期来自太平洋的轨迹频率明显高于 TC 非活跃期，这与图 8.18（c）中的东风异常相一致。反之，在 TC 活跃期，来自孟加拉湾的轨迹频率明显降低。来自地中海的轨迹频率在两个时期是相当的，这与东亚中高纬度地区不太显著的环流差异相一致[图 8.18（c）]。

为了定量分析相关源对目标区域降水的水汽贡献以及两个时期之间的差异，还使用了来源归因法（Sodemann et al.，2008）进行了进一步分析。图 8.20 显示了每个 1°×1° 网格在 TC 活跃期和 TC 非活跃期的水汽贡献分布情况。不出意外地，较短的距离导致较短的水汽收支周期，距离目标区域较近的网格往往有着较大的水汽贡献。在本书的案例中，具有较高水汽贡献的区域从河南省向南延伸，这与平均西南季风环流存在着密

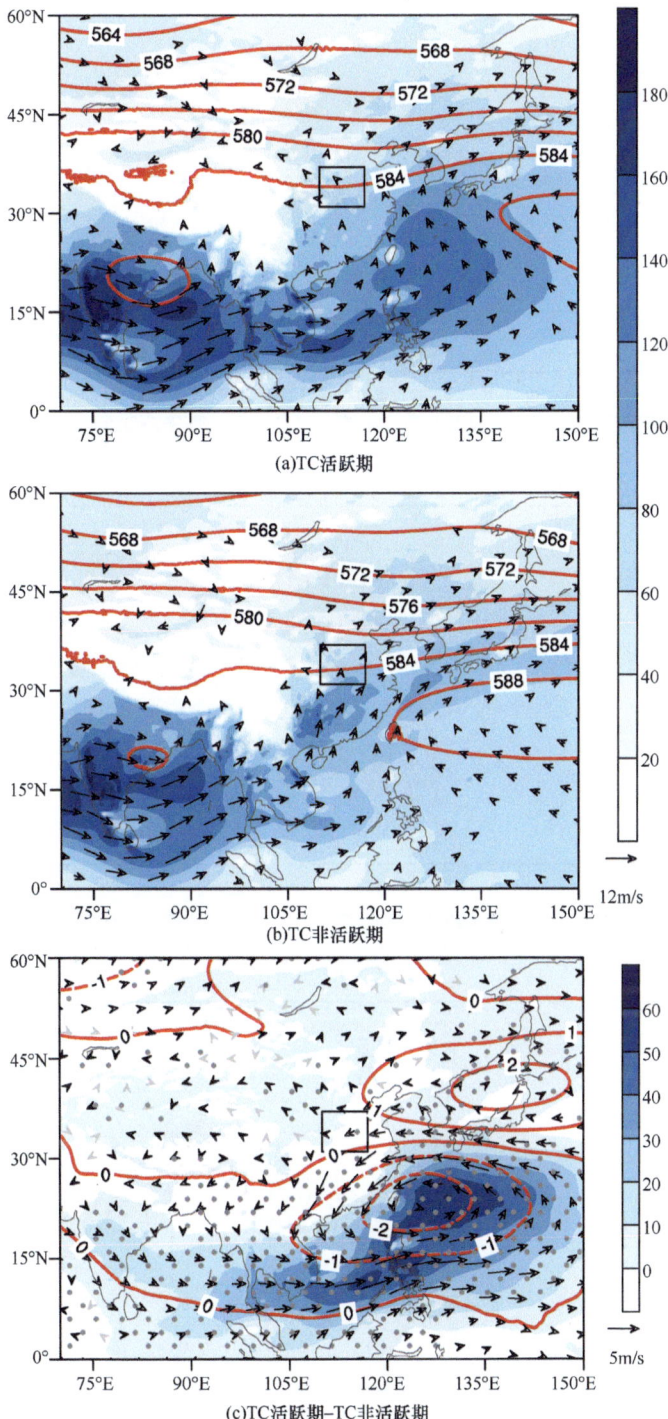

图 8.18 1979~2021 年 TC 活跃期（a）和 TC 非活跃期（b）东亚上空 500hPa 平均位势高度（等值线，单位：dagpm）、水汽通量[色块，单位：$10^{-3}$m·kg/(s·kg)]和 850 hPa 水平风场（矢量，单位：m/s）的空间分布，以及 TC 活跃期和 TC 非活跃期的差异（c）

(c)中的打点区域表示通过 99%置信度检验的 500hPa 的位势高度和 850hPa 的水汽通量，(c)中的黑色向量表示通过 99%置信度 t 检验的 850hPa 水平风场。黑色矩形表示河南省的位置

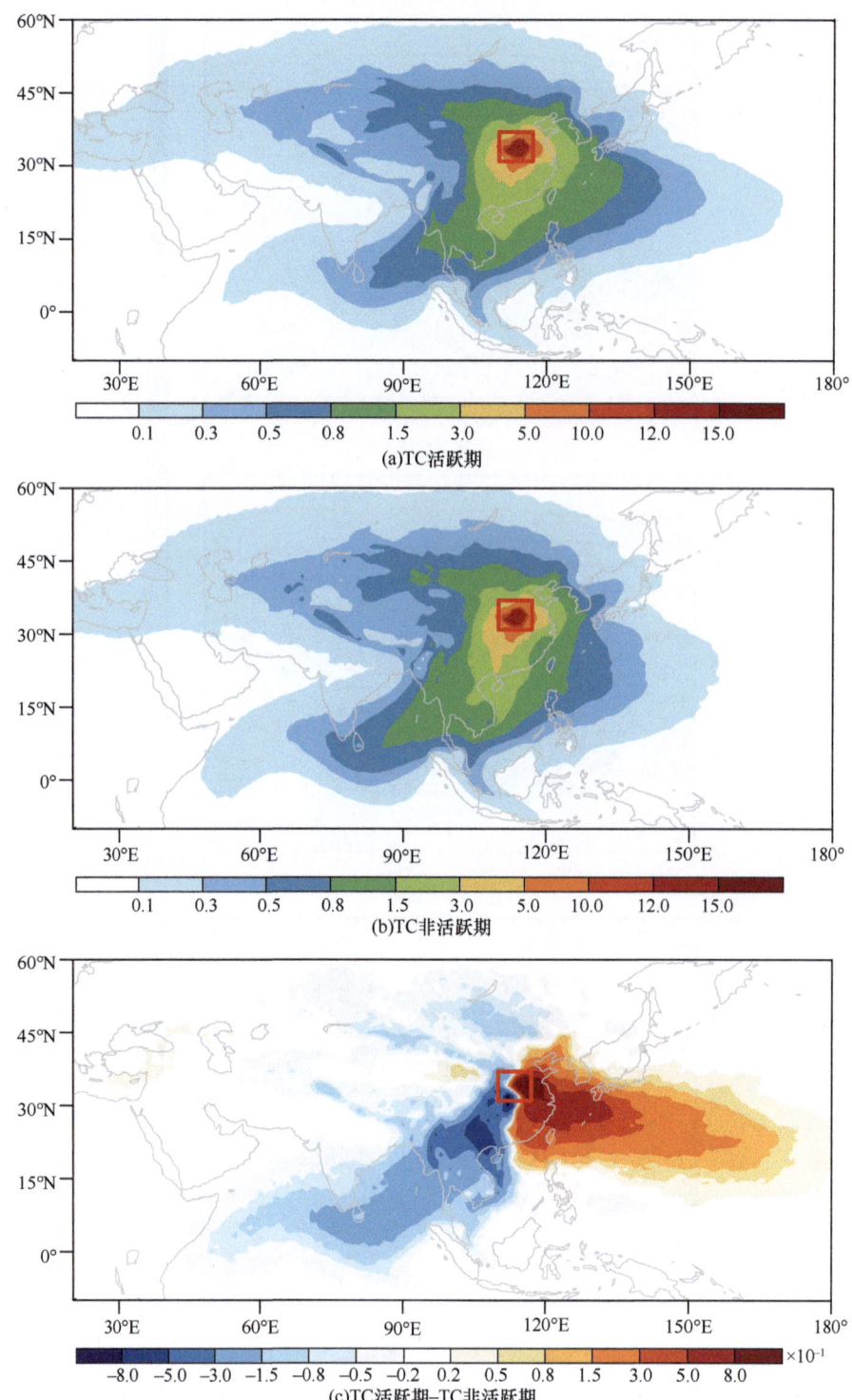

图 8.19　1979～2021 年 TC 活跃期（a）和 TC 非活跃期（b）的有效轨迹频率空间分布（色块，单位：%），以及 1979～2021 年 TC 活跃期和 TC 非活跃期的有效轨迹频率差异（c）

红色矩形表示河南省的位置

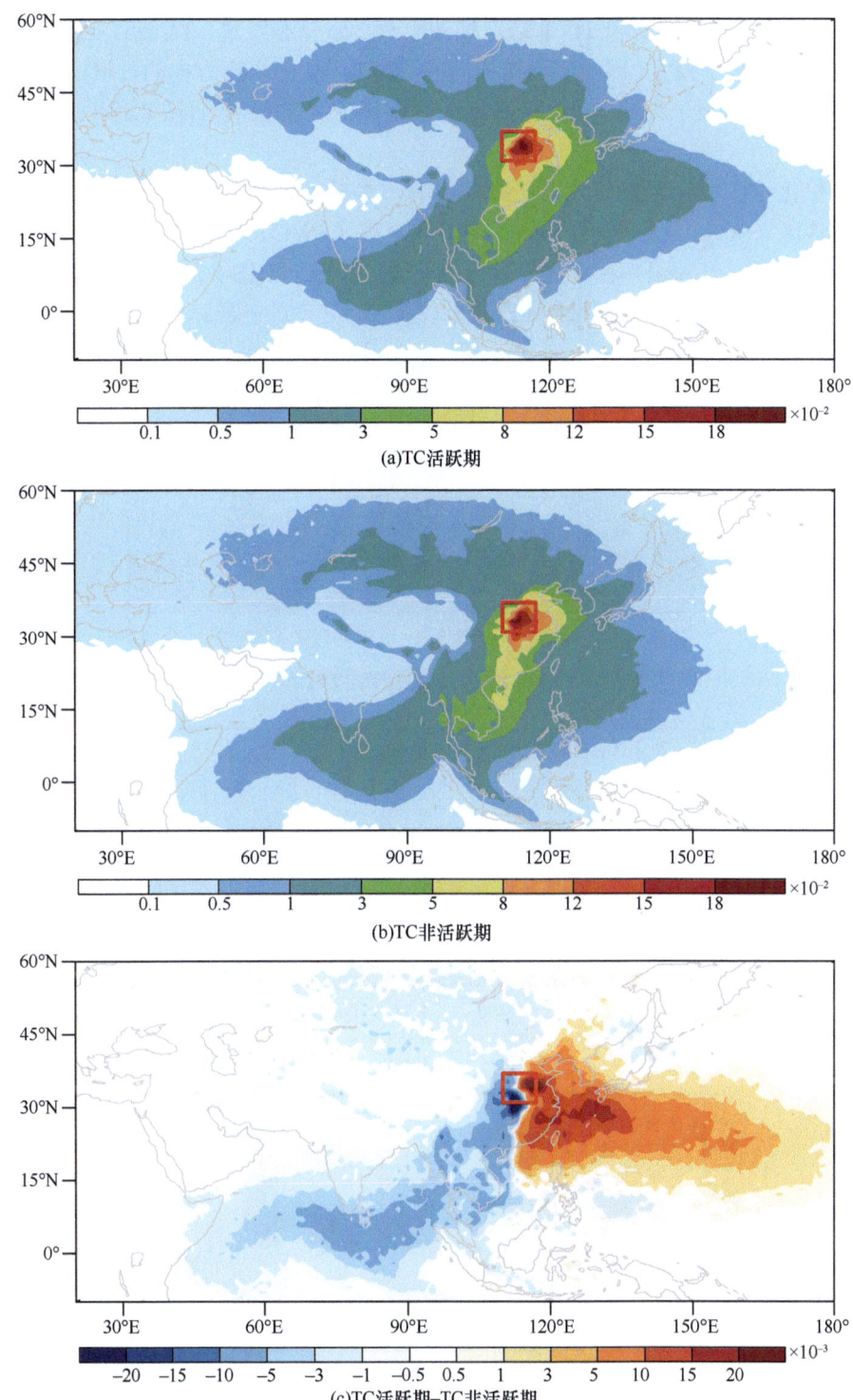

图 8.20 1979~2021 年 TC 活跃期（a）和 TC 非活跃期（b）水汽对河南省降水的贡献（色块，单位：%），以及 1979~2021 年 TC 活跃期和 TC 非活跃期的水汽贡献差异（c）

红色矩形表示河南省的位置

切的联系。对比 TC 活跃期和 TC 非活跃期的水汽贡献分布发现，TC 活跃期存在明显的水汽贡献异常偶极子模式，即沿着西南方向的贡献减少，而东南方向的贡献增强[图 8.20（c）]。这种异常偶极子模式与 TC 活跃期的气旋环流异常相吻合[图 8.20（c）和图 8.18（c）]。

为了量化 TC 对不同源地水汽贡献的影响，本书共计算了包括印度洋（IO）、南海及其邻近地区（SCS）、太平洋（PO）、中国西南部（SWC）、中国东部（EC）、欧亚大陆（EA）和当地（Local）在内的 7 个子区域的水汽贡献[图 8.21（a）]。图 8.21（b）显示了 TC 活跃期和 TC 非活跃期的水汽贡献以及二者之间的差异。

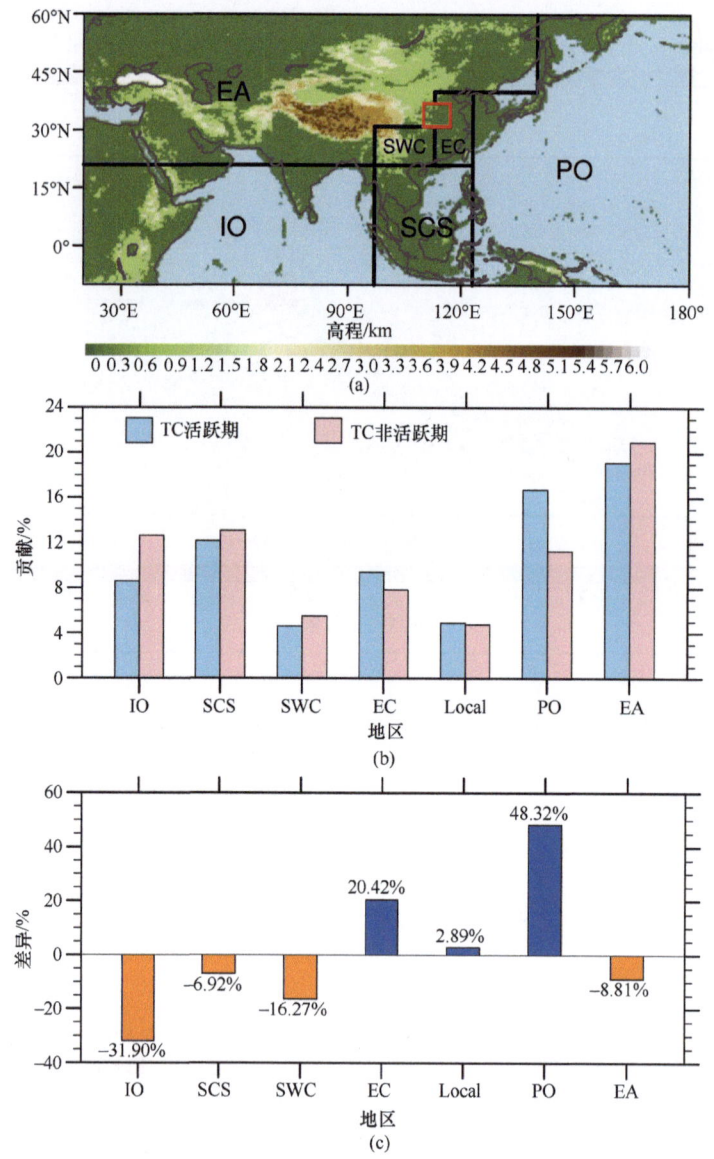

图 8.21 本书中使用的 7 个相关水汽来源地的分布（a），在 TC 活跃期和 TC 非活跃期 7 个来源地的水汽对河南省降水总水汽的贡献（b），以及二者的差异（c）

与 TC 非活跃期相比，来自 PO、EC 和 Local 的水汽贡献增加，而来自其他 4 个水汽源地的水汽贡献减少。PO 的增幅最大，增加了 48.32%。在 TC 活跃期，EC 的水汽贡献从 7.84%增加至 9.44%，增幅达到 20.41%。Local 的水汽贡献增加比例相对较低，为 2.89%。另外，沿西南水汽路径，即来自 IO 和 SWC 的总水汽贡献从 18.13%减少至 13.21%，其中 IO 的减少幅度最大，达到了 31.90%。同时，EA 也显示出明显的水汽贡献降低（−8.81%），而 SCS 的水汽贡献的变化相对较少（−6.92%）。

在"21·7"事件中，台风"烟花"有助于建立东向的水汽通道，并促进极端降水强度的增加（Yin et al.，2022；Zhang et al.，2021b）[图 8.22（a）]。与 TC 活跃期的平均态相比，台风"烟花"和北侧 WNPSH 之间的东向水汽通量异常可以达到 0.1m·kg/(s·kg) 及以上。观测结果表明，低层东风急流，而非平均态的西南气流，成为了主要的水汽通道[图 8.22（b）]，过去的研究也指出了这一点（Zhang et al.，2021b；Ran et al.，2021）。

图 8.23 显示了该事件中水汽传输的具体细节。与 TC 活跃期相比，在"21·7"事件中，东向和东南向通道的水汽轨迹数大幅增加（图 8.24）。总体而言，PO 和 EC 上空的轨迹频率急剧增加，而 IO 上空的频率明显减少。

PO 的水汽贡献率大幅增加至 37.87%（图 8.25），与 TC 活跃期的平均态相比，增幅为 126.32%，在 7 个来源地中位列第一。相比之下，IO 的水汽贡献急剧减少了 98.26%，IO 在这次事件中的水汽贡献几乎可以忽略不计（0.15%）（图 8.25）。此外，EA、Local 和 SCS 的水汽贡献都明显减少，减少幅度分别为 71.15%、19.94%和 16.51%。在"21·7"事件中，EC 和 SWC 的水汽贡献率与 TC 活跃期的平均态相当，变化约为 5%。

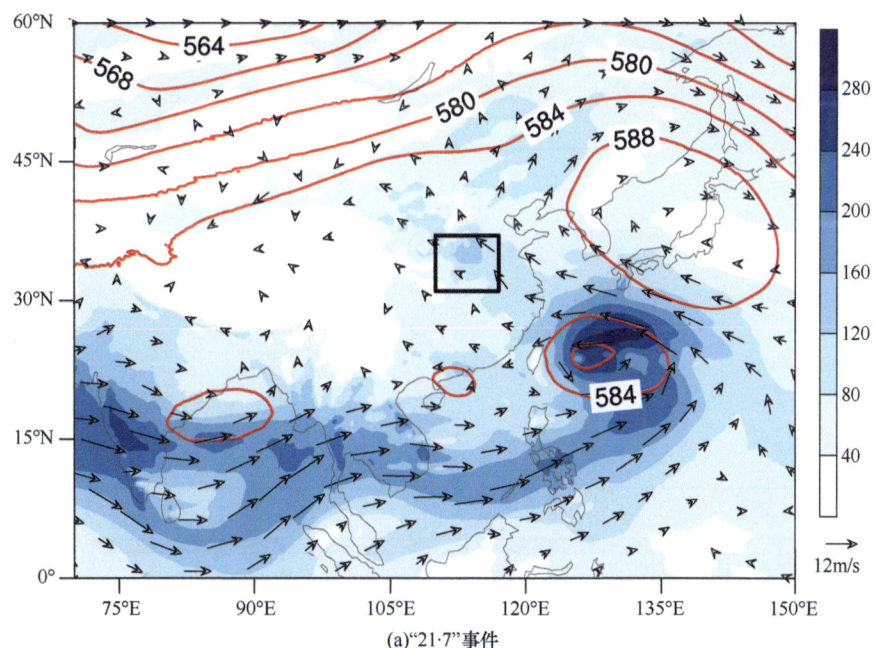

(a)"21·7"事件

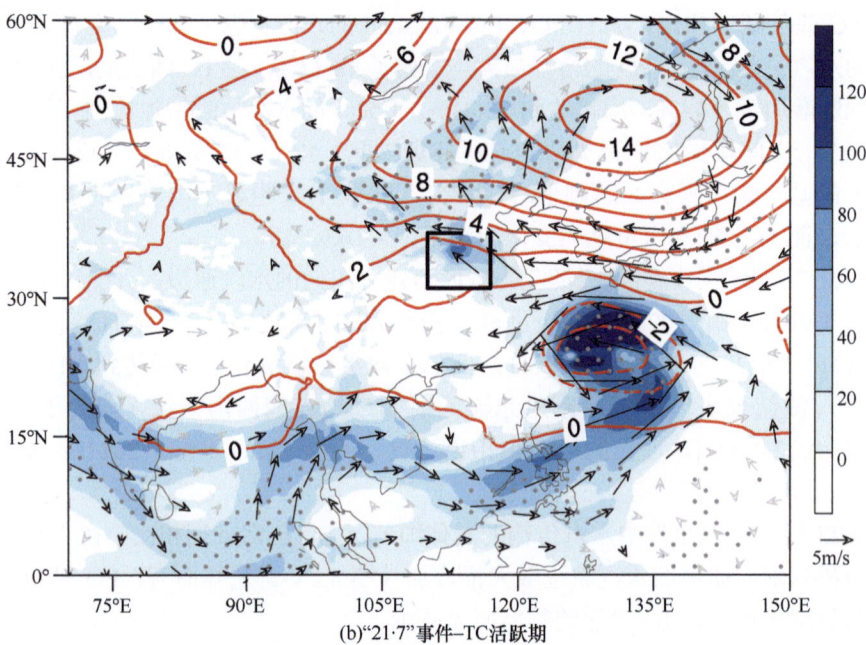

(b) "21·7" 事件–TC 活跃期

图 8.22 "21·7" 事件期间东亚地区 500hPa 平均位势高度（等值线，单位：dagpm）、水汽通量[色块，单位：$10^{-3}$m·kg/（s·kg）]和 850hPa 水平风场（矢量，单位：m/s）的空间分布（a），以及"21·7"事件与 TC 活跃期的差异（b）

(b) 中的打点区域表示 500hPa 的位势高度和 850hPa 的水汽通量差异通过了 99%置信度检验，(b) 中的黑色向量表示通过 99%置信度 t 检验的 850hPa 水平风场，黑色矩形表示河南省的位置

采用自助法（Efron and Tibshirani，1993）对 TC 如何调节河南省降水的水汽输送进行了统计分析，时间尺度为数天。这也有助于确定"21·7"事件中的水汽输送的极端性。由于"21·7"事件持续了 6 天，将 1979 年至 2021 年 7~8 月 TC 活跃期间获得的所有有效轨迹重新采样为等效的 6 天时段。总的来说，产生了 10000 个 6 天的样本，每个样本包括

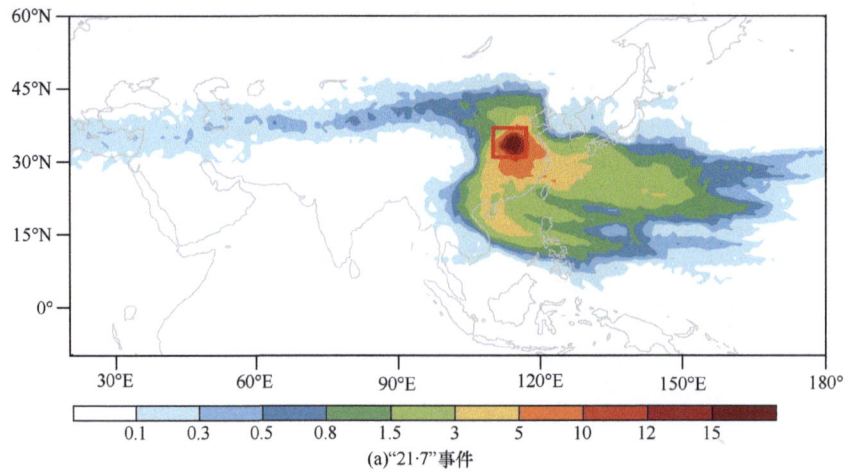

(a) "21·7" 事件

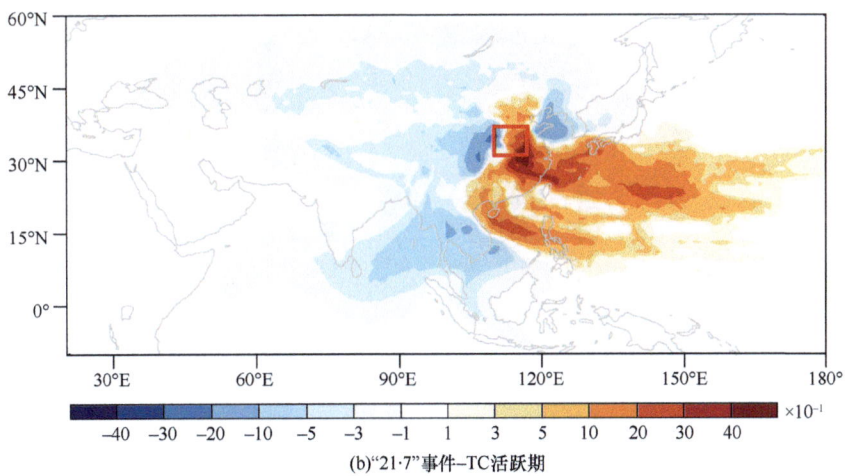

图 8.23 "21·7"事件期间的有效轨迹频率空间分布（色块，单位：%）（a）和"21·7"事件与1979～2021年 TC 活跃期的差异（b）

红色矩形表示河南省的位置

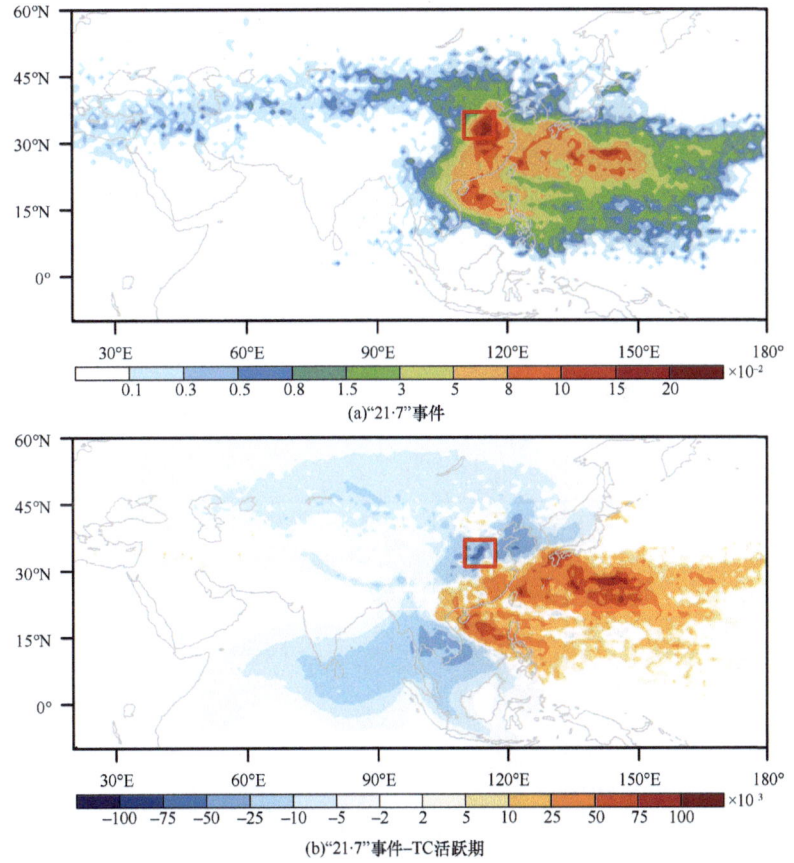

图 8.24 "21·7"事件期间对河南省的水汽贡献（色块，单位：%）（a）和"21·7"事件与 1979～2021年 TC 活跃期的差异（b）

红色矩形表示河南省的位置

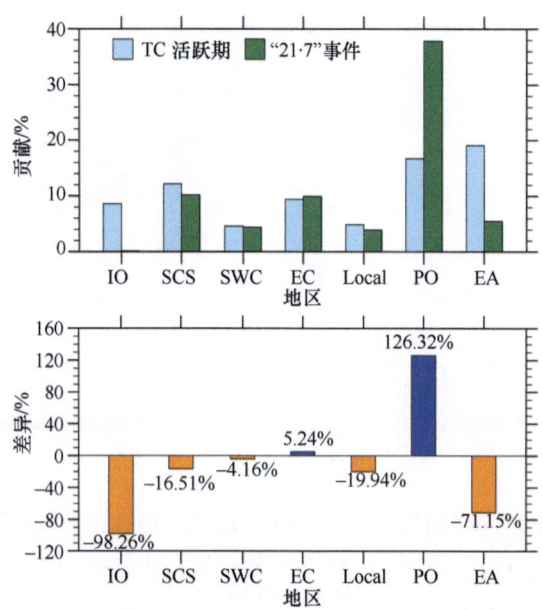

图 8.25 在"21·7"事件和 TC 活跃期期间,7 个来源地的水汽对河南省降水总水汽的贡献以及"21·7"事件和 TC 活跃期的水汽贡献差异

24 个随机选择的 6 小时输出,包括它们的 3 维位置和比湿,相同的方法也适用于 TC 非活跃期。为了突出水汽贡献增加(PO)和减少(IO)最显著的区域,计算了所有 10000 个样本在 TC 活跃期和 TC 非活跃期 PO 和 IO 的水汽贡献,及其 PDFs(图 8.26)。其 PDFs 类似正态分布,表明 10000 次重采样足以提供有统计意义的分析。

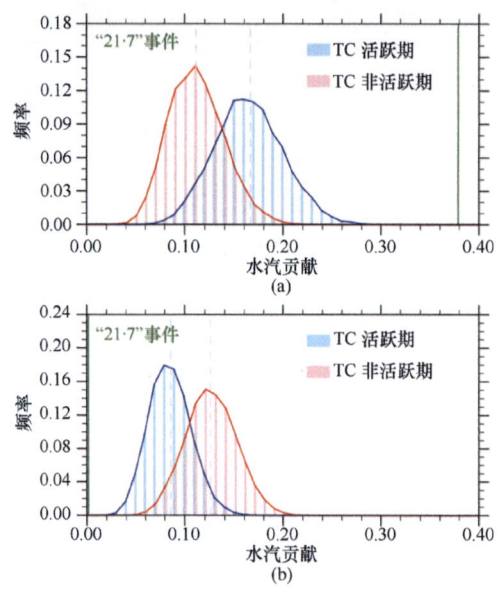

图 8.26 PO(a)和 IO(b)的水汽贡献直方图

在 TC 活跃期和 TC 非活跃期,使用自助法(带替换)生成 10000 个 6 天时段样本,包括 24 次 6 小时的结果,这与"21·7"事件的时间尺度相同。天蓝色和粉红色的虚线表示平均值,深绿色实线对应"21·7"事件中水汽贡献

在 TC 活跃期和 TC 非活跃期，PO 的平均水汽贡献占比分别为 16.60% 和 11.13% [图 8.26（a）]。这与整个时期的整体均值（如 16.73% 和 11.28%）相当[图 8.21（b）]，与之对应的标准偏差（σ）分别为 3.48% 和 2.82%。与 TC 非活跃期相比，TC 活跃期 PO 的水汽贡献 PDF 显示其均值向高值方向转变，而方差无明显差异。在"21·7"事件中，PO 水汽贡献达到整体贡献的 37.87%（图 8.25），这超出了 TC 活跃期和 TC 非活跃期 PDFs 范围的 +6σ，所以这种事件的发生概率小于 $10^{-6}$。

此外，还采取类似的方式对 IO 的水汽贡献进行了评估。与 PO 相反，相比 TC 非活跃期，在活跃期，IO 水汽贡献的 PDFs 显示其平均值向低值的明显转变[图 8.26（b）]。在 TC 活跃期和 TC 非活跃期，二者对应的标准差（σ）分别为 2.13% 和 2.60%。在"21·7"事件中，IO 的水汽贡献（0.15%）远远超出了 TC 活跃期和 TC 非活跃期 PDFs 分布均值的 3σ。因此，可以确定的是，在 6 天的时间尺度上，TC 活动可以明显地改变河南降水的水汽输送，其中 PO 的贡献明显增加。从而得出结论，就来自 PO 的水汽贡献而言，"21·7"事件是一个罕见的极端事件，其发生的概率小于百万分之一。

## 8.3　西北太平洋台风长期变化的成因机理

西北太平洋海域是全球台风活动最为频繁的区域，在气候变化的背景下，西北太平洋上的台风的活动发生了明显的变化，生成总数有所下降，但影响范围向北扩张，更易影响陆地，且强度变强。本节主要研究台风能量耗散指数（PDI）移动和年际变化对 ENSO、西太副高和辐射通量的响应。

### 8.3.1　台风 PDI 突变增长与 ENSO 相关性

西北太平洋 7~10 月台风的 PDI 在过去几十年中变化幅度较大[图 8.27（a）]，并且 1979~1997 年和 1998~2016 年的 PDI 趋势存在显著差异。为探究两个时期差异，将 1979~1997 年定义为 P1 时期，1998~2016 年定义为 P2 时期。P1 期间西北太平洋 PDI 的线性趋势增加幅度小，然而，PDI 在 1997~1998 年超强 El Niño 期间迅速下降，并在 P2 时期显示出十分显著的增长趋势。因此，西北太平洋地区台风 PDI 在 1998 年前后发生了一次明显的突变现象。这一突变也在日本气象厅和美国联合台风警报中心的历史台风最佳路径数据集有所体现。与 1998~2003 年相比，后 5 年（2012~2016 年）的 PDI 增长了约 96.50%，平均每年增长 $1.48 \times 10^{10}$ m³/s²。

为了更好地显示时间序列的低频特性，将时间序列做了 5 年平滑，图 8.27（b）所示为西北太平洋台风季节的台风频数（蓝色），平均持续时间（绿色）和平均强度（橙色）的时间序列曲线。结果表明，这些要素在两个时期存在一些差异：在 P1 开始时台风频数明显增加，但在 1995 年前后减少。在之前的研究中（Murakami，2014）也显示了台风频数在 1995 年左右（P1 后期）出现急剧下降的趋势。在 P2 的早期阶段，频数在 2013 年之前仍然较少，之后在 2013~2016 年期间再次开始增加。平均速度加权的持续时间[图 8.27（b）]在两个时期内没有统计学上的显著变化。平均强度时间序列显示两个时期之间显著相反的趋势,其中,P1 时期显著减少,而 P2 时期显著增加。在 P2 时期中的平均强度的趋势基本上与 PDI 一致[图 8.27(b)]。

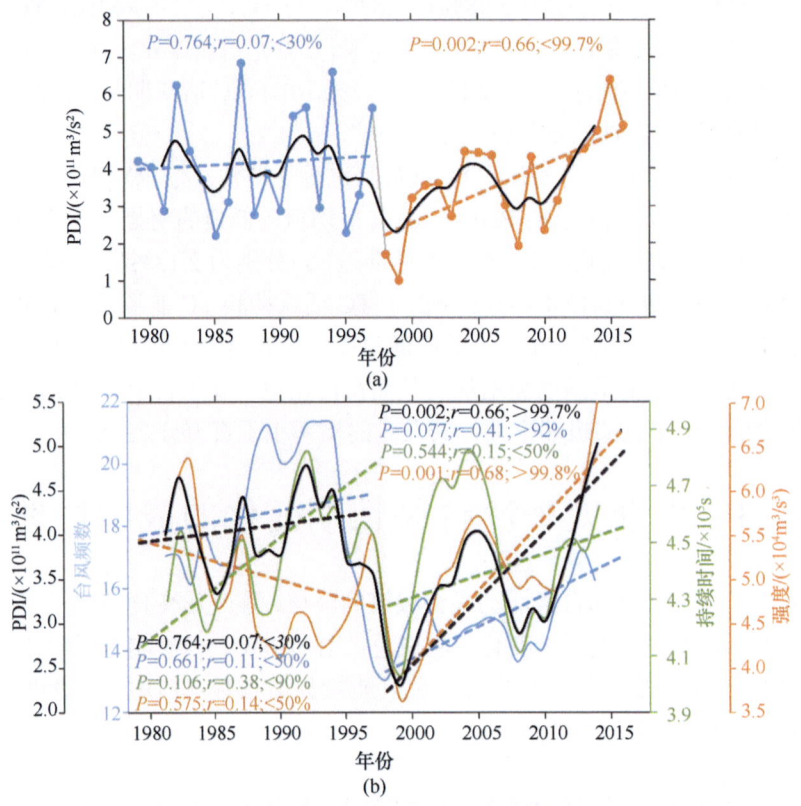

图 8.27 台风季节 PDI 及其影响因素时间曲线

(a) PDI 序列,其中蓝色和橙色曲线分别代表 P1 和 P2 时期,虚线是两个时期的 PDI 线性趋势,黑色曲线是 5 年滑动的结果;(b) 台风频数(蓝色)、平均持续时间(绿色)、平均强度(橙色)的 5 年滑动曲线,黑色曲线是 (a) 中 5 年滑动的 PDI,虚线是两个时期中每个序列的线性趋势

此外,使用线性回归分析计算这 3 个因素对 PDI 的贡献率。结果表明,P1 期间 PDI 的变化主要由平均持续时间引起,这可以解释 PDI 变化的 51.84%,但该贡献在 P2 中降低至 28.80%。平均强度对 PDI 的贡献在 P2 中逐渐占主导地位,贡献了 PDI 变化的 51.20%。这表明 P2 中 TC 的破坏性潜力的变化主要受平均强度变化影响。

影响西北太平洋台风季节台风破坏性潜力变化的因素是当前研究的重点。PDI 和 Niño3.4 指数之间的相关系数(表 8.1)表明,P1 和 P2 期间 ENSO 显著影响 PDI,并且 PDI 的年际变化与 El Niño 和 La Niña 事件很好地对应。这表明 ENSO 对西北太平洋台风的年际尺度破坏性潜力具有显著影响,这与前人研究结果(Camargo and Sobel,2005)一致。台风季节平均 PDO 指数与 PDI 之间的相关系数(表 8.1)表明,P1 期间 PDO 和 PDI 之间没有显著相关性,但 P2 时期中的关系更为密切。PDO 对西北太平洋 TC 的破坏性潜力的影响明显增强,这主要反映在台风持续时间和强度中。原因是 PDO 的模态在 P2 期间显著增强,尤其是以准 10a 尺度上 PDO 和 PDI 的周期性增强最为明显。因此,

PDO 和 PDI 之间的关系在 P2 时期更加接近。

综合来看，ENSO、PDO 的变化对西北太平洋地区的台风活动均有较大影响，其中 ENSO 影响 PDI 变化主要体现在年际尺度上，在 El Niño 年的 PDI 较之 La Niña 年偏大，且两个时期二者的相互关系基本保持不变。而 PDO 对 PDI 的调控作用主要体现在准 10a 时间尺度上，这与 PDO 的强度和位相变化有关。P2 期间 PDI 的增长趋势是由于 1998~2001 年爆发的超级 La Niña 现象和 2014~2016 年超强 El Niño 现象共同作用的结果，并且在这基础上叠加了 PDO 准 10a 尺度上的强迫。

强度的变化与上层海洋的热条件密切相关（Mei et al.，2015）。将 26℃ 等温深度指数（D26）定义为台风主要发展区域（MDR）内 26℃ 等温线的平均深度，用于表征上层海洋热含量。结果（表 8.1）表明，在 P2 期间 D26 和 PDI 之间的相关系数很强。这表明上层海洋的热条件与 P2 期间的 PDI 关系比 P1 期间更密切。

表 8.1 两个时期不同序列之间的相关系数

| 序列 | | PDI | 台风频数 | 持续时间 | 强度 | D26 | PDO |
|---|---|---|---|---|---|---|---|
| P1<br>（1979~1997 年） | PDI | 1 | | | | | |
| | 台风频数 | 0.18 | 1 | | | | |
| | 持续时间 | 0.76* | −0.06 | 1 | | | |
| | 强度 | 0.71* | −0.46* | 0.49* | 1 | | |
| | D26 | −0.46* | 0.28 | −0.73* | −0.39 | 1 | |
| | PDO | −0.14 | −0.57* | 0.13 | 0.55* | −0.30 | 1 |
| | Niño3.4 | 0.72* | −0.22 | 0.77* | 0.64* | −0.80* | 0.40 |
| P2<br>（1998~2016 年） | PDI | 1 | | | | | |
| | 台风频数 | 0.55* | 1 | | | | |
| | 持续时间 | 0.66* | 0.05 | 1 | | | |
| | 强度 | 0.88* | 0.21 | 0.53* | 1 | | |
| | D26 | −0.77* | −0.10 | −0.77* | −0.72* | 1 | |
| | PDO | 0.61* | 0.01 | 0.43* | 0.71* | −0.82* | 1 |
| | Niño3.4 | 0.71* | 0.11 | 0.80* | 0.60* | −0.83* | 0.67* |

*表示两个序列相关性显著。

但为什么台风的破坏性潜力会随着 D26 的增加而在西北太平洋减弱？最近的研究表明，PDO 负位相时，上层海洋热含量会升高（England et al.，2014）。本书的研究结果也显示了类似的结论：P2 时期西北太平洋的上层海洋热含量大幅增加（图 8.28），这主要是因为从太平洋中部和东部向西输送的热量仅有小部分被台风活动消耗，而大部分热量仍然储存在上层海洋中。

垂直风切变和低层大气的相对涡度是影响 TC 活动的两个重要因素。垂直风切变与 PDI 之间的关系在两个时期间存在巨大差异，P2 阶段的相关性明显增加（P1 为−0.09，P2 期为−0.62），此期间由强的 PDO 控制（从−0.11 增加到−0.57）。结果表明，PDI 的年代际突变不仅是由上层海洋热条件的变化引起的，而且还受大气垂直剪切的影响。而相对涡度和 PDI 在两个时期都有正相关。

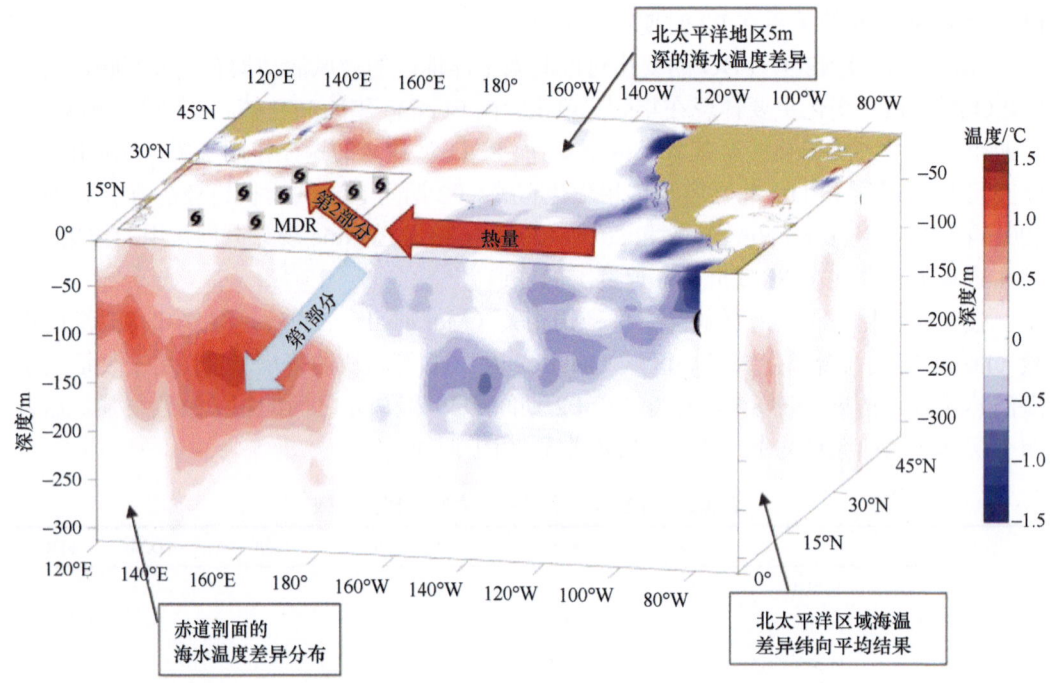

图 8.28 北太平洋地区海洋上层热力条件在两个时期的差异

此外还发现 PDI 变化主要受 ENSO 循环影响。当 La Niña 事件发生时赤道东风增强时，中东太平洋地区的大量温水向西输送，导致暖池区域的热量增加，并且台风生成位置偏西，导致 PDI 明显下降。El Niño 现象的情况正好相反：中太平洋地区的正海温异常有利于大气对流，热带扰动（或台风胚胎）很容易形成，因此 El Niño 年的平均强度和 PDI 升高。

ENSO 反映了年际尺度的振荡，主要发生在热带太平洋地区，它通过 Walker 环流（Wang and Liu，2016）和热带太平洋地区的上层海洋热量运输对台风活动产生更直接的影响（图 8.28）。因此，西北太平洋的台风强度和位置由 ENSO 的强度决定。相反，年代际尺度对台风的影响主要来自 PDO。它对台风的约束能力主要是通过强迫大气动力条件，部分是垂直风切变的遥相关方式。发现 PDO 的强度和位相在 P1 和 P2 中是不同的，因此在 P1 和 P2 期间对台风潜在破坏性的影响发生了很大变化。

台风的活动区域并不总是固定的。最近的研究指出，全球台风活动位置存在明显的极向迁移趋势（Tamarin-Brodsky and Kaspi，2017），这可能与 Hadley 环流扩张有关，Hadley 环流向上分支异常的经向位置在西北太平洋地区更为明显（Sharmila and Walsh，2018）。西北太平洋是地球上台风活动频数最多的地区，台风引起的潜在破坏性可能在西北太平洋地区的高纬度地区增加。本书研究结果可能对准确理解西北太平洋台风破坏性潜力的长期演变及其与 ENSO 和 PDO 对的相互关系以及大气和海洋条件对台风活动变化的作用等方面具有重要意义。

## 8.3.2 西太台风活动对夏–秋型 ENSO 事件的响应

参照美国国家气候中心（CPC）对 ENSO 事件的定义：海洋尼诺指数（ONI）$\geqslant 0.5$℃ 或 $\leqslant -0.5$℃ 持续 5 个月以上为一次暖事件（El Niño 事件）或冷事件（La Niña 事件），根据形成时间不同将其分为 SU 型（4~7 月）和 AU 型（8~11 月）ENSO 事件。本节研究以 ENSO 事件持续的这段时间内西北太平洋地区活动的台风为主要研究对象。

对 ONI 分别与 PDI、持续时间、强度以及频数计算相关性的结果表明，ONI 与 PDI 的相关系数为 0.82，表明 ENSO 循环与西北太平洋台风活动破坏性潜力关系密切；ONI 与强度，以及持续时间的相关系数分别为 0.72、0.62，均通过 0.05 显著性检验，表明 ENSO 对平均台风持续时间以及强度均有一定影响；ONI 与台风频数相关性较差，仅为 0.06，表明 ENSO 循环对台风生成频数影响较小。

统计结果（表 8.2）表明，在这两种 ENSO 事件发生期间，西北太平洋台风活动的 PDI 指数有较大差别，以 AU 型 El Niño 期间活动的台风平均 PDI 最大，达 $2.92\times 10^{10}$ m$^3$/s$^2$，SU 型 El Niño 期间相对小于 AU 型 El Niño 期间台风活动的平均 PDI。SU 型 La Niña 期间的台风平均 PDI 最小，仅 $1.01\times 10^{10}$ m$^3$/s$^2$，几乎只占到了 AU 型 El Niño 期间的 1/3 左右。对比不同 ENSO 事件发生期间，西北太平洋台风活动强度、持续时间基本表现为：AU 型 El Niño > SU 型 El Niño > 正常年 > AU 型 La Niña > SU 型 La Niña，其中 AU 型 La Niña 期间平均台风最大强度较常年平均大，月平均台风频数也有类似特征。就整体而言，AU 型 El Niño 期间台风活动频数较少，而平均 PDI、平均强度，以及持续时间均大于 SU 型 El Niño；SU 型 La Niña 期间，台风平均最大强度、持续时间等均小于 AU 型 La Niña 及正常年平均值。

表 8.2 夏–秋型 ENSO 事件期间台风活动特征

| 类型 | PDI/（×10$^{10}$ m$^3$/s$^2$） | 频数（总计） | 频数（月平均） | 强度/（m/s） | 持续时间/×10$^5$ s |
| --- | --- | --- | --- | --- | --- |
| SU El Niño | 2.29 | 162 | 2.28 | 36.47 | 6.51 |
| AU El Niño | 2.92 | 79 | 1.49 | 40.42 | 7.43 |
| SU La Niña | 1.01 | 135 | 2.45 | 29.14 | 4.60 |
| AU La Niña | 1.56 | 107 | 2.68 | 34.26 | 5.56 |
| 常年 | 1.67 | 626 | 2.64 | 33.29 | 6.04 |

为了较好体现夏–秋型 ENSO 期间台风的活动位置差异，将近 38a 来不同 ENSO 事件期间台风活动位置统计如图 8.29 所示。SU 型 El Niño 期间，台风活动范围较大，主要集中于菲律宾东北部、南海北部海域，生成位置相对比较分散，台风最大强度位置主要集中在菲律宾海附近，生成位置与最大强度位置跨越经纬度较大，台风消亡位置较最大强度中心偏东北方向，且日本东北部（150°E~170°E）较多，表明在 SU 型 El Niño 期间发生转向的台风活动较多。AU 型 El Niño 发生时，台风活动范围相对 SU 型小，纬度偏南，台风生成位置与 SU 型类似，整体较 SU 型偏东，台风最大强度集中在菲律宾东部，台风平均消亡位置与最大强度位置基本在同经度上，且消亡位置在南海中部以及西部地区较为密集，台风活动路径较为集中，转向台风活动较少。

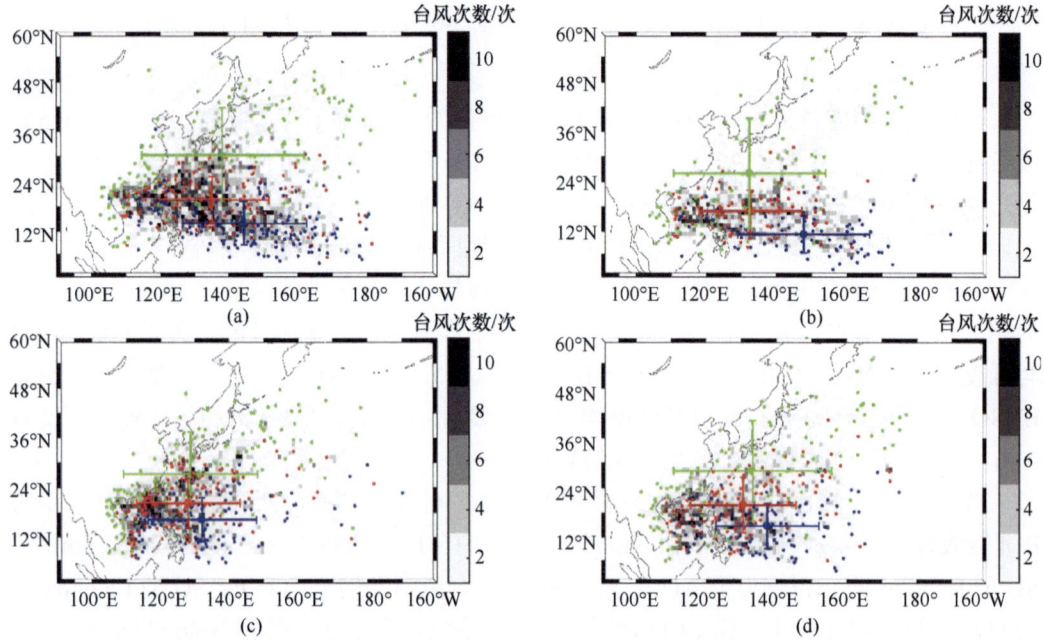

图 8.29 西北太平洋台风在夏-秋型 ENSO 期间的活动位置

(a)(b)(c)(d) 分别代表 SU 型 El Niño、AU 型 El Niño、SU 型 La Niña 和 AU 型 La Niña。灰色栅格表示该格点位置台风出现次数，颜色越深表明该位置台风出现次数越多。蓝、红、绿点分别代表台风生成、最大强度以及消亡位置，蓝、红、绿十字表示台风生成位置、最大强度位置以及消亡位置的标准偏差，十字中心位置为平均值

SU 型 La Niña 期间，台风活动在南海东北部最为密集；台风生成位置相对比较集中于菲律宾以东约 130°E 附近洋面，南海中东部也是台风主要生成区域之一，最大强度多集中出现在南海北部沿岸–越南东部一带，跨越经纬度范围最小，活动位置最为集中，中南半岛东部以及华南沿海地区是台风消亡的两个集中区域。AU 型 La Niña 条件下，菲律宾以东以及南海中部地区台风活动较为频繁，台风生成位置整体较 SU 型 La Niña 偏东，较 El Niño 期间偏西，分布也比较分散，最大强度位置无明显集中分布，主要消亡位置集中于南海周边区域。

台风等级划分有助于准确理解不同 ENSO 事件对西北太平洋台风强弱程度的影响，参照中国气象局对台风等级的划分标准，将西北太平洋活动的台风分为热带低压（TD）、热带风暴（TS）、强热带风暴（STS）、台风（TY）、强台风（STY）以及超强台风（Super TY）6 个等级。统计结果表明，其中 SU 型 El Niño 期间的 Super TY 等级的台风有 27 个，占到台风活动总数的 17.67%，STY 所占比例最大，约为 SU 型 El Niño 期间台风活动总数的 22.84%，TD 活动最少；而在 AU 型 El Niño 期间，以 Super TY 活动最多，约占到总台风数的 34.18%，表明在 AU 型 El Niño 期间，西北太平洋生成的台风中每 3 个就会有 1 个发展形成 Super TY；在 SU 型 La Niña 期间以强度最弱的 TD 活动频数最多，较高等级的台风活动频次较少；而 AU 型 La Niña 事件持续期间，以 TS 活动最多，较强等级的台风活动频次较 SU 型 La Niña 期间多。

众多研究表明，热带地区海温异常、大气垂直切变、低层相对涡度、低层风场异常、西北太平洋副热带高压等均是影响西北太平洋台风活动的几个重要因素（Lin and Chan，

2015；Paterson et al.，2005；王慧等，2006）；为探讨台风活动对夏-秋型 ENSO 事件的响应机理，拟从动力、热力学过程两个角度，研究 SU 型与 AU 型 ENSO 期间，副热带高压、低层相对涡度、垂向运动、海表面温度异常（SSTA），以及垂直风切变等因素对台风活动的可能影响，各要素截取时间范围为 ENSO 事件所持续时间，以探讨事件发生时各要素的平均状态对台风活动的可能影响。

在 SU 型 El Niño 条件下，如图 8.30（a），赤道中太平洋地区正的 SST 异常利于海水蒸发，较多水汽进入大气，导致低层大气对流活跃，且低层有正的相对涡度异常，易于形成扰动（台风胚胎），同时叠加上赤道中太平洋地区较弱的垂向切变，并进一步在赤道东风的作用下向西移动发展形成台风。但是在扰动向西北移动过程中，140°E～160°E 地区增强的垂向切变使得一定数量的扰动结构被破坏，除此之外，西北太平洋副热带高压整体偏强，一定程度上会抑制台风胚胎进一步演化形成台风，以至于最终生成的台风频数减少。但是相较而言，生成的台风在洋面有足够的空间和时间发展，故 SU 型 El Niño 期间生成的台风平均强度及持续时间较常年大。

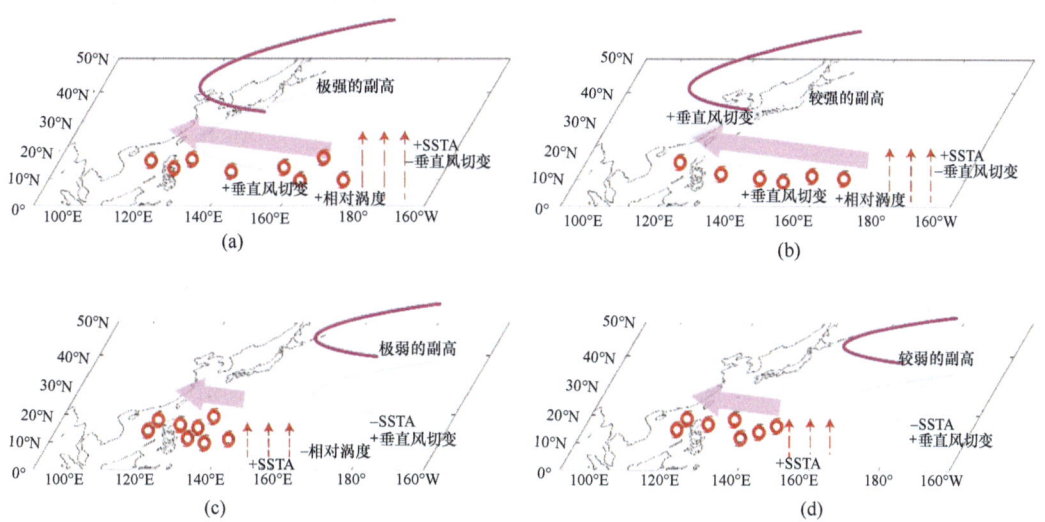

图 8.30　SU 与 AU 型 ENSO 事件期间台风活动示意图
(a)、(b)、(c)、(d) 分别代表 SU 型 El Niño、AU 型 El Niño、SU 型 La Niña、AU 型 La Niña

AU 型 El Niño 期间[图 8.30（b）]台风活动过程与 SU 型 El Niño 类似，台风生成位置相对偏东，为台风发展提供了足够的能量，台风活动区域 SST 梯度较小，促使台风平均强度以及持续时间进一步增大，这也是 AU 型 El Niño 期间台风强度以及持续时间大于 SU 型的一个重要原因。此外，在 AU 型 El Niño 发生期间，西北太平洋副热带高压较之 SU 型强且位置偏南，副高中心较强的下沉气流阻碍了台风的生成与移动路径，以至于台风频数相对较少，副高强大的反气旋结构结合低层异常东北风作用，使得台风活动沿着副高西南侧移动，故而使得登陆我国台风频数偏少。20°N～40°N 地区增强的垂向切变将会使得台风较快消亡，并叠加上该地区异常的北风，部分北偏台风无法偏离较远距离，故台风消亡位置较之 SU 型偏西、偏南。

如图 8.30（c）所示，在 SU 型 La Niña 期间，赤道中太平洋地区负的 SSTA 通常会减小海表面的海水蒸发，低层大气相对不及 El Niño 条件下活跃，同时，西北太平洋东南部地区存在较强的垂向切变及该地区负的相对涡度异常均不利于扰动的形成，以至于 SU 型 La Niña 期间在该地区形成的台风较少，而在西北太平洋西边界低纬地区，由于副高强度较弱，叠加上西太平洋低纬地区正的 SSTA，增强了太平洋西部地区大气对流活动，同时副高偏东且强度较弱，所以，SU 型 La Niña 发生期间，台风活动位置偏西，SST 梯度较大，台风整体强度偏小，持续时间较短。

AU 型 La Niña 期间[图 8.30（d）]与 SU 型 La Niña 期间基本相似，但西北太平洋东南部地区相对涡度负异常较 SU 型弱，这对 AU 型 La Niña 期间月平均台风活动频次较 SU 型多有较大贡献，同时，大气垂向切变也较 SU 型 La Niña 弱，故台风平均强度以及平均持续时间也较之偏大。

## 8.3.3　西太副高年代际变化及其对台风年际变化的影响

将 CNRM-CM6-1_historical_r2i1p1f2 及 BCC-CSM2_MR_historical_r3i1p1f1 两套 CMIP6 数据中 1860~2014 年台风活跃季（7~9 月）500 hPa 高度场的平均值数据分别与 ERA5 数据 2014~2020 年台风活跃季 500 hPa 高度场平均值进行差值计算，对比选出适合进行衔接且精度较高的数据。在中低纬 BCC-CSM2_MR_historical_r3i1p1f1 数据差值远小于 CNRM-CM6-1_historical_r2i1p1f2 数据，效果更好，适合进行衔接使用。由于台风主要发生在夏季，因此对 1860 年以来台风活跃季西北太平洋 500 hPa 高度场进行单独分析，台风活跃季 500 hPa 高度场的数据利用了效果较好的 BCC-CSM2-MR_historical_r3i1p1f1 数据。

西北太平洋及欧亚大陆部分地区 1861~2020 年台风活跃季 500 hPa 高度场的气候态变化的结果表明，CMIP6 模式输出的 500 hPa 高度场显示 588 线北抬趋势明显，1980 年后北抬速率可达 1°/20 a。588 线控制范围存在扩大的趋势，尤其是 20 世纪 80 年代之后。WNPSH 西脊点明显西伸，脊线位置先北抬后南压，稳定在 27°N 附近。这样的变化有利于引导台风的影响区域向纬度更高的方向扩展，增加了台风影响我国华东沿海的概率。将近 160 年台风活跃季期间副高西脊点到达的最东端（152°E）定义为关键区的东界，到达的最西端（81°E）定义为西界，副高脊线到达的最北端（31.5°N）定义为关键区的北界，最南端（22.5°N）定义为南界，将该区域台风活跃季 500 hPa 平均高度场的年变化以及年代际变化表示出来，并与 1861~2020 年 7~9 月 500 hPa 平均高度场 588 线到达的北界以及西脊点进行对比。结果表明，近 160 年来关键区 500hPa 高度场变化情况主要可分为 3 个阶段，20 世纪 40 年代前变化比较平稳，从 20 世纪 40 年代起呈波动上升趋势，在 20 世纪 80 年代后上升速度明显加快且之后维持在较高水平，21 世纪初达到最大，之后又略有下降，但仍处高位。588 线北界在 1980 年之前无明显变化，但在 1980 年之后 588 线北界明显北抬。同时，与之对应的 WNPSH 西脊点的变化在 1980 年前后也发生了突变，1980 年前，西脊点经度略有降低，但不明显，而 1980 年后西脊点经度呈迅速降低趋势。500 hPa 关键区平均高度场越高，588 线越靠北，西脊点经度越低，台风活动越偏西偏北，台风对我国的影响的可能性越大，而大洋上由于副高较强，总体台风生成频率可能减小。

为了研究具体的 500 hPa 高度场对西北太平洋台风活动位置的影响，分别对 1910 年以来 500 hPa 高度场与台风到达的最北纬度、最西经度的相关系数进行了计算。结果表明，500 hPa 高度场与台风到达的最大纬度、最小经度的相关性大致以 40°N 为界，南北两侧关系相反，台风到达最大纬度与 500 hPa 高度场的相关系数在 40°N 以北为负值，40°N 以南为正值，这是由于 40°N 以南区域为副高主体活动区域，当 500 hPa 高度场升高，副高加强时，利于台风的北上。同样，40°N 以南区域平均 500 hPa 高度场和台风到达的最小经度均呈现显著负相关，当副高越强时，台风影响范围越偏西，越容易登陆，副高在我国东部较弱时，脊线偏东，则台风更易影响日本一带；而在我国 40°N 以北地区，由于该区域不属于我国夏季副热带高压的控制范围，500 hPa 高度场的数值本身就比较低，因此当副高移近，500 hPa 高度场数值升高时，台风才有可能影响该区域，因此相关系数数值为正。总的来说，通过副热带高压、副高西脊点和脊线位置的年代际变化来对台风的活动范围进行研究，具有一定的实际意义和研究价值。

将台风影响区域分为整个西北太平洋及华东、华南 3 个区域，分析 1884 年以来台风影响的年平均时长，陆晓婕等（2018）发现 20 世纪 80 年代前后为影响我国沿海地区台风频率的转折点，同样，陈思奇等（2020）也发现 20 世纪 70 年代后期为副高强度变化速率加快的转折点。因此，选取 1975 年作为年代的分界点，另一个分界点选取 1930 年，可将 1884~2020 年整个时段 3 等分，1884~1930 年为年代一，1930~1975 年为年代二，1975~2020 年为年代三，对比 3 个年代台风影响年平均时长和年频数的时间序列是否存在显著差异，并进行显著性检验，当 Sig.<0.1 时，认为原假设不成立，结果如表 8.3 所示。1930 年之后各区域台风年平均影响时长和年频率均增加；以 1975 年为界，整个西北太平洋台风年平均影响时长下降但发生年频率无明显变化，说明整个西北太平洋上

表 8.3　假设均值相等的前提下台风发生年平均时长百年来变化情况

| 项目 | 区域 | N1 | N2 | N3 | Sig. (N1, N2) | Sig. (N1, N3) | Sig. (N2, N3) | 结论 |
| --- | --- | --- | --- | --- | --- | --- | --- | --- |
| 台风影响时长 | 西北太平洋 | 46 | 46 | 46 | 0.051 | 0.027 | 0.019 | 影响时长年代二最大，其次为年代三，年代一最小，各年代均存在显著差异 |
| 台风影响时长 | 华南地区 | 46 | 46 | 46 | 0.126 | 0.211 | 0.401 | 各年代发生时长无明显变化 |
| 台风影响时长 | 华东地区 | 46 | 46 | 46 | 0.009 | 0.001 | 0.075 | 各年代均存在显著差异，且发生时长逐年代增加 |
| 台风影响频数 | 西北太平洋 | 46 | 46 | 46 | 0.001 | 0.001 | 0.146 | 发生频数年代二、三与年代一相比明显增加，年代二、三之间发生频数无明显变化 |
| 台风影响频数 | 华南地区 | 46 | 46 | 46 | 0.001 | 0.005 | 0.148 | 发生频数年代二、三与年代一相比明显增加，年代二、三之间发生频数无明显变化 |
| 台风影响频数 | 华东地区 | 46 | 46 | 46 | 0.001 | 0.001 | 0.062 | 各年代均存在显著差异，且发生频数逐年代增加 |

注：Sig.是显著性（significance）的缩写，表示统计显著性水平。本书中将 Sig 小于 0.1 的情况视为两时间序列存在显著差异。

单个台风的生命周期有所减小,这可能与近些年台风活动纬度升高造成台风不易存活过久相关,也可能与 WNPSH 强度的变化相关(何立富等,2020);华南地区台风年影响时长和年频数仅略有下降而未通过检验,无明显变化;华东地区台风年影响时长和年频数均增加,说明华东地区受台风活动影响的时长和年频数均呈上升趋势。接下来将通过影响 WNPSH 的机制的变化来研究 WNPSH 与西北太平洋台风间的相关关系,进行更深入的研究。

WNPSH 所在区域为 Hadley 环流的下沉支所在区域,Hadley 环流下沉支越强,越利于副高增强。而 Walker 环流所在的上升支位于 120°E～160°E 的赤道上,当西太暖池较强,季风槽较活跃时,赤道上 Walker 环流的上升支也越强,这种情况会使得副高位置偏西偏北(黄荣辉等,2016),利于台风影响我国。对 120°E～160°E,0°～40°N 的 Hadley 环流进行 $v\text{-}w$ 风合成分析,得到 1861～2020 年 120°E～160°E 纬向平均下,0°～40°N 的 Hadley 环流的平均状况(图 8.31)。同样,为了研究 Walker 环流上升支,对 1861～2020 年 120°E～160°E 的赤道上的平均 $u\text{-}w$ 风也进行了合成分析(图 8.31)

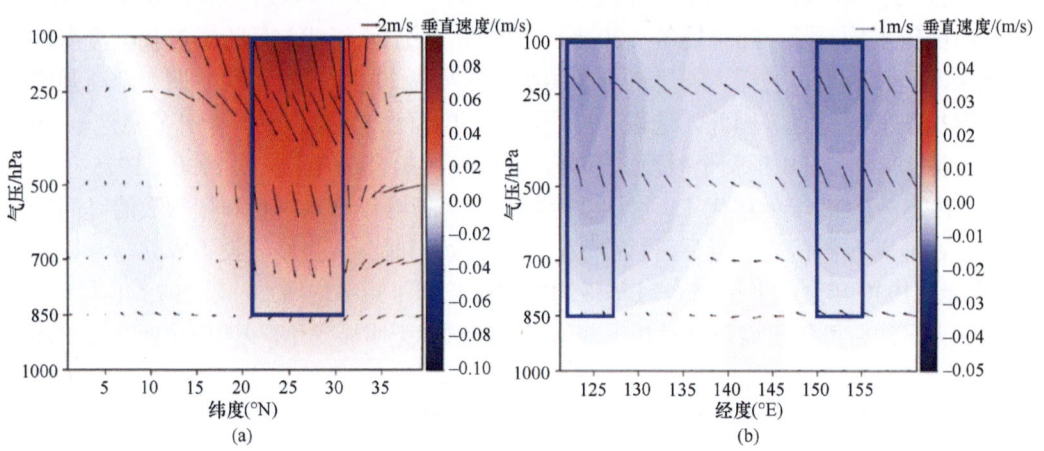

图 8.31 (a) 1861～2020 年 120°E～160°E 纬向平均,0°～40°N 的 $v\text{-}w$ 风合成分析,(b) 1861～2020 年 120°E～160°E 赤道上平均 $u\text{-}w$ 风合成分析

$w$ 矢量箭头为 $w$ 扩大 100 倍后与平均水平速度的合速度,$w$ 填色图为垂直速度的真实值,垂直速度方向向下为正值,方向向上为负值(单位:m/s)

如图 8.31 所示,160 年平均下的 Hadley 环流在热带上升,副热带下沉,在 21°N～31°N,850hPa 以上为下沉的大值区。而赤道上的 Walker 环流上升支在 120°E～160°E 上分为了两支,一支位于 122°E～127°E 的 850hPa 以上区域,一支位于 150°E～155°E 的 850hPa 以上区域,计算 Hadley 环流下沉支的大值区域[图 8.31(a)中蓝色方框表示的区域]160 年来下沉运动的平均值的变化,定义为 $w_h$,以及两个 Walker 环流上升支的大值区域[图 8.31(b)中蓝色方框表示的区域]的平均值 160 年来上升运动的变化,定义为 $w_w$。同时,将上文关键区的 500hPa 平均位势高度场定义为 $h$,经计算,$h$ 与 $w_h$ 的相关系数达到了 0.151,通过了 90%显著性检验;与 $w_w$ 的相关性达到了-0.172,通过了 95%显著性检验。以年份 $t$、$w_h$、$w_w$ 作为自变量,通过气候统计学上的曲线拟合对 $h$ 进行模拟和预测,得到 $h$ 的拟合方程如下:

$$h=665.904-6.37\times10^{-5}t^2+2.225\times10^{-8}t^3-17.726w_h+422.364w_h^2+399.995w_w+31928.253w_w^2$$
$$+725594.069\times w_w^3 \tag{8.1}$$

可看出，关键区 500hPa 高度场 $h$ 随年份波动变化，呈上升趋势，且当 $w_h$ 较大时，副热带下沉作用较强，副高较强，$h$ 较大；当 $w_w$ 较小时，Walker 环流上升支较弱，存在 $w$ 的正异常，副高较强，$h$ 较大。通过该模拟结果与 $w_h$、$w_w$、$h$ 的实际结果进行对比，如图 8.32 所示。

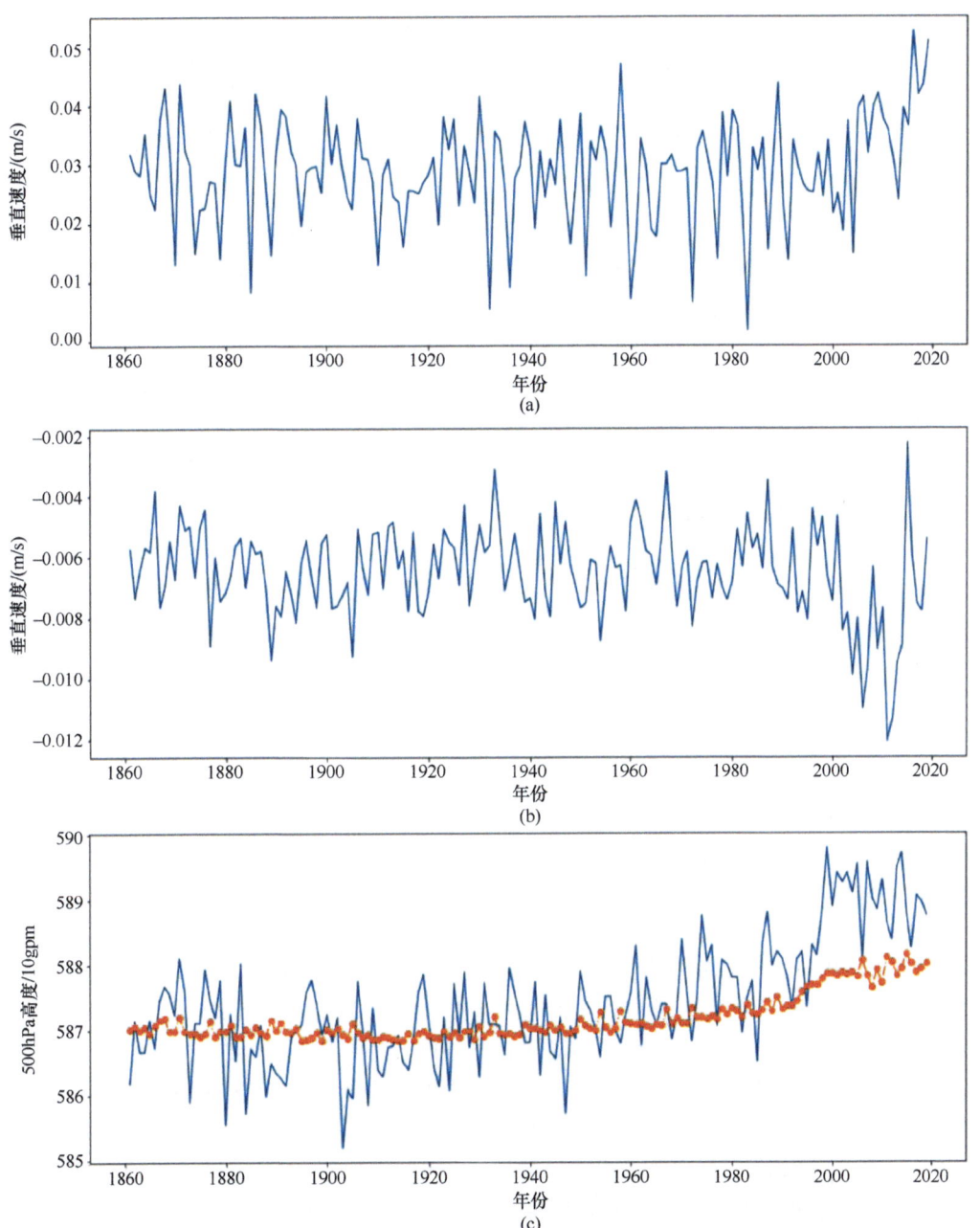

图 8.32　$w_h$（a）、$w_w$（b）、$h$（c）的年变化（蓝线）及模拟结果[（c）中橙色点线]

通过图 8.32 可看出，$w_h$ 与 $w_w$ 对 500hPa 高度场关键区 $h$ 的变化趋势的模拟具有一定的指示意义，但对于 1980 年后关键区高度场的突变模拟得不如实际变化幅度大。$h$ 在趋势上的升高，尤其是 20 世纪 80 年代后的爆发性增长利于台风活动路径偏西偏北，从而登陆我国。

计算 $w_h$、$w_w$、$h$ 与华东、华南地区台风发生年频率的相关系数，判断对于我国特定的华东、华南区域，台风频率的变化究竟受哪些具体的机制影响。结果表明，对于我国华东地区，台风发生年频率主要受 500hPa 关键区高度场 $h$ 的直接影响，而对于我国华南地区，台风发生年频率与 $h$ 的关系不大，与 Hadley 环流下沉支 $w_h$ 及 Walker 环流上升支 $w_w$ 存在关系。

根据上述结果，通过曲线估计方法建立曲线方程，利用相关系数通过显著性检验的变量模拟华东、华南台风个数的变化趋势 $f_e$、$f_s$，其中华东台风年频数 $f_e$ 用时间 $t$、500hPa 关键区高度场 $h$ 来表示，华南台风年频数 $f_s$ 用时间 $t$，Hadley 环流下沉支 $w_h$，以及 Walker 环流上升支 $w_w$ 来表示。得到 1884 年以来华东、华南的台风发生年频数的变化趋势情况 $f_e$（8.2），$f_s$（8.3），并与华东、华南地区 1884 年以来台风发生的实际频数进行对比。

$$f_e = -287.6975 + 2.3725 \times 10^{-7} h^3 + 0.182 \times t - 1.5145 \times 10^{-8} t^3 \tag{8.2}$$

$$f_s = -1271.4963 + 0.976t - 0.839\ 10^{-7} t^3 - 15.177 w_h + 119.973 w_h^2 - 86.782 w_w - 5119.706 w_w^2 \tag{8.3}$$

由图 8.33 可看出，华东地区台风影响年频数始终存在上升趋势，1980 年之后影响年频数易出现较大的极值，模拟值也相对较高；而华南地区台风影响年频数则在 20 世纪 40 年代有一个跳跃式的增长，且在 20 世纪 60~80 年代达到最高峰，此后华南地区台风影响年频数有所下降。

总的来说，$h$ 与 $w_h$、$w_w$ 存在显著的相关关系，且三者与影响我国的台风也存在相关性。式（8.2）、式（8.3）的模拟结果可以大致反映台风影响年频率的变化趋势，具有一定的指示意义。

### 8.3.4 西北太平洋辐射通量对西太台风的影响

利用 BCC-CSM-MR_historical_r3i1p1f1 数据对 1850~2020 年西太关键区的地面收到的向下长波辐射（SDLR）、地面收到的向下短波辐射（SDSR）、大气上界收到的向下短波辐射（TISR），大气上界发出的向外长波辐射（TOLR）平均分布状况进行计算，结果表明：SDSR、TOLR 在副热带地区最强，与西太副高较强的区域几乎一致，而 SDLR 最强的位置要靠南一些，大致与西太暖池的位置重合。TISR 的分布则基本与纬线平行。TOLR 在赤道附近为低值，表明了赤道辐合带（ITCZ）作用的结果。除 TISR 代表太阳辐射的自然变率以外，其他辐射量的大值区域均出现在西太暖池及副热带高压在不同季节控制的区域，而这两者为台风的生成发展提供了能量和环流背景，二者对台风发展有着重要的作用，因此，各辐射量对台风的发生发展起到了一定的基础性作用。

为了研究各辐射量百年来的变化情况及其与暖池、台风的关系，选取 100°E~160°E，10°N~30°N 4 类辐射均值较高，且为台风生成加强的主要区域作为研究辐射变化的关键区，对该区域 1850～2020 年 SDLR、SDSR、TISR、TOLR 的 1850 年以来的距平值变化进行计算。结果表明，近 170 年来 SDLR 明显上升，以 1980 年为界，上升更加明显；而 SDSR 在 1980 年后则有下降趋势，这与 1980 年后温室气体排放量增加有关，温室气体的增加会对入射短波产生阻挡作用，而对大气逆辐射产生明显增强作用。TISR 反映了太阳活动强度的自然变化，其相对于其他辐射量来说变化较平稳，且可看出准 11 年变化周期。TOLR 与 SDSR 的变化情况相似，经计算，二者相关系数可达 0.7856，这两部分能量是正相关的。

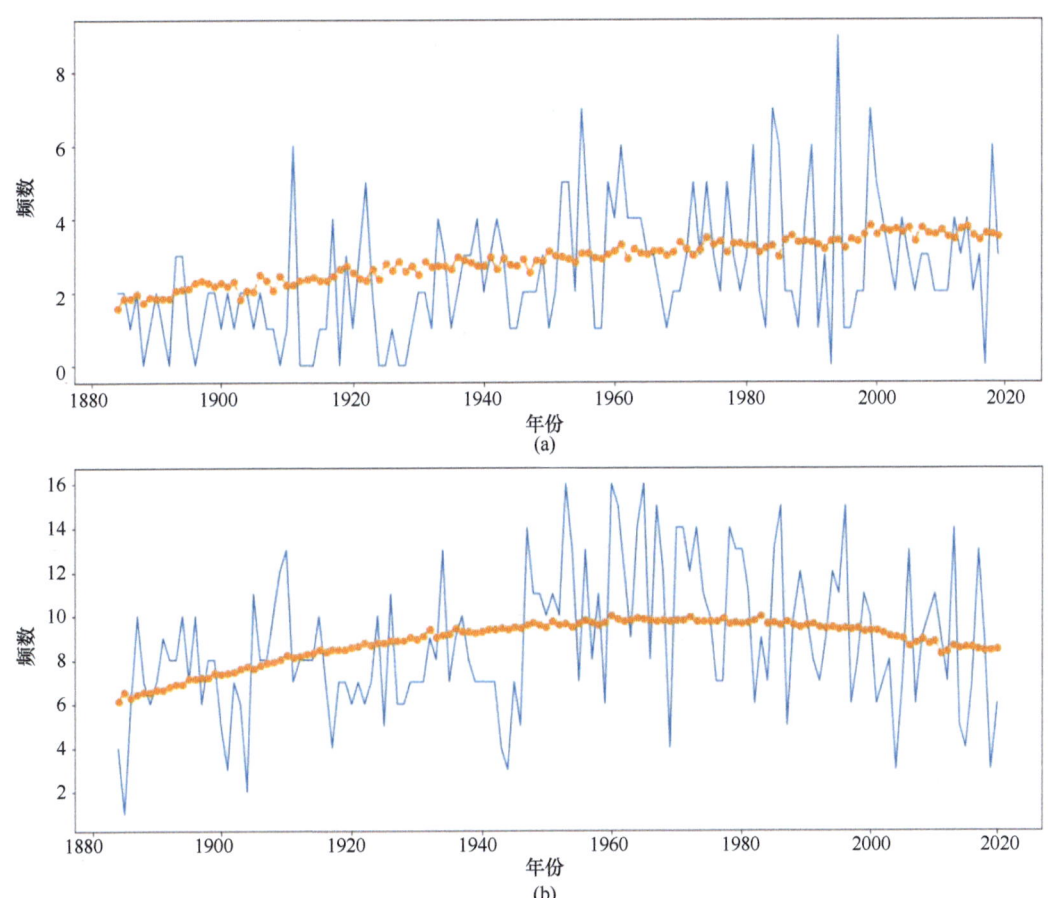

图 8.33　（a）影响华东区域台风的年频数（蓝线）及年频数变化趋势的模拟（橙色点线），（b）影响华南区域台风的年频数（蓝线）及年频数变化趋势的模拟（橙色点线）

定义 1850～2020 年 7～9 月台风活跃季 SDLR 分布大值区，即 115°E～155°E，5°N～20°N 为西太暖池变化的关键区，计算该区域近 170 年 7～9 月平均海温变化作为暖池变化的特征指标 $t$，$t$ 的年际变化和年代际变化见图 8.34。结果表明，西太暖池关键区 SST 总体上呈增长趋势，按照 30 年平滑后的结果来看，增长速度越来越快，可按照 30 年平滑趋势线的拐点将西太暖池关键区 SST 的变化分为 3 个阶段：20 世纪 20 年代前，西太暖池关键区海表温度无明显变化；20 世纪 20 年代后温度开始明显升高，到 20 世纪 70

年代前后出现一个小的低谷；20 世纪 70 年代后 SST 以更快的速度升高，尤其是进入 21 世纪以后，SST 升高速度达到 1850 年以来最快，20 世纪末至 21 世纪初这种 SST 的快速转变与 SDLR 在这一时间段迅速增大以及强台风生成比率回升的现象吻合。

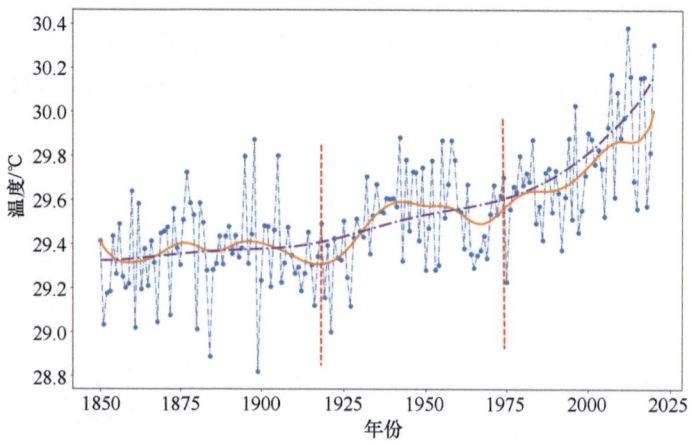

图 8.34　1850～2020 年西太暖池关键区海表温度年际变化（蓝色虚线）、7 年平滑后的趋势变化（橙色实线）、30 年平滑后的趋势变化（紫色虚线）及台风活动变化分界点（红色虚线）

将整个西北太平洋地区台风发生的年频率定义为 $f_{tc}$，强台风发生的频率定义为 $f_{vtc}$；为了研究西北太平洋强台风活动的变化情况，计算了整个西北太平洋 1945 年以来强台风发生的年频率及强台风与所有台风的比率。结果表明，按照强台风频率的逐年变化以及 7 年平滑后的强台风频率变化趋势，在 20 世纪 70 年代初和 1998 年前后逐年、7 年变化均存在转折点，将这两个转折点作为台风活动变化的分界点，西北太平洋上强台风发生频率和比率经过如下变化：强台风发生年频率和强台风发生占比在 20 世纪 60 年代前后达到峰值，在 20 世纪 70 年代初开始明显下降，此后波动并呈下降趋势，在 1998 年达到极小值后，于 21 世纪初开始回升，由于台风的破坏性和影响力与强台风的发生频率呈正相关，与此同时，东亚沿岸区域受强台风影响程度增强，这与西北太平洋台风潜在破坏指数的变化相吻合（Tu et al.，2018）。

计算 $t$ 与 SDLR 时间序列的相关系数可达 0.5957，与 SDSR 的相关系数为 –0.1263，与 TISR 的相关系数为 0.4950，与 TOLR 的相关系数为 0.0879，暖池与 SDLR、TISR 的相关系数通过了 99% 显著性检验，可见暖池温度的变化与长波辐射和太阳活动的自然变率关系都很大。由于暖池与 SDLR 的关系最大，计算了 1850 年来每隔 30 年（最近为 20 年）的西北太平洋低纬度地区海温及 SDLR 的分布变化。结果表明，1850～2020 年期间，西北太平洋海温大于等于 28℃ 和 SDLR 大于 420W/m² 、430W/m² 的区域均呈现明显扩大趋势；暖池中心的强度和 SDLR 极大值区域的强度均呈现不断增强趋势。且 SDLR 增强的速率比暖池更快，暖池边界的范围逐渐由与 SDLR 420W/m² 等值线重合变为与 430W/m² 等值线重合，这说明由于海水的比热容较高，SDLR 对西太暖池强度的影响具有滞后性，经计算，当暖池温度 $t$ 滞后 SDLR 3 年时，相关系数最大，可达 0.6104，通过了 99% 显著性假设检验。也就是说，随着新世纪以来西太暖池地区 SDLR 的大幅度增强,未来西太暖池的增暖情况将会更加明显,为强台风发展提供的能量也会变得更多。

定义近百年暖池关键区范围内平均比湿和100hPa高度场的变化为 $q$、$h_{100}$,计算这些变量及1884~2020年西北太平洋台风发生年频率和分界点1998年前后的强台风发生年频率与辐射量的相关系数。结果表明,1998年前SDLR、TISR与强台风生成频率呈小幅负相关,这说明辐射的加强不是1998年前强台风加强的主导因素,而在1998年之后,辐射的增加对强台风加强的影响才真正体现出来,辐射的明显增加使其成为影响西北太平洋强台风发生频率的主要原因之一。

与强台风不同,1884~2020年期间,SDLR、TISR与整个西太平洋的台风发生频率均呈显著正相关,这说明从整体上来说,SDLR、TISR始终对于西北太平洋上的台风存在正的贡献,SDLR、TISR的持续增大会使西太平洋台风活动增强,SDLR、TISR与关键区的水汽 $q$ 及 $h_{100}$ 主要呈显著的正相关,SDSR则为显著负相关。当长波辐射增强时,海表吸收的能量增加,导致SST的上升,气溶胶含量的增加使凝结核增多,使水汽 $q$ 含量增加,而SST的增加、$q$ 的增加利于台风的发展获得更多的能量以及辐合上升运动的增强(徐昝敏,2020)。而伴随辐射能量的增加造成的暖高压的增强使 $h_{100}$ 趋于升高,也利于高层的辐散和低层的辐合,为台风发展提供了对流条件。而在西太平洋的边缘,西太副高和暖池的增强利于台风的发展和登陆,尤其是我国东部地区,强台风不论是数量还是比率都存在着显著的增加趋势。辐射的变化就是通过这种方式进而对台风活动的发展造成影响。

将1950~2020年最大风速≥西北太平洋上强台风活动时平均风速(103.8kts)的平均值1.2倍(124.5kts)的台风活动时西太平洋地区100~1000hPa水汽通量积分、850hPa涡度及风场,以及200hPa与850hPa的垂直风切变进行合成分析,分析其中环流背景的关键点对强台风的贡献及其与辐射的关系(图8.35)。结果表明,当强台风发生时,水汽通量积分的合成场表明海洋性大陆和西北太平洋上水汽输送较为充沛,尤其是在145°E~160°E,15°N~25°N范围内,水汽输送特别充沛,为强台风乃至超强台风的生成提供了充足的水汽和能量。在850hPa日本东南方向的西北太平洋上存在明显的反气旋环流场和大片的负涡度区域,南海和菲律宾以东的西北太平洋上存在明显的气旋性环流场和大片正相对涡度区,主要分布在110°E~140°E,10°N~20°N。而经过计算后发现,垂直风切较小而垂直速度较大的区域分布在110°E~130°E的20°N附近,且在124.5°E~127.5°E的850~200hPa垂直速度最大[图8.35(c)],这些区域(图8.35中的红色方框)利于大量的海洋上的水汽的辐合上升运动,并伴随能量的释放,为台风的加强提供了条件。分别计算图中标出区域的水汽通量积分、相对涡度和垂直速度1950~2020年的时间序列,并计算时间序列与SDLR、SDSR、TISR、TOLR的相关系数。结果表明,水汽通量主要与长短波辐射相关,其与长波辐射呈显著正相关,当水汽减少、云量减少时,短波辐射相对增加,因此水汽通量与短波辐射呈显著负相关;相对涡度的变化主要与太阳活动的自然变率显著相关;上升运动与SDLR、TISR呈高度相关,SDSR则与下沉运动呈相关关系。

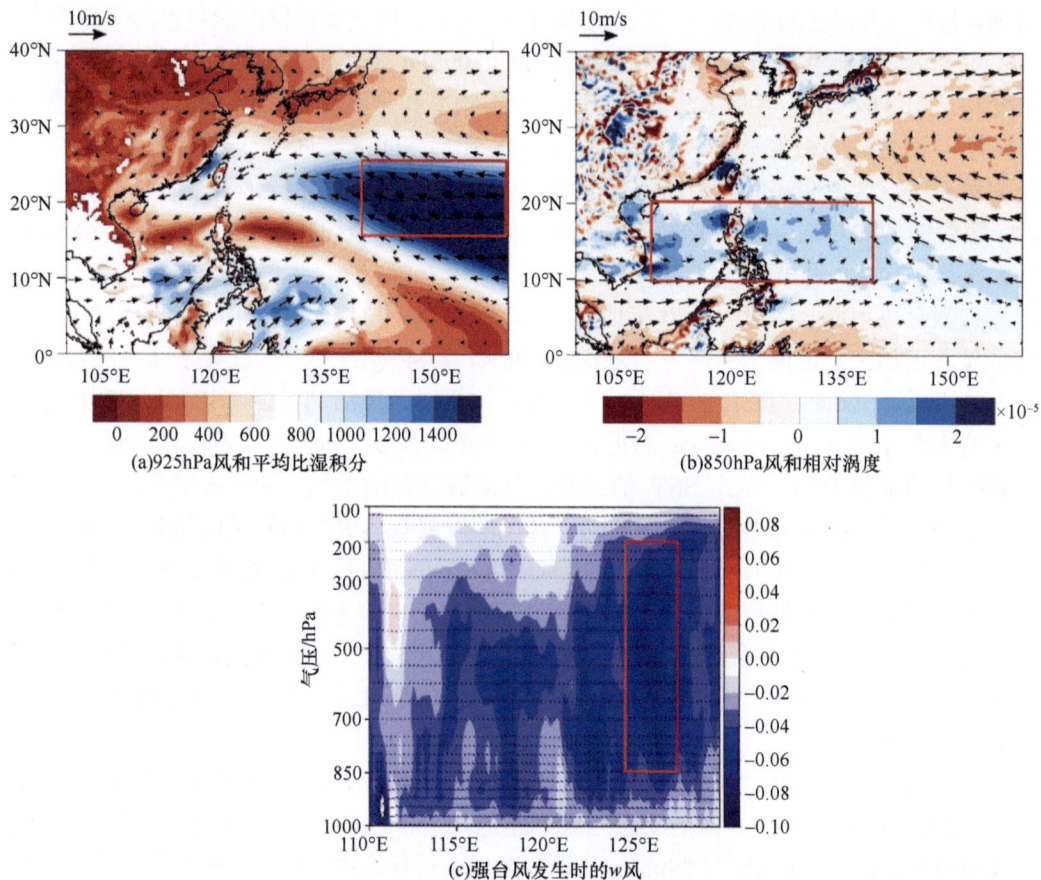

图 8.35 （a）1950～2020 年西北太平洋最大风速≥124.5kts 的台风活动时 100～1000hPa 水汽通量积分 [色块，单位：g·m/（kg·s）]，（b）850hPa 相对涡度（色块，单位：s$^{-1}$）和风场（矢量，单位：m/s），（c）20°N 上 110°E～130°E 垂直速度（色块，单位：Pa/s，向下为正）及环流的合成分析

## 8.4 小　　结

1980～2015 年间暖季中国大陆地区累积降水的临界值与降水的 99 分位数呈显著正相关。类似的正相关关系也出现在日降水临界值与极端降水百分位数之间，并且累积降水的临界值与日降水临界值之间也高度相关，表明在累积降水分析中得到的结论也适用于日降水。此外，不同区域的临界值对应的降水百分位数不同，表明统一的降水百分位数（95 和 99 分位数）在不同地区代表的极端程度不同。

在极端累积降水的变化上，通过将 1980～2015 年分为 1980～1997 年和 1998～2015 年两个阶段，结果表明在 1998～2015 年间极端累积降水增加的站点占总站点的 58.5%，且中国大陆地区整体的极端累积降水增加了 5.6%。从区域变化来看，华东、华中、华南、西南和西北地区的极端累积降水呈增加趋势，而华北、东北和青藏高原地区的极端累积降水呈减少趋势。日极端降水的变化趋势与累积降水变化趋势一致但是变化幅度更小。

临界值的变化指示着极端累积降水概率密度的变化。在临界值增加的区域，与

1980～1997 年相比，1998～2015 年间的累积降水概率密度的尾部明显上升。通过计算两个时期的概率密度风险比，结果发现临界值增加的五个区域的概率密度风险比均大于 1.0，表示 1998～2015 年间极端累积降水的发生概率的增加。当累积降水量超过 99 分位数时，除了华南地区之外，1998～2015 年间临界值增加区域的极端累积降水的发生概率增加了 20%以上。通过将累积降水分解为降水持续时间和降水强度，进一步的分析表明极端累积降水的增加主要是由降水持续时间的增加造成的，尤其是对于超过 99 分位数的极端降水而言。

中国大陆地区极端累积降水的变化与极端日降水的变化趋势一致，即极端累积降水和极端日降水在西北、华东、华中、华南和西南地区增加，但在东北、华北和青藏高原地区减少，这种空间分布特征与前人的研究结果一致（Zhou et al., 2016; Ma et al., 2015）。例如，Zhou 等（2016）研究表明 1961～2010 年间 R95p 在华东、华南和西北地区增加，而在华北和东北地区呈减少趋势。Ma 等（2015）分析了 1960～2013 年间中国地区的日降水强度和频率的变化，发现强降水事件（日降水量超过 50mm）在长江流域、西北、东南地区增加，但在东北、华北和西南地区减少。需要注意的是，Ma 等（2015）研究中的西南地区包括了青藏高原地区和云南地区，而本小节的西南地区主要位于云南，因此该研究与本书在西南地区的结论差异是由于区域划分不同而造成的。

在进一步的分析中，降水持续时间对极端累积降水的影响不容忽视，类似的结论也在其他研究中出现。利用 1966～2005 年中国东部夏季（7～8 月）的小时降水数据，Li 等（2011）从降水持续时间的角度对近几十年间中国东部降水量的"南涝北旱"分布特征进行了解释，指出北方干旱的部分原因是夜间和清晨的长期降水减少，南方洪涝是由午后中短期降水及清晨长期降水的增加造成的。总体来看，这些结论从另一方面证明了本书结果的可靠性。此外，在物理机制上，一些研究表明近几十年间极端降水变化的空间分布特征与青藏高原地区的热力强迫及太平洋年代际涛动等自然因素有关（Duan et al., 2013; Zhang, 2015）。

通过应用 SOM 聚类方法，识别了河南 7～8 月的 9 种大尺度环流模式。其中 P5 最有利于极端日降水的发生，表现为在 9 个环流型中最高的极端降水频率和强度。在"21·7"和"75·8"极端降水事件的 11 天中，有 7 天属于 P5 环流型，目前中国大陆地区小时雨强极值前两位也发生在 P5 环流型下。在这种环流型下，河南省正好处于与北太平洋西部热带气旋活动相关的强东风异常的迎风坡。利用物理尺度诊断方法，将 P5 和其他 8 种环流型之间的极端降水差异分解为热力学和动力学贡献。动力学贡献的增加主导了 P5 和所有其他 8 种环流型之间极端降水平均强度的增加，而热力学的贡献很小。动力学贡献可能主要与强大的中低对流层东风、河南省西部的特殊地形（太行山和伏牛山）以及列车效应，以及河南东部中尺度辐合线的维持有关。

TC 对区域降水存在显著影响。与 TC 非活跃期相比，TC 活跃期 WNPSH 减弱，其西边界平均向东移动至 136°E 左右。对应地，中国东部及其邻近海洋上空的对流层低层出现了东风异常。因此，在 TC 活跃期，来自 PO 的水汽通量输送增强。

进一步地，利用 HYSPLIT 模型，对 1979～2021 年 7～8 月 TC 活跃期和 TC 非活跃期的情况进行比较，并量化了河南上空与 TC 相关的降水来源和路径的变化。河南上空的降水大致有 3 条水汽路径，分别来自孟加拉湾、西北太平洋和地中海。与 TC 非活跃期相比，TC 活跃期的水汽贡献异常为西-东偶极子模式。来自 PO、EC，以及 Local 的水汽贡献分别增加了 48.32%、20.41%和 2.89%，而来自 IO、SWC、EA 和 SCS 的水汽贡献分别减少了 31.90%、16.27%、8.81%和 6.92%。采用自助法分析的结果表明，在 TC 活跃期和 TC 非活跃期的概率分布中，PO 的水汽贡献均落在+6σ 之外。因此，就 PO 的水汽贡献而言，"21·7"事件是罕见的、极端的，其发生概率小于百万分之一。

此外，还计算了仅在边界层以下的气团的水汽贡献。总体而言，边界层以下的水汽贡献约占整个大气层所有水汽贡献的 10%～40%。主要结论与整个大气层所得出的结果相同。同时，由于复杂地形的影响，水汽输送，特别是在中国西南地区等山区的长距离水汽输送的计算存在不确定性。

西北太平洋 7～10 月台风的 PDI 在 1998 年前后发生了明显的突变现象。P1 期间（1979～1997 年）平均持续时间（$D$）和平均强度（$I$）两个参数在 PDI 的演变中起关键作用。然而，在 P2 期间（1998～2016 年），$D$ 的贡献减少到 28.80%，而 $I$ 的贡献增加到 51.20%。在这两个时期，台风频数（$N$）的作用相对较小。ENSO 和 PDO 对西北太平洋台风都有很大的影响。ENSO 的影响主要体现在年际尺度上，对 TC 的破坏性潜力的抑制基本上在两个时期内保持不变。厄尔尼诺年 PDI 比拉尼娜年的 PDI 更大。PDO 主要调节 PDI 的年代际尺度振荡，这种联系与 PDO 的强度和相位变化有关。PDO 通过垂直风切变等大气条件调节 TC 的破坏性潜力。P2 期间 PDI 的增长趋势是由于 1998～2001 年爆发的超级拉尼娜现象和 2014～2016 年强烈的厄尔尼诺现象的影响，以及准年代际振荡所导致的 PDI 的年代际变化。

在 SU 型 El Niño 条件下，赤道中太平洋地区正的 SST 异常利于海水蒸发，较多水汽进入大气，导致低层大气对流活跃，且低层有正的相对涡度异常，易于形成扰动（台风胚胎）。AU 型 El Niño 期间 TC 活动过程与 SU 型 El Niño 类似，TC 生成位置相对偏东，为 TC 发展提供了足够的能量，TC 活动区域 SST 梯度较小，促使 TC 平均强度以及持续时间进一步增大，这也是 AU 型 El Niño 期间 TC 强度以及持续时间大于 SU 型的一个重要原因。在 SU 型 La Niña 期间，赤道中太平洋地区负的 SSTA 通常会减小海表面的海水蒸发，低层大气相对不及 El Niño 条件下活跃，同时，西北太平洋东南部地区存在较强的垂向切变以及该地区负的相对涡度异常均不利于扰动的形成，以至于 SU 型 La Niña 期间在该地区形成的 TC 较少。AU 型 La Niña 期间与 SU 型 La Niña 期间基本相似，但西北太平洋东南部地区相对涡度负异常较 SU 型弱，这对 AU 型 La Niña 期间月平均 TC 活动频次较 SU 型多有较大贡献，同时，大气垂向切变也较 SU 型 La Niña 弱，故 TC 平均强度以及平均持续时间也较之偏大。

1860 年以来，WNPSH 存在波动增强的趋势，尤其是 1980 年之后，变化更加明显，其面积和北界、西界的范围明显扩大，但副热带高压脊线的纬度变化不大，一直维持在 27°N 左右。近百年来 500hPa 高度场与台风所到达的最大纬度、最小经度的相关系数分布在 40°N 南北两侧相反。副高关键区的平均高度场主要以 2～4 年的周期波动上升，这种情况利于台风活动区域向西向北拓展，从而增加了台风影响我国的概率。WNPSH 关键区的平均 500hPa 高度场 $h$ 与 Hadley 环流下沉支垂直速度 $w_h$ 呈显著正相关，与 Walker

环流上升支平均垂直速度 $w_w$ 呈显著负相关。用 $t$、$h$ 作为自变量进行曲线估计可以较成功的模拟华东地区的台风影响的年频数；用 $t$、$w_h$、$w_w$ 作为自变量进行曲线估计可以较成功地模拟华南地区的台风影响的年频数。

1850 年以来，SDLR 呈波动上升趋势，1980 年之后上升趋势更加显著；SDSR 在 1980 年后呈波动下降趋势；TISR 存在显著的 11 年周期变化。1850 年以来西太暖池范围呈增大趋势，强度明显增强。辐射量的变化会造成西太暖池强度和范围的变化，其中，SDLR 与西太暖池关键区的强度相关性最强，二者均呈波动增长趋势，利于台风加强为强台风。

## 参 考 文 献

陈思奇, 徐峰, 李雅洁, 等. 2020. 近 70 a 北太平洋夏季 SST 及其与西太副高变化特征的相关. 热带气象学报, 36(6): 1-9.

陈星任, 杨岳, 何佳男, 等. 2020. 近 60 年中国持续极端降水时空变化特征及其环流因素分析. 长江流域资源与环境, 29(9): 2068-2081.

程诗悦, 秦伟, 郭乾坤, 等. 2019. 近 50 年我国极端降水时空变化特征综述. 中国水土保持科学, 17(3): 155-161.

丁一汇. 2015. 论河南"75.8"特大暴雨的研究：回顾与评述. 气象学报, 73(3): 411-424.

何立富, 陈双, 郭云谦. 2020. 台风利奇马(1909)极端强降雨观测特征及成因. 应用气象学报, 31: 14.

胡宜昌, 董文杰, 何勇. 2007. 21 世纪初极端天气气候事件研究进展. 地球科学进展, 22(10): 1066.

黄荣辉, 皇甫静亮, 刘永, 等. 2016. 西太平洋暖池对西北太平洋季风槽和台风活动影响过程及其机理的最近研究进展. 大气科学, 40: 877-896.

梁旭东, 夏茹娣, 宝兴华, 等. 2022. 2021 年 7 月河南极端暴雨过程概况及多尺度特征初探. 科学通报, 67: 997-1011.

卢珊, 胡泽勇, 王百朋, 等. 2020. 近 56 年中国极端降水事件的时空变化格局. 高原气象, 39(4): 683-693.

陆晓婕, 董昌明, 李刚. 2018. 1951—2015 年进入东海的台风频数及登陆点的变化. 大气科学学报, 2018, 41(4): 433-440.

齐道日娜, 何立富, 王秀明, 等. 2022. "7·20"河南极端暴雨精细观测及热动力成因. 应用气象学报, 33(1): 1-15.

冉令坤, 李舒文, 周玉淑, 等. 2021. 2021 年河南"7.20"极端暴雨动、热力和水汽特征观测分析. 大气科学, 45(6): 1366-1383.

涂石飞, 徐峰, 常舒捷, 等. 2019. 西北太平洋热带气旋活动对夏秋型 Enso 事件的响应. 气象, 45: 11.

王慧, 丁一汇, 何金海. 2006. 西北太平洋夏季风的变化对台风生成的影响. 气象学报, 64: 12.

吴佳, 周波涛, 徐影. 2015. 中国平均降水和极端降水对气候变暖的响应：CMIP5 模式模拟评估和预估. 地球物理学报, 58(9): 3048-3060.

徐舒敏. 2020. 环境因子对西北太平洋热带气旋强度和尺度的影响. 南京：南京信息工程大学.

张爱英, 高霞, 任国玉. 2008. 华北中部近 45a 极端降水事件变化特征. 干旱气象, 26(4): 46-50.

张霞, 杨慧, 王新敏, 等. 2021. "21·7"河南极端强降水特征及环流异常性分析. 大气科学学报, 44(5): 672-687.

Arakane S, Hsu H H, Tu C Y, et al. 2019. Remote effect of a tropical cyclone in the Bay of Bengal on a heavy-rainfall event in subtropical East Asia. Climate and Atmospheric Science, 2(1): 25.

Bao X, Davidson N E, Yu H, et al. 2015. Diagnostics for an extreme rain event near Shanghai during the landfall of Typhoon Fitow (2013). Monthly Weather Review, 143(9): 3377-3405.

Camargo S J, Sobel A H. 2005.Western North Pacific tropical cyclone intensity and ENSO. Journal of Climate, 18(15): 2996-3006.

Chai B Y, Xu F, Xu J J, et al. 2021. The influence of radiation flux in Northwest Pacific on the Western Pacific warm pools and typhoons over the past 170 years. Environmental Research Communications, 3: 125004.

Chen Y, Luo Y. 2018. Analysis of paths and sources of moisture for the South China rainfall during the presummer rainy season of 1979—2014. Journal of Meteorological Research, 32: 744-757.

Chen Z, Zhou T, Zhang L, et al. 2020. Global land monsoon precipitation changes in CMIP6 projections. Geophysical Research Letters, 47(14): e2019GL086902.

Chevuturi A, Klingaman N P, Turner A G, et al. 2018. Projected changes in the Asian-Australian monsoon region in 1.5℃ and 2.0℃ global-warming scenarios. Earth's Future, 6(3): 339-358.

Deng D, Davidson N E, Hu L, et al. 2017. Potential vorticity perspective of vortex structure changes of Tropical Cyclone Bilis (2006) during a heavy rain event following landfall. Monthly Weather Review, 145(5): 1875-1895.

Donat M G, Lowry A L, Alexander L V, et al. 2016. More extreme precipitation in the world's dry and wet regions. Nature Climate Change, 6: 508-513.

Duan A, Wang M, Lei Y, et al. 2013. Trends in summer rainfall over China associated with the Tibetan Plateau sensible heat source during 1980—2008. Journal of Climate, 26(1): 261-275.

Efron B, Tibshirani R J. 1993. An Introduction to the Bootstrap. New York: Chapman and Hall.

Endo H, Kitoh A. 2014. Thermodynamic and dynamic effects on regional monsoon rainfall changes in a warmer climate. Geophysical Research Letters, 41(5): 1704-1710.

England M H, Mcgregor S, Spence P, et al. 2014. Recent intensification of wind-driven circulation in the Pacific and the ongoing warming hiatus. Nature Climate Change, 4(3): 222-227.

Feng L, Zhou T, Wu B, et al. 2011. Projection of future precipitation change over China with a high-resolution global atmospheric model. Advances in Atmospheric Sciences, 28: 464-476.

Freychet N, Hsu H H, Chou C, et al. 2015. Asian summer monsoon in CMIP5 projections: A link between the change in extreme precipitation and monsoon dynamics. Journal of Climate, 28(4): 1477-1493.

Guo L, Klingaman N P, Vidale P L, et al. 2017. Contribution of tropical cyclones to atmospheric moisture transport and rainfall over East Asia. Journal of Climate, 30(10): 3853-3865.

Gustafsson M, Rayner D, Chen D. 2010. Extreme rainfall events in southern Sweden: Where does the moisture come from? Tellus A: Dynamic Meteorology and Oceanography, 62(5): 605-616.

Huang Y, Cui X, 2015a. Moisture sources of torrential rainfall events in the Sichuan Basin of China during summers of 2009—2013. Journal of Hydrometeorology, 16: 1906-1917.

Huang Y, Cui X. 2015b. Moisture sources of an extreme precipitation event in Sichuan, China, based on the Lagrangian method. Atmospheric Science Letters, 16: 177-183.

Izquierdo R, Avila A, Alarcón M. 2012. Trajectory statistical analysis of atmospheric transport patterns and trends in precipitation chemistry of a rural site in NE Spain in 1984—2009. Atmospheric Environment, 61: 400-408.

Kharin V V, Zwiers F W, Zhang X, et al. 2013. Changes in temperature and precipitation extremes in the CMIP5 ensemble. Climatic Change, 119: 345-357.

King A D, Alexander L V, Donat M G. 2013. The efficacy of using gridded data to examine extreme rainfall characteristics: A case study for Australia. International Journal of Climatology, 33(10): 2376-2387.

Kirsch T D, Wadhwani C, Sauer L, et al. 2012. Impact of the 2010 Pakistan floods on rural and urban populations at six months. PLOS Currents Disasters, 4: e4fdfb212d2432.

Kitoh A, Endo H, Krishna Kumar K, et al. 2013. Monsoons in a changing world: A regional perspective in a global context. Journal of Geophysical Research: Atmospheres, 118(8): 3053-3065.

Kohonen T. 2001. Self-organizing Maps. Berlin: Springer-Verlag.

Kohonen T. 2013. Essentials of the self-organizing map. Neural Networks, 37: 52-65.

Kunkel K E. 2003. North American trends in extreme precipitation. Natural Hazards, 29: 291-305.

Lee D, Min S K, Fischer E, et al. 2018. Impacts of half a degree additional warming on the Asian summer monsoon rainfall characteristics. Environmental Research Letters, 13(4): 044033.

Li J, Yu R, Yuan W, et al. 2011. Changes in duration-related characteristics of late-summer precipitation over eastern China in the past 40 years. Journal of Climate, 24(21): 5683-5690.

Lin I I, Chan J. 2015. recent decrease in typhoon destructive potential and global warming implications. Nature Communications, 6.

Lin X, Wen Z, Zhou W, et al. 2017. Effects of tropical cyclone activity on the boundary moisture budget over the eastern China monsoon region. Advances in Atmospheric Sciences, 34: 700-712.

Loikith P C, Lintner B R, Sweeney A. 2017. Characterizing large-scale meteorological patterns and associated temperature and precipitation extremes over the northwestern united states using self-organizing maps. Journal of Climate, 30(8): 2829-2847.

Lui Y S, Tam C Y, Lau N C. 2019. Future changes in Asian summer monsoon precipitation extremes as inferred from 20km AGCM simulations. Climate Dynamics, 52: 1443-1459.

Ma S, Zhou T, Dai A, et al. 2015. Observed changes in the distributions of daily precipitation frequency and amount over China from 1960 to 2013. Journal of Climate, 28(17): 6960-6978.

Martinez-Villalobos C, Neelin J D. 2018. Shifts in precipitation accumulation extremes during the warm season over the United States. Geophysical Research Letters, 45(16): 8586-8595.

Martinez-Villalobos C, Neelin J D. 2019. Why do precipitation intensities tend to follow gamma distributions? Journal of the Atmospheric Sciences, 76(11): 3611-3631.

Martinez-Villalobos C, Neelin J D. 2021. Climate models capture key features of extreme precipitation probabilities across regions. Environmental Research Letters, 16(2): 024017.

Martius O, Sodemann H, Joos H, et al. 2013. The role of upper-level dynamics and surface processes for the Pakistan flood of July 2010. Quarterly Journal of the Royal Meteorological Society, 139(676): 1780-1797.

Mei W, Xie S P, Primeau F, et al. 2015. Northwestern Pacific typhoon intensity controlled by changes in ocean temperatures. Science Advances, 1(4): e1500014.

Murakami H. 2014. An abrupt decrease in the late-season typhoon activity over the Western North Pacific. Journal of Climate, 27: 4296-4312.

Neelin J D, Sahany S, Stechmann S N, et al. 2017. Global warming precipitation accumulation increases above the current-climate cutoff scale. Proceedings of the National Academy of Sciences, 114(6): 1258-1263.

New M, Hewitson B, Stephenson D B, et al. 2006. Evidence of trends in daily climate extremes over southern and west Africa. Journal of Geophysical Research: Atmospheres, 111: D14102.

Nieto R, Ciric D, Vazquez M, et al. 2019. Contribution of the main moisture sources to precipitation during extreme peak precipitation months. Advances in Water Resources, 131: 103385.

Ohba M, Kadokura S, Yoshida Y, et al. 2015. Anomalous weather patterns in relation to heavy precipitation events in Japan during the Baiu season. Journal of Hydrometeorology, 16(2): 688-701.

Olmo M E, Bettolli M L. 2021. Extreme daily precipitation in southern South America: Statistical characterization and circulation types using observational datasets and regional climate models. Climate Dynamics, 57: 895-916.

Paterson L A, Hanstrum B N, Davidson N E, et al. 2005. Influence of environmental vertical wind shear on the intensity of hurricane-strength tropical cyclones in the Australian region. Monthly Weather Review, 133: 3644-3660.

Pendergrass A G. 2018. What precipitation is extreme? Science, 360(6393): 1072-1073.

Pendergrass A G, Hartmann D L. 2014. Changes in the distribution of rain frequency and intensity in response to global warming. Journal of Climate, 27(22): 8372-8383.

Peters O, Deluca A, Corral Á, et al. 2010. Universality of rain event size distributions. Journal of Statistical Mechanics: Theory and Experiment, (11): P11030.

Peters O, Hertlein C, Christensen K. 2001. A complexity view of rainfall. Physical Review Letters, 88(1): 018701.

Ran L K, Li S, Zhou Y, et al. 2021. Observational analysis of the dynamic, thermal, and water vapor characteristics of the "7.20" extreme rainstorm event in Henan province, 2021. Chinese Journal of Atmospheric Sciences, 45: 1366-1383.

Salih A A M, Zhang Q, Tjerström M. 2015. Lagrangian tracing of Sahelian Sudan moisture sources. Journal of Geophysical Research: Atmospheres, 120: 6793-6808.

Schumacher R S, Galarneau T J, Bosart L F. 2011. Distant effects of a recurving tropical cyclone on rainfall in a midlatitude convective system: A high-impact predecessor rain event. Monthly Weather Review, 139: 650-667.

Sharmila S, Walsh K. 2018. Recent poleward shift of tropical cyclone formation linked to hadley cell expansion. Nature Climate Change, 8: 730.

Shi Y, Jiang Z, Liu Z, et al. 2020. A Lagrangian analysis of water vapor sources and pathways for precipitation in East China in different stages of the East Asian summer monsoon. Journal of Climate, 33: 977-992.

Skansi M, Brunet M, Sigró J, et al. 2012. Warming and wetting signals emerging from analysis of changes in climate extreme indices over South America. Global and Planetary Change, 100: 295-307.

Sodemann H, Schwierz C, Wernli H. 2008. Interannual variability of Greenland winter precipitation sources: Lagrangian moisture diagnostic and North Atlantic Oscillation influence. Journal of Geophysical Research: Atmospheres, 113(D3).

Sodemann H, Stohl A. 2013. Moisture origin and meridional transport in atmospheric rivers and their association with multiple cyclones. Monthly Weather Review, 141(8): 2850-2868.

Stechmann S N, Neelin J D. 2011. A stochastic model for the transition to strong convection. Journal of the Atmospheric Sciences, 68(12): 2955-2970.

Stechmann S N, Neelin J D. 2014. First-passage-time prototypes for precipitation statistics. Journal of the Atmospheric Sciences, 71(9): 3269-3291.

Stein A F, Draxler R R, Rolph G D, et al. 2015. NOAA's HYSPLIT atmospheric transport and dispersion modeling system. Bulletin of the American Meteorological Society, 96: 2059-2077.

Sun B, Wang H. 2014. Moisture sources of semiarid grassland in China using the Lagrangian particle model FLEXPART. Journal of Climate, 27: 2457-2474.

Sun Y, Solomon S, Dai A, et al. 2007. How often will it rain? Journal of Climate, 20(19): 4801-4818.

Swales D, Alexander M, Hughes M. 2016. Examining moisture pathways and extreme precipitation in the U.S. Intermountain West using self-organizing maps. Geophysical Research Letters, 43: 1727-1735.

Tamarin-Brodsky T, Kaspi Y. 2017. Enhanced poleward propagation of storms under climate change. Nature Geoscience, 10: 908.

Taylor M H, Losch M, Wenzel M, et al. 2013. On the sensitivity of field reconstruction and prediction using empirical orthogonal functions derived from gappy data. Journal of Climate, 26(22): 9194-9205.

Tu S, Feng X, Xu J. 2018. Regime shift in the destructiveness of tropical cyclones over the Western North Pacific. Environmental Research Letters, 13(9): 094021.

Wang C C, Kuo H C, Johnson R H, et al. 2015. A numerical study of convection in rainbands of Typhoon Morakot (2009) with extreme rainfall: Roles of pressure perturbations with low-level wind maxima. Atmospheric Chemistry and Physics, 15(19): 11097-11115.

Wang X, Jiang D, Lang X. 2017. Future extreme climate changes linked to global warming intensity. Science Bulletin, 62(24): 1673-1680.

Wang X, Liu H. 2016. Pdo modulation of enso effect on tropical cyclone rapid intensification in the Western North Pacific. Climate Dynamate, 46: 15-28.

Wang Y, Zhou L. 2005. Observed trends in extreme precipitation events in China during 1961—2001 and the associated changes in large-scale circulation. Geophysical Research Letters, 32(9): L09707.

Xiao C, Wu P, Zhang L, et al. 2016. Robust increase in extreme summer rainfall intensity during the past four decades observed in China. Scientific reports, 6: 38506.

Xu H, Chen H, Wang H. 2021. Future changes in precipitation extremes across China based on CMIP6 models. International Journal of Climatology, 42(1): 635-651.

Xu X, Du Y, Tang J, et al. 2011. Variations of temperature and precipitation extremes in recent two decades over China. Atmospheric Research, 101(1-2): 143-154.

Yang P, Xia J, Zhang Y, et al. 2017a. Temporal and spatial variations of precipitation in Northwest China during 1960—2013. Atmospheric Research, 183: 283-295.

Yang Q, Ma Z, Fan X, et al. 2017b. Decadal modulation of precipitation patterns over eastern China by sea surface temperature anomalies. Journal of Climate, 30(17): 7017-7033.

Yarnal B. 1984. The effect of weather map scale on the results of A synoptic climatology. Journal of climatology, 4: 481-493.

Yin J, Gu H, Liang X, et al. 2022. a possible dynamic mechanism for rapid production of the extreme hourly rainfall in Zhengzhou City on 20 July 2021. Journal of Meteorological Research, 36: 6-25.

Yoshida K, Itoh H. 2012. Indirect effects of tropical cyclones on heavy rainfall events in Kyushu, Japan, during the Baiu season. Journal of the Meteorological Society of Japan, 90: 377-401.

Zhang D L, Lin Y, Zhao P, et al. 2013. The Beijing extreme rainfall of 21 July 2012: "Right results" but for wrong reasons. Geophysical Research Letters, 40(7): 1426-1431.

Zhang R. 2015. Natural and human-induced changes in summer climate over the East Asian monsoon region in the last half century: A review. Advances in Climate Change Research, 6(2): 131-140.

Zhang S, Liu B, Ren G, et al. 2021a. Moisture sources and paths associated with warm-season precipitation over the Sichuan Basin in southwestern China: Climatology and interannual variability. Journal of Hydrology, 603: 127019.

Zhang W, Zhou T, Zou L, et al. 2018. Reduced exposure to extreme precipitation from 0.5℃ less warming in global land monsoon regions. Nature Communications, 9: 3153.

Zhang W, Zhou T. 2019. Significant increases in extreme precipitation and the associations with global warming over the global land monsoon regions. Journal of Climate, 32(24): 8465-8488.

Zhang W, Zhou T. 2020. Increasing impacts from extreme precipitation on population over China with global warming. Science Bulletin, 65(3): 243-252.

Zhang X, Yang H, Wang X, et al. 2021b. Analysis on characteristic and abnormality of atmospheric circulations of the July 2021 extreme precipitation in Henan. Transactions of Atmospheric Sciences, 44(5): 672-687.

Zhou B, Xu Y, Wu J, et al. 2016. Changes in temperature and precipitation extreme indices over China: Analysis of a high-resolution grid dataset. International Journal of Climatology, 36(3): 1051-1066.

# 第9章

近现代时期人类活动对极端气候变化的影响

全球气候变暖以及极端天气气候事件频发,已对生态系统稳定、经济社会发展以及人类安全构成了严峻挑战。气候变化的检测归因旨在揭示以温室气体为主的人为强迫是否引起以及在多大程度上引起了观测到的气候变化。极端天气气候事件归因,其核心是回答人类活动是否使得极端事件发生的概率或者强度发生了变化。深入理解并定量归因人类活动的影响,是科学应对气候变化风险、提高未来预估可靠性以及深度参与全球气候治理的重要科学基础。本章通过系统梳理人类活动对近现代时期极端气候变化影响的研究成果,评估了人类活动对全球及洲际尺度(包括东亚区域)平均温度、极端温度与极端降水等长期变化的相对贡献,揭示了人为强迫对东亚和中国区域内极端高温热浪、低温寒潮和强降水等重大极端气候事件发生概率的影响。本章内容为深化认知人类活动在近现代极端气候变化中的驱动作用提供了重要科学依据。

## 9.1 气候变化检测归因的方法

深入认识人类活动对气候变化的影响,是制定气候变化减缓及适应策略的重要基础之一。气候变化检测归因研究旨在检测并量化人为和自然强迫对气候变化的相对贡献,有助于全面评估气候系统变化中人类活动的影响,是历次 IPCC 评估报告的重要组成部分。作为国际气候变化领域的权威报告,IPCC 在其第五次、第六次评估报告中对气候变化检测归因做了系统而全面的说明,阐明了气候系统关键因子长期变化的检测归因及重大影响极端事件归因的具体方法及分析流程。本节从 IPCC 评估报告中的定义及方法入手,结合国内相关研究成果介绍了气候变化检测归因的定义及方法,为利用这些方法开展检测归因研究的学者提供必要的参考。

### 9.1.1 检测归因的定义

基于 IPCC 的指导性文件(Hegerl et al., 2010),IPCC 第五次评估报告第一工作组对检测归因给出了明确的定义。观测到的气候要素的变化受气候系统内部变率(如 NAO、PDO 等)的影响,同时也可能受到人为(如工业排放导致的大气温室气体浓度增加和气溶胶变化、大规模土地利用等)和自然强迫(如火山爆发、太阳活动等)的影响。气候变化的检测,是证明气候或者受气候影响的系统在某种统计意义上已经发生变化的过程,但并不提供这种变化的原因。如果观测到的某种变化不太可能只是由内部变率随机产生的,则可以说这种变化被检测到了。归因是在某种给定的统计信度下估算对某一变化或某一事件起作用的多种可能(外强迫)因子的相对贡献的过程。归因是一个结合统计分析和物理理解的过程,比检测复杂得多。检测归因的目标是检测并量化由外强迫引起的变化,识别人为和自然强迫对气候变化的相对贡献。

### 9.1.2 最优指纹法

最优指纹法是目前国际上主流的检测归因研究方法,是一种基于回归的研究方法,可以检测气候变化并将其归因于不同的外部强迫。该方法假定模式模拟的对外强迫响应的空间型是合理的，但是并不要求模式模拟的量级和观测完全一致，而是通过放大或缩小对应的比例从而获得与观测到的变化一致的量级。具体来说，最优指纹法通过把观测和模式模拟的时间-空间型进行一一比对，通过求解广义线性回归模型[式（9.1）]的回归系数来实现（Allen and Stott，2003；Ribes et al.，2013），即观测到的气候变化 $Y$ 被视作为外部强迫的响应信号 $X$ 和内部变率 $\varepsilon$ 的线性组合：

$$Y = X\beta + \varepsilon \tag{9.1}$$

式中，$Y$ 是观测的时间序列或者时-空型；$X$ 是模式模拟的对单个或者多个外强迫因子响应的时间序列或者时-空型，通常称之为信号，常用的信号包括全强迫（ALL）、人为强迫（ANT，通常由 ALL-NAT 得到）、自然强迫（NAT）、温室气体强迫（GHG）、人为气溶胶强迫（AA）、城市化强迫（urban）等多种因子；$\beta$ 是回归系数，通常称之为比例因子或者尺度因子；$\varepsilon$ 是噪声，代表内部变率。当 $\beta$ 在某种统计信度下显著大于 0 时，则代表相应的外强迫因子可以被检测到。而当 $\beta$ 的不确定性范围包括 1，且最佳估计值靠近 1 时，则可以认为该响应信号被稳健检测。

式（9.1）中的 $X$ 也可以是多个外强迫因子，这时假定了这些因子的作用是线性叠加的。对于大尺度的气温变化而言，这个假定是成立的，但对于小区域尺度或者其他诸如降水等变量而言，这个假定不一定成立。这是利用最优指纹法进行多个外强迫因子联合检测时需要特别注意的。根据选用外强迫信号的个数，又可以分为单信号、双信号、三信号等多种方法（Sun et al.，2014，2016；Hu et al.，2020）。图 9.1 中 Sun 等（2014）对中国东部 1955~2012 年夏季平均气温序列（$T_{OBS}$）开展了检测。其中，通过外强迫（ALL）因子与观测间变化的单信号检测可以看到，外强迫因子可被稳健检测（左图），表明观测到的变化基本可以归因为外强迫的贡献（右图），对应式（9.2）。根据式（9.3）进行同时考虑人为强迫（ANT）因子和自然强迫（NAT）因子的双信号检测，可以看到 ANT 信号可被稳健检测，而 NAT 信号无法被检测，因此可以认为，中国东部 1955~2012 年夏季的增温可以主要归因为人为强迫的贡献。

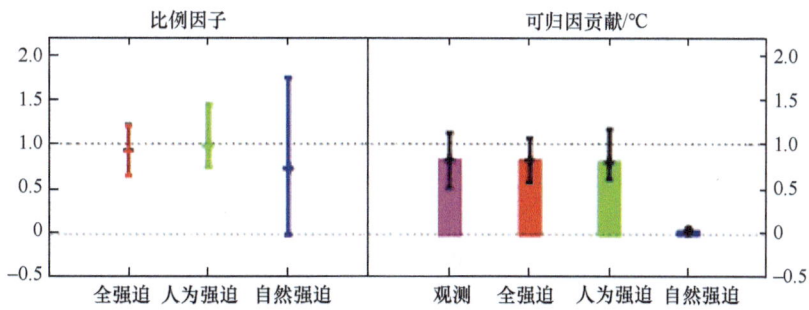

图 9.1 最优指纹法的结果（一维时间序列检测，对象是中国东部夏季气温）
左边显示的是比例因子，右边显示的是可归因的趋势；引自 Sun 等（2014）

$$T_{OBS} = \beta_{ALL}(T_{ALL} - v_{ALL}) + \varepsilon \tag{9.2}$$

$$T_{OBS} = \beta_{ANT}(T_{ANT} - v_{ANT}) + \beta_{NAT}(T_{NAT} - v_{NAT}) + \varepsilon \tag{9.3}$$

此外，Sun 等（2016）在 $X$ 中引入了城市化效应的信号，区分了城市化效应和其他外强迫对 1961~2013 年中国变暖趋势的贡献。Hu 等（2020）在 1951~2018 年全球及各大洲极端温度频率的长期变化中同时考虑温室气体强迫（GHG）、人为气溶胶强迫（AA）和自然强迫（NAT）3 种信号的作用，将观测到的变化分解为式（9.4），从而可以同时检测温室气体、人为气溶胶，以及自然强迫对观测到变化的影响。

$$T_{\text{OBS}} = \beta_{\text{GHG}}(T_{\text{GHG}} - v_{\text{GHG}}) + \beta_{\text{AA}}(T_{\text{AA}} - v_{\text{AA}}) + \beta_{\text{NAT}}(T_{\text{NAT}} - v_{\text{NAT}}) + \varepsilon \quad (9.4)$$

### 9.1.3 重大极端事件的归因方法

由于近年来极端天气气候事件增多增强，给全球不同区域造成了影响，因此自 IPCC 第五次评估报告以来，对极端事件的归因逐渐成为检测归因领域的关注重点之一，也是 IPCC 第六次评估报告的重要组成部分。一般而言，当一次重大极端事件发生时，需要回答"这一事件是否是气候变化导致"这一科学问题。因此，重大极端事件的归因正是在回答某次极端天气气候事件是否是由人类活动等外强迫引起，以及外强迫对该次事件的发生频率和强度的影响这一问题，对应的方法主要包括基于概率（风险）的方法及故事线（storylines）方法等。如果不同的方法能得到相似的结论，则可以提高归因结果的信度。

**1. 基于概率的事件归因方法**

基于概率的归因方法较为常用，可以得到诸如"人为气候变化使类似这种事件的发生可能性增加了两倍"或"人为气候变化使这种事件的强度增加了 15%"这样的归因结论。该方法基于给定发生概率的极端事件强度或者给定强度的极端事件概率，对比在当前气候（有人为强迫）和非真实气候（如没有人为影响下，大气温室气体保持在工业化前水平等）两种不同情况下，某一次或者某一类极端事件发生概率和强度的变化。在实际操作中，科学家们已经发展了多种不同的分析方法进行对比和分析，其中包括基于观测和统计分析（Van Oldenborgh et al.，2012）、最优指纹法（Sun et al.，2014）、区域气候和天气预报模式（Schaller et al.，2016）、全球气候模式（GCMs）（Lewis and Karoly，2013）和大气模式（Lott et al.，2013）的概率方法等。

这些基于概率的方法经常使用的指标是可归因的风险 FAR（Stott et al.，2004），用于对比两种不同情况下的变化，代表人类活动对该极端事件发生概率的贡献比例，其定义为

$$\text{FAR} = 1 - P_0/P_1 \quad (9.5)$$

式中，$P_0$ 和 $P_1$ 分别表示在参考态和实际形态中的发生概率，例如 $P_0$ 代表在没有人为影响下（非现实世界中）某一次或者某一类重大极端事件发生的概率，$P_1$ 代表有人为影响下（现实世界）事件发生的概率，分别利用"不包含人类活动影响的试验"模拟结果和"包含了所有人为活动影响的试验"模拟结果估算出来，因此两者的对比可以量化人为影响的贡献。如果 FAR 等于 0.5，则表示有人为影响下发生概率加倍了。例如，如果某一极端事件在参考态中从不发生，但在新的强迫态中确实会发生，那么 FAR 等于 1，这

意味着该事件的发生完全归因于强迫因子的作用（Stott et al.，2004）。

和 FAR 类似的另一个概念是风险比（RR），表示人为强迫对相应极端事件发生概率的改变程度，其定义为

$$RR = P_1/P_0 \tag{9.6}$$

如果 RR 等于 2，同样表示有人为影响下极端事件的发生概率加倍了。

在全球增暖的背景下，气候模式普遍能模拟出热力变化，而对于环流变化的模拟，特别是影响极端事件的一系列变化，如风暴轴路径的位置、热带雨带与全球气候变化的联系尚不明确。因此，近年来，国际上开始使用环流相似法来量化大气环流对极端事件的动力贡献。这种方法的主要思想主要是通过找类似环流，来重建环流类似情景下的温度，从而来提取大气环流对所选热浪事件的贡献。该方法不使用模式模拟资料，而是基于环流相似的概念，通过寻找历史上相似环流及相似环流控制下的温度、降水等变量，估计和当前相同的大尺度环流条件下历史上类似事件的气候状况（Yiou et al.，2007；Stott et al.，2016），在此基础上可以对比不同作用下的概率进行极端事件归因，并量化环流的贡献。

**2. 基于故事线的事件归因方法**

故事线方法的使用具有较高的条件要求，通常应用于极端罕见而在其他方法中无法分析的极端重大事件，或者当某一特定大气状态是影响该极端事件的主要因子的情况（Shepherd，2016）。此外，当低分辨率模式不能很好地模拟区域大气动力学的情况下，这些方法也可用在高分辨率的模拟中（Shepherd，2016；Shepherd et al.，2018）。值得注意的是，由于分析中给定的条件也可能受到气候变化的影响，因此这些附加的条件限制了对重大极端事件中人为影响的全面评估。例如，对热带气旋进行归因的高条件后归因方法中，指定的初始条件使得只可以在没有气候变化时发生类似大规模大气模态的前提下，对风暴强度作出有条件的评估（Patricola and Wehner，2018；Takayabu et al.，2015）。因此，如果孤立地使用故事线方法，通常无法给出有关频率变化的结论。只有将强度变化的条件评估与多模式方法相结合时，才能给出有关频率方面的结论（Shepherd，2016）。但是，故事线方法不依赖于模式的模拟性能，可以作为基于概率方法的补充。

## 9.2 极端气温变化的检测归因

研究从检测归因的角度定量评估了人类活动和自然变率对全球和不同洲际尺度，特别是东亚季风区极端气温指数长期变化相对贡献。东亚季风区 20 世纪 50 年代以来极端气温强度增强、频率增大、气温日较差缩小、冷日减少和暖日增加。研究表明以温室气体为主导的人为强迫在极端温度强度、频率、气温日较差、持续时间等指数长期变化中起着重要的作用，气溶胶的冷却效应部分抵消温室气体的增暖效应，自然强迫作用可以忽略。在东亚季风区近百年年际和分季节温度的长期变化中以及 19 世纪中叶以来气温变化重建序列中也清晰地发现了人类活动影响信号。

## 9.2.1 全球和亚洲等极端气温变化

由于极端气温强度和频率这些指标具有较高的代表性,大多数研究集中在极端温度强度和频率的变化上。Hu 等(2020)应用 CMIP6 模式结果和 HadEX3 最新一版观测资料,对极端气温频率指数的长期变化进行了检测和归因分析(图 9.2)。针对更长时间的极端气温长期变化研究发现,在全球大多数地区,暖日和暖夜都持续增加,冷日及冷夜则减少,这些变化可归因于人类的影响。此外,研究发现在 2010 年之后,大多数陆地区域的暖夜和暖日都进一步增加,且冷日和冷夜进一步减少,北美地区的"暖洞"面积明显减少,体现出了全球的持续升温。CMIP6 框架下的气候模式可以成功模拟出 4 个极端温度指数观测到的变化,但模式在全球和各大洲区域可能均高估了观测变化。虽然可以从全球和大洲尺度上可靠地检测到人为强迫和温室气体的影响,但没有可靠地检测到气溶胶或自然强迫的影响。气溶胶尽管具有较强的气候效应,但在许多情况下无法被检测到。以温室气体为主导的人为强迫在极端温度频率指数的变化中起着最重要的作用。温室气体的增暖效应被气溶胶的冷却效应部分抵消,两者的综合效应解释了全球和各大洲极端温度的变化,自然强迫作用可以忽略。

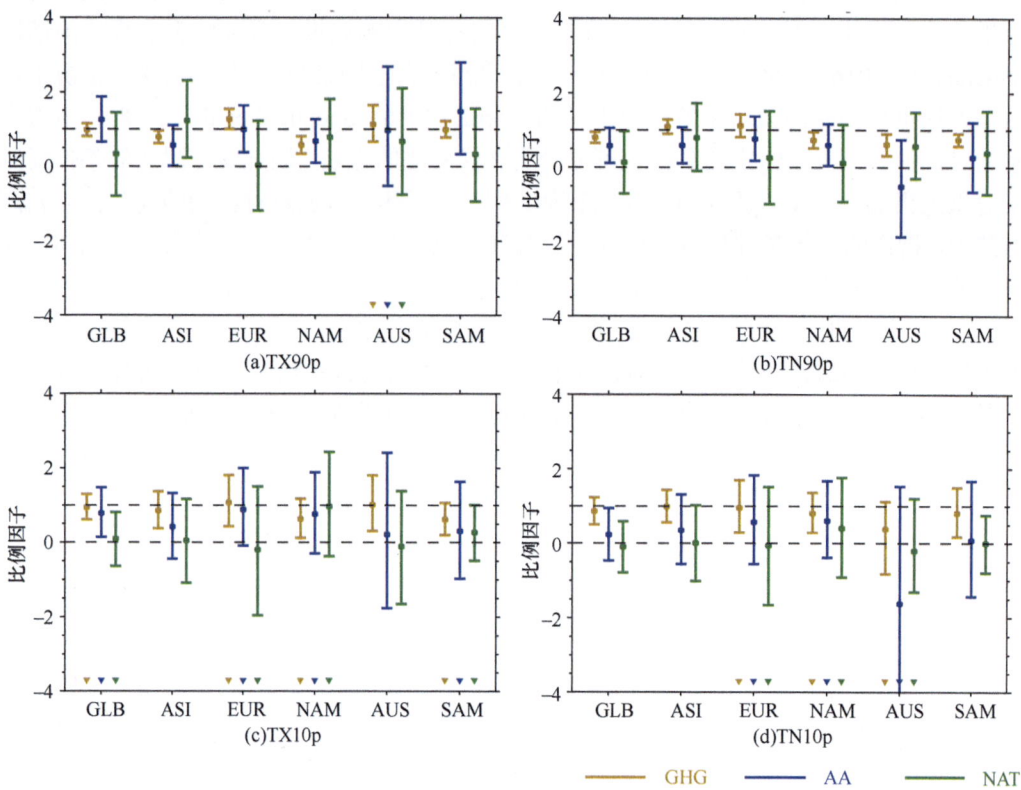

图 9.2 三信号方法分析出的全球(GLB)、亚洲(ASI)、欧洲(EUR)、北美(NAM)、澳大利亚(AUS)、南美(SAM)序列在不同强迫的比例因子及其 5%~95%信度区间(Hu et al., 2020)

因为在气候指数的定义中使用的阈值是固定的，阈值指数并不一定对所有气候区都有意义，但这些指数的变化可以对社会或生态系统的特定部门产生深远的影响因此受到广泛关注。Yin 和 Sun（2018）对全球（GLB）和 5 个洲际尺度区域，分别是欧洲（EUR）、亚洲（ASI）、澳大利亚（AUS）、北美（NAM）和南美洲（SAM），以及中国（CHI）的阈值指数开展检测归因研究。这 4 个阈值指数分别为霜冻日数（FD）、结冰日数（ID）、夏季日数（SU）和热带夜日数（TR）。基于最优指纹法研究比较了观测和模拟的时空变化。单信号分析显示对冷阈值指数（FD 和 ID），全辐射强迫信号（ALL）在全球尺度、所分析的洲际尺度和中国区域都能够被检测，人类活动（ANT）和温室气体（GHG）辐射强迫信号的检测结果与 ALL 强迫信号的检测结果相似，只是它们的置信区间略大一些。自然强迫（NAT）信号在大部分区域都可以检测到，但是尺度因子具有较大的值和置信区间。对于暖阈值除 SU 指数在南美洲和北美洲 ALL 辐射强迫信号不能被检测到外，暖阈值指数 SU 和 TR 在其他区域的 ALL 信号都可以被检测到。

为了评估 ANT 和 NAT 强迫信号对观测变化的共同影响，本书进行了双信号分析（图 9.3），对冷阈值指数的分析显示 ANT 强迫信号能够在全球、洲际尺度和东亚区域被检测，而自然强迫信号不能被检测，对于暖阈值指数 TR 可以在全球范围和所有洲际尺度检测到 ANT 强迫信号，但对于 SU 指数在 NAM 和 SAM 上却没有检测到，大多数地区都无法检测到 NAT 强迫信号，这些结果都表明了人类活动对极端阈值指数的强烈影响，也验证了单信号检测结果的可靠性。在中国使用两个不同的数据集得到了非常相似的检测结果，这一结果表明，人为因素对东亚包括我国在内的极端气温阈值指数有较强的影响。进一步估计了全球、各大洲和中国在 1956~2010 年期间的 ALL、ANT 和 NAT 信号对这些阈值指数趋势的可归因于变暖的贡献。研究发现在对于 ALL 强迫信号能够检测的区域，大部分区域 ANT 对观测的极端指数的贡献超过 90%。在大多数地区，NAT 的贡献都非常小，不到 10%。

越来越多来自观测记录的证据表明，冷暖极端天气气候事件在全球和区域尺度均发生着极大的变化。极端温度事件的频率、强度和持续时间都揭示出了与全球变暖相一致变化。这些变化对人类社会和自然系统产生了相当大的影响。众多科学家开始探究造成这些变化的可能因素。一些研究者从检测和归因的角度研究外部强迫对这些变化所造成的影响，发现平均温度的变化可归因于全球和区域尺度的人为强迫。然而，人们对极端温度的时长或持续性方面的人为影响理解非常有限，Lu 等（2018）在全球和洲际尺度，将观测到持续暖日日数（WSDI）和持续冷日日数（CSDI）与 CMIP5 多模式模拟结果进行对比，揭示人类活动在全球、洲际尺度和中国 WSDI 和 CSDI 变化的影响。

检测方法采用的是标准最优指纹法，通过比较观测和模式模拟响应中极端指数的时间演化，进行检测和归因分析。研究进行了两种回归分析，即单信号分析和双信号分析。此项研究发现，全球、洲际尺度的持续暖日日数明显增加，而持续冷日日数却在显著减少，这都与全球变暖是一致的。气候模式在全球尺度可以成功模拟出 WSDI 和 CSDI 的观测变化。但是，模式在五个大洲高估了 WSDI 的观测变化，在美洲进行 CSDI 模拟时表现不理想。研究还发现，WSDI 和 CSDI 的大部分观测变化均可归因于全球尺度及许多大陆尺度的外部强迫和人为强迫。Christidis 和 Stott（2016）利用一个全球模式的模拟

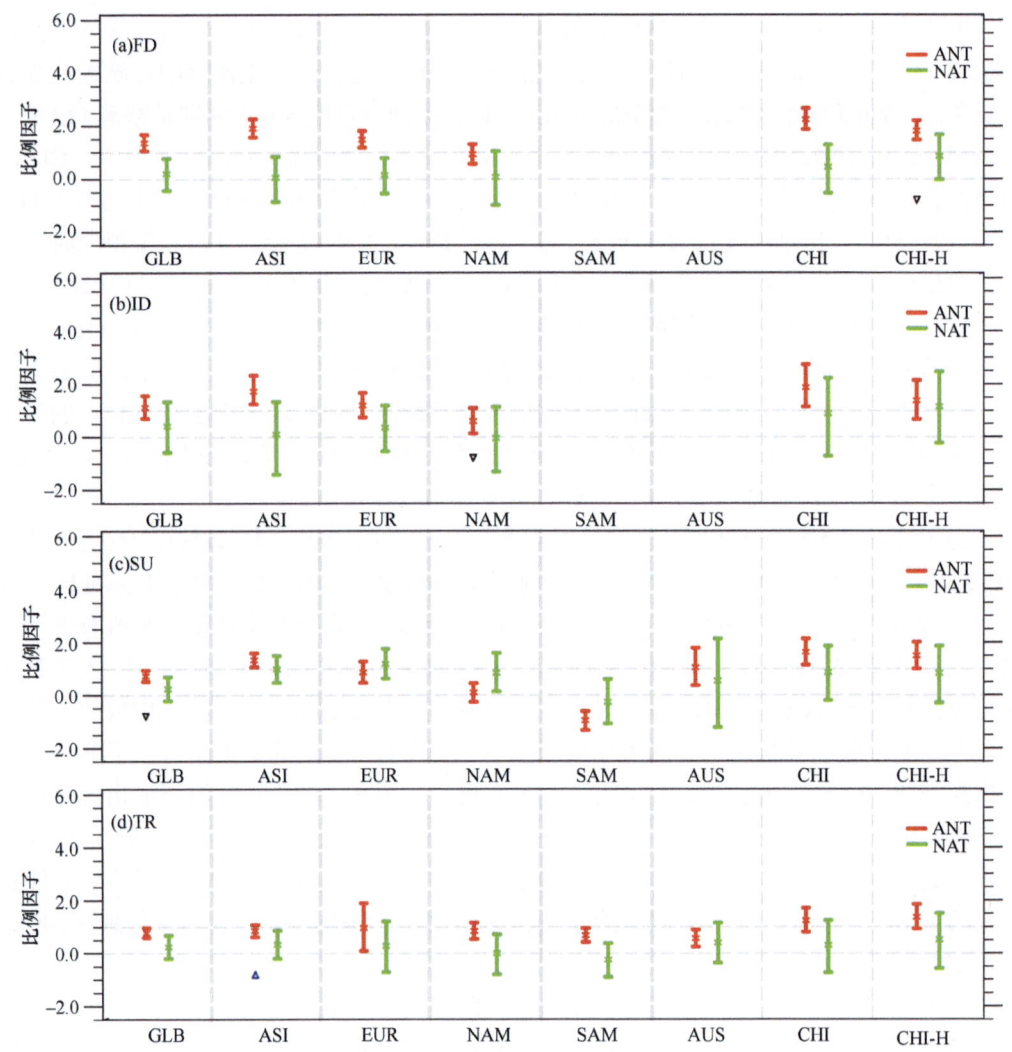

图9.3 基于最优指纹法对1956~2010年全球（GLB）、亚洲（ASI）、欧洲（EUR）、北美（NAM）、南美（SAM）、澳大利亚（AUS）和中国（CHI）区域极端温度指数双信号分析获得的尺度因子（Yin and Sun, 2018）

数据，也对 WSDI、CSDI 和其他很多温度指数进行了分析。他们在欧洲检测到了 WSDI 和 CSDI 中的人为影响，但是在全球序列中却没有发现。就温度相关的指标而言，一般全球尺度所表现出的检测信号应该比一个大陆所表现出来的要强一些。这个研究能在全球尺度上检测出人类活动的影响可能主要受益于多模式集合数据的应用。更大的数据集使得能够为外部强迫和自然内部变率的模式响应生成更加精准的估算值。研究发现，人为影响可使高温持续暖日日数变得更长，而低温的持续冷日日数变得更短，研究表明人为强迫已经改变了极端温度的很多方面，包括其强度、频率和持续时长等，这些发现为极端温度的人为影响提供了清楚明了的证据。极端高温显然已经变得更高，发生频率更大，持续时间更长，而极端低温的温度已经上升，发生频率更小，持续时间更短。因为极端温度对人类社会和自然系统都会产生影响，随着全球变暖预估将继续下去，所以急需采取行动来适应新型气候。

气温日温差（DTR）表示为日最高温度（Tmax）与最低温度（Tmin）之差，对人类健康、生态和农业具有重要意义。Lu 等（2022）利用多个观测数据集发现自 1901 年以来，特别是在 20 世纪 50 年代中期以后，全球大部分陆地上的 DTR 普遍下降。DTR 的变化是由于 Tmax 和 Tmin 对外部强迫强响应的升温速率不同所致。CMIP6 气候模式通常能再现了 DTR 的大部分变化，以及 Tmax 和 Tmin 的变化。然而，这些模型低估了观测到的 DTR 变化。基于最优指纹法的检测和归因分析表明，人类活动排放的温室气体是 DTR 变化的主要驱动因素。1901~2014 年，全球和大部分大陆地区在 Tmax 和 Tmin 的长期变化中都能检测到人为气溶胶信号，而 DTR 不能检测人为气溶胶影响信号。这表明观测到的 DTR 下降不是对人为气溶胶排放的简单反应。自然强迫信号可以忽略不计。据估计，在全球范围内，人类活动影响可以解释这 3 个变量中 90%以上的观测变化。在中国，虽然模型模拟结果在区域尺度上有较大偏差，但人类活动的影响也很明显。

## 9.2.2 中国区域极端气温变化

IPCC AR6 指出人为引起的气候变化已经影响到全球每个区域的许多极端天气和气候。自 IPCC AR5 以来，观测到的极端情况（如热浪、强降水、干旱和热带气旋）变化的证据，特别是将其归因于人类影响的证据得到了加强。近年来，国家气候中心研究团队对中国的极端气温变化检测与归因开展了一系列工作，系统地对亚洲和中国区域尺度极端温度各类指标，包括频率和强度等的变化规律进行了归因研究，从人为和自然外强迫的角度解释了这些变化的原因（Lu et al.，2016；Yin et al.，2017；Dong et al.，2018；Hu and Sun，2021）。

Lu 等（2016）应用中国地区均一化观测资料和气候模式比较计划（CMIP5）中的模拟结果，对我国极端温度的变化频率特征进行了检测归因研究。针对极端温度指数分析了 1958~2012 年期间中国极端温度频率的变化，这些指数包括由日最低气温计算得出的暖夜和冷夜指数（Tn90p 和 Tn10p），以及由日最高气温计算得出的暖日和冷日指数（Tx90p 和 Tx10p）。使用最优指纹法比较了观测结果和不同外强迫条件下模式集合模拟得到的变化特征。分析表明我国极端温度频率的变化特征可以清楚地在 ALL 信号中检测出来，特别是暖日和冷日指数，模拟和观测结果吻合得很好，而对于暖夜和冷夜指数的变化，模式结果略微有所低估。双信号的检测结果则表明在所有的极端温度指数变化中，人类活动和自然强迫的信号都可以被检测出来，并相互分离。对中国东部和西部（以 105°E 为分界线）极端温度频率变化特征的检测分析发现：和全国的检测结果类似，人类活动对于我国极端温度频率变化的影响是非常显著的。定量分析的结果表明人类活动的影响对于我国极端温度变化频率的贡献超过了 90%，而自然外强迫的影响则很小。

Yin 等（2017）应用中国均一化的观测数据和 CMIP5 模式数据，检测了人类活动对中国极端气温强度变化影响。应用最优指纹法，研究与模式数据比较了极端气温强度指数的时空变化，4 个指数包括年最高气温极大值（TXx），年最高气温极小值（TXn），年最低气温极大值（TNx）和年最低气温极小值（TNn）。分析结果显示，在 4 个极端指数的趋势变化中均检测出了人类活动影响,在双信号分析中,人类活动影响信号能够与自然强迫响应信号相区分,自然强迫信号能够在 TNx 指数变化中检测到,但是在其他指数的变化中不能被检测到。研究也在中国区域尺度上开展了检测研究,以 105°E 为界分中国东部和中国西部两个区域,结果显示人类活动信号影响也能在区域尺度的 4 个极端指数趋势变化中被检测到,但是不确定范围比中国整个区域的检测结果要大。研究应用高分辨率观测和模式数据,更新和确认了先前研究的结论,即人类活动对中国极端气温强度变化影响能够被检测到。

Hu 和 Sun(2021)基于最新一代 CMIP6 气候模式及观测数据研究了不同外强迫对极端温度强度指数(TXx、TNx、TXn、TNn)和频率指数(TX90p、TN90p、TX10p、TN10p)的相对贡献,得到了与 Yin 等(2017)和 Lu 等(2016)相似的结果。研究发现 1951~2018 年中国区域的极端温度强度和频率指数都经历了持续的变暖,在中国大多数地区都出现了更强、更频繁的暖极端事件,以及变弱且频率变少的冷极端事件。但中国东北地区自 1990s 后期以来出现了 TXn 和 TNn 变暖减弱。CMIP6 模式通常可以很好地再现这些指数观测到的变化,尤其是暖日和暖夜(TX90p、TN90p)的变化。基于最优指纹法的检测归因分析表明,人为强迫是这些变化的主要驱动因素,人为信号在暖指数中的作用比在冷指数中容易检测出(图 9.4)。三信号检测研究表明,温室气体强迫(GHG)和人为气溶胶强迫(AA)的影响在大多数暖指数中都可以被检测到并可以互相分离,但在冷指数中很难被检测出,自然强迫的影响对于大多数指数来说可以忽略不计。GHG 强迫起主导作用,在大多数指数的变化中约为观测到变暖的 1.6(1.1~2)倍,而 AA 的冷却作用抵消了约 35%(10%~60%)GHG 的增温作用。包括土地利用和臭氧在内的人为因素可能对极端温度具有很弱的增温贡献。

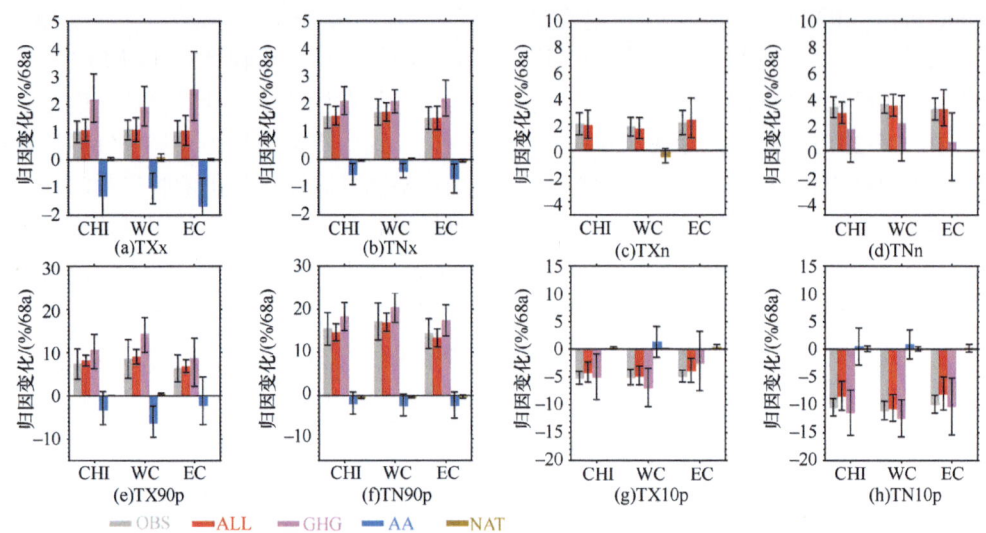

图 9.4 8 个极端温度指数观测到的变化及对不同强迫的响应

CHI 指中国区域,WC 和 EC 分别指 105°E 以西和以东的区域。图上给出了中值及 5%~95%的区间(Hu and Sun,2021)

考虑中国在内的亚洲 15 个国家整合的新亚洲均一化的观测资料时,极端温度频率指数和强度指数在亚洲低纬度、中纬度和高纬度都表现出与增暖一致的趋势,基本表现为暖事件增加、冷事件减少这样的变化特征，高纬的变化要比低纬的变化明显。利用最优指纹法发现外强迫的信号可以在亚洲区域极端温度变化的大部分指数中检测到，人为和外强迫的影响可检测并分离，在相对较小的尺度也可以检测到，但是自然变率的影响不明显（Dong et al., 2018）。

在中国区域也进行了极端温度的阈值指数和持续性指数的检测与归因研究（Yin and Sun, 2018; Lu et al., 2018）。利用 HadEX2 数据和中国的观测数据对中国区域 4 个极端温度阈值指数（FD、ID、TR、SU）分析发现，人类活动作用在中国区域极端温度阈值指数影响是非常清晰的，温室气体的变化已经使这 4 项指数的变化趋势改变。基于最优指纹法对中国区域的冷暖持续指数（WSDI 和 CSDI）进行归因分析后发现，人类活动作用对这两个持续性极端温度指数影响同样可以被检测，而自然外强迫在中国不能被检测与分离出来。人类活动作用使暖事件持续时间变长，而冷事件持续时间变短（Lu et al., 2018）。

由于早期观测数据有限，人类活动对东亚近一个世纪以来区域变暖的影响很少受到关注。Yin 和 Sun（2023）研究了 1901 年以来不同外部强迫对东亚年和季节气温变化的相对贡献。首先，研究对 4 组观测数据集进行比较，以验证观测数据的代表性，特别是 20 世纪初的数据。然后，基于最优指纹法将观测到的温度变化与 CMIP5 和 CMIP6 的输出结果进行比较。研究发现两代气候模式均能够可靠地再现 1901~2018 年中国的长期变暖特征。然而，这些模式也略微低估了年和冬季气温上升的幅度。1901~2018 年观测到的 1.54℃的年变暖速度比全球平均值更快，主要归因于人为强迫信号。通过温室气体强迫（GHG）、人为气溶胶强迫（AA）和自然强迫（NAT）3 种信号检测分析表面，1901~2018 年 GHG 和 AA 对年增温的贡献率分别为 2.06℃和-0.45℃（图 9.5）。CMIP6 单个模式的温室气体信号在中国的年、季气温变化中均可检测到。

## 9.2.3 青藏高原气温和极端气温变化

近年来青藏高原的快速升温对区域生态系统产生了重要影响。基于中国台站均一化的观测数据，Yin 等（2019）分析了青藏高原地区 12 个极端温度指数（ChinaDEX）的观测变化，包括强度、频率、固定阈值，和气温日较差指数。研究还使用 HadEX2 的极端指数观测数据进行了比较，发现两组观测数据在某些指标上有较大差异，这一结果表明在数据稀疏地区需要更多高质量的观测数据。研究发现在 1958~2017 年期间，青藏高原经历了暖极端强度和频率的增加和冷极端强度和频率的减少，这些变化几乎都大于中国和华东地区的变化幅度。

基于最优指纹法，研究对青藏高原中东部地区观测到的极端温度指数变化与 CMIP5 模式模拟进行了比较，进行了单信号和双信号的最优指纹法检测分析，结果表明，尽管在全球地势最高的小尺度区域，CMIP5 模型仍然能够很好地再现青藏高原地区观测到的变化，人类影响可以在强度、频率和固定阈值和气温日较差指数中被清晰地检测到，对于大多数指数也可以检测到自然强迫影响，但是从各自外部强迫的可归因贡献估计，自然强迫对温度极值的影响远小于人类活动（图 9.6）。这些结果为人类对青藏高原地区极

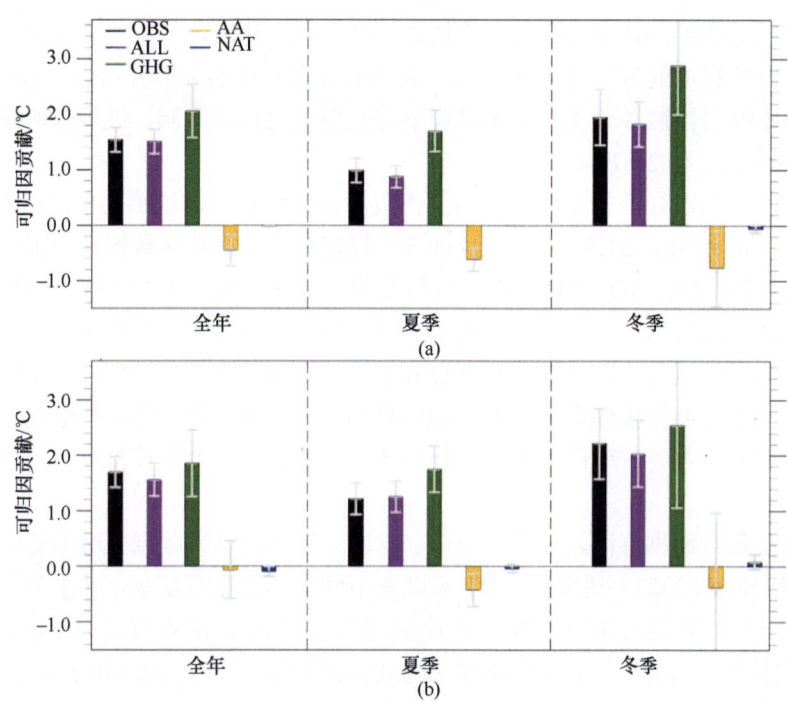

图9.5 ALL、GHG、AA 和 NAT 强迫对 1901～2018 年（a）和 1951～2018 年（b）全年、夏季和冬季气温观测趋势（OBS）的可归因贡献及其 5%～95%置信区间（Yin and Sun，2023）

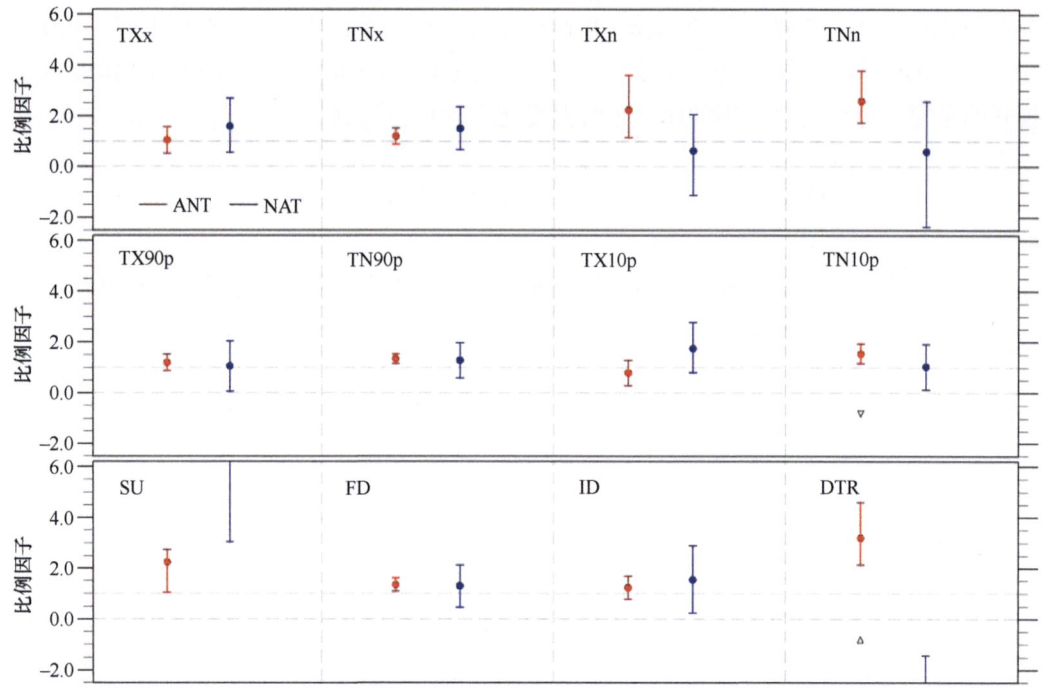

图9.6 基于最优指纹法对 1958～2017 年 12 个极端温度指数开展双信号分析获得的尺度因子及其 5%～95%置信区间（Yin et al.，2019）

端温度的影响提供了明确的证据。研究还发现，CMIP5模型低估了某些极端温度的升温幅度，特别是与极端低温相关的指标，未来该地区可能经历比基于这些模型的预测更极端的事件。

青藏高原是全球气候变化最敏感的地区之一，近几十年来一直在持续变暖。先前的研究指出20世纪50年代以来青藏高原极端气温变化趋势明显受到人为因素的影响。然而由于受到长时间尺度上观测资料的限制，19世纪中叶以来青藏高原气温变化的人为影响研究较少。Yin等（2022）利用树木年轮密度重建了青藏高原东部1867年以来晚夏（8～9月）的气温变化。利用CMIP5和CMIP6的模式模拟和最优指纹法探讨了人类活动对青藏高原东部重建温度变化的影响。通过对新的树轮密度重建温度序列的分析发现，青藏高原东部自1867年以来存在长期增温趋势。重建温度解释了1961～2009年8～9月观测平均温度的54.8%的方差，具有年代际变化特征。与其他温度序列和观测数据相比发现，大部分温度序列均表现出相似的上升趋势。CMIP5和CMIP6气候模式模拟能够再现该区域气温的长期变暖过程，表明两代气候模式对19世纪中期以来青藏高原东部地区的温度变化具有较好的模拟效果。对人为强迫作用的归因分析表明，在该地区的长期气温变化中可以明显地发现人类影响信号。在不同分析时段，无论是单信号还是双信号分析都能在温度的长期变化趋势中检测到人为信号，而自然强迫的影响几乎可以忽略不计。

## 9.3 极端降水变化的检测归因

全球尺度上，极端降水指数增加，人类活动对其影响不同于平均降水，其中温室气体排放增加是观测到极端降水强度变化的主要驱动力。区域尺度上，人类活动对长期极端降水变化的影响研究一直存在挑战，但在亚洲区域一些极端降水指数同样能发现人类活动的作用，在较小的区域某些指数仍可检测到人类活动的作用。也有越来越多学者关注中国极端降水的检测归因研究，而系统评估可发现温室气体排放增加是中国极端降水增加的主要原因，而人为气溶胶有一定抵消作用，通过增加观测记录长度等可提高检测能力和归因结果可靠性。

### 9.3.1 全球极端降水变化

在大陆到全球范围内观测到极端降水的频率和强度是增加的，并且在全球范围内，降水极端事件增加的地区多于减少的地区。温室气体和气溶胶对极端降水的影响可能与对平均降水的影响不同，在全球和大陆尺度上观测到极端降水加剧中已经确定了人类的影响，但量化温室气体增加的贡献仍然具有挑战性。Paik等（2020）通过比较在1951～2015年期间，观测结果与CMIP6单强迫实验中单日和5日连续降水累积量的年最大值（Rx1day和Rx5day）进行比较，并用最优指纹法分离出人为温室气体对观测到的极端降水强度的影响。研究发现在全球陆地、北半球温带、欧亚大陆西部和东部，以及全球"干"和"湿"地区检测到温室气体影响，这些地区可以与其他外部强迫（如太阳和火山活动以及人为气溶胶)分开。人类引起的温室气体增加也解释了观测到的极端降水强度的大部分变化,这与水汽随变暖而增加是一致的。尽管有研究根据绝对和基于百分位的极端指数评估了观测的极端降水变化,但是基于百分位的极端指数评估人类对全球及大洲尺度上极端降水的影响没有开展,因此 Dong 等(2021)对基于百分位的 4 个降水极端指数的变化进行了检测和归因分析。这些指数包括当降水量超过 1961~1990 年基准期日降水概率分布的第 95 个百分位数和第 99 个百分位数时的年总降水量(R95p 和 R99p),以及两个新定义的指数代表极端降水对年总降水量的分数贡献,即 R95p/PTOT 和 R99p/PTOT,其中 PRCPTOT(简写为 PTOT)是一年中每日的累积降水量,且降水量不少于 1mm/d。研究发现在 1951~2014 年的历史时期,随着全球变暖,大多数有观测的陆地区域都经历了这些极端指数的增加。新的 CMIP6 模型能够重现这些总体增加,尽管在某些地区存在相当大的高估或低估。最佳指纹分析揭示了在全球和大多数大陆平均这些指数的观测中可检测到的人为信号。此外,在这些指数中,同时考虑其他强迫,在全球和亚洲,除了 R95p 之外可以单独检测温室气体信号。相比之下,在全球或大陆尺度的任何这些指数中都无法检测到人为气溶胶和自然强迫的信号。以上两个研究从不同类型的极端降水指数,可靠地证明了人为作用对全球及大洲区域极端降水变化的影响,更重要的是研究发现在北半球亚洲区域仍可检测到温室气体单强迫信号影响(图 9.7)。

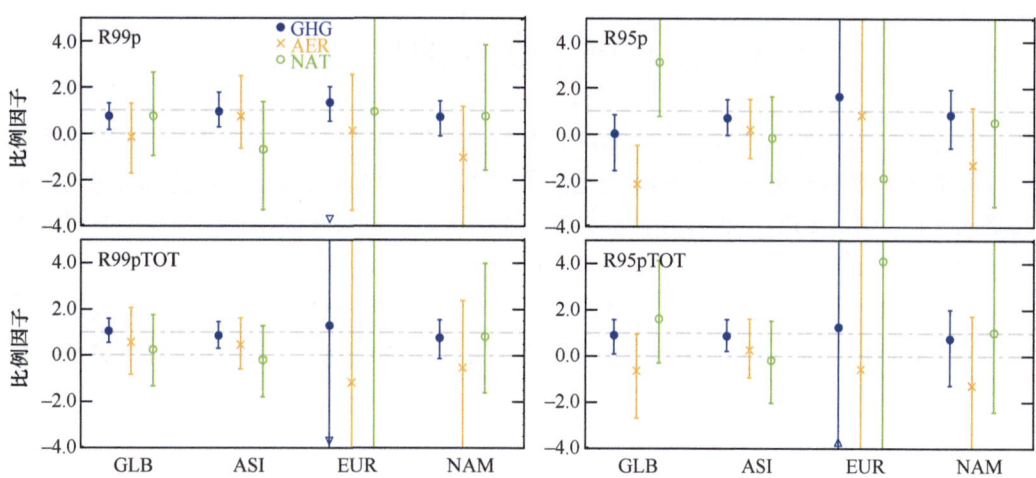

图 9.7 温室气体(GHG,蓝色)–气溶胶(AER,棕色)–自然强迫(NAT,绿色)三信号比例因子的最优估计值和 5%~95%的置信区域

向下的三角形表示模式模拟的变率太低,而向上的三角形表示模式模拟的变率太高(Dong et al.,2021)

### 9.3.2 亚洲和中国区域极端降水变化

研究人类对区域长期极端降水变化的影响一直是一项挑战。尽管一些研究试图将区域极端降水的变化归因于人为影响,由于区域极端降水的内部变率很高,区域极端降水的信噪比较低,同时高质量长期降水观测获取非常有限,最后得到结论的可信度仍然很低。

Dong 等（2020）中利用由 WMO 气候变化检测和指数专家组及中国气象局支持下在 2013 年南京研讨会上汇编的最新 15 个亚洲国家极端指数数据集 ADEX（Dong and Sun，2018），对 1958～2012 年亚洲中高纬度地区极端降水指数变化中人类活动的作用进行分析，包括 6 种降水极端指数，即 Rx1day、Rx5day、R99p、R95p、R99p/PTOT 和 R95p/PTOT。研究中对亚洲和高纬度亚洲进行了单独的分析，将两个区域（中纬度、高纬度）视为两个空间维度，而单独的分析旨在探讨人为活动影响在中或高纬度亚洲较小地区的可检测性。

使用经典最佳指纹识别比较 ADEX 和 CMIP5 多模式模拟，发现整个亚洲中高纬度地区这些极端指数在 5%或低于 5%显著性水平上检测到人为强迫的作用，而这些指数不能检测到自然强迫的作用。两个新指数具有较小的内部变率，有较高的信噪比，在较小的区域（即亚洲中纬度或高纬度地区），这些指数仍可在极端降水变化中检测到人类活动的作用。该研究找到了可靠的统计证据，证明了人为作用对亚洲中高纬度区的极端降水指数变化的影响，更重要的是研究发现在亚洲较小区域的两个新指数中仍可检测到人为影响。与其他研究中的极端指标相比，两个新指数的内部变率较小，因此信噪比更高。这表明未来研究中使用受内部变率变化影响较小同时仍然代表极端降水的相关性质的极端降水指数，将对获得人类活动作用与区域极端降水之间的联系的客观信息具有重要价值。另外最新对亚洲季风区的极端降水变化的检测归因也有一定的开展，Dong 等（2022a）利用最新 CMIP6 模式对亚洲季风区 1950～2014 年 Rx1day 和 Rx5day 两个极端降水指标进行了检测归因分析，从亚洲季风区来看，温室气体浓度本身会导致极端降水增加，而人为气溶胶的抵消效应可能导致全强迫（ALL）模拟的增长趋势。双信号分析中，人为强迫（ANT）信号是可检测的，温室气体强迫在三信号分析中可以检测出来，提供了亚洲季风区极端降水变化可归因于人类活动的影响，温室气体强迫可以在亚洲季风区检测到影响（图 9.8）。

随着全球变暖，大部分陆地区域极端降水事件的频率和强度增加。中国大部分地区的极端降水也呈现增加趋势，但是空间差异较大，温室气体排放等人为强迫是否引起了中国极端降水的增加仍然是具有争议的问题。一些研究发现人类活动对中国极端降水的变化产生了影响，但是一些研究认为人类活动对中国极端降水影响的信号还没有出现。尽管区域尺度降水内部变率较大，但是中国是世界上人类活动最剧烈的地区之一，出现越来越多关注中国极端降水的检测归因研究（Chen and Sun，2017；Li et al.，2017；Ma et al.，2017；Li et al.，2018；Xu et al.，2022），从 Rx1day 和 Rx5day 来看，Li 等（2017）利用 CMIP5 和观测格点资料发现中国区域人为强迫（ANT）的信号，但是全强迫（ALL）信号不能检测到，而其他人利用非平稳广义极值分布，通过场显著性检验的方法，无法检测到人类活动对中国极端降水趋势的显著影响（Li et al.，2018）（图 9.9）。

通过另一些指数发现中国东部降水在人类活动强迫的作用下出现由小雨向强降水转变的趋势（Ma et al.，2017），在观测到中国和华东地区夏季强降水季节性累积降水量增加过程中，可以检测到人为强迫信号并将其与自然强迫信号分离。强降水的模拟变化与中国观测到的变化基本一致。当同时考虑不同强度降水的变化时，可以检测到人类对夏季中轻度降水同时变化的影响，可归因于人为强迫的变化解释了所有类别的夏季降水

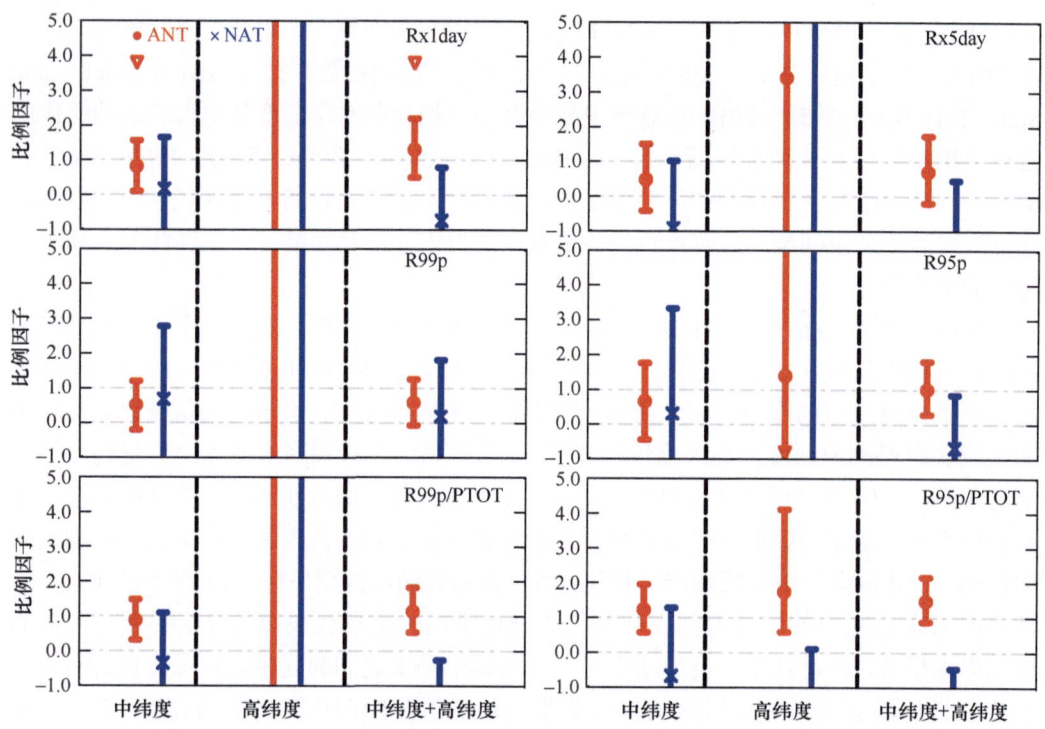

图 9.8 人为强迫（ANT，红色）和自然强迫（NAT，蓝色）双信号比例因子的最优估计值和 5%~95% 的置信区间

三角形表示模式模拟的变率太低（Dong et al., 2020）

的大部分观测到的区域变化，自然强迫的贡献很小（Lu et al., 2020）。也有对极端降水事件每 3 年或 10 年重现期的人类活动作用进行研究（Chen and Sun, 2017）。综合上述中国区域的研究结果发现，尽管有研究试图将中国区域极端降水变化归因于外部强迫，但总体结论的信度仍然不高，这与不同指数和不同分析方法也有一定的关系。

为了回答这一问题，Dong 等（2022b）设计了一系列归因方案，全面评估了人类活动对中国极端降水长期变化影响的问题，特别评估了温室气体和人为气溶胶对极端降水的影响，建立了全球温升和中国极端降水变化的联系。研究采用使用不同算法，比较基于极值分布拟合处理的降水资料和基于格点平均的降水资料进行归因分析的结果差异，同时比较基于多源观测、不同数据处理方案，以及数据样本大小对结果的影响，揭示极端降水指标选取、计算方案和样本量等对检测归因结果的影响。通过系统评估，发现温室气体等人类活动导致了 20 世纪 60 年代以来中国极端降水的长期变化。Dong 等（2022b）中使用 1961~2020 年最新观测资料和 CMIP6 多模式集合模拟，选取了 6 个极端降水指数进行检测归因分析，包括 Rx1day、Rx5day、R99p、R95p、R99p/PTOT 和 R95p/PTOT。采用不同极端降水指数、数据处理方法、观测资料和研究时段，都可以稳健地检测到人为强迫的信号。与之前的研究相比，在观测中看到更加有力一致的人类活动导致极端降水增加的证据，发现中国极端降水的增加主要是由于温室气体排放造成的，并且温室气体强迫导致 Rx1day 随全球平均温度变化率与 Clausius-Clapeyron 方程中的变化率有很好的一致性。中国区域气溶胶起到抵消部分温室气体影响的作用，

# 第9章 近现代时期人类活动对极端气候变化的影响

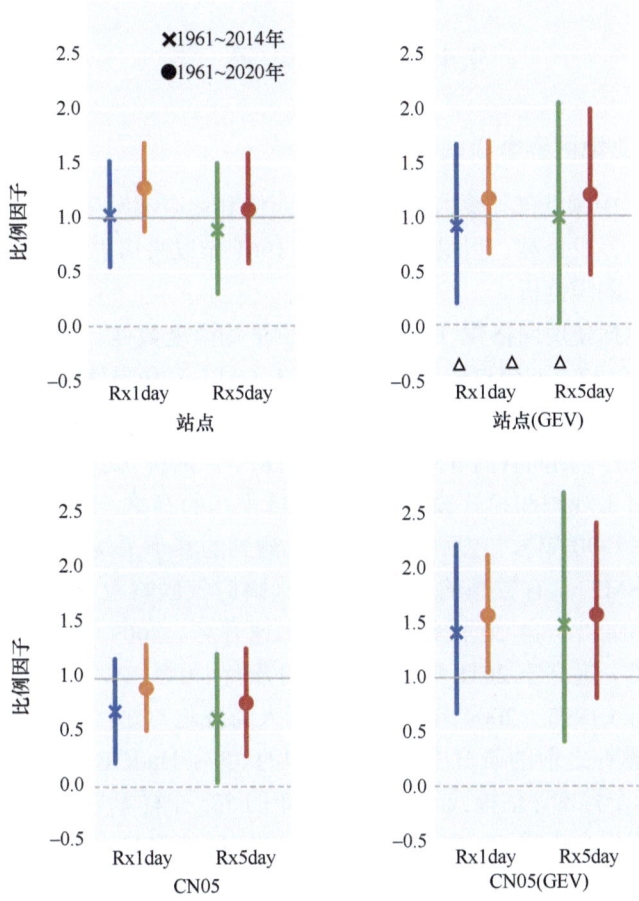

图9.9 中国区域Rx1day和Rx5day单信号ALL的比例因子及其5%~95%置信区间的范围和最佳估计值
左侧两张图为距平平均算法得到的比例因子，右侧两图为转换概率后平均算法得到的比例因子，GEV为广义极值分布拟合。基于站点数据的结果为上两张图，而基于格点降水数据集（CN05）的结果为下两张图。向下的三角形表示模式模拟的变率太低，而向上的三角形表示模式模拟的变率太高（Dong et al., 2022b）

但是由于CMIP6模式中人为气溶胶强迫（AA）描述的不足及模式参数化的差异等问题，很难确定人为气溶胶对观测极端降水变化的贡献。当增加观测记录长度后，增加了样本量再加上持续升温导致人类活动信号强度增强，两者共同作用提高了检测能力和归因结果的可靠性。

## 9.4 重大极端气候事件的归因

自然灾害造成的大部分损失与极端天气气候事件有关。随着全球变暖的不断加剧，极端事件的强度及其造成的损失和破坏也在增加，IPCC SREX和第六次评估报告有针对性地评估了极端事件的变化及极端事件的暴露度和脆弱性如何决定灾害的影响，而人类对气候系统的影响在多大程度上影响了特定的高影响气候事件的发生等问题也越来越多地受到媒体和公众的关注。本节针对典型极端高温、低温和降水事件，分析了人为辐射强迫（温室气体、人为气溶胶等因子）对事件发生概率或规模变化的贡献。

### 9.4.1 极端高温

**1. 2018年中亚地区春季极端温度事件**

2018年春季,中国北部、蒙古国、俄罗斯西伯利亚南部发生极端高温事件,中国北部台站观测日均温、日最高、日最低温度均为1961年以来历史最高值。Sun等(2019)对这次事件开展了归因分析。

研究中观测数据使用网格化 HadCRUT4 日平均温度数据。耦合模式使用加拿大地球系统模式 CanESM2,两组试验分别由全强迫(ALL)和自然强迫(NAT)驱动,各50个成员。大气模式使用 HadGEM3-A-N216,全强迫(ALL)实验和自然强迫(NAT)实验在1961~2013年期间各有15个成员。2018年,两种实验各525个成员。分析包括以下步骤:①对于观测和模式模拟,计算区域平均的春季(MAM)平均温度距平值(气候态为1961~1990年),之后将2018年观测到的春季平均温度异常与模型模拟进行比较。②CanESM2 具有较高的气候敏感性(瞬时气候响应为3℃),其模拟的全球平均地表温度(GMST)自20世纪中期以来迅速升高。2007~2016年 GMST 比工业化前增加了1.45℃,远高于2018年实际观测的升温1.0℃。本书选取与2018年升温一致的一个10年期(1995~2004年)样本分析人为强迫对这次极端事件的影响。这种基于 GMST 的调整在之前的研究中证实是合理的。③在 HadGEM3 模拟中,使用1961~2013年期间的15个样本评估模式,使用2018年的525个样本分析人为强迫影响。

分析结果表明耦合模式 CanESM2 和大气模式 HadGEM3 均可以较好的模拟春季平均温度的历史变化,集合中各成员的散布也可以覆盖观测到的温度变化。1961~2013年,观测到的春季平均温度增加了0.034℃/a(90%置信区间:0.020~0.049℃/a)。CanESM2 模拟的中值趋势为0.031℃/a[模式区间:0.018~0.044℃/a;图9.10(a)]。HadGEM3 模拟的相应值为0.017℃/a[模式区间:0.002~0.026℃/a;图9.10(b)]。去除线性趋势后,观测数据的标准差变为0.83℃,CanESM2 模拟为0.98℃(模式区间:0.79~1.17℃/a),HadGEM3 模拟为1.18℃(模式区间:1.03~1.34℃/a)。HadGEM3 模拟的温度变率高于观测,可能导致对同等强度事件风险的估计偏高。

与自然强迫(NAT)实验相比,全强迫(ALL)下模式模拟的概率密度分布明显向高温移动,这表明由于人为强迫影响,发生极端高温事件的可能性增加[图9.10(e)(f)]。CanESM2 模拟结果显示,ALL 强迫下类似2018年强度事件的发生概率为2.02%(90%置信区间:1.44%~2.65%),而在 NAT 强迫为0.11%(90%置信区间:0.09%~0.14%)。风险比(RR)为18.4(90%置信区间:11.9~25.7)。HadGEM3 模拟结果显示,ALL 强迫下类似2018年强度事件的发生概率为6.67%(90%置信区间:5.55%~8.12%),NAT 强迫下为0.38%(90%置信区间:0.25%~0.58%),RR 为17.5(90%置信区间:11.2~28.5)。

综上所述,本书使用耦合模式 CanESM2 和大气模式 HadGEM3 分析人为强迫对2018年中亚地区春季极端高温事件的影响,两种模拟结果都揭示出人为强迫的影响极大地增加了中亚地区春季极端高温事件发生的可能性,类似2018年事件发生概率增加了18倍。

在一级近似下,发生概率增加了10~30倍。

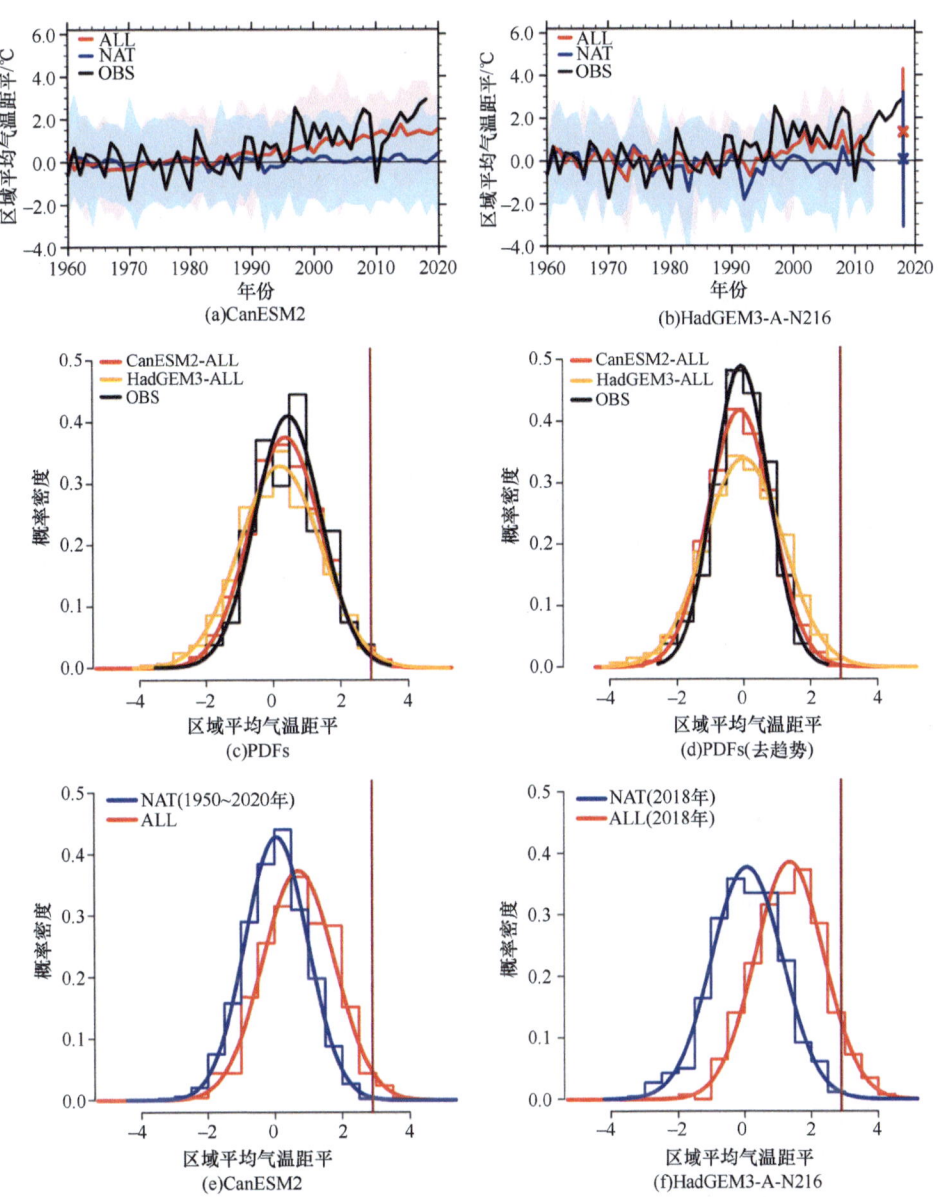

图 9.10 人为强迫对 2018 年春季极端温度事件影响的量化评估

(a) 观测(黑色)和 CanESM2 模拟的 90°E~120°E,35°N~55°N 区域平均 1960~2020 年春季平均气温距平(气候态为 1961~1990 年),ALL 和 NAT 强迫下的集合平均值分别用红色和蓝色线条表示,模式区间分别用红色和蓝色阴影表示。(b) 同 (a),但为 HadGEM3-A-N216 模式结果。(c) 观测(黑色),CanESM2(红色)和 HadGEM3(橙色)模拟的 1961~2013 年春季温度距平的概率密度分布 (PDF)。(d) 同 (c) 所示,但去除了 1961~2013 年线性趋势。(e) CanESM2 模式 ALL(红色)和 NAT 强迫(蓝色)下春季温度距平的 PDF。(f) 同 (e),但为 HadGEM3-A-N216 模式结果

**2. 2018 年中国东部"最热春季"事件**

2018 年中国东部地区经历了一次"最热的春季",区域平均温度比气候平均水平高出 2.5℃,超过 900 个气象站达到了春季历史最高温纪录,有 900 个气象站的日最高气

温超过了 35℃，62 个气象站历史上第一次在春季出现了热带夜（日最低气温超过了 25℃）。Lu 等（2020）对这次事件开展了归因分析。

研究使用的观测资料由国家气象信息中心收集并经严格的质量控制。模式数据使用了两类模式，一个是来自 Hadley 研究中心的极端事件归因系统，以大气环流模式为基础，另一个是来自加拿大地球系统模式第 2 代耦合气候模式（CanESM2），包括了两个试验，分别为全强迫（ALL）（人为强迫+自然强迫）和自然外部强迫（NAT）。按 3°×3°划分网格，将每个网格内的台站温度进行平均，然后对这些网格点数值进行平均，以获得区域平均值，最终将其用于计算相对于 1961~1990 年基准期的温度距平。对 HadGEM3A 和 CanESM2 模式的模拟结果也处理成一致的 3°×3°格点。模式性能检验表明，在 ALL 强迫下，模拟的集合平均春季气温（TAS）和最高气温（TASmax）与观测值非常吻合。它在 20 世纪 80 年代后期显示出明显的增加，但由于采用了集合平均，显示出的变异性和幅度较小。对于 HadGEM3A 和 CanESM2，对于所有实验，观测到的 TAS 和 TASmax 通常都在模型模拟的变化范围内。中国东部地区春季平均 TAS 增加了 1.4℃/53a（90%置信区间：0.8~2℃/53a）。对于 CanESM2，模式集合平均趋势为 1.38℃/53a（模式变化范围：1.18~1.58℃/53a）；对于 HadGEM3A，模式集合平均趋势为 0.91℃/53a（模式变化范围：0.61~1.21℃/53a）。

为研究环流变化影响，将模拟结果分成两组，通过对模拟结果和观测得到的环流型进行空间相关计算，得到和观测环流型高相关和低相关的两组样本。通过比较极端高温事件在不同样本中的概率变化来评估环流带来的量化影响。对于 TAS，在 HadGEM3A 模拟结果中，低相关集合中类似 2018 年事件的概率为 0.111（90%置信区间：0.009~0.123），而在高相关集合中，该概率增加至 0.239（90%置信区间：0.148~0.266）。得出的风险比为 2.15（90%置信区间：1.22~2.91）。在 CanESM2 模拟中，低相关集合中类似 2018 年事件的概率为 0.081（90%置信区间：0.062~0.123），高相关集合中的概率为 0.148（90%置信区间：0.111~0.189），则风险比为 1.83（90%置信区间：1.14~2.54）。图 9.11（b）、(d) 和（f）显示人类活动对这次春季极端暖事件的影响。在 HadGEM3A 结果中，NAT 实验中类似 2018 年的 TAS 的概率为 0.0015（90%置信区间：0.0007~0.0035），而在 ALL 实验中，概率增加至 0.018（90%置信区间：0.0091~0.025）。同样，人类活动影响将 2018 年类似 TASmax 的发生概率从 0.0019（90%置信区间：0.0016~0.0022）增加到 0.0147（90%置信区间：0.0073~0.0233）。在 CanESM2 的模拟结果中，可以获得类似的结论，风险比为 9.7（90%置信区间：4.1~23.2）。

综上所述，人类活动引起的气候变化使得像 2018 年这样的暖春的发生可能性增加了约 10 倍。以上所有定量分析表明，人类活动引起的气候变化和局地的大气异常环流都对 2018 年"最热春季"的极端事件产生影响，但人类活动的影响做出了较大的贡献。

**3. 2018 年中国东北部地区夏季极端温度事件**

2018 年夏季，中国华北和东北地区经历一次持续时间长，强度高的极端高温事件，中国气象局史无前例地在 7 月 14 日至 8 月 15 日连续 33 天发布高温预警。Ren 等（2019）对这次事件开展了归因分析。

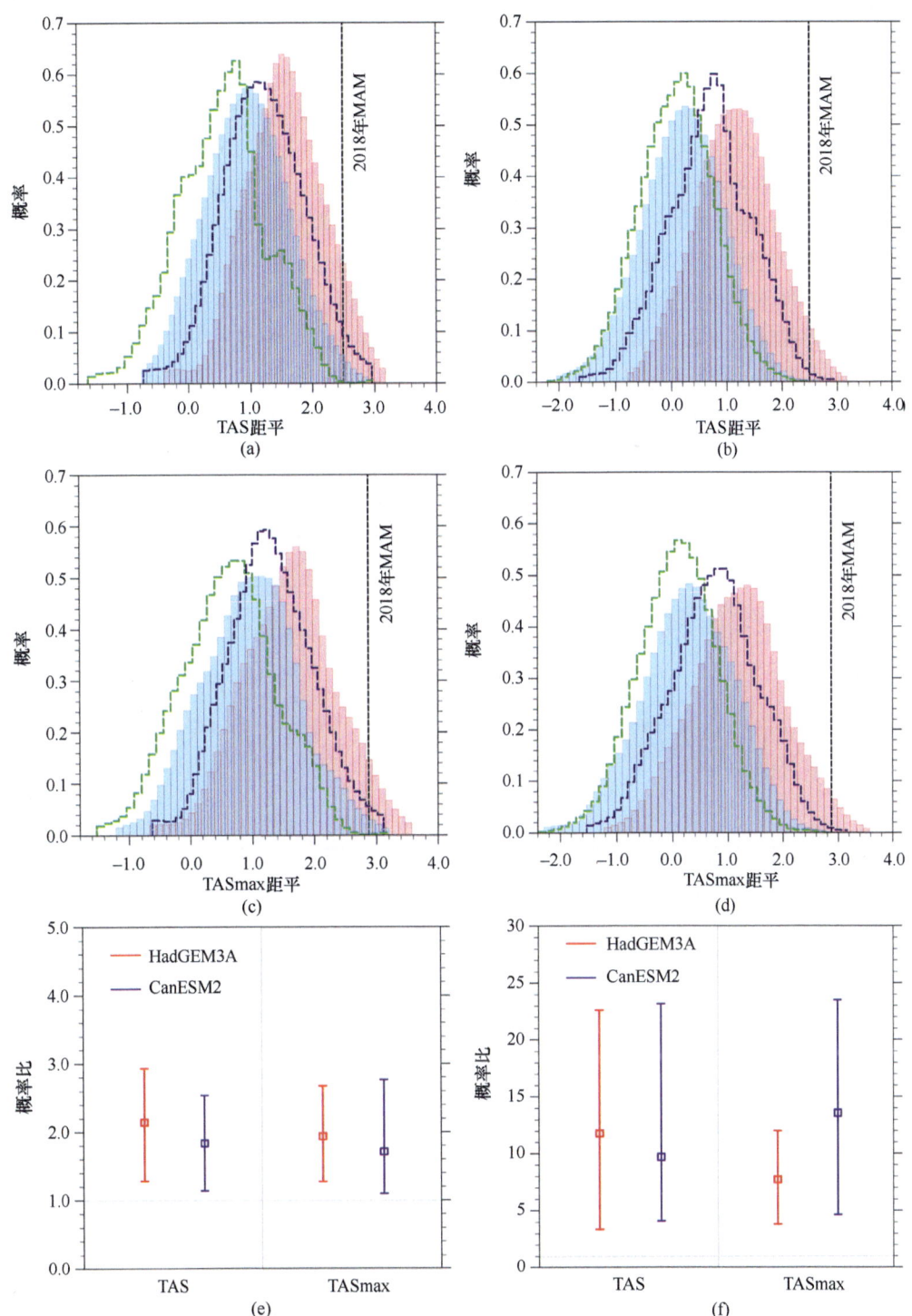

图 9.11 关键环流型和人为强迫对 2018 年最热春季影响的量化评估

(a) 和 (c)：TAS 和 TASmax 距平在高相关（HadGEM3A：红色柱状图；CanESM2：紫色虚线）和低相关（HadGEM3A：蓝色柱状图；CanESM2：绿色虚线）集合中的概率分布；(b) 和 (d)：TAS 和 TASmax 距平在 ALL（HadGEM3A：红色柱状图；CanESM2：紫色虚线）和 NAT（HadGEM3A：蓝色柱状图；CanESM2：绿色虚线）模拟结果中的概率分布；(e) 和 (f)：关键环流型和人为强迫造成的事件发生概率变化，方块表示最佳估计，竖线表示 5%～95% 置信区间研究中模式数据使用 HadGEM3-A-N216 大气模式模拟结果，空间分辨率为 0.83°×0.56°，包括两类实验：①全强迫（ALL）实验由实际辐射强迫及 HadISST 海表面温度（SST）、海冰浓度（SIC）驱动；②自然强迫（NAT）实验由工业化前辐射强迫及去除人类活动影响的 SST、SIC 驱动。两类实验在 1961～2013 年各有 15 个成员，用于模式性能检验，2018 年各 525 个成员，用于分析人为强迫对极端事件的影响。观测数据使用国家气象信息中心提供的均一化的 2400 站台站观测日最低温度数据。为了使观测数据与模式模拟更具可比性，逐站逐日计算日最低温度距平（气候态为 1961～2013 年），以去除各站间季节循环差异的影响，再将数据平均至与模式相同的空间网格。之后，本书定义 TNx30 指数描述这次极端事件的强度，TNx30 指数定义为 105°E～135°E，34°N～55°N 区域平均的 30 天滑动平均日最低温度距平值。

分析结果表明 HadGEM3 可以较好的模拟 TNx30 指数的历史变化，与观测历史序列的相关系数为 0.70，集合中各成员的范围可以覆盖观测的 TNx30 指数变化[图 9.12（a）]。PDF 分布的 K-S 检验（$p$=0.8）也证实了模式对 TNx30 指数的模拟性能，表明基于模式数据的进一步分析是可信的[图 9.12（b）]。与自然强迫（NAT）实验相比，全强迫（ALL）

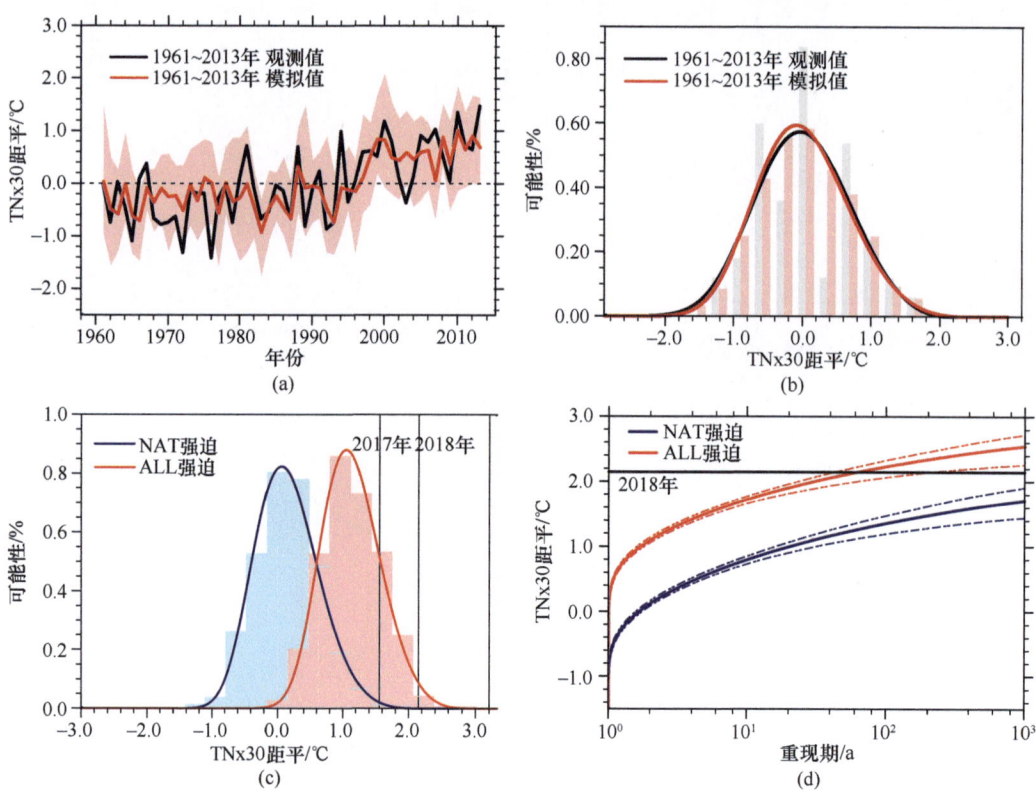

图 9.12　人为强迫对 2018 年中国东北夜间高温事件影响的量化评估

（a）观测（黑色）和 HadGEM3 模式模拟（红色）的 TNx30 指数年际变化，红色阴影表示模式散布 5%～95%范围；（b）观测（灰色柱状图）和 HadGEM3 模式模拟（浅红色柱状图）的 TNx30 指数概率密度分布及 GEV 拟合（黑线表示观测，红线表示模式模拟）；（c）ALL（红色柱状图）和 NAT（蓝色柱状图）强迫下 2018 年 TNx30 指数概率密度分布及 GEV 拟合（黑线表示观测，红线表示 ALL 强迫，蓝线表示 NAT 强迫）；（d）同（c），但为重现期，虚线表示 Bootstrap 检验 95%置信区间下模式模拟的概率密度分布明显向高温移动,这表明由于人为强迫影响,发生极端高温事件的可能性增加[图9.12(c)]。在NAT实验中525个成员仅有1个模拟结果TNx30指数高于观测的2018年事件,表明在没有人为强迫情况下类似2018年事件几乎不会发生。ALL实验中同等强度事件发生的概率提高至0.02,重现期为60年一遇(95%置信区间:43~116年一遇)。为提高分析结果的稳定性,研究选取观测的TNx30指数距平次高值1.55℃(2017年)作为阈值,ALL实验与NAT实验结果计算的风险比(RR)为57[图9.12(c)]。

综上所述,本书使用大气模式HadGEM3分析人为强迫对2018年中国东北部地区极端高温事件的影响,结果表明人类活动影响下,类似2018年夏季这样的极端高温事件发生概率提高50倍以上。

**4. 2021年9月中国南部地区极端高温高湿事件**

2021年9月,中国南方地区经历一次极端高湿球温度(WBGT)事件,大部分地区站点WBGT较1961~1990年平均偏高3.5℃以上。110.0°E~120.0°E,27.5°N~32.5°N区域平均WBGT距平值为3.28℃,是有记录以来的最高值,超过3倍标准差。Wang和Sun(2022)对这次事件开展了归因分析。

研究中将WBGT计算为湿球温度(WBT,℃)和空气温度(TA,℃)的加权总和,WBGT = 0.7×WBT + 0.3×TA。这种方法估算的WBGT可以代表在室内或阴凉条件下WBGT的下限。模式数据使用CMIP6多模式数据和CanESM2大样本数据两组,其中CMIP6数据包含13个模式的全强迫试验(ALL)(人为强迫+自然强迫效应,数据至2014年)和自然外部强迫试验(NAT,数据至2020年),并使用SSP2-4.5情景试验将全强迫试验数据延长至2026年,ALL试验和NAT试验分别包含58和63个成员。CanESM2数据包含ALL试验和NAT试验,各50个成员。观测数据使用国家气象信息中心提供的均一化的2400站台站观测月平均气温、相对湿度数据。研究使用风险比(RR)量化人为辐射强迫对此次事件的影响。为研究关键大气环流型对此次事件发生概率的影响,研究分析了2021年9月500hPa位势高度场分布特征及WBGT与500hPa位势高度长期变化的关系,结果表明东亚大槽显著偏弱及相应的西太副高异常西伸是造成这次事件的主要大气环流影响因子。对模拟结果和观测得到的关键环流型进行空间相关计算,以相关系数0.6为阈值,将模拟结果分为与观测环流型高相关和低相关的两组样本。通过比较极端高WBGT事件在不同样本中的概率变化来评估环流带来的量化影响,风险比定义为$RR_{ALL\text{-}High/ALL\text{-}low} = P_{ALL\text{-}High}/P_{ALL\text{-}Low}$,其中$P_{ALL\text{-}High}$为ALL强迫试验中环流型高相关样本中事件的发生概率,$P_{ALL\text{-}Low}$为环流型低相关样本中事件的发生概率。

基于CMIP6模拟的结果表明,在自然强迫情景下,同等强度的极端WBGT事件发生概率极低,历史重现期超过8000年一遇,人类活动影响下其发生概率为16年一遇。以有记录以来的次高值(1975年,WBGT距平值2.29℃)为阈值[图9.13(a)],人类活动影响下类似事件的发生概率提高了50.53倍(10%~90%不确定性范围:33.40~73.12,下同)。在大气环流型相似的情况下,人为强迫造成的升温提高了类似事件的发生概率32.55倍(13.08~60.18);在同样的升温条件下,关键大气环流型提高了类似事件的发生概率 1.52 倍（1.30~1.77）[图 9.13（c）（e）]。为验证结果的鲁棒性，研究使用同样的统计方法，基于 CMIP6 数据计算了 WBT 和美国国家海洋和大气管理局（NOAA）定义的热指数（HI）两个指标的风险比，以及基于 CanESM2 数据的 WBGT 指标的风险比。统计结果支持上述结论。

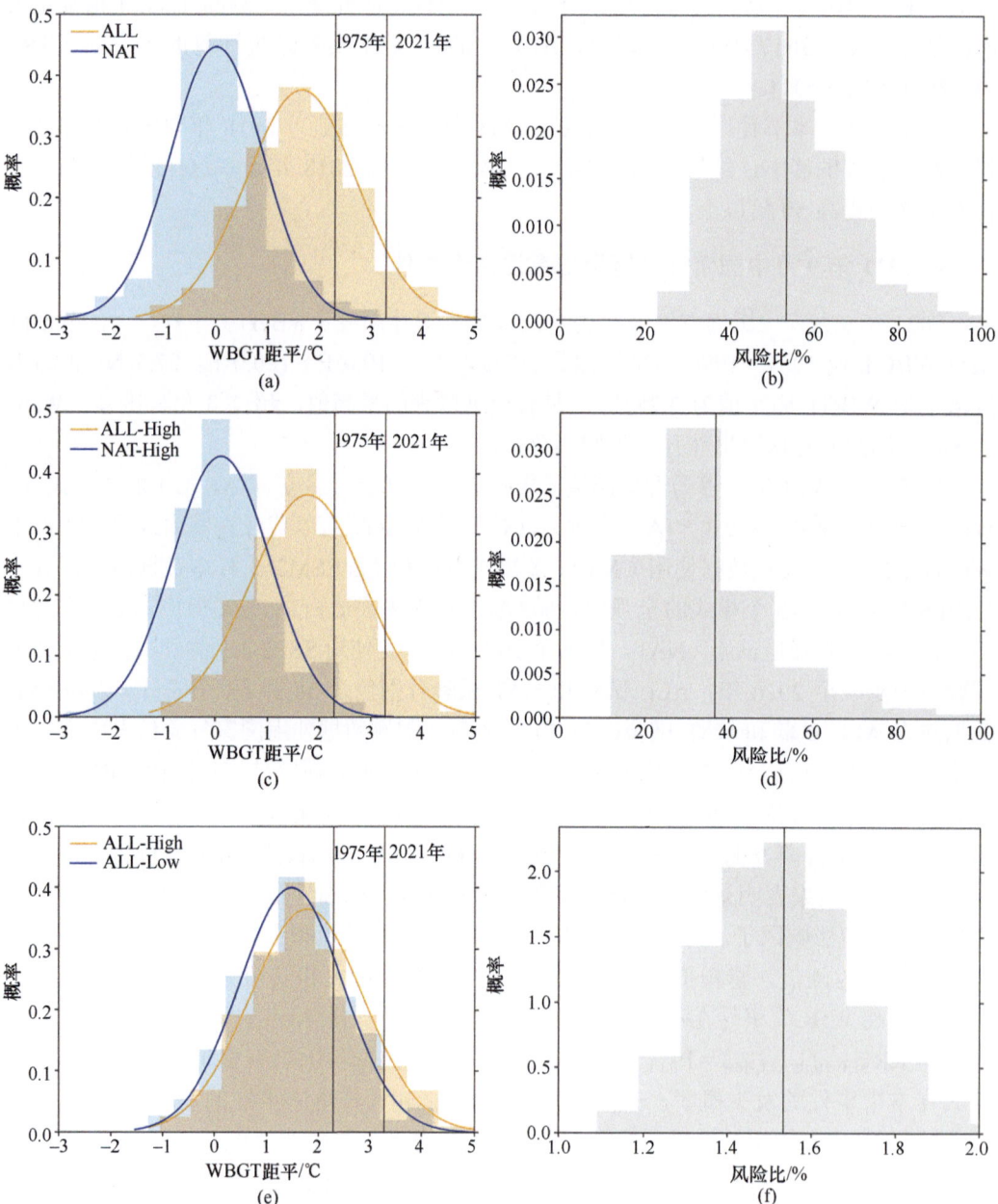

图 9.13　人为强迫和关键环流型对 2021 年极端高温事件的量化评估

(a) ALL 强迫和 NAT 强迫试验下区域平均 WBGT 距平值的概率密度分布及高斯拟合（竖线表示观测的 WBGT 距平历史最高值和次高值）；(b) ALL 强迫与 NAT 强迫风险比（RR）的 1000 次 Bootstrap 检验概率密度分布（竖线表示最佳估计值）；(c)、(d) 同 (a)、(b)，但为 ALL 强迫和 NAT 强迫环流型高相关样本；(e)、(f) 同 (a)、(b)，但为 ALL 强迫环流型高相关样本和环流型低相关样本

## 9.4.2 极端低温

2015年12月至2016年2月，中国媒体广泛报道了一次超级寒潮。这次寒潮起源于西伯利亚高压，并于2016年1月21日至25日席卷全国，全国18%的地区气温下降了12℃以上，80%以上的地区下降了6℃以上，超过95%的地区最低温度降至0℃以下。全国多个观测站的最低气温破历史纪录，内蒙古自治区观测到的最低温度为–46.8℃，广州气象站观测到建站以来的首次降雪。Sun等（2017）对这次事件开展了归因分析。

研究使用的模式数据为CMIP5中62个全强迫试验模拟（ALL）（人为强迫+自然强迫效应，数据至2005年）和26个自然外部强迫模拟（NAT），使用SSP2-4.5情景试验将全强迫模拟数据延长至2012年，并使用26个模式的工业化前控制试验（提供287个控制试验）估计自然变率。观测资料为国家气象信息中心提供格点日最低温（Tn）数据。模式模拟和观测资料均转换至2°×2°格框。研究重点关注华北（NC, 36°N~46°N, 104°E~124°E），长江下游（YRV, 28°N~36°N, 104°E~124°E）和华南（SC, 18°N~28°N, 104°E~124°E）3个区域，并使用12月至次年2月时段内区域平均日最低温极小值（TNn）描述冷空气爆发强度。归因方法为使用总体最小二乘法（TLS）将观测数据回归至ALL试验和NAT试验的集合平均，将ALL试验和NAT试验乘以相应的回归系数（缩放因子）以建立观测约束的最优估计[图9.14（a）（b）（c）]。对ALL试验和NAT试验进行双信号回归，得到尺度因子，并将工业化前控制试验添加到最佳估计中，重建代表2015/2016年冬季气候特征的ALL试验和NAT试验极端温度序列。在有（$p_1$）或无（$p_0$）人为影响的情况下，出现2015/2016年冬季事件量级的寒潮的概率定义为相关系列中TNn异常值等于或低于2015/2016年冬季观测值的百分比。风险比（RR）定义为RR = $p_1/p_0$。

分析结果表明，在人为影响下，3个区域的TNn距平值的经验概率密度都向变暖方向偏移[图9.14（d）（e）（f）]，表明人为影响降低了寒潮发生的概率。2015/2016年NC、YRV、SC冬季级别事件的RR分别为0.11、0.27、0.31，这意味着人类活动影响可能分别减少了此类寒潮事件89%（NC，90%置信区间：54%~98%）、73%（YRV，90%置信区间：37%~90%）和69%（SC，90%置信区间：30%~86%）的发生概率。

## 9.4.3 强 降 水

**1. 2019年中国华南前汛期降水异常偏多事件**

2019年3~7月，中国华南地区经历了一次异常漫长的雨季，时段内总降水量（1303 mm）较1961~2010年平均值偏多281 mm，是1961年以来第三高值。Li等（2020）对这次事件开展了归因分析。

研究中模式数据使用HadGEM3-GA6模式模拟结果，空间分辨率为0.83°×0.56°，包括两类实验：①全强迫（ALL）实验由实际辐射强迫及HadISST海表面温度（SST）、

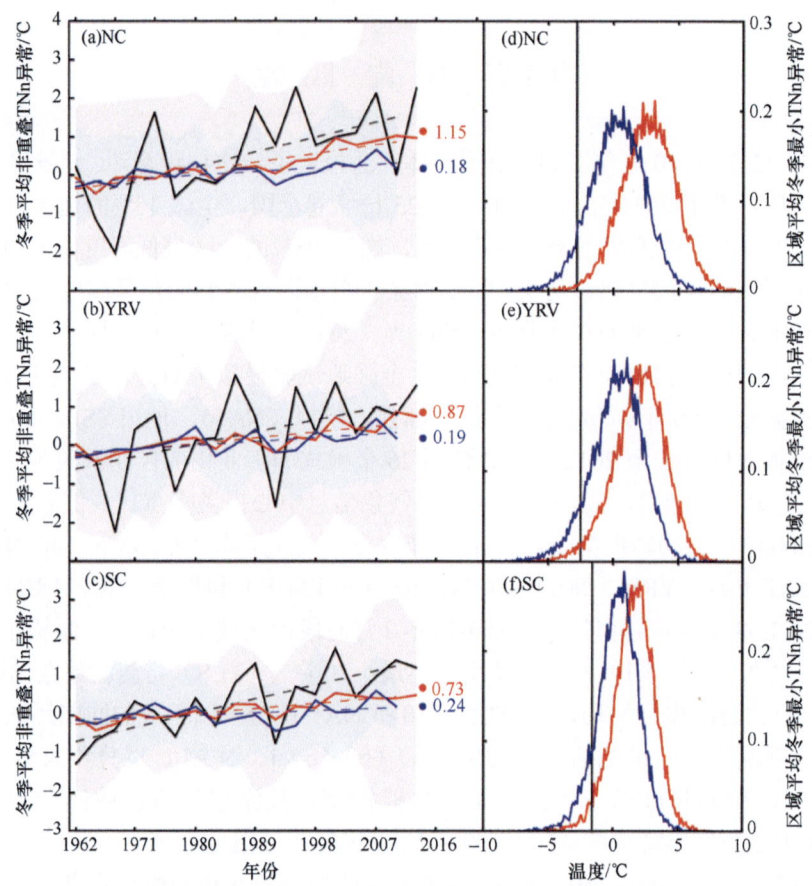

图 9.14 人为强迫对 2015/2016 年超级寒潮事件影响的量化评估

NC（a），YRV（b）和 SC（c）区域观测（黑色）和模式 ALL 试验（红色）和 NAT 试验（蓝色）模拟的 3 年冬季平均非重叠 TNn 异常，红色和蓝色线表示多模型集合平均值，虚线表示长期趋势。2013/2014 年至 2015/2016 年冬季 ALL 强迫和 2009/2010 年至 2011/2012 年冬季 NAT 强迫的 3 年冬季平均重建用红色（ALL）和蓝色（NAT）圆点和数字标记。粉色和蓝色阴影分别表示来自 ALL 和 NAT 实验的单个模型模拟的 5%~95%的范围。NAT（蓝色）和 ALL（红色）胁迫下 NC（d）YRV（e）和 SC（f）区域平均的冬季最小 TNn 异常概率密度分布，黑线表示 2015/2016 年冬季值

海冰浓度（SIC）驱动；②自然强迫（NAT）实验由工业化前辐射强迫及去除人类活动影响的 SST、SIC 驱动。两类实验在 1961~2013 年各有 15 个成员，用于模式性能检验，2019 年各 525 个成员，用于分析人为强迫对极端事件的影响。同时使用 CMIP5 中 16 个模式的全强迫试验（ALL）（人为强迫+自然强迫效应，数据至 2005 年）和自然外部强迫试验（NAT），并使用 RCP8.5 情景试验将全强迫试验数据延长至 2028 年。观测数据使用国家气象信息中心提供的经质控的 2400 站台站观测降水量数据。本书定义 110°E~120°E，22°N~28°N 区域平均的 3~7 月平均日降水距平来描述这次极端事件的强度。

分析结果表明 HadGEM3-GA6 虽然高估了区域实际降水量，但可以再现华南地区的降水距平演变特征（K-S 检验，$p$=0.54），基于模式数据的进一步分析是可信的。此外，HadGEM3-GA6 模式和 CMIP5 模式均高估了降水的年际变率，这可能导致对类似 2019 年事件重现期的估计偏短。与自然强迫（NAT）实验相比，全强迫（ALL）下模式模拟的概率密度分布明显向少雨方向移动[图 9.15（a）（c）]，基于 HadGEM3-GA6 模式和

CMIP5 模式数据计算的风险比（RR）分别为 0.38（90%置信区间：0.32～0.44）和 0.43（90%置信区间：0.31～0.57），除 GFDL-ESM2M 和 GISS-E2-H 外，CMIP5 中各模式的 RR 值的最佳估计值都小于 1。重现期从自然强迫（NAT）试验的 4 年一遇增加至全强迫试验的 9 年一遇[图 9.15（b）（d）]。人类活动导致降水减少可能与气候系统中的气溶胶增加有关。通过散射和吸收太阳辐射，气溶胶可以通过气溶胶-辐射相互作用诱导表面

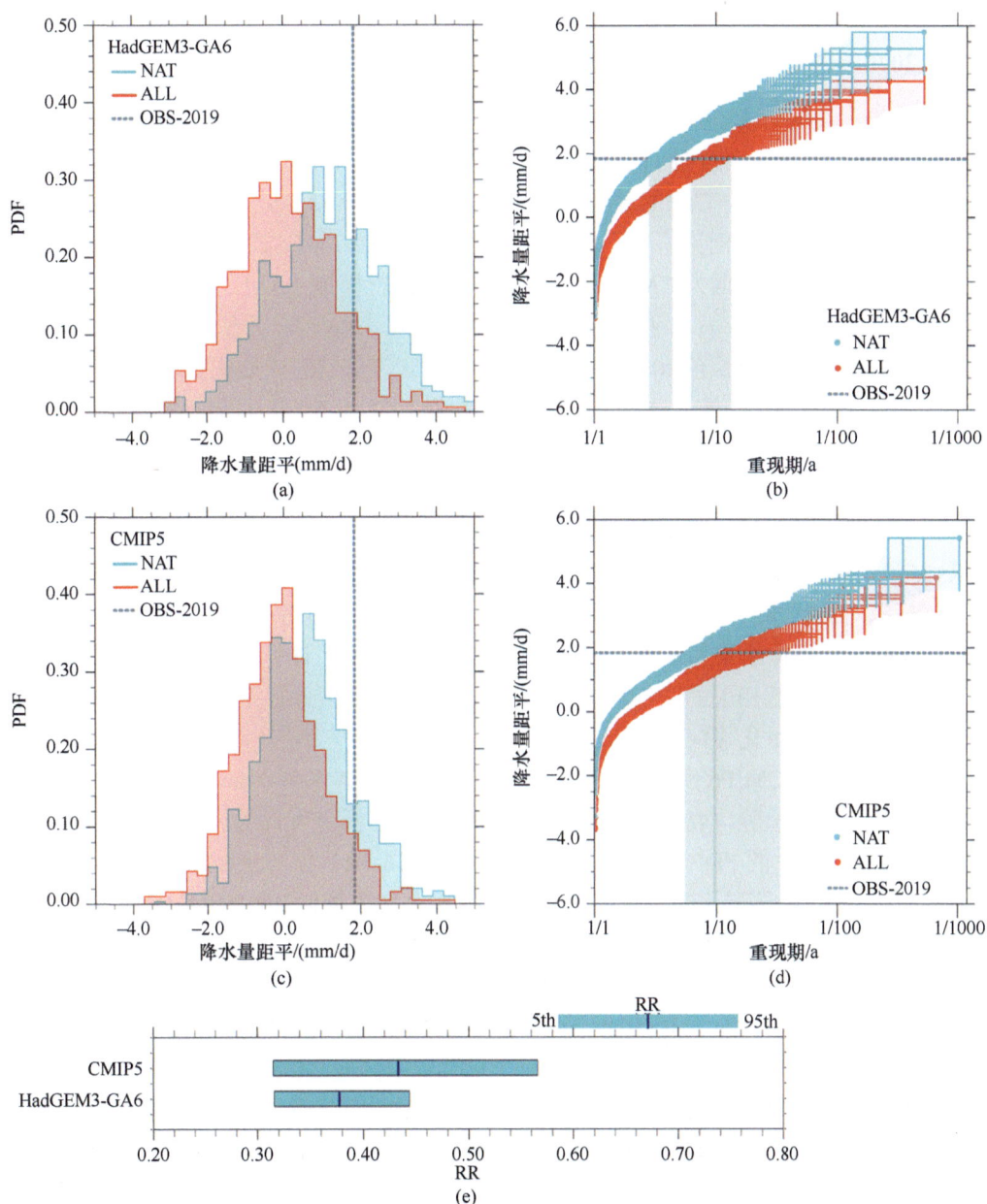

图 9.15　人为强迫对 2019 年华南前汛期降水异常偏多影响的量化评估

（a）HadGEM3-GA6 模式 ALL 和 NAT 强迫试验 3～7 月平均日降水量距平概率密度分布；（b）同（a），但为历史重现期，阴影表示 Bootstrap 检验 90%置信区间；（c）、（d）同（a）、（b），但为 CMIP5 模拟结果

冷却，因此可以通过增加大气稳定性导致降水减少。气溶胶还通过充当云凝结核或冰核与云直接相互作用，导致云辐射特性的变化并降低降水效率。此外，增加的气溶胶可以减弱陆海热对比，从而导致季风环流减弱和季风地区降水减少。

综上所述，本书使用 HadGEM3-GA6 模式和 CMIP5 多模式数据分析人为辐射强迫对 2019 年中国华南地区 3~7 月降水的影响，结果表明人类活动影响下，类似 2019 年事件发生概率降低了约 60%。

**2. 2020 年中国长江流域破纪录梅雨事件**

2020 年，长江流域经历了破纪录的梅雨，其间经向雨带长期维持，持续性强降水和暴雨频发。6~7 月，梅雨地区的总降水量约为 672mm，比 1961~1990 年的平均降水量多 99%，是该地区自 1960 年以来的最高纪录。这场梅雨持续了 62 天，74 个气象站的总降水量打破历史记录，600 多条河流超过了警戒水位。Lu 等（2021）对这次事件开展了归因分析。

研究使用的模式数据为 CMIP6 中 53 个全强迫试验模拟（ALL）（人为强迫+自然强迫效应，数据至 2014 年）和 49 个自然外部强迫模拟（NAT），并使用 SSP2-4.5 情景试验将全强迫模拟数据延长至 2030 年。观测资料为国家气象信息中心提供的 28°N~34°N，110°E~122.5°E 区域内 414 站均一化日降水数据，使用 6~7 月累计降水距平百分率（PPA）和 6~7 月最大连续 5 日降水距平（Rx5day，基准期为 1961~1990 年）两个指标描述梅雨强度。计算方法为将各台站的观测降水和 Rx5day 先平均到 2°×2°格框上，再平均得到梅雨地区的面积加权区域平均值。考虑到模式模拟极端降水方面的局限性，将 PPA 和 Rx5day 的阈值由 2020 年的 99.6%和 71.2 mm 调整为 51.2%和 57.1 mm。此外，为分析大气环流对此次事件发生概率的影响，将西北太平洋副热带高压（WNPSH）区取为关键区，通过对模拟结果和观测得到的环流型进行空间相关计算，将模拟结果分成与观测环流型高相关和低相关的两组样本。通过比较极端高温事件在不同样本中的概率变化来评估环流带来的量化影响。

分析结果表明 CMIP6 模式模拟的长江中下游地区 PPA 和 Rx5day 概率密度分布与观测相似，通过 K-S 检验，表明基于模式数据的进一步分析是可信的。与 NAT 强迫相比，在 ALL 强迫下 PPA 的 PDF 向干燥的方向移动[图 9.16（a）]，表明由于人类活动影响，类似 2020 年的持续强降水事件的概率降低。PPA 定义的类似 2020 事件（51.2%）的概率在 ALL 集合中约为 1.78%（90%置信区间：1.28%~2.38%），而在 NAT 集合中则增加到 3.29%（90%置信区间：2.56%~4.12%）。由此得出的风险比（RR）为 0.54（90%置信区间：0.36~0.81）。对于 Rx5day，两个集合的 PDF 几乎没有变化[图 9.16（c）]。类似 2020 年事件（57.1 mm）的 RR 为 0.95（90%置信区间：0.5~1.61），表明人类活动对这一指标的影响很小。大气环流对事件发生概率影响的分析结果表明，相对于低相关组，高相关组 PPA 和 Rx5day 的 PDF 均向湿润移动，RR 分别 2.3（90%置信区间：1.2~5.2）和 3.2（90%置信区间：1.3~5.6）。

综上所述，本书使用 CMIP6 模式分析人为强迫和关键大气环流型对 2020 年中国长江流域破纪录梅雨事件的影响，结果表明人为强迫可能使事件的发生概率降低了约 54%，而 2020 年的异常环流有利于强降水的发生。

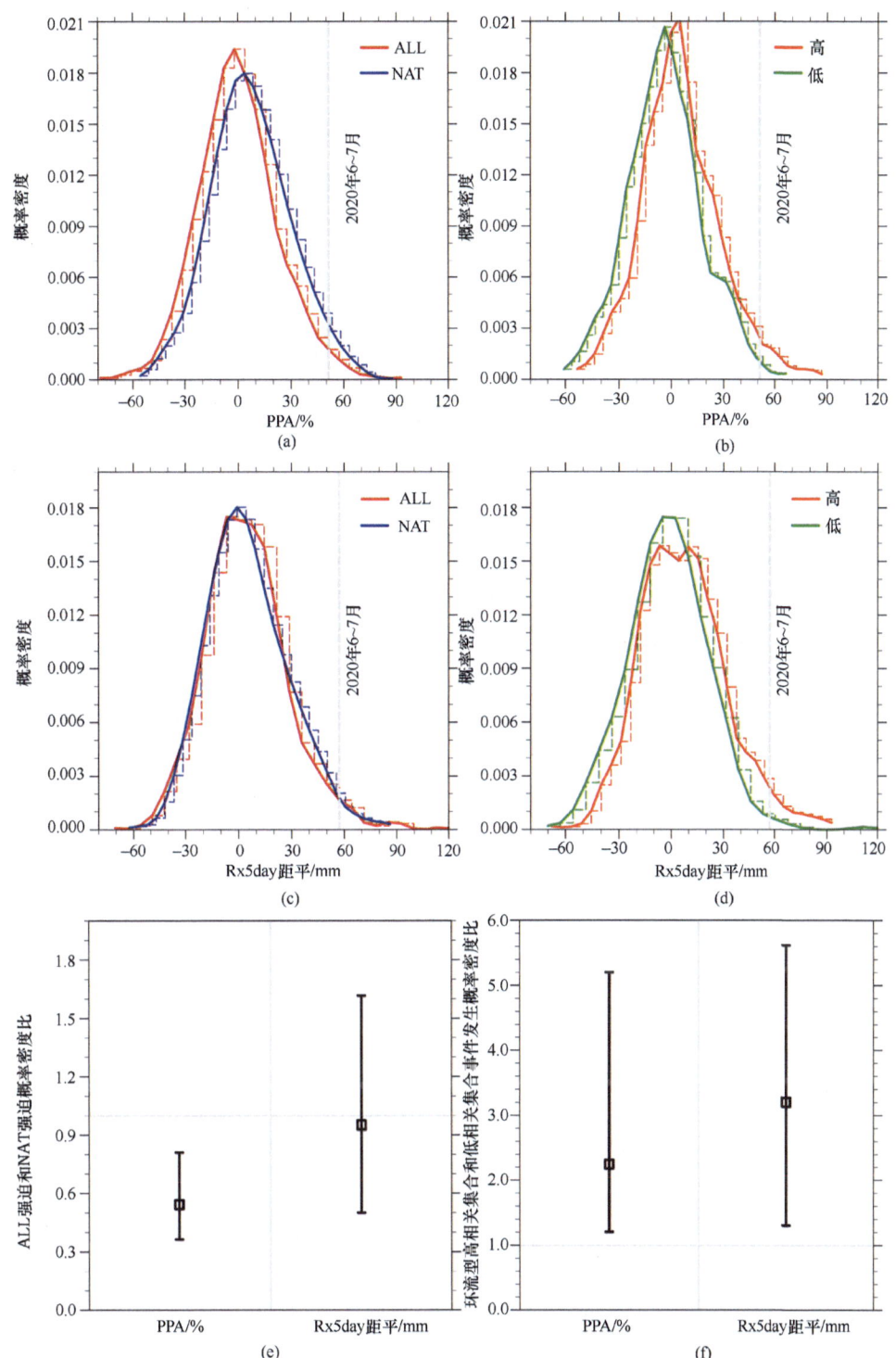

图 9.16 人为强迫和关键环流型对 2020 年破纪录梅雨事件的量化评估

（a）和（c）：PPA 和 Rx5day 距平在 ALL 和 NAT 模拟结果中的概率密度分布；（b）和（d）：PPA 和 Rx5day 距平在高相关和低相关集合中的概率密度分布；（e）和（f）：人为强迫和关键环流型造成的事件发生概率变化，方块表示最佳估计，竖线表示 5%~95%置信区间

## 3. 2021年中国北方地区"最湿9月"事件

2021年9月，持续强降水袭击中国北方地区，降水量较多年平均值偏多4倍标准差以上。创纪录的降水导致黄河中下游地区出现严重的洪水和山体滑坡，666.8万人受灾，49.86万 $hm^2$ 农业用地受到影响，直接经济损失15.34亿元。Hu 等（2020）对这次事件开展了归因分析。

研究使用的模式数据为CMIP6中全强迫试验（ALL）、温室气体强迫试验（GHG）、人为气溶胶强迫试验（AA）、自然强迫试验（NAT）和工业前控制试验（CTL）情景模拟数据，并使用SSP2-4.5情景试验将全强迫模拟数据延长至2021年。为避免单个模式权重过高，每种强迫试验每个模式使用3个成员。观测资料为国家气象信息中心提供的32.5°N~42.5°N，110°E~120°E区域内618站均一化日降水数据，使用9月的月平均降水距平百分率（MPPA）、最大日降水距平百分率（Rx1day%）和最大连续5日降水距平百分率（Rx5day%）描述此次事件，并使用风险比（RR）量化人为辐射强迫对事件的影响。

分析结果表明CMIP6模式模拟的北方地区MPPA、Rx1day%和Rx5day%概率密度分布与观测相似，通过双侧K-S检验，表明基于模式数据的进一步分析是可信的。使用MPPA定义的2021年事件在ALL强迫下和NAT强迫下的发生概率分别为2.1%（90%置信区间：0.6%~3.2%）和1.7%（90%置信区间：0.1%~3%），分别对应48年（90%置信区间：31~167年）一遇事件和60年（90%置信区间：33~100年）一遇事件[图9.17（a）(b)]，由此得出的风险比（$RR_{ALL}$）为1.3（90%置信区间：0.1~2.0），表明

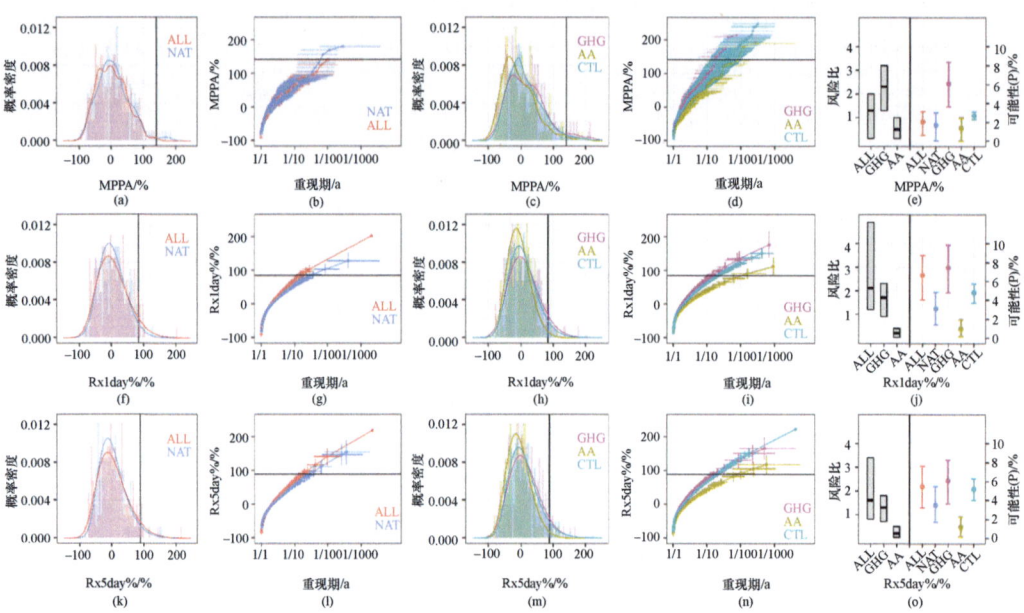

图 9.17 人为辐射强迫对2021年9月中国北方创纪录降水偏多事件的影响

（a）~（e）为MPPA的概率密度分布，重现期分布和风险比及其Bootstrap检验结果，ALL（红色）、NAT（蓝色）、GHG（紫色）、AA（橙色）和CTL（绿色）情景结果使用颜色区分；（f）~（j）为Rx1day%指标结果；（k）~（o）为Rx5day%指标结果，黑色直线表示极端气候事件发生年

在人为辐射强迫影响下，类似事件较只有自然强迫情景下更为常见。GHG 强迫和 AA 强迫下的风险比 $RR_{GHG}$ 和 $RR_{AA}$ 分别为 2.3（90%置信区间：1.3~3.2）和 0.5（90%置信区间：0.1~1.0）。使用相同的方法，Rx1day%定义的 2021 年事件在 ALL 强迫、GHG 强迫和 AA 强迫下的风险比分别为 2.1（90%置信区间：1.2~4.9）、1.7（90%置信区间：0.9~2.3）和 0.2（90%置信区间：0.03~0.4）[图 9.17（f）(h)]，Rx5day%定义的 2021 年事件的风险比估算结果为 $RR_{ALL}$ = 1.6（90%置信区间：0.8~3.4）、$RR_{GHG}$ = 1.3（90%置信区间：0.6~1.8）、$RR_{AA}$ = 0.2（90%置信区间：0.04~0.5）[图 9.17（k）(m)]。与没有人类影响的气候相比，温室气体强迫使此类事件发生概率增加了约两倍，可能的物理解释是 Clausius-Clapeyron 关系下温室气体增加造成的大气持水能力增强，人为气溶胶强迫则表现出减少的贡献，其影响机制更为复杂，部分原因是气溶胶的辐射冷却效应部分抵消了温室气体引起的变暖。

综上所述，本书使用 CMIP6 模式分析人为辐射强迫对 2021 年 9 月中国北方创纪录降水偏多事件的影响，结果表明温室气体强迫使类似事件发生的可能性增加了约两倍，而人为气溶胶的抑制作用相对较小。

## 参 考 文 献

Allen M R, Stott P A. 2003. Estimating signal amplitudes in optimal fingerprinting. Part I: Theory. Climate Dynamate, 21: 477-491.

Chen H, Sun J. 2017. Contribution of human influence to increased daily precipitation extremes over China. Geophysical Research Letters, 44: 2436-2444.

Christidis N, Stott P A. 2016. Attribution analyses of temperature extremes using a set of 16 indices. Weather and Climate Extremes, 14: 24-35.

Dong S, Sun Y, Aguilar E, et al. 2018. Observed changes in temperature extremes over Asia and their attribution. Climate Dynamics, 51: 339-353.

Dong S, Sun Y, Li C, et al. 2021. Attribution of extreme precipitation with updated observations and CMIP6 simulations. Journal of Climate, 34(3): 871-881.

Dong S, Sun Y, Li C. 2020. Detection of human influence on precipitation extremes in Asia. Journal of Climate, 33(12): 5293-5304.

Dong S, Sun Y, Zhang X. 2022b. Attributing observed increase in extreme precipitation in China to human influence. Environmental Research Letters, 17(9): 095005.

Dong S, Sun Y. 2018. Comparisons of observational data sets for evaluating the CMIP5 precipitation extreme simulations over Asia. Climate Research, 76(2): 161-176.

Dong T, Zhu X, Deng R, et al. 2022a. Detection and attribution of extreme precipitation events over the Asian monsoon region. Weather and Climate Extremes, 38: 100497.

Hegerl G, Hoegh-Guldberg O, Casassa G, et al. 2010. Good practice guidance paper on detection and attribution related to anthropogenic climate change//Stocker T F. Meeting Report of the Intergovernmental Panel on Climate Change Expert Meeting on Detection and Attribution of Anthropogenic Climate Change. Bern Switzerland: IPCC Working Group I Technical Support Unit, University of Bern: 8.

Hoerling M, Kumar A, Dole R, et al. 2013. Anatomy of an extreme event. Journal of Climate, 26(9): 2811-2832.

Hu T, Sun Y, Zhang X, et al. 2020. Human influence on frequency of temperature extremes. Environmental Research Letters, 15(6).

Hu T, Sun Y. 2021. Anthropogenic influence on extreme temperatures in China based on CMIP6 models.

International Journal of Climatology, 42(5): 2981-2995.

Lewis S C, Karoly D J. 2013. Anthropogenic contributions to Australia's record summer temperatures of 2013. Geophysical Research Letters, 40: 3705-3709.

Li H, Chen H P, Wang H J, et al. 2017. Effects of anthropogenic activity emerging as intensified extreme precipitation over China. Journal of Geophysical Research,122: 6899-6914.

Li R K, Li D L, Nanding L, et al. 2020. Anthropogenic influences on heavy precipitation during the 2019 extremely wet rainy season in Southern China. Bulletin of the American Meteorological Society, 102(1): S103-S109.

Li W, Jiang Z H, Zhang X B, et al. 2018. On the emergence of anthropogenic signal in extreme precipitation change over China. Geophysical Research Letters,45(15): 9179-9185.

Lott F C, Christidis N, Stott P A. 2013. Can the 2011 East African drought be attributed to human-induced climate change? Geophysical Research Letters, 40: 1177-1181.

Lu C H, Sun Y, Christidis N, et al. 2020. Contribution of global warming and atmospheric circulation to the hottest spring in Eastern China in 2018. Advances in Atmospheric Sciences, 37(11): 1285-1294.

Lu C H, Sun Y, Zhang X B. 2018. Multimodel detection and attribution of changes in warm and cold spell durations. Environmental Research Letters, 13: 074013.

Lu C H, Sun Y, Zhang X B. 2021. The 2020 record-breaking mei-yu in the Yangtze River Valley of China: The role of anthropogenic forcing and atmospheric Circulation. Bulletin of the American Meteorological Society, 103(3): S98-S104.

Lu C, Sun Y, Wan H, et al. 2016. Anthropogenic influence on the frequency of extreme temperatures in China. Geophysical Research Letters, 43(12): 6511-6518.

Lu C, Sun Y, Zhang X. 2022. Anthropogenic influence on the diurnal temperature range since 1901. Journal of Climate, 35(22): 7183-7198.

Ma S, Zhou T J, Stone D A, et al. 2017. Detectable anthropogenic shift toward heavy precipitation over Eastern China. Journal of Climate, 30(4): 1381-1396.

Paik S, Min S K, Zhang X, et al. 2020. Determining the anthropogenic greenhouse gas contribution to the observed intensification of extreme precipitation. Geophysical Research Letters, 47(12): e2019GL086875.

Patricola C M, Wehner M F. 2018. Anthropogenic influences on major tropical cyclone events. Nature, 563: 339-346.

Ren L W, Wang D Q, An N, et al. 2019. Anthropogenic influences on the persistent night-time heat wave in summer 2018 over North-East China. Bulletin of the American Meteorological Society, 101(1): S83-S87.

Ribes A, Planton S, Terry L. 2013. Application of regularised optimal fingerprinting to attribution. Part I: method, properties and idealised analysis. Climate Dynamate, 41: 2817-2836.

Schaller N, Kay A L, Lamb R, et al. 2016. Human influence on climate in the 2014 southern England winter floods and their impacts. Nature Climate Change, 6: 627-634.

Shepherd T G. 2016. A common framework for approaches to extreme event attribution. Current Climate Change Reports, 2: 28-38.

Shepherd T G, Boyd E, Calel R A, et al. 2018. Storylines: An alternative approach to representing uncertainty in physical aspects of climate change. Climate Change, 151: 555-571.

Stott P A, Christidis N, Otto F E L. 2016. Attribution of extreme weather and climate-related events. Wiley Interdisciplinary Reviews-Climate Change, 7: 23-41.

Stott P A, Stone D A, Allen M R. 2004. Human contribution to the European heatwave of 2003. Nature, 432: 610-614.

Sun Y, Dong S Y, Hu T, et al. 2019. Attribution of the warmest spring of 2018 in Northeastern Asia using simulations of a coupled and an atmospheric model. Bulletin of the American Meteorological Society, 101(1): S129-S134.

Sun Y, Hu T, Zhang X B, et al. 2017. Anthropogenic influence on the Eastern China 2016 super cold surge. Bulletin of the American Meteorological Society, 99(1): S123-S127.

Sun Y, Zhang X, Ren G, et al. 2016. Contribution of urbanization to warming in China. Nature Climate

Change, 6: 706-709.

Sun Y, Zhang X, Zwiers F W, et al. 2014. Rapid increase in the risk of extreme summer heat in Eastern China. Nature Climate Change, 4: 1082-1085.

Takayabu I, Hibino K, Sasaki H, et al. 2015. Climate change effects on the worst-case storm surge: A case study of Typhoon Haiyan. Environmental Research Letters, 10: 064011.

Van Oldenborgh G J, Van Urk A, Allen M R. 2012. The absence of a role of climate change in the 2011 Thailand floods. Bulletin of the American Meteorological Society, 93: 1047-1049.

Wang D Q, Sun Y. 2022. Effects of anthropogenic forcing and atmospheric circulation on the record-breaking welt bulb heat event over southern China in September 2021 Anthropogenic Influence on the 2021 Wettest September in Northern China. Advances in Climate Change Research, 13(6): 778-786.

Xu H, Chen H, Wang H. 2022. Detectable human influence on changes in precipitation extremes across China. Earth's Future, 10(2): e2021EF002409.

Yin H, Li M Y, Huang L. 2021. Summer mean temperature reconstruction based on tree-ring density over the past 440 years on the eastern Tibetan Plateau. Quaternary International, 571: 81-88.

Yin H, Sun Y, Donat M. 2019. Changes in temperature extremes on the Tibetan Plateau and their attribution. Environmental Research Letters, 14: 124015.

Yin H, Sun Y, Li M Y. 2022. Reconstructed temperature change in late summer over the eastern Tibetan Plateau since 1867 CE and the role of anthropogenic forcing. Global and Planetary Change, 208: 103715.

Yin H, Sun Y, Wan H, et al. 2017. Detection of anthropogenic influence on the intensity of extreme temperatures in China. International Journal of climatology, 37: 1229-1237.

Yin H, Sun Y. 2018. Detection of anthropogenic influence on fixed threshold indices of extreme temperature. Journal of Climate, 31: 6341-6352.

Yin H, Sun Y. 2023. Anthropogenic influence on temperature change in China over the period 1901—2018. Journal of Climate, 36(7): 2131-2146.

Yiou P, Vautard R, Naveau P, et al. 2007. Inconsistency between atmospheric dynamics and temperatures during the exceptional 2006/2007 fall/winter and recent warming in Europe. Geophysical Research Letters, 34: L21808.

# 附录 缩略词

| 缩写 | 英文全称 | 中文解释 |
|---|---|---|
| 20CRv3 | 20th-century reanalysis version 3 dataset | 20世纪再分析第3版数据集 |
| AA | anthropogenic aerosols | 人为气溶胶强迫 |
| ACRE | Atmospheric Circulation Reconstruction over the Earth | 地球大气环流圈重建计划 |
| AER | aerosol | 气溶胶 |
| ALL | all forcing | 全强迫 |
| AMO | Atlantic Multidecadal Oscillation | 大西洋多年代际振荡 |
| ANT | artificial forcing | 人为强迫 |
| AO | Arctic Oscillation | 北极涛动 |
| CanESM2 | Canadian Earth System Model second generation coupled climate model | 加拿大地球系统模式第2代耦合气候模式 |
| CAPE | convective available potential energy | 对流不稳定性 |
| CDD | correlation decay distance | 相关衰减距离 |
| CDD | consecutive dry days | 最长连续干旱日数 |
| CMA | China Meteorological Administration | 中国气象局 |
| CMA-BT | China Meteorological Administration best tropical cyclone path set | 中国气象局最优热带气旋路径集 |
| CMA-LSAT | China Meteorological Administration-Land surface air temperature | 中国气象局国家气象信息中心全球地表气温月值均一化数据集 |
| CMIP5 | Coupled Model Intercomparison Project Phase 5 | 国际耦合模式比较计划第5阶段 |
| CMIP6 | Coupled Model Intercomparison Project Phase 6 | 国际耦合模式比较计划第6阶段 |
| CN | China | 整个中国 |
| CNRD v1.0 | the China natural runoff dataset version 1.0 | 中国天然径流数据集1.0版 |
| CPC | Climate Prediction Center | 美国国家气候中心 |
| CRU | Climatic Research Unit | 英国东英格利亚大学气候研究中心 |
| CSDI | cold spell duration indicator | 持续冷日日数 |
| CWD | consecutive wet days | 最长连续降雨日数 |
| DEM | digital elevation model | 数字高程模型 |
| DLP | days of light precipitation | 年累计小雨频次 |
| DTR | daily temperature range | 日较差 |
| DWI | dry-wet index | 干湿指数 |
| EA | Eurasia | 欧亚大陆 |
| EC | East China | 中国东部 |
| ECA&D | European Climate Assessment and Dataset | 欧洲气候评估与数据中心 |
| ECMWF | European Center for Medium-Range Weather Forecasts | 欧洲中期天气预报中心 |
| ENC | Eastern Northwest China | 西北东部 |

# 附录 缩略词

| 缩写 | 英文全称 | 中文解释 |
|---|---|---|
| ENSO | El Niño/Southern Oscillation | 厄尔尼诺/南方涛动 |
| EOF | empirical orthogonal function | 经验正交函数 |
| EPS | expressed population signal | 群体表达信号 |
| ERA20C | 20th-century reanalysis of ECMWF | ECMWF 20 世纪再分析资料 |
| ERA5 | The fifth generation of atmospheric reanalysis dataset of ECMWF | ECMWF 第五套大气再分析数据集 |
| ERAI | ECMWF reanalysis interim | ECMWF 临时再分析数据集 |
| ETCCDI | Expert Team on Climate Change Detection and Indices | 世界气象组织的气候变化检测和指数专家组 |
| FD | frost days | 霜冻日数 |
| GCM | global climate model | 全球气候模式 |
| GHCN | global historical climatology network | 全球历史气候网络 |
| GHCND | global historical climatology network-daily | 全球历史气候网的日值数据集 |
| GHG | greenhouse gas forcing | 温室气体强迫 |
| GLDAS | global land data assimilation systems | 全球陆面数据同化系统 |
| GMST | global mean surface temperature | 全球平均地表温度 |
| G-RUN | global runoff reconstruction | 全球径流再分析数据集 |
| HI | heat index | 热指数 |
| HKO | Hong Kong Observatory | 香港天文台 |
| HYSPLIT | hybrid single-particle Lagrangian integrated trajectory | 混合单粒子拉格朗日积分轨迹 |
| IBTrACS | International Best Track Archive for Climate Stewardship | 国际气候管理最佳轨道档案 |
| ID | icing days | 结冰日数 |
| IO | Indian Ocean | 印度洋 |
| IOBM | Indian Ocean basin mode | 印度洋海盆一致模态 |
| IPCC | the Intergovernmental Panel on Climate Change | 联合国政府间气候变化专门委员会 |
| ISD | integrated surface database | 综合地面观测数据集 |
| ISPD | international surface pressure databank | 国际地面气压数据集 |
| JH | Jianghuai | 江淮 |
| JRA55 | Japanese 55-year reanalysis dataset | 日本 55 年再分析数据集 |
| JTWC | Joint Typhoon Warning Center | 联合台风警报中心 |
| LMR | last millennium reanalysis | 过去千年再分析资料 |
| Local | local area | 当地 |
| LTCER | landfalling tropical cyclone-induced extreme rainfall | 登陆热带气旋极端降水 |
| LULC | land use land cover | 土地利用/土地覆盖 |
| MCA | medieval climate anomaly | 中世纪气候异常时期 |
| MSW | max sustained wind | 最大持续风速 |
| NAO | North Atlantic Oscillation | 北大西洋涛动 |
| NAT | natural forcing | 自然强迫 |
| NC | North China | 华北 |
| NCAR | National Centers for Environmental Prediction and National Center for Atmospheric Research reanalysis dataset | 美国国家环境预测中心和国家大气研究中心再分析数据集第一套 |
| NCDC | National Climatic Data Center | 美国国家气候资料中心 |

| 缩写 | 英文全称 | 中文解释 |
|---|---|---|
| NEC | Northeast China | 东北 |
| NMIC | National Meteorological Information Center | 中国国家气象信息中心 |
| NWC | Northwest China | 西北 |
| OBS | observation | 地表观测 |
| ONI | oceanic Niño index | 海洋尼诺指数 |
| PDF | probability distribution function | 降水概率密度分布 |
| PDI | power dissipation index | 能量耗散指数 |
| PDO | Pacific Decadal Oscillation | 太平洋年代际振荡 |
| PDSI | Palmer drought severity index | 帕尔默干旱指数 |
| PO | the Pacific Ocean | 太平洋 |
| PPA | percentage of precipitation anomaly | 降水距平百分率 |
| R10mm | number of moderate rain days | 中雨日数 |
| R20mm | number of heavy rain days | 大雨日数 |
| R50mm | number of rainstorm days | 暴雨日数 |
| R95p | heavy precipitation | 强降水量 |
| R99p | extremely heavy precipitation | 极端强降水量 |
| RMBP | Russian precipitation monthly value booking positive dataset | 俄罗斯地区降水月值订正数据集 |
| RSMC | The WMO Regional Specialised Meteorological Center at Tokyo | 东京世界气象组织区域专项气象中心 |
| RV | relative vorticity | 相对涡度 |
| Rx1day | maximum 1-day precipitation | 最大1日降水量 |
| Rx5day | maximum 5-day precipitation | 最大5日降水量 |
| SAP | surface air pressure | 本地地面气压 |
| SATLR | surface air temperature lapse rate | 地表气温直减率 |
| SC | South China | 华南 |
| scPDSI | self-calibrating Palmer Drought severity index | 自校准帕尔默干旱指数 |
| SCS | South China Sea and its adjacent area | 南海及其邻近地区 |
| SDLR | surface downward longwave radiation | 地面收到的向下长波辐射 |
| SDSR | surface downward shortwave radiation | 地面收到的向下短波辐射 |
| SIC | sea ice concentration | 海冰浓度 |
| SLP | sea level pressure | 海平面气压 |
| SOM | self-organizing map | 自组织映射 |
| SPEI | standardized precipitation evapotranspiration index | 标准化降水蒸散指数 |
| SPI | standardized precipitation index | 标准化降水指数 |
| SRI | standardized runoff index | 标准化径流指数 |
| SSI | standardized soil moisture index | 标准化土壤湿度指数 |
| SSS | sea surface salinity | 海表盐度 |
| SST | sea surface temperature | 全球海表温度 |
| STI | Chinese Meteorological Administration-Shanghai Typhoon Institute | 中国气象局上海台风研究所 |
| SU | summer days | 夏季日数 |

| 缩写 | 英文全称 | 中文解释 |
|---|---|---|
| SWC | Southwest China | 中国西南部 |
| TC | tropical cyclone | 热带气旋 |
| THI | temperature-humidity index | 温湿指数 |
| TISR | TOA incident shortwave radiation | 大气上界收到的向下短波辐射 |
| TLS | total least squares method | 总体最小二乘法 |
| Tmax | maximum temperature | 日最高气温 |
| Tmean | mean temperature | 日平均气温 |
| Tmin | minimum temperature | 日最低气温 |
| TN10p | cold nights | 冷夜 |
| TN90p | warm nights | 暖夜 |
| TNn | minimum minimum temperature | 最低气温极小值 |
| TNx | maximum minimum temperature | 最低气温极大值 |
| TOLR | TOA outgoing longwave radiation | 大气上界发出的向外长波辐射 |
| TP | Tibetan Plateau | 青藏高原 |
| TR | tropical days | 热带夜指数 |
| TRW | tree-ring width | 树轮宽度 |
| TS | tropical storm | 热带风暴 |
| TX10p | cold days | 冷日 |
| TX90p | warm days | 暖日 |
| TXn | minimum maximum temperature | 最高气温极小值 |
| TXx | maximum maximum temperature | 最高气温极大值 |
| UHI | urban heat island | 城市热岛 |
| UHII | urban heat island intensity | 城市热岛强度 |
| Urban | urbanization forcing | 城市化强迫 |
| USCRN | United States Climate Reference Network | 美国气候参考网 |
| VEI | volcanic explosivity index | 火山爆发指数 |
| VMGO | Voeikov Main Geophysical Observatory | 沃尔科夫主要地球物理观测台 |
| WBT | wet bulb temperature | 湿球温度 |
| WCRP | World Climate Research Program | 世界气候研究计划 |
| WMO | World Meteorological Organization | 世界气象组织 |
| WNC | Western Northwest China | 西北西部 |
| WNP | Western North Pacific | 西北太平洋 |
| WNPSH | Western North Pacific subtropical high | 西北太平洋副热带高压 |
| WPSH | Western Pacific Subtropical High | 西太平洋副热带高压 |
| WS | wind speed | 风速 |
| WSDI | warm spell duration indicator | 持续暖日日数 |